华南理工大学研究生重点课程建设项目
高等教育规划教材

# 化工过程系统分析与合成

方利国 编著

化学工业出版社
·北京·

本书是化工过程分析与合成的实用基础教程，涉及化工过程分析与合成的基本概念、模型建立、模拟求解、过程优化、系统合成等主要内容。本书兼顾课程内容的深度与广度，注重知识的理论性与实用性。全书共分为 7 章，每章均有大量的案例与例题，大部分案例均为作者基于 Aspen Plus、Matlab、Visual Basic、Excel 开发的通用程序，极大地方便了读者对课程知识的理解及实际应用。

本书可作为化学化工类本科生化工分析与合成、化工系统工程、化工设计等课程的教材或主要参考书，也可作为研究生化工计算机应用技术的主要参考书，同时也可供化学化工科技人员作为化工模拟及优化设计的参考书籍。

本书配有全套辅助学习电子课件。电子课件可免费在 www.cipedu.com.cn 下载。该电子课件包括 1～7 章例题的程序、1～7 章的多媒体课件以及本书中用到的 Aspen Plus、Matlab、Excel 主要功能介绍及应用。读者可在此基础上进行二次开发，作为教师课件、学生试卷及实际应用时的素材和工具。

**图书在版编目（CIP）数据**

化工过程系统分析与合成/方利国编著. —北京：化学工业出版社，2013.8（2023.2 重印）
高等教育规划教材
ISBN 978-7-122-18020-9

Ⅰ.①化… Ⅱ.①方… Ⅲ.①化工过程-高等学校-教材 Ⅳ.①TQ02

中国版本图书馆 CIP 数据核字（2013）第 165852 号

责任编辑：廉 静 张双进　　装帧设计：王晓宇
责任校对：王素芹

出版发行：化学工业出版社（北京市东城区青年湖南街 13 号 邮政编码 100011）
印　　装：北京建宏印刷有限公司
787mm×1092mm 1/16 印张 22 字数 563 千字　　2023 年 2 月北京第 1 版第 5 次印刷

购书咨询：010-64518888　　售后服务：010-64518899
网　　址：http://www.cip.com.cn
凡购买本书，如有缺损质量问题，本社销售中心负责调换。

**定　　价：59.00 元**

# 前言

自从留校任教以来，正规全程讲授的第一门课就是化工过程分析与合成（当时课程名称为化工系统工程），到现在已有 20 余年。历年的纸质教案摞起来也有几尺之高，电子文稿也有数百兆，编写该课程相应的教材的心愿已有 10 年左右。尽管在这 10 年左右的时间作者已陆续出版了近 10 本各种教材和专著，也编写了该课程的讲义，但正式动笔编写该课程教材的决心迟迟未下。主要原因：一是作者尚未完全把握该课程的核心内容，国内所能见到的教材各有千秋，但总感觉有所缺陷；来自学生的反馈也似乎表明很难将课程的知识用于解决实际问题，因为涉及大量的计算机应用，如果没有优化及模拟软件，不借助于计算机计算连最简单的黄金分割优化方法也只能停留在理论的层次，因为有时一个优化问题可能多次重复调用黄金分割法，如果手工计算将耗费大量时间；二是作者的计算机应用能力尚未具备解决该课程中的所有问题，它涉及诸如 Aspen Plus、Matlab 之类的模拟软件，Excel 中的规划求解、宏计算、迭代求解，自主 VB 开发解算化工优化问题等相对较难而又要全面的计算机应用知识。直至现今，上面两个问题已基本解决；故决定完成 10 年来的心愿，编著该教材，也为该课程在国内的发展提高添上一块不起眼的基石。

经过近一年半的写作，书稿基本完成。期间有艰辛也有喜悦。为了尽量完善书稿内容，有时为了搞清楚一个概念，需要查找多本参考文献，通过互相比对，选择最完善的表述。有时通过比对也无法确定正确与否，只能通过全面计算确定最终结构。如有个别参考文献上的案例模型，国内多本教材均有引用，本书也想引用，但发现其中一个约束条件是有问题的。为了验证此问题，作者开发了此案例的计算机模拟计算软件，将约束条件改为作者的约束条件，模拟结果和国外参考文献上的一致。进一步分析模拟数据，发现该约束问题在优化过程中是非紧约束，故即使采用错误的约束方程，在目前的已知数据下，优化结果也不会变。但当已知数据改变时，原来的非紧约束就有可能变成紧约束，此时模型的错误就会影响最优解。基于这种情况，本书中所有的案例，无论是作者平时工作研究中的实际例子，还是引用文献中的案例，作者均通过自己开发的软件或应用程序，对数据进行重新计算，验证结果正确后才采用。

本教材共分 7 章，第 1 章主要介绍了化工过程分析与合成的一些基本概念及主要研究内容，其中包含了三个化工过程分析的案例及三个化工过程合成的案例；第 2 章主要介绍了化工单元模型及结构模型的建立方法，其中对基于量纲分析的方法构建模型做了深入探讨；第 3 章介绍了化工过程模拟的基本策略与方法，同时介绍了模型方程的分割与切断求解的基本思路和方法；第 4 章介绍了化工过程分析与合成中涉及的各种优化方法，着重介绍如何利用计算机来解决这些优化问题；第 5 章则通过十二个具体案例的分析，全面呈现了化工过程分析的方方面面，如模型方程的建立、模拟软件的选择、具体计算程序的编写、对计算或模拟结果的分析等；第 6 章介绍了化工过程合成的基本策略，并对反应过程合成、分离过程合成及换热过程合成中的主要内容进行了介绍，其中作者开发的关于挟点温度及公用工程计算的程序具有很好的通用性；第 7 章对化工过程节能有关的概念、方法、技术及国家政策方针展开了阐述，可作为化工节能课程的主要内容。原计划还有智能优化及模拟软件应用等内容，现将该部分内容放入电子课件，并定期完善更新，读者可凭书上的注册码，到化学工业出版社 www.cipedu.com.cn 网页免费下载。

本教材由方利国编著，甘景洪、王方娴、刘婧、吴少如、苏嘉俊、王少飞等同学参加了教材的部分文本输入及电子课件开发工作；华南理工大学研究生院、华南理工大学教务处对教材的出版给予了大力支持，在此表示感谢。感谢家人在写作过程中对本人的大力支持；感谢华南理工大学化学与化工学院多年来选修该课程的同学对本课程教学的支持。

本教材在编写过程中，作者参考了大量的文献及教材，在此特表示感谢。参考文献如有遗漏之处，敬请谅解。本教材虽经作者 20 多年的资料收集，近 2 年的编写，但由于作者水平有限，不妥之处在所难免，望同行及读者予以批评指正。

作　者

2013 仲夏年于广州

# 目　录

## 第6章 化工过程合成技术及优化 …………………… 249



## 第7章 化工过程节能技术分析与评价 …………………… 291



## 参考文献 …………………… 342

# 第1章

# 化工系统分析与合成导论

**【本章导读】**

化工系统分析与合成（Analysis and Synthesis of Chemical Process System，ASCPS）课程是一门交叉的综合学科，它涉及化学工程、计算机技术、运筹学、工程经济学、最优化理论、自动控制等多门学科。它不像通常的化工原理、化工热力学等课程有较长的历史和相对比较固定的教学内容及教材，本课程的历史相对较短，也没有相对固定的教学内容和教材。ASCPS课程国外大约在20世纪60～70年代开始有相关课程，当时出版的有关教材或专著主要还是以系统优化和系统工程的知识为主，如麦格劳-希尔公司（McGraw-Hill Inc）在1970年出版的《优化：理论和实践》（Optimization：Theory and Practice），日本学者秋山镶和西川智登在1977年共著的《系统工程》。国内最早开设相关课程大约在20世纪70年代末，当时课程的名称为化工系统工程或化工过程系统工程，课程采用讲义的形式，系统优化理论方面的内容占了较大的篇幅。80年代初，清华大学和天津大学合著出版了《化工系统工程》，华东理工大学也在90年代初出版了《化工系统工程基础》。从20世纪80年代末到本世纪初，该课程的有关研究及教材的出版似乎出现了一定程度上的停顿。到了本世纪初，和该课程有关的各种教材或专著又多了起来，国内有麻德贤主编的《化工过程分析与合成》、都健主编的《化工过程分析与综合》，何小荣主编的《化工过程优化》；国外有邓肯等著的《化工过程分析与设计导论》，埃德加等著的《化工过程优化》，Warren D. Seider等著的《产品与过程设计原理-合成、分析与评价》。国内的教材所涵盖的内容相对集中在化工过程，而国外的有些教材所涵盖的内容非常广泛，过程模拟与优化大量采用计算机软件计算，并提供相应案例的计算机程序，便于读者研习。随着大型化工专用软件Aspen Plus、Pro/Ⅱ、CHEMCAD、HYSYS. Plant及通用计算工具MATLAB 、FEMLAB、Excel等的广泛使用，化工系统分析与合成课程将步入计算机软件应用主导的计算机时代。

## 1.1 系统与化工系统

### 1.1.1 系统

“系统”是在人类的长期实践中形成的概念。由于人们的实践目的、思维方式、认识角度和专业学科的不同，对于系统概念有着不同的理解。早在古希腊时代人们已使用系统这个词，但将它用于科学领域并使之具有特殊含义的还是近代的事情。最先把“系统”这个词以及它的观点和方法引进科学领域并赋予特殊意义的人是 F. W. 泰罗（F. W. Taylor），他在 1911 年出版的《科学管理》一书中提出了“系统”一词并首次赋予其科学含义。被后人称作泰罗系统的管理技术就是以《科学管理》一书为起点发展起来的。

系统的拉丁语 Systema 由接头词“共同地”和动词“使他于”结合而成，是表示群、集合等意义的抽象名词。系统的英文 system 一词在牛津词典中有三种含义，分别是以一定规律所构成的协同工作的部件或事情的集合；制度、方式、方法及体制；秩序及规律。可见英文中的 system 一词不仅含有实体的系统含义，也包含了方式、方法等务虚系统的含义。

系统作为一个科学概念，不同的学者尽管有不同的表述，但其核心内容是一致的。如钱学森主张：把极其复杂的研究对象称为系统，即相互作用和相互依赖的若干组成部分合成的具有特定功能的有机整体，而且这个系统本身又是它所从属的一个更大系统的组成部分。许国发等给出了系统的一个简明定义：系统是由两个以上可以相互区别的要素构成的集合体；各个要素之间存在着一定的联系和相互作用，形成特定的整体结构和适应环境的特定功能，它从属于更大的系统。贝塔朗菲把系统定义为：处于一定的相互关系中并与环境发生关系的各组成部分（要素）的总体（集）。

一般来说，系统是相互联系、相互影响的若干组成部分，按一定的规律所组成的具有特殊功能的有机整体。根据以上定义，系统构成有两个基本要素：一是构成系统的单元，二是构成系统的这些单元之间的连接方式或相互关系。由此可见，即使两个系统的单元完全相同，但单元和单元之间的连接方式或相互关系不同，这两个系统也不相同。例如中国古代有名的田忌赛马就是一个很好的例子。齐国的大将田忌，很喜欢赛马。有一回，他和齐王约定，要进行一场比赛。他们商量好，把各自的马分成上、中、下三等。比赛的时候，要上马对上马，中马对中马，下马对下马。由于齐王每个等级的马都比田忌的马强一些，所以比赛了几次，田忌都失败了。但是还是同样的马，田忌改变了出马的次序，改为下马、上马、中马的顺序和齐王的上、中、下马分别比赛，结果田忌以 2∶1 获胜。这里上、中、下马是构成系统的单元或要素，而出马次序就是单元的连接方式或相互关系。

### 1.1.2 化工系统

(1) 化工过程

将原料进行一系列的化学及物理处理，生产出预期的产品，并获得新的附加值的过程称为化工过程。这里需要注意的是化工过程必须获得新的附加值，否则将好好的铁制品人为进行氧化处理，使有用的铁制品变成铁锈制品也可能认为是一个化工过程。真正的化工过程如图 1-1 所示的硫酸生产过程。图 1-1 中将硫铁矿通过高温燃烧、催化氧化及吸收制取硫酸，硫酸的价值及其剩下的矿渣总价值之和已大于原硫铁矿的价值，使这个化工过程产生了新的附加值。如果更加细致分析的话，还必须考虑加工过程的费用。

图 1-1 硫酸生产过程

图 1-2 是醋酸生产过程。乙醇通过一系列的催化氧化及精馏分离制取醋酸。

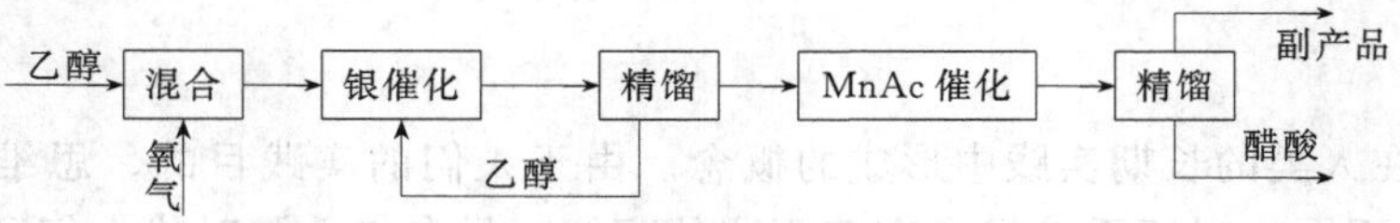


图 1-2 醋酸生产过程

以上两个化工过程实例中，第一个是无机物生产过程，产品是在化工生产中最常用的基础原料硫酸，根据市场需求，可生产出不同规格的硫酸产品，如稀硫酸、浓硫酸、发烟硫酸等。而第二个实例是有机物的生产过程，原料酒精经过两次催化反应及一系列的精馏分离，得到产品醋酸。

(2) 化工系统

化工系统又称化工过程系统，是按一定的目的组织起来的化工单元过程所构成的化工生产过程整体。用化工系统来代替化工过程，主要是为了突出化工过程的系统特性，以便用系统的观点来分析和合成化工过程。

一套化工生产装置，用一定的原料生产出一定的产品，构成这套装置的所有设备及其处理的物料和外部提供的公用工程（动力、热能、冷能，合称能量流）组成了一个化工系统。一个化工厂包括有好几套生产装置，投进一种或几种原料，生产出多种产品，各套装置之间具有物料和能量的联系，这个化工厂也组成了一个化工系统。一套生产装置或一个化工系统，内部之间除了物料和能量的联系外，还有信息的联系，如各种温度、压力、成分通过各种仪表测量及传输。因此，可以说一个化工系统是由物料流、能量流、信息流、设备流四个子系统组成，这四个子系统相互联系又相互影响，决定着化工系统的整体性能。图 1-3 是一个典型的连续搅拌槽式反应器（CSTR）加精馏分离系统，该系统中包括了物料流、能量流、信息流、设备流四个子系统。图中的黑粗线是物料流系统，虚线是信息流，黑细线是能量流系统，带有灰色的图形是设备流。

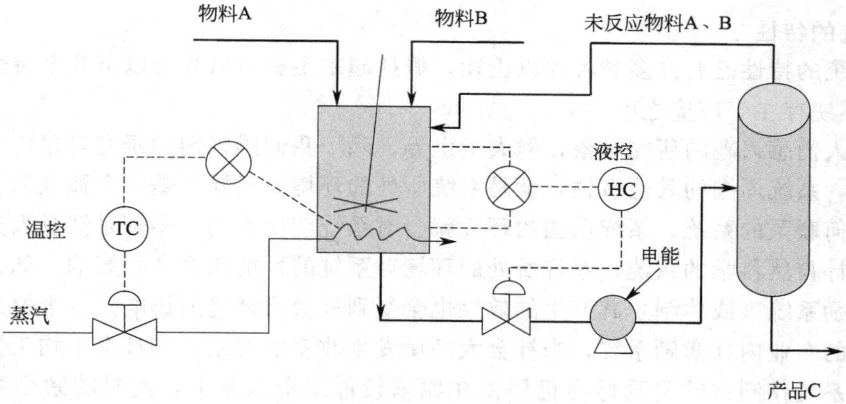


图 1-3　CSTR 加精馏分离系统

初始物料 A、B 及未反应的物料 A、B 混合物进入 CSTR 进行反应，通过搅拌器的搅拌使物料混合均匀，通过蒸汽提供热量，使反应保持在较高温度，有利于提高反应速度。在此阶段，共有四股物流，分别是前已提及的三股进料物料及一股反应后离开的含有生成物 C 的物流；此阶段能量流就是蒸汽，需要注意的是蒸汽所提供的能量大小除了与蒸汽流量大小有关外，还与进入蒸汽的压力、温度以及离开时的状态有关。蒸汽在有些化工系统中可能是物料流，如水蒸气和煤反应时水蒸气就是物料流；此阶段的设备流就是连续搅拌槽式反应器（包括搅拌器和盘管式蒸汽换热器）；此阶段的信息流是反应器内温度及液位信息，当然也包括为了控制反应器内温度和液位有关的整个控制仪表，如温度传感器、液位传感器、温度控制仪、液位控制仪以及对应的控制阀，有关控制系统的详细内容，感兴趣的读者请参看相关参考文献。离开反应器的物料通过泵输送进入精馏塔，泵这个设备需要外界能量流的提供才能工作，这个能量流就是电能。也就说，如果没有电能的提供，反应后的物料必须具有足够的压力，克服管道的阻力让其自流进入精馏塔。精馏塔这个设备在图 1-3 上作了大大的简化，其实根据实际需要会有不同的控制系统及外部能量的提供如图 1-4（包括冷能），在详细分析精馏塔性能时不能简化。

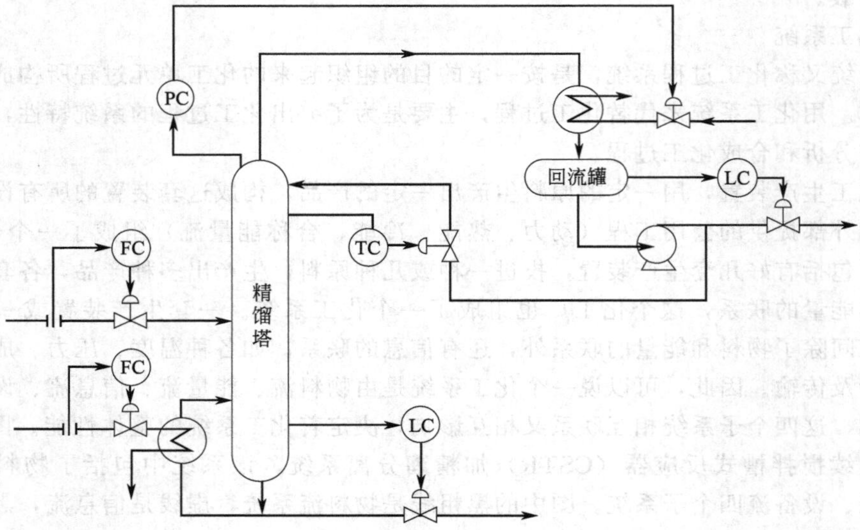


图 1-4 精馏塔控制系统

### 1.1.3 系统的特性

关于系统的特性已有许多学者加以论述，概括起来主要可以分为以下几个特性。

#### 1.1.3.1 系统存在于环境之中

系统是人们感兴趣的研究对象，但大千世界，除了我们感兴趣的研究对象之外，还有许多其他事物，系统周围的其他事物，就是系统所处的环境。只要不是一个孤立的、封闭的和外界没有任何联系的系统，系统周围的环境就会对系统产生影响。不管是涉及人文社科的系统，还是设计自然科学的系统，系统所处的环境对系统的性能均会产生影响。如人们常说的企业内部激励系统（或体制）其产生的效果也会受到社会大环境的影响。一个原来能激发员工工作热情的企业内部激励系统，当社会大环境发生改变的时候，如社会平均工资已大幅提升，而激励系统作制定的奖励标准仍停留在原来较低工资水平上，此时的激励系统已成鸡肋，可有可无。科技系统受到环境的影响的例子也同样存在。在研究节能技术时，常常要用到能量守恒定律，该定律是一个普适规律，但具体运用该定律时，必须将研究的节能系统和该系统所处的环境同时加以考虑，否则就会发生能量不守恒的现象。

例如以某锅炉燃烧产生蒸汽的能量守恒为例，其具体情况如图 1-5。如果以锅炉燃烧过程作为研究的系统，那么对燃烧系统而言，燃料所能提供的能量没有完全传递给我们所研究系统的蒸汽，有相当一部分能量以烟道气及不完全燃烧的燃料输出到环境中去了。尽管进入系统的总能量等于系统输出的总能量，但系统（指燃烧过程）没有将所有的输入能量转移到人们感兴趣的蒸汽体系中去，蒸汽所带走的能量只有总输入能量的 73.2%，那么还有 26.8%的输入能量去了哪里呢？通过包括环境的能量守恒分析，就可以发现原来输入能量的 17.2%由锅炉的烟气带走，不完全燃烧也损失热量 9.1%，锅炉散热损失热量 0.5%。这样将环境和所研究的系统一起来考虑，总能量就守恒了。可见存在与环境中的系统，无论是涉及人文的还是自然的，在研究其性能时均必须考虑环境对系统的影响。环境改变了，原来性能良好的系统，就可能变得不再优良甚至无法工作。例如管壳式换热器是化工行业最基本的设备单元，这里暂且作为一个系统来研究。原来用于液-液换热性能优良的换热系统，当工作环境改变，如用于气-液换热时，该换热系统的性能就大受影响，甚至无法完成换热任务。工作环境对系统性能的影响例子在化工行业中比比皆是，请读者自己分析。

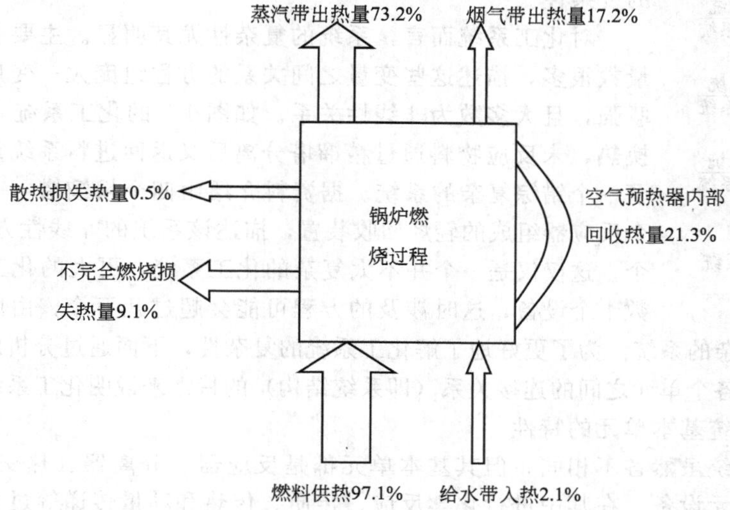


图 1-5　锅炉用能平衡图

1.1.3.2　系统的阶层性及嵌套性

由于系统的范围可大可小，一个大的系统可以包含若干个小的系统，这些小的系统称为大的系统的子系统；而每一个小的子系统又可以由更加小的系统组成，这样只要人们愿意或为了方便研究，就可以层层细分系统，构成了系统的阶层性及嵌套性。大的系统包含小的子系统，子系统包含更加小的子系统的子系统，也可称为第一级系统的孙系统。以化工系统为例，化工系统是一个多阶层的极为庞大的综合系统。它一般可由以下几个层次组成：集团——化工厂——生产装置或流水线——单元设备——设备部件，如图 1-6 所示。图中最高的阶层是联合企业。它拥有数个化工厂作为它的子系统。联合企业接受一次原料，通过一系列的子系统生产出多种产品。化工厂作为联合企业的子系统，除拥有若干套生产装置外，还附有保证生产装置运转的辅助设备。各个化工厂之间有着物料流和能量流之间的联系，一个工厂的产品可以是另一个工厂的原料。生产装置则是由反应器、分离器、热交换器以及泵等单元设备作为其子系统，虽然单元设备可以分解成若干个部件，但通常以单元设备作为基本单元。

系统与子系统是相对的，某一系统对较高的系统而言是其子系统，即是下级，而对于较低层的系统来说，则是它们的上级。如广州某石化总公司，下辖炼油厂、氮肥厂、乙烯厂。而每一个厂下面又有多套不同的生产装置及生产车间，在生产装置及生产车间下面又有许多不同的单元设备。对于石化总公司来说，炼油厂、氮肥厂、乙烯厂是总公司的子系统，而各个分厂又是生产装置及生产车间的上级系统，即生产装置及生产车间是各个分厂的子系统。由此可见，要判断一个系统是否是子系统还是上级系统，主要决定于研究者观察问题的立脚点，而不在于系统本身。了解系统与子系统的这种阶层性及相对性对解决系统工程的问题很有帮助。

#### 1.1.3.3 系统的复杂性

由于一个系统可以由多个子系统构成，每一个子系统又可以进一步细分为更小的子系统，这样构成系统的要素单元也可以说是子系统可以无限增加，而这些子系统之间的相互关系即可以是并行的同级关系，也可以是垂直的上下级关系，也可以是互相影响的网络及回路关系，从而导致了系统的复杂性。

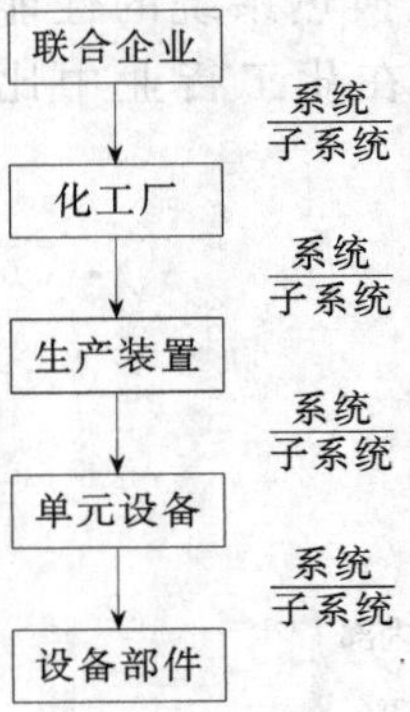

图 1-6 化工系统的阶层性

对化工系统而言，系统的复杂性尤其明显。主要表现在系统的变量数很多，描述这些变量之间关系的方程组庞大；变量之间的相互交联强，且大多数为非线性关系。如图 1-7 的化工系统，物流之间互相换热，未反应物料通过精馏塔分离后又返回进料系统重新反应，构成了一个错综复杂的系统。据资料介绍由四个精馏塔、一个吸收塔和一个反应器组成的轻烃回收装置，描述该系统的非线性方程就有 2000 多个，这仅仅是一个并不太复杂的化工系统，更大的化工系统可能涉及数十个设备，这时涉及的方程可能会超过几万个，由此可见，化工系统是一个多么复杂的系统。为了更好地了解化工系统的复杂性，下面通过分析组成化工系统的基本单元特性及各个单元之间的连接关系（即系统结构）的特性来说明化工系统的复杂性。

（1）化工系统基本单元的特性

各种化工系统虽然各不相同，但其基本单元都是反应器、分离器、热交换器、混合器、吸收塔以及泵单元设备。在其中进行化学反应、传质、传热和动量传递等过程。这些过程同时发生，相互交联，描述这些过程的数学模型大多是非线性的涉及的变量数有很多，下面是一个常见的广义传递数学模型，$Y$ 表示系统的某一个性能指标，可以是温度、浓度等，$K$ 是一个广义的传递系数，$A$ 是传递面积，$(Y-Y^*)$ 是传递推动力，可以是温度差、浓度差、压力差等，这个数学模型是一个向量模型，它涉及一个系统中的许多变量。热量传递方程、质量传递方程、动量传递方程均可以仿照式(1-1) 写出，在以后的模型方程建立中，会经常用到这个概念。如将上述方程用于某高温铁球突然落入无限大的水池中的冷却的数学模型时，可以得到以下方程（假设水池温度不变，铁球内部温度均匀）：

$$\frac{\mathrm{d}Y}{\mathrm{d}t}=-KA(Y-Y^*)$$

$$K=f(Z) \tag{1-1}$$

$$Z=(z_1,z_2,z_3,\cdots,z_n)$$

$$\frac{\mathrm{d}(mc_pT)}{\mathrm{d}t}=-K\times4\pi R^2(T-T_0) \tag{1-2}$$

式中，$m$ 为铁球的质量；$c_p$ 为铁的比热容；$T$ 为铁球在时间 $t$ 瞬间的温度；$K$ 为铁球和水接触面的传热系数；$R$ 为铁球的半径；$T_0$ 为水池的温度。以上变量的单位在不同制式下可以不同，但最后都可以化为温度随时间变化的关系式。尽管作了两个假设，但最后化简后得到的传热方程为：

$$\frac{\mathrm{d}T}{\mathrm{d}t}=-0.04\times e^{(T-T_0)/1000}\times(T-300) \tag{1-3}$$

式(1-3) 中温度的单位为 K，时间的单位为 min，可见式(1-3) 不是常系数微分方程，需要采用数值求解的方法进行求解。尽管可以自己编程计算，但作者建议采用 Matlab 计算。调用 Matlab 的 ODE45 和 ODE23，具体程序如下。

function xODEs（具体程序见电子课件第一章程序 xODEs. m）

% 铁球从 2000K 降温曲线，在 7.0 版本上调试通过

% 由华南理工大学方利国编写，2012 年 2 月 29 日

% 欢迎读者调用，如有问题请告知 lgfang@scut.edu.cn

```
clear all;clc
y0=[2000];%铁球初始温度为 2000K
[x1,y1]=ode45(@f,[0:1:170],y0);%0 到 170min,每分钟一个计算点
[x2,y2]=ode23(@f,[0:1:170],y0);
plot(x1,y1,'r-')
xlabel('时间,M')
ylabel('温度,K')
hold on
disp('Results by using ode45():')
disp('      x            y(1)         ')
disp([x1 y1])
disp('Results by using ode23():')
disp('      x             y(2)      ')
disp([x2 y2])
plot(x2,y2,'k:')
% ------------------------------------------------------------------
function dy=f(x,y)          % 定义降温速率的微分方程
dy=-0.04*exp(0.001*(y(1)-300))*(-300+y(1));
```

计算结果由 Matlab 自动绘制成图 1-7。用户可以通过修改 dy 的表达式，将此程序用于其他微分方程求解。ODE45 和 ODE23 还可以求解微分方程组，在以后化工模型求解时会介绍。由于该问题比较简单，自己编程也不难，作者用 VB 编程的代码如下。

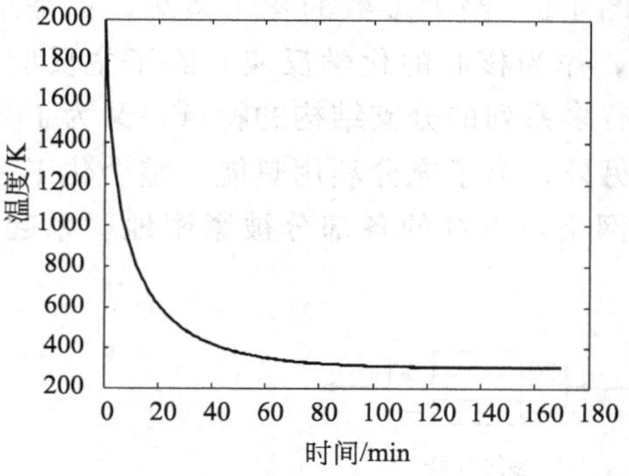


图 1-7 Matlab 计算铁球温度随时间变化

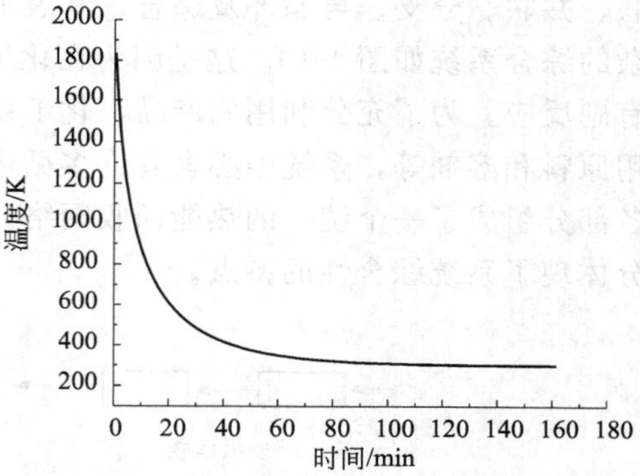


图 1-8 VB 计算铁球温度随时间变化

```
Dim i, x0, y0, y, h, k1, k2, k3, k4, n, x(具体程序见电子课件第 1 章程序 龙格库塔法 .vbp)
h=0.5
y0=2000
x00=0
xt=170
n=(xt-x00)/h
pn=(xt-x00)/(10* h)
Print
Open"d:weidate4.dat" For Output As #4
For i=0 To n-1
```

```
x0=h* i +x00
k1=dy(x0, y0)
k2=dy((x0+0.5* h), (y0+0.5* h* k1))
k3=dy((x0+0.5* h), (y0+0.5* h* k2))
k4=dy((x0+h),(y0+h* k3))
y=y0+h/6*(k1+2* k2+2* k3+k4)
Write#4,(i+1)* h,y
y0=y
If(i+1)/pn=Int((i+1)/pn)Then
Print"x=";(i+1)* h+x00,"y=";Int(y* 1000+0.5)/1000
Else
End If
Next i
Close #1
End Sub
Public Function dy(x,y)
dy=-0.04* Exp(0.001*(y-300))*(y-300)
End Function
```

计算结果放在 D 盘文件名为 weidate4.dat 的文本文件上，利用计算数据调用 ORIGIN 绘图软件，得到计算结果如图 1-8，该 VB 程序也可以通过改变 dy 的表达式用于其他微分方程。

(2) 化工系统结构特性

化工系统结构是指组成系统的各个子系统（或单元）的连接方式。它和基本单元特性一起决定了整个系统的特性。不管多么复杂的系统。仔细分析，不外有以下五种结构，分别是串联、并联、分支、再循环及综合，其表示形式如图 1-9。绝大多数的化工系统，都是结构复杂的综合系统如图 1-10。这是因为在化工系统中，作为核心的化学反应，除了主反应外，还有副反应。为了充分利用副产品，化工系统便具有多系列的分支结构的特点；又为了充分利用原料和溶剂等，系统中必含有许多循环回路。另外，为了充分利用热能，整个化工系统的各部分组成了一个统一的热能回收网络。通过该网络，系统的各部分被紧密地联系起来，充分体现了系统综合性的特点。

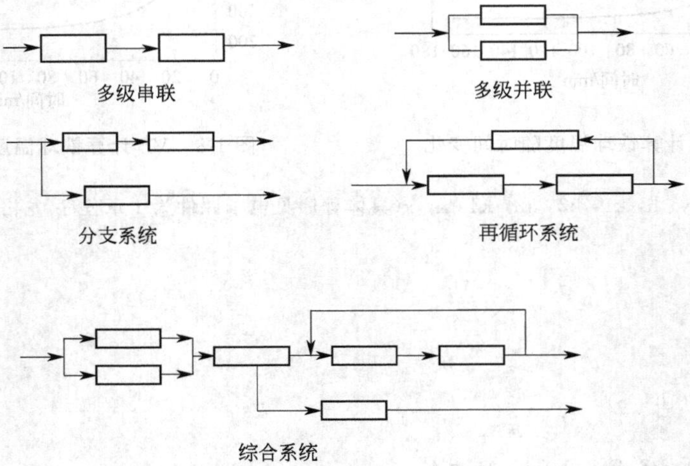


图 1-9　化工系统的结构

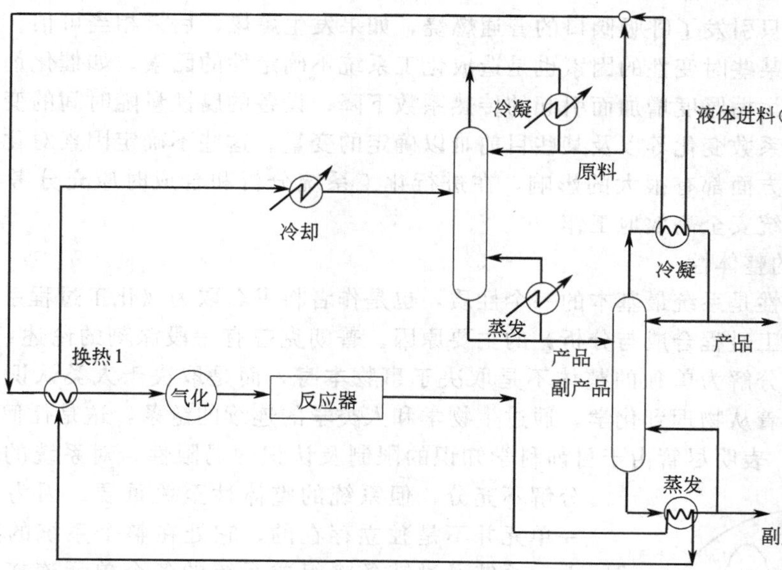


图 1-10　化工综合系统实例

1.1.3.4　系统的不确定性

系统的不确性是由系统的复杂性所决定的。由于系统构成的单元及结构的复杂性及系统所处环境变化对系统性能的影响，造成了系统的不确定性。有些系统由于目前的技术手段的限制或基本原理尚未完全掌握，系统的性能尚无法完全预测。如目前的地震预报系统，尽管人们对地震已掌握了一定的知识，但在所观察到的相同的条件下，上次可能发生了强烈地震，而这次可能不发生地震；天气预报系统也是一样，由于有太多的不确定因素，造成了天气预报系统也不可能百分之一百的准确。

化工系统的不确定性由系统本征的不确定性、外部环境的不确定性、设备性能的时变性及随机性等单种或多种因素造成。如图 1-11，容器的下部开有一个小孔，液体随管子自然流出，假设流量与容器的液位成正比，与小孔的阻力成反比；容器的上部有流体以一定的流量流入，这时容器液位 $H$ 的大小就会随流入流量的大小而波动，尽管从理论上来讲，如果容器流入的流量突变后不再发生变化，$H$ 会停留在一个高度上。但由于流入流量的不确定性变化，从而导致了容器液位高度的不确定性，至于两者不确定性的联动关系需要通过动态质量守恒方程、水力学方程等确定。

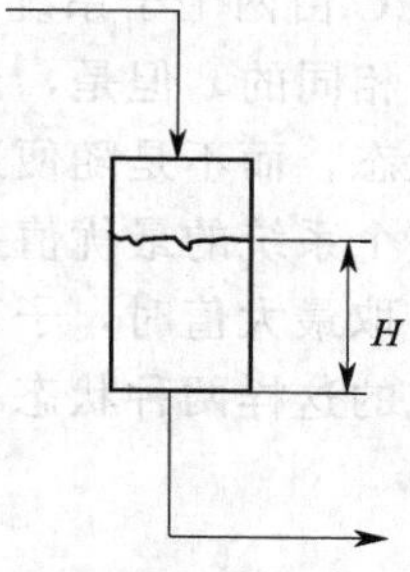


图 1-11　容器小孔自流液位高度

外部环境的不确定性也是造成化工系统不确定性的一个主要因素，尤其对化工安全系统而言。一个燃烧过程由于外部情况的不同就可能引发几种不同情况的燃烧，如普通燃烧、闪燃、爆燃。曾有某一化工厂的汽油罐呼吸阀由于灌装汽油速度问题引发较大量的可燃气体通过呼吸阀流出，本来呼吸阀是一个安全装置，而此时却成了一个杀人凶手。碰巧有安装工人在汽油罐附近路过（其实仍有一定距离，也没有观察到火源及热源），突然，几个工人被大火烧伤。事后调查是由于呼吸阀流出的可燃气体以及不知哪里来的火星或撞击能量刚好引发了这些可燃气体的闪燃。闪燃顾名思义就是一闪而过的燃烧，如果你周围刚好有可燃气体，几乎没有逃避的可能。闪燃过后可能是普通的燃烧，也可能一闪而过，火熄灭了（泄漏的可燃气体较少，燃烧后产生的热量不足以引发后继的燃烧），但也有可能是更可怕的爆燃。幸亏那次闪燃过后只引发了呼吸阀口的普通燃烧，如果发生爆燃，后果相当可怕。

化工系统中某些时变性的因素也是造成化工系统不确定性的因素，如催化剂性能随时间变化、换热器中污垢厚度增加而引起的传热系数下降、设备的腐蚀量随时间的变化、微孔堵塞引起的膜分离系数变化等以及某些目前难以确定的变量。这些不确定因素对化工系统的设计、操作管理等方面都有很大的影响，在进行化工系统分析和合成时应充分考虑到这些因素，确保化工系统安全高效地工作。

1.1.3.5　系统的整体性

系统的整体性是系统最基本的一个性质，也是作者将书名取为《化工过程系统分析与合成》而不是《化工过程合成与分析》的主要原因。普朗克曾有一段深刻的论述：“科学是内在的整体，它被分解为单独的整体不是取决于事物本身，而是取决于人类认识能力的局限性。实际上存在着从物理到化学，通过生物学和人类学的连续的链条，这是任何一处都不能被打断的链条。”表明尽管由于目前科学知识的限制及认识的局限性，对系统的单元认识或分解不充分，但系统的整体性至关重要。因为系统中的每一单元并不是独立存在的，它处在整个系统的某一个链条上，系统通过链条将组成系统的各个单元连接起来，从而构成具有独特功能的有机整体。化工系统由许多子系统组成，各个子系统之间应相互配合，不能单独强调自己的重要性。各个子系统最优的简单加和（其实当各自强调最优时，无法同时满足）并不能构成整体的最优，只有当整体达到最优时，各个子系统才算达到真正意义上的最优。子系统必须在系统约束的条件下进行自身的优化，称为局部优化。整个系统的优化称为整体优化。图 1-12 是整体优化和局部优化示意图。一个大的系统 $C$ 由两个子系统 $A$ 和 $B$ 组成，每个子系统均有三种生产状态，每种生产状态的获利是各不相同的，但是，当子系统 $A$ 选择了某一种状态后，子系统 $B$ 也必须选择相应的配套生产状态，而不是随便选择。为此，尽管子系统 $A$ 的最优值为 16，子系统 $B$ 的最优值为 18，而整个系统的最优值并不是 $A$ 的最优值和 $B$ 的最优值加和 34，而是 28。这是因为，当子系统 $A$ 取最大值时，子系统 $B$ 只能取 6，同理，当子系统 $B$ 取最大值时，子系统 $A$ 只能取 7，系统的这样两种状态，还不如系统处于图中第二种状态的整体值大。具体的计算表达式如下：

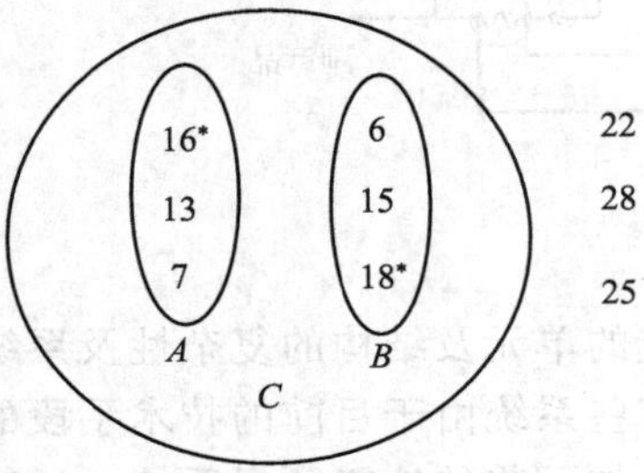

图 1-12　整体和局部优化示意图

$$\text{Max}\quad f(C)=f(A)+f(B)=28$$
$$\text{Max}\quad f(A)=16$$
$$\text{Max}\quad f(B)=18$$
$$\text{Max}\quad f(C)\neq \text{Max}\quad f(A)+\text{Max}\quad f(B)$$

# 1.2　化工系统分析

## 1.2.1　基本定义

系统分析就是将系统分而析之，将已知的系统分解成若干个单元，进而求解整个系统的性能。图 1-13 是系统分析示意图。一般来说，系统分析是对已存在的系统而言，但对于虚构的系统也可以进行分析，所以说系统分析是在系统已经给定的情况下（该系统可以是已存在的系统，也可以是系统合成时虚构的系统），根据系统的结构及各子系统的特性，通过模拟求解，来推测整个系统的特性，并分析各种条件对系统性能的影响及其性能优劣。

### 1.2.2 化工系统分析含义

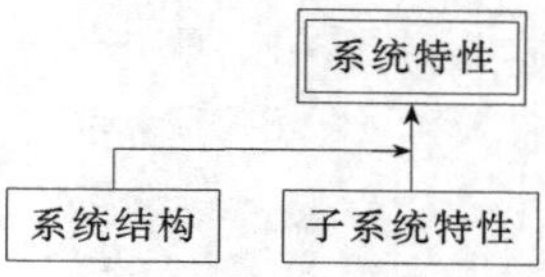

图 1-13 系统分析示意图

化工系统分析是对给定的化工系统（读者应注意这里指的给定意味着既可以是已存在的系统，也可以是系统合成时虚构的尚未实际建立的系统）利用质量守恒方程、能量守恒方程、动量守恒方程、速率方程及其他各种方程和约束条件，建立该化工系统的数学模型，并利用各种计算工具如 VB、Excel、Matlab、Aspen Plus 、ProⅡ等软件计算该化工系统的性能，从而获得该化工系统的整体性能。

化工系统分析主要由以下四个步骤，它们分别是系统的分解、系统模型的建立、模拟求解及检验。系统分解主要是将大的复杂的系统按一定的规律分解成若干小的可以独立求解的子系统。而系统模型的建立是指建立系统的单元模型和结构模型，同时确定各种已知条件，以利于下步的模拟求解。模拟求解是在建模的基础上，利用计算机对所建立的数学模型在一定的条件下进行求解，以确定各种参数及可变因素对系统整体性能的影响，以便为人们的决策提供参考。模型的检验是将模拟计算的结果和实际的情况进行比较研究，如存在偏差，就要分析引起偏差的原因并确定这种是否允许。如果偏差超出允许范围，就要对前面所做的一系列工作进行分析，找出存在这种偏差的原因，并在模型中加以修改。

灵敏度分析在设计阶段应用时，可以设计出具有对参数变化及环境变化适应能力强的化工系统或设备；灵敏度分析在设备具体应用阶段，可以优化操作参数，使系统在较优的条件下运行。

灵敏度是指系统特性对参数的灵敏度，即当参数变化时，引起系统特性变化的大小。系统特性如（总利润）$J$，一般可以表示为状态变量 $X$、操作变量 $U$ 和参数 $\xi$ 的函数。

$$J=f(X,U,\xi) \tag{1-4}$$

若参数的变化为 $\Delta\xi$，所引起 $J$ 的变化为 $\Delta J$ 时，$J$ 对参数 $\xi$ 的灵敏度 $S$ 可以表示如下：

$$S=\frac{\Delta J/J}{\Delta\xi/\xi} \tag{1-5}$$

忽略高阶项，即为：

$$S=\frac{\mathrm{d}J}{\mathrm{d}\xi}\times\frac{\xi}{J} \tag{1-6}$$

同样，系统特性 $J$ 对于操作变量 $U$ 的灵敏度可以表示为：

$$S=\frac{\mathrm{d}J}{\mathrm{d}U}\times\frac{U}{J} \tag{1-7}$$

这里需要特别指出的是状态变量 $X$、操作变量 $U$ 和参数 $\xi$ 的划分具有很大的人为成分，有时它们可以互换。

### 1.2.3 化工系统分析具体案例

#### 1.2.3.1 多稳态 CSTR 分析

图 1-14 所示，在一个有夹套换热的 CSTR 反应器发生如下反应：$A\xrightarrow{k}B$，假设夹套和容器中的液体量不变，且混合均匀，所有参数采用集中参数模型，在目前已知的条件下，试分析该系统可能达到的稳定状态。

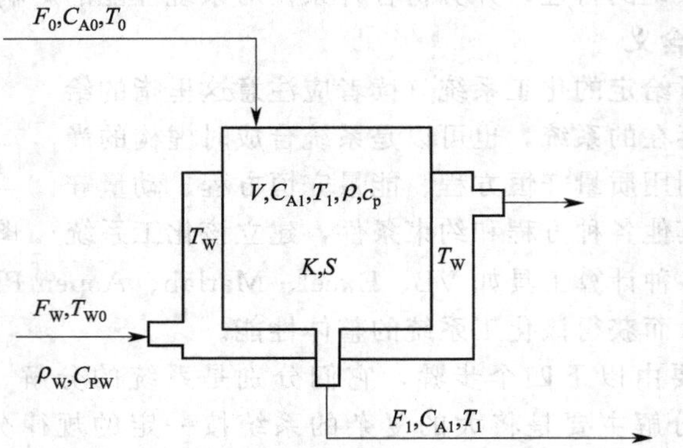

图 1-14　夹套换热的 CSTR 反应器

已知条件：

| | | | | | |
|---|---|---|---|---|---|
| $F_0$(流量) | 1.1367 | $m^3/h$ | $F_W$(流量) | 1.413 | $m^3/h$ |
| $C_{A0}$(浓度) | 8.8103 | $kmol/m^3$ | $T_{W0}$(温度) | 295 | K |
| $T_0$(温度) | 295 | K | $C_{PW}$(水比热容) | 4.1868 | kJ/(kg·K) |
| $V$(体积) | 1.3592 | $m^3$ | $\rho_W$(水密度) | 997.965 | $kg/m^3$ |
| $C_P$(比热容) | 3.1386 | kJ/(kg·K) | $K$(传热系数) | 3066.1 | kJ/(h·$m^3$·K) |
| $\rho$(密度) | 800.935 | $kg/m^3$ | $S$(传热面积) | 23 | $m^2$ |
| $k_0$(速率因子) | 7.08E+10 | 1/h | $E$(活化能) | 69762.78 | kJ/kmol |
| $R$(气体常数) | 8.314 | kJ/(kmol·K) | $\Delta H$(反应热) | −69762.8 | kJ/kmol |

(1) 题意分析

本题需要分析的化工系统，表面上看起来只有一个单元，其实细分可得到三个子系统，分别是反应器内部子系统、反应器壁面金属组成的子系统、反应器外壁面的夹套子系统，这三个子系统通过能量流互相之间发生关系。考虑到反应器壁面并不是太厚，热容量不大，忽略反应器壁面金属组成的子系统，这样只考虑反应器内部子系统、反应器外壁面的夹套子系统。在这两个子系统中全部采用集中参数，即在夹套内或反应器内所有的物性参数相同。分析的系统是稳态系统，所有变量不随时间改变，无微分增量。

(2) 数学模型建立

稳态时反应器内物料 A 平衡方程：

$$物料流入-物料流出-物料反应消耗=0$$

$$F_0 C_{A0} - F_1 C_{A1} - VkC_{A1} = 0 \quad ①$$

稳态时反应器内能量平衡方程：

$$物料流入带入热量+反应放热-物料流出带走热量-夹套传热带走=0$$

$$F_0 \rho C_P T_0 + (-\Delta H) VkC_{A1} - F_1 \rho C_P T_1 - Q = 0 \quad ②$$

稳态时夹套能量平衡方程：

$$物料流入带入热量+夹套传热带入-物料流出带走热量=0$$

$$F_W \rho_W C_{PW} T_{W0} + Q - F_W \rho_W C_{PW} T_W = 0 \quad ③$$

稳态时体积流量不变：

$$F_1 = F_0 \quad ④$$

反应速率常数方程：　$k = k_0 \exp(-E/RT_1)$　⑤

传热速率方程：

$$Q=KS(T_1-T_W) \quad ⑥$$

(3) 求解方法

数学模型共有六个方程，除去系统目前已知的变量外，尚有 $T_1$，$T_W$，$k$，$Q$，$F_1$，$C_{A1}$ 六个未知变量，系统自由度为零，可以求解。其中利用方程④、⑤、⑥可以方便地消去 $k$，$Q$，$F_1$ 三个未知量，系统剩下三个方程，三个未知变量 $T_1$，$T_W$，$C_{A1}$，再由①求出 $C_{A1}$ 的表达式：

$$C_{A1}=\frac{F_0C_{A0}}{F_0+Vk_0\exp(-E/RT_1)} \quad ⑦$$

由③式求出 $T_W$ 的表达式：

$$T_W=\frac{F_WT_{W0}C_{PW}\rho_W+KST_1}{F_WC_{PW}\rho_W+KS} \quad ⑧$$

将表达式⑦、⑧代入方程②，得到关于单变量 $T_1$ 的超越方程，无法用解析求解，可借助于计算机求解。作者将上述所有过程用 Excel 表格进行求解，并将该过程录制为宏，方便进一步分析数据。程序界面见图 1-15，具体程序见电子课件第一章程序“夹套反应器多稳态计算 .xsl ”。

(4) 结果分析

在目前已知条件下，利用宏绘制方程②的值随 $T_1$ 的变化曲线，见图 1-15 右下角，可以判断方程有 3 个解。分别利用图 1-15 中 3 个交点附近的值如 295、320、370，利用单变量求解得到 $T_1$ 的精确值分别为 299.6K、327.4K、373.9K，其对应的浓度分别为 8.33kmol/m$^3$、5.42kmol/m$^3$、0.543kmol/m$^3$，其对应的夹套温度分别为 299.4K、324.3K、367.9K。

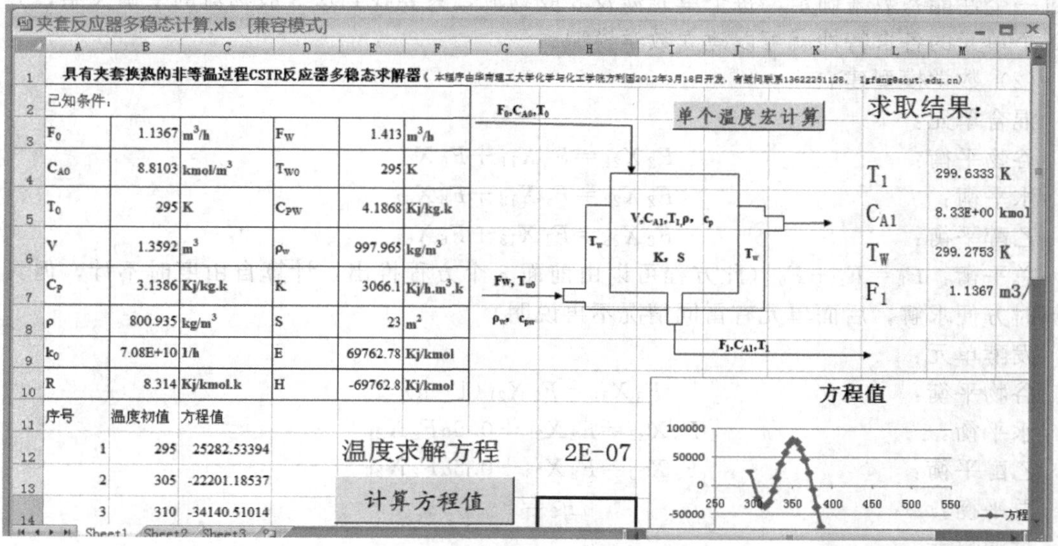


图 1-15 Excel 程序界面

用户可以通过任意给定温度初值“B12-B52”，点击“计算方程值”，就可以绘制图 1-15 中的右下角曲线，进而判断解的多少及大致的值，将大致的值填入图 1-15 的“M4”中，点击“单个温度宏计算”，计算机就会计算出精确的稳态温度及对应的浓度和夹套温度。用户还可以方便地修改各种已知条件，重复上面的步骤，就可以发现有些系统有 2 个稳态解，有些系统只有1个稳态解，到目前为止，尚未发现超过3个稳态解，用户可以尝试求解更多的稳态解或证明最多只有3个稳态解。注意各种参数均可以改变，注意参数之间的数量级的巨大差异。有了这个求解器，大大方便了用户的分析，将主要精力用在分析系统的内在关系上。如当反应放热量增加，夹套传热面积减少，可能只有一个稳态解。

1.2.3.2　谷物发酵过程模拟计算与灵敏度分析

已知如图1-16，含有水的谷物，质量流量为 $F_1$，含谷物 $X_{11}$，含水 $X_{12}$，含乙醇 $X_{13}$，与返料混合，产生 $F_2$，进入发酵罐发酵，理想状态（即100%发酵）每公斤谷物完全发酵时可产生0.5kg乙醇和0.5kg水，假设目前发酵效率为 $\alpha$，过滤器用于过滤未发酵的谷物和产生液体，如过滤效率为100%时，$F_4$ 中没有固体，$F_5$ 中没有液体；若过滤效率 $\beta$，则 $F_4$ 中没有固体；$F_5$ 中有液体，成分和 $F_3$ 液体相同，液体/固体$=1-\beta$。分割器用于排放部分过滤物质，排放率为 $\theta$，模拟计算该发酵系统，提出优化策略及解决方法。

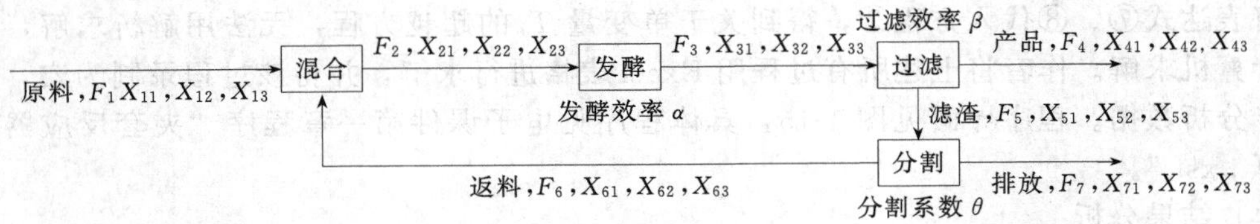


图1-16　谷物发酵系统

（1）题意分析

本系统涉及4个单元，分别是混合、发酵、过滤、分割，系统结构是一个循环结构，系统求解时需要联立求解，增加了一定的计算难度。本系统只涉及物料衡算，有关设备的性能通过一个性能系数来确定，每个单元涉及3股物流，只要找到这3股物流的平衡关系，并考虑每个单元的各自特性就可以建立数学模型。

（2）数学模型建立

混合单元：

谷物平衡：$$F_2X_{21}=F_1X_{11}+F_6X_{61} \quad ①$$

水平衡：$$F_2X_{22}=F_1X_{12}+F_6X_{62} \quad ②$$

乙醇平衡：$$F_2X_{23}=F_1X_{13}+F_6X_{63} \quad ③$$

总平衡：$F_2=F_1+F_6$（此方程可以由前面3个方程推出，计算自由度时不计，但具体计算时方便求解，后面单元有雷同情况不再说明）

发酵单元：

谷物平衡：$$F_3X_{31}=F_2X_{21}(1-\alpha) \quad ④$$

水平衡：$$F_3X_{32}=F_2X_{22}+0.5\alpha F_2X_{21} \quad ⑤$$

乙醇平衡：$$F_3X_{33}=F_2X_{23}+0.5\alpha F_2X_{21} \quad ⑥$$

总平衡：$$F_3=F_2$$

过滤单元：

谷物平衡：$$X_{41}=0 \quad ⑦$$

$$F_5X_{51}=F_3X_{31} \quad ⑧$$

水平衡：$$F_5X_{52}=F_3X_{31}(1-\beta)\frac{X_{32}}{X_{32}+X_{33}} \quad ⑨$$

$$F_4X_{42}=F_3X_{32}-F_3X_{31}(1-\beta)\frac{X_{32}}{X_{32}+X_{33}} \quad ⑩$$

乙醇平衡：

$$F_5X_{53}=F_3X_{31}(1-\beta)\frac{X_{33}}{X_{32}+X_{33}} \quad ⑪$$

$$F_4X_{43}=F_3X_{33}-F_3X_{31}(1-\beta)\frac{X_{33}}{X_{32}+X_{33}} \quad ⑫$$

总平衡：

$$F_4+F_5=+F_3$$

分割单元：

谷物平衡：

$$F_7X_{71}=\theta F_5X_{51} \quad ⑬$$

$$F_6X_{61}=(1-\theta)F_5X_{51} \quad ⑭$$

水平衡：

$$F_7X_{72}=\theta F_5X_{52} \quad ⑮$$

$$F_6X_{62}=(1-\theta)F_5X_{52} \quad ⑯$$

乙醇平衡：

$$F_7X_{73}=\theta F_5X_{53} \quad ⑰$$

$$F_6X_{63}=(1-\theta)F_5X_{53} \quad ⑱$$

浓度相等：

$$X_{71}=X_{51} \quad ⑲$$

$$X_{61}=X_{51} \quad ⑳$$

$$X_{72}=X_{52} \quad ㉑$$

$$X_{62}=X_{52} \quad ㉒$$

$$X_{73}=X_{53} \quad ㉓$$

$$X_{63}=X_{53} \quad ㉔$$

总平衡：

$$F_7+F_6=F_5$$

(3) 求解方法

系统共有流股 7 股，每股流股有 4 个变量，但浓度分率变量中隐含归一方程，实际只有 3 个独立变量，故共有 21 个流股变量。系统设备变量有 3 个，故系统共有独立变量 24 个，目前有方程 24 个，但这 24 个方程中，有 6 个方程不能计入自由度，至于把它们写出来是因为在具体计算时要可能用到它们。方程⑬、⑮、⑰只能算一个方程，因为后面有浓度分率相等方程；同理方程⑭、⑯、⑱也只能算一个方程；方程㉓、㉔可以由浓度分率归一方程推导得到，所以该模型系统独立方程数为 18 个，则自由度为 24－18＝6，尚需确定 6 个变量系统才能求解。实际求解时，假设进料谷物的 3 个独立变量及 3 个设备变量，至此，系统自由度变为零，可以求解。该系统若人工求解，需联立求解 24 个方程，或对 $F_6$ 进行切断通过迭代求解。作者建议利用 Excel 循环迭代功能，只要将 24 个方程的关系通过对应表格进行关联，将各种已知条件填入对应表格即可。程序界面见图 1-17，具体程序见电子课件第一章程序“谷物发酵提取计算表格 . xsl ”。

(4) 结果分析

读者也许已经发现我们在建立该系统的数学模型时，有意将单元的输出项放在方程的左边，输入项放在方程的右边，如此书写就是为了方便序贯求解及利用 Excel 的循环迭代计算功能。具体应用时将已知数据分别填入图 1-17 所示的“C5-C9”单元格中，利用模型的方程，将各个单元的输入输出用公式的形式填入，注意在 Excel 表格计算中，选用了各个组分的分流量，省去了质量分率或浓度的变量，即每个流股有 3 个变量，而进料流中没有乙醇流量。具体的计算公式如在“C15”中填入“＝C5 * C6”，“C16”中填入“＝C5 * (1-C6)”，“C17”中填入“＝C15＋C16”；“F7”中填入“＝C15＋G24”，“F8”中填入“＝C16＋G25”“F9”中填入“＝C17＋G26”，“F10”中填入“＝ G26”；“F10”中填入“＝C17＋G27”或“＝F7＋F8＋F9”；“I6”中填入“＝F7 * (1-C9)”，“I7”中填入“＝F8＋0.5 * F7 * C9”，

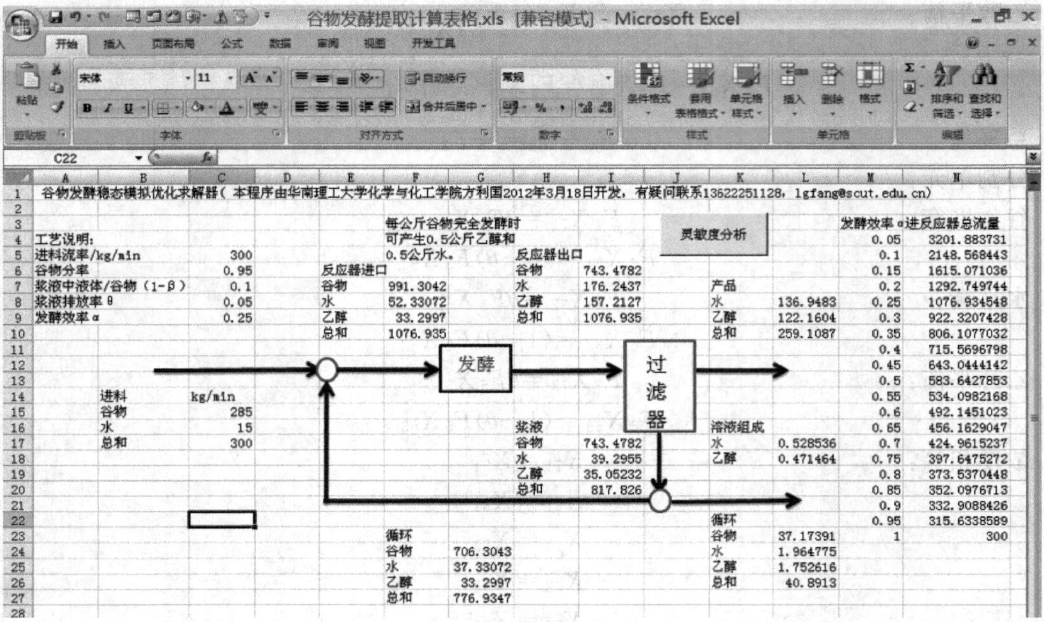

图 1-17　谷物发酵计算

“I8”中填入“＝F7∗C9∗0.5＋F9”，“I9”中填入“＝I6＋I7＋I8”。其他公式不再一一列出，读者自行打开软件就可以发现计算公式。按如此公式填入到最后循环物流时，Excel 软件会提示需要循环迭代设置的问题，可以点击软件的左上角 Office 按钮，点击“Excel”选项，点击“公式”，弹出如图 1-18 所示的图，将“启用迭代计算”打钩，并设置“最大迭代次数”及“最大误差”，注意“自动重算”也必须打钩，这样一旦改变了已知条件，软件就会自动求解在新条件下的解。需要提醒读者的是计算机仅仅是一种工具，它只能按照我们设

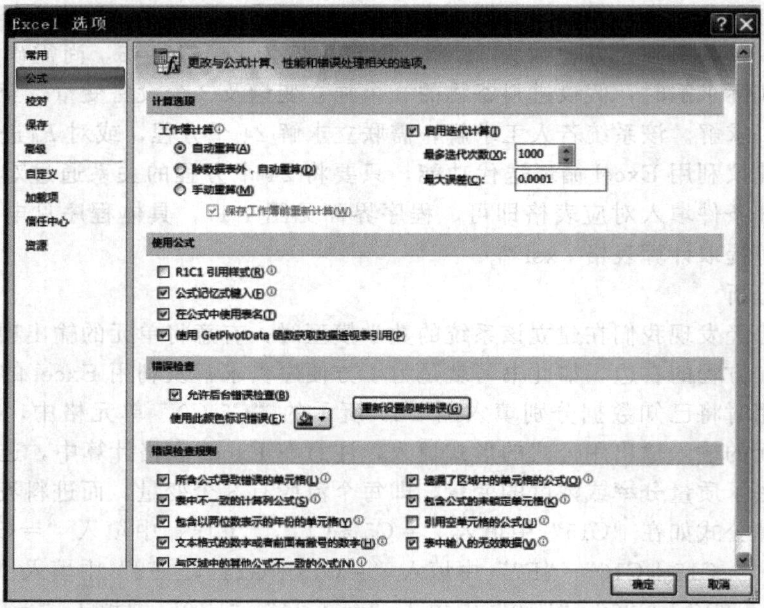

图 1-18　Excel 循环迭代设置

置的条件及计算公式教学计算，是否正确，必须靠用户自己验证。可能带来的错误原因主要有三个方面的因素：一是已知条件数据输错，这时计算机可以正常计算，但计算结果不符合实际情况，计算机无任何提示；二是输入的公式有错，这时如果公式的错误是逻辑错误，计算机可能会提醒，但如果不是逻辑错误，计算机一般不会提醒，也会得到计算结果，和第一种情况一样，其结果也是错误的；第三种情况是设置的迭代次数及误差不合理，计算过程在没有完全收敛之前提前终止，尽管计算机提示找到解，无错误提示，其实结果也是错误的。以上情况读者必须时刻注意，在作者的多年教学生涯中，许多学生经常会犯以上错误，尤其是第三种情况的错误，在本教材后面的所有需要计算机计算的例子中均有上述情况出现的可能，以后不再提醒。作者开发的程序已验证，用户可放心使用。

在使用图 1-18 已开发好的 Excel 计算表格时，用户只要对“C5-C9”做出修改，软件就会自动进行迭代计算，得到在新的已知条件下的解。仅仅只有单个求解值，对于化工系统分析来说还是不充分的，我们希望得到在某一个参数改变时的一系列解，并绘制成如图 1-20，以便作进一步的设备投资、经济效益等方面的分析。如我们想分析发酵效率对进入反应器总流量的影响，此时需要利用 Excel 中的宏计算。本计算表格中已开发了宏计算功能，其主要程序如下：

```
Sub Macro1()
Dim i
For i = 1 to 20
    Range("C9"). Select
    ActiveCell. FormulaR1C1 =0". 8"
  Cells(9, 3) = i * 0.05      //对发酵效率进行修改
    Range("C21"). Select
        Cells(3 + i, 13) = Cells(9, 3)  //将当前的发酵效率进行记录
        Cells(3 + i, 14) = Cells(10, 6)  //将当前的进入发酵罐总流量进行记录
Next i
End Sub
```

用户可以方便地修改斜体的 3 条语句，对其他变量进行分析。比如要研究料浆排放率对进入发酵罐总流量的影响，只要将前两条斜体语句改成：

```
Cells(8, 3) = i* 0.05      //对料浆排放率进行修改
Range("C21"). Select
    Cells(3 + i, 13) = Cells(8, 3)  //将当前的料浆排放率进行记录
```

由图 1-19 可知，当发酵效率提高时，进入发酵罐的总流量减少，意味着发酵罐可以做得小一点，设备的材料投资可以少一点。但发酵效率提高时，发酵罐具体的内部结构、通风要求、温度控制、酵母投量及性能均要提高，这方面又增加了投资和操作费用。观察图 1-19 可知，选用的发酵效率为 0.5 较好。因为当发酵效率再提高时，进入发酵罐的总流量改变不大，更为精确的数据需要作全面、详细的技术经济分析。

1.2.3.3　精馏及最佳进料板位置分析

某甲醇-水精馏塔如图 1-20，理论塔板数为 32，进料板位置为第 8 块塔板（理论板，以下同）。进料流量为 3000kg/h，甲醇的质量分数为 0.4，温度为 25℃，压力为 2atm[1]；采用全凝器，釜式再沸器，摩尔回流比为 1.1，塔顶冷凝器压力为 1.1atm，冷凝器压降为 0.03atm，全塔压降为 0.1atm，物流 2 的流量为 1200kg/h。试计算塔顶、塔底的各组分的

[1] 1atm＝101.325kPa。

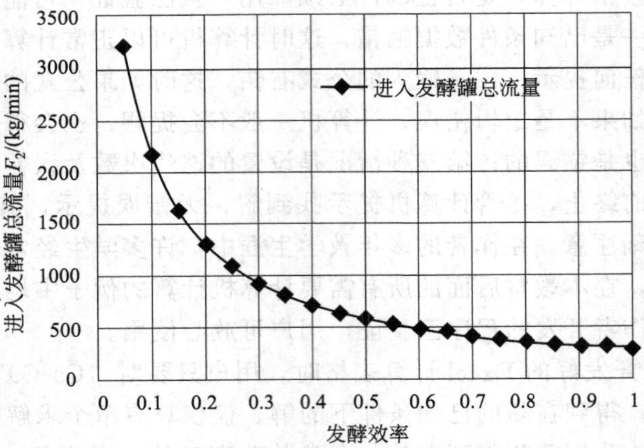


图 1-19 发酵效率对进入发酵罐总流量的影响

流量、冷凝器及再沸器负荷，并分析进料板位置的优劣。

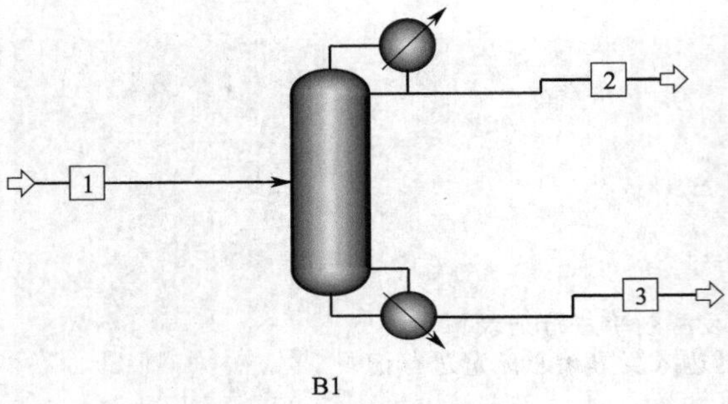


图 1-20 甲醇-水精馏塔

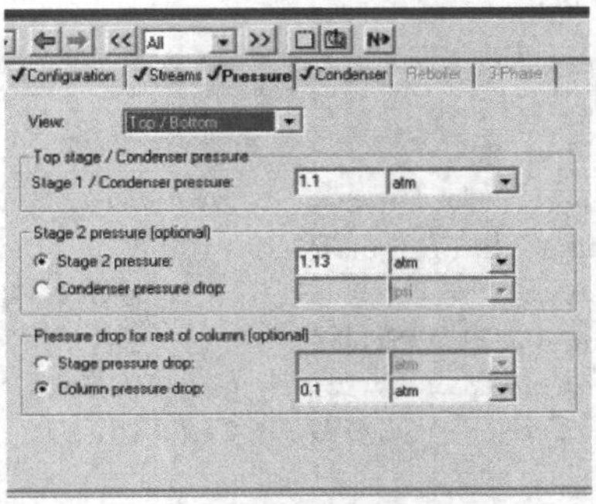


图 1-21 塔压力设置

(1) 题意分析

本题是一个已知一定的设备参数及一定的性能规定情况下，求取其他未知的量。这些未知量有塔顶、塔底的温度、物流 3 的流量及组成、物流 2 的组成、冷凝器的负荷、再沸器的负荷等。要求取这些未知的变量，必须通过建立每块塔板的 MESH 方程（有关 MESH 方程的建立将在第 2 章中介绍），利用一定的方法（已有许多参考文献可以借鉴）加以求解。

(2) 数学模型建立

尽管你可以建立该问题的 MESH 方程，也有办法加以求解，但许多物性数据的查询将花去你大量的时间。建议利用 Aspen Plus 或 Pro/Ⅱ求解。利用 Aspen Plus 的“Colunms-RadFrac-FRACT2”模块，建立如图 1-20 所示的流程图。

(3) 求解方法

利用 Aspen Plus 软件，将各种已知条件输入就可以求解，注意由于是极性体系，物性方法采用 NRTL-RK，根据已知条件，将塔的压力设置如图 1-21 所示。注意塔顶冷凝器作为一块理论塔板；第二块塔板是实际塔中的第一块塔板，由于冷凝器的压降为 0.03atm，故第二块理论塔板的压力为 1.13atm，全塔压降为 0.1atm，可以推算塔底物流的压力为 1.23atm，后面利用 Aspen Plus 模拟计算的结果也是 1.23atm。

(4) 结果分析

运行 Aspen Plus 后，得到 3 股物流的性能见表 1-1。

**表 1-1 3 股物流性能**

| 组分摩尔流量/kmol·$h^{-1}$ | 1 | 2 | 3 |
|---|---|---|---|
| $H_2O$ | 99.9151831 | 1.55307554 | 98.3621076 |
| $CH_3OH$ | 37.4506588 | 36.5774586 | 0.8732002 |
| 总摩尔流量/kmol·$h^{-1}$ | 137.365842 | 38.1305341 | 99.2353078 |
| 总质量流量/kg·$h^{-1}$ | 3000 | 1199.99987 | 1800.00013 |
| 总体积流量/$m^3$·$h^{-1}$ | 3.34140581 | 1.60472264 | 1.98068629 |
| 温度/℃ | 25 | 67.6140256 | 104.359449 |
| 压力/atm | 2 | 1.1 | 1.23 |
| 气相分率 | 0 | 0 | 0 |
| 液相分率 | 1 | 1 | 1 |
| 固相分率 | 0 | 0 | 0 |
| 摩尔焓/J·$kmol^{-1}$ | −273626429 | −236009631 | −279370877 |
| 质量焓/J·$kg^{-1}$ | −12528975 | −7499311.9 | −15401918 |
| 流动焓①/W | −10440813 | −2499770.4 | −7700959.8 |
| 摩尔熵/J·kmol·$K^{-1}$ | −182591.34 | −222863.8 | −145600.25 |
| 质量熵/J·$kg^{-1}$·$K^{-1}$ | −8360.6045 | −7081.5972 | −8027.0468 |
| 密度/kmol·$m^{-3}$ | 41.1101943 | 23.7614483 | 50.1014767 |
| 密度/kg·$m^{-3}$ | 897.825698 | 747.792696 | 908.775985 |
| 平均分子量 | 21.8394905 | 31.4708382 | 18.1387066 |
| 60°F时液体体积流量/$m^3$·$h^{-1}$ | 3.3140264 | 1.50337017 | 1.81065622 |

① 流动焓＝质量焓×总质量流量＝$-12528975J/kg\times3000kg/h\times\frac{1h}{3600s}=-10440813J/s$

由表 1-1 的数据可知，塔底的压力即物流 3 的压力确为 1.23atm，塔底的温度为 104.4℃，再沸器热负荷为 1024.94526kW；塔顶压力为 1.1atm，温度为 67.6℃，塔顶冷凝器热负荷为−784.86919kW。根据表中的数据，通过计算可以得知塔顶组分甲醇的摩尔百分浓度为 36.577/38.131＝95.92%，塔底组分甲醇的摩尔百分浓度为 0.8732/99.235＝0.8799%。

进料板的位置对精馏塔的性能有较大的影响。一般情况下，最佳的进料板位置可分为三种情况：

① 相同板数及回流比下，塔顶和塔底组分分离效率最高；

② 相同分离要求和回流比下，所需板数最小；

③ 相同分离要求及板数下，回流比最小或冷凝器、再沸器负荷最小。

至于本题对进料板位置的分析，采用第一种情况，因为已经建成的精馏塔板数、冷凝器、再沸器一般较难改变，而进料板位置的改变相对容易些。利用 Aspen Plus 的灵敏度分析功能，定义物流 2 的甲醇摩尔分流量 TME、物流 2 的总摩尔量为 TF、物流 3 的甲醇摩尔分流量 BME、物流 3 的总摩尔量为 BF 作为被控变量，TME/TF、BME/BF 为输出表达式，将进料板位置作为操作变量，模拟计算得到表 1-2 数据（详细的设置请参见电子课件第 1 章程序中“甲醇水精馏模拟及进料板位置分析 .apw”）。表 1-2 中第 1、4 行是进料塔板位置；第 2、5 行是塔顶甲醇摩尔分数；第 3、6 行是塔底甲醇摩尔分数。图 1-22、1-23 是将表格数据采用 Origin 软件绘制的图。

表 1-2 进料板位置与塔底、塔顶组分甲醇摩尔分率关系

| 进料板位置 | 2 | 3 | 4 | 5 | 6 | 7 | 8 | 9 | 10 | 11 | 12 | 13 | 14 | 15 |
|---|---|---|---|---|---|---|---|---|---|---|---|---|---|---|
| 塔顶甲醇摩尔分率 | 0.743 | 0.836 | 0.885 | 0.915 | 0.935 | 0.949 | 0.959 | 0.967 | 0.973 | 0.978 | 0.982 | 0.985 | 0.988 | 0.990 |
| 塔底甲醇摩尔分率 | 0.064 | 0.038 | 0.026 | 0.019 | 0.014 | 0.011 | 0.009 | 0.007 | 0.006 | 0.005 | 0.004 | 0.003 | 0.003 | 0.002 |
| 进料板位置 | 16 | 17 | 18 | 19 | 20 | 21 | 22 | 23 | 24 | 25 | 26 | 27 | 28 | 29 |
| 塔顶甲醇摩尔分率 | 0.992 | 0.993 | 0.995 | 0.996 | 0.997 | 0.997 | 0.998 | 0.998 | 0.998 | 0.997 | 0.993 | 0.985 | 0.970 | 0.943 |
| 塔底甲醇摩尔分率 | 0.002 | 0.001 | 0.001 | 0.001 | 0.001 | 0.001 | 0.000 | 0.000 | 0.000 | 0.001 | 0.001 | 0.003 | 0.007 | 0.012 |

观察表 1-2 中的数据及图 1-22、图 1-23 可知，进料板位置在第 22～24 块塔板之间，可以获得最佳的分离效果，比原来第 8 块进料位置有较大的提高。至于具体是哪块塔板的效率最高，需详细分析数据至小数点第 5 位，可知第 24 块最佳，但和第 22～23 块进料的差异很小。

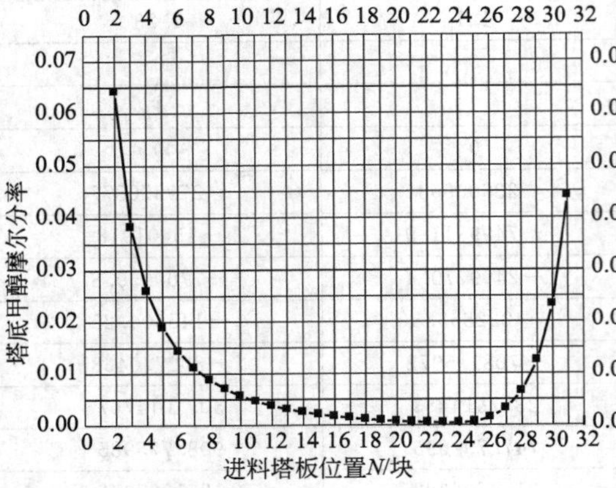


图 1-22 进料板位置与塔底甲醇摩尔分率关系

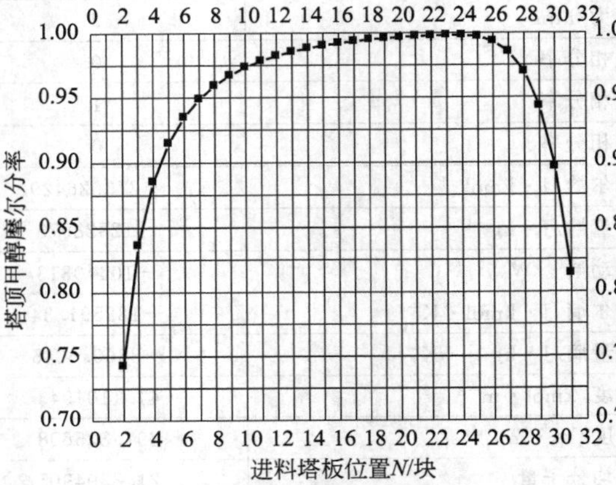


图 1-23 进料板位置与塔顶甲醇摩尔分率关系

# 1.3 化工系统合成

## 1.3.1 化工系统合成定义

化工系统合成和化工系统分析刚好相反，系统分析是在已知系统的单元及结构的前提下，求取系统的性能；而系统合成则是在已知系统性能的前提下，确定系统的单元及单元和单元之间的相互关系，即系统的结构。

化工系统合成是在系统已经给定的条件下，确定能够实现这一特性的全部子系统的特性以及它们之间的联接方式（结构），可用图 1-24。

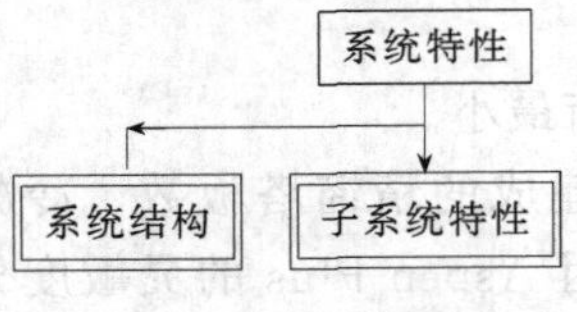


图 1-24 系统合成示意图

当一个系统被确定时，这个系统的特性也就被唯一确定；但当系统特性确定时，能完成此特性的系统可以有无穷多个。

系统合成时，已知系统的性能可多可少，限制的条件也可多可少，这些因素都会影响系统合成时的策略及具体的系统单元和结构。如果合成的是比较简单的单个设备，如换热器、精馏塔，这相当于化工单元设计，目前有较成熟的设计计算公式可以设计出满足系统性能的设备，但在化工系统合成范畴内，要比简单的单元设备设计更进一层。如需设计一个换热器，将流量为 3000kg/h，温度为 120℃的柴油冷却到 40℃。简单的化工单元设计一般采用管壳式列管换热器，冷却介质采用水，温升为 10℃，根据具体的换热器结构选取一合理的传热系数，计算所需的传热面积及冷却水量，再核算传热系数，重复以上过程直至收敛。这就是在学习化工单元

设计时的基本要求，如果没有计算机编程的话，手工进行计算，收敛过程需要花费一定的时间。在化工系统合成范畴内，就不能这么简单的设计计算。目前该合成问题仅已知将流量为 3000kg/h，温度为 120℃的柴油冷却到 40℃，合成一个换热系统。在上面常规设计的基础上，合成时首先要考虑的一个问题是换热面积的大小和冷却水流量之间的优化关系，这时会涉及许多经济参数，如冷却水费用、单位换热面积造价、资金年利率、设备寿命等，建立一个总费用最小的优化模型，求取合理的换热面积及冷却水流量。如果进一步考虑为了完成该换热任务，所采用的冷却模式也可以选择、换热器结构及列管也可以选择（可选择强化传热管，增加传热系数，但造价会提高，换热器隔板采用目前最先进的螺旋式隔板，减少传热死角，提高整体传热效率，但制造难度增加而传热面积减少，有关这方面的内容读者请参看有关参考文献）。如果该换热任务是在整个化工系统中的某一环节，更为广泛的考虑是除了水作为冷却介质外，是否有需要加热的物流，如刚好有某股物流需要从 20℃加热到 100℃，此时可以考虑将该物流作为冷却介质，至于是否刚好双方匹配暂时不用考虑，可以通过第二个换热器将无法满足换热任务的一股物流进行换热，当然进行综合费用的计算是必要的。一个简单的换热过程，当利用系统合成的概念进行考量的时候，会有如此多的方案，那么当考虑整个化工厂的合成时，其方案就可能成几何级数的增加，本课程的主要任务之一就是发现这些方案、评价这些方案并选用合理优化可实现的方案。当然在发现或寻找这些方案时会用到目前公认的一些技术，如换热器网络合成的挟点技术、精馏系列合成的基本规律、反应系列合成时的独立反应数定律、多组分共存时的相数、组分数及自由度关系式等知识，这些基本知识将在后面的相关章节中介绍。

对于合成一个化工厂，如年产醋酸 20000t，要确定能完成这个任务的系统即单元和结构是无穷多个的。这是因为，首先生产醋酸的工艺路线有许多条，有以前面介绍的酒精路线的；也可以走以乙烯为原料的路线。而酒精既可以是粮食发酵而成，也可以由其他化工产品制取而成。即使是同一条生产路线，其中的物料流、能量流、信息流等系统也可各不相同，这样就构成了无穷多个系统可以完成这个任务，而合成的任务就是在这无穷多个方案中挑选出一个最优方案，可见系统的合成要比系统的分析更为困难。

### 1.3.2 化工系统合成多重同心圆概念

为了更好地在大型化工系统合成时逐步构架化工系统，层层进行优化评估工作，人们提

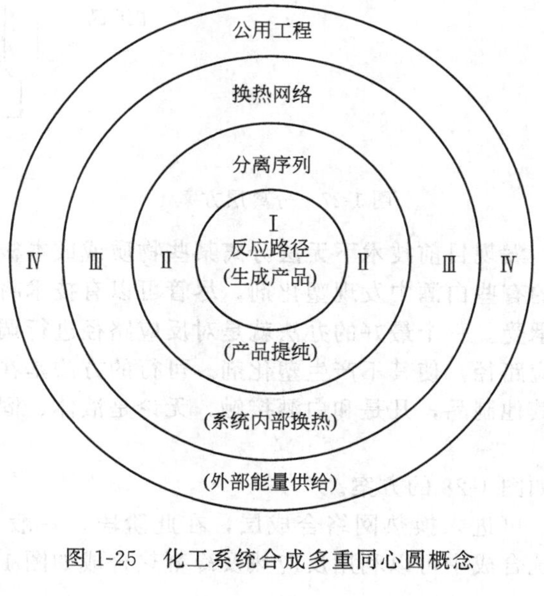


图 1-25 化工系统合成多重同心圆概念

出了如图 1-25 的化工系统合成四环概念模型。该模型从内到外依次是反应路径合成（生成产物）、分离序列合成（产物提纯）、换热网络合成（系统内部换热）、公用工程网络合成（提供电力、燃料、蒸汽等外部能量）。一般而言，这四个层面的合成次序先内层，再外层。但当内层合成后，在外层构架和优化时，发现内层有不足之处，可对内层进行调整。所以说一个好的化工系统的产生需要先内层到外层，再外层调整内层，往复多次才可以得到。

核心层通过反应生成产品如图 1-26 所示。

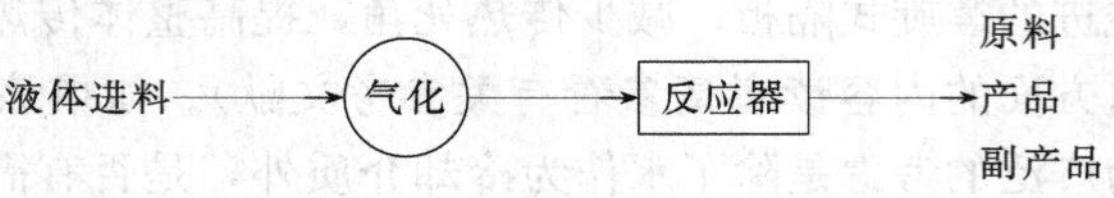


图 1-26　反应核心层

在图 1-26 所示的核心层，原料液体通过加热气化进入反应器，在反应器内气体原料发生反应，生成产品，同时有副产品及未反应的原料。此阶段在保证生产出需要的产品前提下，可对反应原料、反应路径、反应器结构、催化剂品种等进行调整。

反应后的产物进入分离层，如图 1-27。通过精馏塔分离产品、副产品、未反应原料，也可通过其他分离方法，如冷凝、吸附、吸收、变压吸附、离心分离等。

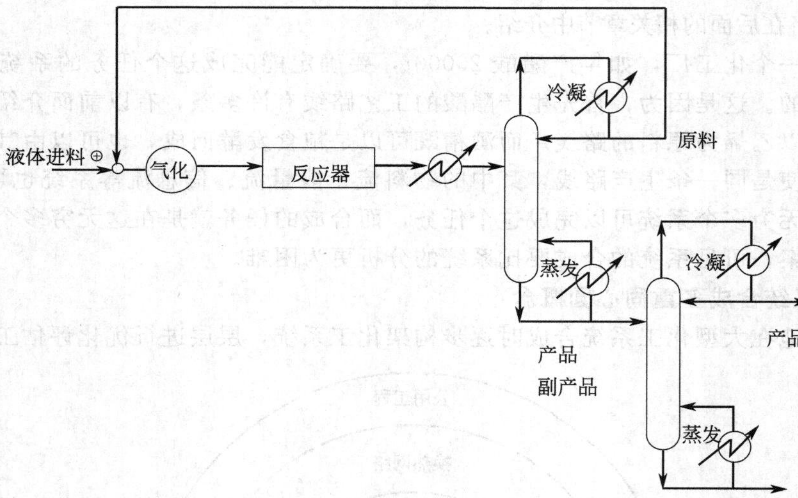


图 1-27　分离层方案 1

如果进入分离层时，发现目前技术下无法分离某些物质或成本极高，可以对第一层反应进行调整。如目前报道的有些白酒中发现塑化剂，尽管可以有技术将其除去，但工艺和成本对生产厂家来说都无法承受。一个最好的办法就是对反应路径进行调整，找到在反应路径中塑化剂的源头，改进反应路径，使其不产生塑化剂。可行的方法是在白酒生产的整个路径上杜绝使用塑料管、罐及其他制品，凡是和白酒接触，无论是液体、固体、气体全面杜绝塑料制品。

分离层也可以采用如图 1-28 的方案。

完成分离层合成后，可进入换热网络合成层，在此阶段，一般不再对反应层进行调整（特殊情况除外），本系统合成中可以利用反应热及冷凝热合成如图 1-29 的热集成网络。

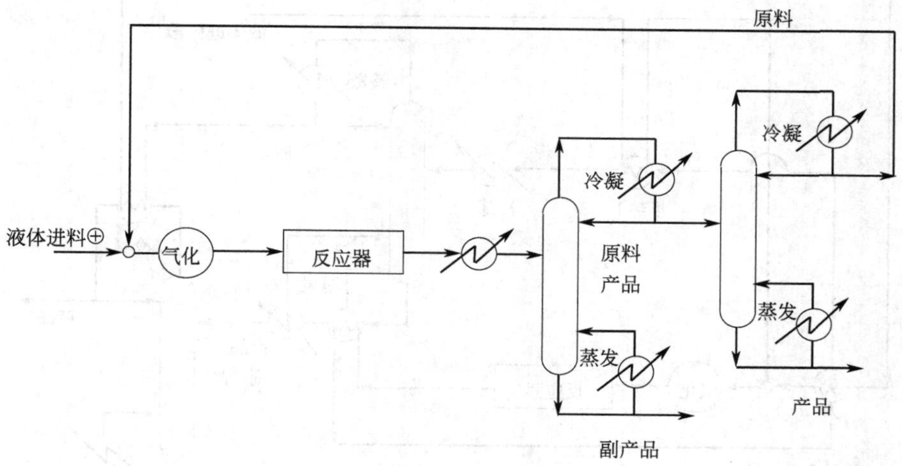


图 1-28　分离层方案 2

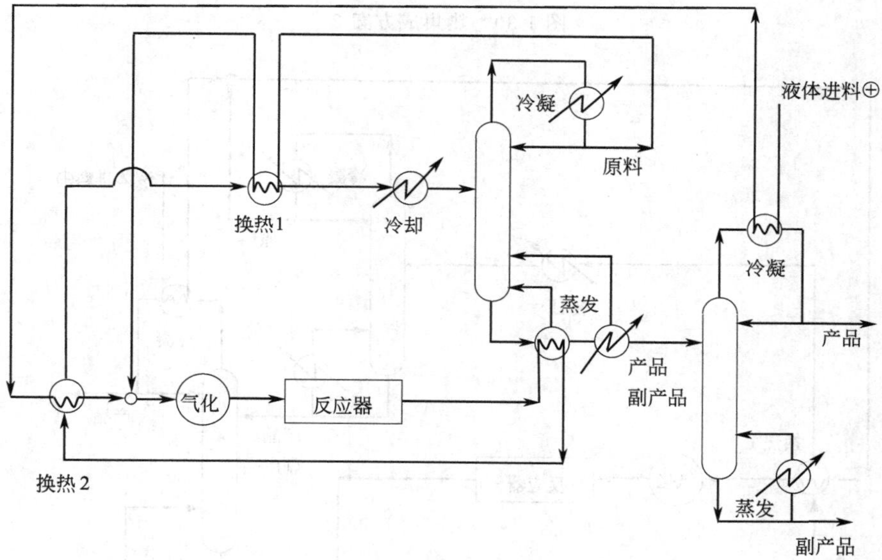


图 1-29　热集成方案 1

热集成方案也可以如图 1-30 和图 1-31 所示。

对于通过热集成后无法满足生产要求的，需采用公用工程提供能量（如电力、蒸汽、冷却水等）加以满足。在完成全部四层合成后，需对全系统进行优化评估，找到在已知条件下的最优系统，也可以称为第五层。

### 1.3.3　化工系统合成关键

合成一个化工系统并不难，难的是对合成的系统进行优化评价，并找出可以改进的地方。因此，合成化工系统的关键是发现问题及其对解决问题方案的优化评价，但最关键的还是发现问题及其对问题的描述。爱因斯坦曾说过含有如下意义的一段话：

对问题自身的准确表达远比问题的解决更重要，问题的解决可能仅仅是数学上，或者仅仅是实验技术的问题。提出新问题，发现新问题，从新的角度去考虑老的问题，这一切都要求有创造性的想象力，也正是他们推动着科学的真正进步。

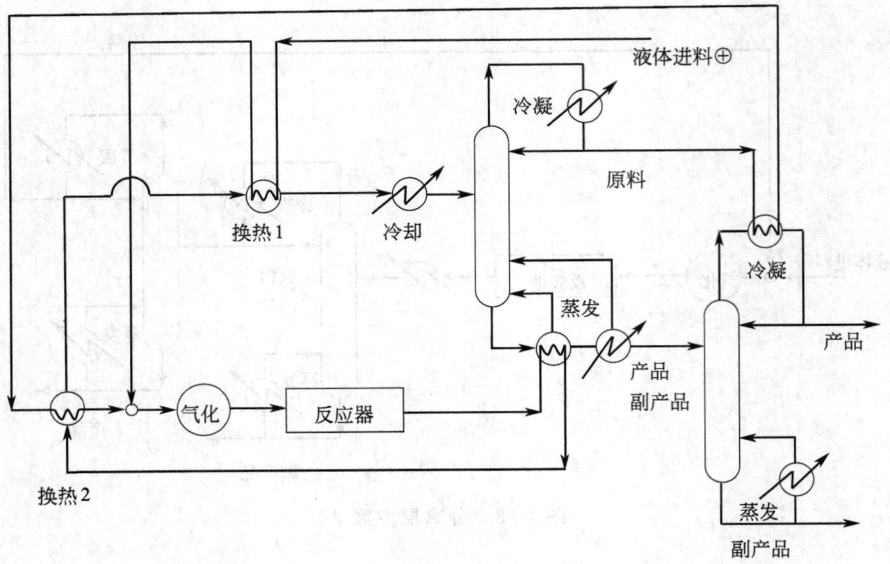


图 1-30　热集成方案 2

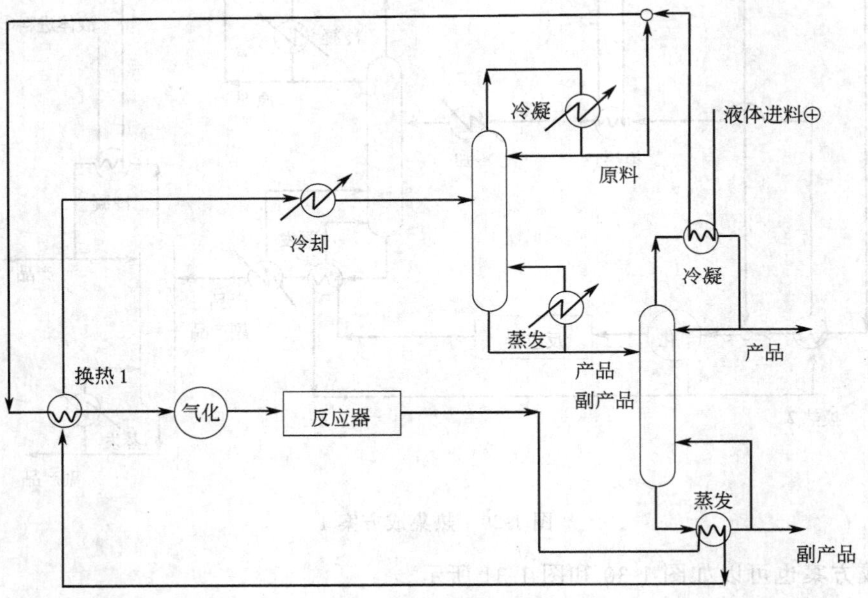


图 1-31　热集成方案 3

上述这段话对化工系统合成来说，太适合不过了。合成的关键就是要不断找到新的方案，并去准确描述它，用新的角度去思考老的问题。比如过去有些反应需要在高温、高压下进行，考虑一下能否在较温和条件下进行呢？答案已经找到，利用离子液体可以使某些原来在高温高压下的反应在离子液体的环境下可在较温和的反应条件下进行。一般情况下，3 组分进行清晰分离需要 2 个塔，是否可以用 1 个塔？答案是可以用内部热集成的隔板塔。许多原来看来不可能的事情，有些已变得可能。如当将物质的空间尺寸小到纳米尺度时物质的性质就会发生很大的变化；原来需要大量实验验证的化工过程，随着计算机模拟技术的引入，从大型工厂到分子尺度范围、从静态到动态模拟，计算机已经可以取代许多实验验证工作。

所以说，在化工系统合成时，必须不断提出新的方案，不断发现新的问题，在提出问题的时候暂不考虑问题的解决，放开思路，大胆提出问题。

**1.3.4　化工系统合成具体案例**

1.3.4.1　单晶硅制备方法合成

用于各种精密电子及太阳能光电系统的硅要求杂质含量低于1ppb即10亿分之一。如此高纯的硅，如果没有特殊的制备方法是无法实现的，而有些方法可能可以制备高纯硅，但成本可能是一个天文数字，如何找到一个合理的工艺路径，来制备高纯硅，并不断加以改进，得到经济上可行的高纯硅生产路线。

（1）原料与反应路径建立

制备高纯硅的原料可谓遍地都是（就是砂子），化学名称为二氧化硅，分子式为 $SiO_2$，是一种十分稳定的化合物，如果直接高温分解，其反应方程式如下：

$$SiO_2 \xrightarrow{加热至10000℃} Si + O_2 \tag{1-8}$$

10000℃的高温几乎可以使目前已知的大多数金属熔化，即使找到能耐10000℃以上的金属容器，其消耗的电能费用将十分昂贵。必须找到一个替代的反应路径来生产硅。已知炼铁时用还原剂（C、CO、$H_2$）将铁矿石中的铁氧化物（$Fe_2O_3$、$Fe_3O_4$、FeO）还原成金属铁（Fe）。其反应过程如下：

$$FeO + CO = Fe + CO_2 \tag{1-9}$$

$$FeO + C = Fe + CO \tag{1-10}$$

仿照铁的冶炼过程，可以得到硅的冶炼方程式：

$$C_xH_y + (0.5x + 0.25y - 1)O_2 + SiO_2 \xrightarrow{2000℃} Si + xCO + 0.5yH_2O \tag{1-11}$$

其流程简图如图1-32所示。

图1-32　单晶硅制备反应路径

其中 $C_xH_y$ 表示煤的方程式，利用煤作为还原剂，将砂子在2000℃下冶炼成液态单质硅，此工艺路线在目前技术条件下是可以实现的。

（2）分离路径建立

由于引入了煤作为还原剂，可能会带来硫、磷等物质，幸好这些物质在2000℃高温及氧的存在下已生成气态的氧化物，在液态硅中基本无此类物质。然而砂子中含有的铁和铝（即使原来以氧化态存在，现在也以单质存在）已以原子态分散在液态硅中，如何除去液态硅中铁和铝是制备高纯度单晶硅分离路径中的关键。首先想到的是能否通过磁铁拣选的方法除去硅中的铁和铝，由于已经知道液态硅中的铁铝是以原子态分散其中，故无法使用磁铁拣选的方法。其次想到的是化工中应用最多的分离方法精馏，先来看一下铁、铝、硅三者之间的沸点和熔点，见表1-3。

由表1-3的数据可知，该三种物质的沸点之间还是存在一定差距，先不考虑是否有如此高温操作的精馏塔，如果采用精馏分离，能否做到只含1ppb[1]杂质含量的要求。观察表1-3的数据，铝和硅的绝对沸点差为112℃，但相对沸点为2355/2467=0.955，如此接近1的相

[1] 1ppb=$10^{-9}$。

对沸点，无法分离到如此高的纯度（杂质含量 1ppb 以下）。

**表 1-3　三种物质沸点、熔点数据**

| 物　质 | 沸点/℃ | 熔点/℃ |
|---|---|---|
| 铁 | 2760 | 1535 |
| 铝 | 2467 | 660 |
| 硅 | 2355 | 1410 |

气液分离精馏方法不行，那么固液的浮选方法是否可行呢？同样还是利用表 1-3 的数据，铝的熔点是三种物质中最低的。当先将硅液固化后再加热融化时，首先浮选出来的是铝而不是硅，其次才是硅，而此时肯定会有液态铝残留。因为此时的温度尚未达到铝气化的温度，所以先固化再熔化无法获得高纯度硅，有可能获得高纯度铝。

换一种思路，将已融化的液态硅液固化，看看在此过程能否得到高纯硅。固化时首先固化的是铁，将固化的铁除去（也会带走一部分液态物质），再降低温度，将有固态硅产生，但铁和铝都可以溶解在硅中，故也无法得到纯的固态硅，表明利用三种物质的熔点之差无法分离得到高纯硅。看来要另找途径，分离得到高纯硅，一个可以考虑的路径是先将三种单质通过反应生成化合物，再将含铁铝的化合物除去，剩下含硅的化合物再通过反应制备高纯硅。按照上述思路，将由图 1-33 制备的含铁、铝杂质的液态硅进入第二个反应器，通入 HCl，发生如下反应：

$$Si + HCl \longrightarrow SiH_4 \quad \text{（沸点：}-112℃\text{）}$$
$$+ SiH_3Cl \quad \text{（沸点：}-30℃\text{）}$$
$$+ SiH_2Cl_2 \quad \text{（沸点：}8℃\text{）}$$
$$+ SiHCl_3 \quad \text{（沸点：}33℃\text{）}$$
$$+ SiCl_4 \quad \text{（沸点：}-58℃\text{）} \tag{1-12}$$
$$Al + HCl \longrightarrow AlCl_3 \quad \text{（沸点：}181℃\text{）} \tag{1-13}$$
$$Fe + HCl \longrightarrow FeCl_2 \quad \text{（沸点：}1024℃\text{）}$$
$$+ FeCl_3 \quad \text{（沸点：}332℃\text{）} \tag{1-14}$$

反应方程式(1-12)～式(1-14) 没有配平，在反应过程中产生的氢气和氯气均已和三种单质反应，即使有剩余也是气态的形式，并不会影响分离。方程式中的沸点是常压下沸点的数据，根据沸点数据，可以将氯化反应后的产物冷凝到 35℃，此时铁和铝的氯化物已冷凝呈液态，有 4 种硅的化合物仍呈气态，硅和铁铝得到完全分离。将 4 种呈气态的硅化合物再冷凝到 30℃，得到液态高纯度的 $SiHCl_3$，将此高纯度的 $SiHCl_3$ 和氢气反应，利用 Siemans 工艺就可以制备得到高纯度的单晶硅，具体工艺路线见图 1-33。

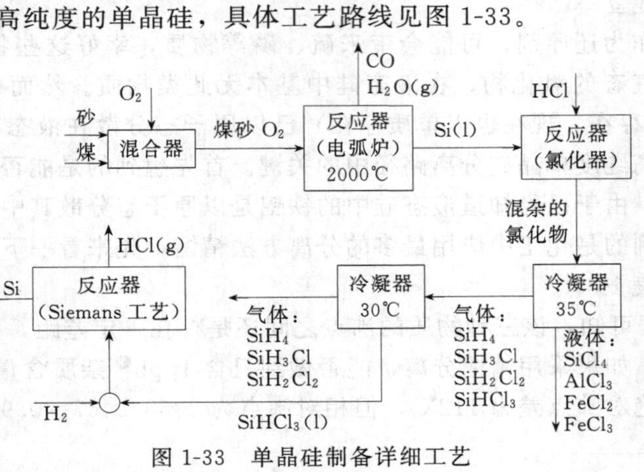


图 1-33　单晶硅制备详细工艺

(3) 换热网络及公用工程合成

在图 1-33 工艺路径的基础上，进一步进行换热网络及公用工程的合成，如可以考虑将在 Siemans 工艺阶段产生的 HCl 精制后作为氯化反应器的原料，将通入混合器的原料利用冷凝器放出的热量预热，减少电弧炉的电力消耗，总之，经过进一步的不断完善和优化，一个技术上可行、经济上合理的单晶硅制备工艺就合成了。

1.3.4.2 海水淡化方法合成

尽管地球上许多地方不缺水，但在某些地区还是缺少淡水。利用海水淡化制取饮用水或农业用水对某些缺淡水而又靠近海边的地区来说是一个比较可行的选择。本次合成的任务是利用海水制备淡水而非制取盐，所以在合成工艺过程中，重点要考虑的是水的获取，至于较浓的盐水（相对于海水而言，海水一般含盐 3.5%wt，实际海水淡化后得到的盐水浓度在7%～10%wt 之间）不作考虑。

（1）初步分离方案

本合成问题由于没有化学反应，不涉及反应路径合成，直接进入分离路径合成。将海水中的盐分离后得到水，理想的分离工艺如图 1-34，但这个理想的方案具体实施起来可能会有较大的难度，因为要求盐中无水尽管可以做到，但可能付出较大的成本。进一步分析，本次合成的任务是在制取纯水而不是盐，故比较实际一点的方案是图 1-35。

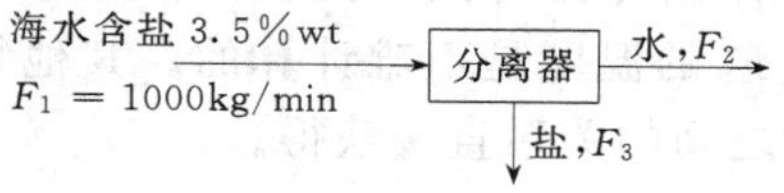


图 1-34 理想盐水分离

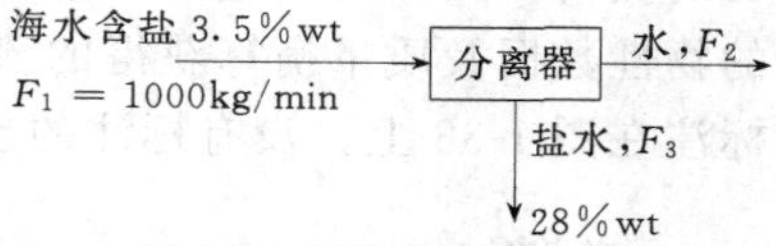


图 1-35 可行盐水分离

（2）具体工艺确定

将海水分离成图 1-35 的工艺有许多种，最常见的是蒸发，但每蒸发得到 1kg 水大约需要 540kcal[1] 热量，合 2260.4kJ；如果采用冷冻制冰的方法，每制 1kg 冰大约需要 80kcal 冷量，合 334.6kJ。一般情况下，一个单位的冷量价值大约是 3～4 个单位的热量价值，采用冷冻法所需的冷量仅为蒸发法所需热量的 1/7，由此可见，采用冷冻的方法比采用蒸发的方法可能更节能更经济。以制取淡水为目的的海水淡化方法还有反渗透法、水合物法、溶剂萃取法等方法，本合成方法中选取比较节能又相对容易的冷冻法。

（3）详细工艺路径

图 1-36 是冷冻法海水淡化详细工艺。将质量流量为 1000kg/min 含盐 3.5%wt 的海水通入冷冻器，在冷冻器中，海水中的大部分水被冷冻成冰，另一部分仍和盐一起以溶液的形态存在，此时的质量流量 $F_2$ 仍为 1000kg/min。盐水和冰的混合物 $F_2$ 进入分离器，利用冰和盐水的密度不同，将浮在上面的冰和盐水分离，但冰中仍含 1%wt 的盐水，该盐水中盐的浓度和 $F_3$ 中的盐水一致。含有盐水的冰 $F_4$ 进入融化器得到含少量盐的水 $F_5$。根据饮用水的要求，$F_5$ 中的盐含量应小于 0.05%wt，则根据质量守恒原理可以计算出 $F_3$ 中最大含盐量为 5%wt，$F_5$ 的最大流量为 303.03kg/min。

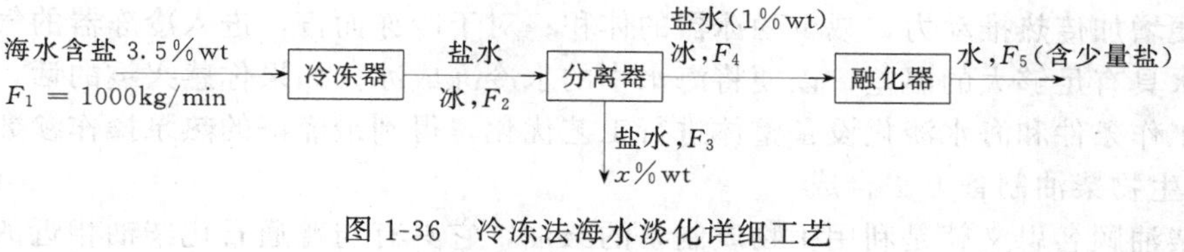


图 1-36 冷冻法海水淡化详细工艺

---

[1] 1kcal=4.1868kJ

图 1-36 中工艺最大的问题是盐水 $F_3$ 的浓度比较小，大大限制了单位海水淡化的效率。尽管可以采取措施减少 $F_4$ 中盐水的夹带，但要付出较大的经济成本。一个十分讨巧的方法是用制得的水去冲洗冰表面的盐水，宁可使冰融化一些，以便制得纯净的水。由于有水的冲洗，则在冷冻制冰时，剩下的盐水浓度可以超过 5%wt，具体的工艺路线见图 1-37。

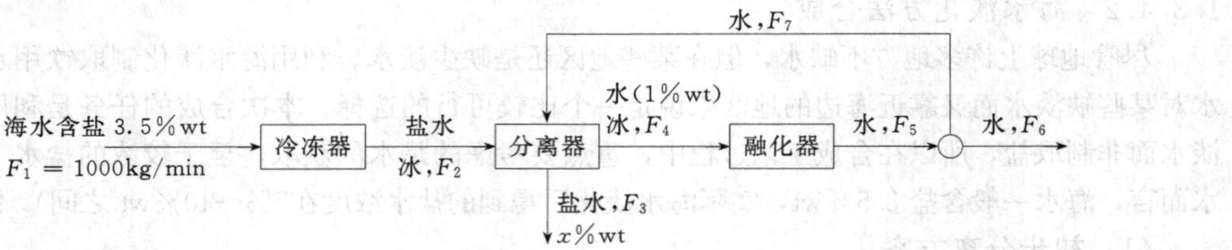


图 1-37 冷冻法淡化海水改进工艺 1

(4) 内部能量集成

考虑盐水 $F_3$（−2℃）离开时温度较低，可利用盐水 $F_3$（−2℃）先去预冷盐水，从而减少冷冻器的负荷，具体的工艺路径见图 1-38。如果已知预冷器的换热面积及传热系数，结合已知的物性数据及质量衡算获得的流量数据，$F_2$ 和 $F_9$ 的温度是不难计算的。其他物流的温度已标注在图 1-38 上，没有标注的也可以根据物流之间的关系直接获得。

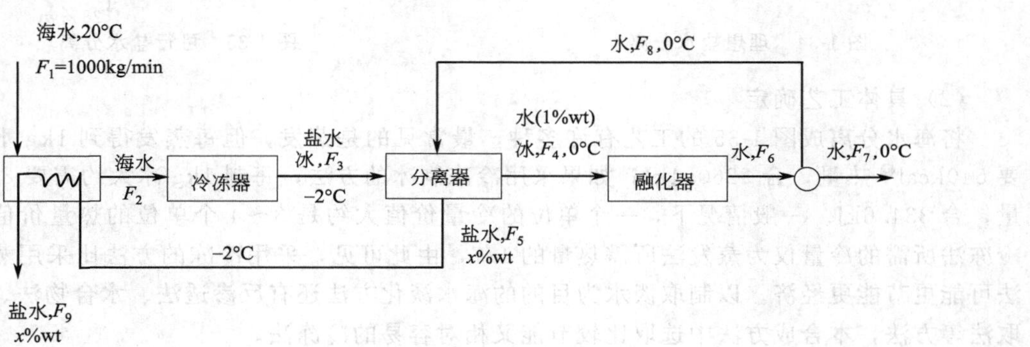


图 1-38 冷冻法淡化海水改进工艺 2

(5) 公用工程能量集成

图 1-38 中的工艺路径中尚没有配置公用工程，冷冻器需要冷量，融化器需要热量，可以考虑利用热泵原理，在冷冻器中制冷，在融化器中放热，具体的工艺路径见图 1-39。可以考虑采用不同的制冷剂，氨是可以考虑作为制冷剂的物质之一，当然也可以采用其他的制冷剂，只要能将海水冷冻制冰，又能将冰融化就行。图 1-39 中表示的制冷剂温度是一个大致范围的要求，你也可以选择其他数据，如进入融化器的气态制冷剂温度为 33℃，当然你不能选择 0℃ 以下，也不能太靠近 0℃。要保持进入融化器的气态制冷剂和冰有足够大的温度差，以便增加传热推动力，减少融冰器的体积；对于冷冻而言，进入冷冻器的气态制冷剂必须和海水具有足够大的温差，以便将海水中的水冷冻成冰。如果你感兴趣的话，可以将整个热泵的工作条件和海水淡化设备整体进行工艺优化，得到最经济的热泵操作参数。

1.3.4.3 生物柴油制备方法合成

生物柴油顾名思义就是利用生物质制备的柴油，它具有与普通石化柴油相近的性能，可以直接应用于现有的柴油发动机，而不需要对发动机作任何的改进。与传统的柴油相比较，生物柴油是一种可再生的生物质能源，具有闪点较高、润滑性能良好、对环境友好等优点，

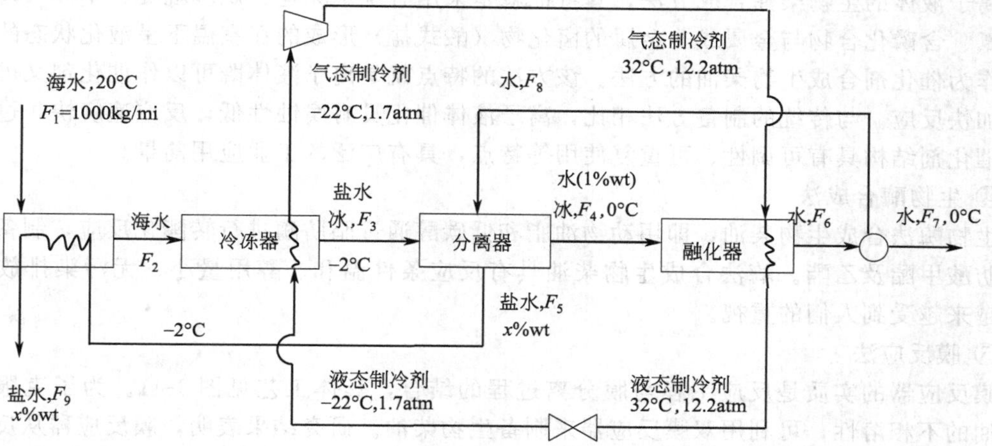


图 1-39　冷冻法淡化海水改进工艺 3

已成为各国相继研究开发的热点。

（1）原料选择

生物柴油的原料就是生物质。生物质包括从动物和植物获得的原料，它具有可再生性，是目前解决能源危机的一条有效途径。需要提醒读者的是石化柴油从本质上来说也来自生物质，只不过这些生物质是几千万直至上亿年前的生物质在地壳运动中被深埋在地下，经过长时间的高温高压作用，已变成了石油。

目前生物柴油的主要原料有油菜籽油、大豆油、玉米油、棉籽油、花生油、小桐籽油、葵花籽油、麻风果油、棕榈油、椰子油、回收烹饪油及动物油等。不同的国家和地区要结合自己的实际情况选择不同的原料。如澳大利亚选用油菜籽油作原料，美国选用玉米油作原料，目前我国在福建、山东两地建立了回收烹饪油作原料的生物柴油厂，在云南建立了以小桐籽油为原料的生物柴油产业链。

（2）制备方法选择

原料不同，制备生物柴油的方法可能也不同，目前制备生物柴油的主要方法有以下几种。

① 超临界法

在超临界状态下，反应温度在350℃以上，压力45～65MPa，醇油比42∶1，油脂与甲醇的反应生成生物柴油，其具体工艺如图1-40。

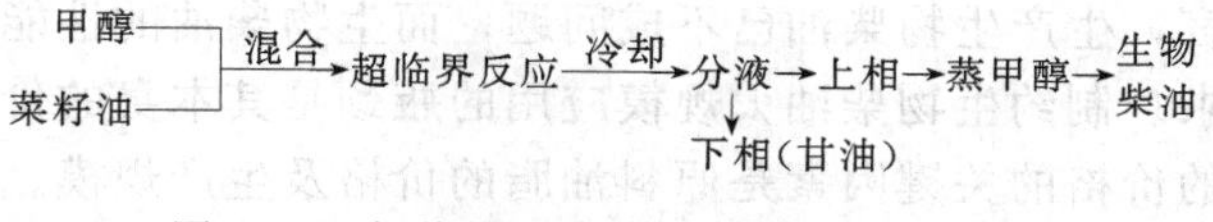


图 1-40　超临界一步法制备生物柴油工艺

② 酯交换法

酯交换法就是利用均相的酸或碱作为催化剂，在一定的条件下进行酯交换反应，生产生物柴油。均相酸碱催化剂的优点是反应转化率高，但是废催化剂会带来环境等诸多问题。比如，反应过程中使用过量的甲醇，后续处理过程较繁琐，油脂原料中的水和游离脂肪酸会严重影响生物柴油制得率及品质，废碱、酸液排放容易对环境造成二次污染等。

③ 离子液体催化法

离子液体的生物柴油合成方法，其特征就是采用有烷基咪唑、烷基吡啶、季铵（磷）盐等含氮、含磷化合物与金属或非金属的卤化物（酸式盐）形成的在室温下呈液化状态的离子液体作为催化剂合成生物柴油的方法。该方法的特点就是离子液体既可以作催化剂又可作溶剂，加快反应。与传统的制备方法相比，离子液体催化具有腐蚀性低，反应速度快，过程清洁，催化剂结构具有可调性、可重复使用等特点，具有广泛的工业应用前景。

④ 生物酶合成法

生物酶法合成生物柴油，即用动物油脂和低碳醇通过脂肪酶进行转酯化反应，制备相应的脂肪酸甲酯及乙酯。酶法合成生物柴油具有反应条件温和、醇用量小、无污染排放的优点，越来越受到人们的重视。

⑤ 膜反应法

膜反应器的实质是反应工程与膜分离过程的结合，具体工艺见图 1-41。为了克服反应中醇油的不相溶性，可利用双膜反应器来制备生物柴油。研究结果表明，膜反应器从反应混合物中有选择性地移去产物，促使平衡向正方向移动，反应转化率提高。这种制备工艺对于小型生物柴油工厂，即农场合作型生物柴油厂，具有一定的经济可行性。

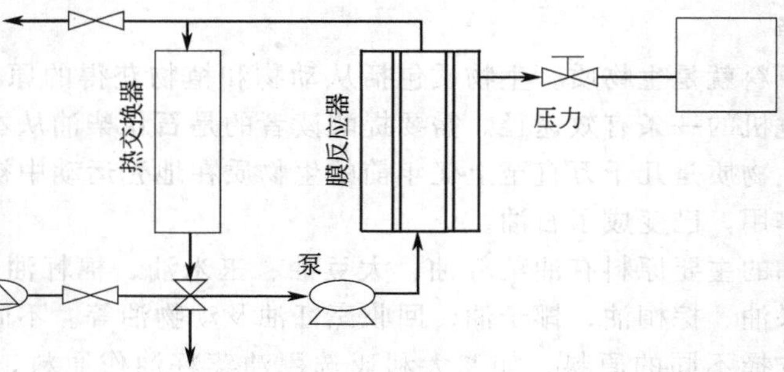


图 1-41 膜反应器制备生物柴油

⑥ 其他方法

生物柴油的制备方法还有乳化法、裂解法、固体酸碱法、固定酶法、工程微藻法等许多方法，如果你对此问题感兴趣的话，可以查阅有关专业文献，你将发现更多的方法。

（3）麻风果油制生物柴油详细工艺

图 1-42 是利用麻风果油制生物柴油详细工艺流程图，你可以利用前面多重环模型中介绍的方法，在此流程图的基础上作进一步的优化调整，得到更加合理的工艺流程。

（4）菜籽油制备生物柴油技术经济分析

就目前的技术而言，生产生物柴油已不成问题，而生物柴油的性能也已能满足目前常规柴油发动机的性能要求。制约生物柴油大规模应用的瓶颈是其本身的价格及目前石化柴油的价格，而影响其本身的价格的关键因素是原料油脂的价格及生产规模。如果原料油脂的价格能够降低，生产规模能够扩大，使生物柴油的价格降低到目前石化柴油的价格甚至比其更低，则生物柴油的竞争力就大大提高，否则想要推广生物柴油也是空话一句。下面就以上的几个主要因素对生物柴油的生产成本进行分析研究。

首先从物料衡算入手，假设菜籽油和甲醇反应如下式进行：

$$\begin{array}{l} CH_2COOR_1 \\ | \\ CHCOOR_2 \\ | \\ CH_2COOR_3 \end{array} + 3CH_3OH \xrightarrow{\text{催化剂}} \begin{array}{l} R_1COOCH_3 \\ R_2COOCH_3 \\ R_3COOCH_3 \end{array} + \begin{array}{l} CH_2OH \\ | \\ CHOH \\ | \\ CH_2OH \end{array} \qquad (1)$$

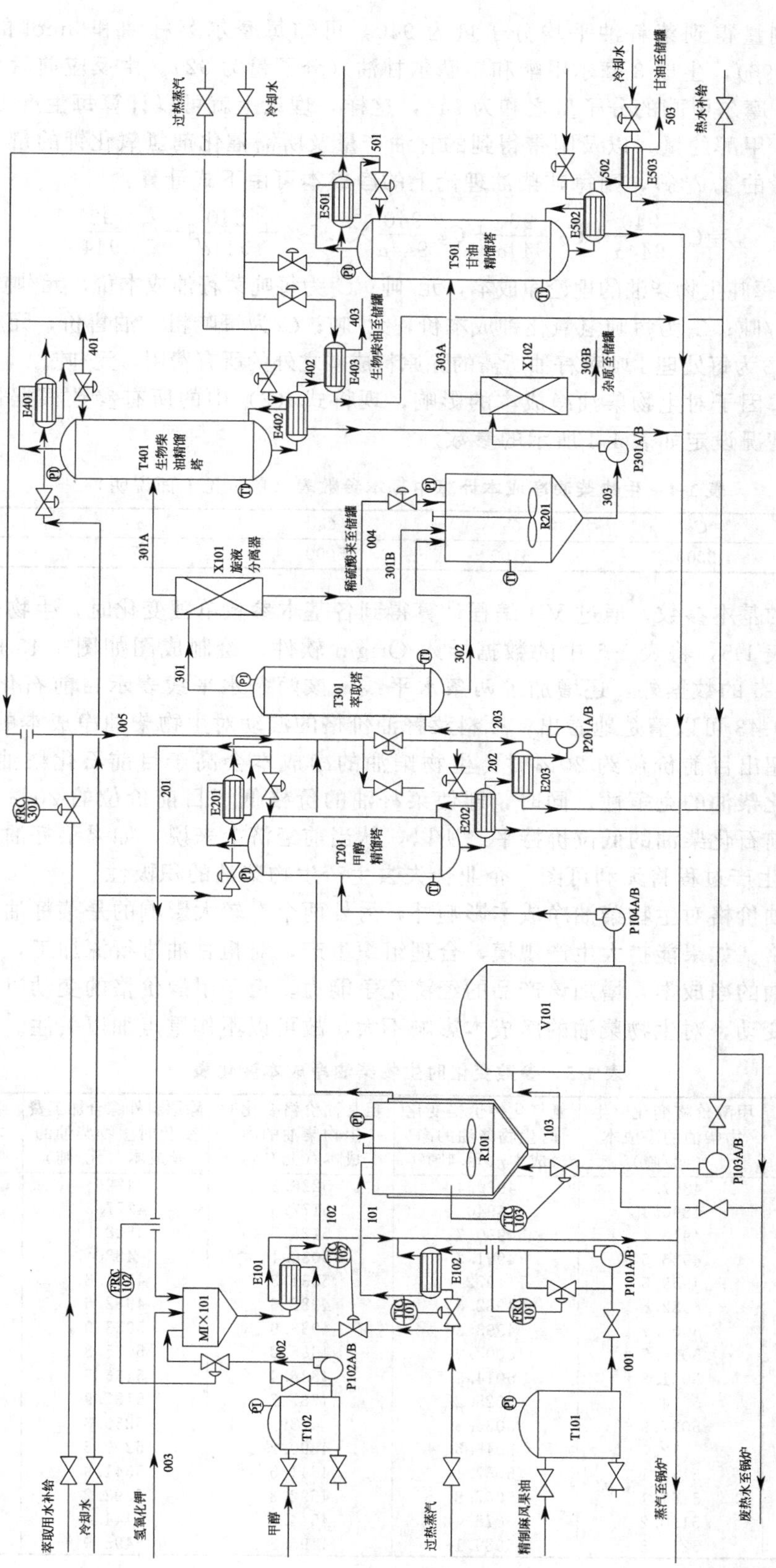


图1-42 麻风果油制生物柴油详细工艺流程图

根据实验测量得到菜籽油平均分子量为 940，可知每摩尔菜籽油和 3mol 的甲醇反应（分子量之和为 96），生成 3 摩尔甲酯和 1 摩尔甘油（分子量为 92）。由反应前后分子量守恒可知，生成的 3 摩尔甲酯的分子量之和为 944，这样，理论上就可以计算每生产 1t 生物柴油所需的菜籽油、甲醇的量，以及附带得到的甘油产量及所需催化剂氢氧化钾的量（催化剂用量为菜籽油用量的 1.7%），则每吨柴油理论上的净成本可由下式计算：

$$J=C_1\frac{940}{944\alpha}+C_2\frac{96}{944\alpha}+C_3\frac{940}{944\alpha}\times 1.7\%+\frac{940}{944\alpha}\beta-C_4\frac{92}{944} \tag{2}$$

式中，$J$ 为每吨生物柴油的理论净成本，元/吨；$C_1$ 为每吨菜籽油成本价，元/吨；$C_2$ 为每吨甲醇成本价，元/吨；$C_3$ 为每吨氢氧化钾成本价，元/吨；$C_4$ 为每吨粗甘油售价，元/吨；$\alpha$ 为反应转化率，%；$\beta$ 为每处理 1 吨菜籽油所需的除原料成本之外的所有费用，元/吨。

为分析各单因子对生物柴油净成本的影响，现将式（2）中的所有参数根据目前市场价位及基本操作情况设定如表 1-4 所示的参数。

**表 1-4　生物柴油净成本计算中基本参数表**（单位见上面说明）

| $C_1$ | $C_2$ | $C_3$ | $C_4$ | $\alpha$ | $\beta$ |
|---|---|---|---|---|---|
| 4500 | 2200 | 6100 | 5000 | 97 | 400 |

利用上面的基本参数，通过 VB 编程计算得到各基本参数单独变化时，生物柴油净成本的变化数据如表 1-5，将表 1-5 中的数据导入 Origin 软件，绘制成图如图 1-43 所示。在图 1-43中除了表 1-5 的数据外，还增加了两条水平线，该两条水平线表示目前石化柴油的高、低位价。由图 1-43 可以清楚地看出，原料菜籽油价格的波动对生物柴油净成本的影响最大。当菜籽油价格超出目前价位约 20%时，生物柴油的净成本会高于目前石化柴油的高位价，就失去了和石化柴油的竞争性。同时，即使菜籽油的价格低于目前价位的 20%，生物柴油的净成本与目前石化柴油的低位价持平。所以，从当前经济上来说，如果菜籽油的价格涨幅超过 20%，其生产过程将无利可图，企业会失去生产生物柴油的积极性。

除了菜籽油价格对生物柴油净成本影响外，另外两个有较大影响的是菜籽油的加工费用和粗甘油的价格。如果能扩大生产规模，合理组织生产，对粗甘油进行深加工，可能会较好的降低生物柴油的净成本，增加该产品的经济竞争能力。至于甲醇价格的变动以及催化剂氢氧化钾价格的变动，对生物柴油的净成本影响不大，故可以不作重点加以关注。

**表 1-5　参数变化时生物柴油净成本变化表**

| 菜籽油价格变化时生物柴油的净成本/(元/吨) | 甲醇价格变化时生物柴油的净成本/(元/吨) | 氢氧化钾价格变化时生物柴油的净成本/(元/吨) | 粗甘油价格变化时生物柴油的净成本/(元/吨) | 除原料外综合加工费变化时生物柴油的净成本/(元/吨) | 各参数基于基本值的百分变化率/% |
|---|---|---|---|---|---|
| 2672.9 | 4867.3 | 4929.4 | 5226.3 | 4726 | −50 |
| 3134.8 | 4890.4 | 4940 | 5177.5 | 4777.3 | −40 |
| 3596.8 | 4913.4 | 4950.7 | 5128.8 | 4828.6 | −30 |
| 4058.7 | 4936.5 | 4961.3 | 5080.1 | 4880 | −20 |
| 4520.7 | 4959.5 | 4972 | 5031.3 | 4931.3 | −10 |
| 4982.6 | 4982.6 | 4982.6 | 4982.6 | 4982.6 | 0 |
| 5444.6 | 5005.7 | 4993.3 | 4933.9 | 5033.9 | 10 |
| 5906.5 | 5028.7 | 5003.9 | 4885.2 | 5085.3 | 20 |
| 6368.5 | 5051.8 | 5014.5 | 4836.4 | 5136.6 | 30 |
| 6830.4 | 5074.9 | 5025.2 | 4787.7 | 5187.9 | 40 |
| 7292.4 | 5097.9 | 5035.8 | 4739 | 5239.3 | 50 |
| 7754.3 | 5121 | 5046.5 | 4690.2 | 5290.6 | 60 |
| 8216.3 | 5144.1 | 5057.1 | 4641.5 | 5341.9 | 70 |
| 8678.2 | 5167.1 | 5067.8 | 4592.8 | 5393.2 | 80 |
| 9140.2 | 5190.2 | 5078.4 | 4544.1 | 5444.6 | 90 |
| 9602.1 | 5213.3 | 5089.1 | 4495.3 | 5495.9 | 100 |

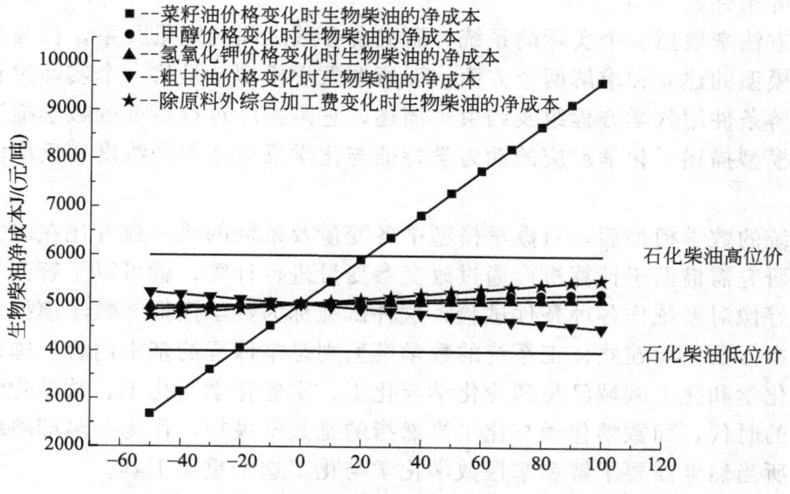


图 1-43　参数变化百分率对生物柴油成本的影响

# 1.4 化工系统模拟与模型

## 1.4.1 模拟法

通过研究一种类型的系统（或过程），达到探索另一种类型的系统（或过程）规律的目的称为模拟法。它不是对过程直接进行研究，而是用另一种相似的过程作为媒介，是一种间接的方法。这种相似的过程在模拟法里称为模型，模型是一事物（或过程）的近似代表或其模仿。所说的事物包括概念、实物、过程或复杂系统。相对于模型来说，原事物可称为原型。模拟法是对模型进行实验而去寻找原型过程的规律。尽管原型和模型的总的结果并不完全一致，但只要它们在某一方面的规律性具有类似性，就可以采用模拟法来研究原型在各种条件下可能呈现的结果。尽管如此，所有的模拟结果最后都需要实验结果来验证。在许多情况下，没有办法对系统本身进行实验，尤其是化工系统，经常需要在高温、高压、腐蚀等恶劣或危险环境下反应或处理物料，这时模拟法就是很重要的方法。

模拟法分为物理模拟和数学模拟两种，同样模型也分为物理模型和数学模型。物理模拟就是在物理模型上进行实验研究，以期获得真实原型的规律。必须注意的是物理模型其实也是真实的过程，它可能是原型的缩小版，如化工设计的放大过程中需要用到的小试实验（通过小试获得放大后系统的性能）；也可能是真实过程的反向思维版，如用风洞试验来模拟飞机在空中的飞行情况（物理模拟过程是飞机不同，风高速流过，实验真实情况是飞机在高空中高速飞行，但由于设计尚不完善，就有可能机毁人亡）来获取各种飞行参数，改进飞机结构；化工中常用的物理模拟有根据传质过程同传热过程相似的特点，用传热过程来研究传质过程的规律（同样需要真实的设备）；用气液系统来模拟气固系统；用冷模试验来研究实际系统的规律。

物理模拟在水库泥沙蓄积、峡谷河道形成中也经常应用，并取得了较理想的成果。如我国学者利用缩小版的水库物理模型，研究黄河上水库的运行情况，如泥沙淤积、河道改变等。在物理模型研究中，可利用人为加速水流，缩短模拟时间，如用一天表示真实情况的一年。水库物理模型必须和真实情况具有一定的相似条件，这些条件主要有水流重力相似、水流阻力相似、泥沙悬移相似、水流夹沙相似、河床冲淤变形相似、泥沙起动及扬动相似、异重流运动相似等条件。

用数学的方法来模拟一个实际的系统，研究各参数之间的定量关系，称为数学模拟。它包括系统数学模型的建立和求解两个方面。而所谓数学模型就是将一个实际过程各参数之间的关系及其求解条件用数学方程组及约束来描述，它是实际过程特征的数学描述，例如化学过程的动力学模型描述了化学反应的动力学特征与化学反应速率同浓度和反应温度之间的数学关系。

建立好系统的数学模型后，对数学模型中各变量及系数的研究就好比在研究某个实际系统。通常这种研究需借助于计算机。通过改变参变量进行计算，就可以了解到不同条件下的各种行为，就好像对系统作各种条件试验，这种试验称为数学模拟。数学模拟是化工系统分析和合成的基本方法，而建立化工系统的数学模型则是本课程的基本内容。国内外已有多名学者提出目前化学和化工领域已是理论化学与化工、实验化学与化工、数学化学与化工三驾马车齐头并进的时代，而数学化学与化工当然指的是数学模拟，作为一名即将踏上该领域的年轻学子，理所当然地需要了解和掌握数学化学与化工这个重要工具。

**1.4.2 常用模拟软件**

化工系统模拟离不开计算机，而计算机本身其实本事不大，主要是依靠人们开发的程序。可以说离开了操作系统和专用程序（软件），计算机（硬件）将一事无成。对于简单的化工系统模拟、分析、合成甚至优化问题你可以利用通用计算软件如 VB、Matlab、Femlab、Excel 等自己编程计算，如在前面介绍的一些例子。对于复杂的化工系统，如精馏、萃取等需要较多物性数据的模拟过程，即使你能自己开发程序，但物性数据的收集将花去你大量的时间。世界上第一个化工模拟程序 Flexible Flowsheeting 由美国 M. W. Kellogg 公司在 1958 年推出。20 世纪 60 年代可称为化工过程模拟的初始发展期。国外有关大学、研究机构、石化公司纷纷开始研制自己的模拟软件。比较有名的有 CHESS（Chemical Engineering Simulation System），该流程是 20 世纪 60 年代末由美国的 University of Houston 开发，后经多次增补修订。在 1978 年的修订版中，共备有 16 种单元操作模块，98 种纯组分物料的物性（由 98 种已知物性组成的混合物的物性系统可推算），并具有根据流程结构情况自动排出各单元求解顺序的功能。使用语言为 FORTRAN 中的 NAMELIST 格式。同样在 20 世纪 60 年代末，由美国孟山都公司（Monsanto Co.）开发的 FLOWTRAN（Flowsheet Translator），采用专门设计的面向问题语言，方便各项数据输入，具有费用计算模块，可进行费用计算，20 世纪 70 年代开始允许高等学校用于教学。目前在化工过程模拟和分析中比较常用的有美国 ASPEN Tech 公司的 Aspen Plus，该软件原名 ASPEN（Advanced System for Process Engineering），1979 年由麻省理工学院化工系教授组织高校和企业人员共同开发，后由 ASPEN Tech 公司收购拥有，1981 年改进为 Aspen Plus。ASPEN Tech 公司还收购了英国等一些国家有关化工模拟的软件，将其组合进 Aspen Plus 中，使 Aspen Plus 的功能更加强大。由美国 Chemstations 公司推出 ChemCAD 也是一款极具应用和推广价值的化工模拟软件，它主要用于化工生产方面的工艺开发、优化设计和技术改造。由于 ChemCAD 内置的专家系统数据库集成了多个方面且非常详尽的数据，使得 ChemCAD 可以应用于化工生产的诸多领域，而且随着 Chemstations 公司的深入开发，ChemCAD 的应用领域还将不断拓展。加拿大的 Hyprotech 公司在 20 世纪 80 年代推出了 HYSIM 并不断加以改进和强化，又利用自己的强大实力在 20 世纪 90 年代推出了动态模拟系统 HYSYS. Plant（Plant Detail Steady and Dynamic Simulation），2002 年 7 月，Hyprotech 公司与 AspenTech 公司合并，Hyprotech 成为 ASPEN Tech 公司的一部分。目前常用的还有美国 Simulation Sciences 公司开发的 Pro/Ⅱ。

# 1.5 化工系统优化

### 1.5.1 优化的重要性

化工系统的优化是化工系统分析与合成的核心。例如化工系统合成时，当你在设计一个设备或一个工厂时，总是希望得到的产品成本最低或获利最大，这就是最优设计问题。对于现在设备或工厂进行分析时，你总是设法对其工况加以调节和控制，使产量最高或获利最大，这就是最优控制问题。还有范围更加广泛的企业管理问题，如生产计划（包括产品的种类、产量的决定、原料供应、设备维修、催化剂更新等）的制定；工厂各部门（如生产部门、运输部门、水，电，汽等公用工程部门、原料和产品仓库等）的协调配合。所有这些问题都必须用科学的方法加以解决，使企业的利润最大，这就是最优管理问题。要使一个工厂或联合企业有效地、高水平的运转，上述三方面的优化是缺一不可的。

在工程问题中，常会遇到设备费和操作费之间的矛盾。如何在设备费和操作费之间进行平衡，使总费用最小，这就是优化要解决的问题。优化的目标是确定系统中各单元设备的结构参数和操作参数，使系统的经济指标达到最优。

化工过程的设计和操作问题一般具有多解，甚至无穷解，优化就是用定量的方法从众多的解中找出最优的一组解。为此，需要建立过程的数学模型，确定合适的优化目标及运用以前的经验（也称为工程判断）。优化可用于设计的改进或现有装置操作条件的改善，以达到最大产出、最大利润、最小能耗等目标。对于操作型问题（现在装置的优化），利润的增加来自装置性能的改善，例如产品收率的提高、处理能力的增加、连续开工周期的延长等。由于化工系统具有阶层性，因而优化也是多层次的，可在任一水平上进行优化。

在工程上，许多选择问题均属于优化问题。例如连续操作与间歇操作的选择，流程、操作条件、设备形式、设备结构尺寸与结构材料的选择等。此外，还有流程设计、设备工艺参数的确定等也属于优化问题。

### 1.5.2 基本的优化模型

基本优化模型包括优化目标函数、过程模型内在约束、外部资源约束及其他约束。优化的过程就是要在满足各种约束条件的前提下，确定使目标函数达到最大的各种决策变量。下面以管道保温层优化为例，说明优化模型的建立过程。

（1）问题的提出

电厂、炼油厂、化工厂常常需要用管道输送高温物料，如蒸汽、油料等。对于这些高温管道，一般均需要对管道包扎保温材料加以保温，否则将有较大的热量损失或难以符合工艺要求。但包扎保温材料需要一次性投资，保温材料越厚，一次性投资越多；另一方面，保温材料越厚，热量损失越少。如何在两者之间找到一个最佳的厚度，使得一次性投资引起的年均运行费用和热量损失费用之和为最小，这个厚度称为经济厚度，可通过非线性规划求解问题借以解决。

（2）优化模型建立

由于管道内流体的温度 $t_0$ 高于环境中的温度 $T$，所以管道内热流体有热量要传递到环境中去，假设管内壁温度和流体的主温度相等，具体过程如图 1-44 所示，该管道采用两层保温材料，内层可采用隔热性能好的材料，外层可采用强度和抗环境腐蚀能力强的材料，起到保护内层的作用，忽略各层之间的接触热阻，热量的传递需要通过以下 4 个环节。

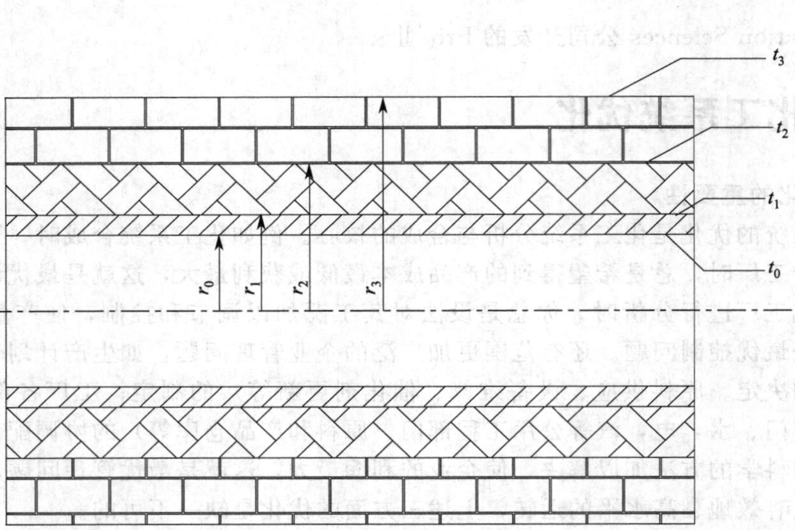


图 1-44　保温层厚度优化图

① 管壁的热传导，设管壁内径为 $r_0$(m)，管壁外径为 $r_1$(m)，管壁材料的热导率为 $\lambda_1$[W/(m·K)]，由傅立叶热传导原理可知，传热量 $Q_1$ 为

$$Q_1=\frac{2\pi\lambda_1(t_0-t_1)L}{\ln\dfrac{r_1}{r_0}} \tag{1}$$

② 第一保温层的热传导，第一保温层内径为 $r_1$(m)，外径为 $r_2$(m)，厚度为 $\sigma_1=r_2-r_1$，材料的热导率为 $\lambda_1$[W/(m·K)]，由傅立叶热传导原理可知，传热量 $Q_2$ 为

$$Q_2=\frac{2\pi\lambda_2(t_1-t_2)L}{\ln\dfrac{r_2}{r_1}} \tag{2}$$

③ 第二保温层的热传导，第二保温层内径为 $r_2$(m)，外径为 $r_3$(m)，厚度为 $\sigma_2=r_3-r_2$，材料的热导率为 $\lambda_2$[W/(m·K)]，由傅立叶热传导原理可知，传热量 $Q_3$ 为

$$Q_3=\frac{2\pi\lambda_3(t_2-t_3)L}{\ln\dfrac{r_3}{r_2}} \tag{3}$$

④ 第二保温层与环境之间的对流传热，传热系数为 $\alpha$[W/(m²·K)]，传热量 $Q_4$ 为

$$Q_4=2\pi r_3\alpha(t_3-t)L \tag{4}$$

由能量守恒原理可知，4 个阶段的传热量均相等，即

$$Q_1=Q_2=Q_3=Q_4=Q \tag{5}$$

联立求解可得：

$$Q=\frac{2\pi(t_0-T)L}{\dfrac{1}{\lambda_1}\ln\dfrac{r_1}{r_0}+\dfrac{1}{\lambda_2}\ln\dfrac{r_2}{r_1}+\dfrac{1}{\lambda_3}\ln\dfrac{r_3}{r_2}+\dfrac{1}{\alpha r_3}} \tag{6}$$

设热价为 $P_H$(元/$10^6$kJ)，年工作时间为 $\tau$ 小时，则年热损失费用 $J_H$ 为：

$$J_H=P_H Q\tau\times3.6\times10^{-6}\quad(元/年) \tag{7}$$

其中 $\tau$ 一般可取 7200，$P_H$ 可取 6 元/$10^6$kJ，需要注意单位之间的换算关系，因计算热量的单位为焦耳/秒，而热价单位为元/$10^6$ kJ，时间单位为小时，通过单位统一转化得到式(7)。

⑤ 保温层费用计算

保温层的费用包括保温层本身材料费用、辅助材料费用、安装费用，将三种费用简化为一种综合费用，该费用基本和保温材料的体积成正比，所以第一保温层的费用为：

$$P_{B1}\times\pi(r_2^2-r_1^2)\times L \tag{8}$$

第二保温层的费用为：

$$P_{B2}\times\pi(r_3^2-r_2^2)\times L \tag{9}$$

假设资金年利率为 $i$，保温层使用寿命为 $n$ 年，则保温层投资年均摊费用 $J_B$为：

$$J_B=\frac{i(1+i)^n}{(1+i)^{n-1}}[P_{B2}\times\pi(r_3^2-r_2^2)\times L+P_{B1}\times\pi(r_2^2-r_1^2)\times L] \tag{10}$$

式中，$P_{B1}$可取 4000 元/$m^3$；$P_{B2}$可取 25000 元/$m^3$；$i$ 取 10%，$n$ 取 10 年。

⑥ 单位长度总费用最小化模型

$$\min \quad J=J_H+J_B$$

$$\text{s.t} \quad \sigma_2\leqslant\sigma_1;\ \sigma_1\geqslant 0;\ \sigma_2\geqslant 0$$

在具体优化计算时，可以不考虑长度 $L$ 的因素，优化模型简化为二元非线性规划问题，该两元变量就是两层保温层的厚度，具体求解既可编程求解，也可利用 Excel 软件进行求解。

### 1.5.3 系统优化需要的知识支撑

通过前面介绍的优化模型，可以知道化工系统优化必须具备以下几方面知识。

(1) 全面的化工专业知识

扎实的而全面的化工专业知识是进行化工系统优化的基础。没有扎实的化工专业知识，你无法理解化工系统中各变量之间的相互关系，无法建构化工系统中的各种守恒方程，无法对已经由计算机求解的结果做出判断或在计算机求解时出现问题如何改进。如对于循环系统的模拟计算时，无论你如何改变各种参数，计算过程永远不收敛。这时你就应该运用化工专业知识，判断在循环系统中是否存在惰性物质，如果在返回物料时没有设置排空物流，那么该物质会随着循环计算次数的增加而不断增加，永远不会达到平衡状态，当然模拟计算也永远不会收敛，这是系统本征不收敛的系统，无法通过改变参数达到收敛，只有改变系统的结构。有些系统本征是收敛的，如精馏塔，但你在模拟计算时也会碰到不收敛，这时一般人想到的是增加塔板数、增加回流比，但有时即使这样做了，系统仍不收敛。造成此类问题的原因是你违反了质量守恒定理的规定，如塔的进料流量为 1000kg/h，含甲醇 38%wt；而设置了塔顶离开物流流量为 500kg/h，含甲醇 90%wt，这时一个永远不可能收敛的设置条件，增加塔板和增大回流比均无效。因为塔进料中的甲醇只有 380kg/h，而塔顶取走的甲醇则是 450kg/h，系统无法平衡。这时你可以通过改变塔顶的流量，如你将塔顶离开物流流量改为 400kg/h，系统就可以收敛。当然你也可以增加进入塔的物料流量，也可以达到收敛的目的。引起精馏塔计算不收敛的原因有很多，如你规定了太多的约束条件，系统物性选用不当、收敛方法选用不当、某个规定要求太严（如规定某组分的摩尔分率为 99.8%，建议先规定 90%，收敛后逐步增加）等，这些原因也可能在其他系统模拟中出现。

(2) 扎实的数学模型建立能力

有了化工专业知识作为基础，你还必须具备一定的数学知识，以便将实际的化工过程，在专业知识分析的基础上，通过一定的简化提炼，建立化工过程的数学模型，以便通过数学模拟对具体的化工过程进行分析和优化。

(3) 基本的技术经济知识

在进行化工系统优化时，常常会出现设备投资和设备性能相互矛盾的问题，如相同面积的换热器，如果你采用强化传热技术，那么你换热器的造价就会比没有采用强化传热技术的高。同时，由于采用了强化传热技术，增加了传热系数，可以更大限度地回收能量，减少公用工程的费用。采用强化传热技术的换热器在实际使用过程中，可以使整个系统的操作费用减少，但设备投资增加。你必须注意的是设备投资费用的发生是一次性的，操作费用则是每年发生，两者数据不能直接相加减，需利用资金时间价值的概念进行处理，方可获得真正的优化模型。

(4) 优化模型的计算机求解能力

当你在前面3点知识及能力的支撑下，建立起化工过程系统优化模型后，你就会发现这些优化模型的形式五花八门。目标函数有的是线性的，有的是非线性的；变量一般在2个以上，多的会有几十个甚至上百个；约束条件有线性约束、非线性约束、等式约束、不等式约束、整数约束、逻辑数约束等各种情况。如此复杂多变的优化模型，你无法找到一种固定的优化计算方法，你必须找到适合各种优化模型具体特点的优化计算方法，同时你还必须有能力将这种方法编成计算机程序，利用计算机进行求解。如果你自己没有这种编程能力，那么你必须找到有关该方法已开发的软件，并能熟练应用该软件，如 Excel 的规划求解、Matlab 的各种优化计算方法。

## 本章小结及提点

通过本章的内容的学习，你必须了解系统、化工系统、化工分析、化工合成、化工优化等基本概念，明白化工系统分析及合成的基本思路，理解化工系统优化的核心思想，明确该课程需要的知识积累。如果你到目前为止，对资金时间价值、设备折旧、化工设备费用估算、Excel 表格计算等内容尚未接触或不完全了解的话，建议你找有关书籍去自学，以便在以后的学习中，能熟练利用这些知识或工具解决本课程中碰到的问题。由于一般该课程设置在大学三年级的第一学期，本课程可能涉及的有些化工专业知识可能你还没有学到，在本教材的以后章节中，如果涉及这些内容，一般会做简单的介绍，但详细的内容还是建议你参考专业书籍。

## 习题

1. 乙苯脱氢制苯乙烯是吸热受热力学平衡限制的反应，如何提高反应转化率？工业生产时常通入蒸汽，为什么？提出新方法，如何克服热力学限制，提高该反应的转化率？
2. 在带有夹套换热的连续搅拌槽式反应器中发生某放热反应，该放热反应有多个平衡点，已知下图所示的实直线是系统带走热量与反应器温度的关系曲线，$G(T)$ 线是反应过程放热量随反应器温度的变化关系曲线，$R(T)$ 线是反应过程换热器带走的热量随反应器温度变化的关系曲线，试分析该反应系统共有多少个平衡点，其中哪些是亚稳态平衡点，哪些是稳态平衡点，说明原因？（补充知识：稳态平衡点具有当系统遇到扰动偏离该平衡点时，系统能自动回到原平衡点处的特性；而亚稳态平衡点则当系统遇到扰动偏离平衡点时，左右偏离引起不同的后果，或进入新的平衡点，或停止反应或进入不可

控状态）

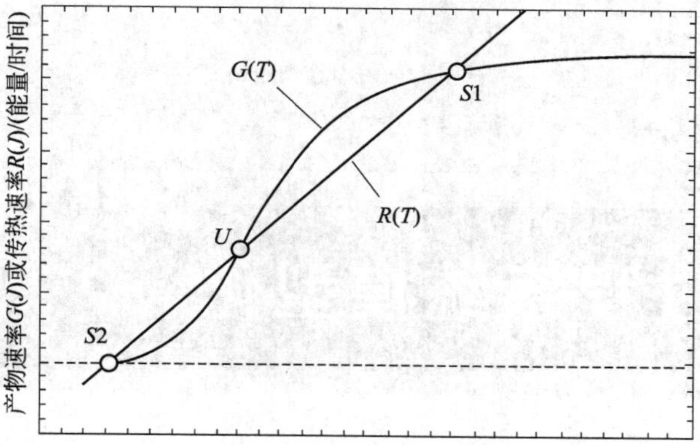


3. 请以某一化工过程系统为例，说明该化工过程系统的单元及结构，指出各单元的主要功能及系统的特性，分析该系统存在的问题及解决方法，如有可能，以该系统某一特性为目标函数，进行优化分析。
4. 试分析化工过程系统分析与合成的相同点及不同点，并各举一例展开阐述。
5. 试分析化工系统单元特性及结构特性。
6. 试写出模型和模型化在化工分析与合成中的作用。

# 第2章

# 化工过程系统模型化

**【本章导读】**

无论是化工过程系统的分析还是化工过程系统的合成，都离不开具体的化工过程系统模型。化工过程系统模型包括单元模型和结构模型，至于模型定义已在第 1 章中阐述，不再赘述，而本章所指的模型化其实就是建立模型的过程，本章所指的模型主要是指数学模型。利用各种通用的定理、原理及专业知识，建立化工过程系统的单元模型、结构模型和优化模型是本章的主要任务，至于对这些模型的求解并对求解结果进行各种分析将在后续各章中陆续介绍。为了便于读者更好地掌握解决实际问题的能力，并加深对化工系统模型的认识，我们将利用现有各种软件对所介绍的各种模型进行模拟计算。本章中只显示主要结果及关键操作方法，说明模型的正确性及各变量之间的相互关系，详细的计算方法将在后续各章中详细描述。

## 2.1 化工单元模型分类及简化

前已提及，数学模型就是实际过程的数学描述。它规定了模型中的各个参数和变量之间的数学关系，通常由一系列的等式约束和不等式约束组成。为了便于以后方便理解，本书将化工过程系统的各种数学模型简称模型约束组，以便和只有等式约束的方程组相区分。因为在化工过程系统模型中，不仅有等式约束，还有不等式约束，用模型约束组就可以将两者包含，同时仍可借用方程组求解的概念来解释模型的求解。

### 2.1.1 模型分类

模型分类有多种不同的分类方法，通常根据模型获得的方法将模型分为机理模型和经验模型。有些学者将机理模型称为物理理论模型，需要注意的是这里的物理和普通意义上的物理学是有区别的，这里的物理指的是事物之机理，当然这个机理有物理学上机理也有化学上的机理以及其他各种机理，机理模型是对实际过程的直接的数学描述，是过程本质的反映，其结果可以外推。经验模型有时也称为黑箱模型，在机理模型和经验模型之间又可以划分一个半经验半机理模型，一般称为混合模型。通过量纲分析，可以获得对目前暂无法完全了解机理的过程建立无量纲模型（注意量纲在其他论著中也称因次），作者将其称为量纲模型。至于对构成模型约束组的具体数学构成的不同，可将模型分为更加多的类型，如代数模型、微分模型、积分模型和差分模型、线性模型、非线性模型、稳态模型、非稳态模型、集中参数模型、分布参数模型、连续变量模型、离散变量模型。不同类型的模型在具体模拟求解时需要采用合适的方法求解，才能快速方便地得到精确解，当然也不排除有些模型可以用多种方法求解。本教材主要从模型获得或建立机理将模型分成以下几类。

（1）机理模型

描述过程的模型约束组可以由过程机理出发，经各种基本理论推导得到，并且由实验验证，这样建立的模型就是机理模型。例如，流体在某一变径管内作层流连续流动，管径 $d$ 和此处流体的平均流速 $u$ 的变化的关系式为：

$$\frac{\pi d_1^2}{4}u_1-\frac{\pi d_2^2}{4}u_2=0 \tag{2-1}$$

式中，$d_1$、$d_2$分别为流体流经的管道直径；$u_1$、$u_2$分别为流体流经的对应管道径向的平均流速。

式(2-1) 描述了管径 $d$ 和该处的平均流速 $u$ 之间的关系。它是连续流动的不可压缩流体流动过程的数学模型。该数学模型不包含流动过程的能量守恒问题，它只涉及物料守恒问题，它可以由圆面积计算公式、体积流量计算公式及连续流动的不可压缩流体体积流量处处相等的基本原理推导得到，所以称之为机理模型，也就说该模型无需实验数据，可以根据现有的知识体系，通过一定的数学推导，将该模型建立起来。为了验证该模型的正确性，利用目前通用的 Aspen Plus 软件加以验证。已知 $d_1=10$mm 管内，在 20℃，体积流量为 0.7856L/s，折合管内流速 $u_1$ 为 10m/s，根据我们建立的模型，由式(2-1) 可知在 $d_2=$ 20mm 管内，其管内流速 $u_2$ 为 2.5m/s。现利用 Aspen Plus 软件 Pressure Changers 模块下的 Pipe 组件，构成图 2-1 的流程图，来验证结果的正确性。根据已知条件输入流量 0.7856L/s、B1 模块的直径为 10mm，B2 模块的直径为 20mm 及其他一些压力和管子长度的参数，尽管这些参数和计算速度无关，但它会影响 Aspen Plus 软件的运行，建议管子不要太长，压力适当大一点，以便足够克服阻力，软件就可以运行，计算出结果。观察 B1 和 B2 模块的计算结果，见图 2-2。由图 2-2 可见，B1 模块的混合速度即平均速度为 10.000m/s，当然软件也为我们计算了压力降和雷诺数；B2 模块的平均速度为 2.500m/s，和利用模型方程(2-1) 计算的结果一致。当然我们还可以通过事物的机理来建立更加多的模型，如理想的物料混合模型、理想体系的饱和蒸汽压计算模型等。

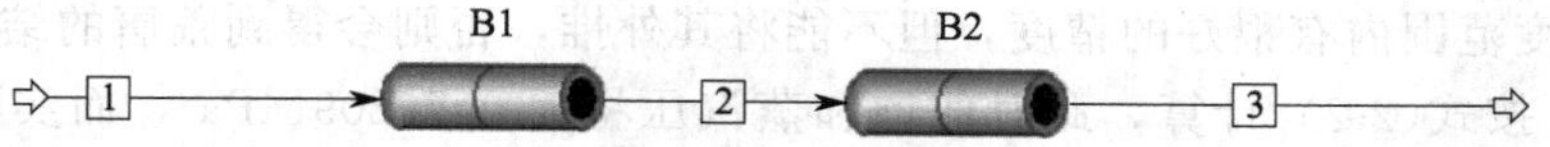


图 2-1　变管径流速计算

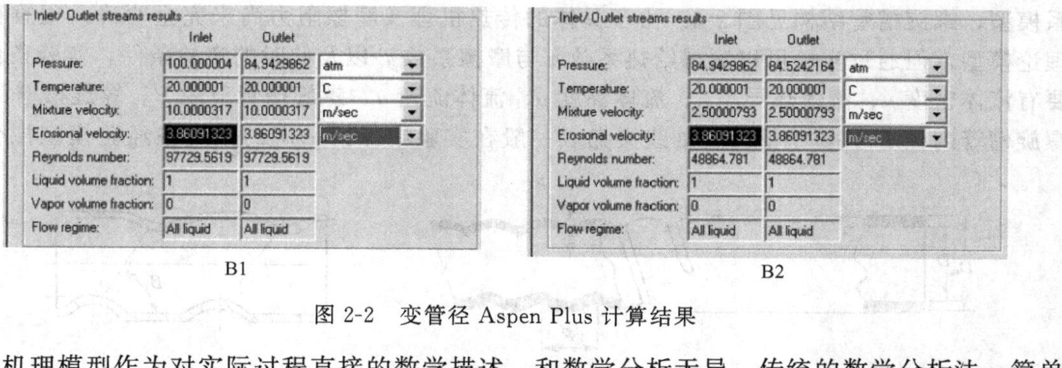


B1　　　　B2

图 2-2　变管径 Aspen Plus 计算结果

机理模型作为对实际过程直接的数学描述，和数学分析无异。传统的数学分析法，简单地说，就是描述客观过程的数学方程在恰当的边界条件下求解。然而化工过程的复杂性限制了这种方法的应用。这种复杂性通常不在于描述过程的数学方程本身。化工系统中进行的过程不外是流动、传热、传质和化学反应。描述这些过程的基本方程是现成的。例如：流动过程——夸维-斯托克方程；传热过程——傅立叶微分方程；传质过程——费克扩散方程；反应过程——质量作用定律和各种速率方程。复杂性也不在于方程组本身的庞杂，因为大型计算机的应用在很大程度上排除了这种障碍。真正的困难在于复杂的几何形状构成了极为复杂的边界条件，而且这种复杂的边界条件几乎是无法确定的。往往在化工方面属于基本的、简单的设备，要进行严格的数学处理却是极为复杂的。例如，在简单的管式固定床反应器中，流体在外形不规则的催化剂颗粒间隙中流动。不规则的催化剂颗粒的全部外表面构成了流动的边界，这是外形非常复杂而又无法预先确定的通道。又如简单的搅拌反应釜，釜体、搅拌桨叶、折流板、传热面等也都构成非常复杂的流动边界。由于这种困难的存在使得机理模型根本无法求解，所以虽然在理论上机理模型有极其重要的指导意义，但实际的应用范围却极为有限。

(2) 经验模型

经验模型又称黑箱模型，它和过程的具体机理无关，是根据实验从输出和输入变量之间的关系，经分析整理得到的。它只是在实验范围内才有效的，不宜外推或以较大幅度外推。经验模型的数学模型是根据实验室装置、中型或者大型工业装置的实测数据，通过数据回归分析得到的纯经验的数学关系式，当然这些数学关系式必须符合量纲一致性原理，关于量纲一致性原理将在下面单独论述。对于输入和输出都是单变量的问题，量纲一致性处理比较容易，一般可以通过系数上加对应单位即可；但对于多输入和多输出问题，一般需要先处理成无量纲的准数，再进行数学处理比较容易。对于单输入单输出模型，如通过实验测得二甲醚在－20～40℃的温度下的一系列饱和蒸汽压数据，经验模型单输入温度，单输出饱和蒸汽压，不考虑温度和饱和蒸汽压的具体机理关系，采用纯粹的数学方法——最小二乘法中的二次拟合，得到饱和蒸汽压和温度的经验模型数学表达式如下：

$$P=0.24845+0.0095695T+0.00015059T^2 \tag{2-2}$$

式(2-2) 中 $P$ 的单位是 MPa，$T$ 的单位是℃，左右两边的量纲已通过系数的单位调整，如 0.00015059 的单位是 MPa/℃$^2$。式(2-2) 关于二甲醚饱和蒸汽压和温度之间关系的经验模型，在实验温度范围内有很好的精度，但不能将其外推，否则会得到荒唐的结论。如当温度为－100℃时，按式(2-2) 计算，此时的饱和蒸汽压将为 0.79209MPa，而实验数据是当温度为－10℃，饱和蒸汽压仅为 0.174MPa。显然，通过实验数据外推是不适合经验模型的。

对于多输入多输出的经验模型，如螺旋槽管的给热系数 $\alpha$ 与摩擦系数 $f$ 和实验条件的关系模型，螺旋槽管结构见图 2-3。由于具体的传热机理及摩擦阻力尚未完全明确，很难得到理论模型，但通过实验可以测得给热系数 $\alpha$ 与摩擦系数 $f$ 以及此时的实验条件，实验条件主要有流体密度 $\mu$、流体热导率 $\lambda$、流体黏度 $\mu$、流体流速 $u$、螺旋槽管节距 $P$、螺旋槽槽深 $h$、螺旋槽管内径 $D_i$。至于槽与管轴线夹角 $\beta$ 一般在实验中保持一定的角度在经验模型拟合中

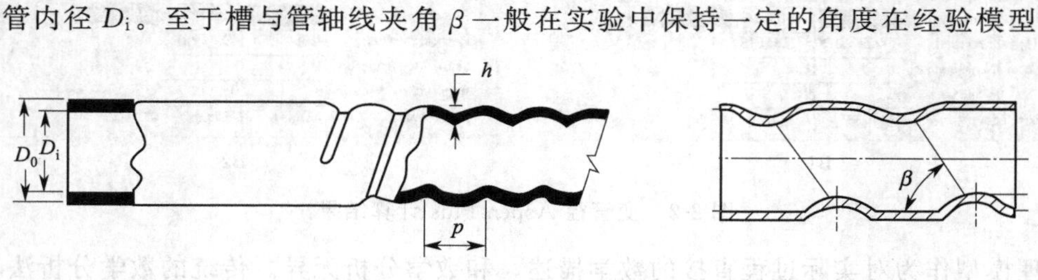


图 2-3 螺旋槽管结构图

不再考虑。将给热系数 $\alpha$ 以及与给热系数有关的所有实验条件加以考虑，并通过量纲分析，可以构建如下无因次准数方程：

$$Nu=c_1 Re^{n1} Pr^{n2} (h/D_i)^{n3} (P/h)^{n4} \tag{2-3}$$

其中：

$$Nu=\frac{\alpha D_i}{\lambda}$$

$$Re=\frac{\rho D_i u}{\mu}$$

$$Pr=\frac{\mu c_p}{\lambda}$$

而模型方程(2-3) 中的其他 5 个参数，需要根据具体的传热实验结果，利用最小二乘的方法进行参数拟合，有关这方面的知识，请参考有关文献。具体的模型方程(2-3) 为：

$$Nu=0.178 Re^{0.77} Pr^{0.4} (h/D_i)^{0.19} (P/h)^{-0.20} \tag{2-4}$$

对于摩擦系数，通过量纲分析，可得到以下的无因次准数方程：

$$f=c_2 Re^{n5} (h/D_i)^{n6} (P/h)^{n7} \tag{2-5}$$

通过阻力实验数据拟合得到具体的摩擦系数模型为：

$$f=5.42 Re^{-0.07} (h/D_i)^{0.98} (P/h)^{-0.56} \tag{2-6}$$

对于一般的光滑管，低黏度流体的传热经验模型为：

$$Nu=0.023 Re^{0.8} Pr^{n} \tag{2-7}$$

其中管内流体被加热时，$n=0.4$；被冷却时，$n=0.3$。螺旋槽管的传热模型式(2-4) 和已知的光滑管传热模型式(2-7) 相比，多了两个关于螺旋槽管结构参数的准数，尽管两者都是经验模型，但在模型结构上还是有相同之处，对于其他强化传热管的传热经验模型也可照此模仿。

经验模型如果不进行无因次处理，不引入无因次准数，其单位通过参数调整，并规定变量的单位，其建立过程其实就是参数拟合过程。通过选择不同拟合形式，并根据实验数据确定偏差最小的参数。如实验测得某燃油的饱和蒸汽压 $P$ 和温度 $T$ 的关系如表 2-1 中数据，现拟构建 4 种不同的经验模型，分别如下：

$$P=a_0+a_1 T \tag{2-8}$$

$$P=a_0+a_1 T+a_2 T^2 \tag{2-9}$$

$$P=aT^b \tag{2-10}$$

$$\ln P=a-\frac{b}{T+c} \tag{2-11}$$

**表 2-1　某燃油温度和饱和蒸汽压数据**

| 温度 $T$/K | 283 | 303 | 313 | 323 | 342 | 353 |
|---|---|---|---|---|---|---|
| 蒸气压 $P$/MPa | 0.135 | 0.484 | 0.762 | 1.238 | 2.187 | 2.953 |

通过最小二乘参数拟合，具体的经验模型如下：

$$P=4.09428\times10^{-2}T-11.78806 \tag{2-12}$$

$$P=34.08415-0.24837T+4.5369\times10^{-4}T^2 \tag{2-13}$$

$$P=3.36761\times10^{-35}T^{13.74428} \tag{2-14}$$

$$\ln P=4.99474-\frac{624.49416}{T-193.78160} \tag{2-15}$$

分别用式(2-12)～式(2-15) 四个经验模型来计算实验条件下的饱和蒸汽压，得到四个模型的平均绝对百分偏差分别为：56.4172025％，2.05693％，14.4213％，3.75355％；四个模型的均方差分别为：1.072710954，0.000638，0.025031，0.0042283，如果不考虑经验模型的具体含义，无论从均方差判断还是平均绝对百分偏差判断，模型式(2-13) 是在实验范围内用于计算饱和蒸汽的最佳模型，其平均绝对百分偏差为 2.05693％，均方差为 0.000638。但应当注意的是模型式(2-13) 当用于实验范围之外的数据时，会产生很大的偏差，尤其是温度下降时，会出现饱和蒸汽压反而上升的反常现象。如果用于实验范围之外的数据时，采用模型式(2-15) 会比较符合实际情况。

对于化工过程来说，由于经验模型受到实验条件的限制，应用范围有限，一般不能外推；机理模型又由于边界条件及边界几何形状的复杂性，使模型求解又十分困难，这样就产生了第三种数学模型，即混合模型。

(3) 混合模型

对实际过程进行抽象概括和合理简化，然后对简化的物理模型加以数学描述，这样得到的数学关系式称为混合模型，它是半经验半理论性质的。在化工过程的数学模拟中，混合模型是应用最广泛的一种模型。尽管混合模型有一定的理论依据，但它还不能像机理模型那样通过推导就能得到完整的模型。一般而言，混合模型的结构可以在一定的理论依据下并加以简化来构建，但模型中的参数仍然需要通过实验数据来拟合。例如最常见的气液传质双膜理论模型，又称停滞膜模型，该模型由惠特曼（ Whiteman）在 1923 年提出，见图 2-4，是典型的混合模型。它把气液两相的传质阻力看作是集中在气液界面处的两层薄膜之中，主要作了一下三点假设。

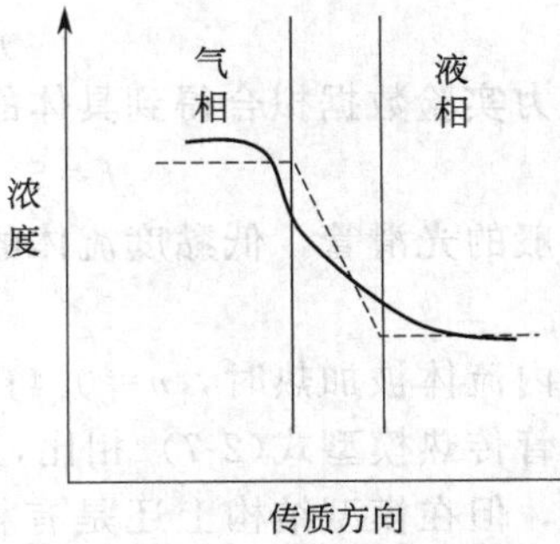


图 2-4　双膜理论示意图

① 当气液两相相互接触时，在气液两相间存在着稳定的相界面，界面两侧各有一很薄的停滞膜，全部传质阻力集中于该两层静止膜中，溶质经过两膜层的传质方式均为分子扩散。

② 在气液相界面处，气液两相处于平衡状态。

③ 气液两相主体中各处浓度均匀一致。

虽然实际过程的浓度并非如图 2-4 中的虚线所示，而是图中的实线。但是双膜概念构成了一个十分容易处理的简化物理模型。由于假设了气液两相主体浓度的一致性，就可以忽略气液相本身中由于浓度差存在而引起的传质现象，可以方便地利用主体浓度差、传质面积、传质系数计算传质量。当然双膜理论中的传质系数还是需要通过实验测定的，但利用双膜理论已大大简化了实际气液传质过程的计算。对于气液传质过程，除了双膜理论，希格比（Higbie）于 1935 年提出了溶质渗透模型、丹克沃茨（Danckwerbs）于 1951 年提出表面更新理论都是在一定的假设下提出的气液传质模型，和实际情况都会有一定的差异，但已大大方便了气液传质的研究，使传质系数的确定得以简化；还可以据此对传质过程及设备进行分析研究，优化传质设备的操作条件，强化传质效果，为开发新型高效传质设备提供理论指导。

连续搅拌槽式反应器（CSTR）模型也应该算是混合模型，它设法回避了反应器中浓度、温度的不一致性，假设反应器中所有物料的浓度和温度都一致，并且是和反应器的出口物料一致，这就大大简化了 CSTR 的物料衡算、能量衡算及设备优化。

在化工过程的模型建立中，混合模型是应用得最广的一种模型。它的建立是通过过程的简化，绕过数学上看来难以克服的困难，如设备几何结构的不规则性、浓度及温度分布中各种死角的存在、各种返混返流的存在，使得建立化工过程数学模型便于求解。混合模型是设法回避过程中一些不确定的或复杂的因素，代之以一些统计的结果和一定的当量关系。混合模型通过在构建之前的简化假设，先将一个复杂的化工过程变成一个相对容易处理的物理模型，再在此基础上建立该物理模型的数学模型。

混合模型用于物性参数估算获得了相当的成功。如理想气体的 $P$-$V$-$T$ 的机理模型是：

$$P=\frac{nRT}{V} \tag{2-16}$$

但实际情况并非如模型式(2-16) 所示，人们纷纷在机理模型基础上，假设真实气体本身的体积及考虑分子的碰撞，构架了各种不同的模型，如 Ridlich-Kwang 于 1949 年提出了 RK 方程：

$$P=\frac{RT}{V-b}-\frac{a}{T^{0.5}V(V+b)} \tag{2-17}$$

模型中的参数 $a$，$b$ 尽管可以临界点的拐点特征求取，但最好直接由实验数据采用最小二乘拟合。

对于高压及极性气体，马丁（Martin）与侯虞均于 1955 年提出并于 1981 年经侯虞均修改的 MH 方程：

$$P=\frac{RT}{V-B}+\frac{A_2+B_2T+C_2\exp\left(\frac{-5T}{T_C}\right)}{(V-B)^2}+\frac{A_3+B_3T+C_3\exp\left(\frac{-5T}{T_C}\right)}{(V-B)^3}+\frac{A_4}{(V-B)^4}+\frac{A_5+B_5T+C_5\exp\left(\frac{-5T}{T_C}\right)}{(V-B)^5} \tag{2-18}$$

该模型方程共有 11 个参数，需要利用大量的实验数据加以拟合，利用式(2-18) 进行计算具有很高的精度。

（4）量纲模型

所谓量纲模型，就是利用量纲（也有学者称为因次）分析的方法，建立所研究体系的各个变量之间的关系。在利用量纲分析法进行建模时，你基本上可以不考虑各个变量之间的具体关系，你所要做的工作是找出对你所研究的体系有可能产生影响的变量及其该变量对应的量纲。如果你在此阶段没有找到所有的变量，或遗漏了重要的变量，如在研究流体在管子内的压降时没有考虑流体黏度这个重要变量，那么你最后得到的量纲模型是有问题的。量纲模型的建立有一定的方法，但都必须首先解决的一个问题是求得各个变量或物理量的量纲，在本教材中用“[X]”来表示变量 X 量纲，目前世界上对七大基本物理量的量纲见表 2-2。

**表 2-2 基本量纲**

| 基本量纲 | 长度 | 质量 | 时间 | 温度 | 物质量 | 电荷 | 光通量 |
|---|---|---|---|---|---|---|---|
| 符号 | $L$ | $M$ | $T$ | $\Theta$ | $N$ | $Q$ | $I$ |
| SI 单位 | m | kg | s | K | mol(摩尔) | C(库仑) | lm(流明) |

表 2-2 给出了目前七大基本物理量的量纲，但这七大基本物理量有许多不同的单位，有英制单位、有 SI 制单位、有米制单位，还有各种工程制单位。必须注意的是，只要是同一个基本物理量，其量纲都是唯一的，而不随其使用单位的改变而改变。如长度的量纲，不管你使用以“m”为单位，还是以“in”或“ft”为单位，其量纲均为“M”。在化工过程系统分析与合成中，仅有七大基本变量的量纲是不够的，为了便于在以后的量纲分析中应用这些

物理量的量纲，将化工过程系统中常见物理量的量纲列表2-3。

**表 2-3　化工系统常见物理量的量纲**

| 变量名称 | 量纲 | SI单位 | 变量名称 | 量纲 | SI单位 |
|---|---|---|---|---|---|
| 体积($V$) | $L^3$ | $m^3$ | 质量流量 $F_m$ | M/T | kg/s |
| 速度($u$) | L/T | m/s | 体积流量 $F_v$ | $L^3/T$ | $m^3/s$ |
| 重力加速度($g$) | $L/T^2$ | $m/s^2$ | 黏度 $\mu$ | M/LT | kg/s·m=Pa·s |
| 动量($p=mv$) | ML/T | kg·m/s | 质量比热容 $C_P$ | $L^2/(T^2\Theta)$ | J/kg·K |
| 力($f=ma$) | $ML/T^2$ | $kg\cdot m/s^2=N$ | 密度 $\rho$ | $M/L^3$ | $kg/m^3$ |
| 压力($p=f/A$) | $M/LT^2$ | $kg/s^2\cdot m=N/m^2=Pa$ | 传热系数 $h$ | $M/(T^3\Theta)$ | $W/m^2\cdot K$ |
| 能量($E=1/2mv^2$) | $ML^2/T^2$ | $kg\cdot m^2/s^2=N\cdot m=J$ | 热导率 $\lambda$ | $ML/(T^3\Theta)$ | W/m·K |
| 功率($P=E/t$) | $ML^2/T^3$ | $kg\cdot m^2/s^3=J/s=W$ | 质量蒸发潜热 $\phi$ | $L^2/T^2$ | J/kg |
| 体积摩尔浓度 | $N/L^3$ | $mol/m^3$ | 扩散系数 $D$ | $L^2/T$ | $m^2/s$ |
| 气体常数 $R$ | $ML^2/T^2\Theta N$ | $8.314J\cdot mol^{-1}\cdot K^{-1}=0.08206\ atm\cdot m^3\cdot kmol\cdot K^{-1}$ | 表面张力 | $M/T^2$ | N/m |

有了表2-2及表2-3的物理量量纲，可为你进行量纲分析时节约不少时间。量纲分析方法在具体应用时必须遵循以下基本原理：

① 进行加减运算的变量必须具有相同的量纲，即量纲一致性原则。

如在化工系统能量衡算时，有名的流体总能量衡算方程要用到流体本身所具有的总能量$E$，其计算公式如下：

$$E=\text{内能}+\text{势能}+\text{动能}+\text{压力能}$$
$$=mC_PT+mgh+0.5mu^2+pV \tag{2-19}$$

上式中对内能进行了简化处理，以流体具有的焓代替了内能。焓和内能一样，是状态函数，只和物体的状态有关，是一个相对值，一般可将0℃状态的焓设为0。利用前面两个表提供的量纲，可以方便地得到流体总能量各项的量纲为：

$$[\text{内能}]=[mC_PT]=M\cdot L^2/(T^2\Theta)\cdot\Theta=ML^2/T^2 \tag{2-20-1}$$
$$[\text{势能}]=[mgh]=M\cdot L/T^2\cdot L=ML^2/T^2 \tag{2-20-2}$$
$$[\text{动能}]=[0.5mu^2]=M\cdot(L/T)^2=ML^2/T^2 \tag{2-20-3}$$
$$[\text{压力能}]=[pV]=M/LT^2\cdot L^3=ML^2/T^2 \tag{2-20-4}$$

通过量纲分析，可以发现构成流体总能量的四个分项，具有相同的量。但你必须知道，量纲一致只表明这些物理量在物理本质上是一致的，可以进行加减运算，但并不表明这些物理量的单位可以任意选取，更不能证明这些物理公式是肯定正确的。

② 量纲相同的物理量在进行具体数值计算时，必须具有相同的单位。

如在压力能计算中压力采用“atm”作为单位，而体积采用$m^3$，而其他三项均采用SI制，这时尽管量纲一致，但由于单位不一致，不能简单加和，需将“$atm\cdot m^3$”的单位转化成和其他三项一致的单位“J”。其转化过程如下：

$$1atm\cdot m^3=1atm\cdot\frac{1.0133\times10^5N/m^2}{1atm}\cdot m^3=1.0133\times10^5N\cdot m=1.0133\times10^5J \tag{2-21}$$

那么国际单位之下的势能单位是不是“J”呢？将质量、重力加速度、高度均以国际单位制代入势能计算项，得其单位为：（以后用“< *** >”表示“***”的单位，请读者注意）

$$\langle mgh\rangle=kg\cdot m/s^2\cdot m=N\cdot m=J \tag{2-22}$$

由式(2-22)可知，在国际单位制下，势能的单位果然是“J”，还可以证明在国际单位之下内能和动能的单位也为“J”。在流体总能量的4个分项中，只要有使用不同制式单位的，计算时必须十分小心，最后一定要化为相同的单位，才能进行加和。能量单位除“J”外，还有“kW·h、马力·时、kcal、Btu”等单位，必须了解它们之间的相互转换。

量纲分析只能证明公式在量纲这个层面没有错误，具体正确与否还需要实验验证，量纲分析及建模不能代替实验。

量纲分析法更一般的应用是将所研究问题涉及的所有物理量以指数幂的形式相乘，构建一个无量纲数群$\pi$，然后再将该数群$\pi$分解成若干个无量纲数群，通过实验计算各个数群，再利用一定的拟合公式，就可以得到这些无量纲数群之间的关系。这里需要用到一个重要的定理，即白金汉（Buckingham）$\pi$定理，白金汉的$\pi$定理指出：任何量纲一致的物理方程式都可以表示成为由若干个无因次数群构成的函数，若这些数群的总物理量（或变量）的数目为$m$，用来表示这些物理量的基本量纲数目为$n$，则可以构建的无量纲数群的数目$N=m-n$。详细的量纲模型建立及应用见后面单元模型建立章节。

量纲分析方法在实验研究中，不仅能避免实验工作遍及所有变量与各种实验条件，而且能正确地规划整理实验结果；对于涉及多变量的复杂工程问题，量纲分析方法可使多变量变换成为若干个无因次数群，减少变量数，以致大幅度地减少实验工作量。

量纲分析方法仍然需要对系统所有变量数目的分析。如果一开始就没有列入重要的物理量，将得不出正确的结论；如果列入了无关的物理量，在量纲分析时，会影响核心变量的选取，但一般会通过量纲分析将其对应变量的幂指数取为零，从而消除由于错误引入该无关物理量的影响。量纲分析方法也不能代替实验，数群之间的最后关系只能依靠实验来确定。如前面在经验模型中有关传热系数模型中各个参数的确定。这里有必要提醒你，在利用经验模型确定有关传热系数方程时，其实已先用量纲分析法确定了无量纲的准数模型，当后来研究者进行研究时，就直接利用这些准数的表达式，通过一定的实验确定这些准数之间的关系，可以说，许多经验模型一般需要先用量纲分析的方法，确定若干个无量纲准数，建立无量纲准数模型，进而再进行实验研究，确定经验模型。

除了前面介绍的4种方法建立模型外，还有一种利用图形分析的方法来研究化工过程的模型。图形分析的方法在相图、精馏、萃取等过程中有较好的应用，感兴趣的读者，建议参考由美国T. 迈克尔．邓肯等人著的《Chemical Engineering Design and Analysis ：An Introduction》。

下面通过管道压力计算模型的建立来说明如何利用量纲分析来建立量纲模型及利用准数的相似性来确定实际问题的压力降。现有广州甲、乙两石油化工企业，相距10km，每年甲需向乙输送50万吨黏度为1Pa·s，密度为800kg/m$^3$的油品，每年的工作时间为300天，拟采用内径为0.5m，粗糙度为0.5mm的管子进行输送，每隔1000m安装一个泵，问每台泵需要提供多大的压力？假设每台泵的综合效率（含电机效率和泵本身的效率）为80%，完成该输送任务一年需要多少kW·h电力？

分析目前需要解决的问题，在长度为1000m，直径为0.5m的管子上进行实验研究确定压强是不现实的，但可以通过量纲分析的方法，建立有关压强的无量纲准数模型，通过准数的相似性原理来设计小型实验，通过实验数据，推算真实数据，进而算出完成该任务需要的电力消耗。无量纲准数模型的建立可以通过以下步骤。

① 确定与研究问题有关的所有变量及其量纲

利用专业知识，分析与管路压降有关的各个因素，主要有管路长度$l$、管路的直径$d$、管子的粗糙度$\varepsilon$（量纲为L），管内流体的速度$u$、管内流体的黏度$\mu$、管内流体的密度$\rho$以

及管子两端的压降 $\Delta P$。以上这些和压降有关因素的物理量的量纲已在前面表中列出，现可直接引用。

② 写出无量纲数群 $\pi$ 的表达式

$$\pi=(\Delta p)^a l^b d^c \varepsilon^d u^e \mu^f \rho^g$$

$$[\pi]=\left(\frac{M}{LT^2}\right)^a L^b L^c L^d \left(\frac{L}{T}\right)^e \left(\frac{M}{LT}\right)^f \left(\frac{M}{L^3}\right)^g = M^{a+f+g} L^{b+c+d+e-a-f-3g} T^{-2a-e-f} \quad (2\text{-}23)$$

由于 $\pi$ 是无量纲数群，则可以得到以下方程：

$$a+f+g=0 \quad (2\text{-}24\text{-}1)$$

$$b+c+d+e-a-f-3g=0 \quad (2\text{-}24\text{-}2)$$

$$-2a-e-f=0 \quad (2\text{-}24\text{-}3)$$

由白金汉定律可知，该问题涉及 7 个物理量，3 个基本量纲，则可以构建的无量纲数群的数目为 7－3＝4 个，选择压降、长度、粗糙度和黏度作为这 4 个数群的核心变量。核心变量的选择必须遵循以下两条规则。

(a) 所选核心变量的量纲必须包含所有量纲。

(b) 核心变量之间不能构建准数。

要满足以上两条规则有时还具有一定困难，需要你小心选择。经验证，上面所选的 4 个核心变量能满足以上两条规则。其实在选取核心变量时，专业知识还是起了很大的作用。如上面所选的 4 个核心变量，压降是理所当然的，因为本问题就是要解决压降的计算问题；而管子越长，压降显然也越大，所以选择管长（当然，管径越小，压降也越大，但它和管长相比显著性下降）；流体的黏度越大，流动阻力越大，压降也越大，所以选择黏度作为其中一个核心变量；粗糙度是管子特有的一种变量，很难用其他变量代替其作用，故将其选为第 4 个核心变量。有了 4 个核心变量，结合上面两条规则及方程(2-24-1～3) 很容易导出以 4 个核心变量为中心的无量纲数群。

选择以压降作为核心变量，构建无量纲数群 $\pi_1$，由规则可知压降的指数 $a=1$，长度的指数 $b=0$，粗糙度的指数 $d=0$，黏度的指数 $f=0$，将这 4 个已知变量代入方程(2-24-1～3)，得到 $c=0$，$e=-2$，$g=1$，则第一个无量纲数群：

$$\pi_1=\Delta p u^{-2}\rho^{-1}=\frac{\Delta p}{u^2\rho}=\frac{\frac{\Delta p}{u}\cdot d}{u\rho d}=\frac{\text{摩擦力}}{\text{惯性力}} \quad (2\text{-}25)$$

$\pi_1$ 数群就是有名的欧拉数 $Eu$，它是化学工程中的常用数群。

选择以长度作为核心变量，构建无量纲数群 $\pi_2$，由规则可知长度的指数 $b=1$，压降的指数 $a=0$，粗糙度的指数 $d=0$，黏度的指数 $f=0$，将这 4 个已知变量代入方程(2-24-1～3)，得到 $c=-1$，$e=0$，$g=0$，则第二个无量纲数群：

$$\pi_2=ld^{-1}=\frac{l}{d} \quad (2\text{-}26)$$

选择以粗糙度作为核心变量，构建无量纲数群 $\pi_3$，由规则可知粗糙度的指数 $d=1$，压降指数的 $a=0$，长度的指数 $b=0$，黏度的指数 $f=0$，将这4 个已知变量代入方程(2-24-1～3)，得到 $c=-1$，$e=0$，$g=0$，则第三个无量纲数群：

$$\pi_3=\varepsilon d^{-1}=\frac{\varepsilon}{d} \quad (2\text{-}27)$$

$\pi_3$ 数群其实就是相对粗糙度。

选择以黏度作为核心变量，构建无量纲数群 $\pi_4$，由规则可知黏度的指数 $f=1$，压降的压降指数 $a=0$，长度的指数 $b=0$，粗糙度的指数 $d=0$，将这 4 个已知变量代入方程(2-24-1～3)，得到 $c=-1$，$e=-1$，$g=-1$，则第四个无量纲数群：

$$\pi_4=d^{-1}u^{-1}\mu\rho^{-1}=\frac{\mu}{du\rho}=\frac{1}{Re}=\frac{\text{黏性力}}{\text{惯性力}} \tag{2-28}$$

$\pi_4$ 数群就是有名的雷诺数 $Re$ 的倒数，它是黏性力与惯性力的比值，表征了流体流动的特征。$\pi_1\sim\pi_4$ 四个无量纲数群就构成了管道压降的无量纲准数模型，但要具体确定这些准数之间的关系，还需要实验来验证。现利用准数的相似性原则构建实验模型的条件，通过实测模型的压降，推算实际过程的压降。根据已知的条件，可以算出实际过程 4 个准数中的其中 3 个，分别是：

$$\pi_2=\frac{l}{d}=\frac{1000}{0.5}=2000$$

$$\pi_3=\frac{\varepsilon}{d}=\frac{0.0005}{0.5}=0.001$$

$$\pi_4=\frac{\mu}{du\rho}=\frac{1}{0.5\cdot\dfrac{50\times10^4\times10^3}{850\times\dfrac{3.14}{4}\times0.5^2\times300\times24\times3600}\times850}=0.020347$$

其中实际流速 $u$ 为 0.1156m/s，现用 $\phi3\times0.5$ 的管子（内径为 2mm）进行实验，流体采用水，黏度为 0.001Pa.s，密度为 $1000\text{kg/m}^3$。根据实验过程的准数和实际过程的准数相等原理，可得实验过程的管子长度为 2000×0.002＝4m，要求实验管的粗糙度为 0.001×2＝0.002mm，实验管内的流速为 0.001/(0.020347×0.002×1000)＝0.0245736m/s，流量为 $4.63\text{cm}^3/\text{min}$。以上实验条件都在合理范围之内，如果出现流量偏大或偏小，管径不合理或管长太长或过短，可改变实验流体，人为配置一定黏度的实验流体，使实验条件在合理范围之内。通过控制流体的流量，测量在 4m 管长两端的压力降，就可以根据准数相等原理，推算实际的压降。现测得实验管子两端的压降为 76mmHg（1mmHg＝1.33kPa，下同），则实际管路 1000m 的压降可由下式计算：

$$\frac{\Delta p_{\text{实际}}}{0.1156^2\times850}=\frac{76\text{mmHg}}{0.0245736^2\times1000} \tag{2-29}$$

由上式计算得实际过程压降为 1429.6mmHg，转换成工程单位制为 1.8811atm，国际单位制为 $1.90612\times10^5$Pa。每台泵理论上需要提供给流体的压力为 1.8811atm，实际需要为 2.35138 atm，由于需要 10 台这样的泵完成任务，故每年实际需要消耗的电力为：

$$10\times\frac{50\times10^4\times10^3\text{kg}}{850\text{kg/m}^3}\times2.35138\text{atm}\times\frac{1.0133\times10^5\text{J}}{1\text{atm}\cdot\text{m}^3}\times\frac{1\text{kJ}}{1000\text{J}}\times\frac{1\text{kW}\cdot\text{h}}{3600\text{kJ}}=389322\text{kW}\cdot\text{h}$$

### 2.1.2 模型的简化

由于化工过程系统的复杂性，一般情况下需要对真实的化工系统进行一定的简化。如将真实气体的压缩过程近似为理想气体压缩，再作一定的修正；在精馏设计计算过程中，假设每块塔板达到平衡状态，再通过塔板效率对实际计算进行校正。以上的简化假设过程已证明是可行和有效的。化工模型的主要特点是对客观过程的物理实质进行抽象、概括和合理的简化。简化的目的是使建立的模型能够用现有的数学工具进行求解，或者说能够比较简便地求解。然而这种简化是建立在对客观过程确切而充分理解的基础上，先对物理过程本身进行抽象、概括，然后建立简化的物理模型。物理上的简化是能够以物理语言方便加以描述的。简化后的物理模型同实际过程相比，数学上简单易解，物理上具有等效性。模型方法的本质是首先进行物理上的简化，然后对这种简化加以数学描述。

数学模型的特点是简化，用数学模型模拟实际过程变量关系。它的近似程度的关键是简化的合理性，即简化的物理模型是否合理，而合理性是相对的。同一过程，可以根据不同的简化程度建立从简到繁一系列的数学模型，以适应不同的需要，也可以对过程的不同侧面进行简化，建立具有不同特性的数学模型。究竟怎样简化才算合理的呢？应由以下四个方面进行判断。

(1) 简化但不失真

如果模型虽然简单，但失真，显然它是无效的。造成这种情况的原因主要是对过程的物理实质理解得还不确切。模型必须在本质上是真实的，或者至少在一定条件下是等效的，或者具有相当的关系。恰当的简化，既可使复杂的过程简化，也反映了过程基本的数量关系。模型只求在有限的意义和目的下与实际过程的等效性，而不是无目的地去追求其普遍性。模型不是过程特征的全面描写，而只是为了解决某一问题而感兴趣的那一部分特征的描写。如在进行精馏计算时，如果没有考虑到有共沸物存在这个物理客观事实存在，仍用前面介绍的塔板平衡模型加一定的校正进行计算，就会得出和事实不同的结果。你还必须注意，即使你使用 Aspen Plus 软件进行模拟，由于有些物系的数据不全采用软件默认的数据，会计算不到共沸点，由此得到的计算结果尽管软件认为是正确的，但和实验结果不符，这就是对过程物理实质了解不够造成的。

(2) 简化但能满足应用要求

模型的繁简影响其精确程度。要求怎样的精确程度，这是模型应用目的所决定的。例如，管式固定床催化反应器的传递过程模型，如果用于大型装置的最优设计，那就应当采用较复杂的二维模型，同时考虑轴向和径向的传递过程。而用于过程控制，则用一维模型（只考虑轴向传递）较为适宜，因为这样有利于计算机的快速运算。

对于不同的应用目的，有时需从应用目的的角度着眼建立模型。例如轴向扩散模型显然适用于解决管式固定床反应器中的返混现象，但完全不适用于解决流动阻力问题。又如我们在换热器面积计算中，只考虑传热现象，利用热量守恒及传热速率方程建立数学模型，但该模型若用于计算输送换热器流体泵所需的压头是毫无作用的。计算泵所需的压头时，需要详细考虑换热器内部的几何结构及流体的黏度，通过计算压降来确定泵所需的压头，而在传热面积计算时，只要有总传热系数的数据即可，一般无需换热器详细的几何结构，尽管这些几何结构对换热器总传热系数会有一定的影响。

(3) 简化使之能适应当前实验条件，以便于模型鉴别和参数估计

许多模型参数，例如有效扩散系数 $De$，需要通过实验来测定；模型的可靠性也要经受实验的考验。因此，如果由于实际情况的限制，实验条件和测量技术精度不高或达不到要求的话，建立高于实验精度的精细的模型是完全必要的。例如，聚合反应动力学模型一般都假定反应速率常数对不同聚合度是等同的。这个假定虽嫌过于粗略，但却是与目前粗略的聚合物分子量分布测定技术相适应的，在没有精细的分子量分布测定技术的条件下，按速率数随聚合度而变的假定去建立模型是没有实际意义的。

(4) 简化使之能适应现有的计算机能力

模型建立之后，其应用都和计算机密切相关。尽管现代大型计算机的速度和容量都在不断增大，但毕竟还是有限的。在建立模型的过程中应当兼顾到计算精度的要求和计算机的能力。特别是在实际工作中不可能都采用大型计算机，而更多的是应用中小型计算机，这就更应考虑这个问题。

在满足应用的前提下，模型应该力求简单。精细的模型可能更精确地反映过程，但它至少具有一个缺点，即复杂。另外，它还带来一些别的问题，如确定模型参数的困难等。过于复杂的模型不仅在理论上没有多大意义，在实际应用中更加无实际效果。如曾有不少学者将精馏塔设计计算中的塔板平衡理论模型进行进一步复杂化，认为每一块塔板均未达到相平衡和热平衡，由此带来庞大而复杂的模型。尽管目前计算机的速度完全可以胜任该问题的计算（迭代次数相比于原平衡板模型大大增加，可能带来舍入误差），同时其真正的计算结果仍需依赖不平衡度这个参数，而这个参数需要实验测定。如何测定这个参数及这个参数的精度就决定了不平衡模型的实际应用价值。有学者在其著作中毫不客气地指出“对数学模型不适当的神秘化、复杂化、高深化的观点应当予以纠正”。

在整个科学发展史中，简化和模型法早已有应用。例如经典力学中质点的概念。通过这样的简化假定之后，就可以用质点运动学的规律来研究实际物体的运动规律。尽管任何实际物体都具有一定的体积，就是像行星和恒星这样巨大的天体，还是可以用质点力学来描述它们在宇宙中的运动。这里，显然作了一个重要的简化。实践证明，这样做是合理的。

在化学工程中，也有不少这样的例子，例如前面提到的有效膜理论，以及理想流体模型、平衡级模型等。但是在这些模型提出来的时候，模型概念的应用还是自发的，个别的。而在现阶段，对过程的认识已经有了相当的积累，比以前深刻多了。另一方面计算技术也有了很大的发展，原来一些纯属理论的问题已可以实际应用，如大型方程组的求解，微分方程组的数值解受到了充分的重视。应该将模型化作为一种方法，自觉地、普遍地加以应用。这是化工过程系统分析与合成中一个十分重要的基本方法。

### 2.1.3 模型参数

一个模型可能包含着若干个模型参数。这些参数除个别可以根据机理导出外，如式（2-1）中的4和2，大部分需通过实验确定。一般说来，后者又可以区分为两类：一类可用现阶段的实验技术独立测定，如热导率、比热容等；另一类需要通过模型的总结果同实验数据相比较反推得到，如式(2-18）中的11个参数。这后一类参数如果数量过多，例如多达五六个以上时，参数的确定就非常困难。因为这时，模型大体上已能符合任何实验规律，参数又是实验数据回归关联得到的，这就同经验模型没有区别。在这种情况下，既然是经验关联，实验数据就可以适应任何模型，模型的合理性也就无法进行鉴别。因此在建立模型时，应当随时注意尽可能减少模型中的参数，特别是不能独立测定的参数。这类参数愈多，实验确定参数就愈不容易准确，外推时的误差也就愈大。这时，可以考虑利用量纲分析法，建立量纲模型，利用白金汉定律，确定相对有限的无量纲准数群，通过实验确定这些准数之间的关系。

### 2.1.4 模型建立的步骤

化工过程模型建立的步骤随获得模型的方法不同略有不同，事实上已在第1章及本章的前面已建立了许多化工过程系统的模型，如CSTR反应器模型、管道保温层优化模型、强化传热管无因次准数模型等。下面根据这些模型建立的过程，提出化工过程系统模型建立更一般化的步骤或过程，以便读者自己建模时仿照。

（1）将实际化工过程简化提炼成相对简单和容易求解的物理过程

这一步对任何建模方法都适用，无论你是机理模型还是混合模型，均需要对实际过程进行一定的简化及提炼。如在实际换热器中，由于污垢热阻会随着时间的改变而改变，进而影响传热方程，增加模型的复杂度。而在一般稳态建模时（所谓稳态，就是系统中的各个变量不随时间的改变而改变），可以假设在一定的时间内污垢热阻不变，这样得到的物理模型就简单多了，数学模型的建立也方便多了。在简化提炼时，还必须明确建模的目的，如建立泵的模型主要是为了计算泵所消耗的功率，此时可以不考虑质量守恒问题；如一般的物流混合器，主要是考虑物流的质量问题，此时一定要通过质量衡算；对于传热过程，可假设为绝热过程；对压力的处理更加简单，混合后的压力取入口物料的最低压力；如果是闪蒸模型的建立，则上面对压力的处理就显得过于简化，压力必须指定或通过相平衡计算。综上所述，真实过程的简化和提炼是建立任何模型的基础，只有做好了这一步，才可以进入建模工作的第二步。在建模工作的第一步中，你必须明确建立该模型的真实意图，即想解决什么问题，关键是什么；了解该真实过程的详细的运作机理；结合建模目的提出恰当的假设，将实际过程提炼成相对简单的物理模型。

(2) 找出物理过程的所有变量及可能所涉及的方程

在第一步的基础上，已得到相对简单的物理模型，这时只需将相对简单的物理模型所涉及的变量和方程找出来，而前面已经简化的问题所涉及的变量可以不予考虑，那么一般的化工过程涉及哪些变量和方程呢？

① 物流变量中的独立变量　对于物流的独立变量问题，发现目前有些教材及网上查询的结果的表述均存在一定问题，容易引起误解，这些描述是“根据杜亥姆（Duhem）定理，对于各组分初始质量一定的封闭系统，不论有多少相，多少个化学反应，其平衡状态可用两个独立变量确定。也就是说，当每个组分的质量已知时，系统的自由度为 2，即含有 $C$ 个组分的物流的独立变量数为 $C+2$”。请注意，此段描述的前半部分是正确的，也就是说质量已知的物系，其平衡状态由两个独立变量确定，但含有 $C$ 个组分的物流的独立变量数并不一定为 $C+2$，除非该物流是单相的或并不处于平衡状态，而实际化工过程中，有时有些物流是多相的，如液-液两相、液-固两相甚至液-液-气-固四相，如果此时的各相处于平衡状态，那么，物流的独立变量绝对不是 $C+2$ 这么简单。那么，真正的物流变量中的独立变量如何确定呢？相律告诉我们，已知总量的物系，在处于相平衡时，物系的自由度或独立变量数为：

$$f=C-\Phi+2 \tag{2-30}$$

式中，$f$ 为物系的自由度；$C$ 为组分数；$\Phi$ 为相数。回到物流变量的问题，大多数物流一般均是单相状态，则由相律可知独立变量数为 $C-1+2=C+1$。这里你必须注意，相律分析中，物系的总质量多少对物系的性质没有影响，而在化工过程系统中，物流所处的物系性质不变，如温度、压力、黏度、摩尔分率，但总质量或总摩尔数或总体积的改变也会对化工过程系统的性质产生影响，所以必须将物流的总量作为一个独立的变量来计算，这样，物流的独立变量数应由下式计算：

$$f=C-\Phi+2+1=C-\Phi+3 \tag{2-31}$$

这样，当总组分数为 $C$，单相物流的独立变量数刚好为 $C+2$，但这是一个巧合。尽管大多数情况下，均可将物流变量取为 $C+2$，然而不能将其作为必然结果。如某处于水-汽平衡的混合物流，其独立变量数为：

$$f=C-\Phi+3=1-2+3=2$$

而当单一物系处于三相平衡状态时，此时物系的自由度为零，即温度和压力被唯一确定；物流的自由

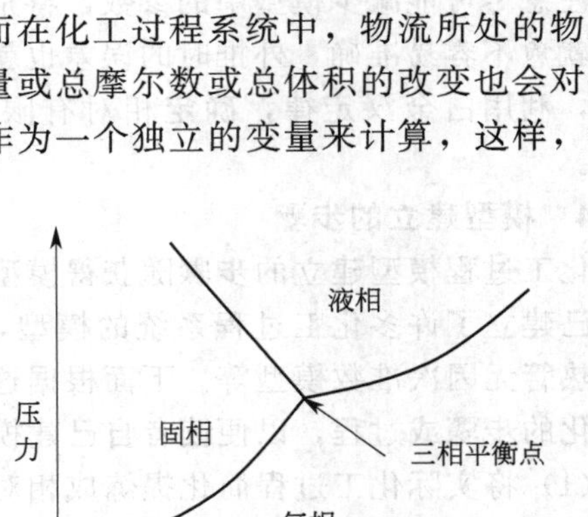

图 2-5　单组分物流三相平衡点

度为 1，即只有物质的总量可以改变，如水的三相衡点温度为 0℃，压力为 1atm。单组分物流的三相平衡点图可见图 2-5。

利用式(2-30) 得到物系可能存在的最大平衡相数，如对于单一组分，最大平衡相数对应的 $f=0$，所以最大平衡相数为 3，此时作为物流，其仍有 1 个自由度。同理，当组分数为 2 时，最大平衡相数为 4；当组分数为 3 时，最大平衡相数为 5，依次类推。

事实上，单相 $C$ 个组分物流的 $C+2$ 个独立变量一般可取为 $C$ 个组分的质量流率（或摩尔流率）和两个状态变量。两个状态变量一般取物流的压力 $P$ 和温度 $T$。当然也可以用总质量（摩尔）流率 $F$ 及（$C-1$）个组分的质量（摩尔）分数 $x_i$ 代替各组分的质量（摩尔）流率。这里必须提醒你注意的是在进行系统自由度计算时不能将所有质量（摩尔）分率之和为 1 的方程又称归一方程计入独立方程中，因为在统计变量数时已少计一个变量，刚好和此方程抵消。物流在上述独立变量的值确定之后，物流中的其他变量，如焓 H、熵 S、逸度、相平衡常数和化学平衡常数等也就被确定了，它们是非独立变量，不应包括在独立变量之内。同时物流的密度、比热容、汽化潜热等是物流压力、温度和组成的函数，也是不独立变量。

这里有必要对式(2-30) 展开更深层次的讨论，以防止在特殊情况下错误地使用该式造成对物系自由度的误算。如有下面物系：固相 $H_2O$、$CuSO_4\cdot5H_2O$，液相 $H^+$、$Cu^{2+}$、$SO_4^{2-}$、$H_2O$，气相 $H_2O$，试计算其平衡状态下的自由度。分析已知条件，共有组分数为 5，相数为 4（注意固相不能合并，每个固体物质算 1 相），简单套用式(2-30)，可知自由度为 3，而在实际测试时，该物系的平衡时的自由度为 1，那么 1 是如何计算得到的呢？其实是由于该体系的 5 个组分可能存在着质量作用引起的限制条件数 $E_m$、物种间固有的限制条件数 $E_i$、变量之间的某些限制条件数 $E_a$。

首先来研究一下质量作用引起的限制条件数 $E_m$，由于该物系的 5 个组分相互之间有一定的关联，其质量可能是不独立的，可通过最基本元素所构成的矩阵来确定 $E_m$ 的大小。假设所有的 5 个组分均由元素组成，则有方程：

$$
\begin{aligned}
&2H+O &&=H_2O\\
&10H+9O+Cu+S &&=CuSO_4\cdot5H_2O\\
&H &&=H^+\\
&\qquad\quad Cu &&=Cu^{2+}\\
&\quad 4O\qquad +S&&=SO_4^{2-}
\end{aligned}
\tag{2-32}
$$

用方程式(2-32) 的系数构建矩阵：

$$
\begin{array}{r}
\\
H_2O\\
CuSO_4\cdot5H_2O\\
H^+\\
Cu^{2+}\\
SO_4^{2-}
\end{array}
\begin{array}{c}
\begin{matrix}H & O & Cu & S\end{matrix}\\
\begin{pmatrix}
2 & 1 & 0 & 0\\
10 & 9 & 1 & 1\\
1 & 0 & 0 & 0\\
0 & 0 & 1 & 0\\
0 & 4 & 0 & 1
\end{pmatrix}
\end{array}
\tag{2-33}
$$

利用 Matlab 计算矩阵式(2-33) 的秩。计算过程如下：

打开 Matlab 程序，输入：

```
function   zhijisuan(原程序见电子教案:第二章程序/ zhijisuan. m)
    clear all;clc
    A= [2 1 0  0
        1 0 9 1 1
        1 0 0 0
        0 0 1 0
        0 4 0 1];  %只需修改数据即可计算其他矩阵的秩
    B=rank(A);
    disp('B=')
    disp(B)
```

得到结果 B=4，由此可知，由于受到质量作用，只有 4 个独立组分，即 $E_m = C - B = 5 - 4 = 1$。

该质量作用方程式为：

$$5H_2O + Cu^{2+} - SO_4^{2-} \Longleftrightarrow CuSO_4 \cdot 5H_2O \tag{2-34}$$

其次考虑物种间固有的限制，由于存在电离中正负电子平衡，故 $E_i = 1$，平衡方程为：

$$[H^+] + 2[Cu^{2+}] = [SO_4^{2-}] \tag{2-35}$$

其中此处的中括号表示摩尔浓度。第 3 种限制条件数 $E_a$ 在本物系中没有出现，但在某些物系中，可能会出现。如 $NH_4Cl$ 的分解反应，如在氨气中分解，则 $NH_3$ 的摩尔浓度可以是任意的，但如在惰性气体中进行分解，就必须加上一个限制条件，$[NH_3]=[HCl]$。根据以上分析，本物系的总限制数为 2，即校正后真正的组分数为 3，故在多组分、多相的复杂物系在平衡时自由度计算公式变为：

$$f = C - E_i - E_m - E_a - \Phi + 2 \tag{2-36}$$

在本例中，$f = 5 - 1 - 1 - 0 - 2 = 1$。那么，选取一个独立变量，该物系的性质是否唯一确定？下面以取温度作为独立变量，来分析该物系的其他变量情况。首先由于温度一定，五水硫酸铜在水中的溶解度是唯一确定的，若水中还有硫酸根离子，其电离平衡时，各种组分之间的比例关系是唯一确定，这样液相的组分已被唯一确定；同时，气液平衡，当水的温度确定时，水的饱和蒸汽压也就唯一确定，系统中的压力也被确定（当然此压力和纯水在该温度下的饱和蒸汽压不同，但可以通过一定的公式计算）。气相只有水，故摩尔分率为唯一的 100%，两个固相互不干扰，各自的摩尔分率也均为 100%，所以该物系的性质只用一个独立变量就可以确定了。如果你继续分析的话，你发现什么问题没有。其实，可以发现该物系中存在水的 3 相，在单组分分析时，3 相平衡时，自由度为 0，而现在居然为 1，说明在水中加入盐，可以改变 3 相平衡点的条件，有条件的话，你可以自己动手实验验证。

如果将上面平衡物系作为物流，其自由度除温度以外，还需要两个固相的质量分率、液相的质量分率、气相的质量分率，这样共 5 个自由度，和一般教材中介绍的 $C+2=7$ 个自由度有区别。

② 与过程有关的设备特性参数和操作参数。

例如反应器的有效容积 $V$、换热器的传热面积 $S$ 和传热系数 $K$、精馏塔的理论板数 $N$ 和回流比 $R$ 等。

③ 过程从外界得到（或向外界放出）的热量和功。

如从加热炉得到的热量 $Q$、从泵得到的功 $W$、膨胀过程向外做功 $E$。

④ 列出所有有关变量约束关系的全部独立方程

化工过程各股物流之间受到守恒定律、热力学和动力学等关系的约束，有关方程一般为：物料衡算方程、能量衡算方程、动量衡算方程、压力平衡方程、化学平衡方程、相平衡方程、反应动力学方程、传热率方程、传质速率方程、流动阻力方程。

应注意有些方程是相关的，即可由其他模型方程导出，应将这一类不独立的方程剔除。

(3) 根据不同的建模方法，写出可能的数学方程，建立数学模型

如果是机理模型，有了前面实际过程简化后的物理模型及分析所有变量和方程后，很容易写出数学方程，并整理成规范化的数学模型；如果涉及混合模型，则利用混合模型中的理论假设构建方程，其实，混合模型中还包含大量的由机理推导出来的方程；如果是经验模型，需建立经验方程，并通过数据回归获得经验方程中的参数，和混合模型一样的道理，经验模型中也包含大量的由机理推导得到的方程；如果准备建立量纲模型，则采用前面介绍的方法。如果利用模拟软件构建模型，则可以根据对问题的理解，选择软件中对应的各种模块，并通过物料流、能量流等线条将其连接起来，注意这些软件中红色的线条是必须连接的，蓝色的线条可以不连接，也可以连接，并且可以多次连接，具体情况可在实际操作时看系统的提示。如果以上建模方法均不采用，还有一种比较讨巧的方法，就是根据在前面对实际过程分析的基础上，直接选用目前已有的数学模型，如一般的换热过程、闪蒸过程、精馏过程，但作者还是建议，如果你是一位化工专业的大三学生，最好自己动手建立这些模型，以便更好地理解模型建立的步骤和方法，等有一定专业知识基础后，再通过模型选择的办法建模。

(4) 对数学方程的自由度进行分析

数学模型建立后不要急于计算，因为可能你的模型存在问题，此时是无法得到正确解的。你就无法判断是模型错了还是计算方法错了，此时可先通过自由度分析，从数学的角度先来判断一下模型是否有解。模型的自由度，即模型中的独立变量数。在求解模型之前，通过自由度分析正确地确定独立变量数，可以避免由设定不足或设定过度而引起的方程无解。

根据数学知识可知，$n$ 个不矛盾的独立方程，可以而且只能求解 $n$ 个未知数。当模型的独立方程数为 $n$，变量总数为 $m$ 时，模型的自由度为 $F_r$，则

$$F_r = m - n \tag{2-37}$$

要求解这个模型，需要预先规定 $F_r$ 个的变量，这 $F_r$ 变量称为模型的独立变量，而其余 $n$ 个变量（因为 $m = F_r + n$）是不独立的，可以利用 $n$ 个独立方程求出，这 $n$ 个不独立的变量称为状态变量。因此，在与过程有关的全部 $m$ 个变量中，$F_r$ 个是独立变量，它们的值在求解模型方程时必须预先规定；其余 $n$ 个为状态变量，它们的值可由模型方程计算得到。必须提醒你的是 $F_r$ 个独立变量的选取方法不是唯一的，可根据具体情况，有多种选择。如果没有特殊的要求，尽量选择使数学模型求解简单的独立变量，最极致简单的情况是 $n$ 个独立方程中每个方程只含一个不同的状态变量，这样只需单独求解每一个独立方程，无需联立求解。有关独立变量的选取方法将在以后章节中介绍。模型的自由度计算可能出现 3 种情况：如果 $F_r > 0$，则模型有无穷解；如果 $F_r = 0$，则模型有唯一解；如果 $F_r < 0$，则模型无解。也就是说，如果你建立的模型，通过自由度计算，发现 $F_r < 0$，并经检查，自由度的计算过程没有错误，则几乎可以肯定，你的模型有问题；如果 $F_r = 0$，则该模型无法优化，因为解是唯一确定的（在有些情况下，可能有若干个解，但这些解是可以计算确定的，如 CSTR 反应釜中的多种稳态解）。

(5) 实验研究确定模型参数并进行验证

在以上工作的基础上，需要通过实验确定某些模型的参数。有了模型的参数，就可以利用建立的数学模型进行详细而全面的数学模拟研究。你可以在数学模型上任意改变真实过程

的某些输入变量，通过数学模型计算其他变量，并将数学模拟的结果和实验研究得到的结果进行比较，验证数学模型及模拟计算的正确性。这里必须十分明确地告诉你必须将数学模型（Model）和模型计算方法（Algorithm）区分开来。目前，大多数化工过程的模型基本上可以选用或在基本模型的基础上作适当修改即可，但各种高效的算法仍在不断涌现之中。

模型检验和参数估计这两个阶段往往是难以截然区分的。在检验过程中必然涉及参数估计问题。模型检验的基础在于实验值与模型计算值的拟合程度。根据残差分析以识别模型可能存在的不足之处是很直观的，并可提示我们，模型中可能有缺少或多余的关系，应进行模型修正。参数估计是根据实验数据对已知模型的未知参数做出最优确定。

## 2.2 常见化工单元数学模型

所有的化工过程都是由单元操作以不同的方式连接组合而成，这些基本的单元操作你可能在化工专业课程中已经学过或将要学习。在本教材中，需要对这些单元操作建立数学模型以便后续的分析与合成，但对其详细的操作原理、设备计算、安全维护不作详细展开。化工过程中常见的单元操作有混合、换热（加热和冷却）、反应、分离（蒸发、闪蒸、精馏、萃取、吸附、离心）、压缩、膨胀、节流、层析（其实是分离的一种）、分割等，这些单元操作过程有的复杂，有的简单；有的有实体的设备，有的仅是通过一个管道或阀门（如分割、节流甚至混合过程），但都遵循一定的规律，可以建立数学模型进行计算，也可以利用现有开发的软件进行计算。

### 2.2.1 混合过程建模

混合过程是化工过程最常见的单元操作，有些混合过程在专门的容器中进行；有些混合过程在管路中合并；有些边混合边反应，此时一般将其划入反应过程。要建立混合过程的数学模型，首先需对实际的混合过程进行简化提炼，假设混合过程中无物质泄漏，过程绝热，混合充分。一般不涉及搅拌器功率的计算及搅拌过程产生的热量，而在实际混合过程中以上现象均可能发生。图 2-6 为一理想混合器，已符合上面的所有假设，两股物流经混合器混合为一股物流，所有涉及的变量已标注在图上。若组分数为 $C$，过程绝热，则该过程所有的变量为各股物流的独立变量 $F_i$，$p_i$，$T_i$ 和（$C-1$）个 $x_{i,j}$，其中 $i=1\sim3$，$j=1\sim C$，则变量数为

图 2-6　物流混合器

$$m=3(C+2) \tag{1}$$

对该过程可以建立以下独立方程：

$$\begin{cases} \text{压力平衡方程} & p_3=\min\{p_1,p_2\} & 1\text{个} & (2)\\ \text{物料衡算方程} & F_1x_{1,j}+F_2x_{2,j}=F_3x_{3,j} & C\text{个}\quad j=1\sim C & (3)\\ \text{焓平衡方程} & F_1H_1+F_2H_2=F_3H_3 & 1\text{个} & (4)\end{cases}$$

上述方程组即为物流混合器的数学模型。对该混合过程还可列出方程

$$F_1+F_2=F_3 \tag{5}$$

但这一方程是不独立的，不应包含在模型之内。因为将式（3）中的 $C$ 个方程相加可得式（6），即

$$\sum_{j=1}^{C}F_1x_{1,j}+\sum_{j=1}^{C}F_2x_{2,j}=\sum_{j=1}^{C}F_3x_{3,j} \tag{6}$$

由于每一流股中 $C$ 个组分的质量分数或摩尔分数之和均为 1，故式(6) 实际和式(5) 一致。

式(4) 中的 $H_1$、$H_2$、$H_3$ 都是状态函数，可表示为 $H=H(T, p)$，不计入变量，由此可见，含有 $C$ 个组分的两个流股，混合成一个流股，模型的独立方程数为：

$$n=C+2 \tag{7}$$

则模型的自由度为：

$$F_r=m-n=3(C+2)-(C+2)=2C+4 \tag{8}$$

通过适当规定 $2C+4$ 个独立变量的值，即可进行混合器的模拟计算。例如，若规定两股输入流的物流变量 $F$，$p$，$T$ 和 $C-1$ 个 $x_i$，应用以上模型即可计算输出流股的物流变量；也可以选择输出流股及其中一股输入流股的物流变量作为已知独立变量，计算另一股输入流的变量；或者规定三股流的部分变量，去计算其余变量。如果以上混合器的混合物流有 $k$ 股，则混合模型的自由度为 $k(C+2)$，也就是说，只要已知所有输入混合器物流的变量，那么混合器的输出变量是唯一确定的，这和观察到的客观事实是符合的。

尽管混合模块的建立和自由度分析比较简单，只涉及物料的计算也比较简单，但在能量衡算过程中，如果没有计算焓的公式，你将无法计算混合后物流的温度，而焓的计算公式一般需要物质的等压比热容，在压力变化不高的情况下（$\Delta p<1\text{MPa}$），可以忽略压力变化对液体焓的影响（液体水压力变化 1MPa 引起的焓变化只相当于温度变化 0.2K 引起的焓变化），下面通过具体的例子，说明混合模型的计算过程。

**【例 2-1】** 如图 2-7 水-甲醇-乙醇混合模型，已知水的流量为 100kg/s，温度为 323.15K，压力为 1atm，甲醇的流量为 100kg/s，温度为 313.15K，压力为 2atm，乙醇的流量为 100kg/s，温度为 293.15K，压力为 2atm，已知水、甲醇、乙醇在 1atm 时的等压比热容温度系数如表 2-4，忽略压力对比热容的影响，试计算混合器出口的物流流量、温度及压力。

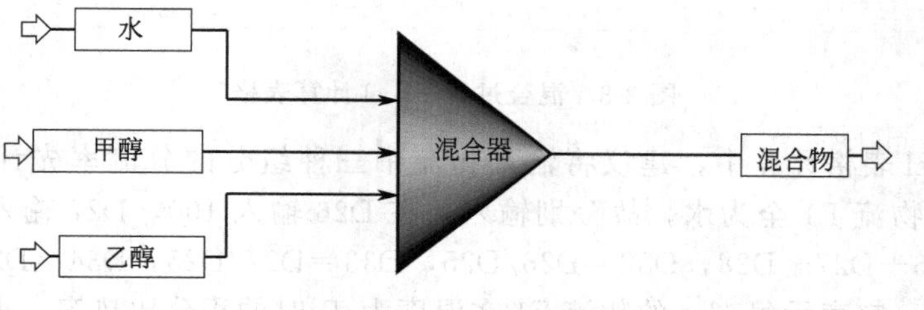


图 2-7 水-甲醇-乙醇混合模型

**表 2-4 液体等压比热容温度系数**

| 物质 | A | B | C | D | 分子量 |
|---|---|---|---|---|---|
| 水 | 92.053 | −3.9953 | −2.1103 | 0.53469 | 18 |
| 甲醇 | 40.125 | 31.046 | −10.291 | 1.4598 | 32 |
| 乙醇 | 59.342 | 36.358 | −12.164 | 1.8032 | 46 |

**解**：利用前面建立的混合器的数学模型，利用式(2) 可以马上获知混合器出口压力为 1atm，利用式(3) 的三个不同分项，可知混合器出口物流水、甲醇、乙醇的流量均为 100kg/s，总流量为 300kg/s，但若要计算温度，则手工计算有一定难度，因为每一个组分的焓需要利用以下积分公式计算。

$$\begin{aligned} H &= \int_0^T (A+B\times10^{-2}T+C\times10^{-4}T^2+D\times10^{-6}T^3)\mathrm{d}T \\ &= AT+B\times10^{-2}T^2/2+C\times10^{-4}T^3/3+D\times10^{-6}T^4/4 \end{aligned} \tag{9}$$

将此公式及表 2-1 的数据和已经计算得到的混合物出口物料流量代入式 (4)，求解关于 $T$ 的一元四次方程，建议采用 Excel 表格法，见图 2-8（详细程序见电子课件“第二章程序/mixer. xls”）。

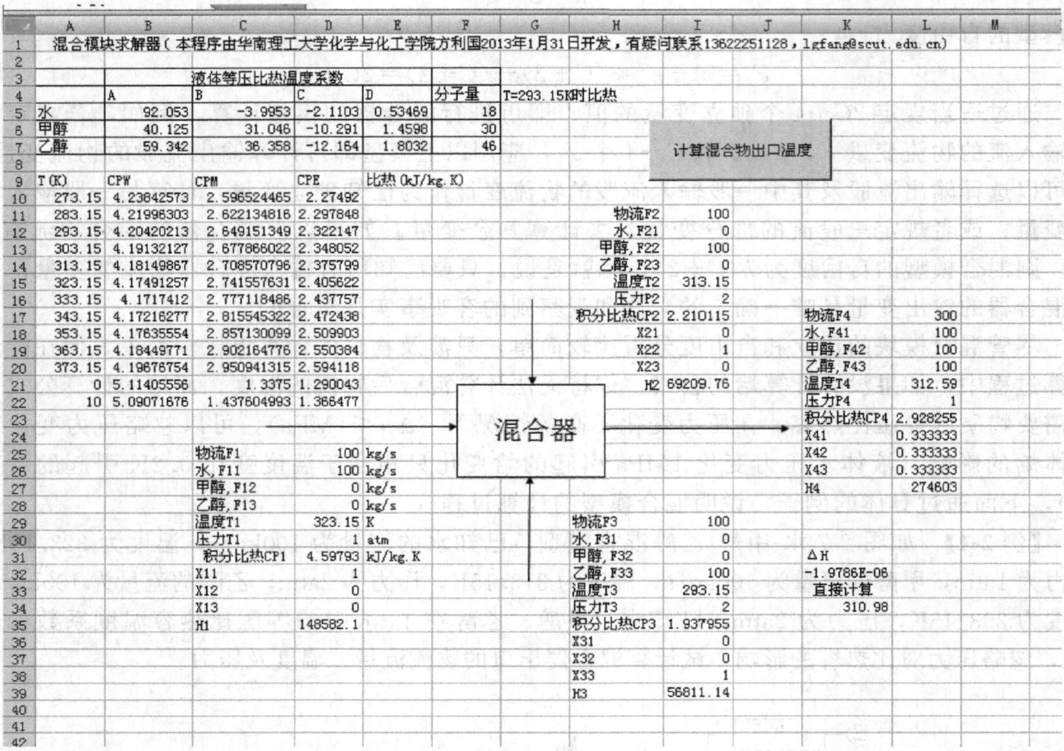
混合模块求解器（本程序由华南理工大学化学与化工学院方利国2013年1月31日开发，有疑问联系13622251128，lgfang@scut. edu. cn)
液体等压比热温度系数
A B C D 分子量
水 92.053 -3.9953 -2.1103 0.53469 18
甲醇 40.125 31.046 -10.291 1.4598 30
乙醇 59.342 36.358 -12.164 1.8032 46
T=293.15K时比热
T(K) CPW CPM CPE 比热(kJ/kg.K)
273.15 4.23842573 2.596524465 2.27492
283.15 4.21996303 2.622134816 2.297848
293.15 4.20420213 2.649151349 2.322147
303.15 4.19132127 2.677866022 2.348052
313.15 4.18149867 2.708570796 2.375799
323.15 4.17491257 2.741557631 2.405622
333.15 4.1717412 2.777118486 2.437757
343.15 4.17216277 2.815545322 2.472438
353.15 4.17635554 2.857130099 2.509903
363.15 4.18449771 2.902164776 2.550384
373.15 4.19676754 2.950941315 2.594118
0 5.11405556 1.3375 1.290043
10 5.09071678 1.437604993 1.366477
计算混合物出口温度
混合器
物流F1 100 kg/s
水, F11 100 kg/s
甲醇, F12 0 kg/s
乙醇, F13 0 kg/s
温度T1 323.15 K
压力T1 1 atm
积分比热CP1 4.59793 kJ/kg.K
X11 1
X12 0
X13 0
H1 148582.1
物流F2 100
水, F21 0
甲醇, F22 100
乙醇, F23 0
温度T2 313.15
压力P2 2
积分比热CP2 2.210115
X21 0
X22 1
X23 0
H2 69209.76
物流F3 100
水, F31 0
甲醇, F32 0
乙醇, F33 100
温度T3 293.15
压力T3 2
积分比热CP3 1.937955
X31 0
X32 0
X33 1
H3 56811.14
物流F4 300
水, F41 100
甲醇, F42 100
乙醇, F43 100
温度T4 312.59
压力P4 1
积分比热CP4 2.928255
X41 0.333333
X42 0.333333
X43 0.333333
H4 274603
ΔH
-1.9786E-06
直接计算
310.98

图 2-8 混合过程 Excel 计算表格

在利用 Excel 表格计算中，建议将输入物流中三种组分的分流率先计算出来，在本题中，由题意可知物流 F1 全为水，故分别输入，在 D26 输入 100，D27 输入 0，D28 输入 0，设置“D25＝D26＋D27＋D28，D32＝D26/D25，D33＝D27/D25，D34＝D28/D25”，而 D31 的计算相当复杂，它表示每 1kg 的物流 F1 在温度为 $T_1$时的积分比热容，也就是将式(9) 除以 $T$ 后得到的结果，但在程序中需要考虑三种组分加和后各自在积分比热容中所占的比例，才能得到正确的解，根据图 2-8 中各种参数所在的位置及所提供参数是以 1mol 物质为基准，所以 D31 的计算公式如下：

D31＝($B$5＋$C$5* 0.01* D29/2＋$D$5* 0.0001* D29^2/3＋$E$5* 0.000001* D29^3/4)/$F$5* D26＋($B$6＋$C$6* 0.01* D29/2＋$D$6* 0.0001* D29^2/3＋$E$6* 0.000001* D29^3/4)/$F$6* D27＋($B$7＋$C$7* 0.01* D29/2＋$D$7* 0.0001* D29^2/3＋$E$7* 0.000001* D29^3/4)/$F$7* D28)/D25 (10)

有了 D31 的计算公式，则 D35＝D31* D29* D25，这样就完成了物流 1 本身状态变量的计算，可以照此模式，完成物流 F2、F3 的内部计算，在此基础上，结合混合的数学模型，可以方便地得到 L18＝I12＋D26＋I30，算出混合后物流中水的质量分流率，将此公式向下填充 2 行，自动生成 L19＝I13＋D27＋I31、L20＝I14＋D28＋I32，从而计算出甲醇、乙醇的质量分流率，设置 L22＝MIN(D30，I16，I34)，可得到混合后物流的压力。在 L21 随意输入一个温度，一般可取前面三个输入物流中的中间一个温度，如 313.15，再仿照输入物流的处理方式，完成输出物流自身的计算。注意此时得到的温度并不是真正的输出温度，而物料及压力的输出结果是正确的。要计算输出物流 F4 的温度，尚需作一个能量平衡计算，设置 K32＝L27-I21-D35-I39，通过单变量求解公式，令 K32 为目标单元格，目标值为 0，可变单元格为 L21，单击确定，系统会自动计算得到结果为 312.6K，应该说此结果是相当精确的，因为所涉及纯物质的定压比热容数据有实验支持，且目前计算范围均在原数据允许范围内。如果不考虑温度对比热容的影响，直接用比热容×温度×流量代替积分比热容的计算，得到的结果是 310.98K，两者差别不大。作者也用 Aspen Plus 进行计算，发现有较大的误差，后通过物性计算，发现 Aspen Plus 中甲醇的比热容计算有误（此问题网上也有其他学者发现此问题），其计算结果见表 2-5。表 2-6 是利用实验数据拟合公式计算得到的三种纯物质比热容。

**表 2-5 Aspen Plus 计算得到的比热容**

| 温度 /K | 水 /(kJ/kg·K) | 甲醇 /(kJ/kg·K) | 乙醇 /(kJ/kg·K) |
|---|---|---|---|
| 270 | 3.705522 | 3.017864 | 2.546147 |
| 280 | 3.744565 | 3.083279 | 2.615212 |
| 290 | 3.804373 | 3.153548 | 2.687928 |
| 300 | 3.868474 | 3.229004 | 2.764391 |
| 310 | 3.937063 | 3.310053 | 2.844781 |
| 320 | 4.010346 | 3.397199 | 2.929372 |
| 330 | 4.088548 | 3.491069 | 3.018555 |
| 340 | 4.17191 | 3.592453 | 3.112862 |
| 350 | 4.260699 | 3.702346 | 3.213001 |

**表 2-6 利用实验结果拟合的比热容数据**

| $T$/K | 水 | 甲醇 | 乙醇 |
|---|---|---|---|
| 273.15 | 4.23842573 | 2.596524465 | 2.27492 |
| 283.15 | 4.21996303 | 2.622134816 | 2.297848 |
| 293.15 | 4.20420213 | 2.649151349 | 2.322147 |
| 303.15 | 4.19132127 | 2.677866022 | 2.348052 |
| 313.15 | 4.18149867 | 2.708570796 | 2.375799 |
| 323.15 | 4.17491257 | 2.741557631 | 2.405622 |
| 333.15 | 4.1717412 | 2.777118486 | 2.437757 |
| 343.15 | 4.17216277 | 2.815545322 | 2.472438 |
| 353.15 | 4.17635554 | 2.857130099 | 2.509903 |
| 363.15 | 4.18449771 | 2.902164776 | 2.550384 |
| 373.15 | 4.19676754 | 2.950941315 | 2.594118 |

对照表 2-5 和表 2-6 的数据，可以明显发现 Aspen Plus 在计算水及甲醇的定压比热容数据上有误，其实 Aspen Plus 是可以精确计算水的比热容的，此时需选用的物性方法为"STEAM-TA"，但当选用该物性方法作为混合器计算方法时，出现了完全错误的结果，计算结果为出口温度 823.0K，全气相；如果物性选用 WILSON 法，计算结果为 317.6K，此时 Aspen Plus 计算的比热容数据和表 2-5 相当，出口温度比作者利用 Excel 表格计算的结果高了 5K，主要原因是定压比热容数据错了。有关物料的计算，Aspen Plus 和作者的计算结果完全一致。

### 2.2.2 气体压缩过程建模

压缩过程一般是指气体的压缩。因为气体比较容易压缩，而液体的压缩性能一般很差，几乎无法压缩，这就是为什么液化石油气罐装时需要留下一定的空间的重要原因。当环境温度升高时，液化石油气会发生体积膨胀，如果此时罐内已全部充满液体，罐内的压力会迅速升高，导致爆炸事故。

气体压缩一般借助于各类气压机如鼓风机、通风机、压缩机将气体从低压压缩到高压。无论是哪一类压气机，压缩过程中气体状态变化的热力学过程并没有本质的不同，都是消耗外功，使气体压力升高，同时根据不同的情况，可能带来气体温度的变化。

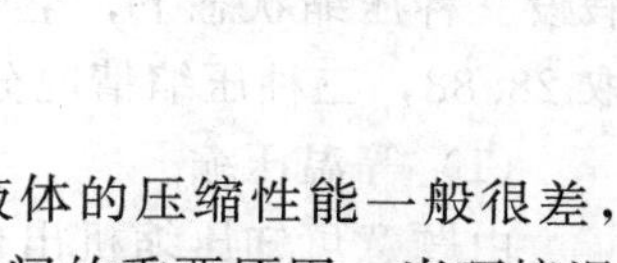

图 2-9 气体压缩过程示意图

在压缩过程的数学模型中，不考虑物料的变化，这样压缩过程只涉及 6 个变量，如图 2-9 所示，已将流股变量中的流量忽略，因为已假设流量不变（注意实际过程中，可能会出现凝结水的问题，这样压缩后的气体流量就会和压缩前不一样，但通过质量守恒可以计算气体流量）。

无论是可逆压缩还是不可逆压缩，均遵守能量守恒定理：

$$H_1+W_{rev}-Q=H_2 \tag{1}$$

$H_1$和$H_2$都是状态函数，可表示为$H=H(T,P)$。为了方便计算，一般将焓写成增量形式，改写式(1)，得式(2)：

$$W_{rev}-Q=\Delta H \tag{2}$$

注意，在实际应用时，一般可将焓的增量表达式写成式(3)：

$$\Delta H=C_p(T_1-T_2) \tag{3}$$

由于已假设为可逆压缩，实际过程可通过系数调整，则压缩轴功可由下式计算：

$$W_{rev}=\int_{p_1}^{p_2}V\mathrm{d}p \tag{4}$$

无论是等温压缩还是绝热压缩或多变压缩，对于理想气体而言，均有下式成立：

$$pV^k=\text{constant} \tag{5}$$

式（5）中的$k$随不同的压缩过程而定，等温压缩$k=1$，绝热压缩$k>1$，多变压缩$k=\text{m}$。对绝热压缩和多变压缩而言，每一种气体都有自己的$k$值，如果是混合气体，其混合压缩指数$k_m$可以通过下式计算：

$$\frac{1}{k_m}=\sum\frac{y_i}{k_i-1} \tag{6}$$

式中，$y_i$为混合气体中$i$组分的摩尔分数。这样，对于该压缩模型而言，共有变量8个，约束方程为式(1)、式(4)、式(5)三式，所以一定质量或一定流量（稳态流）的气体压缩过程的自由度为$F_r=6-3=3$，一般可取压缩前的温度$T_1$、压力$p_1$以及压缩后的压力$p_2$，其他三个变量可以利用模型方程算出，不同的压缩过程具体的计算方法不同，计算结果也不同，下面以空气压缩为例，说明三种不同压缩过程的计算，并利用Aspen Plus进行验证。

**【例2-2】** 将流量$F$为1kmol/s，温度$T_1$为27℃，压力$p_1$为1atm的空气（假设含氮气和氧气的摩尔比为78：22），分三种情况压缩至5atm，已知绝热压缩时$k=1.4$，多变压缩时$m=1.25$，$R=8.314\text{kJ/(kmol·K)}$，求在等温压缩、绝热压缩、多变压缩时压缩机消耗的轴功及气体出口温度和放出的热量。

**解：** 先利用上面建立的数学模型进行求解，再利用Aspen Plus进行求解以便相互验证。假设三种压缩状态下，空气均为理想气体（$pV=RT$），分子量按题意假设的摩尔比例计算取28.88，三种压缩情况分别计算如下。

（1）等温压缩

由题意可知压缩机出口温度：

$$T_2=T_1=27℃=300.15\text{K}$$
$$\Delta H=0$$

压缩机理论轴功：

$$W_{rev}=F\int_{p_1}^{p_2}V\mathrm{d}p=F\int_{p_1}^{p_2}\frac{RT}{p}\mathrm{d}p=FRT\ln\frac{p_2}{p_1}$$

$$=1\text{kmol/s}\times8.314\text{kJ/(kmol·K)}\times300.15\text{K}\times\ln\frac{5}{1}=4016.3\text{kW}$$

由模型中公式(2)可知，放出热量$Q=4016.3\text{kW}$。

（2）绝热压缩

由题意可知压缩机出口温度：

$$Q=0$$

压缩机理论轴功：

$$W_{rev}=F\int_{p_1}^{p_2}V\mathrm{d}p=F\int_{p_1}^{p_2}\frac{C^{\frac{1}{k}}}{p^{\frac{1}{k}}}\mathrm{d}p=FC^{\frac{1}{k}}\frac{1}{1-\frac{1}{k}}(p_2^{1-\frac{1}{k}}-p_1^{1-\frac{1}{k}})$$

$$=FC^{\frac{1}{k}}\frac{k}{k-1}(p_2^{\frac{k-1}{k}}-p_1^{\frac{k-1}{k}})=FC^{\frac{1}{k}}p_1^{\frac{k-1}{k}}\frac{k}{k-1}\left(\frac{p_2^{\frac{k-1}{k}}}{p_1^{\frac{k-1}{k}}}-1\right)$$

$$=F(P_1V_1^k)^{\frac{1}{k}}p_1^{\frac{k-1}{k}}\frac{k}{k-1}\left(\frac{p_2^{\frac{k-1}{k}}}{p_1^{\frac{k-1}{k}}}-1\right)=Fp_1V_1\frac{k}{k-1}\left(\frac{p_2^{\frac{k-1}{k}}}{p_1^{\frac{k-1}{k}}}-1\right)$$

$$=FRT_1\frac{k}{k-1}\left(\frac{p_2^{\frac{k-1}{k}}}{p_1^{\frac{k-1}{k}}}-1\right)$$

$$=1\text{kmol/s}\times 8.314\text{kJ/(kmol}\cdot\text{K)}\times 300.15\text{K}\,\frac{1.4}{1.4-1}\times(5^{\frac{1.4-1}{1.4}}-1)$$

$$=5099.1\text{kW}$$

温度可由模型中式(5) 及理想气体方程计算得到：

$$T_2=T_1\left(\frac{p_2}{p_1}\right)^{\frac{k-1}{k}}=300.13\left(\frac{5}{1}\right)^{\frac{1.4-1}{1.4}}=475.4\text{K}$$

由模型中式(2) 可知，$\Delta H=5099.1\text{kW}$

(3) 多变压缩

压缩机理论轴功：

$$W_{rev}=FRT_1\frac{m}{m-1}\left(\frac{p_2^{\frac{m-1}{m}}}{p_1^{\frac{m-1}{m}}}-1\right)$$

$$=1\text{kmol/s}\times 8.314\text{kJ/(kmol}\cdot\text{K)}\times 300.15\text{K}\,\frac{1.25}{1.25-1}\times(5^{\frac{1.25-1}{1.25}}-1)=4738.0\text{kW}$$

温度可由模型中式(5) 及理想气体方程计算得到：

$$T_2=T_1\left(\frac{p_2}{p_1}\right)^{\frac{m-1}{m}}=300.13\left(\frac{5}{1}\right)^{\frac{1.25-1}{1.25}}=414.1\text{K}$$

根据出口温度及空气的等压比热容 $C_p=29.1\text{kJ}\cdot\text{kmol}^{-1}\cdot\text{K}^{-1}$，可以得到：

$$\Delta H=FC_p(T_2-T_1)=3316.5\text{kW}$$

由模型中式(2) 可知，$Q=\Delta H-W_{rev}=4730.0-3316.5=1413.5\text{kW}$。

上面的计算结果是利用现有的数据及数学模型计算得到，你也可以将三种压缩过程所消耗功的计算过程做成 Excel 表格的形式，并加入压缩过程的机械效率及过程效率，这里计算的是理论轴功，各种效率均为 100%。现在利用 Aspen Plus 来模拟计算空气的压缩过程，由于需要多种压缩过程的数据，故在 Aspen Plus 模拟中，引入了流股复制器 DUPL 模块，构建如图 2-10 的计算流程，原程序见电子课件第二章程序。选择模块 B2 为等熵压缩（isentropic），B3 为多变压缩（Polytropic using ASME Method），B4 也为多变压缩（Polytropic using GPSA Method）。由于在 Aspen Plus 中没有等温压缩模块，通过 4 级压缩，中间加设冷却器，将压缩后温度升高的空气冷却到 27℃，再进行下一级压缩，第 4 级压缩后空气的压力为 5atm。计算结果表明，B2、B3、B4 模块的计算结果没有区别，具体结果见图 2-11。

由图 2-11 的模拟结果可知，Aspen Plus 的 3 种计算方法得到相同的结果，气体压缩后出口温度为 473.4K，所需的理论轴功为 5092.7kW，该模拟结果和利用模型人工计算的绝热压缩过程相接近（因为在计算时已假设为可逆压缩，这样，绝热可逆压缩就是等熵压缩，

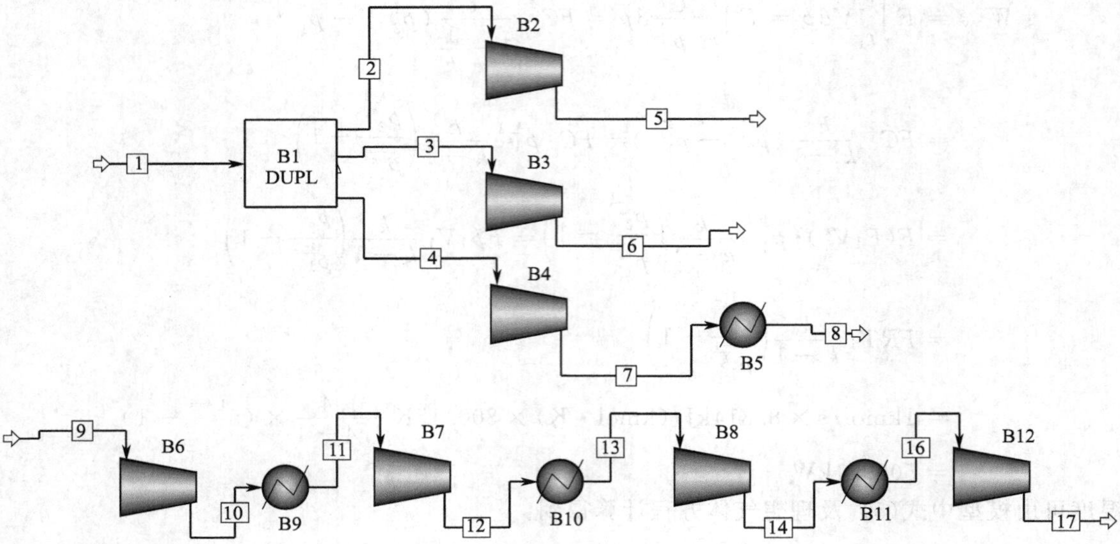


图 2-10　多种压缩过程 Aspen Plus 模拟流程

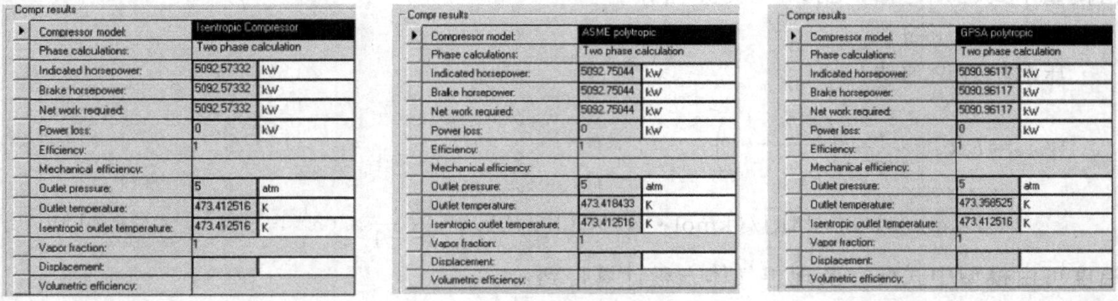


图 2-11　等熵及多变压缩过程 Aspen Plus 模拟结果

所以结果十分接近)，但不知为何，Aspen Plus 的多变压缩计算的结果和等熵压缩的计算结果一样，没有改变，这一点需引起注意。通过 4 级压缩，得到各级压缩的功率为 1072.2kW，1009.3kW，1071.7kW，1099.5kW，总压缩功率为 4252.7kW，和等温压缩的理论计算功率 4016.3kW 比较接近，如果增加压缩级数，所需总功率和理论等温压缩所需的功率会更加接近。4 个冷却器所需的冷却量总和为 4284.6 kW，表明利用多级压缩可以接近理想的等温压缩过程，使其所消耗的轴功率为最小，但实际应用时，需要考虑设备的投资费用及操作的稳定性及安全性问题，不能为了降低轴功而无限制地增加级数。

### 2.2.3　气体膨胀过程建模

气体膨胀过程在热力学机理上和气体压缩过程相仿，即也遵循能量守恒定律，气体实现膨胀的过程一般可以通过节流膨胀、对外做功的绝热可逆膨胀（等熵膨胀），也可以通过闪蒸实现压力的降低。每一种膨胀过程的具体计算方法会有不同，需要分别对待。

（1）节流膨胀

节流膨胀是流体在管道流动时，遇到一狭窄的通道，如阀门、孔板等，由于局部阻力的作用，使流体的压力下降。由于节流过程进行很快，一般认为过程为绝热，即 $Q=0$；也不对外做功，即 $W_{rev}=0$；同时忽略节流前后动能和势能的变化，有 $\Delta H=0$。应该注意的是如果是理想气体，节流前后温度不变（理论上），如果是真实气体在节流前后有时温度下降，有时温度上升，具体跟节流时的温度和压力有关，如刚好处在某一特殊的温度和压力下节流，则节流前后的温度不变，这些特殊的点构成了一条特殊的曲线——转化曲线，如图2-12所示。

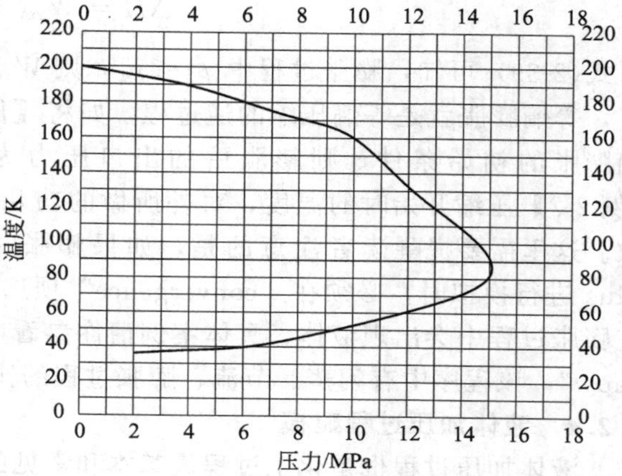

图 2-12　转化曲线

图 2-12 转化曲线上的点是节流效应为零的点。所谓节流效应就是节流时由于压力变化而引起的温度变化，其计算公式如下：

$$\mu_J=\left(\frac{\partial T}{\partial p}\right)_H=\frac{T\left(\frac{\partial V}{\partial T}\right)_p-V}{C_p} \quad (2\text{-}38)$$

图 2-12 转化曲线的左边，节流效应大于零，压力下降后温度也下降；转化曲线的右边，节流效应小于零，压力下降后，温度反而升高。如果是理想气体（$pV=RT$），根据式(2-38）的计算可知节流效应为零，故节流前后温度不变。现用 Aspen Plus 中的阀门模块来模拟节流过程，验证前面的分析。已知氮气流量为 1kmol/s，温度为 20℃，压力为 60atm，节流到 6atm，分别选取物性为 IDEAL 及 PENG-ROB，计算结果见图 2-13、图 2-14。另计算将节流前压力改为 450atm，节流后压力为 410atm，物性选用 PENG-ROB，结果见图 2-15。

Display: All streams　Format: GEN_M

| | 1 | 2 |
|---|---|---|
| Temperature C | 20.0 | 20.0 |
| Pressure bar | 60.795 | 6.080 |
| Vapor Frac | 1.000 | 1.000 |
| Mole Flow kmol/hr | 1.000 | 1.000 |
| Mass Flow kg/hr | 28.013 | 28.013 |
| Volume Flow cum/hr | 0.401 | 4.009 |
| Enthalpy MMkcal/hr | > -0.001 | > -0.001 |
| Mole Flow kmol/hr | | |
| N2 | 1.000 | 1.000 |

图 2-13　IDEAL 计算结果

Display: Streams　Format: GEN_M

| | 1 | 2 |
|---|---|---|
| Temperature C | 20.0 | 6.9 |
| Pressure bar | 60.795 | 6.080 |
| Vapor Frac | 1.000 | 1.000 |
| Mole Flow kmol/hr | 1.000 | 1.000 |
| Mass Flow kg/hr | 28.013 | 28.013 |
| Volume Flow cum/hr | 0.394 | 3.816 |
| Enthalpy MMkcal/hr | > -0.001 | > -0.001 |
| Mole Flow | | |
| N2 | 1.000 | 1.000 |

图 2-14　PENG-ROB

Display: All streams　Format: GEN_M

| | 1 | 2 |
|---|---|---|
| Temperature C | 20.0 | 20.3 |
| Pressure bar | 506.625 | 425.565 |
| Vapor Frac | 1.000 | 1.000 |
| Mole Flow kmol/hr | 1.000 | 1.000 |
| Mass Flow kg/hr | 28.013 | 28.013 |
| Volume Flow cum/hr | 0.062 | 0.069 |
| Enthalpy MMkcal/hr | > -0.001 | > -0.001 |
| Mole Flow kmol/hr | | |
| N2 | 1.000 | 1.000 |

图 2-15　曲线右侧计算结果

由以上三图的计算结果可知，氮气在进行节流膨胀时，如果采用 IDEAL 物性，则节流后的温度和节流前一致，仍为 20℃；如果采用 PENG-ROB 物性，则节流后温度降低，变为 6.9℃；如果在 500atm 节流到 420atm，此时节流过程位于转化曲线的右边，节流后温度反而上升，温度为 20.3℃，比节流前温度上升了 0.3℃。根据 Aspen Plus 输入变量可知，一个节流过程，只有 4 个自由度（单组分），如果已知节流前的物流性质，则只有一个自由度，这和压缩过程相同。事实上，无论是压缩还是膨胀过程，如果输入物流的性质已知，操作过程性质确定，根据质量守恒和能量守恒可知系统只有一个自由度。

（2）等熵膨胀

流体从高压向低压作绝热膨胀，如果在膨胀机中进行，则可以对外做功。如果膨胀过程是可逆的，就是等熵膨胀过程，等熵膨胀过程同样遵守能量守恒定律，也有 $W_{rev}-Q=\Delta H$ 成立，由于是绝热过程，故 $Q=0$，则有：

$$\Delta H = W_{\text{rev}} = \int_{p_1}^{p_2} V \mathrm{d}p \tag{2-39}$$

由式(2-39) 可知，膨胀过程中 $p_2 < p_1$，则 $W_{\text{rev}} < 0$，所以物流的焓下降，温度会下降。其实，等熵膨胀就是等熵压缩的逆过程，如将【例 2-2】中等熵压缩到 5atm，473.4K 作为等熵膨胀的初始条件，则膨胀后的出口压力为 1atm，你将发现此时膨胀后的温度就是【例 2-2】压缩开始时的温度，对外所做的功几乎和压缩过程所需的理论轴功 5092.7kW 一致。这里需要提醒读者注意的是，如果膨胀时的物流是饱和状态下的物流，利用 Aspen Plus 进行模拟时，必须在“convergence”项选择“vapor-liquid”，否则软件无法计算，因为在膨胀过程中会出现液体，具体案例请你参看电子课件“第 2 章程序—闪蒸-膨胀-节流比较 .apw”，该程序中有闪蒸、节流、膨胀过程的比较计算。

### 2.2.4 液体加压过程建模

液体加压过程也是化工过程最基本和常见的操作，目的是为了克服管路的阻力，将流体输送到远处，无论采用何种加压设备，都遵循稳流状态下的能量守恒原理，一般可以忽略加压泵前后的动能和势能变，也忽略热量的输入或输出，可以得到液体加压时的简单方程：如将温度为 4℃，流量为 2kg/s 的水从 0.1MPa 加压到 1MPa，利用式(2-40) 可以计算得到加压泵所需的理论轴功为：

$$W_s = (p_2 - p_1) V \tag{2-40}$$

$$W_s = (p_2 - p_1) V = (1 - 0.1) \times 10^6 \,\mathrm{N \cdot m^{-2}} \times \frac{2\mathrm{kg \cdot s^{-1}}}{1000\mathrm{kg \cdot m^{-3}}} = 1.8 \times 10^3 \,\mathrm{J/s} \tag{2-41}$$

此问题利用 Aspen Plus 中的“Pressure Changers/Pump”进行模拟，选择各种效率系数为 1，计算结果见图 2-16，其结果和利用模型计算一致，详细请参见电子课件“第 2 章程序—泵加压计算 .apw”。

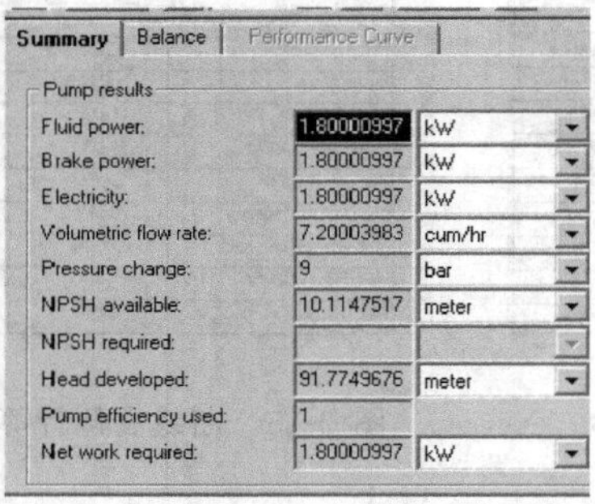


图 2-16 流体加压泵所需理论轴功

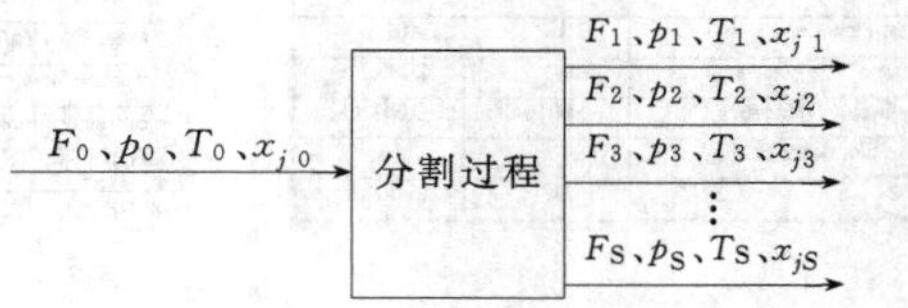


图 2-17 物流分割器

### 2.2.5 分割过程建模

分割过程也是化工过程最常见单元操作，如精馏塔塔顶冷凝液通过管路分割成两股物流，一股作为回流液返回精馏塔，另一股作为产品或下一个精馏塔的进料；在反应不完全的系统中，通过分离需要将未反应的原料返回反应器重新反应，此时需要将返回物料进行分割，放空一部分返回物料，以防惰性组分的累积而使反应无法进行。分割过程示意图见图 2-17，流股分割器将一股已知物流分割成 $S$ 股物流，假设混合过程中无物质泄漏，过程绝热，所有涉及的物流变量已标注在图上。若组分数为 $C$，过程绝热，则该过程所有的流股变量数为每股物流的变量数为 $C+2$ 个，则该系统的流股总变量数为 $(S+1)(C+2)$。流股分割器只把流股按需要分成若干股，而其中不发生任何变化，故有以下方程：

温度平衡： $T_i=T_0 \quad i=1,2,\cdots,S \quad S$ 个 (1)

压力平衡： $P_i=P_0 \quad i=1,2,\cdots,S \quad S$ 个 (2)

分流物料平衡： $F_i=\theta_i F_0 \quad i=1,2,\cdots,S \quad S$ 个 (3)

浓度相等： $x_{ji}=x_{j0} \quad j=1\sim(C-1),i=1\sim S \quad S(C-1)$ 个 (4)

分流约束：

$$\sum_{i=1}^{S}\theta_i=1 \quad 1\text{个} \tag{5}$$

由于有 $S$ 个分流约束系数，故分割器的总变量数为：

$$m=(S+1)(C+2)+S=SC+3S+C+2 \tag{6}$$

分割器系统模型的总方程数 $n$ 为

$$n=2S+SC+1 \tag{7}$$

所以该模型的自由度为

$$F_r=m-n=S+C+1=(C+2)+(S-1) \tag{8}$$

对于流股分割器系统而言，如果进料流股的各个变量及其出料流股的分配系数已知的话，那么，这个系统是被唯一确定的，可以通过前面的方程进行计算，如果已知进料及出料流股中的 $S-1$ 股，则可以确定 $S-1$ 个分割比，最后一个分割比可以通过归一方程求出。由于分割过程的计算十分简单，在此不再举例说明。

### 2.2.6 管路压降过程建模

计算流体在管路上的压降是化学工程师必须具备的能力，对于管路中的压降计算，大多数情况下，你可以直接利用前人的研究成果写出压降的计算公式：

$$\Delta p=\lambda\frac{l}{d}\times\frac{\rho u^2}{2}+\sum\xi\frac{\rho u^2}{2} \tag{2-42}$$

其中摩擦系数 $\lambda$ 需要根据流体的不同流动状态分别计算，如果属于层流，可用简单的计算公式：

$$\lambda=\frac{64}{Re} \tag{2-43}$$

如果属于湍流，则需要根据实验得到的图表，根据 $Re$ 和相对粗糙度查表获得。至于局部阻力系数 $\xi$ 一般可直接查表得到，如 90°弯头的 $\xi=0.75$；45°弯头的 $\xi=0.35$；闸阀在全开时的 $\xi=0.17$；标准阀在全开时的 $\xi=6.0$，半开时的 $\xi=9.5$；角阀在全开时的 $\xi=2.0$。更为详细和全面的局部阻力系数 $\xi$ 请参看有关管路阻力计算的专著。

**【例 2-3】** 利用管路压降模型计算 20℃ 水在如图 2-18 所示的管路中的压降。已知两个管段的长度各为 100m，管子内径均为 40mm，阀门为闸阀，全开，两个弯头为 90°弯头，流量为 0.06kg/s，水在 20℃时的 $\rho=1000\text{kg}\cdot\text{m}^{-3}$，$\mu=10^{-3}\text{Pa}\cdot\text{s}$，管子的粗糙度 $\varepsilon=0.2\text{mm}$。

**解**：先计算管内速度 $u$

$$u=\frac{0.06}{\frac{3.14}{4}\times0.04^2\times1000}=0.048\text{m}\cdot\text{s}^{-1}$$

计算雷诺数 $Re$

$$Re=\frac{ud\rho}{\mu}=\frac{0.048\times0.04\times1000}{10^{-3}}=1920$$

判断雷诺数 $Re<2000$，属于层流，则摩擦系数 $\lambda$

$$\lambda=\frac{64}{Re}=\frac{64}{1920}=\frac{1}{30}$$

两个 90°弯头和一个闸阀的局部阻力系数之和为 1.67，则管路全部压降为：

$$\Delta p=\lambda\frac{l}{d}\times\frac{\rho u^2}{2}+\sum\xi\frac{\rho u^2}{2}$$

$$\left(\frac{1}{30}\times\frac{200}{0.04}+1.67\right)\times\frac{1000\times0.048^2}{2}=193.92\text{Pa}$$

此问题也可以利用 Aspen Plus 中的 “Pressure Changers/Pipe” 进行模拟，物性选用 “STEAMNBS”，选管长为 200m，管内径 40mm，设置一个闸阀，两个弯头，计算结果见图 2-19，其结果和利用模型计算基本一致，详细请参见 “第二章程序—管路阻力计算 .apw”。

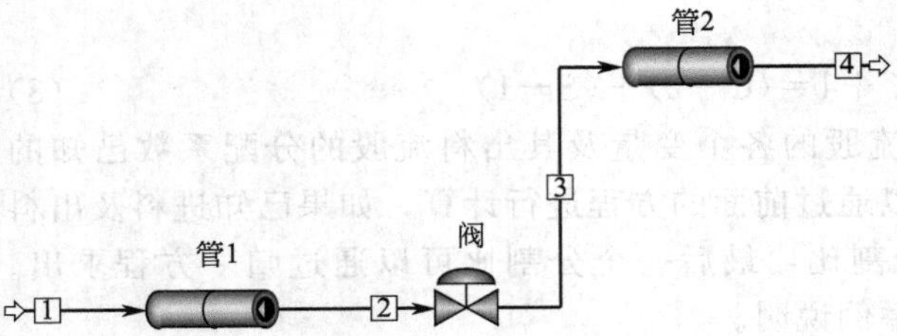


图 2-18　管路压降计算流程

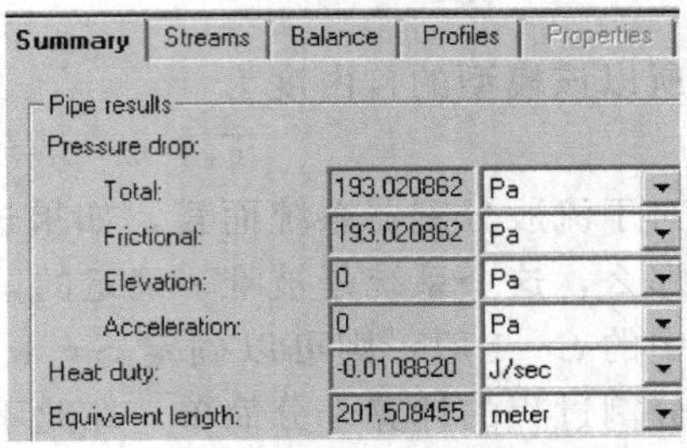


图 2-19　Aspen Plus 计算压降

**2.2.7　闪蒸过程建模**

闪蒸过程是化工过程进行组分分离的最基本操作，在闪蒸过程中，一物流（其组成为 $z_i$）通过节流阀减压后进入闪蒸器，部分物料汽化，产生汽液两相，两相的流量分别为 $V$ 和 $L$，两相的组成分别 $y_i$ 和 $x_i$，如图 2-20所示。

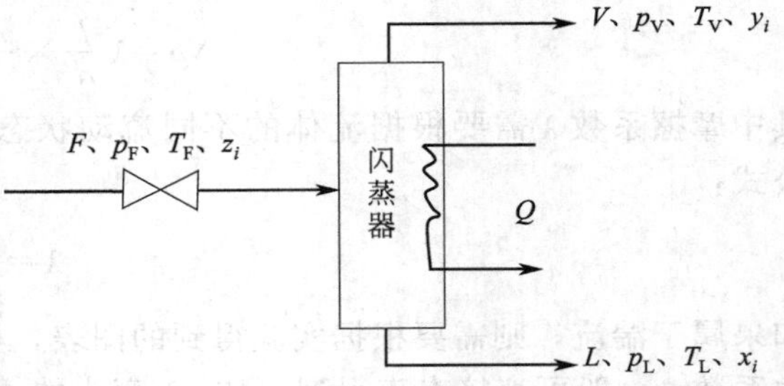


图 2-20　绝热闪蒸器

为描述该过程可采用平衡闪蒸模型，即假定汽液两相处于相平衡状态。该过程的物流变量为 $3(C+2)$，即 3 股物流的流量、压力、温度和组成，无设备变量，外界热量一个，故闪蒸过程所有的变量数 $m=3C+7$，其数学模型为：

压力平衡方程：　$p_V=p_L$　(1)

温度平衡方程：　$T_V=T_L$　(2)

物料衡算方程：　$Fz_i=Vy_i+Lx_i$　　$i=1\sim C$　(3)

相平衡方程：　$y_i=K_ix_i$　　$i=1\sim C$　(4)

能量平衡方程　$FH_F=VH_V+LH_L+Q$　(5)

在作相平衡计算时，会用到归一方程

$$\sum x_i=1\qquad\sum y_i=1$$

这两个方程表达的是物流内部变量的约束关系，而不是不同物流之间变量的关系，故不应包括在模型方程内。故独立方程系数 $n=2C+3$，模型的自由度为：

$$F_r=m-n=3C+7-2C-3=C+4\qquad(6)$$

式(6) 表明在进行闪蒸计算时，如果进料物流的 $C+2$ 个流股变量，要完整确定闪蒸过程尚需已知另外2个变量，如何选取这2个变量，需根据不同的闪蒸过程而定。如果闪蒸过程是绝热过程，即绝热闪蒸，那么$Q=0$，这样系统就剩下一个自由度，一般可取闪蒸压力$P_L$、闪蒸温度$T_L$、汽化量$V$、汽化率$V/F$、液化率$L/F$。如果闪蒸过程为等温闪蒸，即闪蒸前后温度不变，则可能需要外界提供热量。由于增加了一个$T_F=T_L$的方程，则系统的自由度比一般情况下的闪蒸过程减少1个，即等温闪蒸过程系统只有一个自由度（已知进料状态）。闪蒸过程的具体计算需根据实际已知的数据分情况选择合理的计算方法，一般如果不涉及热量的计算，则计算过程相对简单，如果涉及热量或手中没有有关物性参数，则利用商用软件Aspen Plus也可以比较方便地获取结果。下面通过几个不同的案例，说明闪蒸模型的具体应用。

**【例2-4】** 已知进入闪蒸器由四组分组成的某物料的摩尔分率及四组分纯物质气液平衡常数与温度$T$(K)和压力$p$(kPa)的关系：

$$\ln(Kp)=a+\frac{b}{T}+cT$$

试求只形成一个液相，具有理想溶液性质，闪蒸压力为1380kPa，闪蒸温度为355～377K时的汽化率及此时的气液组成。进入闪蒸器物料$F$的四组分摩尔分率及平衡常数计算公式中的系数见表2-7。

**表2-7 闪蒸进料组成及系数**

| 组分 | $z_i$ | $a_i$ | $b_i$ | $c_i$ |
|---|---|---|---|---|
| 1 | 0.08 | 15.57 | −1793.4 | $-4.94\times10^{-3}$ |
| 2 | 0.22 | 17.14 | −2843.0 | $-6.27\times10^{-3}$ |
| 3 | 0.53 | 17.83 | −3007.2 | $-6.67\times10^{-3}$ |
| 4 | 0.17 | 17.91 | −3412.9 | $-6.12\times10^{-3}$ |

**解：** 由于已知闪蒸温度，无需进行能量平衡计算也能获得本题需要的解，具体计算过程如下。

由闪蒸器模型的物料衡算方程：

$$Fz_i=Vy_i+Lx_i \tag{1}$$

将相平衡方程代入得：

$$Fz_i=VK_ix_i+Lx_i \tag{2}$$

由式(2)得$x_i$的表达式：

$$x_i=\frac{Fz_i}{VK_i+L}=\frac{z_i}{\frac{VK_i}{F}+\frac{F-V}{F}}=\frac{z_i}{\beta(K_i-1)+1} \tag{3}$$

式中$\beta=V/F$。

将式(3)代入相平衡方程得：

$$y_i=K_ix_i=\frac{K_iz_i}{\beta(K_i-1)+1} \tag{4}$$

将式(3)和式(4)分别代入归一方程，可得：

$$\sum x_i=\sum\frac{z_i}{\beta(K_i-1)+1}=1 \tag{5}$$

$$\sum y_i=\sum\frac{K_iz_i}{\beta(K_i-1)+1}=1 \tag{6}$$

式(5) 减去式(6)，得到

$$\sum \frac{(1-K_i)z_i}{\beta(K_i-1)+1}=0 \tag{7}$$

式(7) 中 $z_i$和 $K_i$均为已知量，只有 $\beta$ 是未知量。可利用各种现有的工具进行求解，如可用 Excel 中的单变量求解，也可利用 Matlab 中的 $fzero$ 求解。由 $\beta$ 的值和 $F=V+L$ 即可求 $V$ 和 $L$ 的值。将 $\beta$ 值代入式(3) 和式(4)，即可求得汽液相的组成 $x_i$和 $y_i$。作者开发了利用 Matlab 计算的程序，如下：

```
function FlashVL
% 已知闪蒸温度与压力,已知平衡参数求解公式,求汽化率 beta 及气液组成
%   带有参数的单变量方程根,在 7.0 版本上调试通过
% 由华南理工大学方利国编写,2012 年 2 月 26 日
% 欢迎读者调用,如有问题请告知 lgfang@scut. edu. cn
% 原方程为∑[(Ki-1)zi/(1+beta(Ki-1))]=0
% Ki=exp(a+b. /T+c. * T). /P
clear all
clc
global a b c P
P=1380          % kPa
T=370.9;                 %闪蒸温度
z = [0.08  0.22  0.53  0.17];  % 进料组成
a = [15.57  17.14  17.83  17.91];
b = [-1793.4  -2843.0  -3007.2  -3412.9];
c = [-4.94 -6.27 -6.67 -6.12]* 1e-3;% 参数
i=0
for T=355:1:377
   i=i+1
beta0=0.35;
beta = fzero(@fsum,beta0,[],z,T)
bt(i)=beta
x = z./(1+beta* (exp(a+b./T+c.* T)./P-1))
y = exp(a+b./T+c.* T)./P.* x
fprintf('\n\n  Results:')
fprintf('\n\t 闪蒸温度为:%.2f %s\n',T,'K')
fprintf('\t 平衡液体组成为:')
disp(x)
fprintf('\t 平衡气体组成为:')
disp(y)
end
Y=bt(:)
t=[355:1:377]
plot(t,Y,'-'),xlabel('闪蒸温度,K)'),ylabel('汽化率')
grid on
% -------------------------------------------------------------
function f = fsum(beta,z,T)
global a b c P
numer=(exp(a+b./T+c.* T)./P-1).* z;
denom=1+beta*(exp(a+b./T+c.* T)./P-1);
f=sum(numer./denom);
```

具体程序请参见电子课件“第 2 章程序—FLGFlashvl. m”，计算结果见图 2-21。

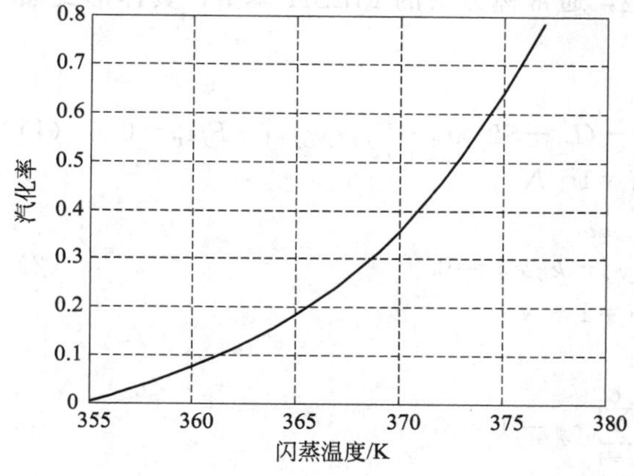


图 2-21　不同闪蒸温度下的汽化率

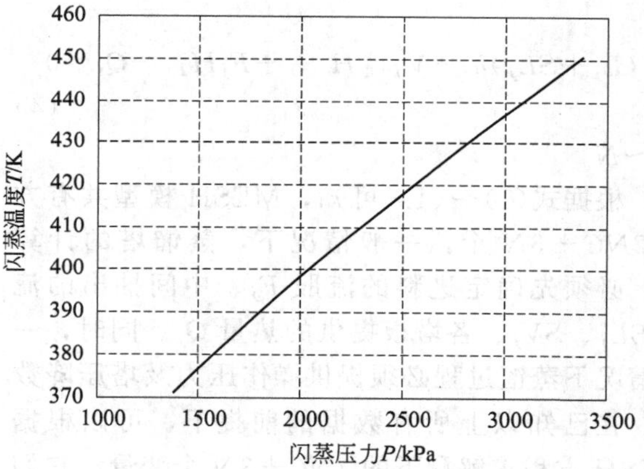


图 2-22　不同闪蒸压力下的闪蒸温度

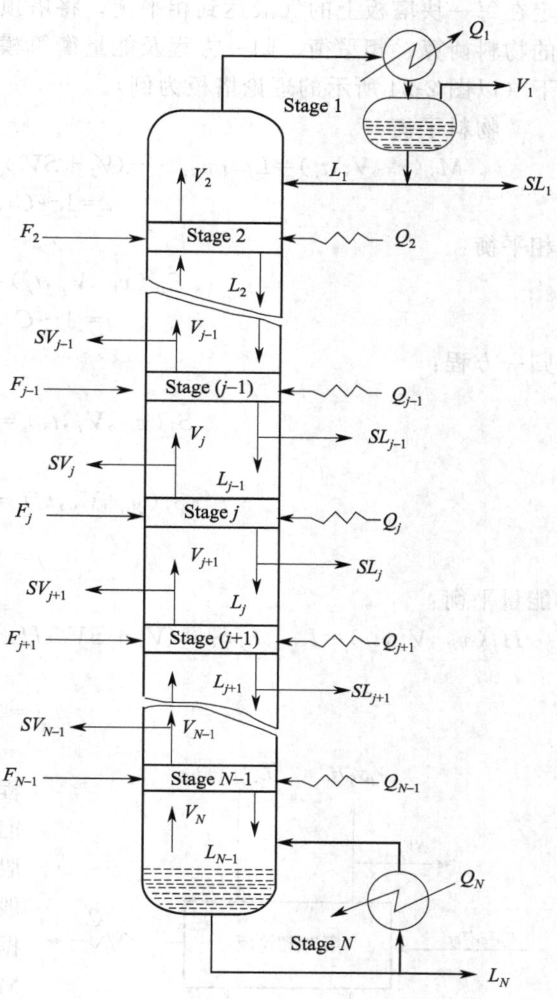


图 2-23　通用蒸馏过程

如其他条件不变，将已知温度，改为已知汽化率，求闪蒸温度。仍可利用上面程序，只需将求根的语句及相关变量略作调整，求根关键语句改为：$T=$fzero(@fsum,T0,[],z,beta)，计算结果见图 2-22，具体程序请参见电子课件“第 2 章程序—FLGFlashv2. m”。

对于闪蒸过程的计算，如果具备完整的物性参数，这些参数主要是气液相组分的定压比热容计算公式中的参数、气液两相平衡参数计算公式中的参数（或假设理想体系，已知纯组分的饱和蒸汽压计算公式），可利用这些数据自己编程计算并不是十分困难。对于物性数据不全或一时无法查到，或体系是非理想体系，需要用到逸度及逸度系数等数据时，建议采用 Aspen Plus 等模拟软件进行计算。

**2. 2. 8　蒸馏过程建模**

蒸馏过程其实就是 $N$ 个连续的闪蒸过程，将这些连续的闪蒸过程放在一个塔上完成，如图 2-23 所示的蒸馏塔。目前有关蒸馏塔的数学模型不同的学者，建立的模型会存在一定的差异，其主要原因是考虑变量的多少问题。其实，在实际蒸馏过程中，有些变量可以认为是常量，有些变量必须预先设定，这样可以大大简化模型，更加有利于自由度分析。首先设定在每一块塔板上的气液达到相平衡，将塔顶冷凝器和塔釜均作为一块理论塔板，建立全塔的物料衡算、相平衡、归一方程及能量衡算模型，通常称为塔的 MESH 模型，具体形式如下（以图 2-24 所示的理论塔板为例）。

物料平衡：

$$M_{ij}(x_{ij},V_j,t_j)=L_{j-1}x_{i,j-1}-(V_j+SV_j)y_{ij}-(L_j+SL_j)x_{ij}+V_{j+1}y_{i,j+1}+F_jz_{ij}=0 \tag{1}$$

$$i=1\sim C\ ,\ j=1\sim N$$

相平衡：

$$E_{ij}(x_{ij},V_j,t_j)=y_{ij}-k_{ij}x_{ij}=0 \tag{2}$$

$$i=1\sim C\ ,\ j=1\sim N$$

归一方程：

$$S_j(x_{ij},V_j,t_j)=\sum_{i=1}^{C}x_{ij}-1=0$$

$$S_j(y_{ij},V_j,t_j)=\sum_{i=1}^{C}y_{ij}-1=0 \tag{3}$$

$$j=1\sim N$$

能量平衡：

$$H_j(x_{ij},V_j,t_j)=L_{j-1}h_{j-1}-(V_j+SV_j)H_j-(L_j+SL_j)h_j+V_{j+1}H_{j+1}+F_jH_{Fj}-Q_j=0 \tag{4}$$

$$j=1\sim N$$

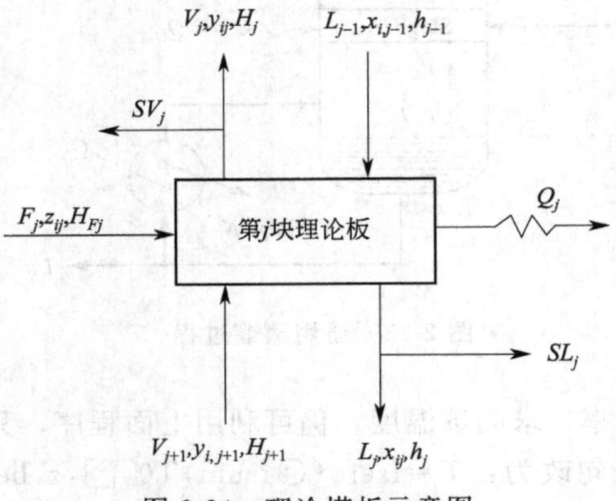

图 2-24　理论塔板示意图

根据式(1)～(4) 可知，MESH 模型共有方程 $2NC+3N$ 个，一般情况下，蒸馏塔的计算前，必须先确定进料的流股 $F_j$、中间抽出的流股 $SL_j$、$SV_j$、各塔板提供的热量 $Q_j$。同时，一般情况下蒸馏过程必须提供操作压力及塔压降数据，在已知以上所有数据的前提下，可以根据 MESH 方程求解剩下的 $2NC+3N$ 个变量，它们分别是 $N$ 个 $L_j$，$N$ 个 $V_j$，$N$ 个 $T_j$，$NC$ 个 $x_{ij}$，$NC$ 个 $y_{ij}$，但是在具体求解时，输入的已知变量中热量 $Q_j$ 的确定较难，可以进行变通，用其他变量来代替。对于一般的蒸馏塔模拟计算，只有一股进料，塔顶、塔底各一股出料，中间无换热器，只有塔顶和塔底设置换热装置。根据自由度分析，如果要完全确定塔的操作状态，除了确定进料流股状态、塔操作压力、$SL_1$（其实就是塔顶抽出物料流量）外，尚需确定塔顶和塔底的加热量。由于塔顶和塔底的加热量比较难以确定，所以一般选择和这两个热量有关的其他变量来代替，最常用的做法就是用回流比 $R=L_1/SL_1$ 来代替 $Q_N$，选用全凝器（$V_1=0$）来代替 $Q_1$，这就是用 Aspen Plus 进行蒸馏塔模拟时常采用的设计变量输入方式。这里有必要指出的是有些学者认为由于需要确定两个加热量，所以模拟软件就设置了两个设计变量需要你输入，并认为这两个设计变量就是回流比和蒸馏流率，进而认为如果增加中间换热器，就需要增加和中间换热器数目相当的设计变量。而作者认为，这里有一定的误区。因为由图 2-23 可知，在分析蒸馏塔模型求解时，你已将所有的 $SL_j$ 作为已知变量，即 $SL_1$ 已经确定，不能作为替换 $Q_1$ 的变量，事实上用 Aspen Plus 模拟计算蒸馏塔时，一般输入回流比、蒸馏流率（其实就是模型中的 $SL_1$）、选择塔顶冷凝器的类型（如选为 Total，即 $V_1=0$，如选择 Partial-Vapor-Liquid，即 $V_1$没有确定，此时软件会要求你对冷凝器的参数再进行设定，如可以设置温度或汽化率设置全塔的操作压力），具体见图 2-25。所以说通过选择冷凝器的形式时，你已经隐含了一个设计条件，至于蒸馏流率的给定是模型在做自由度分析简化时已给定的条件。这里必须提醒你的是，尽管本书建立的蒸馏塔模型在进行求解分析时进行了简化，但它是严格意义上的逐板模型，适合所有类型的蒸馏过程。

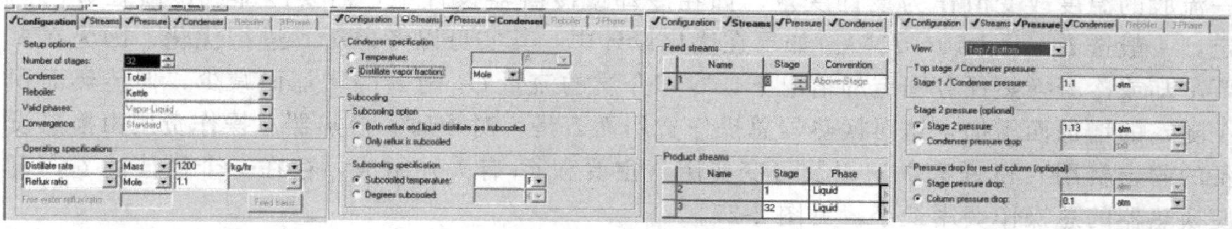

图 2-25　Aspen Plus 模拟计算蒸馏塔时的参数设置

有关精馏塔的模拟例子在第 1 章中已有介绍，在以后的详细分析中也会涉及，在此不再举例，望读者自己利用 Aspen Plus 去模拟精馏塔的计算。

### 2.2.9　换热过程建模

这里选择无相变换热器作为换热过程建模的原型，示意图参见图 2-26，若不考虑物流通过换热器时的压力损失，涉及的物流变量只有各物流的温度（$T$ 和 $t$）和流量（$W$ 和 $G$），再加上换热器的特性参数，传热面积 $A$ 和传热系数 $K$，变量总数 $m=4\times2+2=10$，约束方程有物料衡算方程：

$$W_2=W_1 \tag{1}$$

$$G_2=G_1 \tag{2}$$

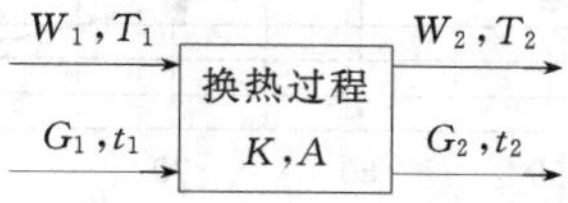


图 2-26　无相变换热器示意图

热量衡算方程：

$$W_1 c_{pw}(T_1-T_2)=G_1 c_{pG}(t_2-t_1) \tag{3}$$

传热速率方程

$$W_1 c_{pw}(T_1-T_2)=KA\Delta t_m \tag{4}$$

式中，$c_p$为比热容；$\Delta t_m$ 为对数平均温差，计算式如下：

$$\Delta t_m=\frac{(T_2-t_2)-(T_1-t_1)}{\ln(T_2-t_2)/(T_1-t_1)} \tag{5}$$

独立方程数 $n=4$，模型的自由度：

$$F_r=10-4=6$$

应该注意的是，模型方程中出现的变量，传热平衡温差 $\Delta t_m$ 是一个中间变量，是冷热物流进出口温度的函数，不应计入过程变量。同样，$\Delta t_m$ 的计算式也不应计入模型方程，因为该计算式并未对过程变量 $T_1$、$T_2$、$t_1$和 $t_2$构成约束。

对于一般无相变换热器，由模型自由度可知，如果已知两股换热物料的入口状态及换热的性能参数 $K$、$A$，则此时换热器的自由度降为零。也就是说，如果已知两股换热物流换热前的变量及换热器参数，可以通过换热器模型计算出两股换热物流出口时的变量，但在具体计算时，由于传热系数可能和出口物流的变量有关，需要迭代求解；如果是设计型的计算问题，如已知一股换热物流的流量 $W_1$ 及进出口温度 $T_1$、$T_2$（换热任务给定）及另一股物流的进口温度 $t_1$，此时系统尚有 2 个自由度，除传热系数 $K$ 外（其实传热系数也可通过具体的公式计算，它由换热器的类型及换热器中的流股变量决定，一般也需要迭代确定），可以选择另一流股的进口流量 $G_1$、出口温度 $t_2$ 或换热器传热面积 $A$ 作为设计变量。一般选择另一流股的温度改变值作为设计变量，如在冷却或冷凝器设计中，需要冷却或冷凝任务已固定，一般选 $t_2=t_1+10\sim20$℃。如果在优化设计中，其实可以考虑对 $t_2$ 进行优化。因为在需要冷却或冷凝换热任务固定的情况下，冷却介质的流量 $G_1$ 随 $t_2$ 的增加而减少，但传热面积 $A$ 随 $t_2$ 的增加而增加，这对换热器总操作费用而言是一对矛盾。换热器总操作费用由换热设备的固定费用（和 $A$ 有关）以及可变费用（主要和 $G_1$ 有关）组成，存在一个最佳的 $t_2$，可使换热器的总操作费用最小，见图 2-27。

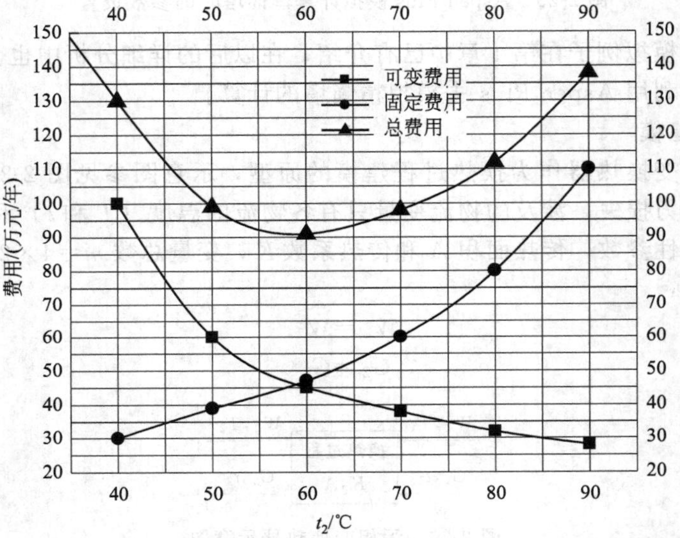


图 2-27　换热器出口温度与总费用关系图

### 2.2.10　间歇蒸馏过程建模

间歇蒸馏过程参见图 2-28，釜内液体量为 $W$，组成 $x$。模型的简化假定为汽液两相在任何时候达到相平衡。

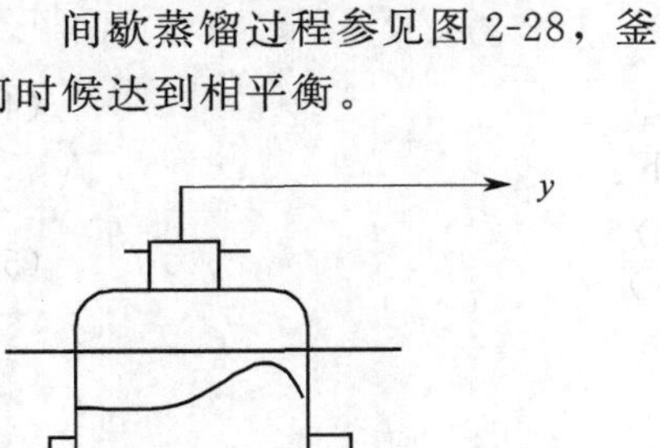


图 2-28　间歇蒸馏釜

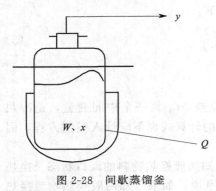

相对于一般的稳态蒸馏过程，间歇蒸馏过程中，各个变量随时间 $t$ 变化，可根据不同时刻的总物质相等考虑在时间微元 $dt$ 这段时间内物料的变化来进行物料衡算：

$t$ 时刻的釜内的物料量＝$t+dt$ 时刻釜内的物料量＋$dt$ 时间内汽化的物料量

在 $dt$ 时间内，设汽化量为 $dW$，其组成为 $y_i$，相应的液相组成变化为 $dx_i$，则有：

$$Wx_i=(W-dW)(x_i-dx_i)+y_i dW \quad (1)$$

忽略二次项得：

$$W dx_i=y_i dW-x_i dW \quad (2)$$

由此导得间歇蒸馏釜的数学模型：

物料衡算方程：
$$\frac{dx_i}{y_i-x_i}=\frac{dW}{W} \tag{3}$$
边界条件：
$$W(0)x_i(0)=W(\tau)x_i(\tau)+D\,\overline{y}_i \tag{4}$$
相平衡方程：
$$y_i=K_ix_i \tag{5}$$

式中，$\overline{y}_i$ 为馏出液的平均浓度；$D$ 为经时间 $\tau$ 后的馏出总量。此模型没有考虑能量衡算问题，具体求解时需要考虑提供的热量 $Q$、物料的蒸发潜热、液体的比热容、相平衡常数等参数，确定蒸发量和时间之间的关系，进而确定不同时间的釜内液体组分及到此时蒸发的组分，希望感兴趣的同学自己建立更加复杂的间歇蒸馏动态模型，并通过实验来验证模型的正确程度。

## 2.3 化工过程系统结构模型

化工过程系统模型由单元模型和结构模型组成。前面已经介绍了一些典型的化工单元模型及其求解方法，但只有单元模型的求解方法还不能方便地利用计算机模拟具体的化工过程。因为具体的化工过程各种单元之间的连接方式各不相同，尽管你已经建立了各种单元模型及其求解方法，如果没有将化工过程的结构模型化，那么每一个化工流程的模拟还需通过人工的方法分别调用各个单元模块的计算程序，并将他们连接起来，这是十分不方便的，也是成熟的模拟软件所不允许的。如果能将化工过程的结构模型化，通过数学模型，让计算机自动辨识系统中每一个单元的名称及所连接的物流，这样计算机就可以根据单元的名称及所连接的物流，自动调用对应的单元模型进行计算。作者曾开发过一个通用的涉及物料计算的，由混合、反应、分离、收敛 4 个模块组成的化工系统模拟程序，如果这 4 个模块的结构是固定的，所写的程序不到一页（对 4 个模块已作简化处理），但开发成通用模块，也就是说如果由 4 个该模块组成的系统，单元数为 4，可能的排列情况有 $4^4$，如果单元数为 10，可能的排列情况有 $4^{10}$。如何表达单元数及单元和单元之间的关系，让计算机自动地调用 4 个模块的计算程序，从而完成这个系统的计算，是开发该通用程序必须解决的问题。解决这个问题的方法就是建立该过程的结构模型。人们熟知的化工工艺流程图，即是常见的一种系统结构表示方法，尽管它是图形的形式，但如果利用软件所提供的界面，绘制出该工艺流程图，计算机就可以辨识各个单元之间的连接方式及连接物流。目前大多数软件如 Aspen Plus、ProⅡ等均采用这种方法作为对模拟过程的结构输入方式。化工系统结构模型，要求把系统各单元设备之间的相互关系以及物流或能流的输入输出关系表示出来。这种关系可以用结构单元图表示，结构单元图也可称为有向图，有向图用数学的形式表示，就得到系统的结构模型。有向图的数学表示常有关系矩阵、过程矩阵及邻接矩阵。

### 2.3.1 有向图

有向图由化工过程系统的工艺流程图转化而来。它是由节点和连接节点的有向支线所构成的图。节点 $X_i$ 表示流程单元，可以是虚拟的。有向支线 $u_i$ 表示物流流动方向，它具有方向性。图 2-29 是某一化工过程其流程示意图，该过程表明原料从储槽 $T_1$ 进入压缩单元 P，再进入混合单元 M，这里压缩后的原料和未反应的物料混合，混合后的物料进入反应单元 R，反应产物进入换热单元 H，换热后的物料进入分离单元 S。通过分离单元，产品进入储槽 $T_2$，未反应物料一部分排空，另一部分返回混合单元。

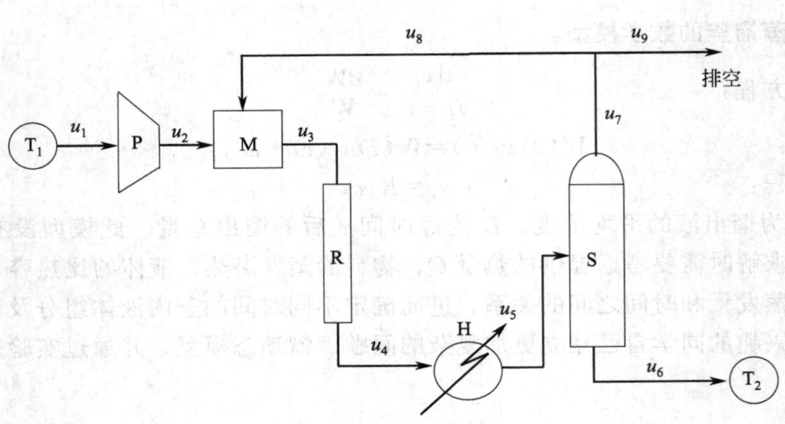


图 2-29　某一化工流程简图

将图 2-29 转化成有向图 2-30。其中，有两个节点是虚拟的，分别是节点 8 和节点 9。其中节点 8 为虚拟的分割单元，节点 9 为虚拟排放终端。通过虚拟单元的设立，使得人们更加便于分析有向图。在上述有向图的基础上，便可进一步建立便于计算机识别及运算的化工系统结构模型。

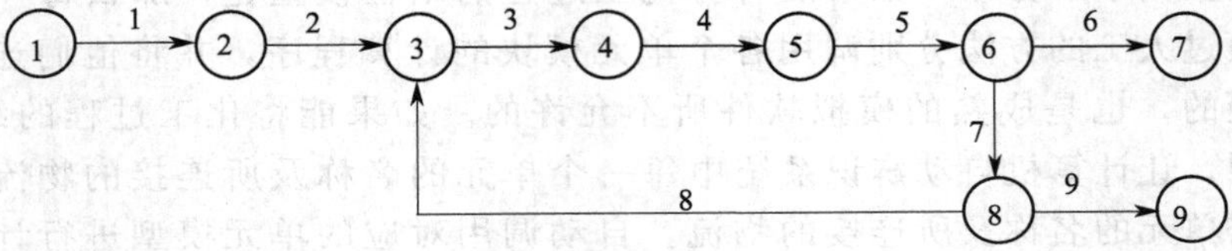


图 2-30　某一化工流程有向图

### 2.3.2　过程矩阵（Process Matrix）$\boldsymbol{R}_{\mathrm{P}}$

矩阵的应用非常广泛，其原因之一是能够方便地接受计算机处理。因而，通过用矩阵来表达化工流程的结构，就有可能用计算机方便地去记忆、识别、处理化工过程的流程结构问题。

过程矩阵是化工流程结构矩阵的一种，由若干行和若干列组成。它是在有向图的基础上建立起来的。有了有向图之后，各单元设备和各股物流已经数字化。过程矩阵的行数和有向图单元数相同，行号和结构单元号对应，某一行对应的列数和该行对应单元进出物流数相同，元素值和物流号相对应，并规定进入单元的物流为正，流出单元的物流为负。其公式如下：

$$S_{i,j}=\begin{cases}+j & j\text{ 物流流入 } i \text{ 节点}\\ -j & j\text{ 物流离开 } i \text{ 节点}\end{cases}$$

对于前面的单元结构图，可得其过程矩阵为：

$$\begin{array}{cc} \text{结构单元号} & \text{相关物流} \\ \begin{array}{c}1\\2\\3\\4\\5\\6\\7\\8\\9\end{array} & \left\{\begin{array}{lll}-1 & & \\ 1 & -2 & \\ 2 & -3 & 8\\ 3 & -4 & \\ 4 & -5 & \\ 5 & -6 & -7\\ 6 & & \\ 7 & -8 & -9\\ 9 & & \end{array}\right\} \end{array} \quad \boldsymbol{R}_{\mathrm{P}}= \tag{2-44}$$

过程矩阵中所有元素均出现两次，一正一负，可利用次特性对过程矩阵进行检错。利用过程矩阵中元素的特征，可以判断单元之间的连接形式。

串联：从上到下具有先负后正的相连物流号。例如物流 1，2，3，4，5，6。

并联：同一行中具有两个或两个以上符号相同的元素，同为正号则并联输入（第三行的 2，8）；同为负号则并联输出（第六行的－6，－7）。

起始单元：对应行只有一个元素，且为负号（第一行的－1）。

终结单元：对应行只有一个元素，且为正号（第七行的 6）

### 2.3.3 关联矩阵（Incidence Matrix）$\boldsymbol{R_I}$

关联矩阵是由有向图中的 $m$ 个节点和 $n$ 个支线组成的 $m\times n$ 矩阵。其矩阵中的各元素值如下：

$$S_{i,j}=\begin{cases}-1, & \text{物流 } u_j \text{ 离开节点 } X_i\\ 0, & \text{物流 } u_j \text{ 和节点 } X_i \text{ 没有联系}\\ 1, & \text{物流 } u_j \text{ 输入节点 } X_i\end{cases}$$

关联矩阵的行号和有向图中的单元号对应，列号和有向图中的物流号对应。矩阵中 $i$ 行 $j$ 列的元素若为 1，则表明 $j$ 物流输入 $i$ 单元或节点；若为－1 则表明 $j$ 物流离开 $i$ 单元；若为 0，表示物流 $j$ 和单元 $i$ 没有联系。对于图 2-30 中的有向图，可得其关联矩阵为（等号右边的第 1 列数据表示为对应单元号，方便读者理解，实际书写时可以删除，下同）：

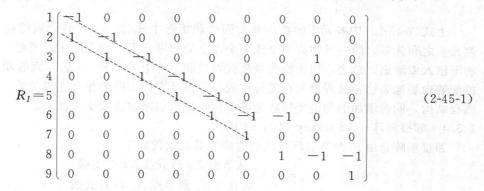

$$R_I=\begin{matrix}1\\2\\3\\4\\5\\6\\7\\8\\9\end{matrix}\begin{pmatrix}-1&0&0&0&0&0&0&0&0\\1&-1&0&0&0&0&0&0&0\\0&1&-1&0&0&0&0&1&0\\0&0&1&-1&0&0&0&0&0\\0&0&0&1&-1&0&0&0&0\\0&0&0&0&1&-1&-1&0&0\\0&0&0&0&0&1&0&0&0\\0&0&0&0&0&0&1&-1&-1\\0&0&0&0&0&0&0&0&1\end{pmatrix} \tag{2-45-1}$$

特点分析：

① 所有的列元素之和为零。

② 某一列中正 1 首先出现则表明该列所对应的支线或物流为循环物流，如物流 8。

③ 某一行中相同符号的不为零的元素出现两次或两次以上，表示该行所对应的节点有并联物流输入或输出，符号为正则为并联输入，如 $S_{32}$、$S_{38}$同为正号，表明节点 3 有物流并联输入，分别是物流 2 和物流 8；符号为负则为并联输出，如 $S_{66}$、$S_{67}$同为负号，表明对于节点 6 来说，有物流并联输出，分别是物流 6 和物流 7。

④ 矩阵中负正元素以平行对角线形式出现，表明有串联。如上面关联矩阵中虚线所示，表明从节点 1 到节点 7 是串联的。

⑤ 某行中只有一个非零元素，若为 1 则是终端点，若为－1 则为始端点。如第一行只有一个非零元素，且为－1，故节点 1 为始端点或开始单元；第七行也只有一个非零元素，且为 1，故节点 7 为终端点或终结单元。

综上分析，关联矩阵确切地表达了各过程单元在流程中的位置以及它们之间的相互连接关系。关联矩阵清晰地反映了流程结构。若将关联矩阵的非零元素 $S_{i,j}$，用输入或离开节点

$i$ 的物流变量数 $d_{i,j}$ 来表达，即

$$S_{i,j}=\begin{cases}-d_{ij}, & \text{离开 } i \text{ 节点 } j \text{ 物流的变量数}\\ 0, & \text{物流 } u_j \text{ 和节点 } X_i \text{ 没有联系}\\ d_{ij}, & \text{输入 } i \text{ 节点 } j \text{ 物流的变量数}\end{cases}$$

设图 2-30 中对应各物流的物流变量数如下：

$$d_{1,1}=d_{2,1}=4;\ d_{2,2}=d_{3,2}=5;\ d_{3,3}=d_{4,3}=6;\ d_{4,4}=d_{5,4}=8$$

$$d_{5,5}=d_{6,5}=4;\ d_{6,6}=d_{7,6}=3;\ d_{6,7}=d_{8,7}=3;\ d_{3,8}=d_{8,8}=5;\ d_{8,9}=d_{9,9}=5$$

将上面的物流变量数代入，并注意物流的输入与输出问题，上面的关联矩阵便变成了以下形式，从而增加了关联矩阵反映的信息内容。

$$S=\begin{array}{c}1\\2\\3\\4\\5\\6\\7\\8\\9\end{array}\left[\begin{array}{ccccccccc}-4&0&0&0&0&0&0&0&0\\4&-5&0&0&0&0&0&0&0\\0&5&-6&0&0&0&0&5&0\\0&0&6&-8&0&0&0&0&0\\0&0&0&8&-4&0&0&0&0\\0&0&0&0&4&-3&-3&0&0\\0&0&0&0&0&3&0&0&0\\0&0&0&0&0&0&3&-5&-5\\0&0&0&0&0&0&0&0&5\end{array}\right] \tag{2-45-2}$$

上式(2-45-2) 中各元素的特性和前面关联矩阵中式(2-45-1) 各元素的特性相同。如各列元素之和为零，同一行中有两个或两个以上的非零元素，则表明该行所对应的节点有并联物流输入或输出。总之，用物流变量数代替关联矩阵中的 1 和 −1 后得到的新的关联矩阵同样能够确切地表达各过程单元在流程中的位置以及它们之间的相互连接关系，清晰地反映了流程结构，同时增加的物流变量数为确定何物流为切断物流提供了依据。

### 2.3.4 邻接矩阵 (Adjacency Matrix) $\boldsymbol{R}_{\mathrm{A}}$

邻接矩阵是由 $m$ 个节点所组成的方阵，其元素值如下：

$$S_{i,j}=\begin{cases}1 & \text{从节点 } X_i \text{ 到节点 } X_j \text{ 有支线}\\ 0 & \text{从节点 } X_i \text{ 到节点 } X_j \text{ 没有支线}\end{cases}$$

邻接矩阵反映了过程单元在流程中的位置及它们相互之间的连接关系。邻接矩阵中行和列的序号都代表单元的序号。行序号代表物流流出的单元，列序号代表物流流入的序号，对于图 2-30 的有向图，可得其邻接矩阵如下：

$$\boldsymbol{R}_{\mathrm{A}}=\begin{array}{c}1\\2\\3\\4\\5\\6\\7\\8\\9\end{array}\left[\begin{array}{ccccccccc}0&1&0&0&0&0&0&0&0\\0&0&1&0&0&0&0&0&0\\0&0&0&1&0&0&0&0&0\\0&0&0&0&1&0&0&0&0\\0&0&0&0&0&1&0&0&0\\0&0&0&0&0&0&1&1&0\\0&0&0&0&0&0&0&0&0\\0&0&1&0&0&0&0&0&1\\0&0&0&0&0&0&0&0&0\end{array}\right] \tag{2-46}$$

邻接矩阵具有以下特征：

① 邻接矩阵中至少包含 $m-1$ 个非零元素。如上面有 $m=9$ 所组成的邻接矩阵，至少包

含 8 个非零元素，实际有 9 个非零元素。

② 邻接矩阵中若第 $i$ 列元素全为零，则第 $i$ 行至少有一个非零元素；反之亦然。如上面邻接矩阵中，第一列的元素全为零，则第一行中至少有一个非零元素，如 $S_{12}=1$；第 9 行中的元素全为零，则第 9 列中至少有一个非零元素，如 $S_{89}=1$。

利用邻接矩阵可以分析系统各单元的连接关系，具体如下。

① 与全为零的元素组成的行或列所对应的节点，是流程的端单元，行所对应的单元为输入端单元，如第七行所对应的第七单元为输入端单元，只有输入没有输出也即终结单元；列所对应的单元为输出端单元，如第一列所对应的第一单元为输入端单元，只有输出没有输入，也即起始单元。

② 对角线以下有非零元素表明流程中有反馈物流，如 $S_{83}$ 表示由节点 8 向节点 3 的反馈物流。

③ 行或列有两个或两个以上的非零元素则表明有并联输出或并联输入，其中行所对应的节点为并联输出，如 $S_{63}$、$S_{67}$ 表明节点 6 有并联物流输出；列所对应的节点为并联输入，如 $S_{23}$、$S_{83}$ 表明节点 3 有并联物流输入。

④ 平行于主对角线有连续的 1，表明对应节点有串联关系。

综上分析，邻接矩阵也能确切地表达各过程单元在流程中的位置以及它们之间的相互连接关系，清晰地反映了流程结构。

若将邻接矩阵中的非零元素 $S_{i,j}$，用物流变量数 $d_{i,j}$ 来表达，即

$$S_{i,j}=\begin{cases} d_{i,j} & \text{从节点 } i \text{ 到节点 } j \text{ 的物流变量数} \\ 0 & \text{从节点 } i \text{ 到节点 } j \text{ 没有支线} \end{cases}$$

相应于前面的例子，可得：

$$S=\begin{matrix}1\\2\\3\\4\\5\\6\\7\\8\\9\end{matrix}\begin{pmatrix} 0 & 4 & 0 & 0 & 0 & 0 & 0 & 0 & 0 \\ 0 & 0 & 5 & 0 & 0 & 0 & 0 & 0 & 0 \\ 0 & 0 & 0 & 6 & 0 & 0 & 0 & 0 & 0 \\ 0 & 0 & 0 & 0 & 8 & 0 & 0 & 0 & 0 \\ 0 & 0 & 0 & 0 & 0 & 4 & 0 & 0 & 0 \\ 0 & 0 & 0 & 0 & 0 & 0 & 3 & 3 & 0 \\ 0 & 0 & 0 & 0 & 0 & 0 & 0 & 0 & 0 \\ 0 & 0 & 5 & 0 & 0 & 0 & 3 & 3 & 5 \\ 0 & 0 & 0 & 0 & 0 & 0 & 0 & 0 & 0 \end{pmatrix} \tag{2-47}$$

各种结构矩阵都具有较强的表达流程结构的功能，而且也易于被计算机接收、存储。然而，各种结构矩阵都是稀疏矩阵，其中只有少量的非零元素，这不仅在表达上是一种冗余，用计算机处理时也要占用大量的内存，花费较长的时间。这个缺点随着表达流程规模的增大而更趋严重。为了克服这些缺点，又出现了一些其他表达流程结构的方法。

**2.3.5 联结表**

联结表可以看作是从邻接矩阵派生出来的一种表。这种表由两列组成，其中一列（$i$ 列）为输出物流的节点号，另一列（$j$ 列）为接受或输入物流的节点号。它只记录节点间实际存在的联接，而去掉了像邻接矩阵中非零元素所表示的多余信息。从而避免了冗余，节省了计算机的存储单元和机时消耗。对应于图 2-30 的有向图可得联结表 2-8。

**表 2-8　对应于图 2-30 有向图的联结表**

| *i* 列 | *j* 列 | *i* 列 | *j* 列 |
|---|---|---|---|
| 1 | 2 | 6 | 7 |
| 2 | 3 | 6 | 8 |
| 3 | 4 | 8 | 3 |
| 4 | 5 | 8 | 9 |
| 5 | 6 | | |

在这个联结表中共有九行，它相应于图中的 9 条支线。表中的元素共有 18 个。对比表达同一有向图的邻接矩阵，元素数量有 $9^2=81$ 个。可见联结表中的元素要少得多。在表达大规模流程结构时，这一优点将更为突出。联结表的另一个优点是，表中各行的次序可以任意改变，而不影响它所表达的流程结构。

从表 2-7 可以看出，表中只出现一次的节点号，当属于 $i$ 列时，表示为流程的起始端，如节点号 1。当属于 $j$ 列时，表示为终结端，如节点 7 和节点 9。所有表示流程内部的节点号，在表中至少出现两次，一次在 $i$ 列，一次在 $j$ 列，如节点 2、3、4、5、6、8。此外，联结表也可以反映出流程结构中的串联、并联、反馈等结构信息。如在 $i$ 列中重复出现的节点，表示该节点有物流并联输出，如节点 8 在 $i$ 列中出现两次；如在 $j$ 列中重复出现的节点，表示该节点有物流并联输入，如节点 3 在 $j$ 列中出现两次。在联结表中也可以列入各物流的变量数，以增加其信息内容。对应表 2-8 的扩展型联结表 2-9 如下。

**表 2-9　对应于图 2-30 有向图的扩展型联结表**

| *i* 列 | *j* 列 | $d_{i,j}$ | *i* 列 | *j* 列 | $d_{i,j}$ |
|---|---|---|---|---|---|
| 1 | 2 | 4 | 6 | 7 | 3 |
| 2 | 3 | 5 | 6 | 8 | 3 |
| 3 | 4 | 6 | 8 | 3 | 5 |
| 4 | 5 | 8 | 8 | 9 | 5 |
| 5 | 6 | 4 | | | |

联结表中不含有任何多余的信息，它不能像其他结构矩阵那样，可以由本身的信息来检验表达有向图的正确性。因而用联结表来描述大规模流程的结构时，常难免出现错误。

**【例 2-5】** 已知某化工流程的有向图如图 2-31，请写出该有向图的过程矩阵、关联矩阵、邻接矩阵及联结表，并判断结构中的串联、并联、始终端点及反馈情况。

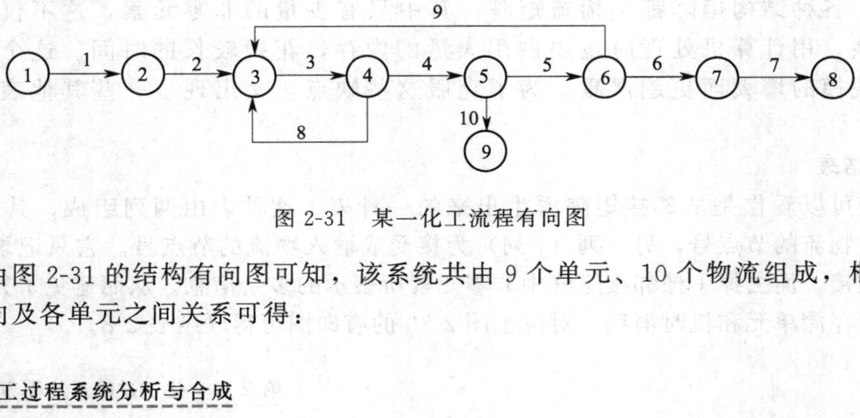


图 2-31　某一化工流程有向图

**解：** 由图 2-31 的结构有向图可知，该系统共由 9 个单元、10 个物流组成，根据其具体的物流走向及各单元之间关系可得：

过程矩阵：

$$R_P=\begin{matrix}1\\2\\3\\4\\5\\6\\7\\8\\9\end{matrix}\begin{bmatrix}-1 & & & \\ 1 & -2 & & \\ 2 & 8 & 9 & -3 \\ 3 & -4 & -8 & \\ 4 & -5 & -10 & \\ 5 & -6 & -9 & \\ 6 & -7 & & \\ 7 & & & \\ 10 & & & \end{bmatrix}$$

关联矩阵：

$$R_I=\begin{matrix}1\\2\\3\\4\\5\\6\\7\\8\\9\end{matrix}\begin{bmatrix}-1 & 0 & 0 & 0 & 0 & 0 & 0 & 0 & 0 & 0\\ 1 & -1 & 0 & 0 & 0 & 0 & 0 & 0 & 0 & 0\\ 0 & 1 & -1 & 0 & 0 & 0 & 0 & 1 & 1 & 0\\ 0 & 0 & 1 & -1 & 0 & 0 & 0 & -1 & 0 & 0\\ 0 & 0 & 0 & 1 & -1 & 0 & 0 & 0 & 0 & -1\\ 0 & 0 & 0 & 0 & 1 & -1 & 0 & 0 & -1 & 0\\ 0 & 0 & 0 & 0 & 0 & 1 & -1 & 0 & 0 & 0\\ 0 & 0 & 0 & 0 & 0 & 0 & 1 & 0 & 0 & 0\\ 0 & 0 & 0 & 0 & 0 & 0 & 0 & 0 & 0 & 1\end{bmatrix}$$

邻接矩阵：

$$R_A=\begin{matrix}1\\2\\3\\4\\5\\6\\7\\8\\9\end{matrix}\begin{bmatrix}0 & 1 & 0 & 0 & 0 & 0 & 0 & 0 & 0\\ 0 & 0 & 1 & 0 & 0 & 0 & 0 & 0 & 0\\ 0 & 0 & 0 & 1 & 0 & 0 & 0 & 0 & 0\\ 0 & 0 & 1 & 0 & 1 & 0 & 0 & 0 & 0\\ 0 & 0 & 0 & 0 & 0 & 1 & 0 & 0 & 1\\ 0 & 0 & 1 & 0 & 0 & 0 & 1 & 0 & 0\\ 0 & 0 & 0 & 0 & 0 & 0 & 0 & 1 & 0\\ 0 & 0 & 0 & 0 & 0 & 0 & 0 & 0 & 0\\ 0 & 0 & 0 & 0 & 0 & 0 & 0 & 0 & 0\end{bmatrix}$$

联结表：

| $i$ 列 | $j$ 列 | $i$ 列 | $j$ 列 | $i$ 列 | $j$ 列 |
|---|---|---|---|---|---|
| 1 | 2 | 4 | 5 | 6 | 7 |
| 2 | 3 | 5 | 6 | 7 | 8 |
| 3 | 4 | 5 | 9 | | |
| 4 | 3 | 6 | 3 | | |

流程特点分析：利用前面各节介绍的方法，可以分析得到系统的以下结构特性。

● 端单元和内部单元。

单元 1 和单元 8、9 是端单元，其余单元 2、3、4、5、6、7 是内部单元。这可从联结表观察得到。在本例的联结表中，单元 1 和单元 8、9 只在其中一列中出现。其中单元 1 只在输出列 $i$ 中出现，故单元 1 是起始单元。而单元 8 和 9 只在输入列 $j$ 中出现，故单元 8 和 9 是终结单元。其他单元 2、3、4、5、6、7 在输入列和输出列中均有出现，故是内部单元。

● 串联分析。单元 1 和单元 2、3、4、5、6、7 有串联关系。这可从关联矩阵中有平行于对角线的负正元素出现而判断。

- 并联分析。物流 2 和物流 8 及物流 9 是并联输入物流，共同输入单元 3。物流 4 和 8、物流 5 和 10、物流 6 和 9 分别是并联输出物流。
- 反馈物流。物流 8 和物流 9 分别是反馈物流。这可从邻接矩阵中主对角线以下有两个非零元素得到判断。

**【例 2-6】** 已知某化工流程的过程矩阵如下，请画出其结构有向图，并写出关联矩阵和邻接矩阵及联结表。

$$R_P = \begin{array}{c} 1 \\ 2 \\ 3 \\ 4 \\ 5 \end{array} \begin{bmatrix} 4 & -1 & & & \\ 1 & -2 & -7 & & \\ 2 & 5 & 8 & -4 & -9 \\ 6 & -5 & & & \\ 9 & -3 & -6 & & \end{bmatrix}$$

**解：** 由过程矩阵可知，该流程共由 5 个单元和 9 股物流组成，其具体的结构关系如下。

有向图：

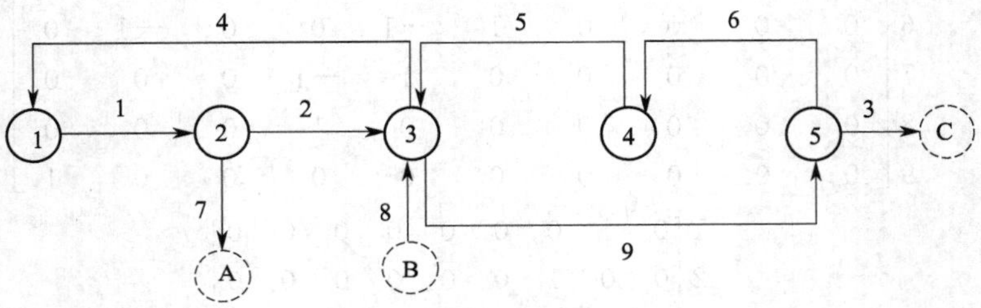


$$关联矩阵：\quad R_I = \begin{bmatrix} -1 & 0 & 0 & 1 & 0 & 0 & 0 & 0 & 0 \\ 1 & -1 & 0 & 0 & 0 & 0 & -1 & 0 & 0 \\ 0 & 1 & 0 & -1 & 1 & 0 & 0 & 1 & -1 \\ 0 & 0 & 0 & 0 & -1 & 1 & 0 & 0 & 0 \\ 0 & 0 & -1 & 0 & 0 & -1 & 0 & 0 & 1 \end{bmatrix}$$

联结表：

| $i$ 列 | $j$ 列 | $i$ 列 | $j$ 列 | $i$ 列 | $j$ 列 |
|---|---|---|---|---|---|
| 1 | 2 | 4 | 3 | 2 | $A$ |
| 2 | 3 | 3 | 5 | $B$ | 3 |
| 3 | 1 | 5 | 4 | 5 | $C$ |

其中 $A$、$B$、$C$ 是虚拟的端单元。

$$邻接矩阵：\quad R_A = \begin{bmatrix} 0 & 1 & 0 & 0 & 0 \\ 0 & 0 & 1 & 0 & 0 \\ 1 & 0 & 0 & 0 & 1 \\ 0 & 0 & 1 & 0 & 0 \\ 0 & 0 & 0 & 1 & 0 \end{bmatrix}$$

**【例 2-7】** 试画出下面冷冻法海水淡化工艺流程的有向图，写出对应节点的单元名称，建立过程矩阵、关联矩阵、邻接矩阵。

**解：** 观察图 2-32 的工艺流程图，可以观察到 7 个实际的单元过程，分别是换热、冷冻、

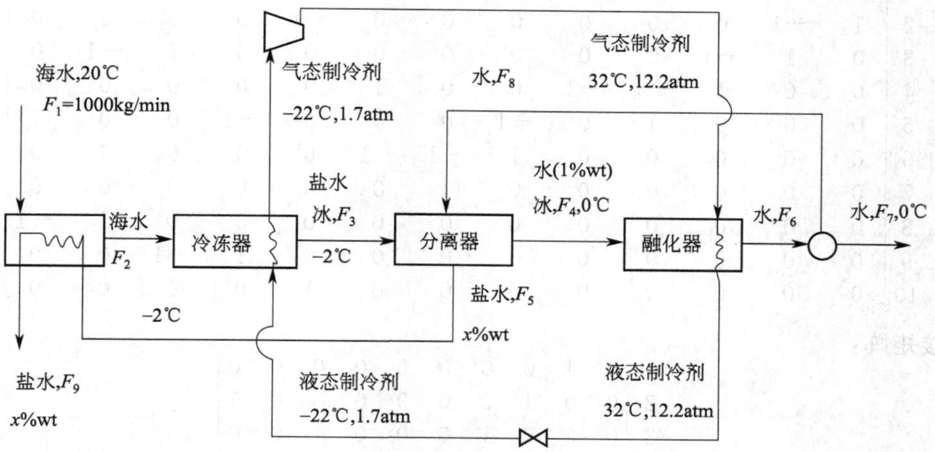


图 2-32 冷冻法海水淡化工艺流程图

分离、融化、分割、压缩、节流，为方便建立各种矩阵及错误自检，增加 3 个虚拟单元，分别是海水储槽、盐水储槽、淡水储槽；共涉及 13 股物流，分别是进料海水 $F_1$、换热后的换水 $F_2$、冷冻后的盐水和冰混合物 $F_3$、分离器后水冰混合物 $F_4$ 及盐水 $F_5$、融化器后的淡水 $F_6$、分割器后的淡水 $F_7$、$F_8$，盐水 $F_5$ 换热后的物流 $F_9$，节流前后的两股液态制冷剂，压缩前后的 2 股气态制冷剂。根据以上分析，建立如图 2-33 所示有向图。

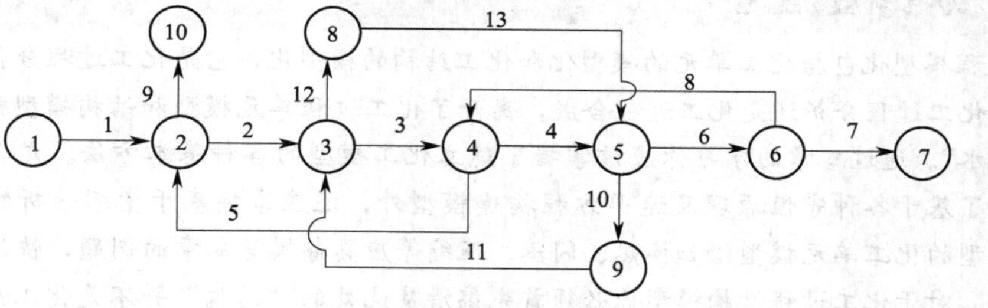

图 2-33 有向图

节点 1、7、10 为三个虚拟节点，节点 2、3、4、5、6 分别为换热、冷冻、分离、融化、分割单元，节点 9 为节流单元，节点 8 为压缩单元。根据上面的有向图得过程矩阵：

$$R_P=\begin{array}{r} 1\\2\\3\\4\\5\\6\\7\\8\\9\\10 \end{array}\left[\begin{array}{rrrr} -1 & & & \\ 1 & 5 & -2 & -9 \\ 2 & 11 & -3 & 12 \\ 3 & 8 & -4 & -5 \\ 4 & 13 & -5 & -10 \\ 6 & -7 & -8 & \\ 7 & & & \\ 12 & -13 & & \\ 10 & -11 & & \\ 9 & & & \end{array}\right]$$

关联矩阵：

$$
R_{\mathrm{I}}=\begin{array}{r}1\\2\\3\\4\\5\\6\\7\\8\\9\\10\end{array}\left[\begin{array}{ccccccccccccc}
-1 & 0 & 0 & 0 & 0 & 0 & 0 & 0 & 0 & 0 & 0 & 0 & 0\\
1 & -1 & 0 & 0 & 0 & 0 & 0 & 0 & -1 & 0 & 0 & 0 & 0\\
0 & 1 & -1 & 0 & 0 & 0 & 0 & 0 & 0 & 0 & 1 & -1 & 0\\
0 & 0 & 1 & -1 & -1 & 0 & 0 & 1 & 0 & 0 & 0 & 0 & 0\\
0 & 0 & 0 & 1 & 0 & -1 & 0 & 0 & 0 & -1 & 0 & 0 & 1\\
0 & 0 & 0 & 0 & 0 & 1 & -1 & -1 & 0 & 0 & 0 & 0 & 0\\
0 & 0 & 0 & 0 & 0 & 0 & 1 & 0 & 0 & 0 & 0 & 0 & 0\\
0 & 0 & 0 & 0 & 0 & 0 & 0 & 0 & 0 & 0 & 0 & 1 & -1\\
0 & 0 & 0 & 0 & 0 & 0 & 0 & 0 & 0 & 1 & -1 & 0 & 0\\
0 & 0 & 0 & 0 & 0 & 0 & 0 & 0 & 1 & 0 & 0 & 0 & 0
\end{array}\right]
$$

邻接矩阵：

$$
R_{\mathrm{A}}=\begin{array}{r}1\\2\\3\\4\\5\\6\\7\\8\\9\\10\end{array}\left[\begin{array}{cccccccccc}
0 & 1 & 0 & 0 & 0 & 0 & 0 & 0 & 0 & 0\\
0 & 0 & 1 & 0 & 0 & 0 & 0 & 0 & 0 & 1\\
0 & 0 & 0 & 1 & 0 & 0 & 0 & 1 & 0 & 0\\
0 & 1 & 0 & 0 & 1 & 0 & 0 & 0 & 0 & 0\\
0 & 0 & 0 & 0 & 0 & 1 & 0 & 0 & 1 & 0\\
0 & 0 & 0 & 1 & 0 & 0 & 1 & 0 & 0 & 0\\
0 & 0 & 0 & 0 & 0 & 0 & 0 & 0 & 0 & 0\\
0 & 0 & 0 & 0 & 1 & 0 & 0 & 0 & 0 & 0\\
0 & 0 & 1 & 0 & 0 & 0 & 0 & 0 & 0 & 0\\
0 & 0 & 0 & 0 & 0 & 0 & 0 & 0 & 0 & 0
\end{array}\right]
$$

## 本章小结及提点

化工过程模型化包括化工单元的模型化和化工结构的模型化，它是化工过程分析与合成的基础。无论是化工过程分析还是化工过程合成，离开了化工过程单元模型和结构模型就如“无米之炊，无源之水”。通过本章的学习你应该掌握了建立化工模型的各种基本方法。尤其对于化工单元模型，除了基于各种守恒原理及速率方程构建模型外，还应掌握基于量纲分析的方法构建模型。对于典型的化工单元模型诸如换热、闪蒸、压缩等应具备模仿本章的例题，快速地建立数学模型的能力。对于化工过程结构模型你必须首先搞清楚此处的“结构”并不是化工设备中的具体结构，而是指化工单元和单元之间的关系。只有将这种关系构建数学模型，大型的化工模拟软件及大型化工过程分割计算才有了基础。你必须具备构建 20 个单元以下的化工过程的结构模型，并注意各个虚拟单元的构建，为后续的化工过程模拟及优化打下基础。

## 习题

1. 某化工系统如下图所示，试建立该化工系统的数学模型（只考虑物料），并计算模型的自由度，写出一组可行的决策变量，并写出其他变量计算的思路。

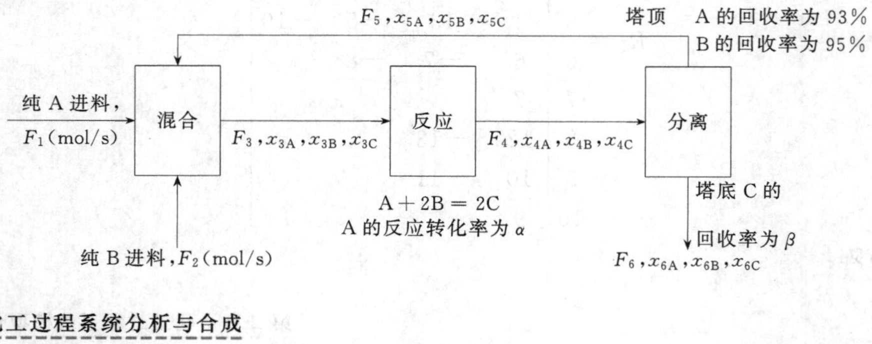

2. 试根据下图所提示的化工系统的信息，建立该系统的数学模型（不考虑系统压力变化，反应热全部用于原料和产物的温升，假设比热容不随温度的改变而改变），计算系统的自由度，并写出一组可行的决策变量。

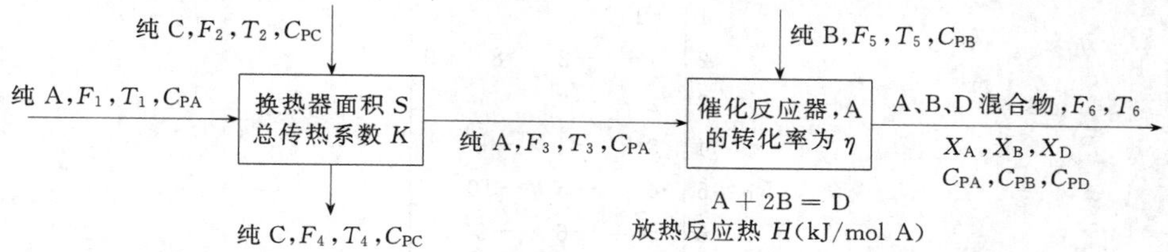


3. 试列出下面化工系统的物料衡算模型，计算模型自由度，并写出一组可行的决策变量。

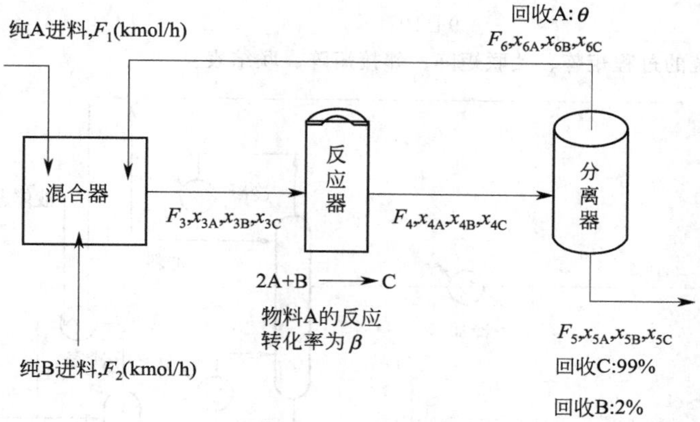


$$\max J = 50000F_6 x_{6C}^2 - \frac{200F_3}{1-\alpha} - \frac{150\theta F_4}{1-\theta}$$

4. 试列出下面化工系统的数学模型，计算模型自由度，并写出一组可行的决策变量。

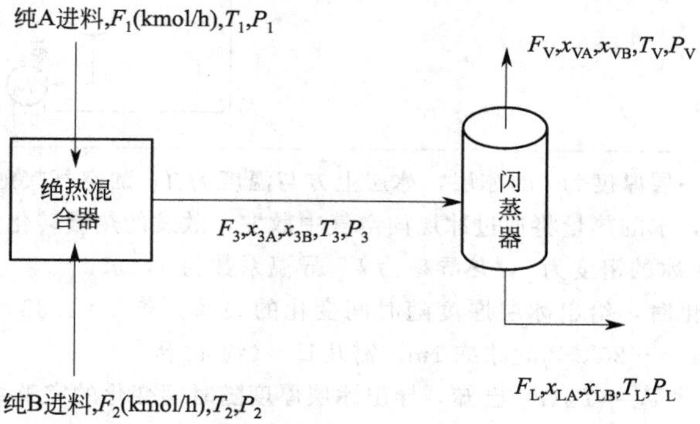


5. 请建立下面混合分割系统的数学模型（不考虑温度和压力的变化，括号内为分割系数），并求出自由度，写出一组可行的决策变量。

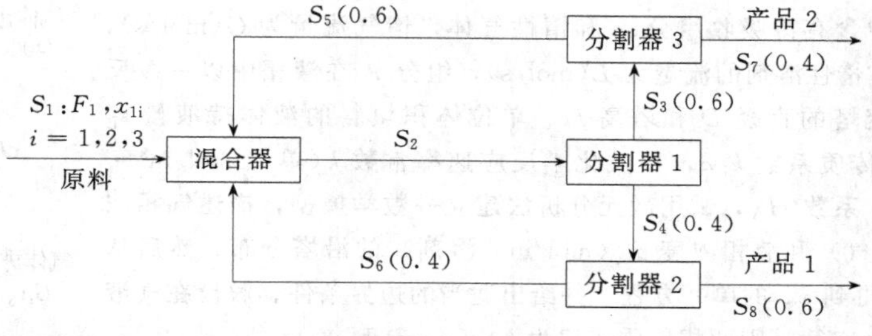


6. 已知某化工系统的过程矩阵如下所示，请画出该化工系统的工艺流程简图，并写出其关联矩阵及邻接矩

阵，分析该系统由哪几个独立子系统组成？（只需写出结果，其中第一、第八及第九单元为原料或产品贮槽，第二单元为混合单元，第三为催化反应单元，第四、五、六单元为精馏塔，第七单元为冷却器）

$$R_P=\begin{array}{c} 1\\2\\3\\4\\5\\6\\7\\8\\9 \end{array}\begin{bmatrix} -1 & & & \\ 1 & -2 & 8 & 9 \\ 2 & -3 & & \\ 3 & -4 & -8 & \\ 4 & -5 & -10 & \\ 5 & -6 & -9 & \\ 6 & -7 & & \\ 7 & & & \\ 10 & & & \end{bmatrix}$$

7. 试写出下面化工系统的过程矩阵、关联矩阵、邻接矩阵、联结表。

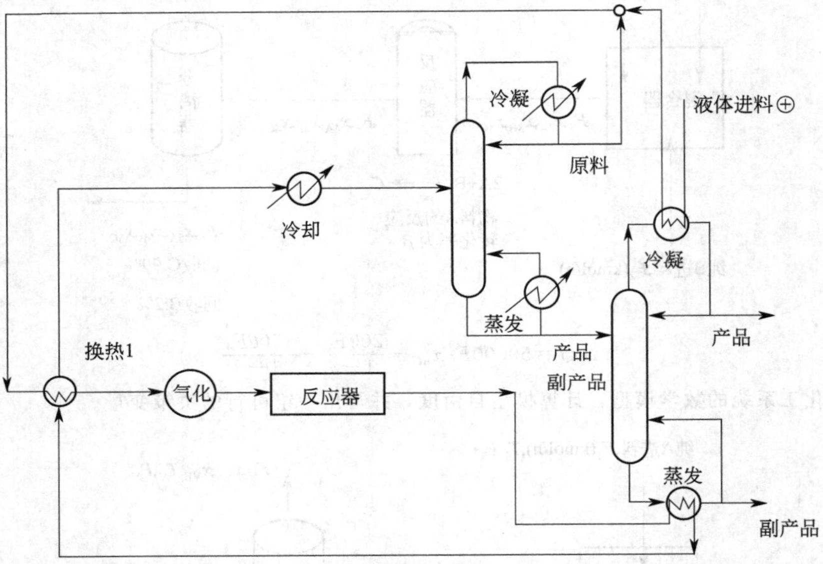


8. 冬天的池塘水面上结了一层厚度为 $l$ 的冰层，冰层上方与温度为 $T_w$ 的空气接触，下方与温度为 0℃ 的池水接触。当 $T_w<0$℃时，水的热量将通过冰层向空气中散发，散发的热量转化为冰层增加的厚度。已知水结冰的相变潜热为 $\lambda$，冰的密度为 $\rho$，热导率为 $k$，导温系数为 $\alpha$，求：

① 当气温 $T_w$ 不随时间变化时，给出冰层厚度随时间变化的关系，若 $\lambda=3.38\times10^5$ J/kg，$\rho=910$ kg/m$^3$，$k=2.20$ W/(m·K)，$T_w=-20$℃，问冰冻 1m，需几日？（约 40 天）

② 当气温随时间变化时，设 $T_w=T_w(t)$ 已知，导出冰层厚度随时间变化的完整数学模型。

9. 如右图所示填料塔，气液两相采用逆流操作，液体从塔顶均布后加入，沿填料表面成液膜下降，气体从塔底加入，沿塔上升并与液体实现逆流接触，气体中的活性组分被液体吸收后从塔底流出，净化后的气体从塔顶排出。设从塔底加入的气体中含有待吸收组分 A 和惰性气体，惰气流量为 $G$(mol/s)，从塔顶加入的液体惰性溶剂的流量为 $L$(mol/s)，组分 A 在液相中以一级反应进行分解，给定塔的直径 $D$ 和塔高 $H$、单位体积填料的液体持液量 $\varepsilon_L$ (m$^3$/m$^3$) 和气液传质系数 $k_La$，以及化学反应速率常数 $k$(单位 mol/m$^3$·s)、气液相 Henry 系数 $H_A$，试用微元分析法建立一数学模型，描述气相浓度 $y_A$(mol/mol 惰气) 和液相浓度 $x_A$(mol/mol 溶剂) 的沿塔分布，然后从模型中消去 $x_A$，得到 $y_A$ 的单一方程，并给出适当的边界条件。假设在气液界面上满足 Henry 定律，则两相传质速率为 $k_La(y_A-H_Ax_A)$。

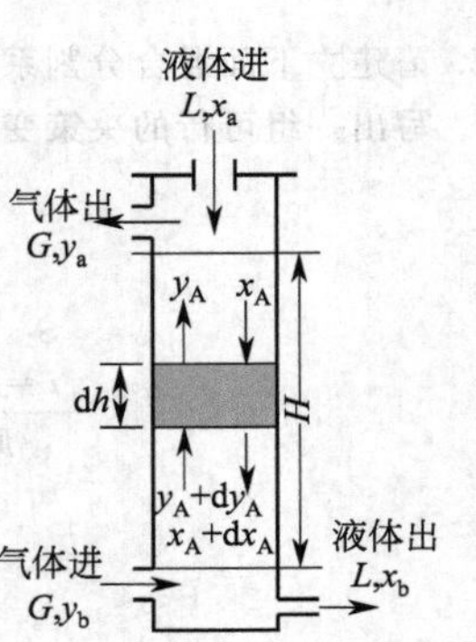


填料吸收塔

# 第3章

# 化工系统模拟方法及策略

**【本章导读】**

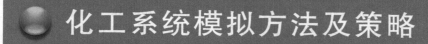

在第2章的基础上，已经学会了如何建立化工过程系统的单元模型和结构模型。在此基础上，就可以对具体的化工过程系统进行模拟。这种模拟是数学模拟，是利用化工系统的数学模型，通过研究模型的性质来达到研究具体的化工过程系统的目的。由于化工过程系统常常是一个庞大的复杂系统，因此，在系统模拟的时候，常常需对系统进行分解，以便减少计算变量，提高计算效率。对于已经分解好的系统，在具体求解时，还必须确定模拟系统的决策变量或设计变量（其个数是系统模型的自由度数，前提是确保建立的模型是正确的）。化工过程系统模拟的基础是单元模拟，只有先解决单元模拟中碰到的所有问题，才能利用系统求解的策略对整个化工过程系统进行求解。当然，只有单元模型模拟求解的方法是不够的，所以本章主要围绕单元模型模拟的基本知识及系统模型模拟求解的策略展开介绍，至于实际开发大型化工系统的模拟程序不在本章介绍，但对目前使用比较广泛的化工模拟软件的求解策略会有一定的介绍。

## 3.1 化工单元模拟

在第1章和第2章中都介绍过化工单元模拟，在这些单元模拟中，有些需要用到物性参数，有些需要用到非线性方程求解，有些需要用到微分方程求解，如在第2章混合单元模拟时需要用到液体的定压热容，在闪蒸计算中需要用到液体的饱和蒸汽压数据；在第1章的铁球降温过程中需要用到微分方程的求解，在多稳态CSTR求解过程中需要用到非线性方程的求解。总之，只有解决了上面的问题，才可以顺利地利用单元模型进行模拟，换句话说，如果你掌握了解决上面提及问题的方法，那么，只要有单元模型，你就可以模拟求解。

### 3.1.1 基本物性计算

物性计算是化工模拟最基础也是最关键的一环，没有了物性计算作依靠，所有的模拟流程都是“空中楼阁”，希望从现在起你重视该问题的重要性。在本节中，直接给出一些重要物性的计算公式，公式中用到的参数，请读者自己到电子课件附录文件下对应文件查取。

（1）饱和蒸汽压计算

饱和蒸汽压常在闪蒸和精馏过程中需要用到，几乎所有纯物质的蒸汽压数据都是以Clapeyron方程为基础建立起来的。Clapeyron方程式为：

$$\frac{dP}{dT}=\frac{\Delta H_V}{(RT^2/P)\Delta Z_V} \tag{3-1}$$

式中，$P$ 为饱和蒸汽压；$T$ 为温度；$\Delta H_V$ 为气化焓（热）；$\Delta Z_V$ 为气相和液相的压缩因子之差；$R$ 为通用气体常数。在此理论的基础上，Antoine 提出了一个作了简单改进的方程式：

$$\ln P=A-\frac{B}{T+C} \tag{3-2}$$

式中，$A$、$B$、$C$ 为常数；$T$ 的单位通常为 K；$P$ 的单位通常为 mmHg。

Antoine 常数 $A$、$B$、$C$ 数值是由实验数据回归而得，电子课件附录文件夹下“化工物性数据 .xsl”提供了 400 多种物质的 $A$、$B$、$C$ 数值，如常见的水 $A=18.3036$、$B=3816.44$、$C=-46.13$，取水的沸点 373.15K 代入公式(3-2)，得到水此时的饱和蒸汽压为 759.943mmHg，与实验值相符。更多物质的 Antoine 常数请读者在其他资料上查阅，Antoine 蒸汽压方程被广泛地使用，其使用压力范围多数在 10～1500mmHg 之间，有些物质甚至可以达到临界点，但一般在较低压力下使用，如压力较高时，使用下面的蒸汽压方程。

另一个可以方便获得参数的蒸汽压方程是 Frost-Kalkwarf-Thodos 蒸汽压方程，该方程的适用范围可达到临界压力，而且对于全程温度都有很高的精确度。其计算公式如下：

$$\ln P=A+\frac{B}{T}+C\ln T+\frac{DP}{T^2} \tag{3-3}$$

式中，$P$ 的单位是 mmHg，$T$ 的单位是 K；$A$、$B$、$C$、$D$ 的数据可在许多资料中查询。电子课件附录文件夹下“化工物性数据 .xsl”提供了 400 多种物质的 $A$、$B$、$C$、$D$ 数值，如常见的水 $A=55.336$、$B=-6869.50$、$C=-5.115$、$D=1.050$，取水的沸点 373.15K 代入式(3-3)，利用 Excel 的单变量求解功能，得到水此时的饱和蒸汽压为 766.191mmHg，和实验值基本相符。

(2) 蒸发潜热计算

蒸发潜热的数据也十分重要，一般先计算正常沸点下的蒸发潜热 $\Delta H_{Vb}$，然后再利用汽化热随温度的上升而下降，至临界温度处为零的原理进行转化计算任意温度下的蒸发潜热 $\Delta H_V$，目前被广泛使用的一个 $\Delta H_V$ 和温度 $T$ 的关联式是 Watson 公式：

$$\Delta H_{V2}=\Delta H_{Vb}\left(\frac{1-T_{r2}}{1-T_{br}}\right)^n \tag{3-4}$$

式中，$\Delta H_{Vb}$ 为正常沸点温度下的汽化热；$\Delta H_{V2}$ 为任意温度下的汽化热；$n$ 的值与物质的性质有关，当温度在 $T_b$ 和 $T_c$ 之间，通常取 $n=0.38$。为了提高精度，Silverberg 和 Wenzel 提出不同的物质 $n$ 取不同的值，Fishtine 建议指数 $n$ 取如下数据：

$n=0.3$　　$T_{br}<0.57$

$n=0.74T_{br}-0.116$　　$0.57<T_{br}<0.71$

$n=0.41$　　$T_{br}>0.71$

$\Delta H_{Vb}$ 的计算可以采用 Giacalone 方程式：

$$\Delta H_{Vb}=RT_cT_{br}\frac{\ln(0.9869P_c)}{1-T_{br}} \tag{3-5}$$

也可以采用 Riedel 方程式：

$$\Delta H_{Vb}=1.093RT_cT_{br}\frac{\ln(0.9869P_c)}{0.93-T_{br}} \tag{3-6}$$

也可以采用 Chen 方程式：

$$\Delta H_{Vb}=RT_cT_{br}\frac{3.978T_{br}-3.958+1.555\ln P_c}{1.07-T_{br}} \tag{3-7}$$

也可以采用 Vetere 方程式：

$$\Delta H_{Vb}=RT_cT_{br}\frac{0.89584T_{br}-0.69431+0.4343\ln P_c}{0.37691-0.37306T_{br}+0.15076P_c^{-1}T_{br}^{-2}} \tag{3-8}$$

式(3-5)～式(3-8) 均是经验公式，误差一般低于 2%，式中 $P_c$ 的单位是 bar($1\text{bar}=1\times10^5\text{Pa}$，全书同)，$T$ 的单位是 K，$\Delta H_{Vb}$则视 $R$ 而定，$R$ 一般取 $8.314\text{J}\cdot\text{mol}^{-1}\cdot\text{K}^{-1}$。下面用大家熟知的水的蒸发潜热计算来验证公式的正确性。查手册获知水的沸点为 373.15K，此时的蒸发潜热为 2258.4kJ/kg，温度为 323.15K 时，蒸发潜热为 2378.1kJ/kg。水的临界压力为 217.6atm，转化为公式中的单位为 220.4288bar[1]，临界温度为 647.3K，分子量为 18.015，将以上数据代入式(3-5) 得水的正常沸点蒸发潜热为（注意质量蒸发潜热和摩尔蒸发潜热之间的转换）2188.5kJ/kg，代入式(3-6)，水的正常沸点蒸发潜热为 2865.7kJ/kg，代入式(3-8) 水的正常沸点蒸发潜热为 2275.1kJ/kg。观察计算数据和手册查询得到的数据，式(3-5) 和式(3-8) 比较合理，其中式(3-8) 和手册数据更接近。式(3-6) 计算所得的数据偏差较大，建议实际使用时用式(3-8) 来预估纯物质的蒸发潜热。利用式(3-8) 所得的数据，再利用式(3-4)，计算得到 323.15K 时的蒸发潜热为 2396.6kJ/kg，此数据和手册数据十分接近，说明将式(3-8) 和式(3-4) 联合使用可以得到任意温度下的纯物质蒸发潜热，有关纯物质的临界性质数据见电子课件附录文件夹下“化工物性数据 . xsl”。

(3) 气体定压比热容计算

有关气体定压比热容（简称比热）计算，提供可以直接查询到系数的两种计算公式，一种是利用 4 个参数的计算公式：

$$C_P=A+BT+CT^2+DT^3 \tag{3-9}$$

这是最常用的估算理想气体定压比热容的经验公式，其中的 $A$、$B$、$C$、$D$ 四个常数可以在一般的手册上查找到，比热容 $C_P$ 的单位是 $\text{cal/mol}^{-1}\cdot\text{K}^{-1}$，电子课件附录文件夹下“化工物性数据 . xsl”提供了 400 多种纯物质的 $A$、$B$、$C$、$D$ 数据。

另一个是五个参数的计算公式

$$\frac{C_P}{R}=A+BT+CT^2+DT^3+ET^4 \tag{3-10}$$

电子课件附录文件夹下“纯物质定压比热容计算 . doc”提供了 170 种纯物质的 $A$、$B$、$C$、$D$、$E$ 数据。如果需要更多的数据，读者请查阅有关专业文献。

如表 3-1，以甲烷的定压比热容计算为例，这次以 Aspen Plus 模拟软件计算获得的数据作为参考数据，以 500～600K 的甲烷比热容作为计算比较基准。用 Aspen Plus 模拟软件（见电子课件第 3 章程序文件夹下的“甲烷比热容计算 . apw”）。获得甲烷摩尔热容的数据：

**表 3-1 甲烷定压比热容**

| $T$/K | 500 | 510 | 520 | 530 | 540 | 550 | 560 | 570 | 580 | 590 | 600 |
|---|---|---|---|---|---|---|---|---|---|---|---|
| $C_P$/(kJ/kmol·K) | 46.58 | 47.18 | 47.78 | 48.38 | 48.98 | 49.57 | 50.17 | 50.76 | 51.35 | 51.94 | 52.52 |

利用式(3-9)，从电子课件附录中获取 $A=4.598$、$B=1.245\text{E}-02$、$C=2.860\text{E-}06$、$D=-2.703\text{E}-09$，将温度 $T=500\text{K}$ 代入，注意单位转换，得到 $C_P=46.89\text{kJ/kmol}\cdot\text{K}$；如用式(3-10)，获取 $A=4.568$、$B=-8.975\text{E}-03$、$C=3.631\text{E}-05$、$D=-3.407\text{E}-08$、

[1] 1bar＝100kPa。

$E=1.091E-11$，将温度 $T=500K$ 代入，取 $R=8.314$，得到 $C_P=46.41kJ/(kmol \cdot K)$。两种计算结果和 Aspen Plus 模拟软件计算的结果十分接近，说明式(3-9) 及式(3-10) 是可以使用的。

(4) 液体定压比热容计算

液体比热容在换热计算中是一个十分重要的参数，需要预先获知才能进行换热器的设计。一般情况下，液体的摩尔比热容有三种形式，其定义分别为：

$$C_{PL}=\left(\frac{\partial H}{\partial T}\right)_P \quad (3\text{-}11)$$

$$C_{\sigma L}=\left(\frac{dH}{dT}\right)_{\sigma L} \quad (3\text{-}12)$$

$$C_{SL}=\left(\frac{\delta Q}{dT}\right)_{\sigma L} \quad (3\text{-}13)$$

定义式中下标 $\sigma$ 表示饱和状态，$L$ 代表液体。$\delta Q$ 是 1mol 物质温度增加 $dT$ 时所吸收的热量。在饱和状态下，$\delta Q \neq dH$。$C_{PL}$、$C_{\sigma L}$ 和 $C_{SL}$ 三者的物理意义并不相同。$C_{PL}$ 为液体恒压下随温度变化的焓变；$C_{\sigma L}$ 为饱和液体随温度变化的焓变；$C_{SL}$ 为在温度变化的情况下，为保持饱和液体状态所需的能量。用估算法估算的多是 $C_{PL}$ 和 $C_{\sigma L}$，而 $C_{SL}$ 则常由实验测定。一般情况下 ($T_r \leqslant 0.8$)，$C_{\sigma L}$、$C_{PL}$ 和 $C_{SL}$ 三者可以认为数值相等。在高对比温度下 ($0.8<T_r<0.99$) $C_{\sigma L}$、$C_{PL}$ 和 $C_{SL}$ 三者的数值并不相等，可利用两个近似关系式进行互相转换计算：

$$\frac{C_{PL}-C_{\sigma L}}{R}=\exp(20.1T_r-17.9) \quad (3\text{-}14)$$

$$\frac{C_{\sigma L}-C_{SL}}{R}=\exp(8.655T_r-8.385) \quad (3\text{-}15)$$

由于大多数情况下可以认为 $C_{\sigma L}$、$C_{PL}$ 和 $C_{SL}$ 三者数值相等，且通过观察式(3-14) 及式(3-15) 可知，$C_{PL}>C_{\sigma L}>C_{SL}$，我们提供计算液体的定压比热容的计算公式：

$$C_{PL}=A+BT+CT^2+DT^3 \quad (3\text{-}16)$$

其中的 $A$、$B$、$C$、$D$ 四个常数可以在一般的手册上查找到，比热容 $C_{PL}$ 的单位是 $J/mol^{-1} \cdot K^{-1}$，电子课件附录文件夹下"纯物质定压比热容计算 .doc"提供了 100 多种纯物质的 $A$、$B$、$C$、$D$ 数据，如果需要更多的数据，读者请查阅有关专业文献。下面以人们熟知的水的定压比热容计算来验证式(3-16) 的正确性。已经知道在常温下，水的比热容在 $4.18J/g^{-1} \cdot K^{-1}$ 左右，取温度 $T=293.13K$，查取 $A=92.053$、$B=-3.9953E-02$、$C=-2.1103E-04$、$D=0.53469E-06$，计算得到水的比热容为 $75.67J/mol^{-1} \cdot K^{-1}$，折算成质量比热容为 $4.20J/g^{-1} \cdot K^{-1}$，这和实际情况相符。

(5) 气体黏度计算

低压下气体黏度 $\mu$ 可以从分子运动论导出，一般情况下气体的黏度与气体的密度或压力无关，与温度 $T$ 有关，$T$ 升高，则 $\mu$ 也增大，这是因为 $T$ 升高，则碰撞更加频繁，因而动量的交换也多，内摩擦力也就更加增大，不过对大多数气体来说，$\mu$ 并非与 $T^{1/2}$ 成正比。黏度可用下式计算：

$$\mu=26.695\frac{\sqrt{MT}}{d^2\Omega_V} \quad (3\text{-}17)$$

式中，$\mu$ 是黏度，单位 $\mu P$；$T$ 是温度，单位为 K；$d$ 是分子的碰撞直径，单位是 Å；$M$ 为分子量；$\Omega_V$ 称为黏度碰撞积分，是 $T$ 和 $\varepsilon_o/k$ 的函数，可按 Neufeld 关系式计算：

$$\Omega_V=\frac{A}{(T^*)^B}+\frac{C}{\exp(DT^*)}+\frac{E}{\exp(FT^*)} \quad (3\text{-}18)$$

式中，$A=1.16145$；$B=0.14874$；$C=0.52487$；$D=0.77320$；$E=2.16178$；$F=2.43787$；$T^*=kT/\varepsilon_o$；$k=1.38\times10^{-23}\text{J}\cdot\text{K}^{-1}$，称为波尔茨曼常数；$\varepsilon_o$ 为最低能级数据，一般以 $\varepsilon_o/k$ 的形式出现。式(3-18) 在 $0.3\leqslant T^*\leqslant100$ 的范围内，计算 $\Omega_V$ 的误差只有 0.064%。$\Omega_V$ 也可以利用表 3-2 的数据。若暂时无法获取 $d$ 及 $\varepsilon_o/k$ 等数据，可以利用下面的公式估算：

$$d\left(\frac{P_c}{T_c}\right)^{1/3}=2.36545-0.08738\omega \tag{3-19}$$

$$\frac{\varepsilon_o}{kT_c}=0.7915+0.1693\omega \tag{3-20}$$

式中，$P_c$ 为临界压力，bar；$T_c$ 为临界温度，K；$\omega$ 为偏心因子，均可从电子课件附录文件夹中查取。

**表 3-2　$\Omega_D$、$\Omega_V$ 与 $T^*$ 对应值**

| $T^*$ | $\Omega_V$ | $\Omega_D$ | $T^*$ | $\Omega_V$ | $\Omega_D$ |
|---|---|---|---|---|---|
| 0.30 | 2.785 | 2.662 | 2.70 | 1.069 | 0.977 |
| 0.35 | 2.628 | 2.476 | 2.80 | 1.058 | 0.9672 |
| 0.40 | 2.492 | 2.318 | 2.90 | 1.048 | 0.9576 |
| 0.45 | 2.368 | 2.184 | 3.0 | 1.039 | 0.9490 |
| 0.50 | 2.257 | 2.066 | 3.1 | 1.030 | 0.9406 |
| 0.55 | 2.156 | 1.966 | 3.2 | 1.022 | 0.9328 |
| 0.60 | 2.065 | 1.877 | 3.3 | 1.014 | 0.9256 |
| 0.65 | 1.982 | 1.798 | 3.4 | 1.007 | 0.9186 |
| 0.70 | 1.908 | 1.729 | 3.5 | 0.9999 | 0.9120 |
| 0.75 | 1.841 | 1.667 | 3.6 | 0.9932 | 0.9058 |
| 0.80 | 1.780 | 1.612 | 3.7 | 0.9870 | 0.8998 |
| 0.85 | 1.725 | 1.562 | 3.8 | 0.9811 | 0.8942 |
| 0.90 | 1.675 | 1.517 | 3.9 | 0.9755 | 0.8888 |
| 0.95 | 1.629 | 1.476 | 4.0 | 0.9700 | 0.8836 |
| 1.00 | 1.587 | 1.439 | 4.1 | 0.9649 | 0.8788 |
| 1.05 | 1.549 | 1.406 | 4.2 | 0.9600 | 0.8740 |
| 1.10 | 1.514 | 1.375 | 4.3 | 0.9553 | 0.8694 |
| 1.15 | 1.482 | 1.346 | 4.4 | 0.9507 | 0.8652 |
| 1.20 | 1.452 | 1.320 | 4.5 | 0.9464 | 0.8610 |
| 1.25 | 1.424 | 1.296 | 4.6 | 0.9422 | 0.8568 |
| 1.30 | 1.399 | 1.273 | 4.7 | 0.9382 | 0.8530 |
| 1.35 | 1.375 | 1.253 | 4.8 | 0.9343 | 0.8492 |
| 1.40 | 1.353 | 1.233 | 4.9 | 0.9305 | 0.8456 |
| 1.45 | 1.333 | 1.215 | 5.0 | 0.9269 | 0.8422 |
| 1.50 | 1.314 | 1.198 | 6.0 | 0.8963 | 0.8124 |
| 1.55 | 1.296 | 1.182 | 7.0 | 0.8727 | 0.7896 |
| 1.60 | 1.279 | 1.167 | 8.0 | 0.8538 | 0.7712 |
| 1.65 | 1.264 | 1.153 | 9.0 | 0.8379 | 0.7556 |
| 1.70 | 1.248 | 1.140 | 10 | 0.8242 | 0.7424 |
| 1.75 | 1.234 | 1.128 | 20 | 0.7432 | 0.6640 |
| 1.80 | 1.221 | 1.116 | 30 | 0.7005 | 0.6232 |
| 1.85 | 1.209 | 1.105 | 40 | 0.6718 | 0.5960 |
| 1.90 | 1.197 | 1.094 | 50 | 0.6504 | 0.5756 |
| 1.95 | 1.186 | 1.084 | 60 | 0.6335 | 0.5596 |
| 2.00 | 1.175 | 1.075 | 70 | 0.6194 | 0.5464 |
| 2.10 | 1.156 | 1.057 | 80 | 0.6076 | 0.5352 |
| 2.20 | 1.138 | 1.043 | 90 | 0.5973 | 0.5256 |
| 2.30 | 1.122 | 1.026 | 100 | 0.5882 | 0.5130 |
| 2.40 | 1.107 | 1.012 | 200 | 0.5320 | 0.4644 |
| 2.50 | 1.093 | 0.9996 | 300 | 0.5016 | 0.4360 |
| 2.60 | 1.081 | 0.9878 | 400 | 0.4811 | 0.4170 |

如果是极性气体计算黏度碰撞积分时，要考虑偶极矩的影响，需对 $\Omega_V$ 进行校正，对于极性气体，计算黏度碰撞积分时，要考虑偶极矩的影响，可按下式进行校正：

$$\Omega_V=\Omega_0+\frac{0.2\delta^2}{T^*} \tag{3-21}$$

式中，$\Omega_0$ 是按式(3-18) 法求得的 $\Omega_v$ 值；$\delta$ 是一个极性参数，其定义为：

$$\delta=\frac{\mu_p^2}{2\varepsilon_o d^3} \tag{3-22}$$

式中，$\mu_p$ 为偶极矩；$\delta$ 为一个无因次量，因此使用式(3-22)，要注意公式右边各参数所用单位制一致，手册上查得的 $\mu_p$ 的单位一般为 D（debye），$1D=3.162\times10^{-22}J^{1/2}\cdot cm^{3/2}$，而查出的 $d$ 多用 Å 为单位，$1Å=1\times10^{-8}cm$。

极性分子的 $d$、$\varepsilon_o/k$ 和 $\delta$ 数据如查不到，则可采用下列近似式计算：

$$\delta=\frac{1940\mu_p^2}{V_bT_b},\ d=\left(\frac{1.585V_b}{1+1.3\delta^2}\right)^{\frac{1}{3}},\ \frac{\varepsilon_o}{k}=1.18(1+1.3\delta^2)T_b \tag{3-23}$$

式中，$V_b$ 为正常沸点下的液体摩尔体积，$cm^3/mol$；$T_b$ 为正常沸点，K；$\mu_p$ 为偶极距，D。

**【例 3-1】** 求乙醇在 150℃时的低压气体黏度（实验值为 $123.2\mu P$）。已知乙醇的 $T_c=516.2K$，$P_c=63.8bar$，$V_c=167cm^3\cdot mol^{-1}$，$\omega=0.635$，$d=4.530Å$，$\frac{\varepsilon_o}{k}=362.6K$，$\mu_p=1.70D$，$M=46.069$。

**解：**

$$T^*=\frac{T}{\frac{\varepsilon_o}{k}}=\frac{423.2}{362.6}=1.167$$

$$\Omega_{V0}=\frac{1.16145}{(T^*)^{0.14874}}+\frac{0.52487}{\exp(0.77320T^*)}+\frac{2.16178}{\exp(2.4378T^*)}$$

$$=\frac{1.614}{1.167^{0.14874}}+\frac{0.52487}{\exp(0.77320\times1.167)}+\frac{2.16178}{\exp(2.43787\times1.167)}=1.474$$

由于 $\varepsilon_o=\left(\frac{\varepsilon_o}{k}\right)k$，所以

$$\delta=\frac{\mu_p^2}{2\varepsilon_o d^3}=\frac{\mu_p^2}{2(\varepsilon_o/k)kd^3}$$

$$=\frac{(1.70\times3.162\times10^{-22})^2}{2\times362.6\times1.380\times10^{-23}\times(4.530\times10^{-8})^3}=0.31$$

$$\Omega_v=\Omega_0+\frac{0.2\delta^2}{T^*}$$

$$=1.474+\frac{0.2\times0.31^2}{1.167}=1.490$$

$$\mu=26.69\frac{\sqrt{MT}}{d^2\Omega_v}=26.69\frac{\sqrt{46.069\times423.2}}{4.530^2\times1.490}=121.9\mu P$$

计算所得的黏度和实验值只有−1.06%误差，表明式(3-17) 的黏度计算公式具有较好的精度。

(6) 液体黏度计算

液体中产生黏滞性的机理和气体不同，分子间的作用力固然对气体和液体的黏滞性同样

发生作用。但对气体而言，黏度产生的直接原因是分子的热运动，分子通过碰撞而传递动量，于是出现了黏滞性。分子间的作用力通过影响碰撞而影响黏度。但对液体来说情况并非如此，液体中分子的运动显然没有气体分子那么自由，液体分子间距离很近，引力很大，这就成了产生黏滞性的直接原因。气体和液体产生黏滞性原因的不同，可以从两者的黏度和温度关系的不同得到证明：对气体来说，温度升高则分子碰撞更加频繁，于是黏度随温度升高而增大。而对液体来说，温度升高动能增大，引力作用变得不那么重要，于是黏度随温度升高而变小。液体黏度估算的 Andrade 方程如下：

$$\ln\mu_L = A + \frac{B}{T} \tag{3-24}$$

式中，$\mu_L$ 为液体黏度，cP；$T$ 为温度，K。各种物质的值 $A$、$B$ 见电子课件附录文件夹下"Andrade 方程的参数 $A$、$B$ 值 .doc"。更多的有关 $A$、$B$ 值可查阅有关手册。

**【例 3-2】** 用 Andrade 法估算 2-甲基丁烷在 25℃时的黏度（文献值为 0.21cP）。

解：由附录文件查得 2-甲基丁烷的 $A=-4.415$，$B=845.8$

$$\ln\mu_L = A + \frac{B}{T} = -4.415 + \frac{845.8}{298.15} = -1.5782$$

$$\mu_L = 0.206cP$$

$$误差 = \frac{0.206-0.21}{0.21} \times 100\% = -1.9\%$$

（7）气体热导率计算

对于多原子气体，Eucken 提出：

$$\frac{kM}{\mu C_V} = 1 + \frac{9/4}{C_V/R} \tag{3-25}$$

Ubbelohde 等修正成：

$$\frac{kM}{\mu C_V} = 1.32 + \frac{1.77}{C_V/R} \tag{3-26}$$

Stiel 和 Thodos 采用一个折中的办法来处理，其计算方程为：

$$\frac{kM}{\mu C_V} = 1.15 + \frac{2.03}{C_V/R} \tag{3-27}$$

**【例 3-3】** 估算 2-甲基丁烷蒸气在 1bar 和 373K 时的热导率。文献值为 $2.2\times10^{-2}$ W·(m·K)$^{-1}$。已知 $T_c=460.4$K，$P_c=33.4$bar，$V_c=306$cm$^3$·mol$^{-1}$，$Z_c=0.267$，$\omega=0.227$，$M=72.151$，373K 时理想气体热容 $C_p=144.2$J·(mol·K)$^{-1}$。

解：① 应用 Eucken 法

由于无计算状态下的黏度数据，需先用前面介绍的方法估算黏度，这里省去，计算得到黏度为 85.7$\mu$P[1P=1g/cm·s=0.1kg/m·s，1$\mu$P=$1\times10^{-6}\times0.1$kg/m·s=$1\times10^{-7}$kg/(m·s)]，$C_V$ 用下式计算：

$$C_V = C_p - R = 144.2 - 8.314 = 135.9\text{J}\cdot\text{mol}^{-1}\cdot\text{K}^{-1}$$

则：

$$k = \frac{\mu C_V}{M}\left(1 + \frac{9/4}{C_V/R}\right)$$

$$= \frac{85.7\times10^{-7}\times135.9}{72.151\times10^{-3}}\left(1 + \frac{9/4}{135.9/8.314}\right) = 1.84\times10^{-2}\text{W}\cdot\text{m}^{-1}\cdot\text{K}^{-1}$$

误差为

$$\frac{1.84-2.2}{2.2}\times100 = -16.4\%$$

② Ubbelohde 法

$$k=\frac{\mu C_V}{M}\left(1.32+\frac{1.77}{C_V/R}\right)$$

$$=\frac{85.7\times10^{-7}\times135.9}{72.151\times10^{-3}}\left(1.32+\frac{1.77}{135.9/8.314}\right)=2.31\times10^{-2}\,\text{W}\cdot\text{m}^{-1}\cdot\text{K}^{-1}$$

误差为 $\frac{2.31-2.2}{2.2}\times100=5.0\%$

③ 应用 Stiel-Thodos 法

$$k=\frac{\mu C_V}{M}\left(1.15+\frac{2.03}{C_V/R}\right)$$

$$=\frac{85.7\times10^{-7}\times135.9}{72.151\times10^{-3}}\left(1.15+\frac{2.03}{135.9/8.314}\right)=2.06\times10^{-2}\,\text{W}\cdot\text{m}^{-1}\cdot\text{K}^{-1}$$

误差为 $\frac{2.06-2.2}{2.2}\times100=-6.4\%$

(8) 液体热导率计算

对于液体，一般地热导率是由两部分组成（固体也是一样），分别是代表晶格振动对热导率的贡献 $k_i$，代表自由电子的热运动对热导率的贡献 $k_e$。对于非金属液体，$k_e$ 的贡献很小，可以忽略。在液体中，能量是通过弹性振动的声波而传递的，得到液体热导率的基本计算公式：

$$k_L=2.445\left[\frac{T_b}{M}\left(1.233-\frac{T}{T_b}\right)\right]^{1/2}\rho^{2/3} \tag{3-28}$$

式中，热导率 $k_L$ 的单位是 $\text{W}\cdot\text{m}^{-1}\cdot\text{K}^{-1}$；温度 $T$ 的单位是 K；液体密度 $\rho$ 的单位是 $\text{mol}\cdot\text{cm}^{-3}$。

纯液体热导率还可用下列关联式估算：

① Sato-Riedel 法

$$k_L=\frac{1.11}{M^{1/2}}\left[\frac{3+20\,(1-T_r)^{2/3}}{3+20\,(1-T_{br})^{2/3}}\right] \tag{3-29}$$

式中，$k_L$ 为液体热导率，$\text{W}\cdot\text{m}^{-1}\cdot\text{K}^{-1}$；$T_r$ 为对比温度；$T_{br}$ 为正常沸点下的对比温度；$M$ 为分子量。

此法对低分子量及其有支链的碳氢化合物都偏高，而对非碳氢化合物的结果较好。

② Missenard-Riedel 法

Missenard 推荐 0℃下液体热导率公式如下：

$$k_{L0}=\frac{9\times10^{-3}\,(T_b\rho_0)^{1/2}C_{P0}}{M^{1/2}N^{1/4}} \tag{3-30}$$

式中，$k_{L0}$ 为液体在 0℃时的热导率，$\text{W}\cdot\text{m}^{-1}\cdot\text{K}^{-1}$；$T_b$ 为正常沸点，K；$\rho_0$ 为 0℃时液体密度，$\text{mol}\cdot\text{cm}^{-3}$；$C_{P0}$ 为液体在 0℃时的恒压热容，$\text{J}\cdot\text{mol}^{-1}\cdot\text{K}^{-1}$；$M$ 为分子量；$N$ 为分子中的原子数目。任意温度下的液体热导率为：

$$k_L=k_{L0}\left[\frac{3+20\,(1-T_r)^{2/3}}{3+20\left(1-\frac{273}{T_c}\right)^{2/3}}\right] \tag{3-31}$$

③ Latini 法

Latini 等对许多不同类型液体的热导率进行分析，提出如下关联式：

$$k_L=\frac{A(1-T_r)^{0.38}}{T_r^{1/6}} \tag{3-32}$$

式中，$k_L$为液体热导率，$W \cdot m^{-1} \cdot K^{-1}$；$T_r$ 为对比温度；$A$ 为特征常数，由下式计算：

$$A=\frac{A^* T_b^\alpha}{M^\beta T_c^\gamma} \tag{3-33}$$

式中，$T_b$ 为正常沸点，K；$T_c$ 为临界温度，K；$M$ 为分子量；$A^*$、$\alpha$、$\beta$、$\gamma$ 的值见表3-3。该表的划分比较粗，对炔烃、环烯烃、酚、含氮或含硫有机物、卤烃不能使用，此外，式(3-33) 只适用于分子量在 $50<M<250$ 的范围。对一些无机物（如 $NH_3$、$CO_2$、$SO_2$ 等）：

$$A=\frac{0.0186 T_c}{M^{4/5}} \tag{3-34}$$

**表 3-3　Latini 法的参数值**

| 物　质 | $A^*$ | $\alpha$ | $\beta$ | $\gamma$ |
|---|---|---|---|---|
| 饱和烃 | 0.00350 | 6/5 | 1/2 | 1/6 |
| 烯烃 | 0.0361 | 6/5 | 1 | 1/6 |
| 环烷烃 | 0.0310 | 6/5 | 1 | 1/6 |
| 芳烃 | 0.00346 | 6/5 | 1 | 1/6 |
| 醇 | 0.00339 | 6/5 | 1/2 | 1/6 |
| 有机酸 | 0.00319 | 6/5 | 1/2 | 1/6 |
| 酮 | 0.00383 | 6/5 | 1/2 | 1/6 |
| 酯 | 0.0415 | 6/5 | 1 | 1/6 |
| 醚 | 0.0385 | 6/5 | 1 | 1/6 |
| 冷冻剂(R20,R21,R22,R23) | 0.562 | 0 | 1/2 | −1/6 |
| 其他 | 0.494 | 0 | 1/2 | −1/6 |

当温度较低时，压力对液体热导率的影响很小，虽然热导率随压力的增加而略有增加，但直至 5～6MPa 的中压范围，在工程计算中仍然可以忽略压力对液体热导率的影响。在高温高压下，压力的影响相当大。高压下估算液体热导率的方法不多，需要时请查阅有关文献。

**【例 3-4】** 估算 $CCl_4$ 在 293K 时液体的热导率，文献值为 $0.103W \cdot m^{-1} \cdot K^{-1}$。已知 $CCl_4$ 的 $T_c=556.4K$，$T_b=349.9K$，$M=153.823$，$C_{PL}(273K)=130.7J \cdot mol^{-1} \cdot K^{-1}$，$\rho_L(273K)=0.0106mol \cdot cm^{-3}$，$C_{PL}(293K)=132.0J \cdot mol^{-1} \cdot K^{-1}$，$\rho_L(293K)=0.0103mol \cdot cm^{-3}$。

解：① 利用式(3-28)

$$k_L=2.445\left[\frac{T_b}{M}\left(1.233-\frac{T}{T_b}\right)\right]^{1/2}\rho^{2/3}$$

$$=2.445\left[\frac{349.9}{153.823}\left(1.233-\frac{293}{349.9}\right)\right]^{1/2}\times 0.0103^{2/3}=0.110W \cdot m^{-1} \cdot K^{-1}$$

$$误差=\frac{0.110-0.103}{0.103}\times 100\%=6.80\%$$

② 使用 Sato-Riedel 法

$$T_r=\frac{293}{556.4}=0.5266$$

$$T_{br}=\frac{349.9}{556.4}=0.6289$$

$$k_L=\frac{1.11}{M^{\frac{1}{2}}}\left[\frac{3+20\,(1-T_r)^{2/3}}{3+20\,(1-T_{br})^{2/3}}\right]$$

$$=\frac{1.11}{153.823^{1/2}}\left[\frac{3+20\,(1-0.5266)^{2/3}}{3+20\,(1-0.6289)^{2/3}}\right]=0.102\text{W}\cdot\text{m}^{-1}\cdot\text{K}^{-1}$$

$$误差=\frac{0.102-0.103}{0.103}\times100\%=-0.97\%$$

③ 使用 Missenard-Riedel 法

$$k_{L0}=\frac{9\times10^{-3}\,(T_b\rho_0)^{1/2}C_{P0}}{M^{\frac{1}{2}}N^{\frac{1}{4}}}$$

$$=\frac{9\times10^{-3}(349.9\times0.0106)^{1/2}\times130.7}{153.823^{1/2}\times5^{1/4}}=0.122\text{W}\cdot\text{m}^{-1}\cdot\text{K}^{-1}$$

$$k_L=k_{L0}\left[\frac{3+20(1-T_r)^{2/3}}{3+20\left(1-\frac{273}{T_c}\right)^{2/3}}\right]$$

$$=0.122\left[\frac{3+20(1-0.5266)^{2/3}}{3+20\left(1-\frac{273}{556.4}\right)^{2/3}}\right]=0.117\text{W}\cdot\text{m}^{-1}\cdot\text{K}^{-1}$$

$$误差=\frac{0.117-0.103}{0.103}\times100\%=13.59\%$$

④ Latini 法

设 $CCl_4$ 为冷冻剂，查表 3-3 得：$A^*=0.562$，$\alpha=0$，$\beta=1/2$，$\gamma=-1/6$

$$A=\frac{A^*\,T_b^{\alpha}}{M^{\beta}T_c^{\gamma}}=\frac{0.494\times349.9^0}{153.823^{1/2}\times556.4^{-1/6}}=0.1300$$

$$k_L=\frac{A(1-T_r)^{0.38}}{T_r^{1/6}}=\frac{0.1300(1-0.5266)^{0.38}}{0.5266^{1/6}}=0.109\text{W}\cdot\text{m}^{-1}\cdot\text{K}^{-1}$$

$$误差=\frac{0.109-0.103}{0.103}\times100\%=5.83\%$$

气体扩散系数计算及液体扩散系数计算请读者自己参考有关专业文献，如有需要请按电子课件中的邮箱联系。

### 3.1.2 线性方程组计算

线性方程求解如果是单个变量，即 $ax+b=c$ 没有任何难度，直接得到 $x=(c-b)/a$，但当变量数增加时，手工求解就不那么容易了，如下面的 $n$ 元线性方程组：

$$\begin{cases}a_{11}x_1+a_{12}x_2+\cdots+a_{1n}x_n=t_1\\a_{21}x_1+a_{22}x_2+\cdots+a_{2n}x_n=t_2\\\cdots\\a_{n1}x_1+a_{n2}x_2+\cdots+a_{nn}x_n=t_n\end{cases}\tag{3-35}$$

对于线性方程组的求解有多种方法，如可以采用直接迭代、松弛迭代、紧凑格式迭代，这些迭代方法尽管所占计算机资源较少，但在具体计算过程中可能存在分散的风险。作者根据实际应用情况，如果不是开发大型模拟软件，只是解决化工模拟中的某些线性方程，建议直接采用主元最大的高斯消去法程序。其实该程序的代码也并不多，下面是作者编写的 VB 程序代码（具体见电子课件第 3 章程序）：

```
Private Sub Command1_Click()
Dim i, j, m, n As Integer
Dim a(), z(), x(), w, aa(), s, t, k
n=InputBox("n")
ReDim a(n + 2, n + 2), z(n + 2, n + 2), x(n + 1), aa(n + 2, n + 2)
For i=1 To n
    For j=1 To n + 1
      a(i, j)=InputBox("输入系数矩阵 A(" & i & "," & j & ")")
    Next j
Next i
For i=1 To n
  If i=n Then GoTo 200
  For t=i + 1 To n  //寻找最大主元
            If Abs(a(i, i)) < Abs(a(t, i)) Then
                  For s=i To n + 1
                        aa(t, s)=a(i, s)  //行的调换
                        a(i, s)=a(t, s)
                        a(t, s)=aa(t, s)
                  Next s
            Else
            End If
    Next t
    200
w=a(i, i)
  For j=1 To n + 1
      a(i, j)=a(i, j) / w
  Next j
If i=n Then GoTo 100
For j=i + 1 To n  //常规消去
    For k=i + 1 To n + 1
        z(i, k)=a(i, k)* a(j, i)
        a(j, k)=a(j, k) - z(i, k)
     Next k
Next j
Next i
100
   x(n + 1)=0
For k=n To 1 Step-1  //反推求解
    s=0
    For j=k + 1 To n
        s=s + a(k, j)* x(j)
    Next j
    x(k)=a(k, n + 1) - s
    Print "x("; k; ")="; x(k)
Next k
End Sub
```

对于下面线性方程组：

$$\begin{cases} x_1+2x_2+3x_3+4x_4=10 \\ 3x_1+4x_2+2x_3+x_4=10 \\ 2x_1+x_2+5x_3+2x_4=10 \\ 6x_1+x_2+2x_3+x_4=10 \end{cases} \tag{3-36}$$

运行电子课件中的程序，按提示输入 4；1，2，3，4，10；3，4，2，1，10；2，1，5，2，

10；6，1，2，1，10。系统计算得到 $x_1=1$，$x_2=1$，$x_3=1$，$x_4=1$。主元最大高斯消去法求解时如果所提供的方程组中有些方程线性相关，出现了独立方程数小于变量数，方程有无穷解时，会出现被零除的现象，无法求解。读者如有兴趣，可改进该程序。具体策略可以是出现连最大主元也为零时，表明该方程组有多余方程，可通过人机对话任意输入一个变量，消去一个方程来进一步求解。

线性方程组另一方便的求解方法是利用 Excel 中的规划求解功能，可以方便地求得解。作者在 Excel 2003 或以上版本上开发了 10×10 的线性方程组宏求解程序，见图 3-1。读者只要在对应表格输入数据，点击方程组求解就可以得到解，注意 f 列数据不用输入，b 列数据是方程右边的常数项，当方程数不足 10 个时，可用 0 来输入，详细的程序请参看电子课件第三章程序文件夹下的“线性方程宏求解 . xlsm”，如果你在应用时出现宏被禁止时，建议你通过宏安全设置中启用宏，先关闭该程序再打开一般可以解决宏被禁用的问题。

如果你的电脑中装有 matlab 软件的话，那么利用该软件求解线性方程是非常方便的，简单到令你无法相信，但该软件安装后需要消耗 1G 以上的内存。如上面方程组(3-36) 在 matlab 的命令窗口输入以下命令：

```
>>a=[1 2 3 4 ;3 4 2 1 ;2 1 5 2 ;6 1 2 1];
>> b=[10 10 10 10]';
>> x=a\b
或
x=inv(a)* b
计算机输出以下结果：
x =
    1.0000
    1.0000
    1.0000
    1.0000
```

注意所有输入必须在英文状态下输入，中括号内的分号表示换行，每一个数据输入后要空一个，表示是另一列数据，中括号内的数据表示是数组，可以是一行，也可以是多行，行与行之间用分号间隔。每一条命令后如果有分号，表示该命令执行后不用显示，如果没有则需要显示计算结果，如“x=a\b”，在“b=[10 10 10 10]'”中的“'”表示对中括号内的数组进行转置处理。如此简单的线性方程组求解，你学会了吗？如果将其他模拟计算程序和上面提供的线性方程组求解方法结合起来，就可以方便快捷地开发出你所希望的程序。

### 3.1.3 非线性方程计算

求解非线性方程是化工设计及模拟计算中必须解决的一个计算问题。对于一般的非线性方程 $f(x)=0$，计算方程的根既无一定章程可循，也无直接方法可言。通常，非线性方程的根不止一个，而任何一种方法一般只能算出一个根，不过通过改变初值，可以获取方程的多个根。而对于具体的化工问题，初值和求解范围常常可根据具体的化工知识而定。

对于非线性方程或方程组的求解方法和线性方程组求解一样，也有各种迭代方法，如直接迭代、松弛迭代，同时由于非线性方程还可以利用方程本身的信息，延伸出各种加速迭代的方法，如牛顿(Newton) 迭代、布罗伊登(Broyden) 迭代、割线(Secant) 迭代、韦格斯坦(Wegsten) 迭代。这些迭代法既是非线性方程（组）的求解方法，其实也是大型化工流

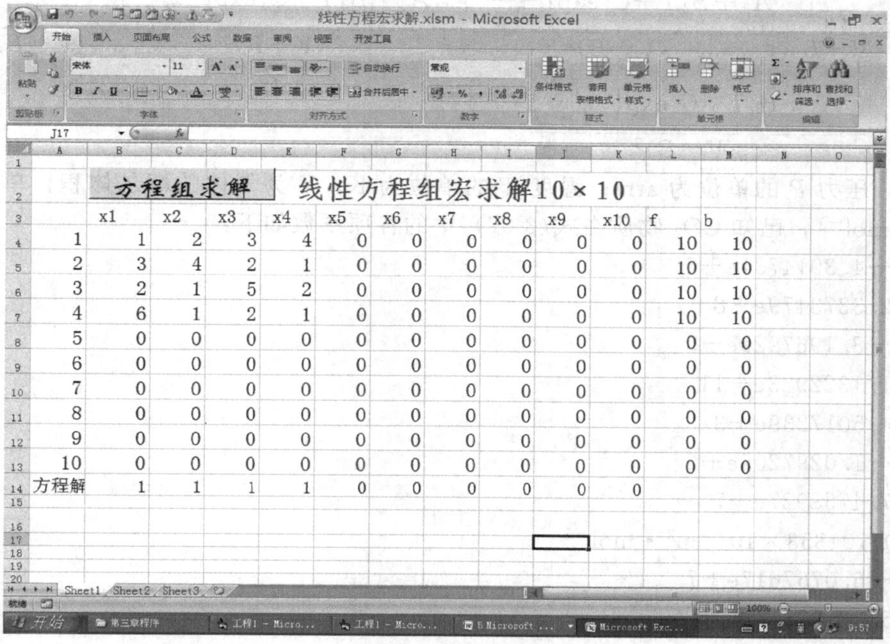



| | x1 | x2 | x3 | x4 | x5 | x6 | x7 | x8 | x9 | x10 | f | b |
|---|---|---|---|---|---|---|---|---|---|---|---|---|
| 1 | 1 | 2 | 3 | 4 | 0 | 0 | 0 | 0 | 0 | 0 | 10 | 10 |
| 2 | 3 | 4 | 2 | 1 | 0 | 0 | 0 | 0 | 0 | 0 | 10 | 10 |
| 3 | 2 | 1 | 5 | 2 | 0 | 0 | 0 | 0 | 0 | 0 | 10 | 10 |
| 4 | 6 | 1 | 2 | 1 | 0 | 0 | 0 | 0 | 0 | 0 | 10 | 10 |
| 5 | 0 | 0 | 0 | 0 | 0 | 0 | 0 | 0 | 0 | 0 | 0 | 0 |
| 6 | 0 | 0 | 0 | 0 | 0 | 0 | 0 | 0 | 0 | 0 | 0 | 0 |
| 7 | 0 | 0 | 0 | 0 | 0 | 0 | 0 | 0 | 0 | 0 | 0 | 0 |
| 8 | 0 | 0 | 0 | 0 | 0 | 0 | 0 | 0 | 0 | 0 | 0 | 0 |
| 9 | 0 | 0 | 0 | 0 | 0 | 0 | 0 | 0 | 0 | 0 | 0 | 0 |
| 10 | 0 | 0 | 0 | 0 | 0 | 0 | 0 | 0 | 0 | 0 | 0 | 0 |
| 方程解 | 1 | 1 | 1 | 1 | 0 | 0 | 0 | 0 | 0 | 0 | | |

图 3-1　线性方程组 excel 宏求解方法

程模拟时的收敛策略，读者在使用 Aspen Plus 等软件模拟时，如果使用软件默认的收敛策略无法收敛时，可以考虑改变收敛方法。对于上述各种迭代方法的详细数学表达形式，感兴趣的读者请参阅专业文献。其实作为化学或化工工程人员来说，用什么方法不重要，重要的是找到能解决问题的方法。如果不借助于大型软件，不是流程模拟，而是在化工设计中经常碰到的诸如摩擦系数计算、换热系数计算、气体摩尔体积计算等单变量的非线性方程，作者建议使用最实用的二分法（bisection），只要有实数根，该方法一定有效。

二分法是求方程近似解的一种简单直观的方法。设函数 $f(x)$ 在 $[a,\ b]$ 上连续，且 $f(a)f(b)<0$，则 $f(x)$ 在 $[a,\ b]$ 上至少有一零点，这是微积分中的介值定理，也是使用对分法的前提条件。计算中通过对分区间，逐步缩小区间范围的步骤搜索零点的位置，图 3-2 给出该方法的计算示意图。

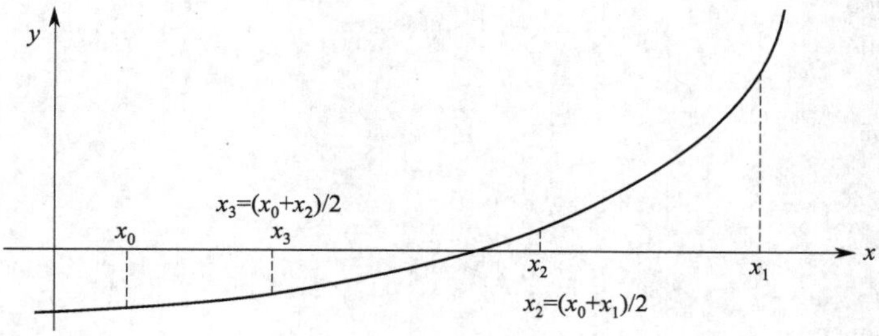



图 3-2　二分法计算示意图

在化工设计过程中，常常需要用到各种物性数据，有些物性数据是直接以数字的形式出现，但许多物性数据是以公式的形式出现，并且有些公式是隐性函数，无法直接将已知条件代入公式求解，如关于重要热力学数据 $P$-$V$-$T$ 的著名马丁-侯方程：

$$P=\frac{RT}{V-B}+\frac{A_2+B_2T+C_2\exp\left(\frac{-5T}{T_C}\right)}{(V-B)^2}+\frac{A_3+B_3T+C_3\exp\left(\frac{-5T}{T_C}\right)}{(V-B)^3}+\frac{A_4}{(V-B)^4}+\frac{A_5+B_5T+C_5\exp\left(\frac{-5T}{T_C}\right)}{(V-B)^5} \tag{3-37}$$

式中，压力 $P$ 的单位为 atm；温度 $T$ 的单位为 K；V 为气体的摩尔体积，单位为 $1\times 10^{-6}m^3\cdot mol^{-1}$，已知 $CO_2$ 物质在式(3-37) 中的各项系数如下：

$A_2=-4.3914731e+6$

$A_3=2.3373479e+8$

$A_4=-8.1967929e+9$

$A_5=1.1322983e+11$

$B_2=4.5017239e+3$

$B_3=-1.0297205e+5$

$B_5=7.4758927e+7$

$B=20.101853\times 10^{-6}m^3\cdot mol^{-1}$

$C_2=-6.0767617e+7$

$C_3=5.0819736e+9$

$C_5=-3.2293760e+12$

$T_C=304.2K$

$R=82.06\times 10^{-6}m^3\cdot atm\cdot mol^{-1}\cdot K^{-1}$

现在需要在各种温度和压力下 $CO_2$ 气体的摩尔体积用于超临界 $CO_2$ 萃取设备的设计，利用式(3-37) 无法直接获取 $CO_2$ 气体的摩尔体积 $V$，如果通过手工试差计算，其工作量是相当惊人的，若利用二分法借助于 VB 程序，就可以方便完成计算。下面是作者开发的 VB 程序：

```
Dim a2, a3, a4, a5, b2, b3, b5, bv As Double
Dim c2, c3, c5, tc, t, p As Double
Private Sub Command1_Click()
Dim a, b, x, x1, x2, y, k, y1, y2 As Double
a2=-4391473.1
a3=233734790
a4=-8196792900
a5=113229830000
b2=4501.7239
b3=-102972.05
b5=74758927
bv=20.101853
c2=-60767617
c3=5081973600
c5=-3229376000000
tc=304.2
'温度可修改
t=InputBox("TEMPRESURE","℃")
t=273.15 + t
'压力可修改
```

```
p=InputBox("PRESURE")
a=bv + 1   %二分法初始左边起点,保证解的有效性,不同方程,有不同设置
b=a
Do
   b=b + 10   %二分法右边点,增加的10可以改变
     y1=f(a)    %利用自定定义函数调用,将 x=a 代入自定义函数计算
     y2=f(b)
Loop Until y1* y2 < 0   %找到有解的范围[a,b]
'开始计算
   Do
      x=(a + b) / 2
      y=f(x)
      If y* y1 < 0 Then
          b=x
          y2=y
      Else
          a=x
      y1=y
      End If
   Loop Until Abs(y) < 0.0000001
   Print "V("; p; ","; t; ")="; x
End Sub
Public Function f(x)   %自定义函数,读者需根据不同情况改写
f=p - (82.06* t / (x - bv) + (a2 + b2* t + c2* Exp(-5* t / tc)) / (x - bv) ^ 2 + (a3 + b3* t + c3* Exp(-5* t / tc)) / (x - bv) ^ 3)
   f=f - (a4 / (x - bv) ^ 4 + (a5 + b5* t + c5* Exp(-5* t / tc)) / (x - bv) ^ 5)
End Function
```

利用程序计算温度150℃，压力为1atm时，$CO_2$ 气体的摩尔体积为34670.52mL/mol，文献中的数值是34669mL/mol，相对误差为0.00438%；计算温度150℃，压力为300atm时，$CO_2$ 气体的摩尔体积为86.54mL/mol，文献中的数值是86.334mL/mol，相对误差为0.239%，因此在较大压力范围内均可使用作者开发的程序用于 $CO_2$ 气体摩尔体积的计算，具体程序见电子课件“第3章程序/二分法-物性计算/马丁方程2.vbp”。

其实对于上面的体积，也可以方便地通过Excel中的单变量求解表格法计算获得。作者已经通过宏增加了该功能，读者只要在温度和压力对应的位置输入数据，点击“摩尔体积计算”，软件就会自动计算，其精度和VB程序计算相仿，见图3-3。详细程序见电子课件“第3章程序/摩尔体积计算.xsl”，注意开启软件中的宏计算，如具有宏的知识，也可以方便地对该程序进行修改，获得所需要的各种结果。

如果利用Matlab进行上述问题的求解，也是相当方便的。Matlab求解非线性方程的主要命令就是fezro（@自定义函数，初值）、fsolove（@自定义函数，初值）、roots（系数矩阵），其中fezro（）只针对一个变量；fsolove（）既可以是一个变量也可以是多个变量；上面两种方法的解与给定的初值有关。roots（）只能针对单变量的多项式求解，但可以同时求出多个解。如以求解 $x^3+x^2-28x+15=0$ 的方程为例，3种方法的程序如下（具体程序见电子课件“第3章程序/qiugen1.m”）。：

| 参数 | 数值 | NO | T(K) | P(atm) | V(mL. mol$^{-1}$) | F (方程) |
|---|---|---|---|---|---|---|
| **a2** | **-4391473.100** | 0 | 423.15 | 370 | 71.3505595 | 2.12936E-06 |
| **a3** | **233734790.000** | 1 | 423.15 | 1 | 34652.2125 | -3.8743E-05 |
| **a4** | **-8196792900.000** | 2 | 423.15 | 20 | 1682.34034 | -1.38202E-05 |
| **a5** | **113229830000.000** | 3 | 423.15 | 50 | 641.809276 | 7.30092E-05 |
| **b2** | **4501.724** | 4 | 423.15 | 80 | 382.711406 | -0.000391429 |
| **b3** | **-102972.050** | 5 | 423.15 | 120 | 240.741481 | -3.00126E-05 |
| **b5** | **74758927.000** | 6 | 423.15 | 160 | 172.253313 | -0.000310249 |
| **bv** | **20.102** | 7 | 423.15 | 200 | 133.430731 | -0.0003126 |
| **c2** | **-60767617.000** | 8 | 423.15 | 220 | 120.002459 | -2.86898E-06 |
| **c3** | **5081973600.000** | 9 | 423.15 | 240 | 109.148418 | -1.99588E-06 |
| **c5** | **-3229376000000.000** | 10 | 423.15 | 280 | 92.755567 | -6.97601E-07 |
| **tc** | **304.200** | 11 | 423.15 | 300 | 86.4618785 | 0.000812657 |
| **R** | **82.020** | 12 | 423.15 | 370 | 71.3505595 | 2.12936E-06 |

摩尔体积计算

$$P=\frac{RT}{V-B}+\frac{A_2+B_2T+C_2\exp(\frac{-5T}{T_C})}{(V-B)^2}+\frac{A_3+B_3T+C_3\exp(\frac{-5T}{T_C})}{(V-B)^3}+\frac{A_4}{(V-B)^4}+\frac{A_5+B_5T+C_5\exp(\frac{-5T}{T_C})}{(V-B)^5}$$

图 3-3　Excel 计算气体摩尔体积

```
function qiugen
clear all
clc
x0=-4;  %给定初值
x1=fsolve(@f,x0)
x0=1.2;
x2=fzero(@f,x0)
x0=3;
x3=fzero(@f,x0)
% 下面的系数向量需和自定义方程中的系数一致,注意系数按降幂排列
c=[1 1 -28 15];
x4=roots(c)
c=[1 0 1 -28 0 0 15];
x5=roots(c)
function f=f(x) % 读者可以改变下面的方程次数及系数,只要按范例中的模式书写即可
f=x^3+x^2-28*x+15;
```

运行上面程序，得到如下结果：

```
    x1=-6.0436;x2=0.5527;x3=4.4910;
                6.0436
x4 =            4.4910    ;
                0.5527
x5 =
   2.9037
  -1.4523 + 2.7102i
  -1.4523 - 2.7102i
   0.8261
  -0.4126 + 0.7008i
  -0.4126 - 0.7008i
```

由结果可知，前两种方法每次只能得到一个实数解，最后一种方法一次可以得到所有解包含虚数解。具体应用时应选择适当的方法，对于摩尔体积求解问题，考虑到方程的复杂性，建议采用 fsolove () 的方法求解，作者曾用 fzero () 求解，无法获得稳定解，用 fsolove () 可以获得稳定解，核心代码如下：

```
for p=1:30
i=i+1;
v(i)=fsolve(@f,x0,[],t,p)
eer(i)=f(v(i),t,p)
end
yp=1:1:30
plot(yp,v,'r',yp,eer,'g'),xlabel('P(atm)'),ylabel('V(ml/mol)')
hold on;grid on
function f=f(x,t,p)
global a2 a3 a4 a5 b2 b3 b4 b5 bv c2 c3 c5 tc
f=p - (82.06* t / (x - bv) - (a2 + b2* t + c2* exp(-5* t / tc)) / (x - bv) ^2 + (a3 + b3* t + c3*
exp(-5* t / tc)) / (x - bv) ^3) - (a4 / (x - bv) ^4 +(a5 + b5* t + c5* exp(-5* t / tc)) / (x - bv) ^5)
```

计算结果如图 3-4（计算温度为 150°C，具体程序见电子课件“第 3 章程序/molvolume. m”）。基本水平的那条线表示计算方程的值，要求为零，结果也几乎为零。

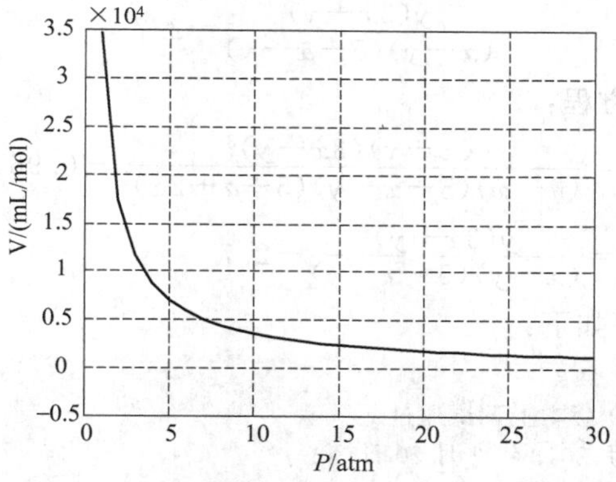


图 3-4 Matlab 计算结果

对于多变量非线性方程组，matlab 既可以用 fsolve () 进行求解，也可以用 fminsearch ()。fminsearch () 求解的策略是将非线性方程组改写成 $f_i(X)=0$，再构建目标函数 $J=(\sum f_i^2)^{0.5}$，通过求目标函数最小值的方法来得到非线性方程组的解。Excel 软件也可以利用此策略，通过规划求解的功能，求解非线性方程组，建议读者自己尝试。

**【例 3-5】** 用非线性方程求解方法，求解化学平衡问题。在合成氨生产中，烃类蒸汽发生以下转化反应：

$$CH_4+H_2O_{(g)} \Longleftrightarrow CO+3H_2$$
$$CO+H_2O_{(g)} \Longleftrightarrow CO_2+H_2$$

已知进料甲烷为 1mol，水蒸气为 5mol，反应后总压 $P=1\text{atm}$，反应平衡常数为：

$$K_{P1}=\frac{P_{CO}P_{H_2O}^3}{P_{CH_4}P_{H_2O}}=0.9618$$

$$K_{P2}=\frac{P_{H_2}P_{CO_2}}{P_{CH_4}P_{H_2O}}=2.7$$

试求反应平衡时各组分的浓度，并分析当进料甲烷由 0.5mol 变化至 6mol 时反应后平衡体系中 $H_2$ 摩尔分率变化，并确定最大 $H_2$ 摩尔分率对应的进料甲烷量。

解：设进料甲烷为 $a$ 摩尔，反应平衡时有 $x$ 摩尔甲烷转化成 CO，同时生成的 CO 中又有 $y$ 摩尔转化成 $CO_2$，假设为理想气体，则反应平衡时各组分的摩尔数及分压如下：

| 组分名称 | 摩尔数 | 分压 |
|---|---|---|
| $CH_4$ | $a-x$ | $P_{CH_4}=\frac{a-x}{5+a+2x}P$ |
| $H_2O$ | $5-x-y$ | $P_{H_2O}=\frac{5-x-y}{5+a+2x}P$ |
| CO | $x-y$ | $P_{CO}=\frac{x-y}{5+a+2x}P$ |
| $CO_2$ | $y$ | $P_{CO_2}=\frac{y}{5+a+2x}P$ |
| $H_2$ | $3x+y$ | $P_{H_2}=\frac{3x+y}{5+a+2x}P$ |
| 总摩尔数 | $5+a+2x$ | |

将平衡时各组分的分压表达式代入反应平衡常数 $K_{P1}$ 及 $K_{P2}$ 的表达式，得：

$$\frac{(x-y)(3x+y)^3}{(a-x)(5-x-y)(5+a+2x)^2}=0.9618$$

$$\frac{y(3x+y)}{(x-y)(5-x-y)}=2.7$$

将其写成以下形式的方程：

$$f_1=\frac{(x-y)(3x+y)^3}{(a-x)(5-x-y)(5+a+2x)^2}-0.9618$$

$$f_2=\frac{y(3x+y)}{(x-y)(5-x-y)}-2.7$$

利用 Matlab 求解核心程序如下：

```
function Ereaction
%  反应平衡浓度求解,在 7.0 版本上调试通过
% 由华南理工大学方利国编写,2013 年 2 月 20 日
% 欢迎读者调用,如有问题请告知 lgfang@scut.edu.cn
clear all;clc
a =1 %   甲烷进料量
p0=[0.8 0.2]  %给定 x,y 的初值,初值很重要,如果偏差太大,可能不收敛,需根据物理意义给定
p=fsolve(@f,p0,[],a); %a 作为参数传递进入自定义函数
x=p(1);
y=p(2);
MF(1)=(a-x)/(5+a+2*x);  % 甲烷摩尔分率
MF(2)=(5-x-y)/(5+a+2*x);  % 水摩尔分率
MF(3)=(x-y)/(5+a+2*x);  % 一氧化碳摩尔分率
MF(4)=y/(5+a+2*x);  % 二氧化碳摩尔分率
MF(5)=(3*x+y)/(5+a+2*x);  % 氢气摩尔分率
fprintf('x 及  y 值:'),disp(p)
fprintf('摩尔分率:'),disp(MF)
% pp=fminsearch(@ff,p0,[],a);  %   此方法有时不收敛,读者调用此方法时去掉前面的百分号即可
% fprintf('二乘法解:'),disp(pp)
% 改变进料甲烷,分析平衡时氢气摩尔分率
```

```
for i=1:56 %进行 56 轮的方程求解
    a=0.5+(i-1)*0.1
    p0=[0.5 0.2];% 尽量保证初值较理想
    p1=fsolve(@f,p0,[],a);
x=p1(1);
y=p1(2);
F(i)=(3*x+y)/(5+a+2*x);  %  氢气摩尔分率
end
yp=0.5:0.1:6
plot(yp,F,'r'),xlabel(' 甲烷(mol)'),ylabel('氢气摩尔分率(%)')
hold on
grid on
Fmax=max(F(:));% 求数列中的最大值
index=find(F(:)==Fmax);% 确定最大值所处的位置
max_a=0.5+(index-1)*0.1;
fprintf('氢气摩尔分率最大时的甲烷量:'),disp(max_a)
fprintf('氢气摩尔分率最大值:'),disp(Fmax)
%-----------------------------------
function f=f(p,a)
x=p(1);
y=p(2);
f(1) =(x-y)*(3*x+y)^3/((a-x)*(5-x-y)*(5+a+2*x)^2)-0.9618;
f(2) =y*(3*x+y)/((x-y)*(5-x-y))-2.7;
f=[f(1) f(2)]';
%-----------------------------------
function f= ff(pp,a)
x=pp(1);
y=pp(2);
f1=(x-y)*(3*x+y)^3/((a-x)*(5-x-y)*(5+a+2*x)^2)-0.9618;
f2=y*(3*x+y)/((x-y)*(5-x-y))-2.7;
f=sqrt(f1*f1+f2*f2);
```

运行以上 Matlab 程序，系统输出以下计算结果：

```
x 及 y 值:   0.9437    0.6812
摩尔分率:    0.0071    0.4279    0.0333    0.0864    0.4453
氢气摩尔分率最大时的甲烷量:     3.3000
氢气摩尔分率最大值:     0.5657
```

注意摩尔分率数据的次序依次为甲烷、水蒸气、一氧化碳、二氧化碳、氢气，系统输出氢气摩尔分率随甲烷进料量改变的图形，见图 3-5。通过 Matlab 程序，还方便地求出了氢气摩尔分率最大时对应的甲烷进料量为 3.3mol（每次计算步长为 0.1，可在 3.2～3.4 之间减少步长，重新计算，提高计算精度。详细程序见电子课件“第 3 章程序/Ereaction.m”）。

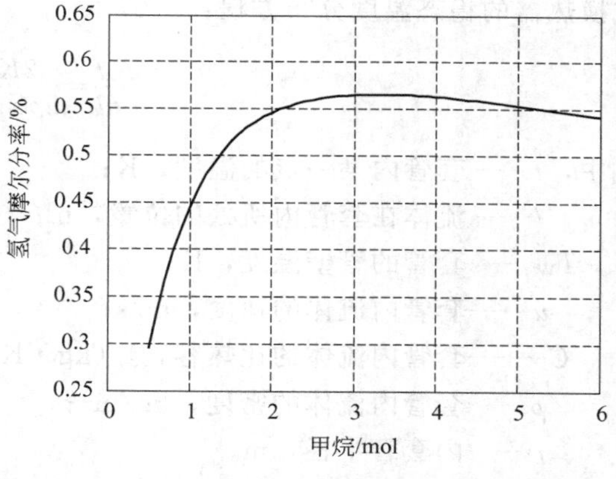

图 3-5　氢气摩尔分率随甲烷进料量变化关系

为了验证 Matlab 计算结果的正确性，作者利用 Excel 的规划求解功能求解了该问题的最优解决情况，得到了和 Matlab 计算几乎一致的结果，见表 3-4。注意 Excel 计算表格中的摩尔分率数据已乘了 100，详细的程序见电子课件“第 3 章程序/反应平衡摩尔分率计算 . xls”。

**表 3-4　Excel 表格规划求解平衡反应**

| a | x | y | f1 | f2 | j |
|---|---|---|---|---|---|
| 3.3 | 2.030271 | 0.901484 | −1.8E-06 | 5.58E-07 | 3.68E-12 |
| | | | 0 | 0 | |
| $CH_4$ | $H_2O$ | CO | $CO_2$ | $H_2$ | |
| 10.27244 | 16.73264 | 9.132183 | 7.293239 | 56.56951 | 100 |

由此可见，无论是 Matlab 还是 Excel，均可以比较方便地求解非线性方程组，尤其是对有工程实际意义的方程求解（有实数根），但作者必须提醒读者注意的是：无论是 Matlab 还是 Excel，如果方程的初值给的不是很合理，同样可能出现错误的解或得到不收敛的解，作者曾碰到过这种情况。这和这两种方法在求解方程时其实是求解某目标函数最小值的方法有关。因为在求解最小值时，系统可能发散或停留在局部最小值，使我们所定义的平方型目标函数没有达到 0，尽管这时系统也提示求得解，但不是原方程组的解。如某一特殊类型的函数，其三维图像如图 3-6，有许多局部最小值，但真正的最小值只有一个，此时的目标函数值为 0。读者可以通过改变初值的方法，求出真正的方程根，一旦你的初值比较靠近真正解时，软件就能快速求出真正的解。

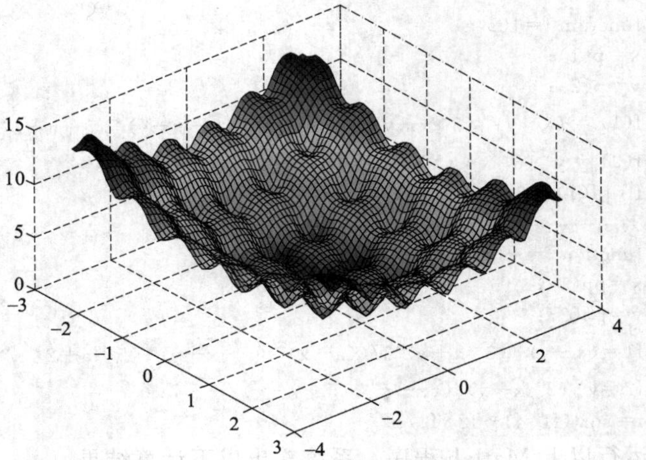

图 3-6　具有多个局部最小值的三维图

### 3.1.4　常微分方程计算

常微分方程求解是化工动态模拟的基础，也是某些稳态温度分布计算的基本方法。在化工动态模拟中，常见的是关于初值问题的微分方程及方程组求解。在化工中应用的简单而又典型的例子是套管式换热器的稳态温度分布方程：

$$\frac{dt}{dl}=\frac{2K}{u\rho C_P r}(T_W-t) \tag{3-38}$$

式中，$t$——套管内某一点的温度，K；

$l$——流体在套管内所处的位置，m；

$T_W$——套管的管壁温度，K；

$u$——套管内流体的速度，m/s；

$C_P$——套管内流体的比热容，J/(kg・K)；

$\rho$——套管内流体的密度，kg/m³；

$r$——内套管半径，m。

通过求解微分方程(3-38)，就可以得到管内流体的温度随管子长度而改变的曲线，为化工模拟和设计提供依据。在化工模拟中主要碰到常微分方程初值问题的一般表达式：

$$\begin{cases} y'(x)=f(x,y) \\ y(a)-y_0 \end{cases} \quad (a\leqslant x\leqslant b) \tag{3-39}$$

或记为

$$\begin{cases} \dfrac{dy}{dx}=f(x,y) \\ y(a)=y_0 \end{cases} \quad (a\leqslant x\leqslant b) \tag{3-40}$$

对于方程(3-39) 的求解，目前有多种方法可以求解，如利用欧拉（Euler）公式进行求解、利用梯形公式进行求解、利用龙格-库塔方法进行求解。以上方法均可以方便地进行编程，一般来说龙格-库塔方法具有较好的计算精度，但只要步长足够小，以上所有方法基本上均收敛。如果是微分方程组，也可套用以上公式，各种方法的基本思路是从初值点开始，不断通过迭代求解下一点的函数值，其通用表达式可以写成以下：

$$Y_{n+1}=Y_n+hF(X_n,Y_n) \tag{3-41}$$

式(3-41) 中除步长 $h$ 为标量外，其余均为向量变量，不同计算方法采用不同的 $F(X_n, Y_n)$。

对于高阶微分方程，可以通过降解的方法，变成一阶微分方程组进行求解，如三阶常微分方程：

$$\begin{cases} \dfrac{d^3 y(t)}{dx}=f(t,y,y',y'') \\ y(a)=\eta^{(0)} \\ y'(a)=\eta^{(1)} \\ y''(a)=\eta^{(2)} \end{cases} \quad (a\leqslant t\leqslant b) \tag{3-42}$$

将三阶方程化为一阶方程组，令

$$y(t)=y_1(t)$$

$$\frac{dy_1(t)}{dt}y_2(t)$$

$$\frac{dy_2(t)}{dt}=y_3(t)$$

得到一阶方程组：

$$\begin{cases} \dfrac{dy_1(t)}{dtx}=y_2(t) \\ \dfrac{dy_2(t)}{dx}=y_3(t) \\ \dfrac{dy_3(t)}{dt}=f(t,y_1(t),y_2(t),y_3(t)) \\ y_1(a)=\eta^{(0)} \\ y_2(a)=\eta^{(1)} \\ y_3(a)=\eta^{(2)} \end{cases} \tag{3-43}$$

一级方程式(3-43) 就可以利用上面介绍的各种方法进行求解。在初值问题微分方程或方程组求解时，尽管编程比较简单，作者也曾自已编写程序计算，但作者建议利用 Matlab 的内置函数进行求解，Matlab 求解初值问题的函数有 ode45、ode23、ode23s、ode23t。前两种适合于非刚性方程，后两种适合于刚性方程（所谓刚性方程就是微分方程中各系数之间的比例悬殊，如有的是 0.0001，有的是 100000，此时必须采用特殊的方法进行求解)。Matlab求解的基本命令就是（ode45 为例）：

$$[t,y]=ode45(@weif,tspan,y0) \tag{3-44}$$

式(3-44) 中 $t$ 是自变量，你也可以写成其他任何的名称，但一般以 $t$ 表示较好；$y$ 是应变量（也称状态变量)，可以是多个应变量构成的向量，ode45 表示使用的方法，也可以用 ode23 代替，@weif 表示自定义的微分方程，@是方程标记，不能改变，而 weif 可以任意改变，只要调用和自定义微分方程中一致即可；tspan 表示微分方程求解的范围或积分区间；y0 表示状态变量的初值，也可以是向量，和 $y$ 对应。下面以微分方程式(3-45) 为例，让读者理解具体的调用方法。

$$\begin{cases}\dfrac{dy}{dx}=y^2\cos x\\ y(0)=1\end{cases},\ 0\leqslant x\leqslant 2 \tag{3-45}$$

Matlab 的简单程序如下：

```
function  jiandanweifenfangch
clear all;clc,format long   %采用长型数
y0=1;
tspan=[0,1];
[x,y]=ode45(@weif,tspan,y0)
plot(x,y,'r'),xlabel(' x'),ylabel('y')
%---------------------------------------
function dy =weif(x,y)   %dy  也可以写成其他,但必须和下面的微分方程一致
dy=y* y* cos(x) %微分方程
```

计算结果如图 3-7。

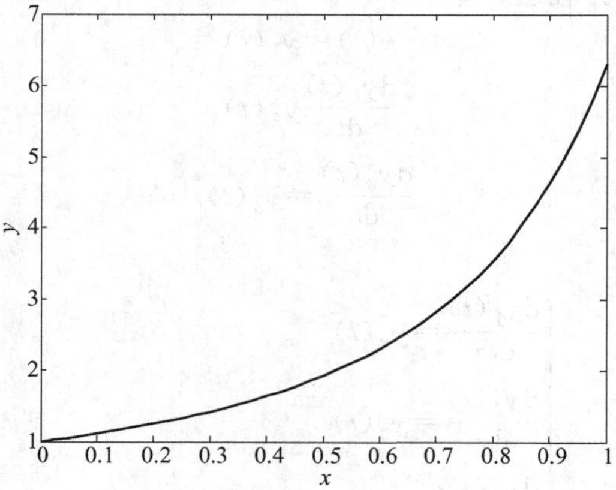


图 3-7　简单微分方程计算结果

**【例 3-6】** 某复杂间歇液相反应器，发生以下反应：

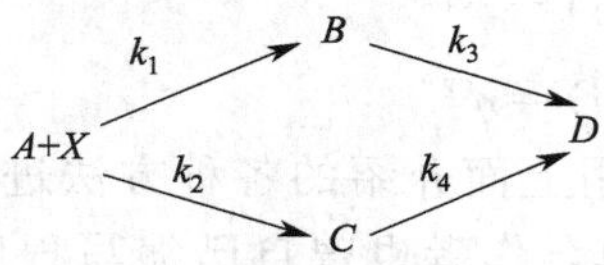


(3-46)

反应物 $X$ 大量过剩，$B$ 是目标产物，$C$、$D$ 为副产物。各级反应均为一级反应，即 $r=-kc$，$k=k_0\exp(-E/RT_1)$，$R$ 是气体常数，$R=8.31434\text{kJ}/(\text{kmol}\cdot\text{K})$；$E$ 是反应活化能，单位

为 kJ/kmol；$T_1$ 是反应温度，单位为 K；反应开始时 $A$、$B$、$C$、$D$ 四组分的浓度分别为 $2\text{kmol/m}^3$，0，0，0。反应可在 180～230℃之间进行，试计算 $A$、$B$、$C$、$D$ 四组分的浓度随反应时间的变化及目标产物 $B$ 的浓度最大时的反应时间随反应温度的变化情况。

在计算该题前，先来补充一下有关反应器设计的基本知识。反应器的类型众多，但基本类型可以分为三类，对于这三类反应器，前人已给我们推导了完善的设计方程，在本课程的研究中，完全可以直接拿来应用，除非碰到新的反应器类型。当然如果读者愿意，也可以自己推导，其实这些反应器设计方程都是从最基本的质量守恒、反应物与产物之间的分子比例、反应速率方程等基本原理和方程推导得到。下面对三种基本类型的反应器作简单介绍。

(1) 理想间歇反应器 (BR)

对于理想间歇反应器，一般认为反应体积 $V$ 不变（也有变化的，可自己推导），反应器内所有位置的温度、浓度均一致，均相反应，则根据质量守恒定律有：

反应器内某反应物的变化速率＝某反应物的反应消耗率 (3-47)

根据式(3-47)，可以写成不同的形式，以物质量 $N_i$（摩尔数）计：

$$\frac{\mathrm{d}N_i}{\mathrm{d}t}=r_iV \tag{3-48}$$

以浓度 $c_i=N_i/V$ 计：

$$\frac{\mathrm{d}c_i}{\mathrm{d}t}=r_i \tag{3-49}$$

以该物质的转化率 $x_i=(c_{i0}-c_i)/c_{i0}$ 计：

$$c_{i0}\frac{\mathrm{d}x_i}{\mathrm{d}t}=-r_i \tag{3-50}$$

如果是利用固体催化剂的反应，以上设计方程需作相应改变，一般在催化反应中，用催化剂的质量来表示反应的单位及反应体积，如果是专业的论文，需根据论文中作者对反应单位的定义，更为详细的内容可参考美国作者 George W. Roberts 著的“Chemical Reactions and Chemical Reactors”。

(2) 理想连续搅拌槽式反应器 (CSTR)

对于理想连续搅拌槽式反应器，一般认为体系达到稳态，反应器内所有位置的温度、浓度均一致，并且和反应器出口时的温度、浓度相等，则根据质量守恒定律有：

进入反应器内某反应物－离开反应器内的某反应物＝某反应物的反应消耗率 (3-51)

根据式(3-51)，可以写成不同的形式，以摩尔流率 $F_i$(mol/s) 计：

$$F_{i0}-F_i=-r_iV \tag{3-52}$$

以该物质的转化率 $x_i=(F_{i0}-F_i)/F_{i0}$ 计：

$$\frac{V}{F_{i0}}=\frac{x_i}{-r_i} \tag{3-53}$$

对于连续的均相 CSTR，在许多研究文献中还经常以空时和空速的形式来表示设计方程，空速是空时的倒数，在连续的均相 CSTR 中空时 $\tau=V/F_\text{v}$，而 $F_\text{v}$ 是进入反应器物料的体积流量，SI 单位 $\text{m}^3/\text{s}$，由于 $F_{i0}$ 是进入反应器的摩尔流量，故有：

$$F_{i0}=F_\text{v}c_{i0} \tag{3-54}$$

所以 CSTR 的空时 $\tau$ 设计方程为：

$$\tau=\frac{c_{i0}x_i}{-r_i} \tag{3-55}$$

(3) 理想连续活塞流式反应器（PFR）

对于 PFR 一般通过微元体积 $dV=Adl$ 内的质量平衡来推导设计方程，以摩尔流率计算时：

$$dV=\frac{dF_i}{r_i} \tag{3-56}$$

以该物质的转化率 $x_i$ 计，$F_i=F_{i0}(1-x_i)$：

$$\frac{dV}{F_{i0}}=\frac{dx_i}{-r_i} \tag{3-57}$$

以空时 $\tau$ 设计方程为：

$$d\tau=c_{i0}\frac{dx_i}{-r_i} \tag{3-58}$$

在具体应用时，式(3-58) 可以改写成：

$$\frac{dx_i}{d\tau}=\frac{-r_i}{c_{i0}} \tag{3-59}$$

也可以改写成沿管长 $l$ 的形式：

$$\frac{dx_i}{dl}=\frac{-Ar_i}{F_{i0}} \tag{3-60}$$

根据上面给出的设计方程，结合【例 3-6】的具体情况，可以方便地写出以浓度计的模型方程：

$$\begin{aligned}
\frac{dc_A}{dt}&=-(k_1+k_2)c_A\\
\frac{dc_B}{dt}&=k_1c_A-k_3c_B\\
\frac{dc_C}{dt}&=k_2c_A-k_4c_C\\
\frac{dc_D}{dt}&=k_3c_B+k_4c_C
\end{aligned} \tag{3-61}$$

微分方程组(3-61) 可以很方便地利用 Matlab 的 ode45 () 求解，并进行最优解的求取，这里只给出自定义函数部分程序，详细参见电子课件“第 3 章程序/OPIMALTTBR. m”。

```
function dC=weifME(t,C,k0,Ea,R,T)
% 反应速率常数,1/s
k=k0.*exp(-Ea/(R*T));
% 反应速率, kmoles/m3 s
rA=-(k(1)+k(2))*C(1);
rB=k(1)*C(1)-k(3)*C(2);
rC=k(2)*C(1)-k(4)*C(3);
rD=k(3)*C(2)+k(4)*C(3);
dC=[rA; rB; rC; rD];
```

计算结果以图形表示如图 3-8（也可以提取数据），由图 3-9 可知，随着反应温度的提高，最佳反应时间变小，而目标产物 $B$ 的最大浓度变大。需要提醒读者注意的是如果反应温度继续增加，微分方程的计算过程可能发散，这是由于目前采用的是 ode45 的计算方法，但当温度上升时，微分方程组(3-61) 有可能变成刚性方程，可采用 ode23s 刚性方程的计算方法。

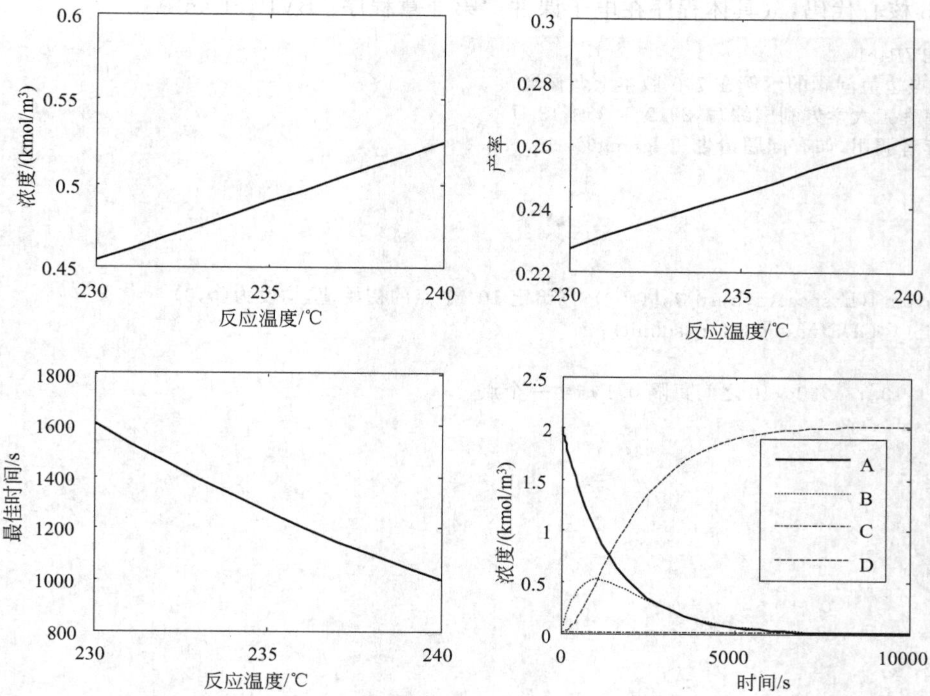


图 3-8　最佳反应时间及浓度随时间变化

上面介绍的是微分方程的初值问题，其实对于高阶的微分方程有时常常是边值问题。相对于初值问题而言，多了一个端点的约束，如果在高阶或微分方程组中端点约束过多，微分方程组可能无解，端点约束有一定限制。可以通过建立离散的方程组，再利用 ODE45 进行求解，但可以利用 Matlab 的专用工具求解最好。下面介绍 ODE-BVPs 的求解器，主要内部函数有 bvpinit，bvp4c，deval，solinit 等。下面通过实际例子介绍这些内部函数的功能。

**【例 3-7】** 求解下面边值问题微分方程

$$\begin{cases} y''-0.05(1+x^2)y-2=0 \\ y(0)=40, y(1)=80 \end{cases}$$

**解：**

令 $y=y_1$，则原问题等价于：

$$\begin{cases} y_1'=y_2 \\ y_2'=0.05(1+x^2)y_1+2 \\ y_1(0)-40=0, y_1(1)-80=0 \end{cases}$$

通过调用 ODE-BVPs 的求解器就可以方便地求解，在调用前先对一些主要内部函数的功能作简要介绍。

solinit＝bvpinit（x，yinit）：产生在初始网格上的初始解，以便 bvp4c 调用，其中 $x$ 为自变量网格，yinit 为对应函数的初值。

sol＝bvp4c(@odefun，@BCfun，solinit，＜option，p1，p2..＞)：@Bcfun：为定义边界条件方程。Bcfun（ya，yb）：其中 ya、yb 分别表示左右边界。

deval(sol，xint)：计算任意点处的函数值。

Matlab 核心代码：（具体程序在电子课件“第 3 章程序/ BVP4c1. m”）

```
function BVP4c1
%求解两点边值问题的示例在 7.0 版本上调试通过
% 由华南理工大学方利国编写,2012 年 3 月 13 日
% 欢迎读者调用,如有问题请告知 lgfang@scut. edu. cn
clear all
clc
a=0;
b=10;
solinit=bvpinit(linspace(a,b,101),[0 0]);%给定 101 个点的初始值,均设为(0,0)
sol=bvp4c(@ODEfun,@BCfun,solinit);
format short
x=[0:0.1:10];   %0～10 之间每隔 0.1 产生一个点
y=deval(sol,x);
y1=y(1,:)
y2=y(2,:)
plot(x,y1,'r—')
xlabel('x')
ylabel('y')
hold on
grid
plot(x,y2,'k:')
legend('y','dy')
disp('Results by using bvp4c:')
disp('      x            y    dy   ')
disp([x y1])
% ------------------------------------------------------------------
function dy=ODEfun(x,y)   %定义微分方程
f1 =y(2);
f2=0.05*(1+x^2)*y(1)+2;
dy=[f1;f2];
% ------------------------------------------------------------------
function bc=BCfun(ya,yb)   %定义边界条件,ya 表示左界,yb 表示右边界
bc=[ya(1)-10;yb(1)-80];      %(1)中的“1”表示第一个应变量,即本例原问题的 y
```

调用上面程序得到如图 3-9 的计算结果，希望读者能够模仿例子，解决更多的边值问题的微分方程。如需要更多的有关该方面的知识，建议参见中国学者黄华江编著的《实用化工计算机模拟-MATLAB 在化学工程中的应用》。

### 3.1.5 偏微分方程计算

包含有偏导数的微分方程称为偏微分方程。从实际问题中归纳出来的常用偏微分方程可分为三大类：波动方程、热传导方程和调和方程。对于它们特殊的定解条件，有一些解决的解析方法，而且要求方程是线性的、常系数的。但是在实际中碰到的问题却往往要复杂得多，尤其在化工和化学模拟计算中，不仅偏微分方程的形式无一定标准，且边界条件五花八门，方程中的系数随工况改变而改变，想利用解析求解是不可能的。另一方面实际问题的要求不一定需要严格的精确解，只要求达到一定精度，所以就可借助于差分方法来求偏微分方程的数值解（有关利用差分方程具体推导过程请读者参见作者编著的《计算机在化学化工中的应用》第 5 章）。

本书中将向读者介绍一种利用 Matlab 的内置函数来求解偏微分方程的方法。微分方程

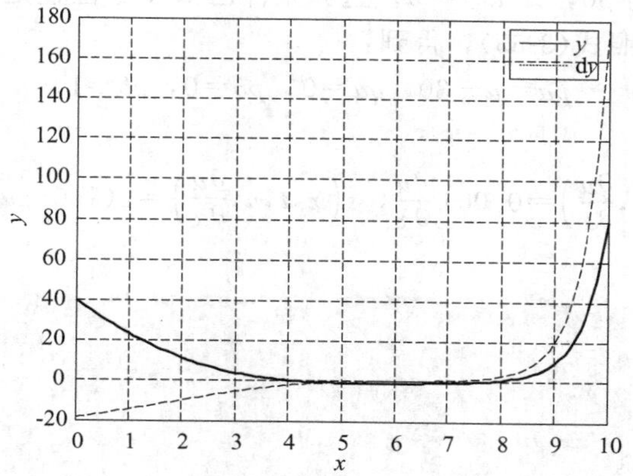

图 3-9　边值问题计算结果

一般表示如下：

$$A\frac{\partial^2 u}{\partial x^2}+B\frac{\partial^2 u}{\partial x\partial y}+C\frac{\partial^2 u}{\partial x^2}+D\frac{\partial u}{\partial x}+E\frac{\partial u}{\partial y}+Fu=f\left(x,y,u,\frac{\partial u}{\partial x},\frac{\partial u}{\partial y}\right) \tag{3-62}$$

当 $A$，$B$，$C$ 为常数时，称为拟线性偏微分方程，当 $A$，$B$，$C$ 满足不同条件时，分为三种不同的类型：

$$\begin{gathered}B^2-4AC<0\text{ 时,椭圆型方程}\\ B^2-4AC=0\text{ 时,抛物线型方程}\\ B^2-4AC>0\text{ 时,双曲线型方程}\end{gathered} \tag{3-63}$$

Matlab 求解时，将微分方程改写成式(3-64)

$$c\left(x,t,u,\frac{\partial u}{\partial x}\right)\frac{\partial u}{\partial t}=x^{-m}\frac{\partial}{\partial x}\left(x^m f\left(x,t,u,\frac{\partial u}{\partial x}\right)\right)+s\left(x,t,u,\frac{\partial u}{\partial x}\right) \tag{3-64}$$

$$t_0<t_f \qquad a<x<b$$

$m=0$，表示平板，$m=1$ 表示圆柱，$m=2$ 表示球形，$f$ 项表示通量项，$s$ 项表示源项，$c$ 项为对角阵，元素必须大于等于 0 才可以求解。Matlab 调用格式：

sol=pdepe (m, @pdefun, @iCfun, @BCfun, xspan, tspan, 〈option, p1, p2..〉)

注意边界条件必须写成以下形式：

$$p(x,t,u)+q(x,t,u)f\left(x,t,u,\frac{\partial u}{\partial x}\right)=0 \tag{3-65}$$

pdepe 内部函数具体应用时，需将实际的偏微分方程对照标准模型，确定 $c$、$f$、$s$ 函数的具体形式及边界条件 $p$、$q$ 的具体形式及 $m$ 值。

**【例 3-8】** 求解下面套管的传热偏微分方程

$$\frac{\partial T}{\partial t}=\frac{2K}{r\rho C_P}(T_W-T)+\frac{\lambda}{\rho C_P}\frac{\partial^2 t}{\partial x^2}-u\frac{\partial T}{\partial x}$$

**解：**将具体数据代入，对 $x$ 进行归一化处理，并结合边界实际，写出边界及初始条件

$$\frac{\partial T}{\partial t}=2(T_W-T)-3\frac{\partial T}{\partial x}+0.001\frac{\partial^2 T}{\partial x^2}$$

$$T_W=150,T_j^0=30,T_0^n=30$$

$$0\leqslant x\leqslant 1,\left.\frac{\partial T}{\partial x}\right|_{x=1}=0$$

对照标准模型，$T$ 就是标准模型中的函数 $u$，$m=0$，$a=0$，$b=1$，$t_0=0$，$t_f=1$。初始条件

为零时刻所有位置温度为 30，即 $u_0=30$。边界条件已知在零位置处任意时间温度为 30，在 1 位置处，偏导为 0，对照式(3-65)，得到：

$$pa=u-30,\ qa=0;\ pb=0,\ qb=1$$

对照式(3-64) 得到：

$$f\left(x,t,u,\frac{\partial u}{\partial x}\right)=0.001\frac{\partial u}{\partial x},\ s\left(x,t,u,\frac{\partial u}{\partial x}\right)=2(150-u)-3\frac{\partial u}{\partial x}$$

Matlab 代码：

```
function  l51
clc
clear all
global ua ub
alpha=1.0;       % cm/s
ua=30;
ub=30;
m=0;
a=0;
b=1;
t0=0;
tf =1
x=linspace(a,b,11);
t=linspace(t0,tf,101);
sol=pdepe(m,@PDEfun,@ICfun,@BCfun,x,t);
u=sol(:,:,1)
% surface plot of the solution
figure;
surf(x,t,u);
title('Numerical solution computed with 11 mesh points.');
xlabel('Disuance x');
ylabel('Time t');
ppp=u
% solution profile at t=1
figure;
subplot(2,2,1);
plot(x,u(1,:),'o-');
title('Solutions at t=0.');
xlabel('Distance x');
ylabel('u(t=0,)');
grid on;
subplot(2,2,2);
plot(x,u(50,:),'o-');
title('Solutions at t=0.5.');
xlabel('Distance x');
ylabel('u(t=0.5)');
grid on;
subplot(2,2,3);
plot(x,u(end,:),'o');
title('Solutions at t=1.');
xlabel('Distance x');
ylabel('u(t=1,)');
grid on;
```

```
    % -----------------------------------------------------------
    function [m,f,s]=PDEfun(x,t,u,Du)
    m=1
    f=0.001* Du;
s=2*(150-t)-3* Du
    % -----------------------------------------------------------
    function u0=ICfun(x)
    u0=30;
    % -----------------------------------------------------------
    function [pa,qa,pb,qb]=BCfun(xl,ul,xr,ur,t)
    global ua ub
    pa=ul-ua;
    qa=0;
    pb=0
    qb =1
```

计算结果见图 3-10。

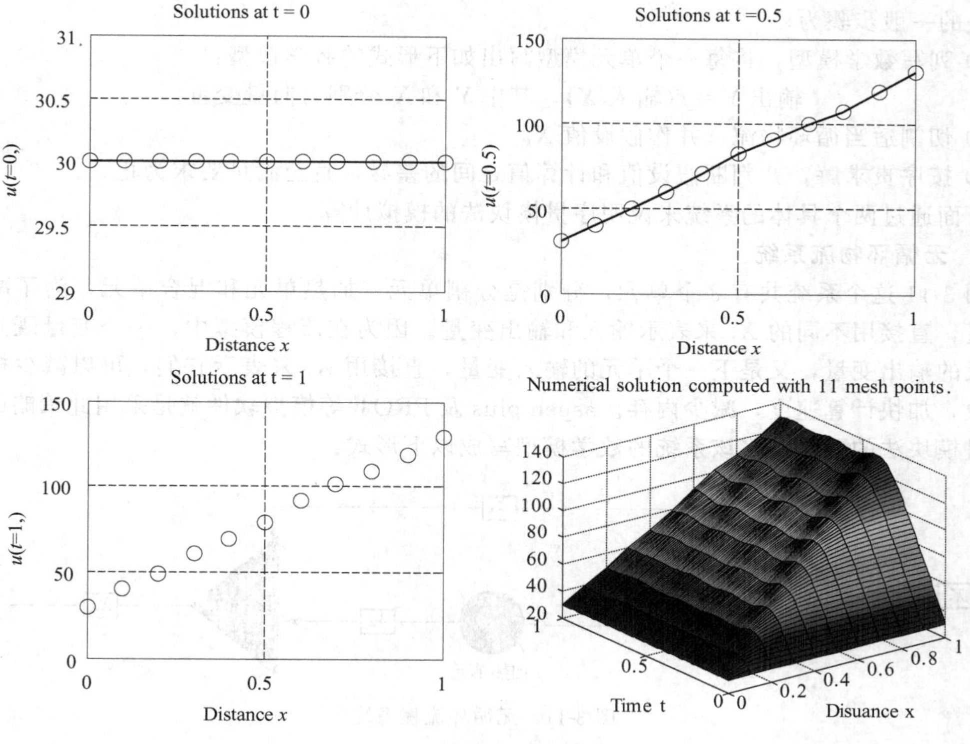


图 3-10　偏微分方程计算结果

## 3.2　序贯模块法

3.1 节的内容介绍了化工单元模拟中可能需要的主要求解方法，如果你掌握了这些方法的具体应用，再结合具体的化工知识，你将具备相当不错的化工单元模拟及分析能力。然而，光具备单元模拟能力还不够。化工流程有许多单元流程构成复杂的结构，因此你还必须具备整个流程求解的策略或方法。对于化工全流程模拟求解最常用的策略是按物料流动的次序依次计算，这也符合基本的物理原理。当然在这个计算过程中，需要用到许多单元模拟的计算方法。上述计算策略一般被称为序贯模块法（Sequential Modular Method），它是通过单元模块按照物料的流动次序，依次序贯计算求解系统模型的一种方法。当系统有循环物流时，必须切断循环物流，先作一个假设值，然后再求出循环物流值，不断多次迭代，直至假设值等于计算值。在采用序贯模块法时，对每一类化工单元模拟均需编制一计算机子程序，该子程序包含了相应的模型方程及模型求解程序，称为单元模块。例如在第 2 章中介绍的热交换器单元模块，闪蒸单元模块。单元模块对于同一类设备具有通用性。例如闪蒸单元模块可用于各种闪蒸过程的模拟计算。在输入模型方程中的设备结构参数、操作参数和有关物性之后，模块代表了给定系统中设备的具体数学模型，单元设备的模拟计算即可调用模块来求解给定条件下设备的输出物流与输入物流变量之间的关系。只要单元设备各输入物流的有关变量已知，就能调用模块计算出输出物流的各个变量。

有了单元模块之后，可以依照流程方向，从某一个单元设备开始，调用相应的模块，由该设备的输入物流计算出输出物流。如果该设备的输入物流参数未知（如为循环物流），则需假定该物流各参数的初值。依次序贯计算下去，直至系统的全部物流变量均被求出。序贯模块法的一般步骤为

① 列写数学模型，将每一个单元模型写出如下形式的数学模型：

输出 $Y=f$(输入 $X$)，其中 $Y$ 和 $X$ 分别为向量变量。

② 切割适当循环物流，并作假设值 $X_i$

③ 按序贯求解，并判断假设值和计算值之间的差异，直至满足要求为止。

下面通过两个具体的系统来说明序贯模块法的模拟计算。

### 3.2.1 无循环物流系统

图 3-11 这个系统共有 3 个单元，分别是分割单元、加热单元和混合单元，为了减少中间变量，直接用不同的 $X_i$ 来表示输入和输出变量。因为在流程模拟中，一个变量既是上一个单元的输出变量，又是下一个单元的输入变量，直接用 $X_i$ 来表示它们，可以减少模型的变量数，加快计算速度，减少内存。aspen plus 及 PROⅡ等模拟软件就是采用此策略的。根据序贯模块法的要求，将该系统的数学模型写成以下形式：

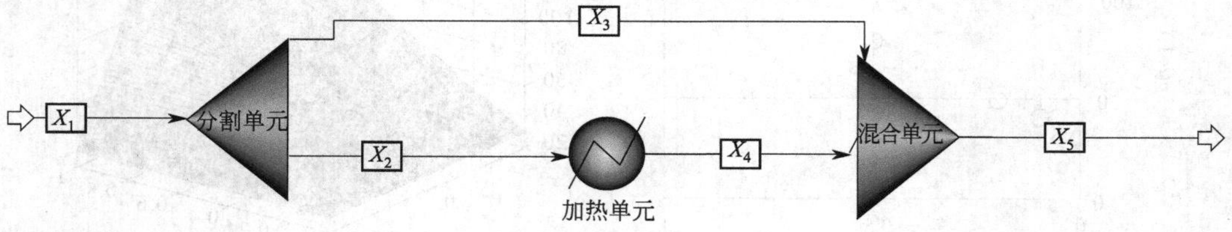


图 3-11 无循环流程系统

分割单元模块： $X_2=\mathrm{FSPLIT}_1(X_1)$

$X_3=\mathrm{FSPLIT}_2(X_1)$

加热单元模块： $X_4=\mathrm{HEAT}(X_2)$

混合单元模块： $X_5=\mathrm{MIXER}(X_3, X_4)$

若 $X_1$ 是已知的，则就可以利用上面的模型方程依次求解得到系统的最终输出 $X_5$。该系统是一个没有循环物流的系统，计算过程较为简单，就流程本身而言，没有迭代收敛过程。但是在具体的模拟计算中，还是有两个层次的迭代循环。第一圈是物性计算。有些复杂的物性计算（例如汽-液平衡）就要求反复试差迭代才能找到结果，这只是单元模块计算的

基础。在完成物性计算的基础上，某些单元操作（如精馏塔）计算还需反复迭代，这构成了第二圈迭代循环。如果系统本身具有循环物流，这将构成第三圈迭代循环。上面例子中已知 $X_1$ 的向量变量中流量为 10kg/s，温度为 293.15K，压力为 1atm 的水，分割单元物流 $X_3$ 的分割系数为 0.3，加热单元的温升为 50K，无压力改变；混合单元为绝热，无压力改变，则通过简单的计算可以获知 $X_3$ 的流量为 3kg/s，$X_2$ 的流量为 7kg/s，$X_4$ 的流量为 7kg/s，温度为 343.15K；混合后的温度假设水的比热容不随温度改变，可计算得到为 328.15K，流量为 10kg/s。调用 Aspen Plus 软件计算，结果如图 3-12（程序见电子课件“第 3 章程序/序贯计算 1.apw”），和人工计算一致。

| | X1 | X2 | X3 | X4 | X5 | |
|---|---|---|---|---|---|---|
| Mass Flow kg/sec | | | | | | |
| H2O | 10.00000 | 7.000000 | 3.000000 | 7.000000 | 10.00000 | |
| Mass Frac | | | | | | |
| H2O | 1.000000 | 1.000000 | 1.000000 | 1.000000 | 1.000000 | |
| Total Flow kmol/sec | .5550844 | .3885590 | .1665253 | .3885590 | .5550844 | |
| Total Flow kg/sec | 10.00000 | 7.000000 | 3.000000 | 7.000000 | 10.00000 | |
| Total Flow cum/sec | .0100167 | 7.01170E-3 | 3.00502E-3 | 7.15966E-3 | .0101450 | |
| Temperature K | 293.1500 | 293.1500 | 293.1500 | 343.1500 | 328.1639 | |
| Pressure N/sqm | 1.01325E+5 | 1.01325E+5 | 1.01325E+5 | 1.01325E+5 | 1.01325E+5 | |
| Vapor Frac | 0.0 | 0.0 | 0.0 | 0.0 | 0.0 | |
| Liquid Frac | 1.000000 | 1.000000 | 1.000000 | 1.000000 | 1.000000 | |

图 3-12　aspen plus 序贯计算结果

### 3.2.2　有循环物流系统

对于图 3-13 有循环物流系统，共有 4 个单元模块。也许有读者会觉得分割模块是多余的，其实恰恰相反，如果没有分割模块，$X_5$ 直接返回混合器，则图 3-13 的流程可能永远不会收敛。对图 3-13 的流程写出序贯计算的模型如下：

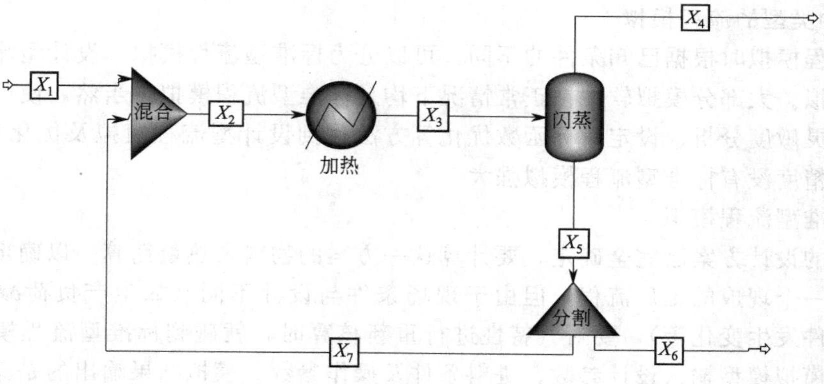


图 3-13　有循环物流系统

混合单元模块：　$X_2 = \mathrm{MIXER}(X_1, X_7)$

加热单元模块：　$X_3 = \mathrm{HEAT}(X_2)$

闪蒸单元模块：　$X_4 = \mathrm{FLASH}_1(X_3)$

$X_5 = \mathrm{FLASH}_2(X_3)$

分割单元模块：　$X_6 = \mathrm{FSPLIT}_1(X_5)$

$X_7 = \mathrm{FSPLIT}_2(X_5)$

对于上述模型方程即使已知 $X_1$，系统也无法依次序贯求解，而必须联立求解，为了能使上述模型方程能序贯求解，就必须先假设其中一个物流变量，也即切断其中一个物流（如何选择合理的切断物流将在本章后面的章节中介绍），选取 $X_7$ 为切断变量，假设 $X_7$，由于 $X_1$ 作为输入变量是已知的，这样上面的模型方程就可以序贯求解，最后得到 $X_7$ 的计算值 $X_7'$，若两者之差符合要求则停止计算，否则以计算所得的 $X_7'$ 作为新的假设值进行新的计算，直至前后两次计算之差符合要求为止（程序见电子课件“第 3 章程序/序贯计算 2. apw”），收敛判据如下：

$$\sigma=\frac{\|\Delta X\|}{\|X\|}\leqslant\varepsilon$$

$$\|\Delta X\| = \sqrt{\sum_{i=1}^{m}(x'_i - x_i)^2} \tag{3-66}$$

$$\|X\| = \sqrt{\sum_{i=1}^{m}x_i^2}$$

式中，$x_i$ 是本次迭代计算时切断流股变量的各分变量；$x_i'$ 是上次迭代计算时切断流股变量的各分变量。通过上面两个实例系统的分析，可以发现序贯模块法无论是无循环系统还是有循环系统，其计算过程的物理意义十分明确。每计算一个模块或单元均有一个明确的输出变量，计算过程条理清晰。由于每计算一个模块都有一个输出变量，这样可通过具体单元的物理意义来判断输出变量的对错，有错误容易及时发现，及时纠正。但是正如前面所说的即使是无循环系统，序贯模块法进行模拟计算时也有两个层次的迭代循环。如果对有循环物流就会有三个层次的迭代循环。这只是对标准流程模拟而言，如果对其他流程模拟问题，迭代循环的次数将更多，这是序贯模块法模拟计算的最大缺陷。

### 3.2.3 三种类型的流程模拟

化工流程模拟时根据已知条件的不同，可以分为标准型流程模拟、设计型流程模拟、优化型流程模拟。大部分模拟软件在正常情况下均是标准型流程模拟。当然，使用者可以通过设计规定、灵敏度分析、设定目标函数优化等方法达到设计型流程模拟及优化型流程模拟，但其功能或精度没有标准型流程模拟强大。

（1）标准型流程模拟

当流程的设计方案已完全确定，要计算这一方案的物料及热量衡算，以确定其特性；或者现场已有一个现成的工厂流程，但由于现场条件与设计不同（如生产负荷减少或要求加强，操作条件发生变化等），要对其特性进行重新核算时，就碰到标准型流程模拟问题。这时要对系统模拟模型输入设计参数、进料条件及操作参数。模拟结果输出的是流程的物理特性，如图 3-14 所示。

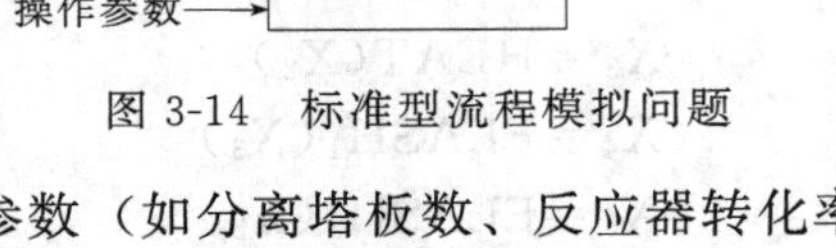

图 3-14 标准型流程模拟问题

设计参数：单元操作的设计参数（如分离塔板数、反应器转化率、换热器面积等）。
进料流股：进料的流量、温度、压力及组成等。
操作参数：各单元过程的温度、压力、汽化率等。

(2) 设计型模拟问题

与上述标准型模拟问题不同的是设计型模拟问题常常规定了输出物理特性中的某一些变量（Aspen Plus 中的输出变量如要求产品的产量是多少，产品的纯度应达到多少等），反过来计算什么样的设计参数或操作条件可以满足既定的设计要求。设计型模拟问题除了给定一部分物理参数外，还留出一些可调物理参数，通过一个虚拟的"控制器"，对比过程模型的输出物理特性是否达到设计要求？如果没有达到，则发生一种反馈作用来调节可调参数（Aspen Plus 中某些输入变量，如回流比、塔板数），以使得输出特性达到设计要求，其计算过程如图 3-15 所示。

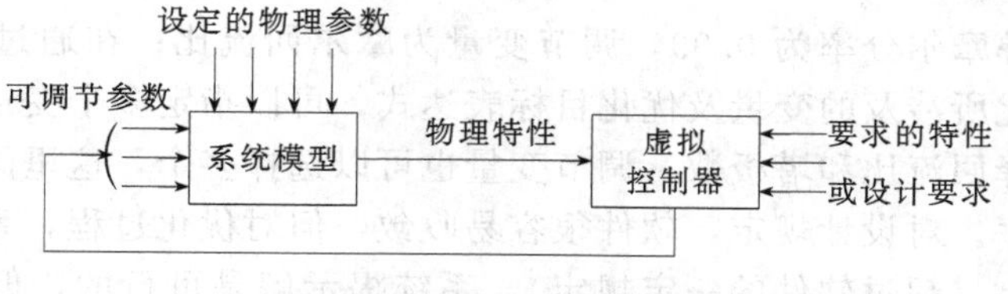

图 3-15 设计型流程模拟问题

(3) 优化型流程模拟

如果除了要计算系统的物理特性之外，还要根据一定的目标函数要求，计算出目标函数达到最优时与之对应的那些设计参数或操作条件，则这种模拟称为优化型流程模拟。读者应该明白的是优化型流程的自由度必须大于零，否则无优化可言。在模拟软件中，一般通过将原来的某一些输入变量（其值原来是已知的，并且固定）转变成可在一定范围内任意改变的自由变量，从而增加了系统的自由度，使流程优化变得可能。这类计算不仅需要通过不断模拟系统，而且还要根据某一条件下模拟得到的物理特性来推算目标函数的经济模拟模型。此外，还要有根据物理约束条件及经济约束条件进行自动寻求最优点的最优化算法程序。这种计算的原理图见图 3-16。

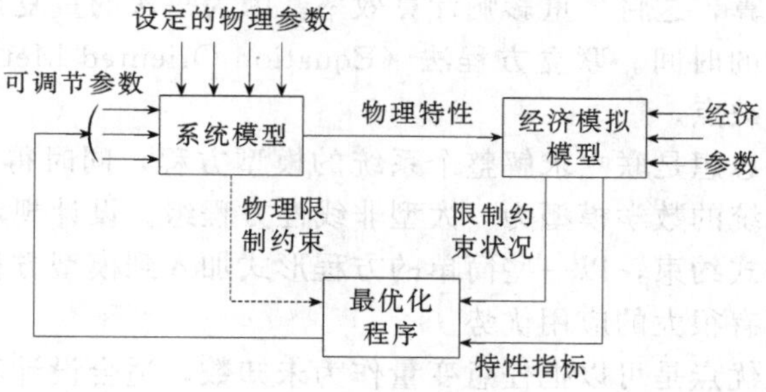

图 3-16 优化型流程模拟问题

如果利用现有模拟软件来解决图 3-16 所示的问题，也有基本的策略可循，但效果不一定理想。如要对甲醇-水的精馏过程进行优化模拟，如图 3-17，已知进料 F1 的甲醇摩尔分率为 0.5，流量为 100kmol/h，温度为 40℃，压力为 4atm，要求塔顶物流 F2 的流量为 50kmol/h，甲醇的摩尔分率达到 0.99，如何选择回流比及塔板数（其实进料板位置也可以优化，但情况更为复杂，这里暂定不变）使在满足设计规定的前提下，目标函数总操作费用（总费用简单用塔板数和回流比线性组合来表示）最小。

针对图 3-17 的精馏塔优化问题，Aspen Plus 可以调用精馏塔严格模拟的 RadFrac 模块，先按普通的模拟输入各种需要输入的变量，其中包括回流比及塔板数，然后通过设计规

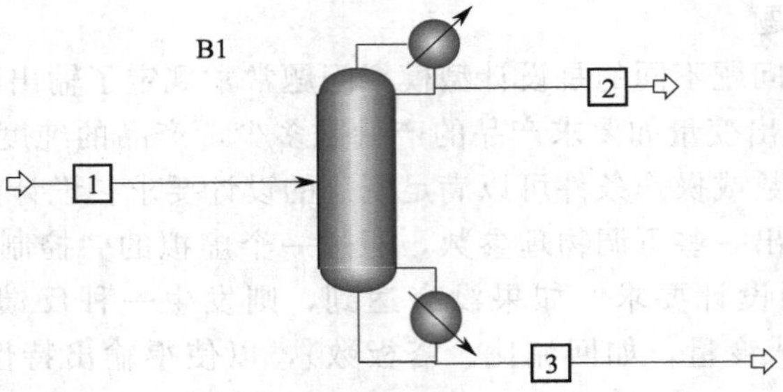


图 3-17　精馏塔优化模拟

定指定塔顶物流甲醇摩尔分率为 0.99，调节变量为摩尔回流比；在通过模型分析工具中的优化功能，指定优化所涉及的变量及优化目标表达式，可以指定多个变量作为优化目标所涉及的变量，这里选择回流比和塔板数；调节变量也可以选择多个，这里同样选择塔板数和回流比，然后运行程序。对设计规定，软件很容易收敛，但对优化过程，系统无法收敛，最后停留在一个非最优上（超过软件的一定规定），系统提示解是可行的，但具有错误。建议通过外部命令（VBA）调用软件的内部命令，通过改变回流比或塔板数，在满足设计规定的前提下获取各种所需的数据，然后将数据导出，利用自己编写的优化程序或将数据导入 Matlab 的优化程序，可以获得较理想的结果。上面的 Aspen Plus 程序见电子课件“第 3 章程序/塔设计优化 .apw”。

## 3.3 联立方程法

虽然序贯模块法是目前应用最广的计算方法，但对于前面所说的设计型及优化型模拟问题，由于系统或某些单元设备的输出规定或约束限制在模块法中无法直接输入，必须在序贯计算结束后才能判断是否满足设计规定或约束限制。若不满足，则需改变某些设备参数和操作参数，再进行重复计算，这将严重影响计算效率。因为每次的重复计算将对全流程进行一次模拟，这将浪费很长的时间。联立方程法（Equation Oriented Method）的提出正是为了克服序贯模块法的这种缺点。

联立方程法的基本思想是联立求解整个系统的模型方程，同时得出系统各个单元的解。我们已经知道，化工系统的数学模型为一大型非线性方程组。设计规定、优化约束及经济目标函数可视为一系列等式约束，以一些简单的方程形式加入到模型方程中。所以联立方程法在设计和过程优化方面有很大的应用优势。

联立方程法的最大优点是可以把任意变量作为未知数，适合设计和优化。和序贯模块法相比，少了切断物流的收敛迭代，计算速度快。但联立方程法灵活性小，不像序贯模块法，不同系统的单元模块具有通用性，并且出现错误不易检查，只适用于连续变量的系统。下面通过实例说明联立方程法的具体应用。

**【例 3-9】** 用联立方程法求解图 3-18 所示的系统。

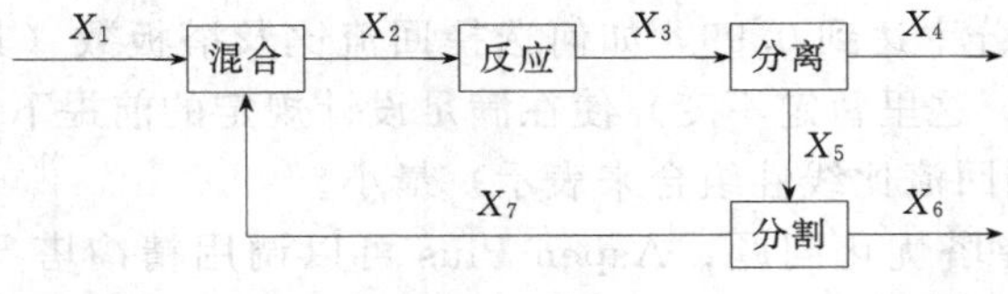


图 3-18　某一化工流程示意图

**解**：首先列出上面系统的数学模型如下

$$f_1(X_1, X_2, X_7)=0 \tag{1}$$

$$f_2(X_2, X_3)=0 \tag{2}$$

$$f_3(X_3, X_4, X_5)=0 \tag{3}$$

$$f_4(X_5, X_6, X_7)=0 \tag{4}$$

在一定的已知条件下，联立求解上面的方程组，便可求得其他未知变量。值得注意的是上面的式(1)～式(4) 是向量方程，$X_i$ 是向变量，它表示了第 $i$ 流股的所有变量。在用联立法求解上面系统时，既可指定输入变量 $X_1$ 值，也可指定输出变量 $X_4$ 值，或中间变量 $X_3$ 值系统都可进行求解。同时如果有某些设计要求或优化约束也可以通过方程的形式加入到模型方程中去。比如要求反应转化率为 80%，产品纯度为 99%等，而这在序贯模块法是不允许的。从表面现象来看，联立方程法似乎很简单，只要将方程式(1)～式(4) 联立求解就行了。其实不然，在联立方程求解的过程中存在着选择决策变量及计算方程方法等问题，至于决策变量的选择，将在另一节中加以介绍。

## 3.4 联立模块法

联立方程法虽然具有很大的优越性，但是要求解决大型非线性方程组问题，这不仅要求计算机必须具备很大的容量，而且从数学上来处理也是一个难题。另外无法利用序贯模块法中花费大量人力、物力开发出来的单元模块。正是在这种背景下，希望把序贯模块法和联立方程法二者的优点结合起来，于是产生了联立模块法（Simultaneously Modular Method），也称双层法。

联立模块法的基本思想是用近似的线性模型来代替各个单元过程的严格模型，使系统模型成为一个线性方程组，可采用较简单的方法求解，并经多次迭代，使线性模型和严格模型在一定的已知条件下接近或假设物流值和计算值接近。单元设备的近似模型是用一组线性方程来表示单元设备输出变量和输入变量之间的函数关系。下面是第 $k$ 单元的近似线性模型示意图。

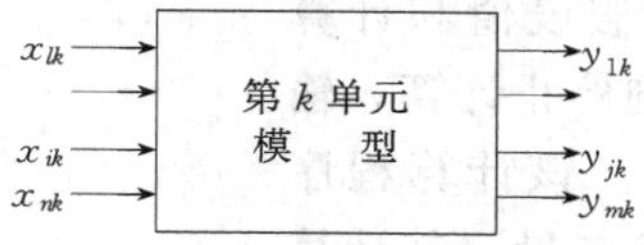


图 3-19　单元模型近似线性化示意图

将图 3-19 的单元的输入变量通过线性组合表示成各个输出变量：

$$y_{jk}=\sum_{i=1}^{n} a_{ijk} x_{ik} \qquad j=1 \sim m \tag{3-67}$$

式中，$x_{ik}$ 是第 $k$ 个单元的第 $i$ 个输入变量，$y_{jk}$ 是第 $k$ 个单元的第 $j$ 个输出变量，$a_{ijk}$ 是系数。该近似线性模型可由严格模型线性化得到，或者由严格模型的输出与输入关系经线性回归得到。联立模块法可以在求解系统模型时直接处理设计规定方程及各种优化约束限制，所以不需要像序贯模块法那样，用很费时间的重复计算使各种规定或限制条件得到满足。由于可以采用有效而可靠的方法去求解系统的线性模型，收敛慢的情况可大为改善。由于在线性近似模型中单元过程内部的状态变量，如精馏塔各塔板上的汽液相流量、温度和组成等是不出现的，联立模块法在求解系统模型时只需求解各单元过程的外部变量，即单元过程的输入和输出变量。它不像联立方程法那样需要同时求解外部变量和内部变量，所以在联立模块法中系统模型的维数要比联立方程法少得多，故对计算机的内存要求可大为减少。又因为可以运用已有的模块进行单元模型线性化的计算，所以它可以充分利用序贯模块法在单元模块方面积累的丰富经验。联立模块法的基本问题是系统模型求解一般有两种方法，下面分别介绍如下。

(1) 系数收敛法

系数收敛法通过前后两次线性化计算得到的系数进行比较，如果满足一定的收敛判据，则停止计算，输出结果，具体计算过程如图 3-20。

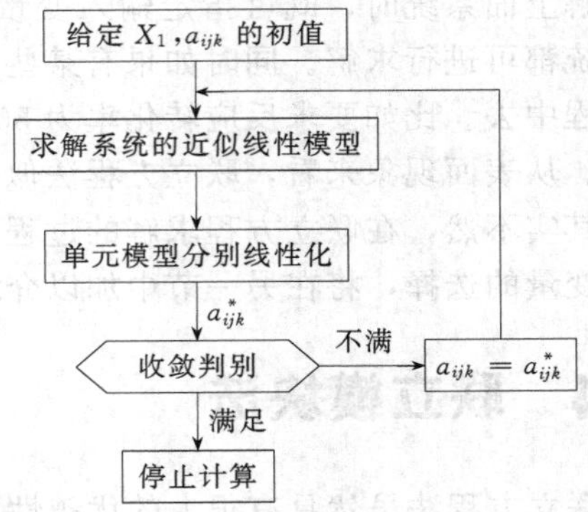


图 3-20　联立模块法计算框图-系数收敛法

图 3-20 的计算程序中，是以近似模型中的系数 $a_{ijk}$ 为迭代变量，其计算步骤如下。

① 输入系统的输入流向量变量 $X_1$ 的各个分量。

② 假定各单元设备线性模型中系数 $a_{ijk}$ 的初值。

③ 求解系统的近似模型，由此得到各单元输入和输出变量的值。

④ 单元模型线性化。根据求得的输入和输出，对各单元设备的严格模型分别作线性化处理，得到线性系数的计算值 $a_{ijk}^*$。

⑤ 收敛判别。将计算值 $a_{ijk}^*$ 与假定值 $a_{ijk}$ 进行比较，如果两者之差大于精度要求，则用 $a_{ijk}^*$ 作为新的假定值，重复步骤③～⑤。若差值已满足精度要求，则输出结果。

(2) 切断流股收敛法

该方法通过切断流股并假设切断的各个变量，使流程可以序贯计算。通过线性化技术，重新计算切断流股，比较切断流股假设值和计算值，如果满足一定的收敛判据，则停止计算，输出结果，具体计算过程如图 3-21。该计算程序是以切断物流向量变量 $X_2$ 为迭代变量，其计算步骤如下。

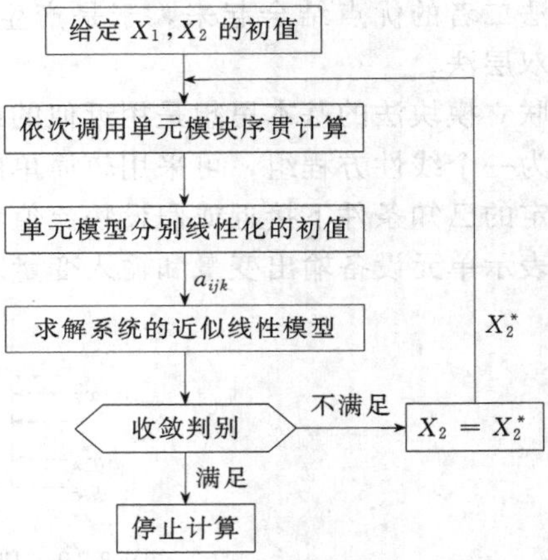


图 3-21　联立模块法计算框图-切断流股收敛法

① 输入系统的输入流向量变量 $X_1$ 的各个分量。

② 假定切断物流向量变量 $X_2$。

③ 作序贯计算。依次调用单元模块计算单元设备，由此得到各单元输入和输出变量的值。

④ 单元模型线性化。根据求得的输入和输出，对各单元设备的严格模型分别作线性化处理，得到线性系数的计算值 $a_{ijk}$。

⑤ 求解系统的近似线性模型，由此得到全部物流变量。

⑥ 收敛判别。将步骤⑤计算得到的 $X_2^*$ 和假定值进行比较。若未满足收敛要求，则用一定的迭代方程修正 $X_2$ 的假定值，重复步骤③～⑥，进行迭代计算。若以满足要求，则停

止迭代，输出计算结果。

分析联立模块法的两种程序可知，它们都有近似模型联立求解及单元模型线性化这两步，只不过两者在先后次序上有所不同而已。由于两者都有联立求解这一步，因此在这一步计算过程中可以将一些设计规定及约束限制等一些方程和原系统模型联立起来一起求解，使得联立模块法有了联立方程法的优点。同时由于各单元模块是分别线性化的，使得原来在序贯模块法中建立起来的单元模块可以得到利用，从而减少了计算程序的编写工作。

(3) 单元模型线性化方法

单元模型线性化可以用计算结果进行关联得到。利用严格的数学模型，在规定输入的情况下进行计算，由计算得到的输出关联线性模型中的系数。例如某闪蒸器在一定温度条件下，输入流和输出流情况见表 3-5。

**表 3-5 闪蒸计算结果数据**

| 组分 | 输入流股/(mol/h) | 顶部输出/(mol/h) | 底部输出/(mol/h) |
|---|---|---|---|
| $A$ | $100(A_1)$ | $96(A_2)$ | $4(A_3)$ |
| $B$ | $100(B_1)$ | $98(B_2)$ | $2(B_3)$ |
| $C$ | $100(C_1)$ | $5(C_2)$ | $95(C_3)$ |

表 3-5 中数值后面括号中的符号代表该变量，对于该计算结果，可以得到闪蒸器的以下简单线性模型。

顶部：$A_2 \approx 0.96A_1$

$B_2 \approx 0.98B_1$

$C_2 \approx 0.05C_1$

底部：$A_3 \approx 0.04A_1$

$B_3 \approx 0.02B_1$

$C_3 \approx 0.95C_1$

对于组分 $A_2$ 而言，顶部输出流的完整线性方程为：

$$A_2 = 0.96A_1 + 0.00B_1 + 0.00C_1 \tag{3-68}$$

所以关联系数分别为 0.96，0，0。值得注意的是线性模型的形式是由我们决定的，在这种情况下，可以直接算出系数，而且大部分系数是 0。一个真正的线性化模型当然不是这么简单。事实上的系数一般均不为零。如我们也可以将 $A_2$ 写成以下线性形式：

$$A_2 = 0.8A_1 + 0.10B_1 + 0.06C_1 \tag{3-69}$$

显然，当闪蒸条件改变时，输出物流必将发生变化，模型系数 $a_{ijk}$ 也将随之发生变化。

除了利用严格模型的计算结果线性化外，还可以利用严格模型方程的一阶泰勒展开式作为近似线性模型。对于任一单元过程的严格模型，在理论上总可以写成输出变量的显函数形式：

$$Y = F(X) \tag{3-70}$$

将上式在 $X = X_0$ 处展开一阶泰勒级数，得：

$$F(X) = F(X_0) + J(X_0)(X - X_0)^T \tag{3-71}$$

或写成：

$$Y = RX + C \tag{3-72}$$

上面各向量的具体表达形式如下：

$$F(X)=\begin{bmatrix} f_1(X) \\ f_2(X) \\ \vdots \\ f_m(X) \end{bmatrix}, \quad X=\begin{bmatrix} x_1 \\ x_2 \\ \vdots \\ x_n \end{bmatrix}, J(X)=\begin{bmatrix} f_{11} & f_{12} & \cdots & f_{1n} \\ f_{21} & f_{22} & \cdots & f_{2n} \\ \vdots & \vdots & \ddots & \vdots \\ f_{m1} & f_{m2} & \cdots & f_{mn} \end{bmatrix}, f_{ij}=\frac{\partial f_i}{\partial x_j} \tag{3-73}$$

$$R=J(X_0), \quad C=F(X_0)-JX_0 \tag{3-74}$$

上面各式中 $F$ 是向量方程，包含了单元设备中的所有方程，$X$ 是输入向量，包含了单元设备中的所有输入变量。$Y$ 是输出向量，包含了单元设备中的所有输出变量。$R$ 是雅可比矩阵，可由模型方程解析求得，也可用差分方程求得。其元素 $a_{ijk}$ 的值同输入变量 $X_0$ 的取值有关。对于不同的 $X_0$ 有不同的 $a_{ijk}$。联立模块法中最困难的是如何选择线性近似模型的问题。如果选用的近似模型太简单，大多数系数为零，可能导致计算不能收敛。反之，如果线性模型不够简单，则系数 $a_{ijk}$ 的数目可能很大，利用严格模型的计算结果进行回归时也会碰到困难。

**【例 3-10】** 试求下面模型在 $x_1=0$，$x_2=0$ 处的线性模型。

$$Y=\begin{pmatrix} -x_1+0.05x_2^2+99 \\ 0.05x_1^2-x_2-198 \end{pmatrix} \tag{3-75}$$

解：由模型方程可得雅可比矩阵其他各式：

$$J(X)=\begin{pmatrix} -1 & 0.1x_2 \\ 0.1x_1 & -1 \end{pmatrix}, J(X_0)=\begin{pmatrix} -1 & 0 \\ 0 & -1 \end{pmatrix} \quad F(X_0)=\begin{pmatrix} 99 \\ -198 \end{pmatrix} \tag{3-76}$$

将以上条件代入式(3-71) 得：

$$Y=\begin{pmatrix} 99 \\ -198 \end{pmatrix}+\begin{pmatrix} -1 & 0 \\ 0 & -1 \end{pmatrix}\begin{pmatrix} x_1-0 \\ x_2-0 \end{pmatrix}=\begin{pmatrix} -x_1+99 \\ -x_2-198 \end{pmatrix} \tag{3-77}$$

读者必须注意的是，当自变量 $X$ 变化时，**【例 3-10】** 中模型的近似线性模型将发生变化，如当 $X=(1, 1)$ 时，线性模型为：

$$Y=\begin{pmatrix} 98.05 \\ -198.95 \end{pmatrix}+\begin{pmatrix} -1 & 0.1 \\ 0.1 & -1 \end{pmatrix}\begin{pmatrix} x_1-1 \\ x_2-1 \end{pmatrix}=\begin{pmatrix} -x_1+0.1x_2+98.95 \\ 0.1x_1-x_2-198.05 \end{pmatrix} \tag{3-78}$$

# 3.5 化工系统的分解

前面 3 节已经介绍了化工系统模拟求解的方法。但是，现代化的大型化工厂是一个规模庞大，构造复杂，影响因素众多的大规模化工系统，描述这样的系统需要成千上万个方程式，常使现代大型计算机遇到困难。为此必须采用分解的方法把一个大的系统分成若干个相互独立的子系统，然后按一定的次序计算求解。

化工系统分解的任务可分为系统的分隔和切断。分隔主要是将一个大的复杂的系统分隔成可以独立求解的子系统，并决定这些子系统的计算次序；切断则是对具有循环物流的子系

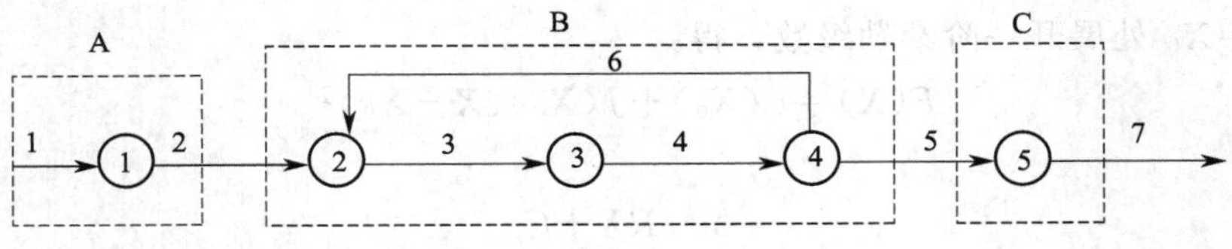


图 3-22　具有循环子系统的流程

统进行切断，决定子系统内各单元的计算次序。例如图 3-22 所示系统，共由 5 个单元组成。前面第一个单元是独立的，在已知输入物流 1 的情况下可独立求解得到物流 2 的各个变量。单元②虽然有一股输入物流 2 已经算出，但它有一股输入物流 6 是循环物流，需在计算单元④以后才能得到，而单元④又必须是在单元③计算完成后才能计算，同时单元③又必须在单元②计算完成后才能计算，这样单元②、③、④必须同时求解才能得到 5 号物流的各个变量。最后单元⑤也可以独立求解。因此在计算图 3-22 的大系统时，应将系统分隔成如图所示的 $A$、$B$、$C$ 三个子系统，这三个子系统可以序贯依次求解。而对于子系统 $B$ 的计算还需切断其中一股物流，进行迭代计算才能求出子系统 $B$ 的输出变量。

### 3.5.1 系统分隔

（1）环路和回路的概念

在有向图上，单元和单元之间有封闭物流的称为环路。首尾相接的单向环路称为回路。其他环路不是回路。例如，图 3-23 所示由物流 1，2，3 所构成的环路

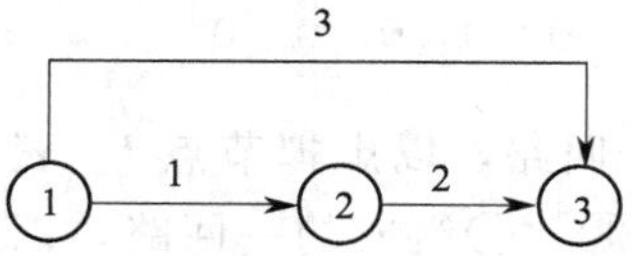


图 3-23　正向环路

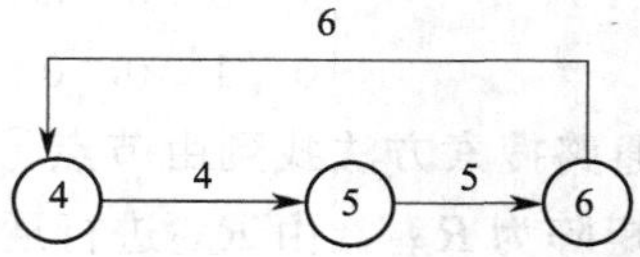


图 3-24　回路——单向环路

不是回路，是正向环路。图 3-24 所示由物流 4，5，6 所构成的环路是回路，因此，单元④、⑤、⑥必须联立求解。而对于由正向环路组成的系统，无需联立求解。像图3-23 所示的系统，单元①可独立求解，接着可依次求解单元②和单元③。建立了回路概念后，系统分割的任务就变成为找出有向图中的回路和构成回路的单元。由此可以确定哪些单元组成了需要同时求解的子系统，而其他不构成回路的单元都是能进行序贯计算的独立单元。

（2）系统分隔的方法

本节介绍系统分割的两种方法。第一种是通路搜索法，另一种是邻接矩阵乘幂法。下面首先介绍通路搜索法。

1）通路搜索法步骤

① 建立邻接矩阵；

② 划去全为零的列及其对应行，作为一个独立子系统；

③ 重复步骤②，直至邻接矩阵不再缩小为止；

④ 通路搜索，寻找到一个回路，并以虚拟节点代之，建立新的邻接矩阵；

⑤ 重复步骤②～⑤，直至找到所有的回路，此时邻接矩阵缩减为零阵。

通路搜索方法：

从矩阵的第一（I）行开始，向右找到第一个含有非零元素的列 J。

向下找到列 J 相应的行（J×J）的交点，从该点向左找到含非零元素的列，该列对应的行为第一（I）行，即该列为第一（I）列。

若向左无非零元素，则向右，找到非零元素列 J，重复上步，直至找到通路为止。

**【例 3-11】** 用通路搜索法分隔下面系统（见图 3-25）。

**解：**首先建立邻接矩阵 $R_A$，划去全为零的第 7 列及其对应行第 7 行的 $R_{A1}$，把节点⑦作为一个可独立计算的子系统。

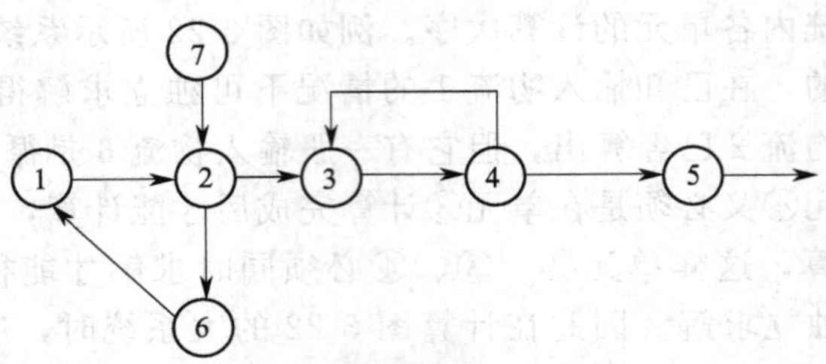


图 3-25 通路搜索法有向图

$$R_A=\begin{pmatrix}0&1&0&0&0&0&0\\0&0&1&0&0&1&0\\0&0&0&1&0&0&0\\0&0&1&0&1&0&0\\0&0&0&0&0&0&0\\1&0&0&0&0&0&0\\0&1&0&0&0&0&0\end{pmatrix}\qquad R_{A1}=\begin{pmatrix}0&1&0&0&0&0\\0&0&1&0&0&1\\0&0&0&1&0&0\\0&0&1&0&1&0\\0&0&0&0&0&0\\1&0&0&0&0&0\end{pmatrix}$$

由 $R_{A1}$ 按通路搜索方法找到由节点①、②、⑥组成的一个回路，以虚拟节点 $L_1$ 表示之，则新的邻接矩阵为 $R_{A2}$，由 $R_{A2}$ 进行通路搜索，可得由节点③、④组成的一回路，以虚拟节点 $L_2$ 表示之，得新的邻接矩阵 $R_{A3}$，对 $R_{A3}$ 划去全为零的列及其对应行，得可独立计算节点 $L_1$、$L_2$、⑤，邻接矩阵缩减为零阵。最后的序贯计算次序为⑦→$L_1$→$L_2$→⑤。

$$R_{A2}=\begin{matrix}L_1\\3\\4\\5\end{matrix}\begin{pmatrix}0&1&0&0\\0&0&1&0\\0&1&0&1\\0&0&0&0\end{pmatrix}\qquad R_{A3}=\begin{matrix}L_1\\L_2\\5\end{matrix}\begin{pmatrix}0&1&0\\0&0&1\\0&0&0\end{pmatrix}\quad R_{A4}=\begin{matrix}L_2\\5\end{matrix}\begin{pmatrix}0&1\\0&0\end{pmatrix}\quad R_{A5}=5(0)$$

其中以虚拟节点所构成的新有向图的邻接矩阵中有关虚拟节点和其他节点在邻接矩阵中的值可用式(3-79) 计算，值得注意的是式(3-79) 是布尔代数加和，并且是上一个邻接矩阵中的各元素。有关布尔代数的运算将在邻接矩阵乘幂法中介绍，例如在邻接矩阵 $R_{A2}$ 中 $S_{L1,3}$ 的计算见式(3-80)。

$$S_{Lj}=\sum_{i=L}S_{ij}\,,\ S_{iL}=\sum_{j=L}S_{ij} \tag{3-79}$$

$$S_{L1,3}=S_{13}+S_{23}+S_{33}=0+1+0=1 \tag{3-80}$$

2）邻接矩阵乘幂法

邻接矩阵乘幂法是利用邻接矩阵进行乘幂运算后，矩阵对角线上会出现连续的 1，这些连续的 1 所对应的节点即单元存在回路，利用这个特性，可以通过邻接矩阵乘幂运算来判断系统流程中回路的存在。而邻接矩阵乘幂的乘幂运算是符合布尔代数运算规则的，矩阵乘法及布尔代数运算规则具体如下。

矩阵乘法规则：

$$A\times B=C$$

$$[a_{ij}]_{m\times s}\times[b_{ij}]_{s\times n}=[c_{ij}]_{m\times n}$$

$$c_{ij}=\sum_{k=1}^{s}a_{ik}\times b_{kj}$$

具体数值运算符合布尔代数运算规则，布尔代数运算规则：

$$1\times0=0\quad 0\times0=0\quad 0+0=0\quad 1+1=1\quad 1\times1=1\quad 1+0=1$$

例如：$$A=\begin{pmatrix}0&0&1\\1&0&0\\1&1&0\end{pmatrix},\ A^2=\begin{pmatrix}1&1&0\\0&0&1\\1&0&1\end{pmatrix}$$

邻接矩阵乘幂法步骤：

① 建立邻接矩阵。

② 划去全为零的列及其对应行，作为一个独立子系统。

③ 重复步骤②，直至邻接矩阵不再缩小为止。

④ 对邻接矩阵作 $P$ 次乘幂运算，直至 $R^P$ 对角线上出现 $P$ 个 1，这 $P$ 个 1 所对应的节点构成一个 $P$ 步回路，以虚拟节点代之。

⑤ 建立新的邻接矩阵，重复步骤②～④，直至邻接矩阵缩减为零阵。

**【例 3-12】** 试用乘幂法分隔图 3-26 的系统。

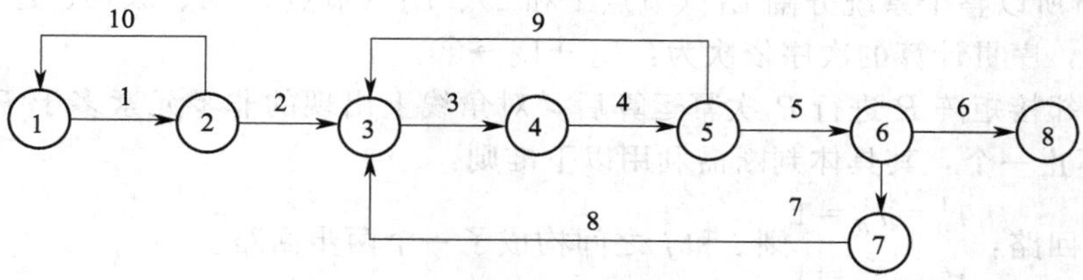


图 3-26 某系统有向图

**解**：建立邻接矩阵 $R_A$，作乘幂运算可得式(3-81)：

$$R_A=\begin{pmatrix}0&1&0&0&0&0&0&0\\1&0&1&0&0&0&0&0\\0&0&0&1&0&0&0&0\\0&0&0&0&1&0&0&0\\0&0&1&0&0&1&0&0\\0&0&0&0&0&0&1&1\\0&1&0&0&0&0&0&0\\0&0&0&0&0&0&0&0\end{pmatrix},\ R_A^2=\begin{pmatrix}1&0&1&0&0&0&0&0\\0&1&0&1&0&0&0&0\\0&0&1&0&1&0&0&0\\0&0&1&0&0&1&0&0\\0&0&0&0&0&0&1&0\\0&0&1&0&0&0&0&0\\0&0&0&1&0&0&0&0\\0&0&0&0&0&0&0&0\end{pmatrix}\tag{3-81}$$

节点①和节点②构成一个两步回路，以虚拟节点 $L_1$ 代替节点①和②，同时将行全为零的节点⑧删去，该节点为终结单元，可独立计算。建立新的邻接矩阵 $R_1$ 得式(3-82)：

$$R_1=\begin{array}{c}L_1\\3\\4\\5\\6\\7\end{array}\begin{pmatrix}0&1&0&0&0&0\\0&0&1&0&0&0\\0&0&0&1&0&0\\0&1&0&0&1&0\\0&0&0&0&0&1\\0&1&0&0&0&0\end{pmatrix}\tag{3-82}$$

将矩阵 $R_1$ 中全为零的列及其对应的行删除，记 $L_1$ 为独立计算子系统，建立新的邻接矩阵 $R_2$，作乘幂运算得式(3-83)：

$$R_2=\begin{pmatrix}0&1&0&0&0\\0&0&1&0&0\\1&0&0&1&0\\0&0&0&0&1\\1&0&0&0&0\end{pmatrix},R_2^2=\begin{pmatrix}0&0&1&0&0\\1&0&0&1&0\\0&1&0&0&1\\1&0&0&0&0\\0&1&0&0&0\end{pmatrix},R_2^3=\begin{pmatrix}1&0&0&1&0\\0&1&0&0&1\\0&0&1&0&0\\0&1&0&0&0\\0&0&1&0&0\end{pmatrix}\tag{3-83}$$

节点③、④、⑤构成一个三步回路，以虚拟节点 $L_2$ 代替节点③、④、⑤，建立新的邻接矩阵 $R_3$，作乘幂运算得式(3-84)：

$$R_3=\begin{matrix}L_2\\6\\7\end{matrix}\begin{pmatrix}0&1&0\\0&0&1\\1&0&0\end{pmatrix},R_3^2=\begin{matrix}L_2\\6\\7\end{matrix}\begin{pmatrix}0&0&1\\1&0&0\\0&1&0\end{pmatrix},R_3^3=\begin{matrix}L_2\\6\\7\end{matrix}\begin{pmatrix}1&0&0\\0&1&0\\0&0&1\end{pmatrix}\tag{3-84}$$

节点 $L_2$ 和节点⑥、⑦构成一个三步回路，以虚拟节点 $L_3$，建立新的邻接矩阵 $R_4$，此时 $R_4$ 已为零阵，所以整个系统分割 $L_1$（节点 1 和 2）、$L_3$（节点 3、4、5、6、7）、节点 8 共 3 个独立子系统，序贯计算的次序依次为：$L_1 \rightarrow L_3 \rightarrow$⑧。

有时当对邻接矩阵 $R$ 进行 $P$ 次幂运算后，对角线上出现的非零元素多于 $P$ 个，此时表明 $P$ 步回路不止一个，其具体判断需利用以下准则：

对于两步回路：$\begin{matrix}r_{ij}^1=r_{ji}^1=1\\r_{ii}^2=r_{jj}^2=1\end{matrix}$ 则 $i$ 和 $j$ 之间构成了一个两步回路。

对于三步回路：$\begin{matrix}r_{ij}^1=r_{j,k}^1=r_{ki}^1=1\\r_{ii}^3=r_{jj}^3=r_{kk}^3=1\end{matrix}$ 则 $i$，$j$，$k$ 三节点构成一个三步回路。

如图 3-27 所示的有向图，建立邻接矩阵并作乘幂运算得式(3-85)。

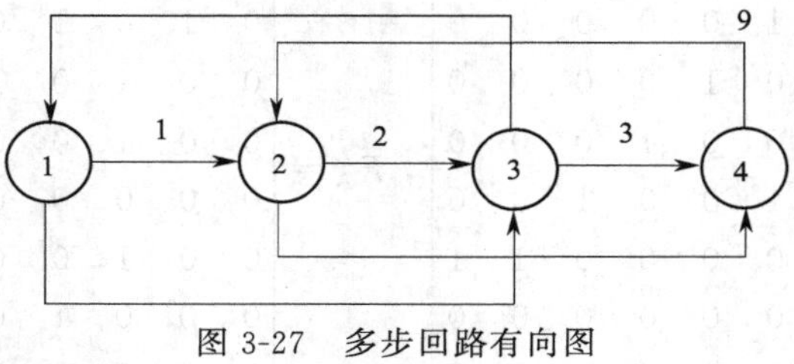


图 3-27　多步回路有向图

$$R=\begin{pmatrix}0&1&1&0\\0&0&1&1\\1&0&0&1\\0&1&0&0\end{pmatrix},R^2=\begin{pmatrix}1&0&1&1\\1&1&0&1\\0&1&1&0\\0&0&1&1\end{pmatrix},\quad r_{13}^1=r_{31}^1=1,r_{24}^1=r_{42}^1=1\tag{3-85}$$

对上面系统的邻接矩阵进行二次幂运算，在对角线上就出现了 4 个 1，说明系统中存在两步回路，并且回路不止一个，通过未作乘幂运算的邻接矩阵 $R$ 中的元素判断，节点①和③及节点②和④ 各构成一个两步回路。

### 3.5.2　系统的切断

一个复杂的大系统，通过分隔找出了带有回路的子系统。而这些子系统仍由若干单元组成，这些单元必须同时求解。在序贯模块法中，为了对这些单元进行求解，必须将回路切断，以便进行序贯计算。切断回路就是在恰当的地方将回路切断，并给切断边上的变量赋以假定值，然后依次调用单元模块进行序贯计算，得到切断变量的计算值，将计算值作一定的修正得到新的假定值进行迭代计算，直至切断变量的计算值与假定值之间的差异符合精度要求为止，即得到满足该子系统全部模型方程的解。在迭代计算中，预先给予假定值的变量即切断边上的变量，称为迭代变量。

切断回路的目的是切断独立子系统内部的所有回路，将切断处的变量作为迭代变量，通过单元模块的序贯计算，对迭代变量进行迭代。同一个系统可以有不同的切断方法。在不同的位置上进行切断，虽然都能达到将回路切断的目的，但迭代计算的收敛速度是不一样的。因此实际上切断就是研究切法的最优化，使得迭代计算收敛最快，计算时间最短。要解决切法的最优化问题，必须首先解决切断的最优准则问题，目前提出的切法最优准则主要有以下几条。

① 切断边总数最少。

② 切断边所含的变量总数最少。

③ 切断边的总灵敏度最小。这种判据是对各边加权，以边的灵敏度为权。权的大小可以反映切断此边将引起迭代收敛的困难程度。

④ 切断回路的总次数最少。根据这一判据，每个回路只切断一次最好，应尽量避免一个回路多次切断，对于必须切断的系统，应尽量避免回路多次被切断。

子系统切断的方法很多，这里主要介绍两种方法。

(1) 回路矩阵法

这个方法是由李（Lee）和罗特（Rudd）应用切断边总数最少的判据提出的，通过建立回路矩阵，利用一定的切断准则，将矩阵中的回路全部依次切断。回路矩阵法，首先应建立回路矩阵。建立回路矩阵时，首先找出构成系统的所有回路及其构成回路的相关物流，然后按以下方法建立矩阵：矩阵的行和回路对应，矩阵的列和物流号对应。矩阵元素的具体取值：

$$r_{ij}=1 \qquad \text{物流 } j \text{ 构成 } i \text{ 回路}$$

$$r_{ij}=0 \qquad \text{物流 } j \text{ 和 } i \text{ 回路无关}$$

如以图 3-28 为例：其所示系统，根据回路定义，共可找出三个回路，分别如图 3-29～图 3-31所示。

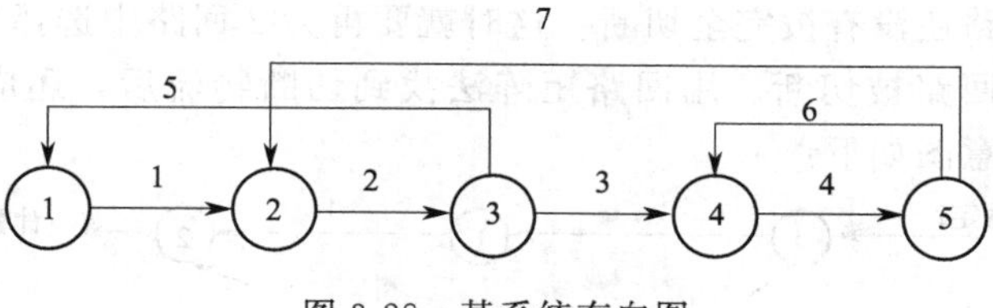


图 3-28 某系统有向图

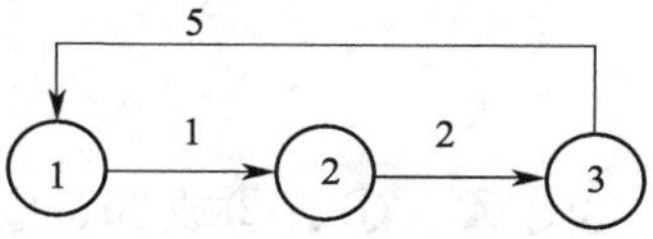


图 3-29 回路 $A$

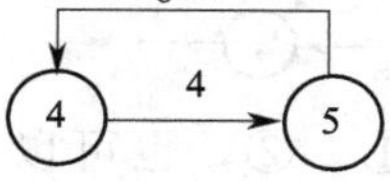


图 3-30 回路 $B$

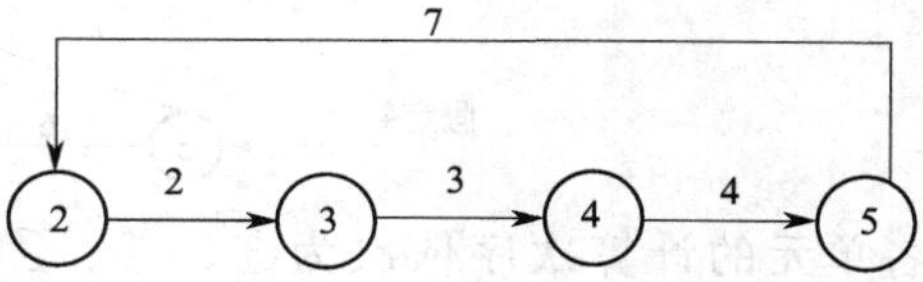


图 3-31 回路 $C$

根据上面建立回路矩阵的方法可得其回路矩阵为：

$$
\begin{array}{rc}
 & \begin{array}{ccccccc} 1 & 2 & 3 & 4 & 5 & 6 & 7 \end{array} \quad R_D\text{(回路的秩)} \\
R=\begin{array}{c} A \\ B \\ C \end{array} & \left[\begin{array}{ccccccc} 1 & 1 & 0 & 0 & 1 & 0 & 0 \\ 0 & 0 & 0 & 1 & 0 & 1 & 0 \\ 0 & 1 & 1 & 1 & 0 & 0 & 1 \end{array}\right]\begin{array}{c} 3 \\ 2 \\ 4 \end{array} \\
\text{物流频率}\ \rho & \begin{array}{ccccccc} 1 & 2 & 1 & 2 & 1 & 1 & 1 \end{array}
\end{array}
$$

矩阵的第一行与回路 $A$ 对应，回路 $A$ 由物流 1，2 和物流 5 组成，第 1 行的第 1 列、第

2 列和第 5 列元素为 1，其余列元素为零。

物流频率是该物流出现在各个回路中的次数，等于回路矩阵中各列元素之和。回路的秩是该回路所包含的物流数，为矩阵各行元素之和。切断物流根据以下步骤确定。

① 除去不独立边，找出候选边　$k$ 边相对于 $j$ 边不独立的条件是 $\rho_k \leqslant \rho_j$，且当所有的 $r_{ik}=1$，则必须有 $r_{ij}=1$，也就是说，当 $k$ 列中值为 1 的元素所在行 $j$ 列的元素也为 1。即物流 $k$ 所构成的所有回路是另一股物流 $j$ 构成的回路的子集。例如图 3-28 所示系统，物流 1 构成了回路 $A$，物流 2 构成了回路 $A$ 和 $C$ 两个回路，故物流 1 相对于物流 2 而言是不独立的，即只要切断了物流 2，物流 1 所包含的回路也被切断，满足不独立边的条件，用 $S_1 \subset S_2$ 表示。同样有：

$$S_3 \subset S_2,\ S_5 \subset S_2,\ S_6 \subset S_4,\ S_7 \subset S_4$$

故物流 1，3，5，6，7 不是独立边，可以除去。将不独立边除去后剩下的边为切断的候选边，在上例中是物流 2 和 4 为候选边。

② 在候选边中确定切断边。在除去不独立边后，重写回路矩阵，如将上例中的回路矩阵重写如下：

$$\begin{array}{cc} & \begin{array}{ccc} 2 & 4 & R_D \end{array} \\ R_1 = \begin{array}{c} A \\ B \\ C \end{array} & \left[\begin{array}{cc} 1 & 0 \\ 0 & 1 \\ 1 & 1 \end{array}\right] \begin{array}{c} 1 \\ 1 \\ 2 \end{array} \end{array}$$

在得到的新的回路矩阵中，找到秩为 1 的行，该行中为 1 的元素所在列即为切断边。因为秩为 1 的回路只包含一条独立边，要切断这个回路只有切断这条边。划去切断边和切断边参与的全部回路。如本例中重写后的回路矩阵中，第一行和第二行的秩分别为 1，找到对应的边分别为 2 和 4，将边 2 和 4 分别切断，这时回路 $A$ 和 $B$ 理所当然被切断，而回路 $C$ 也由于边 2 或 4 被切断而切断，这样上例所示系统的所有回路被切断。如果当切断所有秩为 1 所对应的边后，系统回路还没有被完全切断。这时就要再为 2 回路中选择其中一边切断之，依次类推，直至所有的回路被切断。用回路矩阵法找到切断物流后，还应写出顺序计算示意图。上例中的计算示意图如下：

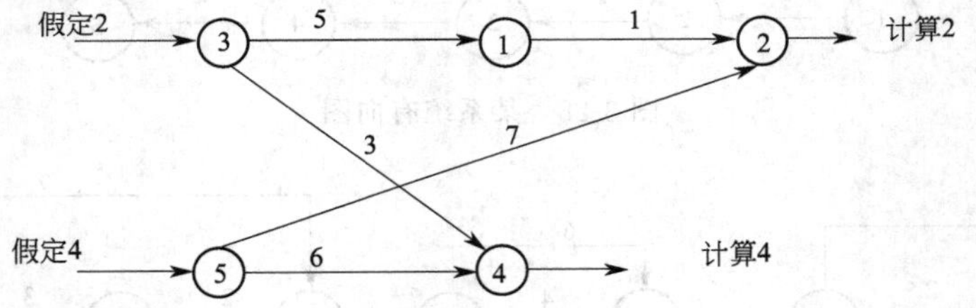


各单元的计算次序依次为③、⑤、④、①、②，也可以是⑤、③、④、①、②或③、⑤、①、②、④。

【例 3-13】　某化工系统的有向图如图 3-32，试切断下面子系统，并用图表示序贯计算的次序。

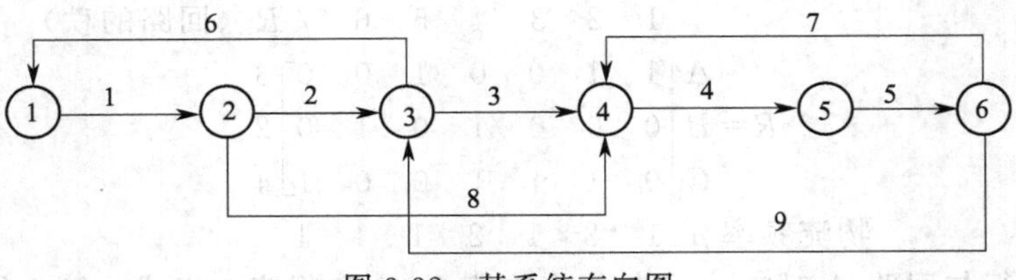


图 3-32　某系统有向图

**解**：首先找到以下 $A$、$B$、$C$ 三个回路

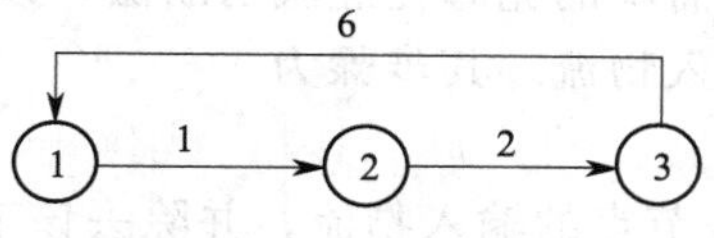


回路 $A$

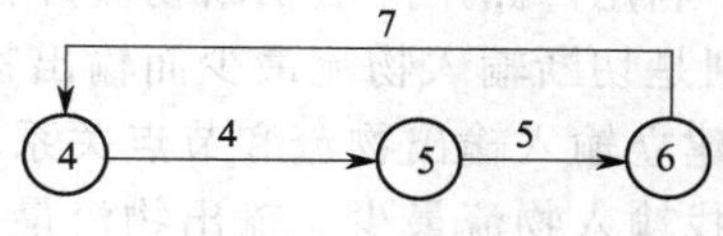


回路 $B$

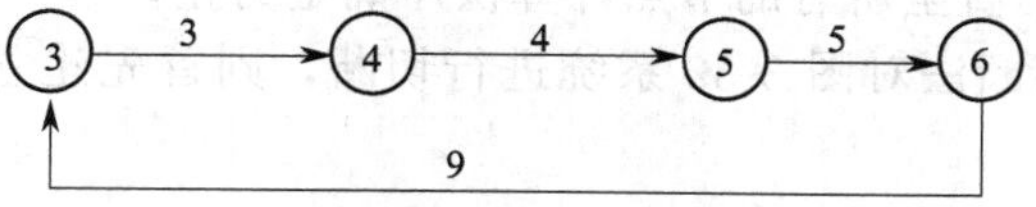


回路 $C$

根据找到的三个回路，建立以下回路矩阵，并进行回路的秩 $R_D$ 及物流频率 $\rho$ 的计算。

$$
\begin{array}{c}
No \\ A \\ R=\ B \\ C \\ \rho
\end{array}
\left(\begin{array}{ccccccccc}
1 & 2 & 3 & 4 & 5 & 6 & 7 & 8 & 9 \\
1 & 1 & 0 & 0 & 0 & 1 & 0 & 0 & \\
0 & 0 & 0 & 1 & 1 & 0 & 1 & 0 & \\
0 & 0 & 1 & 1 & 1 & 0 & 0 & 1 & \\
1 & 1 & 1 & 2 & 2 & 1 & 1 & 1 &
\end{array}\right)
\begin{array}{c}
R_D \\ 3 \\ 3 \\ 4 \\ \
\end{array}
$$

根据上面的回路矩阵可知：

$$\rho_3, \rho_5, \rho_7, \rho_9 \leqslant \rho_4, \rho_1, \rho_6 \leqslant \rho_2$$

同时当 $r_{B3}=1$，$r_{B5}=1$，$r_{C5}=1$，$r_{B7}=1$，$r_{C9}=1$，有 $r_{B3}=1$ $r_{C3}=1$，所以边 $S_3$，$S_5$，$S_7$，$S_9$ 对于边 $S_4$ 来说是不独立的，除去之。同理边 $S_1$ 和 $S_6$ 对于边 $S_2$ 来说是不独立的，除去之，并重新建立回路矩阵。

$$
\begin{array}{c}
No \\ A \\ R=\ B \\ C \\ \rho
\end{array}
\left(\begin{array}{cc}
2 & 4 \\
1 & 0 \\
0 & 1 \\
0 & 1 \\
1 & 2
\end{array}\right)
\begin{array}{c}
R_D \\ 1 \\ 1 \\ 1 \\ \
\end{array}
$$

找到秩为 1 的对应的边分别为 2 和 4，将边 2 和 4 分别切断，这时回路 $A$ 和 $B$ 理所当然被切断，而回路 $C$ 也由于边 2 或 4 被切断而切断，这样上例所示系统的所有回路被切断。提醒读者注意的是本系统中，节点 2、3、4 不构成回路，只构成环路；同时在候选边选取时，如果碰到物流频率相等的物流，选哪一个都可以，如本例中物流 4 和物流 5 可以互换，物流 1 和物流 2 或物流 3 可以互换，所以实际可以产生多种切断的可能性，图 3-33 是以物流 2、4 为切断物流的序贯计算示意图。回路矩阵法切断物流的过程除了人工计算外，也可以将上面的规则编成程序，利用计算机自动确定切断物流的次序，并绘制出序贯计算的示意图。

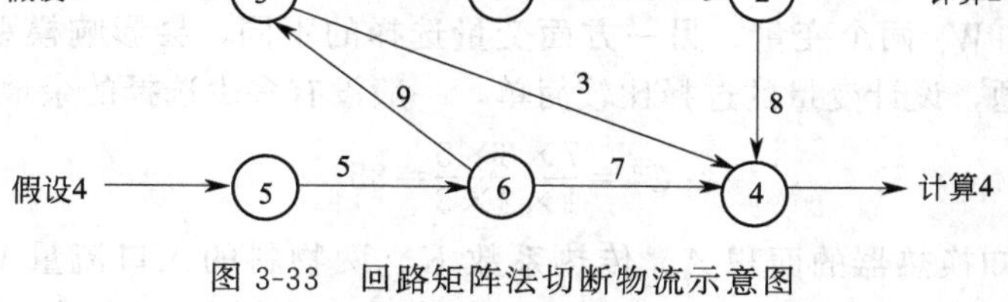


图 3-33　回路矩阵法切断物流示意图

(2) 克海托经验切断法

除了利用回路矩阵法切断物流外，还可以利用更加简单的克海托经验切断法，该方法的基本法则是切断输入物流最少而输出物流最多节点的输入物流。其步骤为：

① 建立输入输出物流和节点关系表；

② 找输入物流最少，输出物流最多的节点，切断该节点的输入物流，并除去该节点；

③ 找出经计算输入流已知的节点，除去这些节点；

④ 重复步骤②～③，直至所有的节点计算次序确定为止。

如果用克海托经验切断法对图 3-32 系统进行切断，则首先建立输入输出物流关系表如表 3-6。

**表 3-6　输入输出物流表**

| 输入物流 | 节点 | 输出物流 | 切断次序 | 切断物流 | 计算次序 |
|---|---|---|---|---|---|
| 6 | 1 | 1 | | | 4 |
| 1 | 2 | 2,8 | 1 | 1 | 1 |
| 2,9 | 3 | 3,6 | | | 3 |
| 3,7,8 | 4 | 4 | | | 5 |
| 4 | 5 | 5 | | | 6 |
| 5 | 6 | 7,9 | 2 | 5 | 2 |

观察表 3-6 的数据，发现节点 2 和节点 5 的输出物流数/输入物流数的值最大，为 2，所以先选择物流 1 为切断物流，在表 3-6 中填上切断次序、切断物流及计算次序均为 1，并将计算所得的物流 2、8 作为已知物流，在其下面划上横线；再次观察表 3-6，并将划横线的物流不予考虑，发现物流 9 和物流 5 均可以作为切断物流，现选择物流 5 为切断物流，填入数据，重复上面的操作，此时节点 3、节点 1 已完全可以计算，进而节点 4 也可以计算，至此所有节点都可以计算。如果你在切断物流 5 和 9 之间选择了物流 9，最后你需要多切断一股物流。请读者自己写出切断物流 1 和物流 5 的序贯计算图。

## 3.6　设计（独立）变量的选择

### 3.6.1　问题的提出

当描写一个模型的独立方程数 $n$ 和所需的变量数 $m$ 确定后，则模型的自由度 $F=m-n$。由自由度的定义可知，系统模型中的 $m$ 个变量有 $F$ 个可自由选取。选不同 $F$ 个变量和对选取的 $F$ 个变量赋不同的值都会使由模型计算出来的状态有所不同，所以这 $F$ 个变量被称为设计变量（design variables，在控制系统中称控制变量 control variables，也有称决策变量 decision variables）。在设计变量被选定并赋值后，就剩下只含 $n$ 变量的 $n$ 方程，这 $n$ 个变量被称为状态变量，$n$ 个方程被称为状态方程（state functions）。

虽说有 $F$ 个变量可以自由选定，但这个自由是受到一定限制的，例如在同一方程中的变量不能都选为设计变量。像换热器模型中，虽说自由度为 6，可任意选 6 个变量，但不能选同一个方程中的 $W_1$ 和 $W_2$ 两个变量。另一方面变量选择的不同，会影响模型方程的求解难易。对于标准模拟型问题，设计变量的选择比较简单，一般没有多少选择的余地，像换热单元

$$C_7^3=\frac{7\times6\times5}{1\times2\times3}=35$$

模型中，常常是已知换热器的面积 $A$、传热系数 $K$、两物料的入口流量 $W_1/G_1$ 及温度 $T_1/t_1$，求出口温度 $T_2/t_2$。如果是设计问题则选择的余地大大增加，除了一些必要的设计要求

外（例如需将某流量为 $G_1$ 的冷流体从 $t_1$ 加热至 $t_2$），由于模型原来自由度为 6，现有 3 个为设计要求，则自由度降为 3，在剩下的 7 个变量中选择 3 个变量可能的方案为：在这些方案中有些是不可行方案，例如选择 $W_1$、$W_2$、$T_1$。在可行方案中有些需要联立求解，例如选择 $T_1$、$K$、$A$，那么选择哪 3 个变量可使模型方程无需联立求解或联立求解的方程数最少，要解决这个问题，可采用拓扑双层图。

### 3.6.2 拓扑双层图

（1）拓扑双层图的建立

拓扑双层图由方程节点、变量节点及联接两种节点的支线组成。例如有以下一组模型方程：

$$f_1(V_1,V_2,V_3)=0$$
$$f_2(V_3,V_4,V_5)=0$$
$$f_3(V_5,V_6,V_1)=0$$

以 $f$ 节点代表方程式，以 $V$ 节点代表变量，联接节点之间的支线表示方程和变量的关系。绘出拓扑双层图如图 3-34 所示。

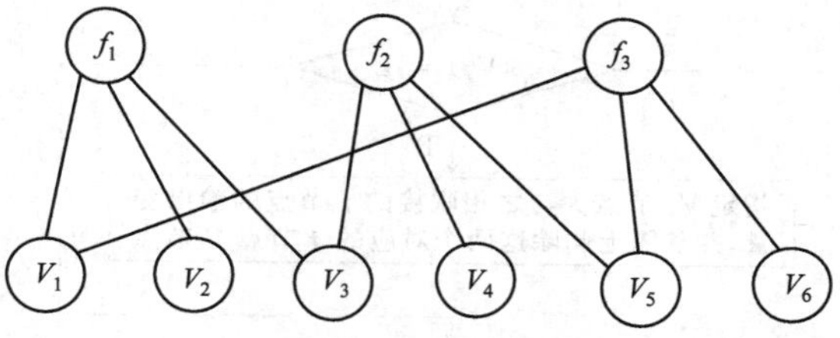


图 3-34　方程组拓扑双层图

（2）局部度

定义与节点相联的支线数为该节点的局部度。在图 3-34 中节点 $f_1$ 的局部度为 $\rho(f_1)=3$，节点 $V_5$ 的局部度为 $\rho(V_5)=2$。

（3）设计变量的选择对方程求解过程的影响

由模型方程可知，其自由度为 3，即在 6 个变量中必须选择 3 个变量作为设计变量（决策）。选择不同的决策变量组，通过拓扑双层图观察其对模型求解过程的影响。

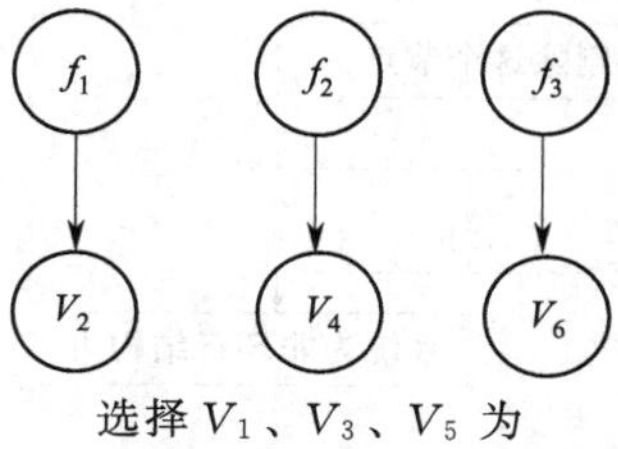


选择 $V_1$、$V_3$、$V_5$ 为设计变量的双层图，模型方程可各自单独求解

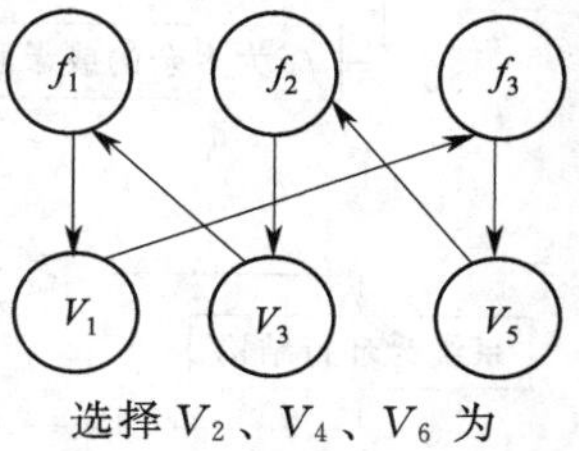


选择 $V_2$、$V_4$、$V_6$ 为设计变量的双层图，模型方程需联立求解

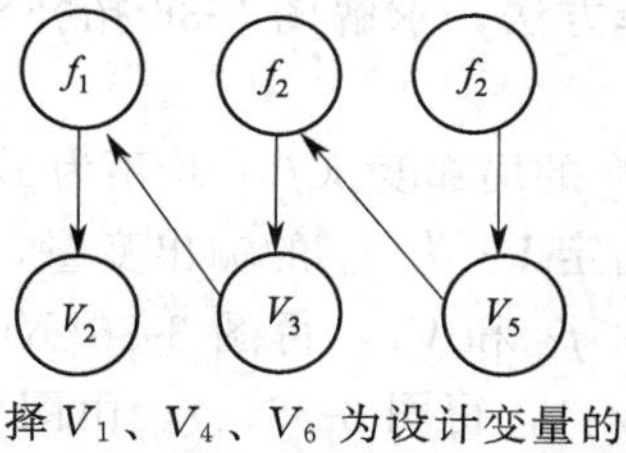


选择 $V_1$、$V_4$、$V_6$ 为设计变量的双层图，模型方程可依次求解

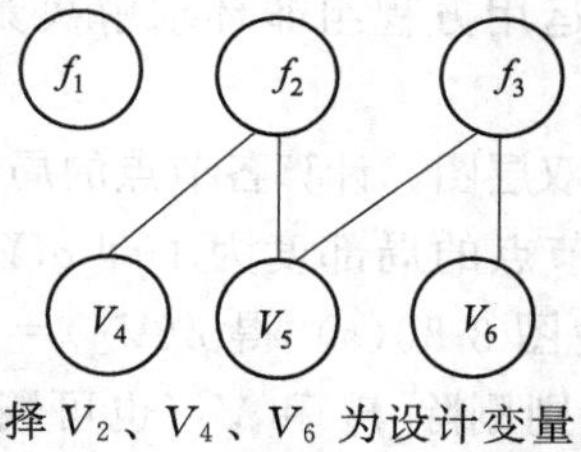


选择 $V_2$、$V_4$、$V_6$ 为设计变量的双层图，模型方程得不出解

(4) 设计（决策）变量的选择

由于求解方程组的工作量随着必须同时求解的方程数而迅速增加。因此，选择设计变量的标准为：必须同时求解的方程数最小。根据这个标准可以推论为：一组最好的设计变量应尽可能地产生出非环结构的方程组，即方程组无需联立求解。根据这个推论，制定具体的算法。实现非环结构双层图的必要条件是，双层图中至少有一个局部度为 1 的 $V$ 节点 $\rho(V_j)=1$，或一个局部度为 1 的 $f$ 节点。具体计算框图如图 3-35 所示。

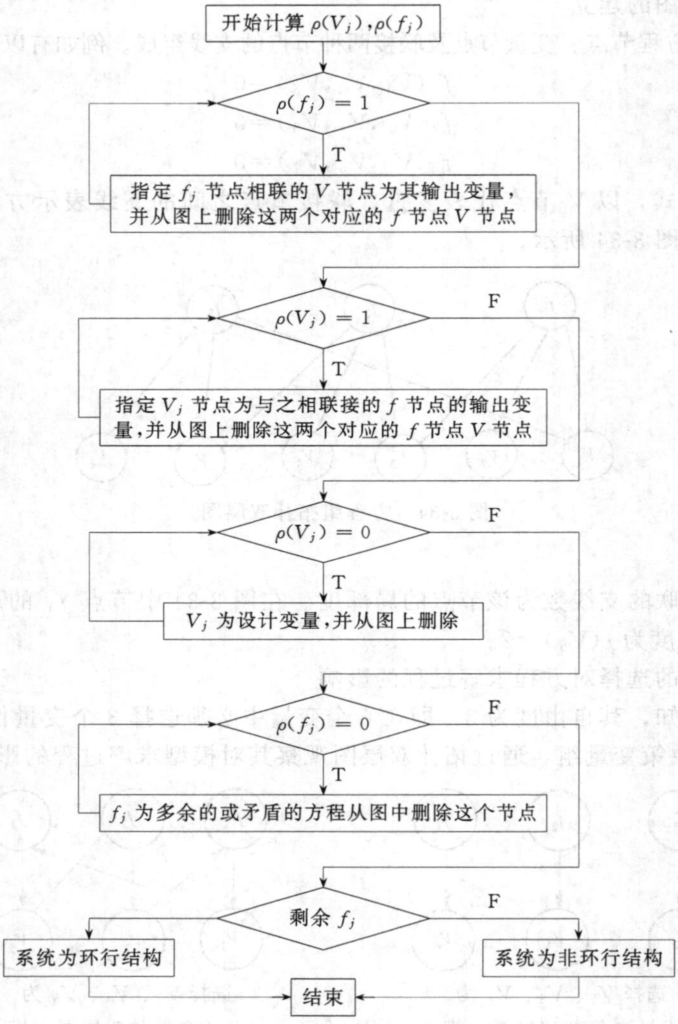


图 3-35 方程组非环求解决策变量选择方法示意图

**【例 3-14】** 运用方程组非环求解决策变量选择方法，求解图 3-36 拓扑双层图中模型方程组的设计变量。

① 根据拓扑双层图，计算各节点的局部度，其 $f_j$ 的局部度 $\rho(f_j)$ 均不为 1，则转下一步；

② 找到 $V_2$ 节点的局部度为 1 即 $\rho(V_2)=1$，指定 $V_2$ 为 $f_1$ 的输出变量，删除 $V_2$ 和 $f_1$，得图 3-36(a)。由图 3-36(a) 得 $\rho(V_1)=1$，则删除 $f_3$ 和 $V_1$，得图 3-36(b)。由图 3-36(b) 可知 $\rho(V_3)=1$，则删除 $f_2$ 和 $V_4$（也可删除 $V_3$ 或 $V_5$），得图 3-36(c)。由图 3-36(c) 再也找不到 $\rho(V_j)=1$ 的节点，则转下一步；

③ 由图 3-36(c) 找到 $\rho(V_3)=0$、$\rho(V_5)=0$、$\rho(V_6)=0$，则 $V_3$、$V_5$、$V_6$ 选为设计变量，最后无 $f_j$ 剩下，故系统是非环结构。其计算过程图见图 3-36(d)。

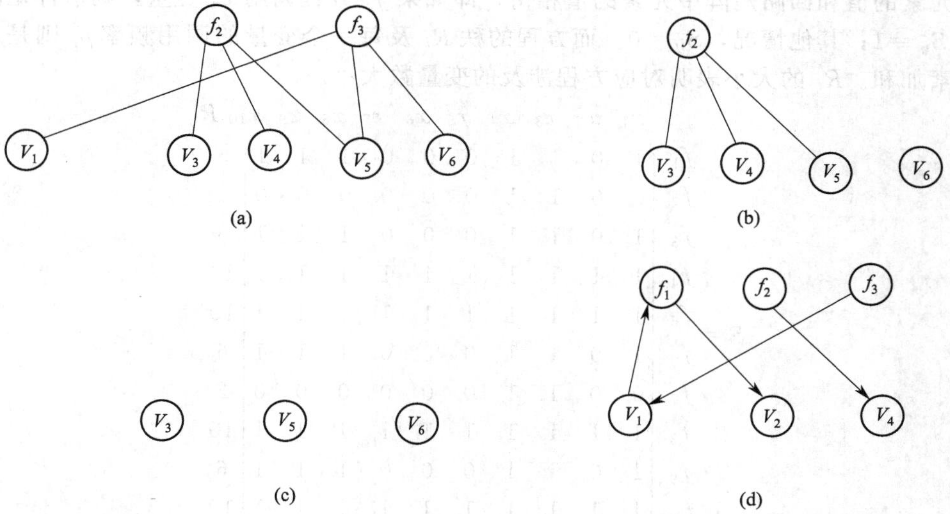


图 3-36 拓扑双层图

## 3.7 大型方程组的分解策略

上一节设计变量的选择是在变量数多于方程数、模型具有一定自由度的情况下，如何选择具有和自由度数相当的设计变量数，使模型方程组便于求解。本节要解决的是当模型自由度为零时，如何寻找到相对小的可独立求解的子方程组，通过先求解子方程组，再将子方程组的解代入剩下的方程，依次求解直至将所有的方程全部求解，其目的是减少需要同时求解的方程，有时也称方程组降阶。

对于 $n$ 维方程组的分解或降阶就是要找到只含 $k_1(k_1\leqslant n)$ 个变量的 $k_1$ 阶子方程组，单独求解这 $k_1$ 阶子方程组。$k_1$ 阶子方程组求解后，原方程组剩下 $n-k_1$ 个方程。在剩下 $n-k_1$ 个方程中，找到只含 $k_2(k_2\leqslant n-k_1)$ 个变量的 $k_2$ 阶子方程组，单独求解这 $k_2$ 阶子方程组。重复以上过程，最终方程组可以分解为一系列可以顺序求解的子方程组。对于方程组的分解过程，如果比较简单的话，可以采用作者提出的方程组事件矩阵中方程秩排序法进行分解。下面通过一个具体的方程组分解来说明该方法。有下面方程组：

$$\begin{cases}
f_1=x_1+x_3x_4^2+2x_8+2x_9x_{10}-20\\
f_2=x_3+2x_4-10\\
f_3=x_1^2-2x_3^2-x_4+x_8+x_9+x_{10}-18\\
f_4=2x_1+x_2x_3^2-x_4x_6+x_5-x_7x_8+x_9+x_{10}-23\\
f_5=x_1x_2x_3^2-x_4x_5x_6-x_7+x_8x_9x_{10}-28\\
f_6=x_1+2x_3^2-x_4+x_8x_9+x_{10}-19\\
f_7=3x_3-x_4-2\\
f_{10}=x_1x_4+2x_2+2x_3+x_5-x_6x_7+x_8x_9+x_{10}-25\\
f_9=x_1x_8+2x_3^2x_{10}-x_4x_9-8\\
f_{10}=x_1+x_2-2x_3^2-x_4+x_5x_6-x_7x_8x_9+x_{10}-16
\end{cases}$$

首先建立方程组的事件矩阵，并计算每一个方程的秩 $R_i$ 及每一个变量的调用频率 $\rho_i$，方程组事件矩阵是 $n \times n$ 的方阵，每一行代表一个方程，每一列代表一个变量。矩阵中每一个具体元素的值和回路矩阵中元素的值相仿，即如果 $f_i$ 方程调用 $x_j$ 变量，则事件矩阵中对应元素 $S_{ij}=1$；其他情况，$S_{ij}=0$。而方程的秩 $R_i$ 及每一个变量的调用频率 $\rho_i$ 则是对应行和列的素加和。$R_i$ 的大小表明对应方程涉及的变量数大小。

$$
S=\begin{array}{c}
 \\ f_1 \\ f_2 \\ f_3 \\ f_4 \\ f_5 \\ f_6 \\ f_7 \\ f_8 \\ f_9 \\ f_{10} \\ \rho
\end{array}
\begin{array}{cccccccccc|c}
x_1 & x_2 & x_3 & x_4 & x_5 & x_6 & x_7 & x_8 & x_9 & x_{10} & R \\
1 & 0 & 1 & 1 & 0 & 0 & 0 & 1 & 1 & 1 & 6 \\
0 & 0 & 1 & 1 & 0 & 0 & 0 & 0 & 0 & 0 & 2 \\
1 & 0 & 1 & 1 & 0 & 0 & 0 & 1 & 1 & 1 & 6 \\
1 & 1 & 1 & 1 & 1 & 1 & 1 & 1 & 1 & 1 & 10 \\
1 & 1 & 1 & 1 & 1 & 1 & 1 & 1 & 1 & 1 & 10 \\
1 & 0 & 1 & 1 & 0 & 0 & 0 & 1 & 1 & 1 & 6 \\
0 & 0 & 1 & 1 & 0 & 0 & 0 & 0 & 0 & 0 & 2 \\
1 & 1 & 1 & 1 & 1 & 1 & 1 & 1 & 1 & 1 & 10 \\
1 & 0 & 1 & 1 & 0 & 0 & 0 & 1 & 1 & 1 & 6 \\
1 & 1 & 1 & 1 & 1 & 1 & 1 & 1 & 1 & 1 & 10 \\
8 & 5 & 10 & 10 & 5 & 5 & 5 & 8 & 8 & 8 &
\end{array}
\tag{3-86}
$$

将式(3-86) 按方程秩的大小调整行的次序，重新按秩从小到大排列，得式(3-87)。从式(3-87) 的第 1 行开始，如能找到秩为 1 的方程，则表明可以单独求解该方程，不断将秩为 1 的方程及变量除去，重新计算秩，直至再也找不到秩为 1 的方程为止，注意在每一轮的寻找过程中，需根据上一轮独立计算变量的情况，对留下方程的秩需重新计算，本案例中无秩为 1 的方程。寻找秩为 2 的方程，本案例中找到两个，并且都在对应相同位置有元素 1，表明方程 $f_2$ 和 $f_7$ 可以独立求解。如果找到秩为 2 的两个方程，其在方程组事件矩阵中两个为 1 的元素不在对应相同位置，情况就比较复杂，可分为两种情况：一种情况是全部不对应，表

$$
S_1=\begin{array}{c}
 \\ f_2 \\ f_7 \\ f_1 \\ f_3 \\ f_6 \\ f_9 \\ f_4 \\ f_5 \\ f_8 \\ f_{10} \\ \rho
\end{array}
\begin{array}{cccccccccc|c}
x_1 & x_2 & x_3 & x_4 & x_5 & x_6 & x_7 & x_8 & x_9 & x_{10} & R \\
0 & 0 & 1 & 1 & 0 & 0 & 0 & 0 & 0 & 0 & 2 \\
0 & 0 & 1 & 1 & 0 & 0 & 0 & 0 & 0 & 0 & 2 \\
1 & 0 & 1 & 1 & 0 & 0 & 0 & 1 & 1 & 1 & 6 \\
1 & 0 & 1 & 1 & 0 & 0 & 0 & 1 & 1 & 1 & 6 \\
1 & 0 & 1 & 1 & 0 & 0 & 0 & 1 & 1 & 1 & 6 \\
1 & 0 & 1 & 1 & 0 & 0 & 0 & 1 & 1 & 1 & 6 \\
1 & 1 & 1 & 1 & 1 & 1 & 1 & 1 & 1 & 1 & 10 \\
1 & 1 & 1 & 1 & 1 & 1 & 1 & 1 & 1 & 1 & 10 \\
1 & 1 & 1 & 1 & 1 & 1 & 1 & 1 & 1 & 1 & 10 \\
1 & 1 & 1 & 1 & 1 & 1 & 1 & 1 & 1 & 1 & 10 \\
8 & 5 & 10 & 10 & 5 & 5 & 5 & 8 & 8 & 8 &
\end{array}
\tag{3-87}
$$

明这两个秩为 2 的方程涉及 4 个变量，则需要和秩为 3 或 4 甚至更多秩的方程进行联立求解；另一种情况是有一个在对应位置上，这时最大的可能是寻找秩为 3 的其他方程，如果找到秩为 3 的方程，并且这个秩为 3 的方程在事件矩阵中对应的 3 个为 1 的元素所在的列均已包含前面两个秩为 2 的方程在事件矩阵中为 1 的元素对应的列，则表明这 3 个方程共同涉及的变量只有 3 个，可以独立求解。如果秩为 2 的方程无法找到可以共同求解的方程，就转向

秩为 3 的方程，这时需要 3 个秩都为 3 的方程，也和秩为 2 的方程寻找过程相仿，依次类推，不断增加秩，直至找到可以独立求解的方程，如全部找完，没有找到可以独立求解的子方程，则表明原方程组无法分解。总之，在寻找可以独立求解的子方程组时，遵循一个准则：$n_1$ 可以独立求解的方程，只涉及 $n_1$ 个变量。

针对本例，删除方程 $f_2$ 和 $f_7$ 以及对应的变量 $x_3$ 和 $x_4$，重写剩下的方程组事件矩阵，得式(3-88)：

$$
S_2=\begin{matrix} \\ f_1 \\ f_3 \\ f_6 \\ f_9 \\ f_4 \\ f_5 \\ f_8 \\ f_{10} \end{matrix}
\begin{matrix} x_1 & x_2 & x_5 & x_6 & x_7 & x_8 & x_9 & x_{10} \\ \end{matrix}
\begin{pmatrix}
1 & 0 & 0 & 0 & 0 & 1 & 1 & 1 \\
1 & 0 & 0 & 0 & 0 & 1 & 1 & 1 \\
1 & 0 & 0 & 0 & 0 & 1 & 1 & 1 \\
1 & 0 & 0 & 0 & 0 & 1 & 1 & 1 \\
1 & 1 & 1 & 1 & 1 & 1 & 1 & 1 \\
1 & 1 & 1 & 1 & 1 & 1 & 1 & 1 \\
1 & 1 & 1 & 1 & 1 & 1 & 1 & 1 \\
1 & 1 & 1 & 1 & 1 & 1 & 1 & 1
\end{pmatrix}
\begin{matrix} R \\ 4 \\ 4 \\ 4 \\ 4 \\ 8 \\ 8 \\ 8 \\ 8 \end{matrix}
\tag{3-88}
$$

仿照前面的过程，找到秩为 4 的个方程，且均在对应位置上出现元素 1，可以独立求解(在已知 $x_3$ 和 $x_4$ 的前提下)，将方程 $f_1$、$f_3$、$f_6$、$f_9$ 删除，对应的变量 $x_1$、$x_8$、$x_9$、$x_{10}$ 也删除，剩下的 4 个方程重写事件矩阵，此时秩均为 4，则需要联立求解。所以原方程组最后的求解次序为（$f_2$，$f_7$）→（$f_1$、$f_3$、$f_6$、$f_9$）→（$f_4$、$f_5$、$f_8$、$f_{10}$），将原来需要 10 个方程联立求解的过程，变成了只需进行一个 2 个方程的联立求解，2 个 4 个方程的求解的过程。如果简单计算其所需计算时间的话，原来为 10×10＝100，现在为 2×2＋2×4×4＝36，比原来减少了 64％。

上面作者提出的方法，对简单的方程组比较有效，但当方程组之间的关系复杂时，对其事件矩阵的判断过程比较繁琐，这时可以采用另一种方法来确定方程组的分解，该方法相对容易实现，但步骤也较多，一般可分为以下三步。

### 3.7.1 指定方程组每一方程的输出变量

要指定方程组每一个方程的输出变量，必须先建立方程组的事件矩阵，通过事件矩阵，经过预分配和再分配确定方程组每一个方程的输出变量。

（1）预分配

挑选事件矩阵中频率最小的列，该列所对应的变量将作为输出变量；同时找到对该列中为 1 的元素对应方程秩为最小的行，该行对应的方程就是输出上面变量的方程，将该行列相交的 1 元素做上标记。删除对应的行和列，重新进行频率和秩的计算，重复上面的过程，确定每一个方程的输出变量，直至最后剩下一行一列的交点所对应的元素也为 1，则方程组变量预分配成功；反之则不成功，进行再分配。

（2）再分配

从剩余行中的任一非零元素出发，重复图 3-37 所示的规则，直至找到一条到达剩余列的任一非零元素的通路，并将该元素标记。这时，带有标记的元素构成了变量输出集，和对应的方程一起，可以画出方程组信息有向图。

### 3.7.2 利用方程组输出变量集，绘制方程组信息有向图

方程组信息有向图的绘制需要利用每一方程指定的输出变量信息，并结合邻接矩阵中节点和节点之间的关系来绘制。首先绘制 $n$ 个方程节点，节点 $i$ 和节点 $j$ 之间的有向支线通过

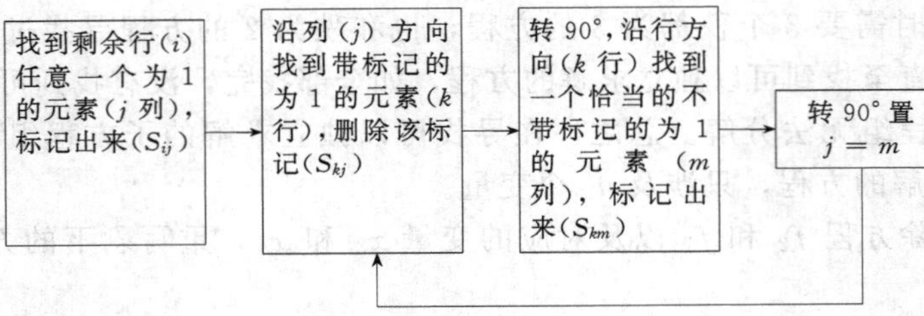


图 3-37 再分配规则

下面的规则来确定：节点 $i$ 的输出变量是节点 $j$ 方程中的变量之一，则方程节点 $i$ 到方程节点 $j$ 之间有有向支线；反之，则没有。如某 5 变量方程组，节点 1 的输出变量为 $x_3$，而 $x_3$ 还出现在 $f_2$、$f_4$、$f_5$ 中，则关于从节点 1 出发的有向支线如图 3-38 所示。

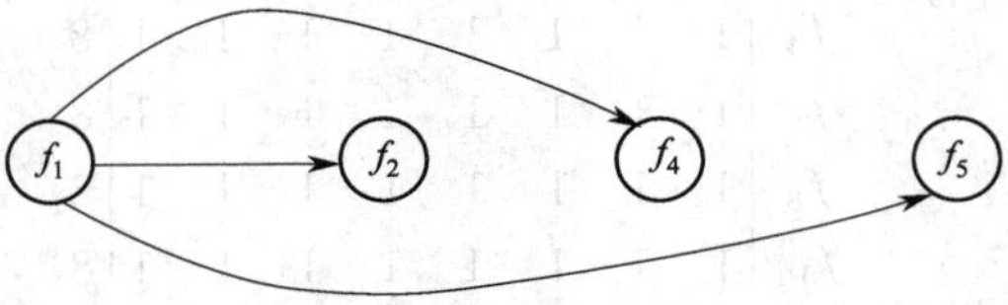


图 3-38 方程组部分节点信息有向图

### 3.7.3 利用邻接矩阵分隔系统的方法，找出方程组信息图中的回路，确定方程组分解策略

利用前面绘制的建立方程组信息有向图，写出该有向图的邻接矩阵，利用该邻接矩阵乘幂法，分隔系统，进而确定方程组的求解策略。

**【例 3-15】** 试利用方程组事件矩阵及邻接矩阵，分解下面方程组，并求解。

$$
\begin{aligned}
f_1&=x_1+x_2^{0.7}+3x_6-10\\
f_2&=x_1x_2^{1.5}x_5+2x_6-15\\
f_3&=2x_1^{1.5}-x_2+x_6-15\\
f_4&=x_1+x_2-x_3^2-x_4x_5+x_6\\
f_5&=3x_1-x_2x_6^{1.5}-15\\
f_6&=x_1+2x_2-x_1x_3+x_4x_6+x_5-8
\end{aligned}
\tag{3-89}
$$

**解**：首先建立方程组的事件矩阵 $S$：

利用预分配原则进行预分配，首先找到 min ($\rho_i$) 为第 3 列的 $\rho_3=2$，故将 $x_3$ 作为某方程

$$
\begin{array}{cc}
 & \begin{array}{cccccc} x_1 & x_2 & x_3 & x_4 & x_5 & x_6 \end{array} \; R \\
S=\begin{array}{c} f_1\\ f_2\\ f_3\\ f_4\\ f_5\\ f_6 \end{array} & \left(\begin{array}{cccccc}
1 & 1 & 0 & 0 & 0 & 1\\
1 & 1 & 0 & 0 & 1 & 1\\
1 & 1 & 0 & 0 & 0 & 1\\
1 & 1 & 1 & 1 & 1 & 1\\
1 & 1 & 0 & 0 & 0 & 1\\
1 & 1 & 1 & 1 & 1 & 1
\end{array}\right)\begin{array}{c} 3\\ 4\\ 3\\ 6\\ 3\\ 6 \end{array} \\
\rho & \begin{array}{cccccc} 6 & 6 & 2 & 2 & 3 & 6 \end{array}
\end{array}
\tag{3-90}
$$

输出变量。在第 3 列中找到元素为 1 的两行为第 4 行和第 6 行，其秩相等，故按次序先后确定第 4 行，从而确定将 $x_3$ 作为方程 $f_4$ 的输出变量，并将 $S_{43}$ 做上标记，删除第 4 行和第 3

列，重新计算 $\rho$ 和 $R$，重复上面的寻找过程，此时 $x_4$ 对应列的 $\rho$ 为最小，而该列中只有 $f_6$ 对应行的元素为 1，故将 $x_4$ 作为方程 $f_6$ 的输出变量，并将 $S_{64}$ 做上标记；不断重复上面过程，最后预分配成功，无需进入再分配，预分配成功图见式(3-91)。

$$
S=\begin{array}{c} \\ f_1\\ f_2\\ f_3\\ f_4\\ f_5\\ f_6\\ \\ \rho \end{array}
\begin{array}{c}
\begin{array}{cccccc} x_1 & x_2 & x_3 & x_4 & x_5 & x_6 \end{array}\\
\begin{pmatrix}
① & 1 & 0 & 0 & 0 & 1\\
1 & 1 & 0 & 0 & ① & 1\\
1 & ① & 0 & 0 & 0 & 1\\
1 & 1 & ① & 1 & 1 & 1\\
1 & 1 & 0 & 0 & 0 & ①\\
1 & 1 & 1 & ① & 1 & 1
\end{pmatrix}\\
\begin{array}{cccccc} 6 & 6 & 2 & 2 & 3 & 6 \end{array}
\end{array}
\begin{array}{c} R\\ 3\\ 4\\ 3\\ 6\\ 3\\ 6\\ \\ \\ \end{array}
\tag{3-91}
$$

根据式(3-91) 的预分配，绘制出方程组信息图 3-39。

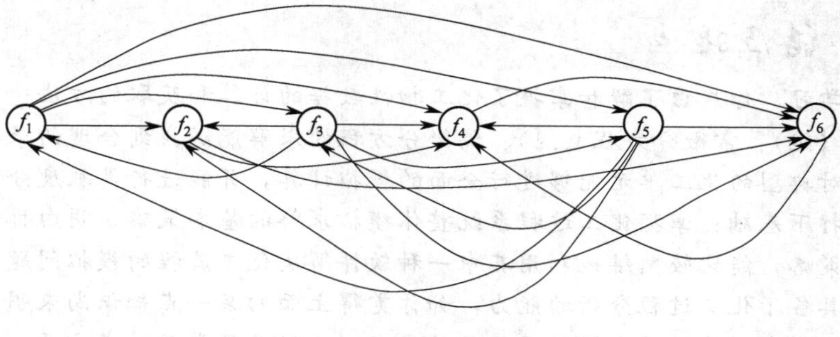


图 3-39 【例 3-15】方程组信息图

根据图 3-39，写出该有向图的邻接矩阵 $R_A$

$$
R_A=\begin{array}{c} \\ f_1\\ f_2\\ f_3\\ f_4\\ f_5\\ f_6 \end{array}
\begin{array}{c}
\begin{array}{cccccc} f_1 & f_2 & f_3 & f_4 & f_5 & f_6 \end{array}\\
\begin{pmatrix}
0 & 1 & 1 & 1 & 1 & 1\\
0 & 0 & 0 & 1 & 0 & 1\\
1 & 1 & 0 & 1 & 1 & 1\\
0 & 0 & 0 & 0 & 0 & 1\\
1 & 1 & 1 & 1 & 1 & 0\\
0 & 0 & 0 & 1 & 0 & 0
\end{pmatrix}
\end{array}
\tag{3-92}
$$

尽管图 3-39 表面看上去很复杂，但通过建立邻接矩阵，并作 3 次幂运算，得到如下结果：

$$
R_A^3=\begin{array}{c} f_1\\ f_2\\ f_3\\ f_4\\ f_5\\ f_6 \end{array}
\begin{pmatrix}
1 & 1 & 1 & 1 & 1 & 1\\
0 & 0 & 0 & 1 & 0 & 1\\
1 & 1 & 1 & 1 & 1 & 1\\
0 & 0 & 0 & 0 & 0 & 1\\
1 & 1 & 1 & 1 & 1 & 1\\
0 & 0 & 0 & 0 & 0 & 0
\end{pmatrix}
\tag{3-93}
$$

由式(3-93) 可知，节点 $f_1$、$f_3$、$f_5$ 构成回路，需独立求解，删除 $f_1$、$f_3$、$f_5$ 节点，重写邻接矩阵，得式(3-94)：

$$R_{A1}=\begin{matrix} & f_2 & f_4 & f_6 \\ f_2 & 0 & 1 & 1 \\ f_4 & 0 & 0 & 1 \\ f_6 & 0 & 1 & 0 \end{matrix} \tag{3-94}$$

由式(3-94)可知，$f_2$ 对应列的元素全为列，表明 $f_2$ 可以独立求解，删除 $f_2$ 节点，剩下 $f_4$ 和 $f_6$ 节点需要联立求解，所以方程最后分解求解的过程为：$(f_1、f_3,f_5)\rightarrow(f_2)\rightarrow(f_4、f_6)$。可利用 excel 的规划求解功能，分别求出方程的解。具体结果见表 3-7。详细参见电子课件“第二章程序/方程组分解计算 . xsl”。

**表 3-7 计算结果**

| $x_1$ | $x_2$ | $x_3$ | $x_4$ | $x_5$ | $x_6$ |
|---|---|---|---|---|---|
| 5.141 | 8.445 | 3.337 | 22.16 | 0.117 | 0.136 |
| $f_1$ | $f_2$ | $f_3$ | $f_4$ | $f_5$ | $f_6$ |
| 7E-09 | 0 | −0 | −0 | −0 | 9E-14 |

## 本章小结及提点

通过本章学习，你应该了解和掌握了化工物性数据的计算和获取的方法；对化工中常见的非线性方程（组）、常微分方程（组）、偏微分方程的求解能够找到合理的求解策略或恰当的计算软件；对典型的化工单元能够进行全面的模拟计算，并能进行灵敏度分析，为以后化工过程的优化打下基础；掌握化工过程系统整体模拟求解的基本策略，明白目前常用化工模拟软件的求解策略，能比较熟练地利用其中一种软件解决化工流程的模拟问题。课程学习至此，你已基本具备了化工过程分析的能力，如你觉得上面的某一点知识尚未明白或不知这些知识指的是什么内容，请抓紧全面学习前面的内容，为以后的学习带来方便。

## 习题

1. 某化工系统的有向图如下，试切断下面子系统，并用图示表示序贯计算的次序。

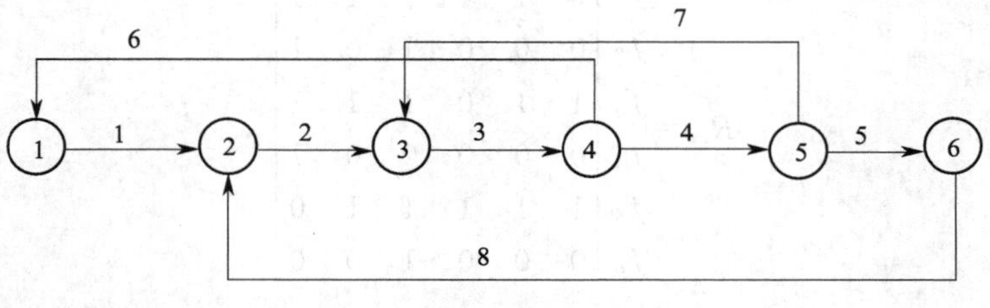


2. 试用回路矩阵法切断下面子系统，并用图示表示序贯计算的次序。

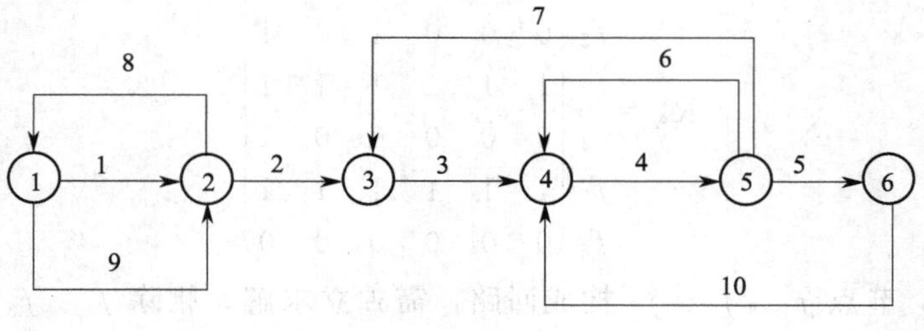

3. 某化工系统的有向图如下，试切断下面子系统，并用图示表示序贯计算的次序。

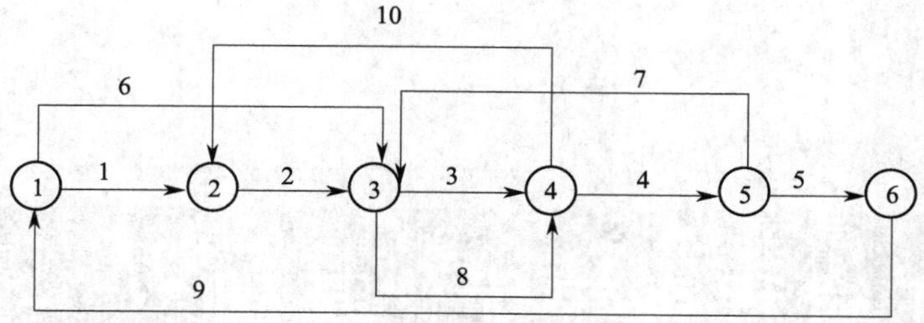


4. 某 A、B、C 三组分流体绝热闪蒸，假设体系为理想体系，A、B、C 纯组分的饱和蒸汽压分别可通过以下公式计算，单位为 atm。

$$P_A^0=\frac{e^{a_1-\frac{b_1}{T-c_1}}}{760};\ P_B^0=\frac{e^{a_2-\frac{b_2}{T-c_2}}}{760};\ P_C^0=\frac{e^{a_3-\frac{b_3}{T-c_3}}}{760}$$

已知物流 $F_1$、$F_2$、$F_3$ 的焓都和物流的温度有关，可表示为 $H_i=m_i+n_iT_i$，上述公式中的系数均为已知数，试建立该化工过程的数学模型，并计算模型的自由度，如果进料物流已知，则系统的自由度又为多少？如果已知进料及闪蒸压力 $P$(atm)，过程能否求解？如能求解，写出计算的思路或计算机求解方案。

5. 试分析化工过程三种不同流程模拟的形式，并分析共同点及不同点。

6. 试写出化工流程模拟的方法。

7. 求解下面微分方程：

$$\begin{cases}\dfrac{dy}{dx}=y^2\sin x+2\\ y(0)=1\end{cases},\ 0\leqslant x\leqslant 2$$

8. 求解下面边值问题微分方程

$$\begin{cases}2y'-0.5(1+x^2)y-1=0\\ y(0)=4, y(10)=8\end{cases}$$

9. 试求下面模型在 $x_1=0$，$x_2=0$，$x_3=0$ 处的线性模型：

$$Y=\begin{pmatrix}-\cos x_1+0.05x_2^2+9\sin x_3+3\\ x_1^2-\ln(x_2+1)-2\sin x_2-10e^{x_3}-2\\ x_1+0.1x_2^2+2x_1x_3+1\end{pmatrix}$$

10. 试分解下面方程组：

$$\begin{cases}f_1=x_1+2x_2x_3+x_4^2+2x_5\\ f_2=x_3+2x_4^2-10\\ f_3=2x_3^2-x_4-18\\ f_4=2x_1+x_2x_3^2-x_4x_5-2\\ f_5=x_1x_2x_3^2-x_4x_5-8\end{cases}$$

11. 运用方程组非环求解决策变量选择方法，求解下拓扑双层图中模型方程组的设计变量。

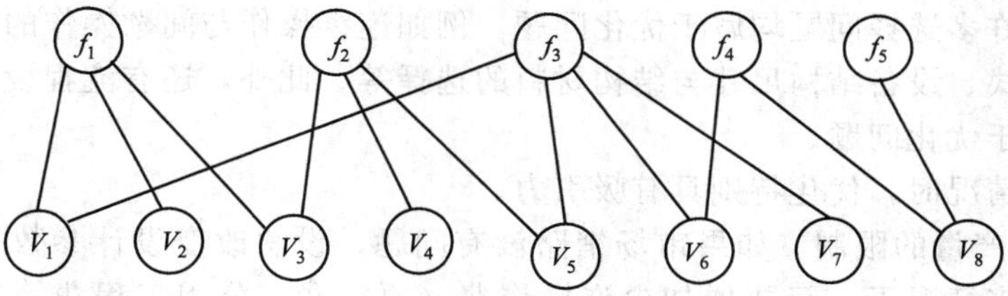


12. 试分析几种化工流程模拟方法的各自优缺点。

# 第4章

# 化工过程系统优化基础

**【本章导读】**

化工系统的优化是化工系统工程的核心。例如，当我们在设计一个设备或一个工厂时，总是希望得到的产品成本最低或获利最大，这就是最优设计问题。对于现代设备或工厂，我们总是设法对其工况加以调节和控制，使产量最高或获利最大，这就是最优控制问题。还有范围更加广泛的企业管理问题，如生产计划（包括产品的种类、产量的决定、原料供应、设备维修、催化剂更新等）的制定；工厂各部门（如生产部门，运输部门，水、电、汽等公用工程部门，原料和产品仓库等）的协调配合。所有这些问题都必须用科学的方法加以解决，使企业的利润最大，这就是最优管理问题。要使一个工厂或联合企业有效地、高水平的运转，上述三方面的优化缺一不可。

## 4.1 化工过程系统优化概述

### 4.1.1 优化问题的性质

在工程问题中，常会遇到设备费和操作费之间的矛盾。如何在设备费和操作费之间进行平衡，使总费用最小，这就是优化要解决的问题。优化的目标是确定系统中各单元设备的结构参数和操作参数，使系统的经济指标达到最优。

化工过程的设计和操作问题一般具有多解，甚至无穷解，优化就是用定量的方法从众多的解中找出最优的一组解。为此，需要建立过程的数学模型，确定合适的优化目标及运用以前的经验（也称为工程判断）。优化可用于设计的改进或现有装置操作条件的改善，以达到最大产出、最大利润、最小能耗等目标。对于操作型问题（现在装置的优化），利润的增加来自装置性能的改善，例如产品收率的提高、处理能力的增加、连续开工周期的延长等。由于化工系统具有阶层性，因而优化也是多层次的，可在任一水平上进行优化。

在工程上，许多选择问题均属于优化问题。例如连续操作与间歇操作的选择，流程、操作条件、设备形式、设备结构尺寸与结构材料的选择等。此外，还有流程设计、设备工艺参数的确定等也属于优化问题。

当存在以下情况时，优化特别具有吸引力。

① 销售受到产量的限制　如果市场销路没有问题，设法改变设计参数提高产量是很有吸引力的。在许多情况下，只要增加少许操作费（原料费、公用工程费等）就能使产量提高，而不必增加投资费用。

② 销售受到市场限制　在这种情况下，只有当装置有可能提高效率或收率时，优化才有意义，此时的主要目标是提高每台设备的效能，使之达到最低的公用工程和原料消耗，以降低成本。

③ 大型装置　巨大的产量为增加利润提供了潜力，因为此时生产成本有微小的下降都会带来很大的利润。大多数大型石油化工装置都属于这种情况，如年炼油能力为 1500 万吨的某炼油厂，如每吨油节约费用 1 元，就会带来 1500 万元的净利润。

④ 高单耗或高能耗　此时降低消耗或能耗不仅使生产成本有较大下降，同时也减少了污染及二氧化碳的排放，还有可能申请减排奖励。

⑤ 产品质量超过设计规定　如果产品质量明显优于用户要求，这样会造成生产费用和装置能力的浪费。设法使产品质量靠近用户要求，便能使成本下降。

⑥ 有较多的有用组分通过废水、废气排出　例如通过调节空气与燃料的比例，以减少加热料损失，从而降低燃料的消耗。减少废水、废气中有用组分的含量还能降低环境保护装置的费用。

⑦ 人工费用高　对于需要人工劳动较多的过程，例如间歇操作，减少人工费用就能降低生产成本。减轻劳动强度，也能使生产成本下降。有时尽管定员不能减少，但劳动负荷的降低能使操作者承担更多的工作。采用机器人代替人工，在人工费用日益增加的情况下也可以降低生产成本。

⑧ 原设计的外部环境已改变　原设计外部环境改变时，系统的性能会发生较大的变化，需要重新进行优化。

由于化工过程的复杂性，一个化工系统要达到真正的最优是十分困难的，常常只能代以局部优化，得到的是次化解，即对其中的系统进行优化，或者忽略某些影响因素进行优化。

### 4.1.2　常见的化工优化问题

典型的化工优化问题主要包括：

① 厂址选择；

② 管道尺寸的确定和管线布置；

③ 设备设计和装置设计；

④ 维修周期和设备更新周期的确定；

⑤ 单元设备（如反应器、塔器等）操作的确定；

⑥ 装置现场数据的评价，过程数学模型的建立；

⑦ 最小库存量的确定；

⑧ 原料和公用工程的合理利用等；

⑨ 生产方案的确定；

⑩ 换热网络的确定；

⑪ 分离次序的确定；

⑫ 催化剂更换周期的确定。

上面所有的优化问题，都有一个共性，就是当某一关键变量或需要优化的变量改变的时候，在优化目标中总会出现两项对目标函数贡献相反方向的分项，如以设备维修周期优化为例，当维修周期增加时，单位产品的维修成本下降；而单位产品的生产成本由于维修周期增加，设备性能下降，导致生产成本增加。总成本和维修周期形成如图 4-1 的关系。

由图 4-1 可知，维修周期在 6 年时，产品的总成本最低，当然这不具有普遍意义，因为最佳的维修周期和产品成本的计算公式有关，而计算公式又和具体的生产工艺及设备有关，如图 4-2 则是另一个生产过程的维修周期和产品成本关系。由图 4-2 可知，最佳的维修周期为 2 年。

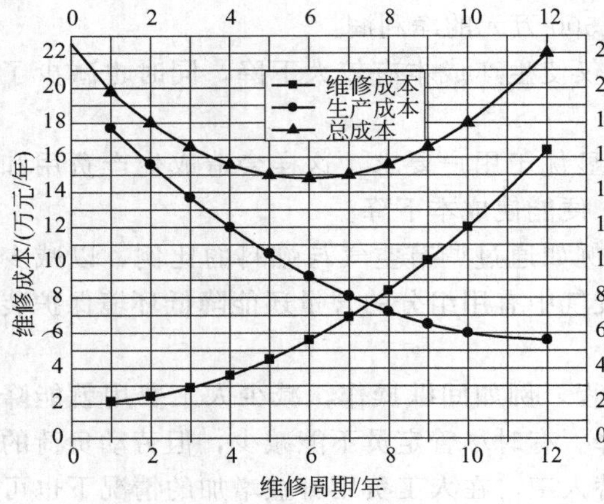


图 4-1　产品成本随维修周期改变关系 1

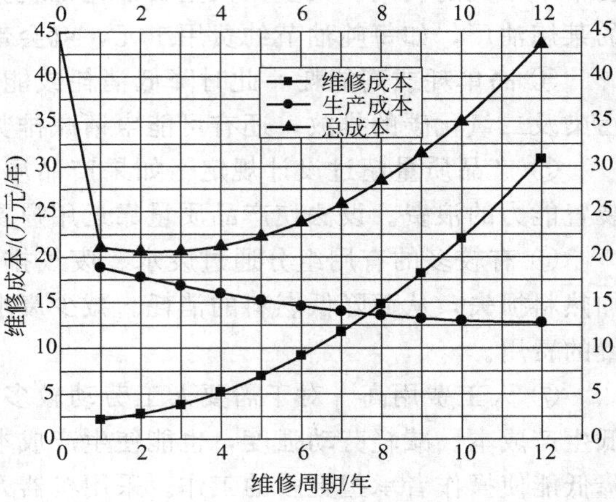


图 4-2　产品成本随维修周期改变关系 2

对于单元设备优化问题，如换热器设计优化，为了满足某换热任务，可以有多种换热方案。即使确定采用列管式换热器，也存在换热面积和冷却水流量之间的权衡。换热面积大，则所需的冷却水流量较小，完成相同的换热任务所需的操作费用小，但换热器一次性投资大；相反换热器面积小，则所需冷却水流量大，完成相同的换热任务所需的操作费用大，但所需的设备投资小。通过计算，某换热器的综合成本和冷却水的出口温度关系如下（已利用模型方程消去传热面积、冷却水流量）：

$$J=225\frac{\ln(14-0.1t_2)}{130-t_2}+\frac{480}{t_2-30} \tag{4-1}$$

式(4-1) 中右边的第一项是设备投资费用折算到年费用，第二项是年操作费用，将该两项费用和总费用随冷却水出口温度变化的关系绘制成图 4-3，可以看到出口温度在 90℃左右，总费用为最小，其值大约为 17 万元/年。至于精确的 $t_2$ 值及总费用值，需要利用 4.3 节介绍的单变量函数优化方法。

### 4.1.3　化工优化问题的一般数学模型

大多数化工优化问题均是在一定约束条件下的优化问题。这些约束条件有些是化工过程本征需要满足的等式约束，如能量守恒、质量守恒。其实这些约束就是化工模拟的问题。而有些约束是外部条件受到限制，如外界提供的物料有限制、提供的热源温度有限制、设备的能力有限制，这些限制一般都是不等式约束。也就是说在优化时，这些变量有一定的取值范围。在取值范围内，这些变量可以任意改变。如某化工仓库的库存能力是 2 万吨，那么你可以在 0～2 万吨之间任意存放。化工优化模型包括目标函数（经济指标）和系统模型（约束方程），一般的数学形式如下。

目标函数：

$$J=f(X,U) \tag{4-2}$$

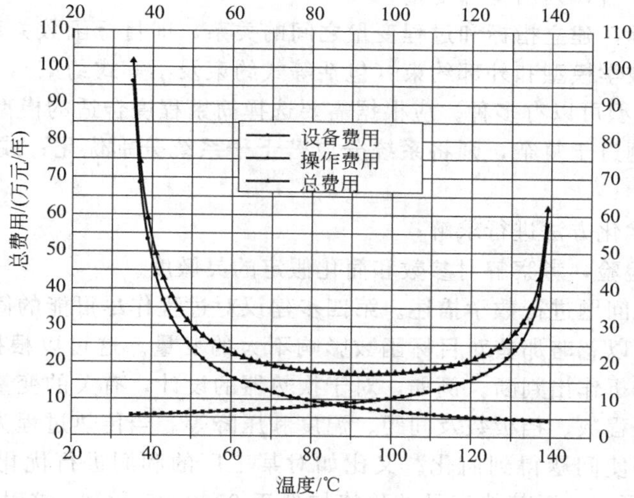


图 4-3　总费用随冷却水出口温度变化的关系

约束条件：

$$g_i(X,U)=0 \quad (i=1,2,\cdots,n) \tag{4-3}$$

$$q_j(X,U)\geqslant 0 \quad (j=n+1,n+2,\cdots,p) \tag{4-4}$$

其中：　$X=(x_1,x_2,\cdots x_n)$，$U=(u_1,u_2,\cdots,u_m)$

对于由式(4-2)～式(4-4) 构成的优化模型，为了分析方便，将可以通过等式约束计算出来的变量取名为状态变量，用 $x_i$ 来表示，它的个数和优化模型的等式约束相等，均为 $n$ 个，除了这 $n$ 个变量之外的其他变量，用 $u_i$ 来表示，它的个数为 $m$，这样优化模型共涉及 $(m+n)$ 变量，而等式约束为 $n$ 个，不等式约束为 $p$ 个，则系统的自由度为 $m$。需要提醒读者注意的是将状态变量和其他变量（实际上是设计变量或决策变量）人为地用不同的符号来表达是为了分析方便，在具体的优化求解过程中，没有将其分开，可以用各种化工模型中的通用表达变量的形式，如温度用 $T$、压力用 $P$、流量用 $F$。

如果你的优化模型建立后，发现总的等式约束数和总的变量数是相当的，此时相当于 $m=0$，则当系统模型方程的自由度为零，即模型方程中未知变量数为方程数相等时，存在着一个以上的确定解（当模型方程为非线性时存在多解）。若模型方程只有唯一解，则不存在优化问题，该唯一解就是最优解。如果模型方程中未知变量数大于独立方程数时，模型方程称为待定模型。这时模型方程具有无穷可行解。优化就是要从这无穷个可行解中找出使目标函数的值（经济指标）达到最优的一个或若干个解。当未知变量数少于方程数时，模型方程是矛盾的。此时必须放松若干个约束。一个典型的例子是实验过程中物料平衡的核算。由于实验误差的存在，测得的各组数据往往是相互矛盾的。为了用这些数据核算物料平衡，通常需采用最小二乘法使这些矛盾方程的总误差最小。

目前尚没有一种优化方法能有效地适用所有的优化问题。针对某一特定问题选择优化方法的主要根据为：

① 目标函数的特性；

② 约束条件的性质；

③ 决策变量和状态变量的数目；

优化问题求解的一般步骤为：

① 对过程进行分析，列出全部变量；

② 确定优化指标，建立指标和过程变量之间的关系，即目标函数关系式（经济模型）；

③ 建立过程的数学模型和外部约束（包括等式约束及不等式约束），确定自由度和决策变量。一个过程的模型可以有多种，应根据需要选择简繁程度合适的模型；

④ 如果优化问题过于复杂，则将系统分成若干子系统分别优化；或者对目标函数的模型进行简化；

⑤ 选用合适的优化方法进行求解；

⑥ 对得到的解检验，考察解对参数和简化假定的灵敏度。

前三步为对优化问题进行数学描述。第四步建议对过程作尽可能的简化，而又不歪曲问题的本质。首先，可以忽略那些对目标函数影响不大的变量。这可以根据工程判断来确定，也可以通过灵敏度分析作出判断。例如，对于换热器的设计，有关的变量为：传热面积、流量、壳程程数、管程程数、挡板数及间距、温度和压降等。当传热过程为管程控制时，就可以忽略壳程各变量，使问题得到简化。又比如对某工厂的利润进行优化时，如果某产品 $A$ 的价格为 12000.00 元/t，而其他产品的价格均低于 2000.00 元/t，这时只要考虑使 $A$ 的产量最大，费用最低就可以了。

另外，对一些形式简单的约束方程，可将它们代入其他方程或目标函数中去，自然就被消掉了。其次，也可以根据工程判断人为地固定某些变量，使其成为具有确定值的参数。例如，在精馏塔的优化中，可将压力设定为最低压力（该压力取决于塔顶冷凝器的冷却介质和最小传热温差）。

优化问题可表达为求出满足约束条件式(4-3) 和式(4-4)，使目标函数 $J$ 达到最小（或最大）时决策变量的值 $U^*$ 和相应状态变量的值 $X^*$。

### 4.1.4 化工优化问题的基本方法

优化问题的求解方法称为优化方法。优化问题的性质不同，求解的方法也将不同。根据优化问题有无约束条件，可分为无约束优化问题和有约束优化问题。无约束条件优化可分为单变量函数优化和多变量函数优化；而有约束优化问题也可分为两类：线性规划问题和非线性规划问题。当目标函数及约束条件均为线性时，称为线性规划问题；当目标函数或约束条件中至少有一个为非线性时，称为非线性规划问题。求解线性规划问题的优化方法已相当成熟，通常采用单纯形法。

求解非线性规划问题的优化方法可归纳为两大类。

① 间接优化方法　间接优化方法就是解析法，即按照目标函数极值点的必要条件用数学分析的方法求解。再按照充分条件或者问题的物理意义，间接地确定最优解是极大还是极小。例如，微分法即属于这一类。

② 直接优化方法　直接优化方法属于数值法。由于不少优化问题比较复杂，模型方程无法用解析法求解，目标函数不能表示成决策变量的显函数形式，得不到导函数。此时需采用数值法。这种方法是利用函数在某一局部区域的性质或者一些已知点的数值，确定下一步计算的点。这样一步步搜索逼近，最后达到最优点，直接法是化工系统优化问题的主要求解方法。

## 4.2 优化的数学基础

前已指出化工优化问题就是求某个目标函数（经济指标）的最大值或最小值。这些最大值或最小值一般是在一定约束条件下取得的，并要求是全局最大值或最小值。尽管化工问题的最优解和数学上的极值点有一定的区别，但数学上的极值点，就是局部最大值或最小值。如果通过适当的方法，如已知某单变量函数是单峰函数（对多峰函数可分段），约束条件为凸集，目标函数也为凸函数，则已有数学知识证明，局部最小值就是全局最小值。如线性规划就是利用该知识保证求取的解就是全集最优解。

### 4.2.1　凸集

如果对于一个集合中的任意一对点 $x_1$ 和 $x_2$，连接两点的直线段总是完全地被包含在集合内，那么这组点或区域被定义为 $n$ 维空间的凸集。图 4-4 表示了二维情况下的凸集。凸集两点之间的任意一点可表示为：

$$x=\beta x_1+(1-\beta)x_2 \quad 0\leqslant\beta\leqslant 1 \tag{4-5}$$

由式(4-5) 计算所得的点 $x$ 必须在集合上，否则就不是凸集，如图 4-5。凸集可以是封闭的区域，见图 4-4，也可以是开放的区域，见图 4-6。凸集的集合和交集仍是凸集。

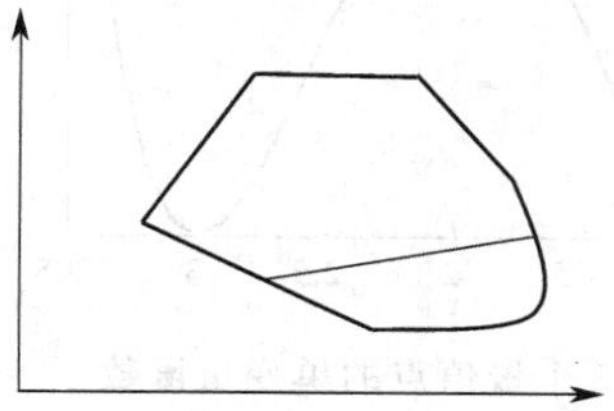

图 4-4　封闭凸集

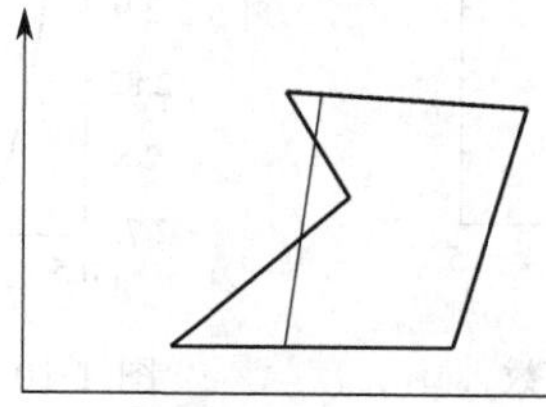

图 4-5　非凸集

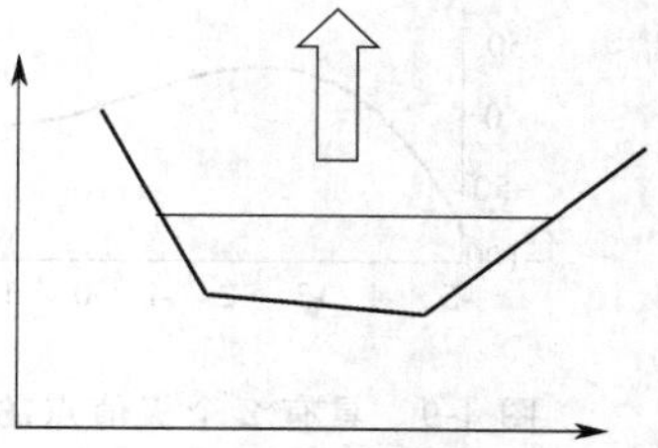

图 4-6　开放凸集

### 4.2.2　凸函数

和表达凸集的定义相仿，如果函数 $f(x)$ 满足式(4-6) 的条件，则 $f(x)$ 在凸集 $F$ 下是凸函数，见图 4-7。

$$f(\beta x_1+(1-\beta)x_2)\leqslant\beta f(x_1)+(1-\beta)f(x_2) \quad 0\leqslant\beta\leqslant 1 \tag{4-6}$$

如果 $f(x)$ 是凸函数，那么 $-f(x)$ 必定是凹函数，见图 4-8。如果能够将化工优化模型的目标函数表达成凸函数，约束条件为凸集，就可以通过求取局部最小值的方法得到全局最小值，这是由凸规划的性质决定的。尽管许多化工优化问题不满足这个凸规划的条件，但仍可以利用这些性质帮助我们进行最优化工作。有关凸规划的详细知识请参考有关专业文献。

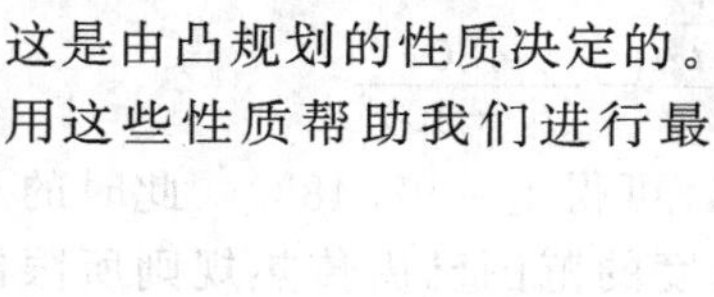


图 4-7　凸函数

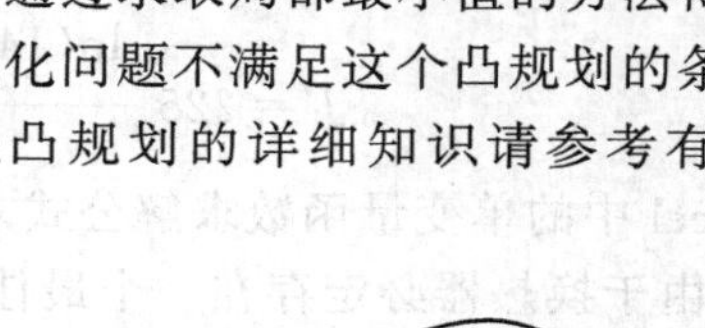


图 4-8　凹函数

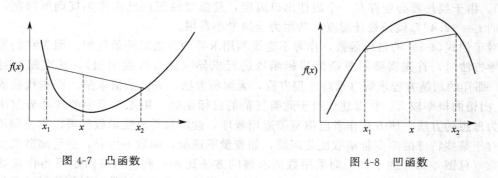

### 4.2.3　单变量函数的极值情况

对于单变量函数的极值，如果函数连续可导，在数学上可以方便地通过求解一阶导数

$y'=0$ 的方法来得到。如对 $y=2x^3+3.5x^2-16x+5$，其图形见图 4-9。观察图形可见有两个极值点。可以通过求解 $y'=6x^2+7x-16=0$ 来得到极值点的位置为 $x=-2.32$ 和 $x=1.15$。其中 $x=-2.32$ 为极大值点，$x=1.15$ 为极小值点，但都不是该函数在［−5，5］之间的最大值和最小值。如果已知变量 $x$ 的取值范围为［0，5］，这在具体的化工问题中常常是可能的，那么点 $x=1.15$ 就是在已知区间中的最小值点。所以说利用单变量函数求导，并令其导数 $y'=0$ 得到的点，有可能是某一区间的最大值或最小值。具体是最大值还是最小值需要通过二阶导数 $y''$ 的大小来判断。本例中在点 $x=-2.32$ 处，二阶导数 $y''<0$，所以是最大值点；在点 $x=1.15$ 处，二阶导数 $y''>0$，所以是最小值点。

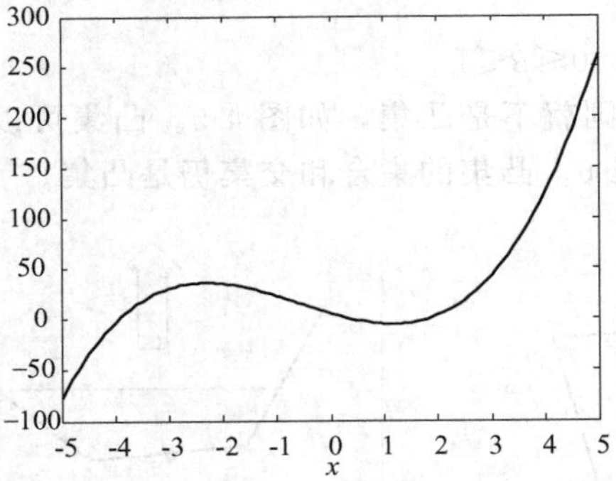


图 4-9　具有 2 个极值点的单变量函数

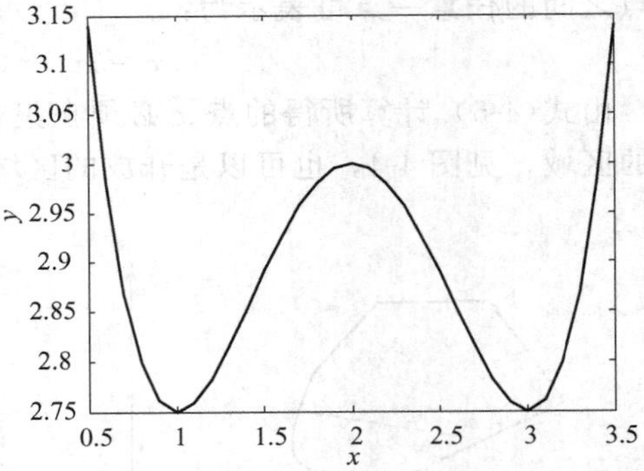


图 4-10　具有 3 个极值点的单变量函数

对于像 $y=0.25x^4-2x^3+5.5x^2-6x+5$，其图形见图 4-10，显然有 3 个极值点。通过求解该函数的 $y'=0$，可以得到 3 个极值点的具体位置，分别为 $x=1$，$x=2$，$x=3$。其中 $x=1$ 和 $x=3$ 是极小值点，也是函数在整个实数域内的最小值点；而 $x=2$ 不是全局的最大值点，仅为在一定范围内的最大值点，如变量范围为［1，3］，则点 $x=2$ 就是该区域内最大值。本例函数在整个实数域内没有最大值，因为函数的值会趋向无穷大。

对于像式(4-1) 的函数，可以通过求导的方法获得极值点，进而根据实际情况判断是否是最值点来获取总费用最小时的冷却物流出口温度 $t_2$。式(4-1) 对 $t_2$ 求导得：

$$J'=225\,\frac{\ln(14-0.1t_2)-\dfrac{130-t_2}{140-t_2}}{(130-t_2)^2}-\frac{480}{(t_2-30)^2} \tag{4-7}$$

利用 Excel 中的单变量函数求解公式求解方程式(4-7)，可得 $t_2=92.48$℃，此时的总费用为 17.03。由于换热器必定存在一个最佳出口温度，且温度的范围已由传热规则所限制，因此求得的 $t_2=92.48$℃就是最佳温度，费用为全局最小费用。

对于像式(4-1) 的目标函数，作者不建议利用求导的方法求解最优解。因为我们发现利用求导方法时，首先需要对复杂的目标函数进行求导（此时可能出错），其次需要对如式(4-7) 那样的超越方程求解（求解此类方程，无解析方法，只能数值求解，需迭代或借助软件），出错的概率较大。作者建议对于此类复杂的目标函数，用 4.3 节中的黄金分割法是一种较为理想的方法，该方法作者已编写了通用程序，读者只要改变函数就可以方便调用。

对于某些特殊的单变量函数优化问题，如变量不连续，函数不可导，变量离散或变量是整型数（见图 4-11～图 4-13）则采用数值求解的方法比较有利，但有时也可当作连续可导变量进行处理，得到初步点后再进行调整。如对塔板板数或蒸发效数进行优化时，可先当作连续变量，得到解后再进行圆整处理。如得到最优的蒸发效数是 8.5，那么你可以选取 8 效和 9 效，通过计算目标函数的大小，确定是 8 效或 9 效。

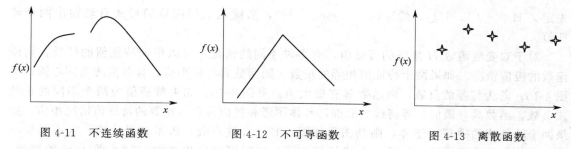

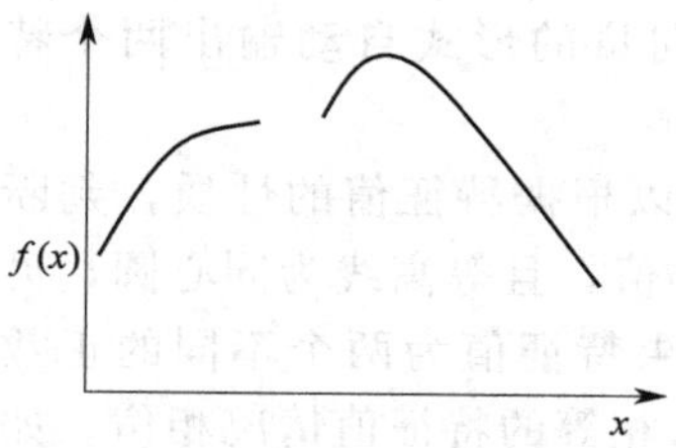


图 4-11　不连续函数

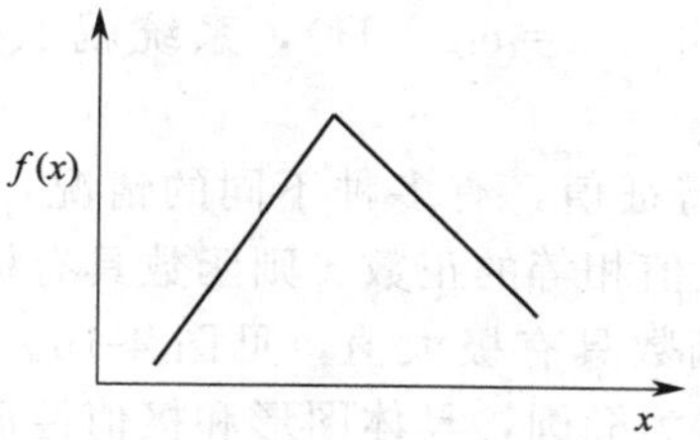


图 4-12　不可导函数

图 4-13　离散函数

### 4.2.4　多变量函数的极值情况

对于多变量数，其极值情况和最大（小）值的关系更为复杂。一般情况下，只有两个变量的函数还可以用图形来表示，此时包括函数本身，需要用 3 维空间。超过 3 维空间就很难用图形来表示。如果目标函数是含有两个变量的二次函数或可以用二次函数式(4-8) 来近似表示。

$$f(x)=a_0+a_1x_1+a_2x_2+a_{11}x_1^2+a_{12}x_1x_2+a_{22}x_2 \tag{4-8}$$

对于求式(4-8) 的最大（小）值，如果该函数连续可导，那么也可仿照单变量函数优化的思路，通过分别对两个不同的变量求导，令式(4-9) 成立：

$$\begin{cases}\dfrac{\partial f}{\partial x_1}=a_1+2a_{11}x_1+a_{12}x_2=0\\[2mm]\dfrac{\partial f}{\partial x_2}=a_2+2a_{22}x_2+a_{12}x_1=0\end{cases} \tag{4-9}$$

通过求解式(4-9) 的方程组，求得式(4-8) 函数的驻点，即一阶偏导数为零的点。

如已知函数：

$$f(x)=8+x_1+x_1^2+x_1x_2+x_2^2 \tag{4-10}$$

求一阶偏导数：

$$\begin{cases}\dfrac{\partial f}{\partial x_1}=1+2x_1+x_2=0\\[2mm]\dfrac{\partial f}{\partial x_2}=2x_2+x_1=0\end{cases} \tag{4-11}$$

解方程组(4-11) 得 $x_1=-2/3$，$x_2=1/3$。至于该点是否是函数的最大值或最小值或鞍点需要结合函数的二阶偏导数组成的海森（Hessian）矩阵 $\boldsymbol{H}(\boldsymbol{x})$ 的性质来确定。先来观测一下式(4-10) 函数的 3 维图像，见图 4-14。由图 4-14 可知，目前求得的驻点，就是该函数的最小值点，当然也是极小值点。现在再来计算该函数的 $\boldsymbol{H}(\boldsymbol{x})$。对于一般的两个变量的二次函数，$\boldsymbol{H}(\boldsymbol{x})$ 的通式定义如下：

$$H=\begin{bmatrix}\dfrac{\partial^2 f}{\partial x_1^2} & \dfrac{\partial^2 f}{\partial x_1\partial x_2}\\[2mm]\dfrac{\partial^2 f}{\partial x_2\partial x_1} & \dfrac{\partial^2 f}{\partial x_2^2}\end{bmatrix} \tag{4-12}$$

则式(4-10) 函数的 $\boldsymbol{H}(\boldsymbol{x})$ 为：

$$H=\begin{pmatrix}2 & 1\\1 & 2\end{pmatrix} \tag{4-13}$$

通过求解式(4-13) 的特征值 $\lambda$（特征值需符合 $\boldsymbol{Hx}=\boldsymbol{\lambda x}$ 的向量方程，其中 $\boldsymbol{x}$ 为特征向量），得到两个特征值，分别是 3 和 1。矩阵特征值的求取可以利用 Matlab 程序求取。在利用 Matlab 程序求取特征值时，只需调用 eig（H）命令即可。像式(4-13) 特征值的求取，只需先定义 H＝［2 1；1 2］，然后输入 d＝eig（H），系统就以列向量的形式自动输出两个特征值。

对于双变量函数 $H$ 矩阵的特征值，有多种不同的情况，可以根据特征值的性质，判断函数的极值情况。如果两个特征值相等的正数，则函数具有极小值，且等高线为同心圆，见图 4-15；若为相等的负数，则函数具有极大值，见图 4-16。如果特征值为两个不同的正数或负数，函数具有极值，等高线为椭圆，具体图形和极值性质与相等的特征值情况相仿。如果两个特征值的乘积小于零，则其图形如图 4-17，在驻点处，既不是最大值，也不是最小值，其等高线为双曲线。如果一个特征值为零，这时可能出现如图 4-18～图 4-20 的情形，其等高线为直线或抛物线。

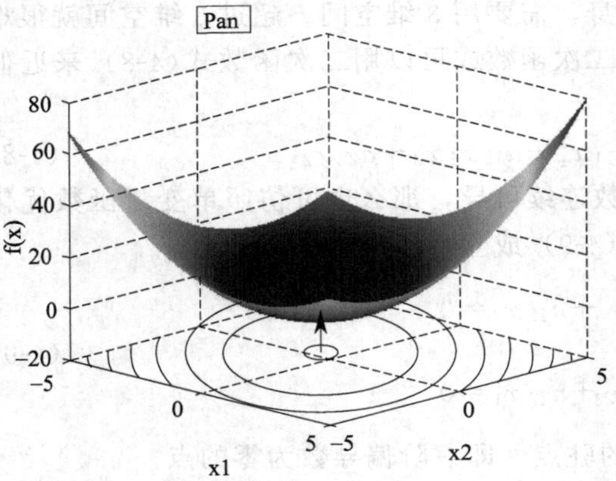


图 4-14　椭圆形等高线-具有最小值

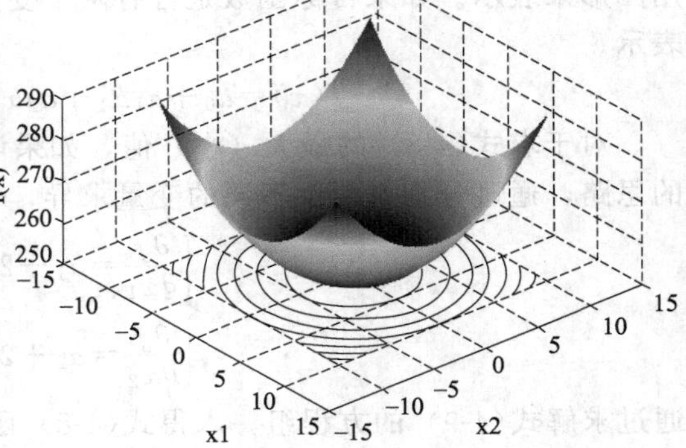


图 4-15　圆形等高线-具有最小值

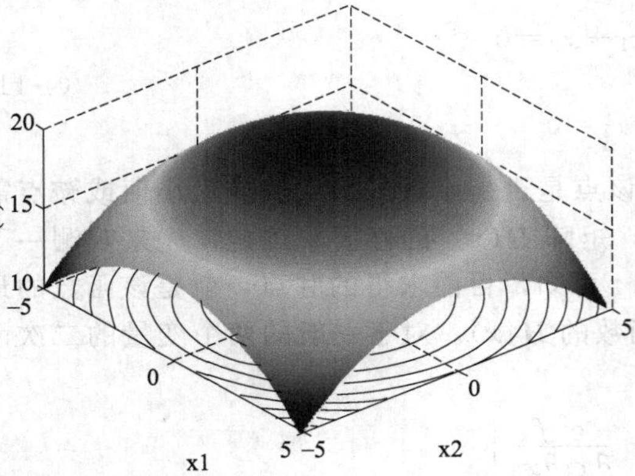


图 4-16　圆形等高线-具有最大值

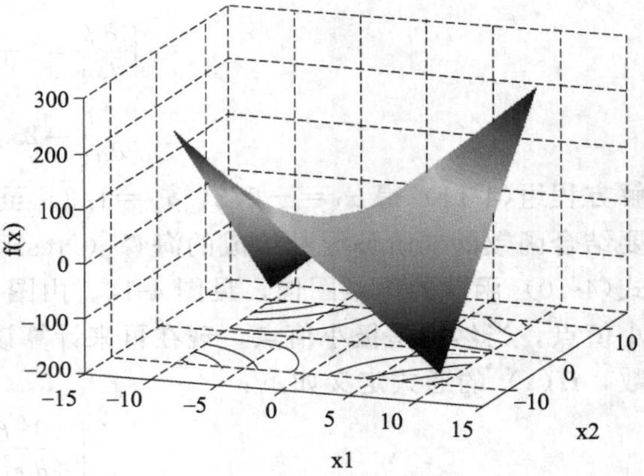


图 4-17　马鞍状图形-无极值

尽管可以利用二次函数的 $H$ 矩阵特性来判断函数的极值情况，也可以利用该性质导出许多多变量函数优化的方法。但是对于某些复杂的函数，这些判断方法或优化计算方法将失效。如有名的 ackley 函数：

$$f(z)=-20e^{-0.2\sqrt{\frac{x^2+y^2}{2}}}-e^{0.5(\cos 2\pi x+\cos 2\pi y)}+20+e \tag{4-14}$$

其图形见图 4-21。由图 4-21 中的等高线可知，该函数有无穷多的极值，但其真正的最小值为 0，最大值（极限情况）为 20。对于像式(4-14) 这样的函数进行优化，需要采用特殊的优化方法，一般的梯度法、共轭梯度法将失效（后面会介绍），可采用智能算法，如鱼群算法、模拟退火算法等智能优化算法。

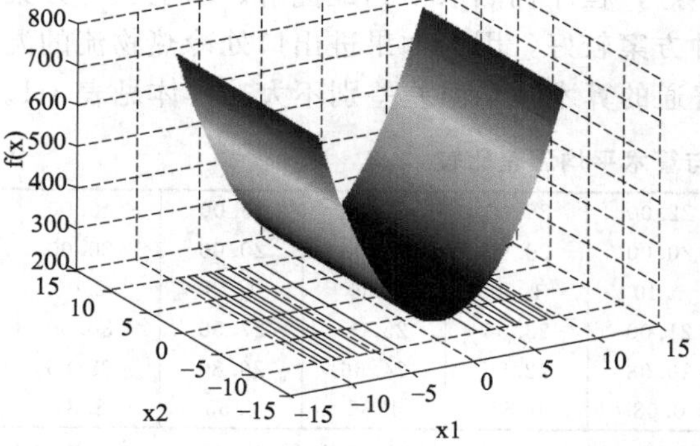


图 4-18　稳谷图形-具有最小值

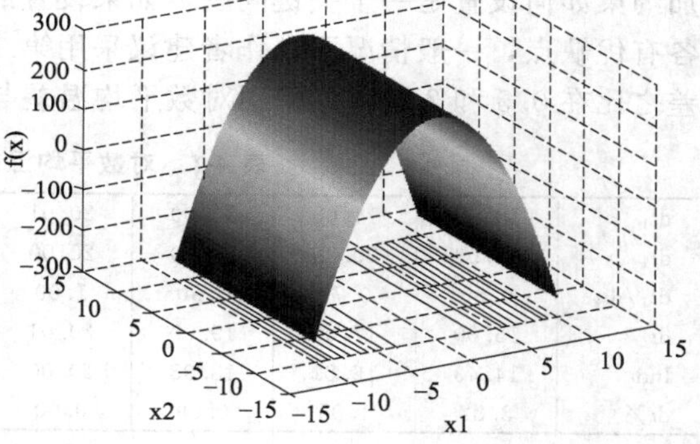


图 4-19　稳脊图形-具有最大值

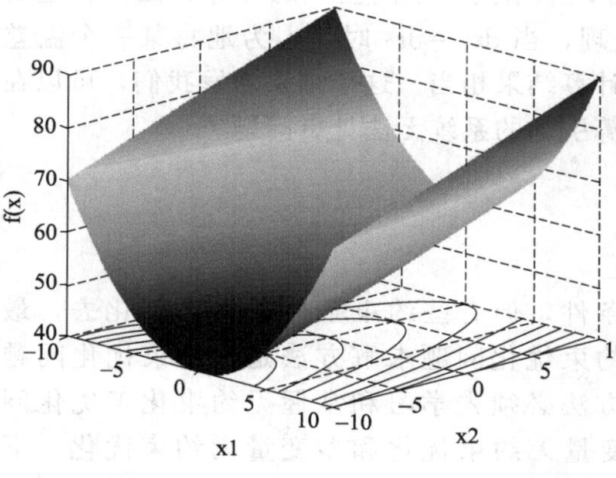


图 4-20　上升山脊-无极值

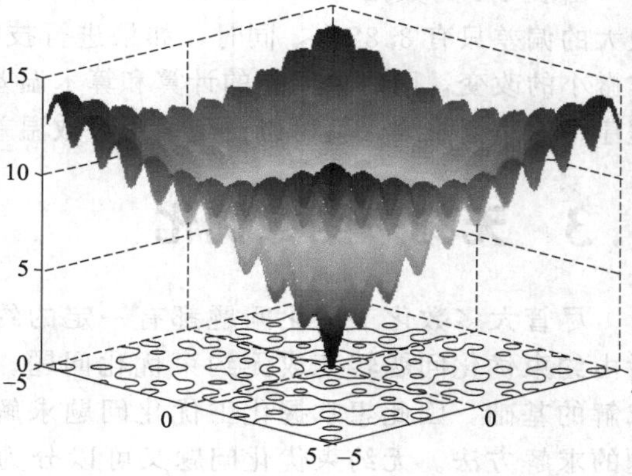

图 4-21　多极值图

### 4.2.5　函数最优解的最后确定

对于具有多个极值的函数，在优化求解时，有时利用优化问题的实际意义确定最大值或最小值，比利用纯粹的数学分析方法更方便，更符合实际情况。因此，对于具有丰富实际经验的人来说，利用化工专业知识来判断最优解的存在及最优解的性质，比采用各种数学工具的分析更直接、更可靠。如 4 个串联的换热器系统，采用 4 股不同的已知热流，将一股已知的冷流加热到一定温度，如果已知换热器的传热系数，则由专业知识可知，总存在一个最佳的 4 个换热器面积分配，使冷流加热到规定的温度，而 4 个串联器的换热面积之和为最小。如果此问题采用数学分析的方法，由于目标函数受到许多约束条件限制，在优化过程也会出现各种情况，但有了这个专业知识的支撑，就可以比较方便地通过对某些附加约束的增加或减少，在不违反基本约束的前提下，获取最优解。换热器优化时，如果直接利用某些规划求解的程序，最容易出现无法求解的情况是对数平均温差计算时出现“0/0”的情况。此时，你有三种方案可以选择，第一种方案是自己开发计算方法，并在程序中规定出现此情况时将对数平均温差改成普通的算术平均温差；第二种方案是在方程规定中，不采用对数平均温差，直接采用普通的算术平均温差，此时就可以调用现有的规划求解程序（如 Excel 中的规划求解及 Matlab 中的规划求解）；第三种方案就是增加附加约束，规定各物流的进出口温度满足“0/0”的情况，让规划求解程序在优化过程中跳过具有实际物理意义的换热情况（人为将该实际情况认定为非最优解），一般情况下，可以得到最优解。但针对第三种方案中附加约束如何设置是一个关键问题，如果设置的不好，程序仍然求不到最优解。以上三种方案各有优缺点，一般情况下，作者建议采用第二种方案较好，因为如果进出口处冷热物流的温差之比在 0.5 和 2 之间，采用对数平均温差与普通的算术平均温差差别不大，具体见表 4-1。

**表 4-1　对数平均温差与算术平均温差比较**

| | | | | | | | | | |
|---|---|---|---|---|---|---|---|---|---|
| $dt_1$ | 10.00 | 14.00 | 18.00 | 20.01 | 22.00 | 26.00 | 30.00 | 35.00 | 40.00 |
| $dt_2$ | 20.00 | 20.00 | 20.00 | 20.00 | 20.00 | 20.00 | 20.00 | 20.00 | 20.00 |
| $dt_1/dt_2$ | 0.50 | 0.70 | 0.90 | 1.00 | 1.10 | 1.30 | 1.50 | 1.75 | 2.00 |
| $dt$ | 15.00 | 17.00 | 19.00 | 20.01 | 21.00 | 23.00 | 25.00 | 27.50 | 30.00 |
| $\ln dt$ | 14.43 | 16.82 | 18.98 | 20.00 | 20.98 | 22.87 | 24.66 | 26.80 | 28.85 |
| $dt\%$ | 3.82 | 1.05 | 0.09 | 0.00 | 0.08 | 0.57 | 1.35 | 2.53 | 3.82 |

$dt_1$：进口温差；$dt_2$：出口温差；$dt_1/dt_2$：温差之比；$dt$：算术平均温差；$\ln dt$：对数平均温差；$dt\%$：两种温差相差百分比

由表 4-1 的数据可知，当 $0.5<dt_1/dt_2<2$ 时，采用两种不同温差的计算方法，引起的最大的偏差只有 3.82%，同时，如果进行技术处理，当 $dt_1=dt_2$ 时，人为地将某一个温差作微小的改变，则对数温差的计算和算术温差的计算结果相当。这个结果启发我们，可以在程序中作适当修改，就可以避免采用对数温差计算引起的系统无法计算问题。

# 4.3　无约束函数优化

尽管大多数化工优化问题都有一定的约束条件，但有些约束条件通常可以化去，最后由约束优化问题转变成无约束优化问题。无约束优化问题求解方法是有约束优化问题求解的基础，因此想掌握化工优化问题求解的方法必须先学习和掌握无约束化工优化问题的求解方法。无约束优化问题又可以分为单变量无约束优化和多变量无约束优化，下面分别介绍。

## 4.3.1　单变量函数优化

对于单变量函数的优化，必须先确定单变量函数的极值情况。只有一个极值的单变量函数称单峰函数，单峰函数只有一个唯一的极值（极大或极小）。下面介绍的大部分单变量函数优化方法对单峰函数有效，对多峰函数有时必须先分割成若干个单峰函数进行分区间求解。多峰函数具有多个极值称多峰函数。单峰函数和多峰函数的示意图见图 4-22、图 4-23。

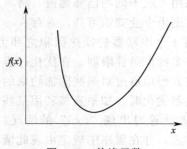

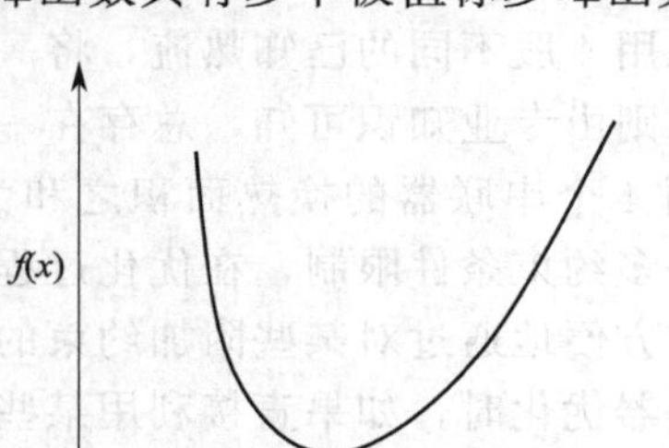


图 4-22　单峰函数

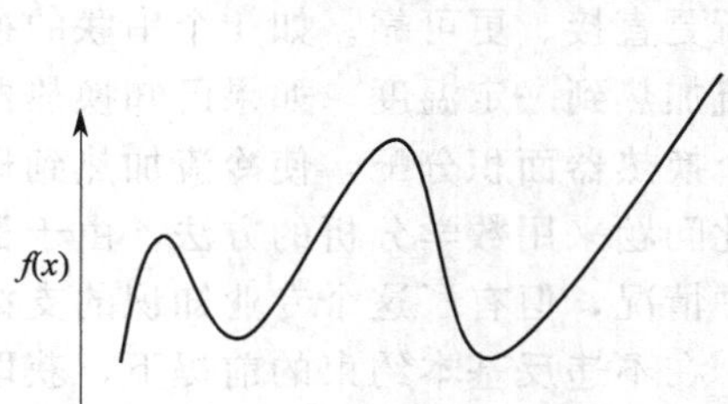


图 4-23　多峰函数

即使是单峰函数，其极值也分两种情况，分别是极小值（见图 4-24）和极大值（见图 4-25）。对极小值而言，需满足（若 $\boldsymbol{x}^*$ 为极值点）：

$$f(\boldsymbol{x}_1)>f(\boldsymbol{x}_2)>f(\boldsymbol{x}^*) \qquad \boldsymbol{x}_1<\boldsymbol{x}_2<\boldsymbol{x}^* \tag{4-15}$$

$$f(\boldsymbol{x}_4)>f(\boldsymbol{x}_3)>f(\boldsymbol{x}^*) \qquad \boldsymbol{x}^*<\boldsymbol{x}_3<\boldsymbol{x}_4 \tag{4-16}$$

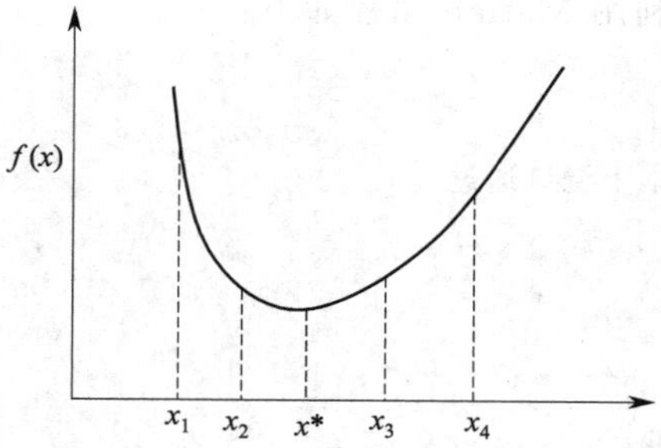


图 4-24　极小值函数

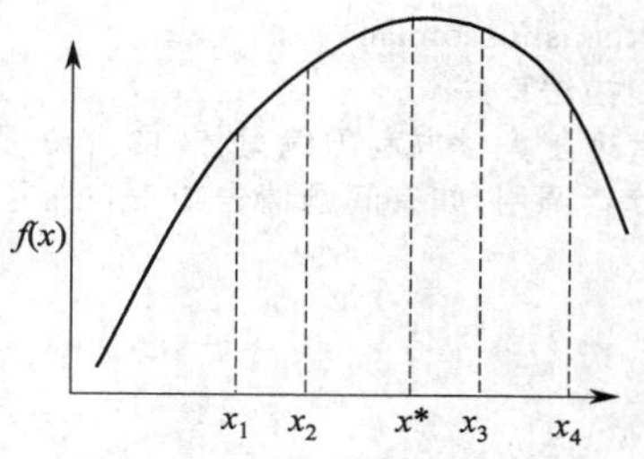


图 4-25　极大值函数

对极大值而言，需满足（若 $\boldsymbol{x}^*$ 为极值点）：

$$f(\boldsymbol{x}_1)<f(\boldsymbol{x}_2)<f(\boldsymbol{x}^*) \qquad \boldsymbol{x}_1<\boldsymbol{x}_2<\boldsymbol{x}^* \tag{4-17}$$

$$f(\boldsymbol{x}_4)<f(\boldsymbol{x}_3)<f(\boldsymbol{x}^*) \qquad \boldsymbol{x}^*<\boldsymbol{x}_3<\boldsymbol{x}_4 \tag{4-18}$$

为了计算方便，统一将单变量函数的优化问题转变成求极小值或最小值问题，因为求函数 $f(x)$ 的最大值可以通过求函数 $-f(x)$ 的最小值来获得最优解，如：

$$\max \quad f(x)=-x^2+2x+4 \tag{4-19}$$

的最优解为 $x=1$，最大值为 5，等价于：

$$\min \quad -f(x)=x^2-2x-4 \tag{4-20}$$

的最优解为 $x=1$，最小值为 $-5$。比较可以发现式(4-19) 和式(4-20) 的解均是 $x=1$，而目标函数刚好符号相反，但绝对值相同。所以，单变量函数优化问题就可以统一为求单变量函数的最小值（已规定为单峰区间，极值已是全局最值）。观察图 4-24 可以发现，最小值一定在中间低，两头高的三点之间，如 $x_1$、$x_2$、$x_3$ 或 $x_1$、$x_3$、$x_4$。这是单变量函数优化的最基本原理。通过不断地寻找满足这一条件的点，并将 3 点的范围不断缩小，就引发了单变量函数优化的各种方法。这些方法有二分法、四分法、黄金分割法、穷举法、抛物线法、斐波那契法。至于利用函数导数性质的各种方法，如牛顿法、拟牛顿法、作者认为，对于单变量函数，尤其对于化工优化问题，常常为了化去约束条件，目标函数已变得相当复杂，即使函数可导，如何求取其一阶、二阶导数也是一个问题，还不如直接利用数值分析的方法来的简单明了。

（1）穷举法

穷举法是最直接最具有物理意义的计算单变量函数的方法。其计算思路就是根据优化问题的实际意义，确定最优解的区间为 $[a_0, b_0]$，然后将 $[a_0, b_0]$ 区间分成 $n_1$ 等分，计算各个函数值，找到最小值点及其左右两点。将左右两点作为新的优化区间 $[a_1, b_1]$ 再分成 $n_2$ 等分，计算各个函数值，找到最小值点及其左右两点；不断重复上述过程，直至最优解的区间缩至规定的精度要求。

穷举法在具体使用时，如果不能根据问题的实际情况确定优化区间，就必须利用函数的快速扫描法，确定最初的优化区间。其实下面介绍的所有方法均需要先确定初始优化区间。所谓快速扫描就是从目标函数的某一点出发，通过不断增加步长，找到中间低、两头高的三个点，扫描法的步骤为：

① 给定步长 $\alpha$，初始点 $x_1$，置 $n=1$，$f_1=f(x_1)$

② $x_{n+1}=x_n+\alpha 2^{n-1}$，$f_{n+1}=f(x_{n+1})$，if $f_1<f_2$ then $\alpha=-\alpha$，转①

③ 找到 $f_{n-1}>f_n<f_{n+1}$ 的三点，否则取 $n=n+1$，转②

以式(4-1)为例，假设步长 $\alpha=0.01$，$t_{21}=32$，利用 Matlab 编程如下：

```
function kuanshusaomiao
% 快速扫描法程序
% 由华南理工大学方利国编写,2013 年 3 月 16 日,在 7.0 版本上调试通过
% 欢迎读者调用,如有问题请告知 lgfang@scut.edu.cn
clear all;
clc;
close all;
n=1;
%alfai=1;
alfai=0.01
t1=32;
f1=ff(t1)
   t2=t1+alfai* 2^(n-1)（由于本目标函数的特殊性,建议用带"%"的语句代替,下同）
%   t2=t1+alfai* (n-1)
f2=ff(t2)
if f1<f2
   alfai=-alfai
     t2=t1+alfai* 2^(n-1)
   %t2=t1+alfai* (n-1)
else
end
while n<100（可以给定其他数）
   n=n+1
      t3=t2+alfai* 2^(n-1)
      %t3=t2+alfai* (n-1)
      f3=ff(t3)
     if    f2<f3
          break;（跳出循环）
     end
   t1=t2; f1=f2
   t2=t3;f2=f3
end
a=t1
b=t3
% ------------------------------------------------------------------
function ff=ff(t)
ff=225* log(14-0.1* t)/(130-t)+480/(t-30);
```

计算结果显示 a=52.47，b=113.91。由于本目标函数的特殊性，见图 4-1，中间部分函数对变量的变化不敏感，两边有突然变化，如采用快速扫描法必须设置较小的计算步长，如本例中的 0.01。如果采用较大的步长，可能搜索不到最优区间。对于本例中的目标函数，建议将原来以 2 的指数倍增加的步长，改成比例乘积相对比较缓和的步长增加方法，即采用上面程序中带“%”的语句代替相应的语句，计算结果得优化区间为 [77，98]。

解决了优化区间，就可以方便地利用计算的快速计算功能，通过不断穷举，就可以计算出最优解。其实根据式(4-1) 所表示的实际过程，可以知道最优一般在 (30，140) 之间，为了避免出现被零除，跳过 130，取 [32，128]。每轮计算时将区间分成 100 等分，需计算 101 个点，剩下的区间由最小点和左右两点组成，所以每轮就算剩下的区间为原来区间的 2%，一般称为区间收缩率 $E$，计算公式为

$$E=\text{收缩后的区间}\ L_n/\text{初始优化区间}\ L_0 \tag{4-21}$$

若连续进行 3 轮如此的计算，则总收缩率达到 0.0008%，完全符合最优化温度要求。其程序的核心代码如下：

```
function qiongjvfa
clear all;clc;close all;
tic
t1=32;t2=128;
for k=1:3
t=linspace(t1,t2,101);
for i=1:101
    f(i)=ff(t(i));
end
fmin=min(f(:));
index=find(f(:)==fmin);
t1=t(index-1);t2=t(index+1);
end
optimizedtemp=t(index)
minf=ff(t(index))
toc
 %-----------------------------------------------------------------
function ff=ff(t)
ff=225*log(14-0.1*t)/(130-t)+480/(t-30);
```

计算耗时 0.016000s，最佳温度为 92.4861℃，此时的目标函数为 17.0289。

(2) 二分法

所谓二分法，就是将原来的优化区间一分为二，在分界点的左右两侧各取两点和原来的区间两端点共 4 个点组成一个优化判断区间点，见图 4-26。在这 4 个点中找中间低，两头高的 3 个点，构成新的优化区间，不断重复以上过程，直至收缩率 $E$ 达到规定精度 $\varepsilon_1$ 要求为止。二分法点的计算规则如下：

$$x_1=(a+b)/2-\beta(b-a) \tag{4-22}$$

$$x_2=(a+b)/2+\beta(b-a) \tag{4-23}$$

收敛判据：

$$E\leqslant\varepsilon_1 \tag{4-24}$$

其中 $\beta$ 为中心偏离因子，其值小于 1，一般可取 0.01。理论极大收缩率的计算公式为：

$$E=\left(\frac{1}{2}\right)^n \tag{4-25}$$

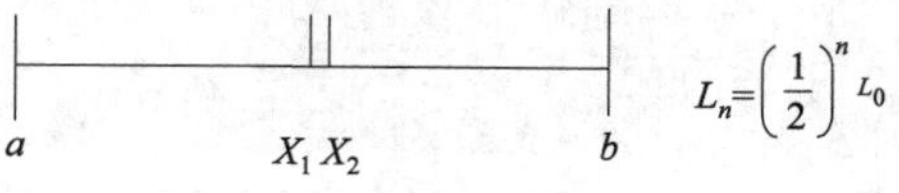


图 4-26　二等分法示意图

尽管理论上如果 $\beta$ 值越小，收缩率也越小，收缩效率越高。但如果 $\beta$ 取得过小，可能将最优解的区域错过，从而导致无法求得最优解或尽管程序提示求得最优解，其实不是最优解。当然也可以通过加收敛判据来判断是否没有求得最优解，其判据如下：

$$\frac{|f(a)-f(b)|}{1+|f(a)|}\leqslant\varepsilon_2 \tag{4-26}$$

注意增加的判据中对分母的特殊处理，加 1 是为了防止 $f(a)=0$ 时，使判据失效。必须提醒读者注意的是增加判据，并不能保证求得最优，只不过提醒你求得的解不是最优解。要保证求得最优解，可以适当增加 $\beta$ 值，以牺牲收缩速度来保证求得最优解。由于在二分法中只有 4 个点，故只要一次判断就可以决定最优区间，无需全局求最小值，故 Matlab 程序修改为：

```
t1=32;t2=128;n=1;
a0=t1;b0=t2;
beita=0.005;
eer1=0.000001;
eer2=0.000001;
tic
while  n<1000000
  n=n+1;
  a=t1;
  b=t2;
  c=(a+b)/2-beita*(b-a);
  d=(a+b)/2+beita*(b-a);
  %c=(2*a+b)/3
  %d=(a+2*b)/3
  f1=ff(c);f2=ff(d)
      if f1>=f2
          t1=c;
          e1=(b-c)/(a0-b0);
          optimizedtem=d;
          minf=f2;
      else
          t2=d;
          e1=(b-c)/(a0-b0);
          optimizedtem=c;
          minf=f1;
      end
  e2=abs(f2-f1)/(1+abs(f1))    ;
  if e1<=eer1
      if e2<=eer2
      break;
      end
  end
end
optimizedtem
minf
toc
```

计算结果显示 optimizedtem=92.4429，minf=17.0289，Elapsed time is 0.03200 seconds，优化温度和最优值与穷举法完全相仿，但计算时间多于穷举法，计算过程比较复杂。

当然，上面二分法的程序还有优化的余地，请读者自己动手优化程序。

(3) 三分法

所谓三分法就是将原来的优化区间，一分为 3 等份，中间两点和原来的区间两端点共 4 个点组成一个优化判断区间点，见图 4-27。在这 4 个点中找中间低，两头高的 3 个点，构成新的优化区间，不断重复以上过程，直至收缩率 $E$ 达到规定精度 $\varepsilon_1$ 要求为止。三分法点的计算规则如下：

$$x_1=a+(b-a)/3=(b+2a)/3 \tag{4-27}$$

$$x_2=b-(b-a)/3=(2b+a)/3 \tag{4-28}$$

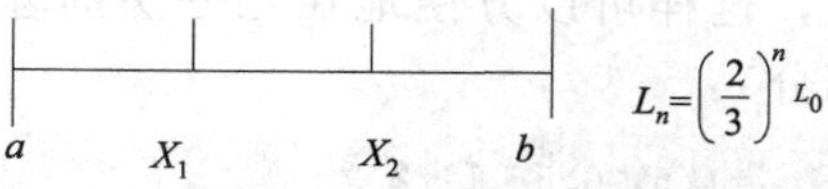


图 4-27　三等分法示意图

此方法的理论极大收缩率的计算公式为

$$E=\left(\frac{2}{3}\right)^n \tag{4-29}$$

三分法编程计算和二分法完全一致，只需将点的计算公式改成如下：

$$c=(2*a+b)/3$$

$$d=(a+2*b)/3$$

其他均无需修改，计算结果和二分法完全一致，但耗时为 0.015s，和穷举法计算时间相仿。其实你还可以提出 4 分法、5 分法，但计算结果表明，效率并无提高。在 Matlab 环境下，似乎最笨的穷举法，计算时间并不长，也可以计算出多极值的全局最优解。这是由于在穷举法中，利用了数列及 Matlab 的内部函数所致。其他方法由于程序中 Matlab 对逻辑判断运算计算速度并不快，而 VB、C++等语言却对逻辑判断运算速度较快，读者如感兴趣，可将程序稍作修改后移植到 VB、C++等语言上。对于具有多极值的函数 $y=0.21x^4-2x^3+5.5x^2-6x+5$，其图见图 4-28，利用穷举法可以方便地求出全局最小值，此时 $x=4.6631$，$\min y=-6.8845$，计算耗时 0.0160s。该函数如果利用其他方法，可能无法求得最优解。

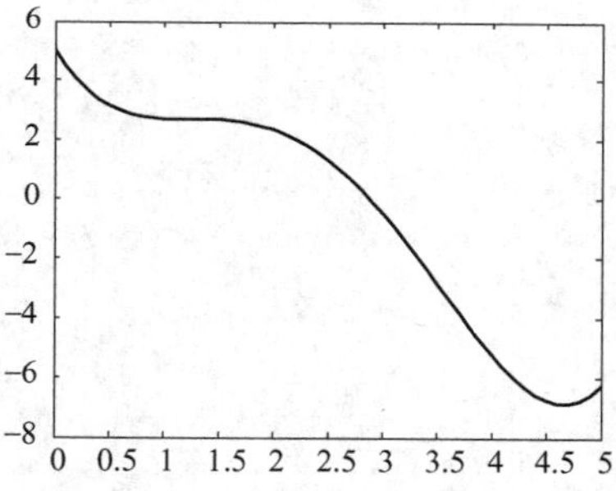


图 4-28　具有多极值的函数

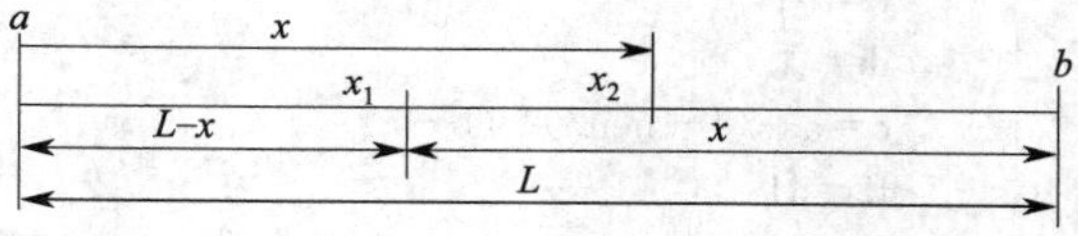


图 4-29　黄金分割比示意图

(4) 黄金分割法（Golden Section Search Method）

对于长为 $L$ 的线段，将它分割成长短不同的两部分，长的一段为 $x$，短的一段为 $L-x$。如图 4-29 所示。若这两个线段的比值满足下面的关系式，则称为黄金分割。

$$\frac{x}{L}=\frac{L-x}{x} \tag{4-30}$$

根据上面的定义，可解出 $x$ 同 $L$ 的关系。由式(4-30) 可得 $x^2+Lx-L^2=0$，即：

$$\left(\frac{x}{L}\right)^2+\frac{x}{L}-1=0$$

解之得：

$$\frac{x}{L}=\frac{1\pm\sqrt{1+4}}{2}=\frac{\sqrt{5}-1}{2}\approx 0.618$$

0.618 就是黄金分割比。利用黄金分割法确定最优解内部两点的好处在于第一轮计算时需要计算内部两点，但当第二轮计算时，只需计算一点，另一点可以利用上一轮计算保留的内点即可。数学知识可以证明图 4-29 中的 $x_2$ 点是线段 $x_1b$ 的其中一个黄金分割点，这样可以方便地在三分法的程序上稍作修改就可以得到黄金分割法的程序（不同部分）：

```
beita=((5)^0.5-1)/2
tic
 a=t1;
 b=t2;
 c=a+(1-beita)*(b-a);
 d=b-(1-beita)*(b-a);
 f1=ff(c);f2=ff(d)
while  n<1000000
n=n+1;
   if f1>=f2
       e1=(b-c)/(a0-b0)
       optimizedtem=d;
       minf=f2;
       e2=abs(f2-f1)/(1+abs(f1))
       a=c;
       c=d
       f1=f2
       d=b-(1-beita)*(b-a);
       f2=ff(d)
   else
         optimizedtem=c;
         minf=f1;
         e1=(b-c)/(a0-b0);
         e2=abs(f2-f1)/(1+abs(f1))
         b=d;
         d=c;
         c=a+(1-beita)*(b-a);
         f2=f1
         f1=ff(c)
   end
```

计算结果和穷举法完全一致，耗时为 0.016s，似乎没有显示黄金分割法的优点。

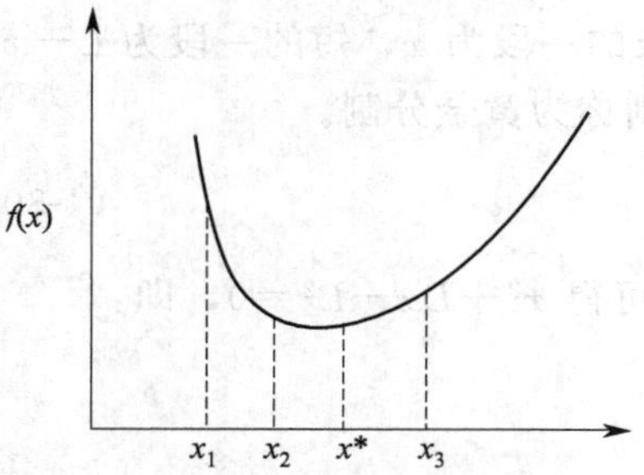

图 4-30　抛物线法示意图

(5) 抛物线法

该法利用已知优化区间两端点及内部任意一点共 3 点为基础（见图 4-30），将该 3 点利用二次函数拟合，再利用抛物线求顶点公式得到抛物线的极值点，将该点和原来 3 点一起进行比较，找到中间低、两头高的 3 点。在从该 3 点出发，进行二次函数拟合，求抛物线顶点，不断重复以上过程，直至满足收敛条件为止，抛物线的顶点计算公式如下：

$$x^*=\frac{1}{2}\frac{f_1(x_2^2-x_1^2)+f_2(x_3^2-x_1^2)+f_3(x_1^2-x_2^2)}{f_1(x_2-x_1)+f_2(x_3-x_1)+f_3(x_1-x_2)} \tag{4-31}$$

有关抛物线法的程序请读者自行开发。不过作者认为，抛物线法的程序过于复杂，其带来的加速收缩的优点可能由于复杂的逻辑判断所牺牲，其计算耗时不一定比穷举法少。至于其他方法如斐波那契法尽管是已知收缩速度最快的方法，在计算耗时方面并不一定少。原因和其他方法相仿，常常收缩速率快的方法，点的计算及逻辑比就比较复杂，牺牲了一定的机时。

### 4.3.2 多变量函数优化

多变量函数优化相对于单变量函数优化而言，增加的难度是搜索方向的确定。如果通过某一个规则能确定使函数下降（求最小值，最大值可以将函数加负号即可）的方向，并沿这个方向按一定的步长搜索，不断重复以上过程，直到达到精度要求为止。对于步长，可以固定步长，也可以优化步长。对于搜索方向和步长的不同确定方法，延伸出了许多不同的多变量函数的优化方法。尽管多变量函数优化有许多不同的方法，但它们通用的计算步骤是一致的，具体如下：

① 给定精度ε，初始点 $X^0$，置 $k=0$

② 决定搜索方向 $S_k$，一维搜索 $f(X^K+\lambda_k S_k)=\mathrm{Min}f(X^K+\lambda S_k)$，令 $X^{K+1}=X^K+\lambda_k S_k$（得到一个新点）

③ 判断：

$$\| X^{k+1}-x^k \| \leqslant \varepsilon \tag{4-32}$$

若式(4-32) 成立，则停止计算，反之则令 $k=k+1$，转②，直至精度满足要求为止。

#### 4.3.2.1 变量轮换法

变量轮换法的基本原理是对于有 $n$ 个变量的函数，以 $n$ 个线性无关的向量作为 $n$ 个搜索方向，搜索步长可用各种方法。$n$ 个线性无关的向量最简单的选取方法是互为正交的单位向量，如对于 3 个变量函数，三个线性无关的向量或搜索方向分别为 $(1,0,0)^T$，$(0,1,0)^T$，$(0,0,1)^T$。变量轮换法的具体步骤如下：

① 给定精度ε，初始点 $X^0$，置 $k=0$，$j=1$，$Y^1=X^0$，单位向量 $e^j=(0,0\cdots1,\cdots0)^T$，单位向量 $e^j$ 中元素为 1 的位置在第 $j$ 个元素上。

② 沿 $n$ 个单位向量方向作 $n$ 次一维优化搜索：

$$f(Y^j+\lambda_j e^j)=\mathrm{Min}f(Y^j+\lambda e^j)$$

若 $j<n$，则令 $Y^{j+1}=Y^j+\lambda_j e^j$，$j=j+1$，重复②；若 $j=n$，则下一步。

③ $X^{k+1}=Y^{n+1}$，收敛判断：

$$\| X^{k+1}-X^k \| \leqslant \varepsilon$$

若此式成立，则停止计算，反之则令 $Y^1=X^{k+1}$，$k=k+1$，$j=1$，转②，直至精度满足要求为止。

下面通过具体的例子来说明该法的应用。

**【例 4-1】** 用变量轮换法计算函数 $f=(x_1-2)^2+(x_1-x_2)^2$ 的最小值。已知 $X^0=(0,0)^T$，$\varepsilon=0.001$，$e^1=(1,0)^T$，$e^2=(0,1)^T$

**解**：$j=1$，$k=0$ 由已知初始点得 $Y^1=(0,0)^T$，则 $Y^2=Y^1+\lambda_1 e^1=(\lambda_1+0,0)^T$，代入目标函数，对 $\lambda_1$ 作一维搜索：

$$\min\{(\lambda_1-2)^2+(\lambda_1-0)^2\}$$

求出 $\lambda_1=1$，则 $Y^2=(1,\ 0)^{\mathrm{T}}$，$Y^3=Y^2+\lambda_2 e^2=(1,\ \lambda_2)$

对 $\lambda_2$ 作一维搜索：

$$\min\{(1-2)^2+(1-\lambda_2)^2\}$$

可得 $\lambda_2=1$，则 $Y^3=(1,\ 1)^{\mathrm{T}}$，此时 $j=2$，所以

$X^1=Y^3=(1,\ 1)^{\mathrm{T}}$ 和 $X^0$ 比较显然尚未收敛，则：

$j=1$，$k=k+1=2$ 进行下一轮计算。

$Y^1=X^1=(1,1)^{\mathrm{T}}$，$Y^2=Y^1+\lambda_1 e^1=(1+\lambda_1,\ 1)^{\mathrm{T}}$，代入目标函数，对 $\lambda_1$ 作一维搜索：

$$\min\{(1+\lambda_1-2)^2+(1+\lambda_1-1)^2\}$$

得 $\lambda_1=0.5$，$Y^3=(1.5,\ 1+\lambda_2)$，同理可得：

$\lambda_2=0.5$，所以 $X^2=(1.5,\ 1.5)^{\mathrm{T}}$，经多次迭代（10 轮）可得：

$$x_1^*=1.999024 \quad x_2^*=1.999024$$

此问题的解析精确解为 $x_1=2$，$x_2=2$，可见经 10 轮变量轮换法，已接近精确解。需要说明的是为了便于说明该方法的使用过程，对步长的计算直接采用了解析的最优方法，而具体应用或开发通用程序时，建议采用黄金分割法优化步长或试探法给定步长法。若试探给定的步长使目标函数增加，则可以通过降低步长，直至目标函数减少为止。

变量轮换法在具体应用时，对某些函数求不出最优解，这是由于固定的搜索方向引起。例如在两个变量函数中，若其等高线如图 4-31，则用变量轮换法不能求得最优解。

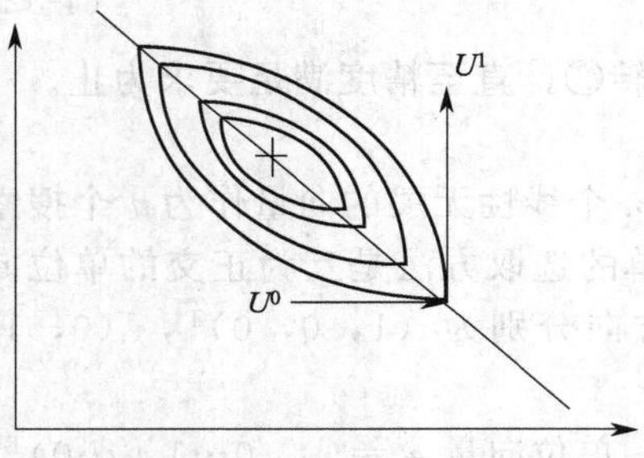


图 4-31　变量轮换法失效情况

4.3.2.2　单纯形法

单纯形法和上面介绍的坐标轮换法一样，在优化计算过程中无需计算函数的梯度，它属于模式搜索法，即是一种按照事先规定的模式来探索最优点的方法。

（1）单纯形定义及计算原理

单纯形是一定空间中的最简单的图形，即 $n$ 维空间中由（$n+1$）个顶点所构成的最简单的图形。如一维空间中的直线段，二维空间中的三角形，三维空间中的四面体。若各个顶点之间的距离相等则为正单纯形。值得注意的是单纯形的退化问题，即二维空间中虽有三个点，但三个点在一条直线上，则二维空间中的单纯形退化为一条直线，这在优化计算中是不允许的。

单纯形法是根据函数的最小值最有可能在函数最大值的对称位置上这个基本思想来进行计算的。通过建立 $n$ 维空间中的单纯形，求出 $n+1$ 个顶点的函数值，找到函数值最大点，求出此点的对称点，并计算其函数值，根据函数值的大小是否需要扩张、压缩、收缩等策略。各点示意图如图 4-32 所示。

各点坐标计算公式：

$$U_{\mathrm{C}}=\frac{\sum_{i=0}^{n}U_i-U_{\mathrm{H}}}{n}$$

$$U_{\mathrm{R}}=U_{\mathrm{C}}+\alpha(U_{\mathrm{C}}-U_{\mathrm{H}}) \quad \alpha=1$$

$$U_{\mathrm{E}}=U_{\mathrm{R}}+\mu(U_{\mathrm{R}}-U_{\mathrm{H}}) \quad \mu=0.2\rightarrow 1$$

$$U_{\mathrm{S}}=U_{\mathrm{H}}+\lambda(U_{\mathrm{R}}-U_{\mathrm{H}}) \quad 0<\lambda<1 \quad \lambda\neq 0.5$$

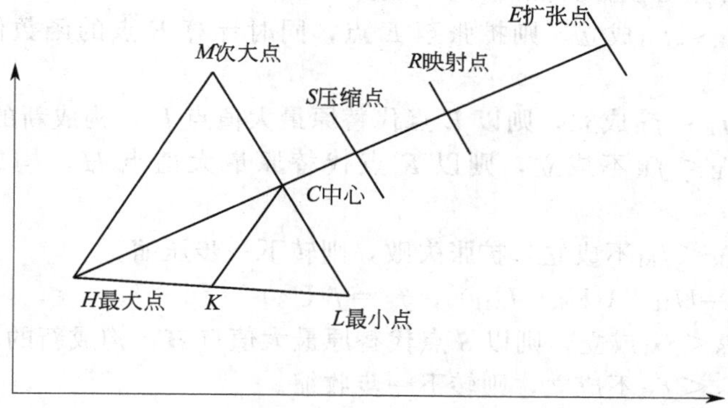


图 4-32　单纯形计算过程各点示意图

$$U_K=(U_i+U_L)/2$$

（2）初始单纯形的形成

用单纯形法进行多变量函数优化计算时，首先要形成一个初始单纯形，在这个初始单纯形的基础上方可按照一定的搜索模式进行优化搜索。要在 $n$ 维空间中建立由 $n+1$ 个顶点组成的单纯形，同时又要避免单纯形的退化，可按以下两种方法建立初始单纯形。下面分别介绍如下。

① 正单纯形　所谓正单纯形也就是各边边长相等的单纯形。由已知初始点 $U_0$，可得其他 $n$ 点坐标如下：

$$U_0=(u_1,u_2,\cdots u_i\cdots u_n)^T$$
$$U_1=(u_1+p,u_2+q,u_3+q,\cdots u_i+q\cdots u_n+q)^T$$
$$U_i=(u_1+q,u_2+q,u_3+q,\cdots u_i+p\cdots u_n+q)^T$$
$$U_n=(u_1+q,u_2+q,u_3+q,\cdots u_i+q\cdots u_n+p)^T$$

$$p=\frac{\sqrt{n+1}+n-1}{n\sqrt{2}}h$$

$$q=\frac{\sqrt{n+1}-1}{n\sqrt{2}}h$$

其中 $h$ 为正单纯形的边长。

② 直角单纯形

直角单纯形的生成较简单，由初始点 $U_0$ 可得其他各点坐标如下：

$$U_i=U_0+he_i \qquad \boldsymbol{e_i}=(0,0,0\cdots\cdots 1^{\text{第}i\text{个元素}},\cdots\cdots 0)^T$$

$e_i$为单位列向量，$h$ 为直角边长。

（3）单纯形法计算步骤

① 初始化：已知函数 $f(U)$，给定初始点 $U_0$及 $\alpha$、$\lambda$、$\mu$、$\varepsilon$。

② 建立初始单纯形，求得各点坐标 $U_i$。

③ 计算各点函数 $f_i=f(U_i)$，并求出最大点 $H$，次大点 $M$，最小点 $L$。

$$\max f_i=f_H=f(U_H),\ \min f_i=f_L=f(U_L)\quad \max_{i\neq H} f_i=f_M=f(U_M)$$

④ 收敛判据：$ABS((f_H-f_L)/F_h)\leqslant\varepsilon$，若此式成立，则停止计算，输出函数最小值为 $f_L$，最小点坐标为 $U_L$，否则转下一步。

⑤ 映射：先计算重心坐标，然后计算映射点 $U_R=U_C+\alpha(U_C-U_H)$，计算 $f_R=f(U_R)$

影射成功：若 $f_R<f_M$成立，则扩张至 $E$ 点，同时计算 $E$ 点的函数值，并和 $R$ 点的函数值进行比较。

扩张成功 ：若 $f_E<f_R$成立，则以 $E$ 点代替原最大值点 $H$，构成新的单纯形，回到③；

扩张失败：若 $f_E<f_R$ 不成立，则以 $R$ 点代替原最大值点 $H$，构成新的单纯形，回到③。

影射失败：若 $f_R<f_M$不成立，扩张失败，则转下一步压缩。

⑥ 压缩：取 $U_S=U_H+\lambda(U_R-U_H)$ ，$f_S=f(U_S)$

压缩成功：若 $\boldsymbol{f_S}<\boldsymbol{f_M}$成立，则以 **S** 点代替原最大值点 $\boldsymbol{H}$，构成新的单纯形，回到③；

压缩失败：若 $f_S<f_M$不成立，则转下一步收缩。

⑦ 收缩：$U_i=(U_i+U_L)/2$,转③。

(4) 实例计算

**【例 4-2】** 请用单纯形法计算函数 $f(U)=(u_1-2)^2+(u_2-3)^2$ 的最小值。

已知 $U_0=(0,0)^T$，$h=2$，$\alpha=1$，$\lambda=0.75$，$\mu=1$。

解：由初始点及步长构成初始单纯形及各点函数值（采用直角单纯形）：

$$U_0=(0,0)^T,\ f_0=13$$

$$U_1=(0,0)^T+2(1,0)^T=(2,0)^T,\ f_1=9$$

$$U_2=(0,0)^T+2(0,1)^T=(0,2)^T,\ f_2=5$$

进行函数值大小比较可得：

$$U_H=U_0=(0,0)^T,\ f_H=13$$

$$U_M=U_1=(2,0)^T,\ f_M=9$$

$$U_L=U_2=(0,2)^T,\ f_L=5$$

计算除最大值点外的重心：$U_C=(U_M+U_L)/2=(1,1)^T$

影射：$U_R=U_C+\alpha(U_C-U_H)=(2,2)^T$，$f_R=1<f_M$，影射成功，进行扩张。

扩张：$U_E=U_R+\mu(U_R-U_H)=(4,4)^T$，$f_E=5>f_R=1$ 扩张失败，以 $R$ 点代替原 $H$ 点，构成新的单纯形，进行重新计算。

新单纯形三点：

$$U_0=(2,2)^T,\ f_0=1$$

$$U_1=(2,0)^T,\ f_1=9$$

$$U_2=(0,2)^T,\ f_2=5$$

进行函数值大小比较可得：

$$U_H=U_1=(2,0)^T,\ f_H=9$$

$$U_M=U_2=(0,2)^T\quad f_M=5$$

$$U_L=U_0=(2,2)^T\quad f_L=1$$

计算除最大值点外的重心：$U_C=(U_M+U_L)/2=(1,2)^T$

影射：$U_R=U_C+\alpha(U_C-U_H)=(0,4)^T$，$f_R=5=f_M$，影射失败，压缩。

压缩：$U_S=U_H+\lambda(U_R-U_H)=(2,0)^T+0.75((0,4)^T-(2,0)^T)=(0.5,3)^T$，$f_S=2.25<f_M=5$ 压缩成功。以 S 点代替原 H 点，构成新的单纯形，进行重新计算：

新单纯形三点：

$$U_0=(2,2)^T,\ f_0=1$$

$$U_1=(0.5,3)^T,\ f_1=2.25$$

$$U_2=(0,2)^T,\ f_2=5$$

进行函数值大小比较可得：

$$U_H=U_2=(0,2)^T,\ f_H=5$$
$$U_M=U_1=(0.5,3)^T,\ f_M=2.25$$
$$U_L=U_0=(2,2)^T,\ f_L=1$$

计算除最大值点外的重心：$U_C=(U_M+U_L)/2=(1.25,2.5)^T$

影射：$U_R=U_C+\alpha(U_C-U_H)=(2.5,3)^T$，$f_R=0.25<f_M$，影射成功，进行扩张。

扩张：$U_E=U_R+\mu(U_R-U_H)=(5,4)^T$，$f_E=10>f_R=1$ 扩张失败，以 $R$ 点代替原 $H$ 点，构成新的单纯形，进行重新计算。

新单纯形三点：

$$U_0=(2,2)^T,\ f_0=1$$
$$U_1=(0.5,3)^T,\ f_1=2.25$$
$$U_2=(2.5,3)^T,\ f_2=0.25$$

真正的最优解为 $U^*=(2,3)^T$，经过三轮计算单纯形已包含最优解，若继续算下去，就可以得到满足精度要求的最优解。单纯形法常常用在目标函数比较复杂、函数不连续、获得偏导数比较难的情况。如强化传热中根据实验条件拟合得到的传热准数方程进行管参数优化时常常利用单纯形法。

单纯形法计算机编程相对比较容易，建议用 Matlab 进行编程，因为可以充分发挥 Matlab 处理向量及内部函数求最大最小值的优点，你不妨练习一下。如有困难请联系作者。

4.3.2.3　梯度法

(1) 基本原理

多变量函数的负梯度方向是函数下降最快的方向。梯度是一个向量，其各元素的值为函数对各变量偏导数在某一点处的值。

有某一 $n$ 维函数 $f(X)$，则其梯度 $\nabla f(X)$ 记作：

$$\nabla f(X)=\left(\frac{\partial f}{\partial x_1},\frac{\partial f}{\partial x_2},\cdots,\frac{\partial f}{\partial x_n}\right)^T \tag{4-33}$$

梯度法新点的迭代公式如下：

$$X^{k+1}=X^k+\lambda_k S_k \tag{4-34}$$
$$S_k=-\nabla f(X^k) \tag{4-35}$$

其中 $\lambda_k$ 为搜索步长，可利用解析求解或数值求解或直接给定一个比较小的步长。

(2) 计算步骤

① 给定精度 $\varepsilon$，初始点 $X^0$，置 $k=0$。

② 计算梯度 $\nabla \boldsymbol{f}(\boldsymbol{X}^k)$，令 $\boldsymbol{S}_k=-\nabla \boldsymbol{f}(\boldsymbol{X}^k)$。

③ 判断：

$$\|\nabla f(X^k)\|\leqslant\varepsilon \tag{4-36}$$

若上式成立，则停止计算，否则转下一步。

④ 一维搜索 $\lambda_k$，$f(X^K+\lambda_k S_k)=\mathrm{Min}f(X^K+\lambda S_k)$，令 $X^{K+1}=X^K+\lambda_k S_k$，$k=k+1$ 转第②步。

(3) 存在问题

对于两个变量的梯度法计算过程如图 4-33。由图可知，在利用梯度法进行多变量函数优化计算时，当函数接近最优值时，每一次计算函数值的下降将越来越小。从理论上来说，要

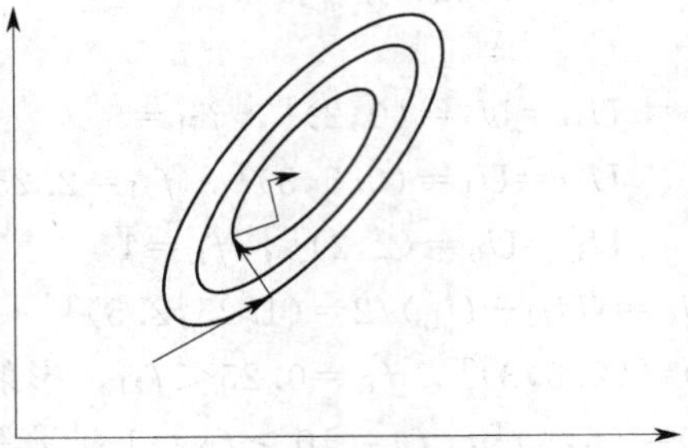

图 4-33　梯度法计算过程示意图

取得最优值需无穷多次，要解决这个问题可在靠近最优解时，改变搜索方向，使函数很快达到最优解。其中较有效的方法是采用共轭梯度法。

(4) 实例计算

**【例 4-3】** 请用梯度法计算 $f(X)=(x_1-2)^2+(x_1-x_2)^2-2x_2$ 的最小值，已知 $X^0=(0,0)^T$

**解**：先计算函数的梯度表达式：

$$\nabla f(X)=(4x_1-2x_2-4,2x_2-2x_1-2)^T$$

第一轮：$f_0=4$，$S_0=-(-4,-2)^T=(4,2)^T$，

$$X^1=X^0\lambda_0 S_0=(0,0)^T+\lambda_0(4,2)^T=(4\lambda_0,2\lambda_0)^T$$

将 $x_1=4\lambda_0$，$x_2=2\lambda_0$ 代入目标函数，得：

$\min f_1=20\lambda_0^2-20\lambda_0+4$，对 $\lambda_0$ 进行一维搜索可得：

$$\lambda_0=0.5,\ X^1=(2,1)^T,\ f_1=-1,\ x_1^1=2,\ x_2^1=1$$

第二轮：

$$S_1=-\nabla f(X^1)=-(2,-4)^T=(-2,4)$$

$$X^2=X^1+\lambda_1 S_1=(2-2\lambda_1,1+4\lambda_1),$$

将 $X^2$ 代入目标函数，

并对 $\lambda_1$ 进行一维优化搜索，得 $\lambda_1=0.25$，则：

$$X^2=(1.5,2)^T,\ f_2=-3.5,\ \nabla f(U^2)=(-2,-1)^T,\ S_2=(2,1)^T$$

经过两轮计算，目标函数值从最初的 4 快速下降到 −3.5，自变量也从 $(0,0)^T$ 变成 $(1.5,2)^T$，若计算下去，目标函数将向 −6 靠近，最优的自变量也向 $(3,4)^T$ 接近，但要真正达到需要无穷多轮计算。实际计算时，只要达到一定精度要求即可。

(5) Matlab 编程计算

某三级串联换热过程，示意图见图 4-34，根据已知条件推导得到在满足出口温度为 500℃时，3 个换热面积之和为最小的目标函数如下：

$$\min J=10000\left(\frac{T_1-100}{3600-12T_1+}+\frac{T_2-T_1}{3200-8T_2}+\frac{500-T_2}{400}\right) \tag{4-37}$$

由式(4-34) 可知，如果对此式的优化计算也想仿照【例 4-3】那样，计算难度和计算工作量将大大增加，但如果编程计算，那计算时间几乎可以忽略。

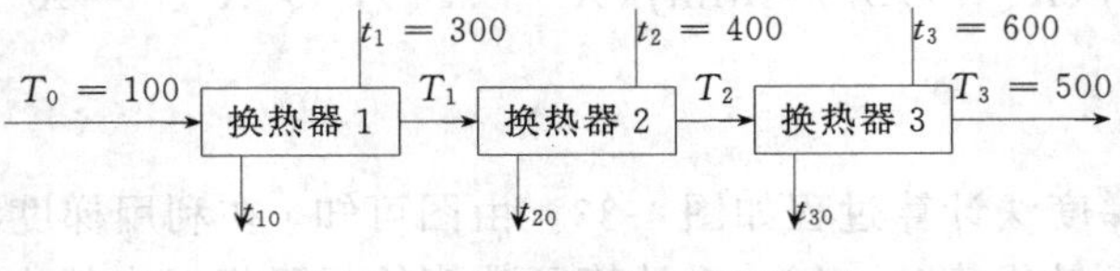


图 4-34　三级串联换热示意图

matlab 编程计算的主要程序如下：

```
function gengradmethod
clear all;clc;
tic
k=1;
x0=[200 300];
n=length(x0);
while k<=100000
  k=k+1;
f0=J(x0);
for i=1:n
x(i,:)=x0;
    for j=1: n
        if i==j
          x(i,j)=x0(j)+0.00001* x0(j);
        else
        end
    end
      xx=x(i,:);
      f(i)=J(xx);
      df(i)=(f(i)-f0)/(0.00001* x0(i));
end
    ddff=(sum(df(:). * df(:)))^0.5;
if ddff<0.001;
      break;
else
  x0(:)=x0(:)-0.001 * df(:);
end
end
optimx=x0
optimobj=J(x0)
disp('k='),k
toc
% -----------------------------------------
function minf=J(x)
minf=10^5 * ((x(1)-100)/(3600-12* x(1))+(x(2)-x(1))/(3200-8* x(2))+(500-x(2))/400);
```

计算结果显示迭代 k=6229，耗时 0.406s，最优解的 $T_1=182.01$，$T_2=295.60$，目标函数为 7049.2。提醒读者注意的是作者开发的是通用程序，不仅可以用于两个变量的函数优化问题，也可以用于三个以上变量的优化。对于梯度的计算，作者采用差商法来代替，自变量的变化幅度为十万分之一；对于步长，采用了定步长为 0.001。以上两个数据，在具体应用时可以根据实际情况进行调整。尤其是步长，有时可能要取得更小。其实，对于像式(4-37) 以及所有的多变量函数优化问题，更方便的方法是直接调用 Matlab 的内部函数：

```
optimx=fminsearch(@J,x0);
optimobj=feval(@J,optimx);
optimx
optimobj
```

计算结果和上面完全一致，耗时更短，只需 0.03s。当然如果你在电脑上运行的话，计算时间可能和上述数据有偏差。

4.3.2.4　共轭梯度法

(1) 基本原理

由于梯度法在靠近最优解附近时，函数值改变很小，从理论上说梯度法若想得到精确解需要无穷多次迭代，为此人们提出了共轭梯度法。共轭梯度法是基于当函数达到最优值附近时，函数的等高线近似于同心椭圆族，而由数学知识可知，两条平行于同心椭圆族的切线必定通过同心椭圆族的中心，这个中心就是最优解，见图 4-35。如果能找到沿同心椭圆族中心的方向，并沿这个方向搜索，就能一步达到最优解。假设 $S_0$是从某一点 $X^0$ 出发的某椭圆切线方向向量，若希望从该切线的切点出发，找到一个向量 $S_1$，并希望从切点出发的该向量 $S_1$经过椭圆中心，则必须满足：

$$S_0^{\mathrm{T}} Q S_1 = 0 \tag{4-38}$$

式中，$Q$ 为正定方阵（主余子式均大于 0），在优化问题中为目标函数的海赛矩阵 $H$。对于二维函数而言，其海赛矩阵 $H$ 为：

$$H = \nabla^2 f(X) = \begin{bmatrix} \dfrac{\partial^2 f}{\partial x_1^2} & \dfrac{\partial^2 f}{\partial x_1 \partial x_2} \\ \dfrac{\partial^2 f}{\partial x_2 \partial x_1} & \dfrac{\partial^2 f}{\partial x_2^2} \end{bmatrix} \tag{4-39}$$

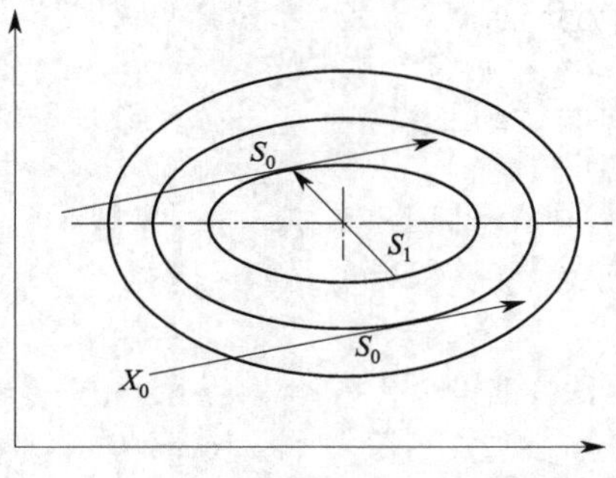


图 4-35　共轭梯度搜索方向示意图

(2) 计算步骤

由于计算海赛矩阵 $H$ 不方便，在实际应用共轭梯度法时，人们希望避免计算而找到共轭方向。其中 Fletcher 和 Reeres 提出的方法比较简单有效，其计算步骤如下：

① 给定精度 ε，初始点 $X^0$，置 $k=0$。

② 计算梯度 $g_k = \nabla f(X)$

③ 决定搜索方向：$k=0$，$S_k = -g_k$；$k>0$，

$$S_k = -g_k + S_{k-1} \frac{g_k^T g_g}{g_{k-1}^T g_{k-1}}$$

一维搜索 $\lambda_k$，$f(X^K + \lambda_k S_k) = \mathrm{Min} f(X^K + \lambda S_k)$，令 $X^{K+1} = X^K + \lambda_k S_k$，$k=k+1$

④ 判断：

若上式成立，则停止计算，否则转下一步。

$$\| \nabla f(X^k) \| \leqslant \varepsilon$$

⑤ 若 $\boldsymbol{k} \geqslant \boldsymbol{n}$，则 $\boldsymbol{X}^0 = \boldsymbol{X}^{\mathbf{k}}$，转①，反之转②。

(3) 实例计算

【例 4-4】 请用共轭梯度法计算 $f(X)=(x_1-2)^2+(x_1-x_2)^2-2x_2$ 的最小值，已知 $X^0=(0,0)^T$

解：第一步和梯度法相同：

$$g_0=\nabla f(X^0)=(4x_1-2x_2-4, 2x_2-2x_1-2)^T=(-4,-2)^T$$

$$S_0=-g_0=(4,2)^T, \lambda_0=0.5, \quad X^1=(2,1)^T, \quad g_1=-(2,-4)^T$$

第二次搜索：

$$S_1=-g_1+S_0\frac{g_1^Tg_1}{g_0^Tg_0}$$

$$=(-2,4)^T+(4,2)^T\frac{(-2,4)\times(-2,4)^T}{(-4,-2)\times(-4,-2)^T}$$

$$=(2,6)^T$$

则 $X_2=X_1+\lambda_1 S_1=(2+2\lambda_1, 1+6\lambda_1)^T$，代入目标函数，进行一维搜索，得：

$$\lambda_1=0.5, \quad X_2=(3,4)^T, g_2=(0,0)^T, f=-6。$$

可见对于二元二次目标函数，共轭梯度法只需二次迭代就达到最优解，关于共轭梯度法的 Matlab 程序希望读者参考梯度法的程序自行编写，在编写中注意当迭代次数 $n$ 次时，需要将 $n$ 归零，并重新调用一次负梯度方向作为搜索方向。

4.3.2.5 其他方法

其实关于多变量函数优化的方法还有许多，如 DFP 变尺度法（此法由 Davidon 提出，后经 Fletcher 和 Powell 修正和证明，故称 DFP 变尺度法）、牛顿法、拟牛顿法等。如果读者感兴趣的话，请参考专业书籍。不过作者并不建议对这些方法的原理作过深的研究，作为一名化学化工工程师，只要能够找到合理的优化方法来解决化工优化问题即可，注意是合理的方法，并要保证解的可靠性。

# 4.4 线性及混合整数规划

## 4.4.1 线性规划

目标函数和约束条件均为线性的优化问题称为线性规划问题。线性规划（Linear Programming，称 LP）是目前应用最广、最有效的优化方法之一，也是整数规划、混合规划、非线性规划的基础算法或简化模型后的算法。化工生产和管理中常见的线性规划问题的实例有：

① 产品生产计划的安排。根据现有原料、产品配方和产品的市场价格，合理安排每种产品的生产量，以获得最大利润。

② 劳动力和设备使用安排。制订劳动力和设备使用的月计划，使每个劳动力和设备都能得到充分利用，劳动生产率和生产利润或产量最高。

③ 生产环节各个单元的合理配置。

④ 投标争取合同。报价既要有竞争力，又要考虑到利润。

这些问题的数学描述包含众多变量、大量方程和不等式。问题的解不仅需满足约束方程，还需使目标函数达到最优。线性规划最早提出有效计算方法的是 G. B. Dantzig 于 1949 年提出的单纯形法（Simple Method）。该法是目前许多教科书作为经典的线性规划求解方法加以介绍，也是目前许多软件求解线性规划的基本方法。由于线性规划问题具有很广的实用意义，对于某些大型问题，涉及的约束条件可能是上万个以上，此时利用单纯法可能会造成计算量骤增、耗时长等问题。为此，人们提出了许多其他计算方法。比较有名且证明能解决实际问题的如1984年Karmakar提出的一个新算法以及受Karmakar方法启发而来的各种内点法。内点法名如其义，就是从满足线性约束区域的某点出发，利用各种不同方法（不同的研究者有不同的算法，如“中心线”法），通过不断迭代，求得最优解。这些新的方法将线性规划问题转化成某一形式的非线性规划，从而可以利用一些非线性函数优化的方法如梯度法等进行迭代求解。尽管有许多新的方法来求解线性规划问题，但作者认为，一般的化工问题或几百个约束条件以下的问题，单纯形法仍不失为一个高效实用的解决线性规划问题的方法。

(1) 线性规划模型

先来看一个化工生产分配实例。

**【例4-5】** 某化工厂有一生产系统，可以生产A、B、C、D四种产品，每个生产周期所需的原料量、贮存面积、生产速度及利润由表4-2给出，每天可用的原料总量为2000t，贮存间总面积为5000m$^2$，该系统每天最多生产22h，每天生产结束后，才将产品送到贮存间，假定四种产品占用原料、生产时间、贮存间等资源的机会平等，问A、B、C、D四种产品每天生产的桶数如何安排，才能使该系统每天的利润最大？

设定变量（单位均为桶/天）：

$x_1$＝A的产量；$x_2$＝B的产量；$x_3$＝C的产量；$x_4$＝D的产量。

若以利润$J$为经济指，目标函数为：

$$\max J=f(X)=10x_1+13x_2+9x_3+11x_4$$

约束条件：

总原料约束 $0.200x_1+0.180x_2+0.150x_3+0.250x_4\leqslant 2000$

贮存面积约束 $0.4x_1+0.5x_2+0.4x_3+0.3x_4\leqslant 5000$

生产时间约束 $x_1/3000+x_2/6000+x_3/2000+x_4/3000\leqslant 22$

变量本身约束：$x_1$、$x_2$、$x_3$、$x_4\geqslant 0$（原则上应为大于等于零的整数，但由于数值较大，可作为连续变量来处理，最后优化结果会有微小的不同，不影响最优效果，如果数值较小，需采用以后介绍的混合整形规划MILP）

**表4-2 生产过程各种数据**

| 产品(桶) | A | B | C | D |
|---|---|---|---|---|
| 所需原料量/(吨/桶) | 0.200 | 0.180 | 0.150 | 0.250 |
| 贮存面积/(m$^2$/桶) | 0.4 | 0.5 | 0.4 | 0.3 |
| 生产速度/(桶/小时) | 3000 | 6000 | 2000 | 3000 |
| 利润/(元/桶) | 10 | 13 | 9 | 11 |

再来看一个不同油品生产规划问题。

**【例4-6】** 某炼油厂利用1号原油和2号原油炼制汽油、煤油、燃料油和残油，炼制过程的得率、加工费用、原料价格、产品价格见表4-3，如何安排，才能使该系统每天的利润最大？

**表4-3 炼油厂原料和产品数据**

| 产品名称 | 得率/% | | 最高产量/(桶/天) | 产品价格/(美元/桶) |
|---|---|---|---|---|
| | 1号原油 | 2号原油 | | |
| 汽油 | 80 | 44 | 24000 | 35 |
| 煤油 | 5 | 10 | 2000 | 24 |
| 燃料油 | 10 | 36 | 6000 | 21 |
| 残油 | 5 | 10 | 无 | 10 |
| 加工费/(美元/桶) | 0.50 | 1.00 | | |
| 原油价格/(美元/桶) | 24 | 15 | | |

设定变量（单位均为桶/天）：

$x_1$＝1号原油耗用量；$x_2$＝2号原油耗用量；$x_3$＝汽油产量；

$x_4$＝煤油产量；$x_5$＝燃料油产量；$x_6$＝残油产量。

若以利润 $J$ 为经济指标，目标函数为：

$$\max J \quad f(X)=\text{产值}-\text{原料费}-\text{加工费}$$

$$\text{产值}=36x_3+24x_4+21x_5+10x_6$$

$$\text{原料费}=24x_1+15x_4$$

$$\text{加工费}=0.5x_1+x_2$$

物料平衡约束条件：根据每个产品的得率（物料衡算）可列出4个等式约束

汽油　$0.80x_1+0.44x_2=x_3$

煤油　$0.05x_1+0.10x_2=x_4$

燃料油　$0.10x_1+0.36x_2=x_5$

残油　$0.05x_1+0.05x_2=x_6$

产量约束：

A：$x_3\leqslant 24000$　　$0.80x_1+0.44x_2\leqslant 24000$

B：$x_4\leqslant 2000$　　$0.05x_1+0.10x_2\leqslant 2000$

C：$x_5\leqslant 6000$　　$0.10x_1+0.36x_2\leqslant 6000$

非零约束：

$$x_1\geqslant 0;\ x_2\geqslant 0$$

为减少变量数，可将上述等式约束方程代入目标函数，消去 $x_3$，$x_4$，$x_5$，$x_6$，得：

$$\text{产值}=36(0.80x_1+0.44x_2)+24(0.05x_1+0.10x_2)+21(0.10x_1+0.36x_2)+10(0.05x_1+0.05x_2)$$
$$=32.6x_1+26.8x_2$$

最后得到：

$$J=f(X)=8.1x_1+10.8x_2$$

则整个优化问题可以用下面的数学模型表达：

$$\begin{aligned}\max \quad & J=8.1x_1+10.8x_2\\ \text{s.t} \quad & 0.80x_1+0.44x_2\leqslant 24000\\ & 0.05x_1+0.10x_2\leqslant 2000\\ & 0.10x_1+0.36x_2\leqslant 6000\end{aligned}$$

综合上面的例子，线性规划问题的一般形式为

$$\begin{aligned}\min \quad & J=f(X)=\sum_{i=1}^{r}c_i x_i\\ \text{s.t.} \quad & \sum_{i=1}^{r}a_{ji}x_i=b_{1j} \quad j=1,2,\cdots,m\\ & \sum_{i=1}^{r}a_{ji}x_i\geqslant b_{2j} \quad j=m+1,m+2,\cdots,p\\ & x_i\geqslant 0 \quad i=1,2,\cdots,r\end{aligned} \tag{4-40}$$

或写成向量形式：

$$\begin{aligned}\min \quad & f(X)=c^{T}X\\ \text{s.t.} \quad & A_1X=b_1\\ & A_2X\geqslant b_2\end{aligned}$$

$$X \geqslant 0 \tag{4-41}$$

共有 $r$ 个变量，$r$ 个非负约束，$p$ 个约束（$m$ 个等式约束和 $p-m$ 个不等式约束）。对最大值问题可将 $f(X)$ 乘以 $-1$，使之转化为最小值问题。

（2）线性规划的标准化

为了方便求解，对于线性规划问题一般都化成标准型，以便统一求解方法。对于线性规划的一般模型化成标准型一般有以下几个方面。

① 目标函数的转化 求最大值一律转化为求最小值

$\max J=f(X)$ 转化为：$\min J'=-f(X)$，目标函数一律求最小。

② 对于有“≤”号的不等式引入松弛变量，使其变成等式约束

$$\sum_{i=1}^{n} a_{ji}x_i \leqslant b_j \rightarrow \sum_{i=1}^{n} a_{ji}x_i + x_s = b_j \tag{4-42}$$

③ 对于有“≥”号的不等式引入剩余变量，使其变成等式约束：

$$\sum_{i=1}^{n} a_{ji}x_i \geqslant b_j \rightarrow \sum_{i=1}^{n} a_{ji}x_i - x_s = b_j \tag{4-43}$$

④ 对于“$b_j \leqslant 0$”则化为：

$$-\sum_{i=1}^{n} a_{ji}x_i = -b_j \geqslant 0 \tag{4-44}$$

⑤ 对于变量无非负限制者，则令：

$$x_i = x_i^{**} - x_i^{*}, \quad x_i^{**} \geqslant 0, \ x_i^{*} \geqslant 0 \tag{4-45}$$

得到标准型 LP 模型：

$$\min f = \sum_{i=1}^{n} c_i x_i$$

$$\text{s. t.} \sum_{i=1}^{n} a_{ji}x_i = b_j \quad j=1,2,\cdots,m$$

$$x_i \geqslant 0 \quad i=1,2,\cdots,n$$

**【例 4-7】** 把下面线性规划的一般模型化成标准型

$$\max f = x_1 - x_2$$

$$\begin{aligned} \text{s. t.} \quad & 2x_1 - x_2 \geqslant -2 \\ & x_1 - 3x_2 \leqslant 2 \\ & x_1 + x_2 \leqslant 4 \\ & x_1 \geqslant 0, \ x_2 \text{无限制} \end{aligned}$$

**解**：对照标准型，对上面的线性规划模型进行第一轮初步转化：

$$\min f_1 = -f = -x_1 + x_2$$

$$\begin{aligned} \text{s. t.} \quad & 2x_1 - x_2 - x_3 = -2 \\ & x_1 - 3x_2 + x_4 = 2 \\ & x_1 + x_2 + x_5 = 4 \\ & x_1 \geqslant 0, x_2 = x_6 - x_7 \end{aligned}$$

最终标准化：

$$\min f_1 = -x_1 + x_6 - x_7$$

$$\begin{aligned} \text{s. t.} \quad & -2x_1 + x_3 + x_6 - x_7 = 2 \\ & x_1 + x_4 - 3x_6 + 3x_7 = 2 \end{aligned}$$

$$x_1+x_5+x_6-x_7=4$$

$$x_i \geqslant 0, i=1\sim7, i\neq2$$

(3) 线性规划的单纯形求法

数学知识可以证明，线性规划问题具有以下两个性质：不存在局部最优点，求得的解必定是总体最优解；最优解必定位于某一约束边界上，或者位于一些约束的交点上。例如，图 4-36 所示线性规划问题，该问题的目标函数为线性函数 $f(X)=x_1+x_2$，约束条件为：$x_1+x_2\leqslant9$，$x_1+4x_2\leqslant9$。当目标函数线向右移动时，目标函数不断增加，直至目标函数线和约束条件线 $x_1+x_2\leqslant9$ 重合，此时的目标函数为 9，达到最大值，但符合最大值的点有无穷多个，就是约束条件 $x_1+x_2\leqslant9$ 中 $6\leqslant x_1\leqslant9$ 中的一段。对于图 4-37 所示线性规划问题，该问题的目标函数为线性函数 $f(X)=x_1+2x_2$，其他条件不变，此时最优解为 (6,3)，只有一点，目标函数值为 12。对于图 4-38 所示线性规划问题，该问题的目标函数为线性函数 $f(X)=x_1+x_2$，但无约束条件，由图可知，目标函数既可以达到 $+\infty$，也可以达到 $-\infty$。因此，线性目标函数必须在有约束条件下求极值才有意义。

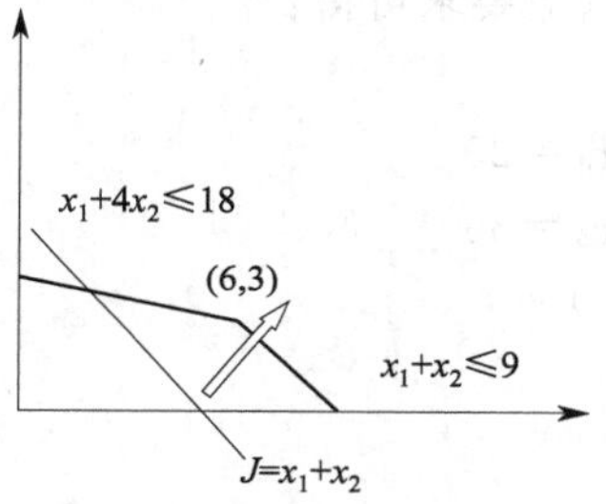


图 4-36 最优解在边界上

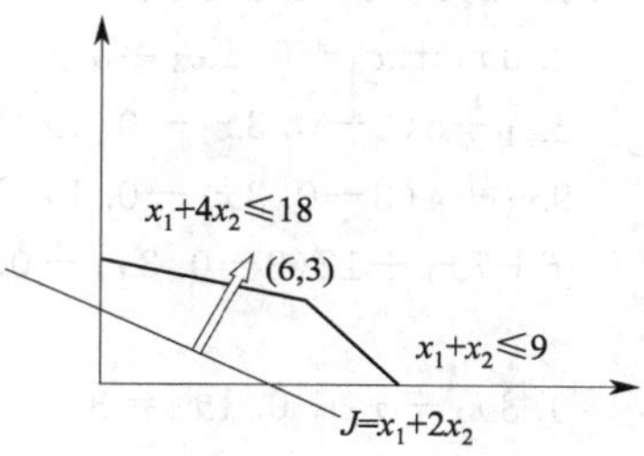


图 4-37 最优解在交点上

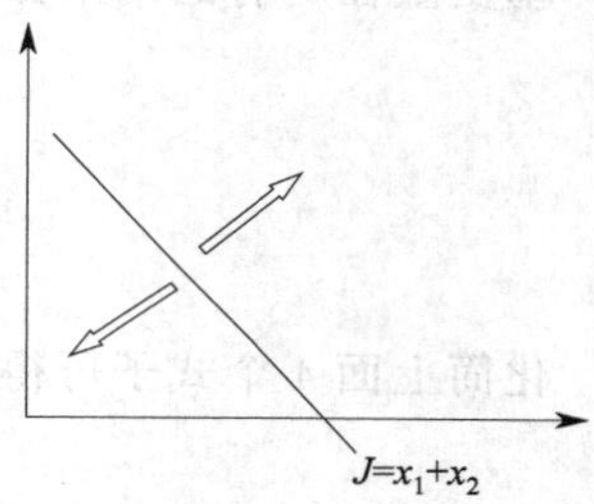


图 4-38 无最优解

通过上面的介绍，已经了解到线性规划的最优解在约束的端点或边界上。如果在边界上，则在整个边界上的函数数值都相等，因此只要能够求出各端点的函数值并进行比较，就可以求出线性规划的最优解。问题是线性规划问题的端点很多，例如含有 6 个变量 3 个方程的线性规划问题就有 20 端点，若变量和方程数增加，端点就迅速增加，要对每一个端点都进行计算显然将是十分困难的，为此必须引入有效的方法进行计算，此方法就是单纯形法。此法从线性规划模型的其中一个可行端点出发，沿着函数变小最快的方向进行端点转移，具体计算方法通过一实例说明。

**【例 4-8】** 求下面线性规划模型的最优解

$$\min f=-7x_1-12x_2$$

$$\text{s. t.}\ 3x_1+10x_2+x_3=30$$

$$4x_1+5x_2+x_4=20$$

$$9x_1+4x_2+x_5=36$$

$$x_i\geqslant0\ ,\ i=1\sim5$$

**解**：首先对目标函数进行改写：

$$f+7x_1+12x_2=0 \tag{1}$$

其次对线性规划模型进行观察可知此线性规划模型有一个十分明显的初始可行端点。

① 取初始可行端点为 $X=(0,0,30,20,36)^T$，即 $x_1=0$，$x_2=0$，$x_3=30$，$x_4=20$，$x_5=36$，此端点是一个可行端点，其中 $x_1$、$x_2$ 是非基变量（非基变量均为零），$x_3$、$x_4$、$x_5$ 是基变量（基变量一般不等于零，但也有等于零的情况出现），此时目标函数值 $f=0$。

② 考虑端点的转移，在 $x_1$、$x_2$ 两个非基变量中选其中一个作为基变量，同时在 $x_3$、$x_4$、$x_5$ 三个基变量选其中一个为非基变量。在 $x_1$、$x_2$ 两个变量中选哪一个更能使目标函数减小？由(1)可知，选 $x_2$ 作为基变量更能使目标函数减小（因其目标函数方程中的系数为 12，而 $x_1$ 的系数为 7，故当各自变化一个单位时，$x_2$ 比 $x_1$ 可多减少目标函数 5 个单位）。那么在 $x_3$、$x_4$、$x_5$ 三个变量中选哪一个作为非基变量呢？这要根据具体计算决定，在 $x_2$ 尽可能大的前提下，应保证 $x_3$、$x_4$、$x_5$ 三个变量都大于或等于零，即同时满足以下三个不等式：

$$x_3=30-10x_2\geqslant 0 \quad x_2\leqslant 3$$

$$x_4=20-5x_2\geqslant 0 \quad x_2\leqslant 4$$

$$x_5=36-4x_2\geqslant 0 \quad x_2\leqslant 9$$

$$\therefore x_2=3,\ x_3=0,\ x_4=5,\ x_5=24,\ f=-36。$$

取 $x_2$、$x_4$、$x_5$ 为基变量，$x_1$、$x_3$ 为非基变量组成一个新的端点 $X=(0,3,0,5,24)^T$ 实现了第一次端点转移。根据新端点重新改写约束条件及目标函数。目标函数只以非基变量来表达，基变量在所有的约束方程中只能出现一次且系数为 1，根据以上要求可得：

$$0.3x_1+x_2+0.1x_3=3$$

$$4x_1+5(3-0.3x_1-0.1x_3)+x_4=20$$

$$9x_1+4(3-0.3x_1-0.1x_3)+x_5=36$$

$$f+7x_1+12(3-0.3x_1-0.1x_3)=0$$

化简上面 4 个式子可得：

$$0.3x_1+x_2+0.1x_3=3$$

$$2.5x_1+0.5x_3+x_4=5$$

$$7.8x_1+0.4x_3+x_5=24$$

$$f+3.4x_1-1.2x_3=-36$$

③ 在新的端点的基础上再进行端点转移，和上面的端点转移一样，选目标函数中系数大者的变量为调入的基变量，选 $x_1$ 为调入基变量，调出基变量则要通过不等式计算而得：

$$\because\ x_2=3-0.3x_1\geqslant 0 \quad x_1\leqslant 10$$

$$x_4=5-2.5x_1\geqslant 0 \quad x_1\leqslant 2$$

$$x_5=24-7.8x_1\geqslant 0 \quad x_1\leqslant 24/7.8$$

$$\therefore x_1=2,\ x_3=0,\ x_2=2.4,\ x_4=0,\ x_5=8.4,\ f=-42.8。$$

取 $x_1$、$x_2$、$x_5$ 为基变量，$x_3$、$x_4$ 非基变量组成一个新的端点 $X=(2,2.4,0,0,8.4)^T$ 实现了端点的又一次转移。将目标函数重新表示成新的非基变量 $x_3$，$x_4$ 的形式，并将约束条件重新整理可得（将 $x_1=2-0.2x_3-0.4x_4$ 代入）：

$$x_2+0.16x_3-0.12x_4=2.4$$

$$x_1+0.2x_3+0.4x_4=2$$

$$1.56x_3-3.12x_4+x_5=8.4$$

$$f-0.52x_3-1.36x_4=-42.8$$

观察目标函数的表达式可知，若再进行端点转移，则将使 $x_3$ 或 $x_4$ 两个变量中的其中一个不等于零，由目标函数的表达式可知，目标函数值将增大，因此 $f=-42.8$ 是原问题的最小值。通过上面的实例求解，线性规划的单纯形求解关键是端点的转移及端点转移后约束条件和目标函数的转化问题。对于一般的问题，假定已找到一个初始可行端点建立如表 4-4 所示单纯形表格，并在此表格的基础上进行端点的转移。

**表 4-4　单纯形计算表格**

| | | $x_1$ | $x_2$ | $\cdots$ | $x_n$ | $f$ | $b$ | $\theta_j=b_j/a_{jk}$ |
|---|---|---|---|---|---|---|---|---|
| 基 | $x_1$ | $a_{11}$ | $a_{12}$ | | $a_{1n}$ | 0 | $b_1$ | $\theta_1$ |
| | $x_2$ | $a_{21}$ | $a_{22}$ | | $a_{2n}$ | 0 | $b_2$ | $\theta_2$ |
| 变 | : | | | **$a_{pk}$** | $a_{pn}$ | 0 | $b_p$ | [$\theta_p$] $\rightarrow \text{Min}(\theta_j)=\theta_p$ |
| 量 | $x_m$ | $a_{m1}$ | $a_{m2}$ | | $a_{mn}$ | 0 | $b_m$ | $\theta_m$ |
| $f$ | | $-c_1$ | $-c_2$ | [$-c_k$] | $-c_m$ | 1 | | |

$\uparrow$ $\text{Max}(-c_i)=-c_k$

根据前面实例的计算，可得单纯形表格法计算步骤如下。

① 找出初始基本可行解，列出单纯形表，并将目标函数表达成非基变量的形式(如找不到初始基本可行解，可人为构建一个，进行二次单纯形计算，即所谓的二段法)。

② 找出表中最后一行（目标函数表达式）中最大的正值，作为主元列（$k$ 列），调入作为新的基变量。找出 $\theta_j$ 中的最小值（正值）作为主元行，调出为非基变量。

③ 以主元行列的交点 $a_{pk}$ 作为主元，作高斯-约当消去运算，得新单纯形表。(使主元列为单位向量，主元元素为 $a_{pk}=1$)

④ 重复②，③两步，使最后一行中的元素均为非正值，即得到最优解。

**【例 4-9】** 单纯形表格法计算实例：

$$\begin{aligned}&\max J=2x_1+3x_2-x_3\\ &\text{s.t.}\quad x_1+2x_2+x_3=4\\ &\qquad\ \ 2x_1+x_2\leqslant 5\\ &\qquad\ \ x_{1\sim 3}\geqslant 0\end{aligned}$$

**解：**首先将线性规划模型化成标准型：

$$\begin{aligned}&\min J_1=-2x_1-3x_2+x_3\\ &\text{s.t.}\quad x_1+2x_2+x_3=4\\ &\qquad\ \ 2x_1+x_2+x_4=5\\ &\qquad\ \ x_{1\sim 4}\geqslant 0\end{aligned}$$

根据线性规划的模型，找到一个初始可行解为 $X=(0,0,4,5)$，并将目标函数中的 $x_3$ 化成 $x_1$ 和 $x_2$ 的形式：

$$\begin{aligned}f&=-2x_1-3x_2+x_3=-2x_1-3x_2+(4-x_1-2x_2)\\ &=-3x_1-5x_2+4\end{aligned}$$

$$f+3x_1+5x_2=4$$

建立初始单纯形表：

**表一**

| | | $x_1$ | $x_2$ | $x_3$ | $x_4$ | $f$ | $b$ | $\theta_j=b_j/a_{jk}$ |
|---|---|---|---|---|---|---|---|---|
| 基 | $x_3$ | 1 | **2** | 1 | 0 | 0 | 4 | 4/2=[2] $\rightarrow$ |
| 变 | $x_4$ | 2 | 1 | 0 | 1 | 0 | 5 | 5/1=5 |
| 量 | $f$ | 3 | [5] | 0 | 0 | 1 | 4 | |

$\uparrow$ $\text{Max}(-c_i)=-c_2$

找出 $f$ 行中的最大元素为 5，即第二列为主元列，将 $b$ 列元素和第二列中的元素对应相除，得第一行为主元行。所以将 $x_2$ 作为新的基变量调入，将 $x_3$ 作为新的非基变量调出，以主元 2 为中心进行消去运算得表二。

表二

| | | $x_1$ | $x_2$ | $x_3$ | $x_4$ | $f$ | $b$ | $\theta_j=b_j/a_{jk}$ |
|---|---|---|---|---|---|---|---|---|
| 基 | $x_2$ | 0.5 | 1 | 0.5 | 0 | 0 | 2 | 2/0.5=4 |
| 变 | $x_4$ | 1.5 | 0 | −0.5 | 1 | 0 | 3 | 3/1.5=2 → |
| 量 | $f$ | 0.5 | 0 | −2.5 | 0 | 1 | −6 | |
| | | ↑ $\mathrm{Max}(-c_i)=-c_1$ | | | | | | |

各行计算情况：第一行=原行/2

第二行=原行−第一行

第三行=原行−5×第一行

以新的主元1.5为中心，进行第二轮消去运算得表三。

表三

| | | $x_1$ | $x_2$ | $x_3$ | $x_4$ | $f$ | $b$ | $\theta_j=b_j/a_{jk}$ |
|---|---|---|---|---|---|---|---|---|
| 基 | $x_2$ | 0 | 1 | 2/3 | −1/3 | 0 | 1 | |
| 变 | $x_1$ | 1 | 0 | −1/3 | 2/3 | 0 | 2 | |
| 量 | $f$ | 0 | 0 | −7/3 | −1/3 | 1 | −7 | |

各行运算情况：第二行=原行/1.5

第一行=原行−0.5×第二行

第三行=原行−0.5×第二行。

由表三可知最后一行的元素均为非正值，所以目标函数值已无法减小，故最优解为：$x_1=2$，$x_2=1$，$x_3=0$，$x_4=0$，$J_1=-7$，$J=7$。

**【例 4-10】** 用单纯形法求解前述炼油厂生产安排的问题。

**解**：首先将该问题化成标准型。原为求极大值问题，现需改为求极小值问题，即

$$\min f_1=-8.1x_1-10.8x_2 \tag{1}$$

对不等式约束引入松弛变量 $x_3$、$x_4$、$x_5$，将其转换为等式约束：

$$0.80x_1+0.44x_2+x_3=24000 \tag{2}$$

$$0.05x_1+0.10x_2+x_4=2000 \tag{3}$$

$$0.10x_1+0.36x_2+x_5=6000 \tag{4}$$

$$f_1+8.1x_1+10.8x_2=0 \tag{5}$$

选择 $x_1$ 和 $x_2$ 为非基本变量，$x_3$、$x_4$、$x_5$ 为基本变量。由式(2)～式(5) 可直接列出单纯形表一：

表一　第一轮计算

| | $x_1$ | $x_2$ | $x_3$ | $x_4$ | $x_5$ | $f$ | $b$ | $\theta_j$ | |
|---|---|---|---|---|---|---|---|---|---|
| $x_3$ | 0.80 | 0.44 | 1 | 0 | 0 | 0 | 24000 | 54545 | |
| $x_4$ | 0.05 | 0.10 | 0 | 1 | 0 | 0 | 2000 | 20000 | |
| $x_5$ | 0.10 | 0.36* | 0 | 0 | 1 | 0 | 6000 | 16667 | → |
| $f_1$ | 8.10 | 10.80 | 0 | 0 | 0 | 1 | 0 | | |
| | | ↑ | | | | | | | |

(6)

由表一可知，$x_1$ 和 $x_2$ 的增加都能使目标函数得到改善，但10.28>8.10，故 $x_2$ 列为主元列。$b$ 列元素与这一列元素的比值依次为（54545，20000，16667），第3个比值为最小正数，故第3行为主元行，以0.36为主元进行消去运算得表二。

**表二　第二轮计算**

| | $x_1$ | $x_2$ | $x_3$ | $x_4$ | $x_5$ | $f$ | $b$ | $\theta_j$ |
|---|---|---|---|---|---|---|---|---|
| $x_3$ | 0.68 | 0 | 1 | 0 | −1.22 | 0 | 16667 | |
| $x_1$ | 0.02* | 0 | 0 | 1 | −0.28 | 0 | 333.3 | |
| $x_2$ | 0.28 | 1 | 0 | 0 | 2.78 | 0 | 16667 | |
| $f_1$ | 5.1 | 0 | 0 | 0 | −30.00 | 1 | −180000 | |
| | ↑ | | | | | | | |

(7)

经过四轮计算，最后得到表三：

**表三　第四轮计算**

| | $x_1$ | $x_2$ | $x_3$ | $x_4$ | $x_5$ | $f$ | $b$ |
|---|---|---|---|---|---|---|---|
| $x_5$ | 0 | 0 | 0.14 | −4.21 | 1 | 0 | 896.5 |
| $x_1$ | 1 | 0 | 1.72 | −7.59 | 0 | 0 | 26207 |
| $x_2$ | 0 | 1 | −0.86 | 13.79 | 0 | 0 | 6897 |
| $f_1$ | 0 | 0 | −4.66 | −87.52 | 0 | 1 | −286765 |

(8)

此时末行（目标函数行）$x_i$的系数均为非正，$f_1$值不能再改善，迭代结束。由 $b$ 列元素可得解：

$$x_1^* = 26207 \quad x_2^* = 6897 \quad f^* = -f_1^* = 286765$$

其实上述线性规划问题均可以方便地利用 Excel 表格进行求解，当然也可以用 Matlab 的内部函数进行求解，两者都是十分方便的，而且还不用将模型进行标准化处理。以上面的炼油生产为例，如果采用 Excel 表格计算，其计算界面见图 4-39。

| | A | B | C | D | E | F |
|---|---|---|---|---|---|---|
| 1 | | | | | | |
| 2 | | x1 | x2 | f | b | 剩余 |
| 3 | 1 | 0.8 | 0.44 | 1.24 | 24000 | 23999 |
| 4 | 2 | 0.05 | 0.1 | 0.15 | 2000 | 1999.9 |
| 5 | 3 | 0.1 | 0.36 | 0.46 | 6000 | 5999.5 |
| 6 | 最优解 | 1 | 1 | | | |
| 7 | 目标系数 | 8.1 | 10.8 | 目标函数J | 18.9 | |

图 4-39　Excel 线性规划计算初始界面

| | A | B | C | D | E | F |
|---|---|---|---|---|---|---|
| 1 | | | | | | |
| 2 | | x1 | x2 | f | b | 剩余 |
| 3 | 1 | 0.8 | 0.44 | 24000 | 24000 | 0 |
| 4 | 2 | 0.05 | 0.1 | 2000 | 2000 | 0 |
| 5 | 3 | 0.1 | 0.36 | 5103.4483 | 6000 | 896.55 |
| 6 | 最优解 | 26206.9 | 6896.55 | | | |
| 7 | 目标系数 | 8.1 | 10.8 | 目标函数J | 286759 | |
| 8 | | | | | | |

图 4-40　Excel 线性规划计算最后界面

先按照图 4-39 所示，将已知的系数输入，并将最优解初值设定为 1，1。将 f 列、剩余列及目标函数对应的单元格按以下公式设置：

D3＝＄B＄6*B3＋＄C＄6*C3，D4＝＄B＄6*B4＋＄C＄6*C4，D5＝＄B＄6*B5＋＄C＄6*C5，E7＝B6*B7＋C6*C7，F3＝E3－D3，F4＝E4－D4，F5＝E5－D5。如果你懂得使用技巧的话，有些单元格可以通过复制获得。设置完成后，就得到了图 4-39，其中目标函数仅为 18.9，资源有大量剩余。这是因为只假设炼制两种油的数量各为 1 桶的缘故，利用 Excel 中的规划求解功能，选择取最大值，将 B6、C6 作为可变单元格，将 E7 作为目标函数，设置为非负，线性模型，确定求解后得图 4-40，可以发现该图的数据和手工计算有微小的差别，这是在手工计算时已对变量小数点的保留不够造成的。其实严格意义上来说，图 4-40 中尚需完善，也就说 $x_1$ 可能取 26207，而 $x_2$ 可能取 6896；或者 $x_1$ 可能取 26206，而 $x_2$ 可能取 6897（6896）；到底取多少，需要通过资源约束的判断来完成。当然，也可以通过在变量设置中，加强约束条件，规定 $x_1$、$x_2$ 为整数变量。见图 4-41。

设置整数约束后，再进行规划求解，得到图 4-42 的计算结果，该计算结果正如前面的分析一样，也就说 $x_1 = 26206$，$x_2 = 6897$，目标函数为 286756，比不考虑整数约束时小 3/286759＝0.001046％，几乎可以忽略。所以，对数值较大的变量，完全可以将整数约束作为连续数来处理。

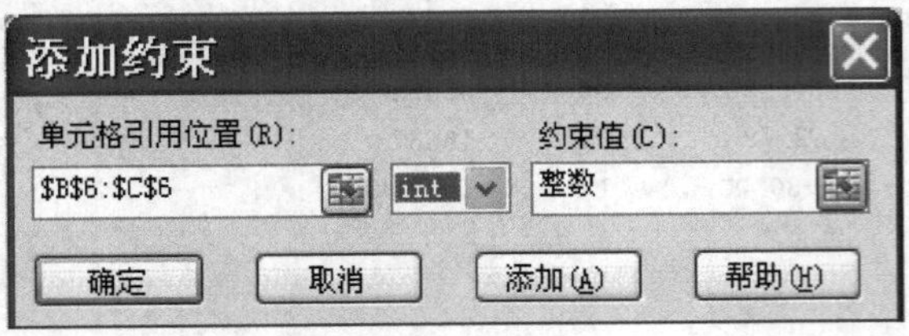


图 4-41　整数约束

| | A | B | C | D | E | F |
|---|---|---|---|---|---|---|
| 1 | | | | | | |
| 2 | | x1 | x2 | f | b | 剩余 |
| 3 | 1 | 0.8 | 0.44 | 23999.48 | 24000 | 0.52 |
| 4 | 2 | 0.05 | 0.1 | 2000 | 2000 | -7E-09 |
| 5 | 3 | 0.1 | 0.36 | 5103.52 | 6000 | 896.48 |
| 6 | 最优解 | 26206 | 6897 | | | |
| 7 | 目标系数 | 8.1 | 10.8 | 目标函数J | 286756 | |

图 4-42　整数约束后最优解

在利用 Excel 求解时，还可以产生有关灵敏度和极限值报告，对于炼油问题，先删除整数约束（在整数约束下，无法产生这两个报告），点击求解后，系统提示找到一个解后，双击对应需要输出的报告，见图 4-43，就可以产生图 4-44 的灵敏度报告、图 4-45 的极限值报告。你要具备读懂这些报告的能力。如在灵敏度报告中，在约束项 D3 的影子价格为 4.655，表示若 D3 增加 1 个单位，则目标函数就增加 4.655 个单位。当然，取 D3 的增加量越小，这个比值越接近 4.655。现取 D3 增加 0.01，通过计算的目标函数为 286758.6672，原值为 286758.6207，则灵敏度＝(286758.6672－286758.6207)/0.01＝4.655，两者完全一致。

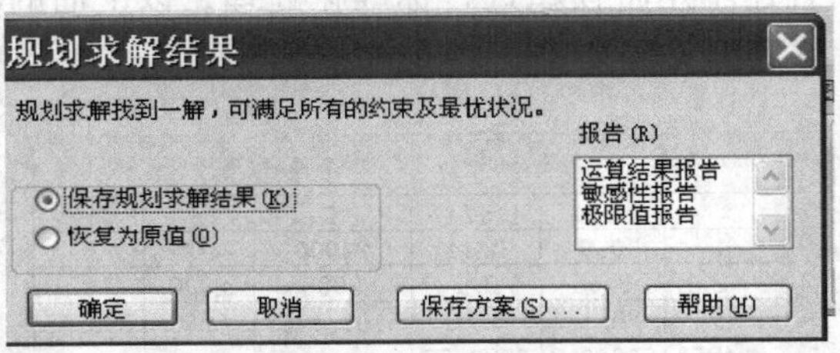


图 4-43　输出报告设置

可变单元格

| 单元格 | 名字 | 终值 | 递减成本 | 目标式系数 | 允许的增量 | 允许的减量 |
|---|---|---|---|---|---|---|
| $B$6 | 最优解 x1 | 26206.89655 | 0 | 8.1 | 11.53636364 | 2.7 |
| $C$6 | 最优解 x2 | 6896.551724 | 0 | 10.8 | 5.4 | 6.345 |

约束

| 单元格 | 名字 | 终值 | 阴影价格 | 约束限制值 | 允许的增量 | 允许的减量 |
|---|---|---|---|---|---|---|
| $D$3 | f | 24000 | 4.655172414 | 24000 | 8000 | 6500 |
| $D$4 | f | 2000 | 87.51724138 | 2000 | 213.1147541 | 500 |
| $D$5 | f | 5103.448276 | 0 | 6000 | 1E+30 | 896.5517241 |

图 4-44　灵敏度报告

同样是在约束项 D3 其允许的增加量为 8000，表示当 D3 增加到 32000 时，原来最优解的结构会发生变化。注意这个结构指的是原来 $x_1$ 和 $x_2$ 均为基变量，此时，其中一个变为非基变量，真实情况是 $x_1=40000$ 和 $x_2=0$，目标函数为 324000。同理，当 D3 减少到 17500（减少 6500）时，最优解的结构也会发生变化。其他对目标式系数的分析也同上。至于极限值报告比较好理解，也就是只炼制一种有可能达到的极限情况，显然只炼制一种油，无论哪一种，目标函数均未超过最优解。

| 单元格 | 目标式名字 | 值 |
|---|---|---|
| $E$7 | 目标函数J b | 286758.6207 |

| 单元格 | 变量名字 | 值 | 下限极限 | 目标式结果 | 上限极限 | 目标式结果 |
|---|---|---|---|---|---|---|
| $B$6 | 最优解 x1 | 26206.89655 | 0 | 74482.75862 | 26206.89655 | 286758.6207 |
| $C$6 | 最优解 x2 | 6896.551724 | 0 | 212275.8621 | 6896.551722 | 286758.6207 |

图 4-45　极限值报告

对于线性规划问题，Matlab 的求解策略必须将其化为程序对应的模型，并且只能求解最小值，也没有灵敏度分析。当然，你也可以通过编程来求解灵敏度。Matlab 中线性规划模型如下：

$$\begin{aligned} \min \quad & \mathbf{f}^T\mathbf{x} \\ \text{s.t} \quad & \mathbf{A}\cdot\mathbf{x}\leqslant\mathbf{b} \\ & \mathbf{Aeq}\cdot\mathbf{x}=\mathbf{beq} \\ & \mathbf{lb}\leqslant\mathbf{x}\leqslant\mathbf{ub} \end{aligned} \tag{4-46}$$

对于式(4-46)模型中的 **f**、**x**、**lb**、**ub**、**b**、**beq** 均是向量，**A**、**Aeq** 则是矩阵。

**Matlab** 求解调用的公式如下：

**[x,<fval,exitflag,output,lambda>]=linprog(f,A,b,<Aeq,beq,lb,ub,x0,options>)** (4-47)

各项含义通过模型（4-46）可以明白不再说明，fval 表示最优解的目标函数，exitflag 表示解的情况，如，exitflag=1，表示最后计算得到收敛于 x 最优解；exitflag=0 表示已经达到函数评价或迭代的最大次数，但解仍无收敛；exitflag<0，表示目标函数不收敛（有多种情况）。output 表示计算采用的方法、迭代的次数等信息。lambda 表示线性模型的结构情况，如变量数、等式约束数、不等式约束数、变量本身要求等信息。更为详细的内容，建议读者在打开 Matlab 程序后，进入 help 界面，输入“linprog”进行搜索，可得详细的说明，见图 4-46。

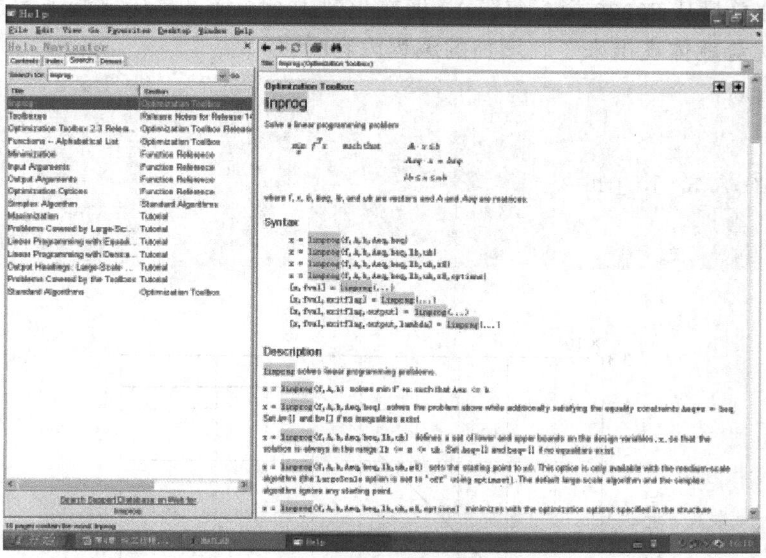

图 4-46　Matlab 帮助界面

必须提醒读者注意的是在利用式(4-47)调用时，如果“<****>”中无内容可以省略，但如果前面的项没有，后面的项有，则必须将前面的项用“[]”来表示，对于炼油问题，Matlab 的程序如下：

```
function lpheat1
% 炼油优化的示例在 7.0 版本上调试通过
% 由华南理工大学方利国编写,2013 年 3 月 27 日
% 欢迎读者调用,如有问题请告知 lgfang@scut.edu.cn
clear all
clc
f=[-8.1 -10.8]'
A=[0.8 0.44;0.05 0.1;0.1 0.36]
```

```
b=[24000 2000 6000]'
lb=zeros(2,1)
[x,fval,exitflag,output,lambda]=linprog(f,A,b,[],[],lb)
disp(x)
disp(fval)
计算结果显示：
x：1.0e+004*
     2.6207
     0.6897
fval：-2.8676e+005
```

上述结果和我们手工计算一致，也和 Excel 计算结果几乎一致。由于各种线性规划软件已经能够处理各种情况，无需再进行寻找初始可行解，对寻找不到初始可行解的情况引入人工变量，通过求人工变量的最小值，得到原问题的初始可行解，然后再利用单纯形表格法对原问题进行求解的两段法操作，故也不再介绍该方法。至于 LP 问题的对偶型问题求解也不再介绍，因为基本上已无需再通过对偶型来简化原 LP 问题。建议读者将重心放在 LP 模型的建立、灵敏度分析及极限值分析上。尽管 Matlab 软件没有提供灵敏度分析，但使用者可以通过自已编程改变某些变量，可以方便地分析各种情况。如对于上面的炼油优化问题，分析当炼制的汽油总量从 20000 桶，每隔 10 桶变化到 40000 桶，最优目标函数是如何改变时，matlab 编程的优势就体现出来了。增加的编程内容为：

```
for i=20000:10:40000;
    n=n+1
b(1)=i;
[x,fval]=linprog(f,A,b,[],[],lb);
j(n)=fval;
end
```

得到如图 4-47。

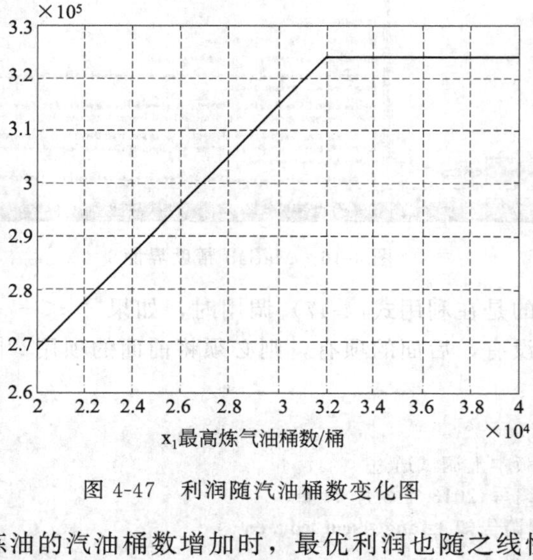


图 4-47 利润随汽油桶数变化图

由图 4-47 可知，当炼油的汽油桶数增加时，最优利润也随之线性增加。当汽油桶数增加到 32000 时，最优利润不再增加。表明再增加炼汽油的桶数，由于受到市场的制约，其他产品已饱和无销路，故此时增加汽油桶数，由于受到煤油和柴油桶数的约束，最优解还是 32000 桶汽油，利润不再增加。

### 4.4.2 混合整数规划

如果线性规划中某些变量有特殊的要求，如要求是整数或 0～1 之间的逻辑数（其实也是整数），这时线性规划就转变成了混合整数线性规划（Mixed-integer Linear Programming，简称 MILP），如果约束条件或目标函数中有非线性函数，则问题转变成了混合非线性规划（Mixed-integer Nonlinear Programming，简称 MINLP）。对于 MILP 问题，其最优解和连续变量的 LP 问题比较见图 4-48～图 4-51，箭头所指的方向是目标函数下降的方向。

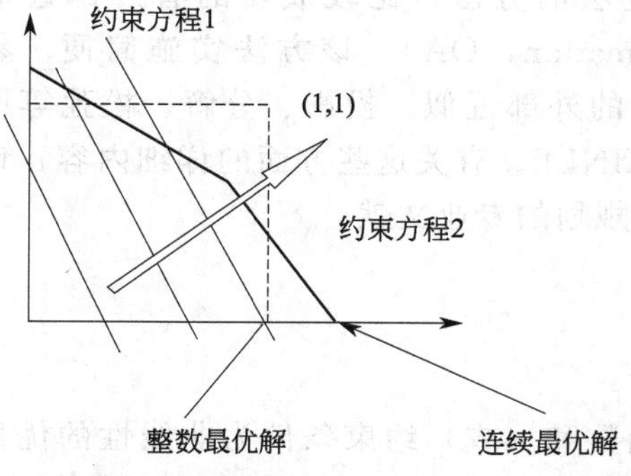


图 4-48 整数最优解情况之一

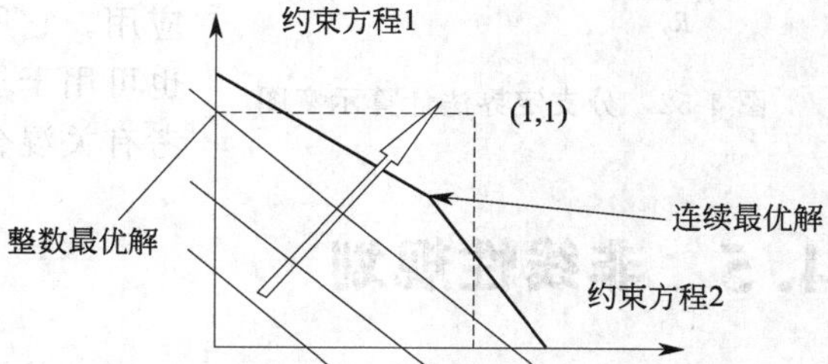


图 4-49 整数最优解情况之二

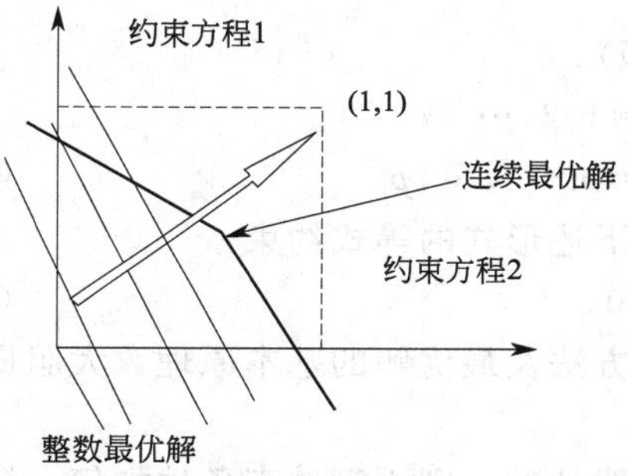


图 4-50 整数最优解情况之三

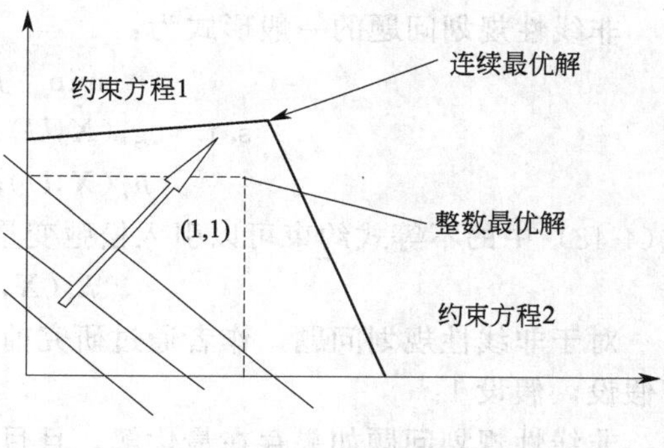


图 4-51 整数最优解情况之四

由图 4-48～图 4-51 可知，可以发现在 2 个变量的情况下，如果将整数规划问题当作连续变量来处理，先求出连续变量的最优值，再通过连续变量取值后可能出现的 4 种情况，就可以确定整数规划的最优解。也就是说可以通过将其可能出现的情况全部罗列出来，就可以找到整数规划的最优解。尽管我们图示的整数是在 0 和 1 之间，其实可以在任何整数之间，如 6 和 7 之间都可以。但当变量增加时，需要罗列的情况会迅速增加，此时，这种罗列全部可能解的穷举法操作（需要计算 $2^n$ 次，$n$ 为变量数）可以用分支定界操作来代替，可以有效减少计算次数。分支定界操作过程的基本思路是将所有的整数约束当成连续变量来处理，得到连续变量的最优解。如果此时对应整数约束的变量（$y_i$，$i=1\sim n$）刚好是整数，就求得最优解；如果不是，则将其中一个变量（假设为 $y_1=7.8$）进行分支操作。分支操作的思路是将 $y_1$ 作为已知数，其他变量均放宽要求，松弛为连续变量，假设 $y_1=8$ 和 $y_1=9$ 分两种情况进行优化求解，如果求得的解对应剩余整数约束的变量（$y_i$，$i=2\sim n$）刚好是整数，则此分支无需再分解（见图 4-52 中的 $R_2$）；如果不是（见图 4-52 中的 $R_1$），则选择其中一个非整数变量，继续进行分支操作，不断重复上述过程，直至无法分支为止。同时注意在分支

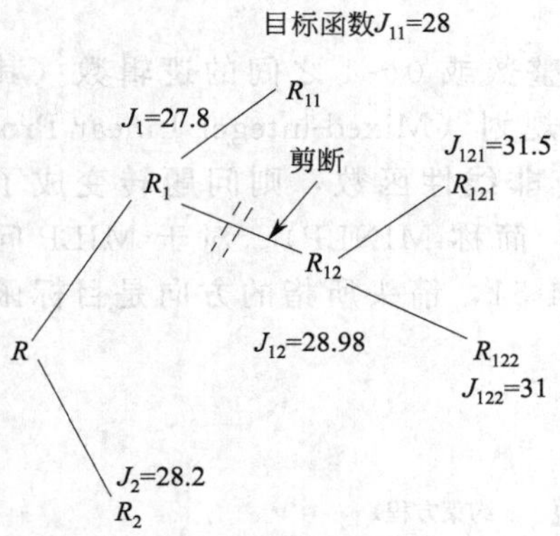

图 4-52 分支定界法计算示意图

操作过程中及时剪去不可能出现最优解的分支，见图 4-52 中的 $R_{12}$。

尽管分支定界法在大多数情况下比穷举法（有些教材称为枚举法）可大大减少计算次数，但分支定界法如果出现最坏的情况，即每一个分支在中间过程中均无出现整数解，需要继续分支，直至最后一个变量，就相当于穷举法了，这是分支定界法的局限。为此，人们提出了许多基于梯度法的方法，比较成功的有外部近似法（Outer Approximation，OA），该方法实施简便，易于应用。它所借用的外部近似、投影、分解、松弛等原理也可用于求解 MINLP。有关这些方面的详细内容，请参考有关混合整数规划的专业文献。

## 4.5 非线性规划

非线性规划问题指的是在优化模型中的目标函数和（或）约束条件为非线性的优化问题，在化工优化中，大量的是非线性规划问题。本节主要介绍一些非线性规划的求解方法，但关键还是要给读者提供具体的切实可行的求解工具和策略。

非线性规划问题的一般形式为：

$$\begin{aligned} \min \quad & J=f(X,U) \\ \text{s.t.} \quad & g_i(X,U)=0 \qquad i=1,2,\cdots,m \\ & h_j(X,U)\geqslant 0 \qquad j=m+1,\cdots,p \end{aligned} \tag{4-48}$$

式(4-48) 中的不等式约束可以引入松弛变量 $\sigma$，变成下述形式的等式约束：

$$h_j(X,U)-\sigma_j^2=0 \tag{4-49}$$

对于非线性规划问题，作者通过研究前人的各种方法及最优解的基本原理，大胆提出如下假设，假设 1：

非线性规划问题如果存在最优解，且目标函数是线性的，则不管约束条件如何，该问题的最优解必在约束条件的边界上，或两个和多个约束条件的交点上，或某一约束条件和目标函数线（面）的相切点上，不可能在约束条件内部区域产生最优解。涉及两个变量的非线性规划问题，该假设的图示见图 4-53。

假设 2：

非线性规划问题如果存在最优解，且目标函数是非线性的，则不管约束条件如何，可以先不考虑所有约束，求解无约束问题的最优解，如果所得的最优解符合约束条件，则此解就是最优解；如果所得的解不符合约束条件，则最优解不可能落在约束区域内部（假设只有不等式约束，无等式约束；有等式约束时，可行域没有内部区域），最优解必定是约束区域边界和无约束目标函数图形等高线相交上，涉及两个变量的非线性规划问题。该假设的图示见图 4-53。

针对假设 2 的两种情况，假设非线性目标函数近似二次型，其等高线和边界关系图如图 4-54。

尽管提出了以上假设，根据以上假设，也可以方便地求解许多非线性规划问题，如：

$$\max J=2x+y$$

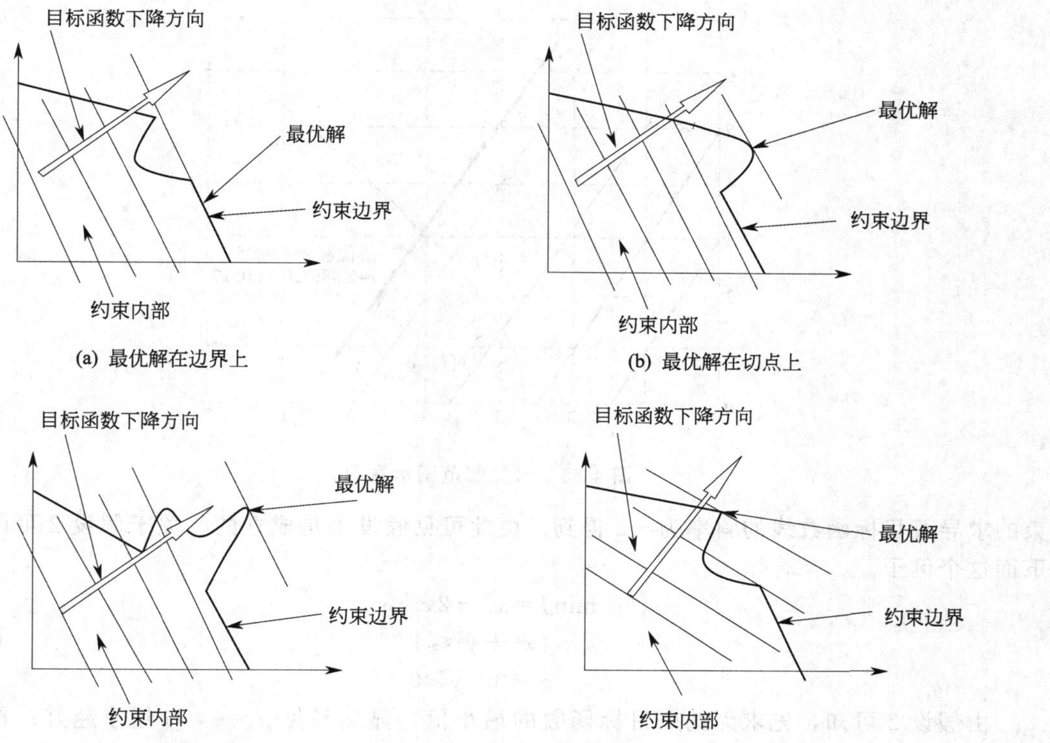


(a) 最优解在边界上　(b) 最优解在切点上

(c) 最优解在切点上　(d) 最优解在交点上

图 4-53　最优解和目标函数关系

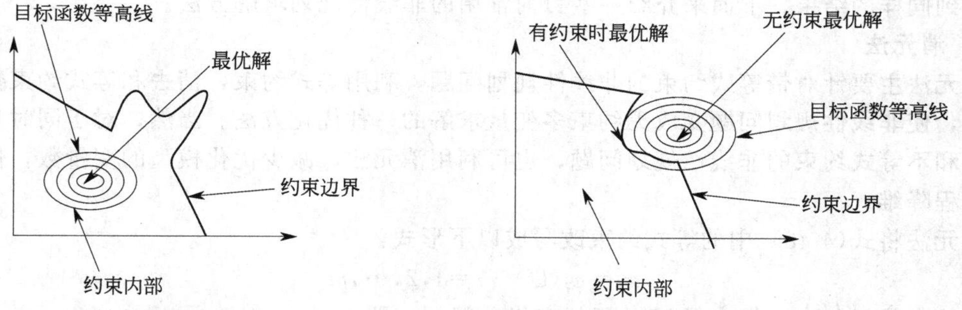


(a) 最优解在约束内部　(b) 最优解在约束外部

图 4-54　等高线和边界关系

$$\text{s.t }x^2+y^2\leqslant 10$$
$$x^2-y^2\geqslant 7$$
$$x\geqslant 0\quad y\geqslant 0 \tag{4-50}$$

由式(4-50)可知，该问题符合假设 1，最优解落在边界上，即等式约束上，其约束范围见图 4-55。

由图 4-55 可知，约束边界共有 3 个交点，可通过计算得到，分别为 (2.6458，0)，(5，0)，(4，3)。在这 3 个交点上取得的目标函数均小于目标函数线和第一个约束的相切点上，该相切点为 (4.0825，2.8868)，目标函数值为 11.0517。有关切点的计算可通过第一个等式约

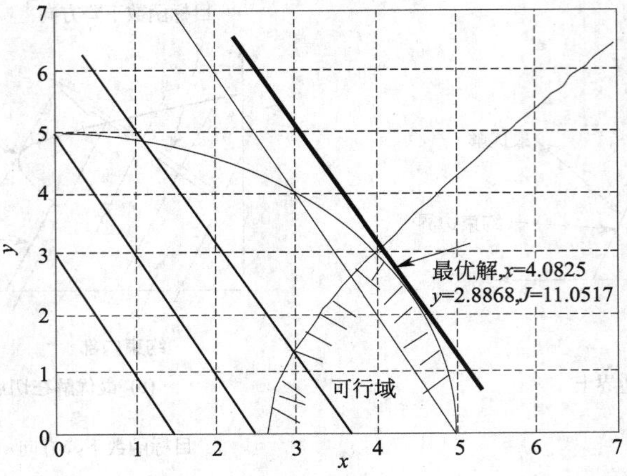


图 4-55　最优解范围示意图

束的求导及目标函数线的斜率为−2 得到。由此可见假设 1 是成立的。关于假设 2 可以通过下面这个例子。

$$\begin{aligned}&\min J=x^2-2x+y\\&\text{s. t } 4x^2+y^2\leqslant 4\\&\qquad x\geqslant 0\quad y\geqslant 0\end{aligned}\tag{4-51}$$

由假设 2 可知，先求无约束目标函数的最小值，显而易见 $x=1$，$y$ 越小越好；再来判断该最优解是否在约束区域内，$x=1$ 符合对变量的非负约束，同时刚好落在第一不等式约束的边界上，也符合条件；剩下的问题是在满足约束的条件下取尽量下的 $y$，由于有对变量的非负约束，故 $y=0$，则最优解为（1，0），目标函数为−1。采用其他非线性规划优化方法也得到同样的结果。下面来介绍一些目前常用的非线性规划求解方法。

**4.5.1　消元法**

消元法主要针对带等式约束的非线性规划问题，利用等式约束，消去和等式约束数相等的变量，使非线性规划问题变成无约束多变量求解的一种优化方法。当然，对于同时具有等式约束和不等式约束的非线性规划问题，也可利用消元法，减少优化模型的变量数，使优化求解过程降维。

消元法将式(4-48) 中的等式约束改写成以下形式：

$$x_i=\varphi_i(U)\quad i=1,2,\cdots,m\tag{4-52}$$

使原问题变成只包含决策变量 $U$ 的无约束优化问题，即

$$\min J=f[\varphi(U),U]\tag{4-53}$$

然后求解式(4-53) 无约束问题的最优化，这个方法就是消元法。

在应用时，消元法有两种形式。一种形式是通过约束方程的解析求解，将状态变量 $X$ 表示成决策变量 $U$ 的显函数型式，代入目标函数表达式，消去 $X$，然后求解。这种方法必须首先解析求解约束方程，对于多变量的情况，就是求解非线性方程组，解析求解通常是非常困难的。第二种型式就是根据决策变量 $U$ 的设定值，求解约束方程（可采用数值解法），在该设定值下得到状态变量 $X$ 的值，然后用它们计算与 $U$ 的设定值相对应的目标函数 $J$ 值，进行优化计算。这种方法避免了约束方程解析求解，具有很大的实用价值，是化工过程优化采用的主要方法。但这时对于优化问题只能采用数值解法。下面的例子分别说明这两种方法的应用。

【例 4-11】 解带约束优化问题

$$\min \quad J=(u-2)^2+4x^2$$

$$\text{s.t.} \quad u+2x=10 \tag{1}$$

**解法一：**

由约束方程可解得：

$$x=5-0.5u \tag{2}$$

将上式代入目标函数，得到仅含决策变量的无约束优化问题：

$$\begin{aligned}\min \quad J &=(u-2)^2+4(5-0.5u)^2 \\ &=2u^2-24u+104\end{aligned} \tag{3}$$

求解该优化问题 可得：$u^*=6$，代入式(2)，可得：

$$x^*=5-0.5u^*=5-3=2$$

$$J^*=(u-2)^2+4x^2=16+4\times4=32$$

**解法二：**

设采用黄金分割法进行求解，跳过初始搜索区间的计算，由约束条件及目标函数的特点直接确定 $u$ 的初始搜索区 [0，10]。

第一次搜索的两个内点为：

$$u_1=a+0.382(b-a)=1+0.382(10-0)=3.82$$

$$u_2=b-0.382(b-a)=10-0.382(10-0)=6.18$$

由约束方程求解这两个内点的 $x$ 值：

$$u_1+2x_1=10 \quad 3.82+2x_1=10 \quad x_1=3.06$$

$$u_2+2x_2=10 \quad 6.18+2x_2=10 \quad x_2=1.91$$

计算内点的目标函数值：

$$J_1=(u_1-2)^2+4x_1^2=1.82^2+4\times3.82^2=61.682$$

$$J_2=(u_2-2)^2+4x_2^2=4.18^2+4\times1.91^2=32.065$$

由于 $J_1 \geqslant J_2$，取 $[u_1，b]$ 即 [3.82，10] 作为第二次搜索区间，继续进行优化搜索，直至满足停止判据。

这个例子较简单，且又有明显的几何意义。目标函数 $f(u,x)$ 表示空间的一个曲面，约束方程 $u+2x=10$ 表示一个平面。该约束优化问题就是要在平面与曲面的相交线上求取目标函数的最小点，如图 4-56 所示。因此，约束优化问题就是求这条相交曲线的最小点。这条相交曲线在 $J(u)$-$u$ 平面上的投影是一条抛物线。上述消元法相当于在 $J(u)$-$u$ 平面上找出该抛物线的最小点。显然，这是一个单变量无约束的问题。消元法的实质正是把二维的约束问题变成一维的无约束问题。一般地说，消元法就是把高维约束问题转化为等价的低维无约束问题。

### 4.5.2 拉格朗日乘子法（Lagrange Multiplier Method）

为简单起见，首先讨论两变量的带约束优化问题：

$$\min \quad J=f(x,u) \tag{4-54a}$$

$$\text{s.t} \quad g(x,u)=0 \tag{4-54b}$$

对于该带约束优化问题的最优点，必须同时满足下面两个条件：

$$\mathrm{d}J=\frac{\partial f}{\partial x}\mathrm{d}x+\frac{\partial f}{\partial u}\mathrm{d}u=0 \tag{4-55}$$

$$g(x,u)=0$$

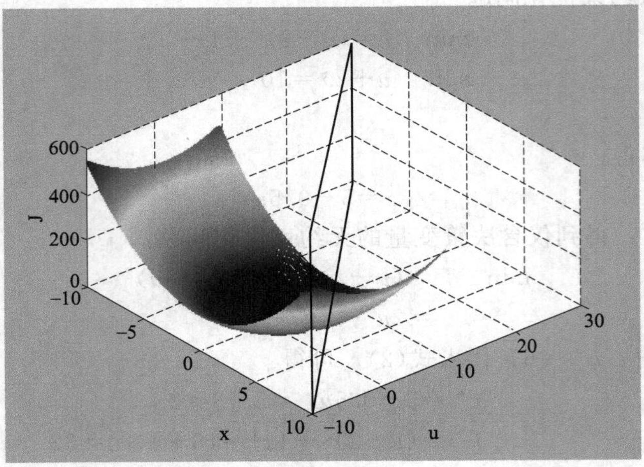


图 4-56 消元法的几何意义

式(4-55) 为函数 $f(x,u)$ 极值点的条件。由于 $x$ 不是独立变量，$dx$ 不是自变量的微分，不能任意选取。可以根据约束方程求出它同 $du$ 之间的关系。由式(4-54b) 微分可得

$$dg=\frac{\partial g}{\partial x}dx+\frac{\partial g}{\partial u}du=0$$

即：

$$dx=\frac{\partial g/\partial u}{\partial g/\partial x}du \tag{4-56}$$

代入式(4-55) 可得：

$$\frac{\partial f}{\partial g}\frac{\partial g/\partial u}{\partial g/\partial x}+\frac{\partial f}{\partial u}=0$$

即：

$$\frac{\partial f/\partial x}{\partial g/\partial x}=\frac{\partial f/\partial u}{\partial g/\partial u}=-\lambda$$

式中偏导数的比值 $\lambda$ 称为拉格朗日 (Lagrange) 乘子，由此可得：

$$\frac{\partial f}{\partial x}+\lambda\frac{\partial g}{\partial x}=0 \tag{4-57}$$

$$\frac{\partial f}{\partial u}+\lambda\frac{\partial g}{\partial u}=0 \tag{4-58}$$

式(4-57) 和 (4-58) 再加上约束方程式(4-54b)，此即为最优点必须满足的条件。上述三个方程构成的方程组的解即为最优解。为了使这些方程便于记忆，可引入辅助函数：

$$L=f(x,u)+\lambda g(x,u) \tag{4-59}$$

$L$ 是 $x$，$u$ 和 $\lambda$ 的函数，称为拉格朗日函数。它的极值条件：

$$\frac{\partial L}{\partial x}=0\quad \frac{\partial L}{\partial u}=0\quad \frac{\partial L}{\partial \lambda}=0 \tag{4-60}$$

即为式(4-57)、式(4-58)、式(4-54b)。这样就把原问题转化为拉格朗日函数的无约束优化问题。

因此，对于带约束优化问题式(4-46)，只要构造相应的拉格朗日函数式(4-59)，求出该函数的极值点，即可得到原问题的最优解。

对于多变量带等式的约束问题

$$\min \quad \boldsymbol{J}=\boldsymbol{f}(\boldsymbol{X},\boldsymbol{U})$$

$$\text{s.t} \quad \boldsymbol{g}_i(\boldsymbol{X},\boldsymbol{U})=\boldsymbol{0} \qquad i=1,2,\cdots,m \tag{4-61}$$
$$\boldsymbol{h}_j(\boldsymbol{X},\boldsymbol{U})\geqslant \boldsymbol{0} \qquad j=1,\cdots,p$$

也可以推广上述结论。在此情况下可以引进拉格朗日函数：

$$L=f(X,U)+\sum_{i=1}^{m}\lambda_i g_i(X,U)+\sum_{j=1}^{p}\beta_j(h_j(X,U)-\sigma_j^2) \tag{4-62}$$

把原问题转化为变量 $\boldsymbol{X}$，$\boldsymbol{U}$，$\lambda_1$，$\lambda_2$，…，$\lambda_m$，$\beta_1$，$\beta_2$，…，$\beta_p$ 的无约束极值问题。由函数 $L$ 的极值条件得（共有变量数 $n$ 个，其中状态变量 $x$ 为 $m$ 个，决策变量 $u$ 为 $n-m$ 个）：

$$\begin{cases}\dfrac{\partial L}{\partial x_i}=\dfrac{\partial f}{\partial x_j}+\sum\limits_{i=1}^{m}\lambda_i\dfrac{\partial g_i}{\partial x_j}=0 & j=1,2,\cdots,m\\ \dfrac{\partial L}{\partial u_j}=\dfrac{\partial f}{\partial u_j}+\sum\limits_{i=1}^{m}\lambda_i\dfrac{\partial g_i}{\partial x_j} & j=1,2,\cdots,n-m\\ \dfrac{\partial L}{\partial \lambda_i}=g_i(X,U) & i=1,2,\cdots,m\\ \dfrac{\partial L}{\partial \beta_j}=h_i-\sigma_i^2 & j=1,2,\cdots,p\end{cases} \tag{4-63}$$

方程组(4-63) 的解 $X^*$，$U^*$ 和 $L^*$ 即为原问题的解。

**【例 4-12】** 用拉格朗日法求解【例 4-11】中的优化问题。

**解：** 作出拉格朗日函数

$$L=(u-2)^2+4x^2+\lambda(2x+u-10) \tag{1}$$

函数 $L$ 的极值条件为

$$\begin{cases}\dfrac{\partial L}{\partial x}=8x+2\lambda=0\\ \dfrac{\partial L}{\partial u}=2(u-2)+\lambda=0\\ \dfrac{\partial L}{\partial \lambda}=2x+u-10=0\end{cases} \tag{2}$$

解上面方程组(2) 可得：

$$x=2 \quad u=6 \quad \lambda=-8 \tag{3}$$

此结果和上面消元法的计算结果一致，其中 $\lambda=-8$，表示当等式约束的右边增加 1 个单位时，目标函数减少 8 个单位，注意 $\lambda$ 实际上是目标函数对等式约束的灵敏度。如将原问题的等式约束 $g^0=u+2x-10=0$ 变成 $g^1=u+2x-10=-0.1$，由灵敏度可此，此时的优化目标函数近似等于：

$$J^1=J^0+\lambda dg=32+(-8)\times(g^1-g^0)=32+0.8=32.8$$

而将 $g^1=u+2x-10=-0.1$ 作为约束条件，进行精确计算，所得的优化目标函数为 32.805，两者十分接近。如果取得更小的 $dg$ 的话，两者的结果更加接近，理论上说，灵敏度就是下面的计算式在目标函数处的值：

$$\lambda_i=\frac{\partial J}{\partial g_i} \quad i=1,2,\cdots,m \tag{4-64}$$

这里需要提醒读者注意的是如何计算 $dg$ 的问题，像本例中将原来的约束条件 $u+2x-10=0$ 实际上变成了 $u+2x-10.1=0$，千万不要认为 $dg=0.1$，需要保持约束左边和原来一致，才可以确定 $dg$ 的值。也就是说左边原来约束中的 10 变成了 10.1，相当于在左边不变的情况下，右边增加了 $-0.1$，即 $dg=-0.1$，其他当有多个等式约束时也许仿照该计算模式确定约束条件的增量，千万别搞反了。

### 4.5.3 罚函数法（Penalty Function Method）

罚函数法有许多不同的形式。但所有这类方法，本质上都是把一个带约束的优化问题转化成一系列无约束问题，然后求解。这类方法属于序列无约束最优化方法（Sequential Unconstrained Minimization Technique，SUMT）。罚函数法根据初始计算点的不同，可分为外部罚函数法和内部罚函数法。顾名思义，外部罚函数法从可行域的外部移动，不断接近可行域，对不符合约束条件点加以惩罚，并不断加大惩罚力度，使其向满足约束条件的区域靠拢。对于两变量的带约束问题式(4-49)，可以化成无约束的罚函数：

$$R=J+\mu J_g=f(x,u)+u[g(x,u)]^2 \tag{4-65}$$

当函数 $R$ 取得最小值时的解，即为原问题的解。因为对于函数 $R$ 来说，只有当 $f(x,u)$ 为最小值，且 $g=0$（满足约束条件），才能取得最小值。因此，罚函数法的基本思想就是在目标函数上加上一项 $\mu[g(x,u)]^2$，使原问题变为与因子 $\mu$ 有关的无约束问题。$\mu g^2$ 一项具有明显的意义：在目标函数（$R$）中，它对满足条件的变量 $x$ 和 $u$ 不起作用，也即不改变目标函数的值；而对不满足约束条件的 $x$ 和 $u$，给了一个很高的代价，也即在极小问题的目标函数中，加上了一个很大的项，形象地说，就是给了一个“惩罚”。所以，把这一项称为惩罚项，$\mu$ 称为罚因子，$R$ 称为罚函数。罚函数的优化包含了两个优化问题，一个是 $J$，一个是 $J_g$，$\mu$ 可以看成是加权因子，当 $\mu$ 值较小时，$R$ 的优化主要是对目标函数 $J$ 进行优化，$\mu$ 值较大的时候，$R$ 的优化主要是解约束方程。这样，就可以通过求解一系列无约束问题，得到约束问题的最优解。一般地说，罚函数的优化求解总是从较小的 $\mu$ 值开始，而后逐步增大罚因子 $\mu$ 的值。所以，它是以原问题可行域（满足约束条件的区域）的外部向原问题的解趋近。因此，这个方法又称为外点罚函数法。

对于多变量的带约束优化问题

$$\min \quad J=f(X,U) \tag{4-66a}$$

$$\text{s. t.} \quad g_i(X,U)=0 \tag{4-66b}$$

根据罚函数法的基本思想，其相应的罚问题为：

$$\min \quad R=f+\mu\sum g_i^2 \tag{4-67}$$

对于一般的约束优化问题：

$$\begin{aligned} \min \quad & J=f(X,U) \\ \text{s. t.} \quad & g_i(X,U)=0 \quad (i=1,\cdots,m) \\ & h_j(X,U)\geqslant 0 \quad (j=1,\cdots,p) \end{aligned}$$

相应的罚问题为：

$$\min R=f+\mu\left[\sum_{i=1}^{m} g_i^2+\sum_{j=1}^{p}(\min(h_j,0))^2\right] \tag{4-68}$$

罚函数法的计算步骤如下。

① 给定初始点 $X^0$（在罚函数法里，为了便于表达和计算，将所有变量都用 $X$ 来表示，不再人为区分状态变量和决策变量），一个合适的罚因子 $\mu$ 及增大因子 $\alpha(\alpha>1)$，置 $k=1$。

② 求无约束罚函数 $R$ 的最小点 $X^k$。若 $X^k$ 可接受，则计算结束，否则转向步骤③。这里 $X^k$ 可接受的标准可以是 $X^k$ 为可行点（以一定精度满足约束条件），也可以用连续两次迭代的结果充分接近，即 $\|X^k-X^{k-1}\|$ 充分小作为收敛判据。

③ 以 $\alpha\mu$ 代替原来的 $\mu$，作为新的罚因子，$k=k+1$，回到步骤②。

**【例 4-13】** 求解带约束的优化问题。

$$\min \quad f=(x_1-3)^2+(x_1-3x_2)^2$$

$$\text{s.t} \quad x_1-2x_2^2=0$$

**解**：作罚函数：

$$R=(x_1-3)^2+(x_1-3x_2)^2+\mu(x_1-2x_2^2)^2$$

任给初始点 $X^0=(0,0)^T$，选择罚因子 $\mu=1$，取 $\mu$ 增大的因子 $\alpha=10$，终止计算的标准可设为

$$\sigma=\sqrt{(x_1^{k+1}-x_1^k)^2+(x_2^{k+1}-x_2^k)^2}\leqslant 0.001$$

对无约束函数 $R$ 进行优化计算，采用无约束极值必要条件，可得：

$$\frac{\partial R}{\partial x_1}=2(x_1-3)+2(x_1-3x_2)+2\mu(x_1-2x_2^2)=0$$

$$\frac{\partial R}{\partial x_1}=-6(x_1-3x_2)-8\mu x_2(x_1-2x_2^2)=0$$

化简得：

$$2x_1-3x_2+\mu(x_1-2x_2^2)-3=0$$

$$-3x_1+9x_2-4\mu x_2(x_1-2x_2^2)=0$$

Excel 规划求解器，计算不同 $\mu$ 值下的 $x_1$、$x_2$，计算结果见表 4-5。读者必须注意的是小心调整 $x_1$、$x_2$ 的初值，否则，Excel 会提示无法找到解。本人采用了将上一轮的计算结果作为下一轮的计算初值，当 $\mu$ 超过 100 以后，必要条件的方程已进入刚性方程的边缘，微小的变量波动，会对方程的值产生较大的影响，在规划求解器的选项中必须选中"自动按比例缩放"选项。由表 4-5 的数据可知，随着迭代的进行，约束项越来越接近零，目标函数先变大，直至基本不变，最优点刚开始时变化较大，后来也基本不变，经过六轮计算，已符合原设置精度要求。

表 4-5 罚函数求解结果

| $\mu$ | $x_1$ | $x_2$ | $\sigma$ | $g$ | $f$ |
|---|---|---|---|---|---|
| 0.1 | 3.03314 | 1.04974 | 3.20966 | 0.82925 | 0.07546 |
| 1 | 3.16585 | 1.20225 | 0.20217 | 0.27504 | 1.397247 |
| 10 | 3.229 | 1.26404 | 0.08835 | 0.03341 | 2.499731 |
| 100 | 3.23692 | 1.27152 | 0.01089 | 0.00341 | 2.659023 |
| 1000 | 3.23773 | 1.27228 | 0.00111 | 0.00034 | 2.675577 |
| 10000 | 3.23781 | 1.27236 | 0.00011 | 3.4E-05 | 2.677239 |

至于内部罚函数法，计算步骤基本不变，只是将罚函数改写成如下形式（注意内部罚函数一般对不等式而言，因为对等式而言，没有内部可行域，只有满足约束的边界）：

$$R=(x_1-3)^2+(x_1-3x_2)^2+\mu\frac{1}{(x_1-2x_2^2)^2}$$

注意此罚函数对应的模型为：

$$\min f=(x_1-3)^2+(x_1-3x_2)^2$$

$$\text{s.t} \quad x_1-2x_2^2\geqslant 0$$

极值必要条件为：

$$\frac{\partial R}{\partial x_1}=2(x_1-3)+2(x_1-3x_2)-2\mu\frac{1}{(x_1-2x_2^2)^3}=0$$

$$\frac{\partial R}{\partial x_1}=-6(x_1-3x_2)+8\mu x_2\frac{1}{(x_1-2x_2^2)^3}=0$$

从可行域的某一点 $X^0=(1,0)^T$ 出发，不断减少 $\mu$ 的值，求无约束函数的最优解，得到一系列的解，见表 4-6。

表 4-6　内点法罚函数计算结果

| $\mu$ | $x_1$ | $x_2$ | $\sigma$ | $h$ | $f$ |
|---|---|---|---|---|---|
| 0.1 | 2.980002 | 0.96322 | 3.131805 | 1.124415 | 0.03906 |
| 0.01 | 2.996904 | 0.994774 | 0.035796 | 1.017753 | 0.000804 |
| 0.001 | 2.999669 | 0.999448 | 0.005431 | 1.001876 | 8.99E-06 |
| 0.0001 | 2.99955 | 0.999806 | 0.000377 | 1.000327 | 7.15E-07 |
| 0.00001 | 2.999997 | 0.999994 | 0.000485 | 1.000019 | 9.11E-10 |
| 0.000001 | 3 | 0.999999 | 5.83E-06 | 1.000002 | 9.11E-12 |

注意由于采用的是内点法，所以罚因子需要越来越小，因为希望靠近边界约束时，惩罚项越来越小。由于改变了约束条件，最优解也发生了变化，通过六轮迭代计算，得到最优解为 $(3,\ 0.999999)^T$，目标函数值几乎接近零。本题如果采用本人提出的假设学说，也可以方便求得解。由于目标函数为非线性，则先不考虑所有约束，求无约束原目标函数最优解，可得 $x_1=3$，$x_2=1$，将此值代入约束条件可得 $h=1$，符合约束条件，所以求得的解就是原约束问题的最优解，结果和利用罚函数的内点法一致。

#### 4.5.4　逐次线性规划 (Successive Linear Programming)

如果将目标函数和约束条件在某一点线性化，非线性规划问题就能转化为线性规划问题，用线性规划的各种方法求解，这就是逐次线性规划（SLP）的基本原理。

假定 $X^k$ 是非线性规划问题的初始可行解，将非线性的目标函数和约束条件在 $X^k$ 附近线性化，可得：

$$\begin{aligned} \min \quad & J=f(X)=f(X^k)+\nabla f(X^k)^T\Delta X^k \\ \text{s.t} \quad & g_i(X)=g_i(X^k)+\nabla g(X^k)^T\Delta X^k=0 \\ & h_i(X)=h_i(X^k)+\nabla h(X^k)^T\Delta X^k\geqslant 0 \end{aligned} \tag{4-69}$$

由式(4-69) 可知，如果 $X^k$ 是已知的，所有函数形式也已知，那么原来的非线性规划问题转变成了关于 $\Delta X^k$ 的线性规划问题，具体应用是，对 $\Delta X^k$ 的每一个分量用人为的上界和下界加以限制，使 $X$ 保持在离 $X^k$ 不远的区域内。计算时从某一可行点 $X^k$ 开始，如果式(4-69) 用线性规划求得的解是可行解，则用 $X^{k+1}$ 作为下一次线性化的基准点，如果 $X^{k+1}$ 是不可行解，则认为 $X^{k+1}$ 不能接受，缩小 $\Delta X^k$ 上下界限，使 $X^{k+1}$ 限制在 $X^k$ 的某一界限内。

逐次线性规划的优点是求解方便，能够处理变量数和约束都很大的问题。当最优点位于约束的顶点时能快速收敛，能成功地应用于中等非线性程度的优化问题，特别适用于带少量非线性约束的大型问题。一个典型的例子是当最优系统的某些参数略有变化，需寻求新的最优点时的优化求解。

SLP 的缺点如下。

① 对于最优点存在于可行区域内部（而不是边界上），同时包含大量非线性变量的优化问题，SLP 的收敛十分缓慢。

② SLP 的解在达到收敛点之前往往不满足约束条件，造成迭代过程只能采取很小的步长，目前 SLP 的应用面还比较窄。

#### 4.5.5　逐次二次规划 (Sequential Quadratic Programming)

该方法基本思路类同于 **SLP** 法，主要区别在于 **SQP** 法将目标函数在某一点处近似展开成二次型，约束条件仍近似展开为一次型，其模型如下：

$$\min \quad J=f(X)=f(X^k)+\nabla f(X^k)^T\Delta X^k+\frac{1}{2}(\Delta X^k)^T Q^k \Delta X^k$$

$$\text{s. t} \quad g_i(X)=g_i(X^k)+\nabla g(X^k)^T\Delta X^k=0 \tag{4-70}$$

$$h_j(X)=h_j(X^k)+\nabla h(X^k)^T\Delta X^k\geqslant 0$$

由于对于已知的点 $\boldsymbol{X}^k$，$f(X^k)$ 为已知数，故式(4-69) 又可以写成：

$$\min \quad \nabla f(X^k)^T\Delta X^k+\frac{1}{2}(\Delta X^k)^T Q^k \Delta X^k$$

$$\text{s. t} \quad g_i(X)=g_i(X^k)+\nabla g(X^k)^T\Delta X^k=0 \tag{4-71}$$

$$h_j(X)=h_j(X^k)+\nabla h(X^k)^T\Delta X^k\geqslant 0$$

对于式(4-71) 的优化问题，可采用二次规划求解得到 $\Delta X^k$，进而得到下一次二次规划的基准点 $X^{k+1}$，不断重复此过程，直至满足收敛要求。

非线性规划问题的求解方法除了上面介绍的方法外，还有广义简约梯度法（Generalized Reduced Gradient Alogrithm，GRG 法）、变量轮换法、可行方向法等许多方法。目前求解非线性规划的软件从所需费用可分为三类：第一类是免费软件，该类软件可从网络免费下载，通常带有源代码，可进行二次开发；第二类是共享软件，以极低的价格在网络上发布；第三类是功能齐全的商业软件。无论哪一种软件，对于应用者来说，关键的是软件的使用方便程度、稳定程度及求解的精确程度。但不管哪一类软件，均有失效的时候，这时就需要使用者动手调整有关参数，来获取解。如可以调整初值、调整精度（以牺牲计算速度来获取解）、调整目标函数中可能出现的零项［如 $1/2x$ 或 $1/(3-x)$ 等］、规格化处理或等比例缩放（避免出现刚性问题）。

#### 4.5.6 非线性规划问题 Matlab 求解策略

对于化工中的非线性规划问题，可以利用 Matlab 中的内部函数 **fmincon**（）来进行求解，Matlab 对非线性规划问题的通用模型如下：

**min f(x)**

**s. t c(x) ≤0**

**ceq(x)=0**

**A· x≤b**

**Aeq· x=beq**

**lb≤ x≤ub**

模型中的 **f**、**ceq**、**c** 为返回向量的函数，**x**、**lb**、**ub**、**b**、**beq** 均是向量，**A**、**Aeq** 则是矩阵。其中 **ceq**、**c** 为非线性约束，而 **A**、**Aeq** 则为线性约束的系数矩阵，和线性规划求解中的含义一致。Matlab 非线性规划求解具体调用的公式如下：

**[x,<fval,exitflag,output,lambda,grad,hessian>]**

**=fmincon(@f,x0,A,b,Aeq,beq,lb,ub,@nonlcon,options,p1,p2)**

注意调用公式中所用的逗号必须是英文状态下的逗号，否则会出错。如对于下面非线性规划问题：

$$\min \quad J=u^2+4x^2$$

$$\text{s. t.} \quad u+x^2=25$$

$$2u+3x\geqslant 12$$

Matlab 的求解程序为：

```
x0=[1;2];% 初值
A=[-2-3;0 0];%线性不等式约束系数
b=[-12;0];%线性不等式约束资源
[x,fval,exitflag,output,lambda,grad,hessian]=fmincon(@f,x0,A,b,[],[],[],[],@NC)
y1=x(1)+x(2)^2
y2=2*x(1)+3*x(2)
function f=f(x)
u=x(1);
xx=x(2);
f=u^2+4*xx^2;
%-----------------------------------------------------------------------
function [c,ceq]=NC(x)
u=x(1);
xx=x(2);
c=0;
ceq=u+xx^2-25;
```

注意在调用 fmincon () 函数时，如果前面的项没有内容，而后面的项有内容，则前面的项必须用“[]”表示，如本例中没有 **Aeq**、**beq**、**lb**、**ub**，所以要用 **4** 个“[]”代替。反之，如果后面所有的项均没有，则可以省去“[]”。希望读者自己多练习，若有问题请按电子课件邮箱联系。

# 4.6 动态规划（Dynamic Programming）

化工过程系统中有一类特殊的过程，这类过程在空间或时间的次序有先后关系，尽管这一类的问题也可以用非线性规划，但对于该类问题，采用动态规划的方法比较有效。

## 4.6.1 动态规划基本概念

(1) 概念

动态规划是用来解决在空间或时间次序上有先后关系一类系统最优化问题最有效的方法。

(2) 化工中的实例

许多化工过程的优化问题都可以用动态规划来描述，主要应用在以下方面：

- 多层绝热固定床反应器；
- 多级串联搅拌釜反应器组；
- 错流液液萃取系统；
- 多级气体压缩机；
- 小型换热器网络；
- 催化剂的更新和再生；
- 设备更新；
- 最优控制；
- 多级管线铺设

对于化工中的动态规划问题，一般需要满足以下条件：

① 系统能分解成若干个级，每一级含有一两个决策变量。级可以是空间中一系列串联的点，也可以是时间中串联的时间。

② 状态变量和决策变量可以是连续的，也可以是离散的（例如整数），但需用不同的动

态规划方法求解。对每一级来说，在决策变量的值确定之后，可由该级的输入通过模型方程计算这一级的输出。而每一级的输出就是下一级的输入。

③ 各级均有与这一级的变量值有关的经济指标，作为判断这一级的决策有效性的度量。

④ 系统是不带回路的串联系统。

(3) 动态规划问题的数学描述

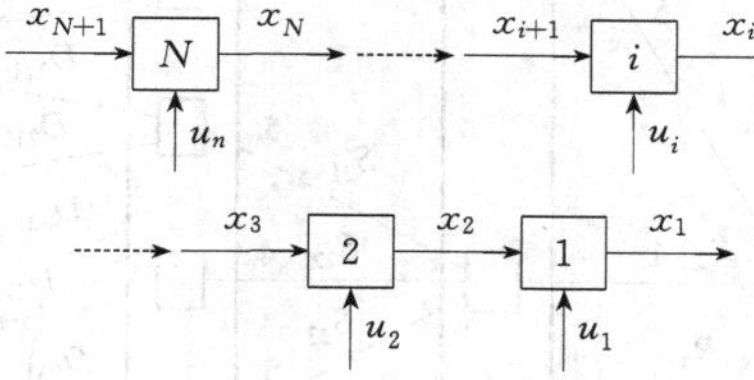


图 4-57　动态规划过程示意图

图 4-57 是动态规划过程示意图，针对第 $i$ 级而言，各变量的含义如下：

$f_i$，分级目标函数的值；

$i$，级的序号；

$x_{i+1}$，输入变量的值；

$x_i$，输出变量（状态变量）的值；

$u_i$，决策变量的值

全系统优化模型为：

目标函数：$J=\sum_{i=1}^{N} f_i(x_i, x_{i+1}, u_i)$

状态方程：$x_i=f_i(x_{i+1}, u_i)$ (4-72)

约束条件：$g_i(x_{i+1}, x_i, u_i)\geqslant 0$

给定条件：$x_{N+1}=B$

(4) 动态规划问题实例说明

图 4-58 是某三级化工处理系统，分别由反应器 $R$、分离器 $S$ 及精馏塔 $D$ 三个单元设备串联构成。每个单元设备都有几种不同的操作方式。若反应器有 3 种操作方式，即 $R_i$ $(i=1,2,3)$。所得产品为 $i$，$i$ 进入分离器 $S$。若 $S$ 也各有 3 种操作方式，即按 $S_{ij}$ $(i=1,2,3;\ j=1,2,3)$ 方式操作。所得产品 $ij$，它进入精馏塔 $D$。若 $D$ 有 2 种操作方式，也即按 $D_{ijk}$ $(i=1,2,3;\ j=1,2,3;\ k=1,2)$ 方式操作。所得产品为 $ijk$。系统共有 18 种不同的操作方案，可表示成图 4-59 所示的“树”形图。假设与各单元设备的每种操作方式相应的操作费用为已知，用数字标在图 4-59 上。如何在图 4-59 的 18 种方案中选择总操作费用最小的方案，一般想到的是采用以下几种方法：

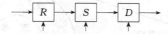


图 4-58　某化工过程示意图

① 穷举法　把全部 18 种操作方案的费用都一一算出，然后选取费用最小的一个。计算结果为 10 个单位，操作方案为 $R_1\rightarrow S_{12}\rightarrow D_{121}$。

② 单元过程分别优化，反应级 $R_2$；分离级 $S_{31}$；精馏级 $D_{111}$ 或 $D_{321}$，故系统的最小费用等于 4+1+1=6 个单位。该法没有考虑各级之间的相互影响和约束，无法实现，是错误的方法。

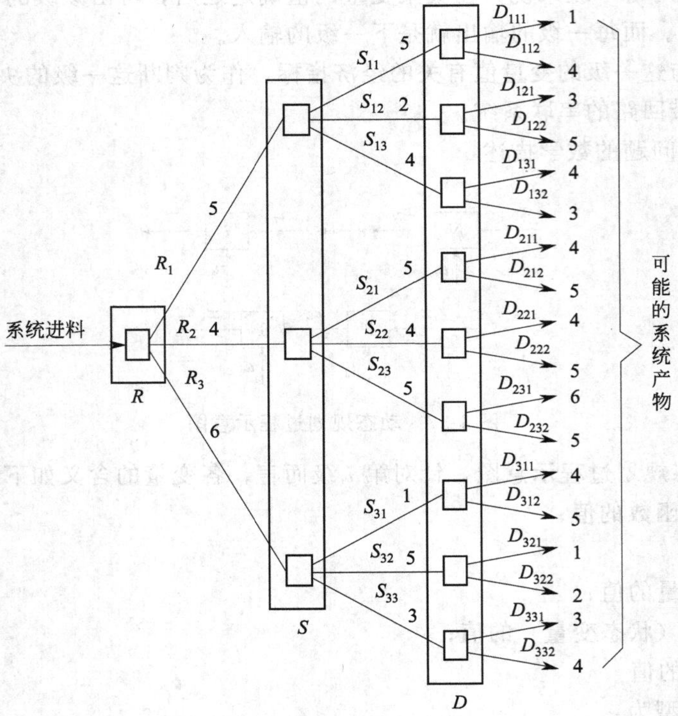


图 4-59　化工过程树形方案

③ 顺序逐级优化　$R_2 \to S_{22} \to D_{221}$，最小费用为 4＋4＋4＝12 个单位，非最优解。

④ 反序逐级优化，方案为 $R_1 \to S_{12} \to D_{121}$，为最优方案，计算过程比穷举法大大减少。

### 4.6.2　动态规划的优化原理

对于一个多级串联系统的决策过程，从过程的末端开始，首先对最后一级在各种可能的输入下进行优化。显然，这样作出的是最后一级的最优决策，它是倒数第二级输出的函数。依此类推，可算出第二步、第三步、……、第 $N$ 步的最优决策，直到最后的子系统包括系统全部，这就是最优化原理的基本思想。该思想将一个 $N$ 级系统的最优决策问题分解成 $N$ 个单级决策问题，每一步只需对一个单元的决策变量进行优化，从而简化了问题的求解。

贝尔曼（Bellmen1）在 1957 年和 1962 年提出了上述优化原理，它可以概述为："如果对过程的某一级作出的决策构成了最优解，其后各级的决策对这一决策形成的输出必须是最优的。实现这种决策的最好方法是从最后一级开始，沿物流相反方向逐级作出决策"。最优化原理示意图如图 4-60。

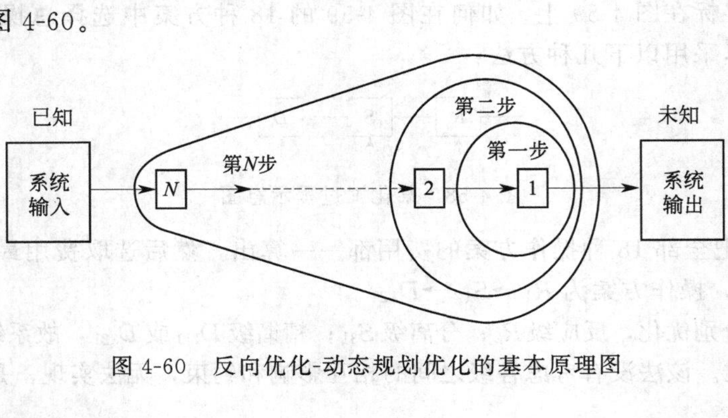


图 4-60　反向优化-动态规划优化的基本原理图

利用贝尔曼最优化原理计算动态规划问题的步骤如下。

① 对最后一级进行优化（见图 4-61），在 $x_2$已知的条件下，求解下面优化问题：

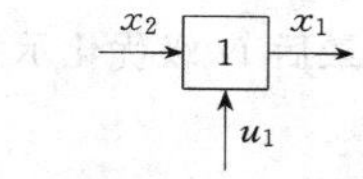


图 4-61　最后一级优化示意图

优化模型：

$$\begin{aligned}&\text{opt}\quad J_1=f_1(x_1,x_2,u_1)\\&\text{s. t.}\quad x_1=g_1(x_2,u_1)\end{aligned}\tag{1}$$

消元得到无约束最优化问题：

$$\text{opt}\quad J_1=f_1(g_1,x_2,u_2)\tag{2}$$

求该无约束最优化问题，得解：

$$J_1^*=M_1(x_2)\quad u_1^*=P_1(x_2)\tag{3}$$

② 对最后二级进行优化（见图 4-62），在 $x_3$已知的条件下，求解下面优化问题：

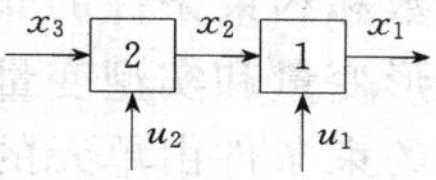


图 4-62　最后二级优化示意图

优化模型：

$$\begin{aligned}&\text{opt}\quad J_2=J_1^*+f_2=M_1(x_2)+f_2(x_2,x_3,u_2)\\&\text{s. t.}\quad x_2=g_2(x_3,u_2)\end{aligned}\tag{4}$$

消元得到无约束最优化问题：

$$\text{opt}\quad J_2=M_1(g_2)+f_2(g_2,x_3,u_2)\tag{5}$$

求该无约束最优化问题，得解：

$$J_2^*=M_2(x_3)\quad u_2^*=P_2(x_3)\tag{6}$$

③ 对最后 $i$ 级进行优化（见图 4-63），在 $x_{i+1}$已知的条件下，求解下面优化问题：

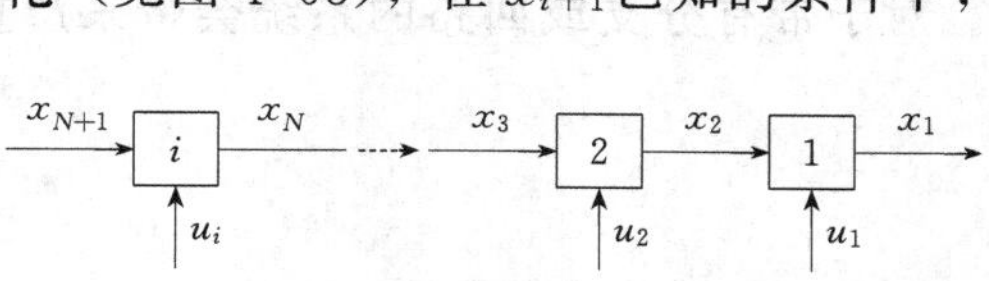


图 4-63　最后 $i$ 级优化示意图

优化模型：

$$\begin{aligned}&\text{opt}J_i=J_{i-1}^*+f_i=M_{i-1}(x_i)+f_i(x_i,x_{i+1},u_i)\\&\text{s. t.}\ x_i=g_i(x_{i+1},u_i)\end{aligned}\tag{7}$$

消元得到无约束最优化问题：

$$\text{opt}J_i=M_{i-1}(g_i)+f_i(g_i,x_{i+1},u_i)\tag{8}$$

求该无约束最优化问题，得解：

$$J_i^*=M_i(x_{i+1})\quad u_i^*=P_i(x_{i+1})\tag{9}$$

④ 对最后 $N$ 级进行优化（见图 4-64），在 $x_{N+1}$已知的条件下，求解下面优化问题：

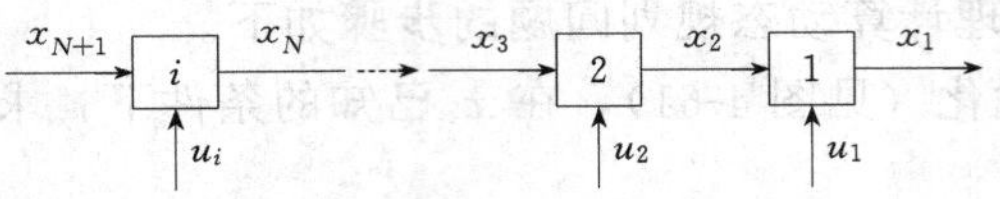


图 4-64　最后 $N$ 级优化示意图

优化模型：

$$\begin{aligned} \text{opt}J_N &= J_{N-1}^* + f_N = M_{N-1}(x_N) + f_N(x_N, x_{N+1}, u_N) \\ \text{s.t. } x_N &= g_N(x_{N+1}, u_N) \end{aligned} \tag{10}$$

消元得到无约束最优化问题：

$$\text{opt}J_N = M_{N-1}(g_N) + f_N(g_N, x_{N+1}, u_N) \tag{11}$$

求该无约束最优化问题，得解：

$$J_N^* = M_i(x_{N+1}) \quad u_N^* = P_N(x_{N+1}) \tag{12}$$

⑤ 从 $u_N^*$ 开始，反推回代，可以求出一系列优化的 $u_{N-1}^*$，…，$u_2^*$，$u_1^*$

动态规划不是求解单级系统优化问题的方法，而是将一个多级系统的优化问题分解成一系列单级过程优化问题进行求解的方法。因此，这一方法既有优点，又有缺点，它的优点有：

① 它能够处理带有非连续目标函数和约束条件的非凸的非线性问题。

② 它能够处理整型变量和混有整形变量和实型变量的情况。

③ 不要求目标函数具有单峰性。约束条件由单元的数学模型构成。

④ 计算量比穷举法要小得多。对于 $N$ 级构成的系统，若每级 $n$ 个决策变量，各个决策变量的值有 $r$ 个水平，则对于目标函数的计算次数，穷举法为 $r^{Nn}$，而动态规划仅为 $Nr^n$。

⑤ 得到的解一般是总体最优解。

动态规划法同时具有下述两点缺点。

① 只适用于每级状态变量数目很少（3、4 个以下）的问题。例如，状态变量数为 $m$，每个状态变量的取值有 $r$ 个水平，则状态变量组合的数目，也就是目标函数的计算次数其值为 $r^m$。如果系统由 $N$ 个级组成，每级有 $n$ 个决策变量，计算机需贮存 $N(n+2)r^m$ 个数。若 $N=6$ 级，$n=1$ 个决策变量，$m=4$ 个状态变量，$r=10$ 个水平，需计算和贮存 $6\times3\times10^4=1.8\times10^5$ 个数。

② 只适用于串联系统。对于带有分支或回路的系统会带来严重的问题，需要进行迭代计算。

### 4.6.3　多级错流系统优化

(1) 问题描述

如图 4-65 多级萃取系统，已知初始进料浓度为 $x_0$，单位为 mg/L，流量为 $V$，单位 L/h。被萃取的溶质单价为 $\alpha$，单位为元/mg。各级溶剂流量为 $u_i$，单位 L/h。溶剂单价为 $\beta$，单位为元/L，单位为除溶剂外，不计其他费用，试求使萃取过程利润最大时各级溶剂的流量。假设被萃取溶液的体积流量 $V$ 不变，则依题意可得各级目标函数 $J_i$ 为：

$$\text{opt}\quad J_i = \alpha V(x_{i-1} - x_i) - \beta u_i \tag{1}$$

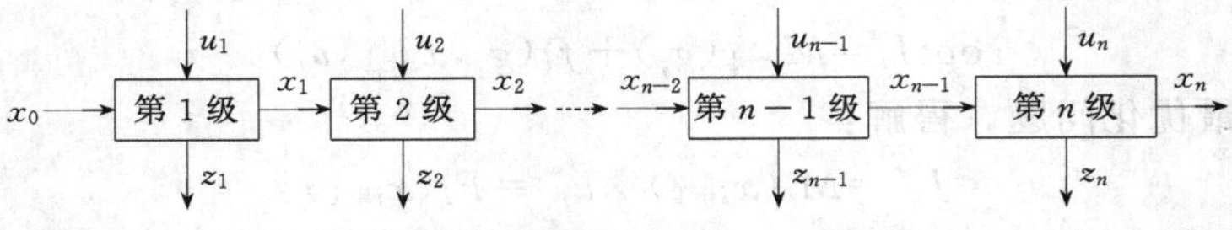


图 4-65　多级萃取系统示意图

各级物料衡算：$$V(x_{i-1}-x_i)=u_i z_i \tag{2}$$
其中 $z_i$ 为萃取后溶剂中被萃取质的浓度，mg/L

相平衡方程 $$z_i=kx_i \tag{3}$$

将物料衡算和相平衡方程联立化去 $z_i$，设 $m=\dfrac{k}{V}$，得：

$$x_i=\frac{x_{i-1}}{1+mu_i} \tag{4}$$

为了利用动态规划求解，将多级萃取模型改写成倒序排列形式，也就将 $x_{i-1}$ 改成 $x_{i+1}$，则已知条件 $x_0=4096$ 变成了 $x_{N+1}=4096$，其他模型如下：

目标函数：

$$J_A=\sum_{i=1}^{N} x_{i+1}-x_i-\phi u_i \tag{5}$$

其中：$\phi=\dfrac{\beta}{\alpha V}$ $\quad J_A=J/\alpha V$

状态方程：

$$x_i=\frac{x_{i+1}}{1+mu_i} \tag{6}$$

已知条件： $$x_{N+1}=4096 \tag{7}$$

假设实际萃取时采用三级萃取，见图 4-66，设 $\phi=1$，$m=1$，则优化计算过程如下。

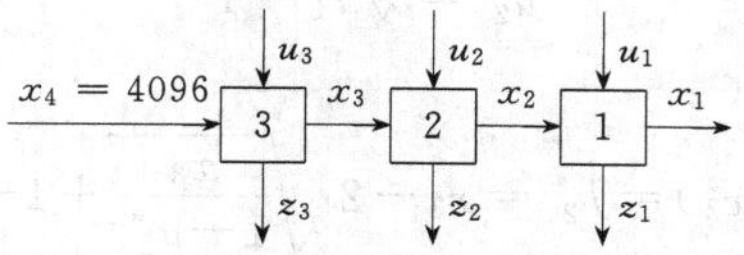


图 4-66　三级萃取示意图

各级的目标函数和约束方程分别为

$$f_i=x_{i+1}-x_i-Bu_i=x_{i+1}-x_i-u_i \tag{1}$$

$$x_i=\frac{x_{i+1}}{1+mu_i}=\frac{x_i}{1+u_i} \tag{2}$$

（2）对最后一级（单元 1）作优化，求解子问题

$$\max \quad J_1=f_i=x_2-x_1+u_1 \tag{3-a}$$

$$\text{s. t.} \quad x_1=\frac{x_2}{1+u_1} \tag{3-b}$$

将式(3-b) 代入式(3-a) 消去 $x_1$，得关于 $u_1$ 的单变量无约束问题

$$\max \quad J_1=x_2-\frac{x_2}{1+u_1}-u_1 \tag{4}$$

由极值条件

$$\frac{\partial J_1}{\partial u_1}=0-x_2\frac{-1}{(1+u_1)^2}-1=0$$

即 $$1+u_1=\sqrt{x_2}$$

可得单元 1 的最优决策

$$u_1^*=\sqrt{x_2}-1 \tag{5}$$

将 $u_1^*$ 代入式(4) 可得

$$M_1(x_2)=J_1^*=x_2-\frac{x_2}{1+u_1^*}-u_1^*$$

$$=x_2-\frac{x_2}{\sqrt{x_2}}-(\sqrt{x_2}-1)$$

$$=x_2-2\sqrt{x_2}+1 \tag{6}$$

(3) 对最后二级，即单元 1 和 2 构成的子系统作优化，求解子问题

$$\max \quad J_2=M_1+f_2$$

$$=x_2-2\sqrt{x_2}+1+x_3-x_2-u_2 \tag{7-a}$$

$$=x_3-2\sqrt{x_2}+1-u_2$$

$$\text{s. t} \quad x_2=\frac{x_2}{1+u_2} \tag{7-b}$$

将式(7-b) 代入式(7-a) 消去 $x_2$，化为关于 $u_2$ 的无约束问题

$$\max \quad J_2=x_3-2\sqrt{\frac{x_3}{1+u_2}}+1-u_2 \tag{8}$$

由极值条件

$$\frac{\partial J_2}{\partial u_2}=-2\sqrt{x_3}\left(-\frac{1}{2}\right)(1+u_2)^{-\frac{3}{2}}-1=0$$

即

$$(1+u_2)^3=x_3$$

由此可得单元 2 的最优决策

$$u_2^*=\sqrt[3]{x_3}-1 \tag{9}$$

将 $u^*$ 代入式(8) 可得

$$M_2(x_2)=J_2^*=x_3-2\sqrt{\frac{x_3}{1+u_2^*}}+1-u_2^*$$

$$=x_3-2\sqrt{\frac{x_3}{\sqrt[3]{x_3}}}+1-(\sqrt[3]{x_3}-1)$$

$$=x_3-3\sqrt[3]{x_3}+2 \tag{10}$$

(4) 三级整体优化，求解子问题

$$\max \quad J_3=M_2+f_3=x_3-3\sqrt[3]{x_3}+2+x_4-x_3-u_3$$

$$=x_4-3\sqrt[3]{x_3}+2-u_3 \tag{11-a}$$

$$\text{s. t.} \quad x_3=\frac{x_4}{1+u_3} \tag{11-b}$$

将式(11-b) 代入式(11-a) 消去 $x_3$，化为 $u_3$ 的无约束问题

$$\max \quad J_3=x_4-3\sqrt[3]{\frac{x_4}{1+u_3}}+2-u_3 \tag{12}$$

由极值条件

$$\frac{\partial J_3}{\partial u_3}=3\sqrt[3]{x_4}\left(-\frac{1}{3}\right)(1+u_3)^{-\frac{4}{3}}-1=0$$

$$(1+u_3)^4=x_4$$

$$u_3^*=\sqrt[4]{x_4}-1$$

$$=\sqrt[4]{4096}-1=7$$

即将 $u_3^*$ 的值代入式(12) 可得

$$J^*=J_3^*=4096-3\sqrt[3]{\frac{4096}{1+7}}+2-7$$

$$=4,096-3\times 8-5=4067$$

将 $u_3^*$ 反代可得：

$$x_3^*=\frac{x_4}{1+u_3^*}=\frac{4096}{1+7}=512$$

$$u_2^*=\sqrt[3]{x_3}-1=\sqrt[3]{512}-1=7$$

$$x_2^*=\frac{x_3}{1+u_2^*}=\frac{512}{1+7}=64$$

$$u_1^*=\sqrt{x_2^*}-1=\sqrt{64}-1=7$$

$$x_1^*=\frac{x_2}{1+u_1^*}=\frac{64}{1+7}=8$$

**【例 4-14】** 利用动态规划优化原理，计算由 $A$ 地出发到 $E$ 地的最短石油管线铺设途径。所有可能的路径及其程度均已标注在图 4-67 上。

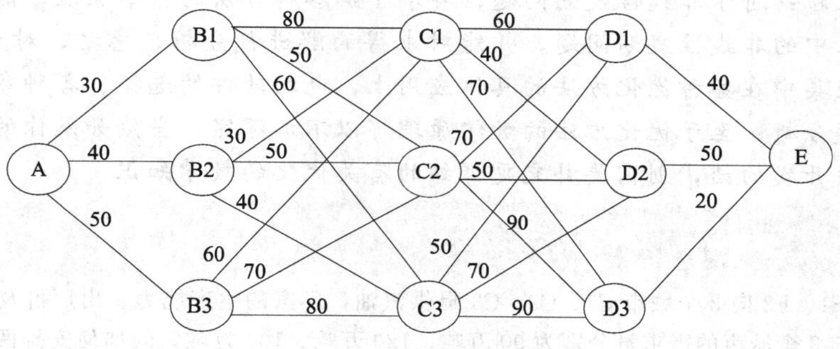


图 4-67 最短石油管线铺设优化问题

**解**：由动态规划优化理论可知，该问题需要采用反向优化，从 E 地反向到 D，有 3 条线路，由于尚未有其他信息，该 3 条线路均作为有 E 到 D 这一级的最短路线，记为 D1、D2、D3，并做上标记，并在对应节点上标上最短的距离，即 40、50、20，见图 4-68。从 D 反到 C，每一个 C 的分点均有 3 条路线和 D 分点相连，这时取将 D 分点上面所标的数据和到某一 C 分点的距离之和最小的线路为该 C 分点的最优线路，将其数据标在对应节点上面。如以 C 的 C1 分点为例，C1 到 D1、D2、D3 的距离分别为 60、40、70，如再将 D1、D2、D3 分点上所标的数据 40、50、20 加和，得到 100、90、90，取其最小值 90，将 90 标在 C1 上面，表明从 C1 到 E 的最短距离为 90，路线为 C1D2E 或 C1D3E，做上标记。同理可得，C2 到 E 的最短距离为 100，路线为 C2D2E；C3 到 E 的最短距离为 90，路线为 C3D1E。从 C 返到 B，

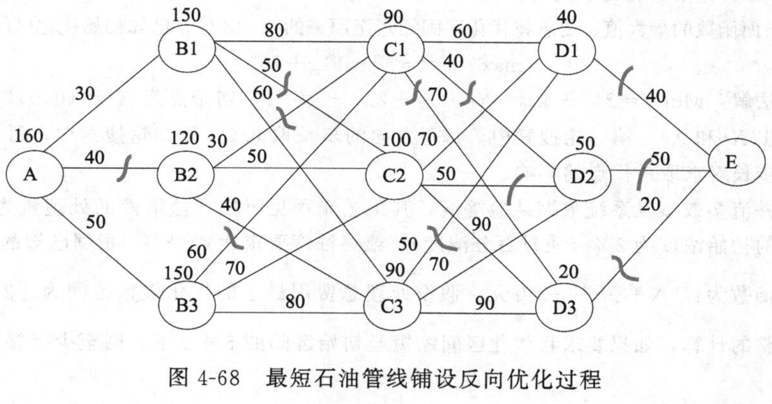


图 4-68 最短石油管线铺设反向优化过程

重复上面的工作，可得 B1C3，总距离为 150；B2C1，总距离为 120；B3C1，总距离为 150。从 B 返到 A，可得 AB2 为最短距离，为 160。这样最短路径为 AB2C1D2E 或 AB2C1D3E，两条线路的距离均为 160。

## 本章小结及提点

本章全面介绍了化工过程优化中涉及的各种优化模型和优化方法，学完本章，你必须具备以下能力：能将化工中某些相对简单的有约束的优化模型化成无约束的单变量或多变量模型（如换热器优化、管道保温层优化等问题），并能熟练运用无约束优化问题的求解方法解决这些化工优化问题；能将某些化工优化问题（如生产计划制定、运输调用方案等问题）建立线性规划模型，并能运用某种线性规划工具（可以是各种软件中的其中一种）正确地求出最优解，并能进行灵敏度分析；对于某些在空间和时间上有前后联系的化工问题，能构建动态规划模型，并了解动态规划的基本原理，对简单的动态规划问题（每一级涉及 1～2 个变量）能够进行求解；对于非线性规划问题，要求了解各种方法的基本原理，能够找到合适的软件来求解化工中的非线性规划问题，并能对求得的解进行分析。总之，对于本章的内容，读者主要精力应集中在各种优化方法的具体应用上，包括软件的选择、各种参数的设定、解的分析、灵敏度分析；至于优化方法的数学原理可以不加深究，当然如果你的研究方向是化工过程优化方法开发的话，则需要补充更详细的有关优化的数学知识。

## 习题

1. 现有两炼油厂 F1、F2 向 3 个城市 C1、C2、C3 提供汽油，厂家的生产能力、出厂价及到 3 个城市的运费见下表。已知 3 个城市的需求量分别为 90 万吨、120 万吨、100 万吨，问如何安排两个厂家向 3 个城市汽油的调运，使 3 个城市使用汽油的总费用最小？（总费用含出厂价和运费，不计各种税费。要求列出数学模型，并写出求解的方法及基本步骤，并不要求具体结果）

| 厂家 | 生产能力（万吨） | 出厂价（元/吨） | 城市 C1 运费（元/吨） | 城市 C2 运费（元/吨） | 城市 C3 运费（元/吨） |
|---|---|---|---|---|---|
| F1 | 180 | 5000 | 200 | 300 | 400 |
| F2 | 150 | 4500 | 300 | 500 | 600 |

2. 某炼油厂换热器需将煤油从 140℃冷却到 40℃，利用 30℃水作为冷却介质，根据已知的条件，最后建立冷却器的年度总费用函数为：$22.5\times\frac{\ln(14-0.1t)}{130-t}+\frac{48}{t-30}$万元，其中 $t$ 为冷却水的出口温度，已知年度总费用最小的 $t$ 区间为 [30,130]，请用黄金分割法作一轮完整的计算，如果要求最优温度精确到 0.1℃，则至少需要作多少轮完整的计算？

3. 黄金分割法求下面函数的最大值，要求将优化区间缩短至原来的 0.618 倍，已知初始优化区间为 [0,10]。

$$\max \quad J=-x^2+14x+10$$

4. 请用变量轮换法解：Min $f=2x_1^2+4x_2^2-x_1\cdot x_2+2x_1-x_2+1$，初始点为 $X^0=(0,0)^T$，要求做两轮完整的搜索，求出 $X^1$ 和 $X^2$。第一轮搜索中，每个方向的步长取 0.5，第二轮搜索中，每个方向的步长取 0.25，试分析步长对求取最优点的影响。

5. 某化工厂拟用并流多效蒸发系统浓缩某盐溶液，其工艺流程见下图。盐溶液的处理量为 0.2kg/s，沸点进料，盐溶液的初始浓度为 2%（质量百分浓度），最终浓度要求达到 38%，根据已知的条件，最后建立其处理总费用函数为：$5N+\frac{12}{1-0.9^N}$万元，假设处理总费用最小的优化效数区间为 [2,15]，用黄金分割法作一轮完整的计算，如果要求将优化区间缩短至初始区间的 5%以下，则至少需要作多少轮完整的计算？

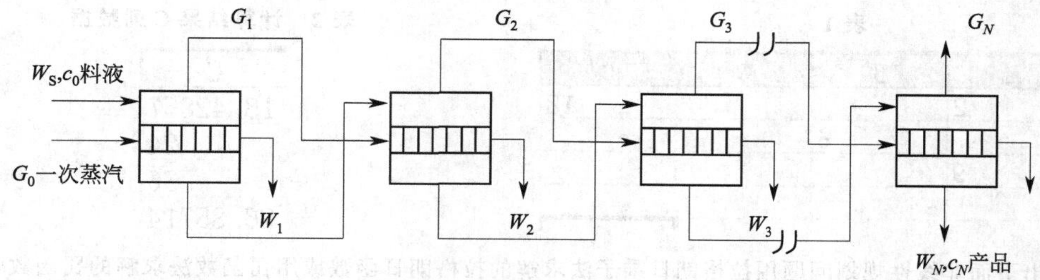


6. 用单纯形表格法求解下面线性规划问题的最优解。

$$\begin{aligned} \max \quad & J=4x_1+3x_2 \\ \text{s.t} \quad & x_1+4x_2\leqslant 12 \\ & 3x_1+6x_2\leqslant 24 \\ & x_1\leqslant 6 \\ & x_1\geqslant 0,\ x_2\geqslant 0 \end{aligned}$$

7. 某化工厂有一生产系统，可以生产 $A$、$B$、$C$、$D$ 四种产品，每个生产周期所需的原料量、贮存面积、生产速度及利润由下列表格给出，每天可用的原料总量为 24 吨，贮存间总面积为 $52\text{m}^2$，该系统每天最多生产 7 小时，每天生产结束后，才将产品送到贮存间，假定四种产品占用原料、生产时间、贮存间等资源的机会平等，问 $A$、$B$、$C$、$D$ 四种产品每天生产的桶数如何安排，才能使该系统每天的利润最大？

| 产品(桶) | A | B | C | D |
|---|---|---|---|---|
| 所需原料(千克/桶) | 200 | 180 | 150 | 250 |
| 贮存面积($\text{m}^2$/桶) | 0.4 | 0.5 | 0.4 | 0.3 |
| 生产速度(桶/小时) | 30 | 60 | 20 | 30 |
| 利润(元/桶) | 10 | 13 | 9 | 11 |

8. 某化工厂需从国外引进一套设备，从设备制造厂 A 至出口港 B 有三个港口可供选择，而我国进口港 C 又有三个港口可供选择，到达我国港口后又可以经三个中心城市 D 到达目的地 E，期间每条线路的综合运输成本如下图所标的数字，试用图上作业法或动态规划法确定运费最低的路线及最低运费。

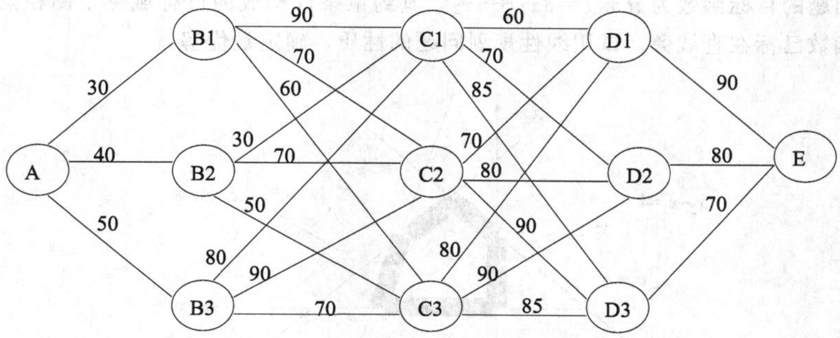


9. 用 Execl 求解下面线性规划问题的最优解，表 1 中已填上某些数据，其中 A4、B4 为可变变量区域，C4 为目标函数，$C_i\leqslant D_i$，$i=1\sim3$ 是约束条件，请在 A2，B1，B3，D2，D3 空格中填上正确的数据，写出 $C_i$，$i=1\sim4$ 的计算公式，并根据表 2 的数据，确定目标函数的最大值，如果由于运力问题，某种资源可能无法运达（该问题中三种资源数由模型可知分别为 18、24、36），可以减少哪种资源的运输，最大的减少量是多少时，目标函数的值不会改变？

$$\begin{aligned} \max \quad & J=4x_1+6x_2 \\ \text{s.t} \quad & 2x_1+3x_2\leqslant 18 \\ & 3x_1+6x_2\leqslant 24 \\ & 9x_1+4x_2\leqslant 36 \\ & x_1\geqslant 0,\ x_2\geqslant 0 \end{aligned}$$

**表 1**

| | A | B | C | D |
|---|---|---|---|---|
| 1 | 2 | | | 18 |
| 2 | | 6 | | |
| 3 | 9 | | | |
| 4 | | | | |

**表 2 计算结果 C 列数据**

| C |
|---|
| 13.42857 |
| 24 |
| 36 |
| 26.85714 |

10. 请列出下面非线性规划问题用拉格朗日乘子法求解的拉格朗日函数或用罚函数法求解的罚函数？

$$\text{O.F}\quad \min J=x^2+u^4$$

$$\text{s.t}\quad x+2u=10$$

11. 已知某化工反应实验在实验的温度范围内存在最大的反应转化率，并且是唯一的，则根据下面的实验数据，写出其存在最大反应转化率的最小温度区间，若用黄金分割法在存在最大反应转化率的最小温度区间内安排实验，需再作多少个温度点的实验，可将最大反应转化率存在的温度区间缩小到 0.5 度以内？

**温度和转化率实验数据**

| 温度/℃ | 20 | 30 | 40 | 50 | 60 | 70 | 80 | 90 | 100 | 120 |
|---|---|---|---|---|---|---|---|---|---|---|
| 转化率 | 0.3 | 0.4 | 0.5 | 0.7 | 0.9 | 1.2 | 1.0 | 0.9 | 0.8 | 0.7 |

12. 请用梯度法解：Min $f=2x_1^2+4x_2^2-x_1\cdot x_2+2x_1-x_2+1$，初始点为 $X^0=(0,0)^T$，要求做两轮完整的搜索，求出 $X^1$ 和 $X^2$。第一轮搜索中，步长取 0.15，第二轮搜索中，步长取 1，试分析步长对求取最优点的影响。

13. 将下面线性规划模型化成标准型。

$$\max\quad J=4x_1+3x_2$$

$$\text{s.t}\quad 2x_1+3x_2\leqslant 12$$

$$3x_1+6x_2\geqslant 18$$

$$7x_1-16x_2\geqslant -10$$

$$x_1\geqslant 0,\ x_2\geqslant 0$$

14. 某线性规划问题的目标函数为 $\max J=3x_1+5x_2$，其约束条件构成的可行域见下图粗黑线所构成部分，每条直线的函数已标在直线旁，试用线性规划问题的性质，确定最优解。

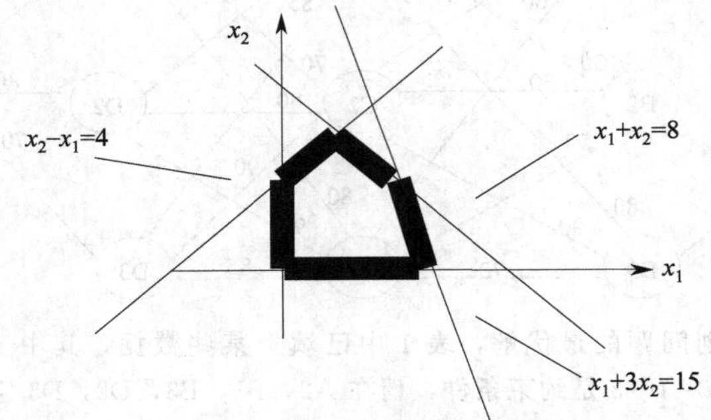

# 第5章

# 典型化工单元及过程模拟及优化案例

【本章导读】

通过前面 4 章的学习，你应该具备了化工过程建模、模拟及优化的基本能力，并初步具备对化工问题进行较为全面的灵敏度分析。本章将通过若干典型的化工单元或过程的模拟求解及优化分析，进一步介绍化工过程的模型建立、模拟求解、优化及灵敏度分析的方法和步骤，希望读者能通过这些例子，举一反三。

## 5.1 换热过程模拟及优化

换热过程是化工企业中最常见的过程，换热器是化工生产中最常见的设备，对换热过程中的设备换热器进行模拟和优化是化工类本科生必须具备的能力。本节从动态到稳态对换热过程进行模分析及优化。

### 5.1.1 套管式换热器动态模拟

如图 5-1 所示的套管式换热器，套管内侧为需要加热的冷流体，液态；套管环隙为需要冷却的热流体，也为液态。首先作以下假设。

① 套管内侧及环隙，其温度只随套管的长度改变而改变，忽略温度的径向变化；

② 套管内侧流体的纵向热导率为 $\lambda_1$，不随温度改变；套管环隙流体的纵向热导率为 $\lambda_2$，不随温度改变；

③ 在整个套管长度方向上，总传热系数 $K$ 不变；

④ 忽略内金属管壁的热阻；

⑤ 外套管忽略热损失。

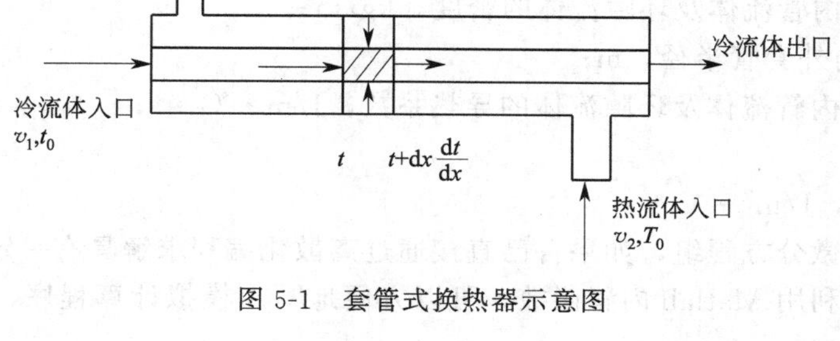


图 5-1 套管式换热器示意图

根据以上假设，在由左向右的轴方向上取内管一微元，见图 5-1，作能量分析如下：

(1) 冷流体通过流动流入内管微元的能量去 $q_{1in}$

$$q_{1in}=\rho_1 v_1 \pi r^2 C_{P1} t \tag{1}$$

式中，$\rho_1$ 为冷流体的密度；$v_1$ 为冷流体速度；$r$ 为内管半径；$C_{P1}$ 为冷流体的比热容。

(2) 冷流体通过流动流出内管微元的能量 $q_{2out}$

$$q_{2out}=\rho_1 v_1 \pi r^2 C_{P1}\left(t+\frac{\partial t}{\partial x}\Delta x\right) \tag{2}$$

(3) 冷流体热传导在 $x$ 处的热量导入 $q_{1x}$

$$q_{1x}=-\lambda_1 \frac{\partial t}{\partial x}\pi r^2 \tag{3}$$

(4) 流体热传导在 $x+\Delta x$ 处的热量导入 $q_{1x+\Delta x}$

$$q_{1x+\Delta x}=-\lambda_1\left(\frac{\partial t}{\partial x}+\frac{\partial(\partial t/\partial x)}{\partial x}\Delta x\right)\pi r^2 \tag{4}$$

(5) 环隙传递给微元的热量 $q_{1t}$

$$q_{1t}=2K\pi r\Delta x(T-t) \tag{5}$$

(6) 微元体内的能量变化率 $q_{1c}$

$$q_{1c}=\frac{\partial(\pi r^2 \Delta x \rho_f C_{P1} t)}{\partial \tau} \tag{6}$$

(7) 总能量平衡方程

$$\frac{\partial t}{\partial \tau}=\frac{2K}{r\rho_1 C_{P1}}(T-t)+\frac{\lambda_1}{\rho_1 C_{P1}}\frac{\partial^2 t}{\partial x^2}-v_1\frac{\partial t}{\partial x} \tag{7}$$

同理，对套管的环隙也进行如上的能量分析，并注意流动方向和长度坐标方向不同，可得：

$$\frac{\partial T}{\partial \tau}=\frac{-2Kr}{(R^2-r^2)\rho_2 C_{P2}}(T-t)+\frac{\lambda_2}{\rho_2 C_{P2}}\frac{\partial^2 T}{\partial x^2}+v_2\frac{\partial T}{\partial x} \tag{8}$$

同时有边界条件：

$$x=0,\ t=t_0,\ \frac{\partial T}{\partial x}=0;\ x=1,\ T=T_0,\ \frac{\partial t}{\partial x}=0; \tag{9}$$

对于初始条件，可以取内管各点处的温度就是冷流体的入口温度 $t_0$，环隙各点处的温度就是热流体入口处的温度 $T_0$，当然你也可以取成 $t_0$，对实际计算的影响不是很大。

式(7)～式(9) 构成了偏微分方程组，该方程组中的各个变量含义如下：

$t$，套管内某一点的温度，℃；

$x$，流体在套管内所处的位置，m；

$T$，套管内环隙的温度，℃；

$v_1$、$v_2$ 分别为内管流体及环隙流体的速度，m/s；

$C_{P1}$、$C_{P2}$ 分别为内管流体及环隙流体的比热，J/kg・℃；

$\rho_1$、$\rho_2$ 分别为内管流体及环隙流体的密度，kg/m$^3$；

$r$、$R$ 分别为内外套管半径，m；

$\lambda_1$，$\lambda_2$ 分别为内管流体及环隙流体的导热系数，J/m・℃・s；

$\tau$，时间，s；

$K$，传热系数，J/m$^2$・℃・s。

针对上面的偏微分方程组，如果自己直接通过离散化编程求解具有一定的难度，可以利用第 3 章中介绍的利用 Matlab 内置函数，可以方便地写出模拟计算程序，并将我们的主要精力放在对解的分析上。Matlab 的程序如下：

```
function jiataoheat_pdepe
clc;clear all
global roh1 roh2 cp1 cp2 ramd1 ramd2 r1 r2 v1 v2 k t10 t20 l
roh1=1000;roh2=800;cp1=4180;cp2=2800
ramd1=0.5;ramd2=0.18;r1=0.06;r2=0.08;
v1=2;v2=3;k=1200;t10=30;t20=150;l=8
m=0;a=0;b=1;t0=0;tf=300
x=linspace(a,b,11);
t=linspace(t0,tf,61);
sol=pdepe(m,@PDEfun,@ICfun,@BCfun,x,t);
T1=sol(:,:,1)
T2=sol(:,:,2)
% surface plot of the solution
figure;
surf(x,t,T1);
title('Numerical solution computed with 11 mesh points.');
xlabel('Distance x,m');
ylabel('Time t,s');
zlabel('内管温度,℃');
view(-30,30)
figure;
surf(x,t,T2);
title('Numerical solution computed with 11 mesh points.');
xlabel('Distance x,m');
ylabel('Time t,s');
zlabel('壳层温度,℃')
view(-30,30)
figure;
T3=T1(30,:);%一半时间时,管内各点的温度
y=T3;
plot(x,y)
xlabel('Disuance x,m');
ylabel('内管温度,℃');
title('Time=0.5')
% ------------------------------------------------------------------
function [c1,f,s]=PDEfun(x,t,u,Du)
global roh1 roh2 cp1 cp2 ramd1 ramd2 r1 r2 v1 v2 k
c1=[1;1];
f=[ramd1/(roh1*cp1);ramd2/(roh2*cp2)].*Du;
s=[2*k/(r1*roh1*cp1)*(u(2)-u(1))-v1*Du(1);
-2*k*r1/(((r2)^2-(r1)^2)*roh2*cp2)*(u(2)-u(1))+v2*Du(2)];
% ------------------------------------------------------------------
function u0=ICfun(x)
u0=[30;150];
% ------------------------------------------------------------------
function [pa,qa,pb,qb]=BCfun(xl,ul,xr,ur,t)
global t10 t20
pa=[ul(1)-t10;0];
qa=[0;1];
pb=[0;ur(2)-t20];
qb=[1;0];
```

对于上述程序的具体含义请参见第 3 章的解释。在程序中，各种参数取如下值：

$t_0=30℃$，$x=5m$，$T_0=150℃$，$v_1=2m/s$，$v_2=3m/s$

$C_{P1}=4180J/kg·℃$，$C_{P2}=2800J/kg·℃$

$\rho_1=1000kg/m^3$，$\rho_2=800kg/m^3$

$r=0.06m$，$R=0.08m$，$l=8m$

$\lambda_1=0.5J/m·K·s$，$\lambda_2=0.18J/m·K·s$

$\tau=300s$，$K=1200J/m^2·℃·s$

完全按照上面给定的数据进行动态模拟计算，得到图 5-2 的计算结果。

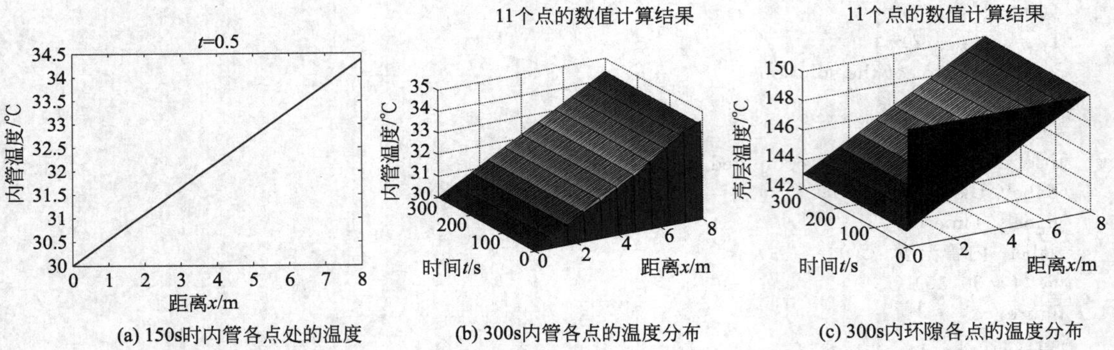


(a) 150s时内管各点处的温度　(b) 300s内管各点的温度分布　(c) 300s内环隙各点的温度分布

图 5-2　原始数据下模拟结果

由图 5-2(a) 可知，在 150s 时，内管的温度呈直线分布，内管出口温度达 34.5℃左右，表明内管传热已达稳定；由图 5-2(b) 可知，大概 1 个单位的时间间隔后，内管的温度分布已基本不变，数据和图 5-2(a) 一致。由于本模拟的总时间为 300s，共 61 个点，故每个时间间隔为 5s，也就是说，大约 5s 后，传热已基本达稳定状态；由图 5-2(c) 可知，热流体在出口处，被冷却到 143℃左右，稳定状态和内管一致。

如果想要观察传热过程刚开始时，传热与导热共同作用下的温度分布，可以将模拟缩短到 30s，此时流体的导热作用会体现得比较明显，15s 时内管的温度分布不再是直线，而有一定的弯曲，见图 5-3(a)，这是由于导热和传热共同作用引起的结果。至于为什么在 150s 时没有出现此现象，因为时间越久，传热与导热均已达到稳定状态。由图 5-3(b)，图 5-3(c) 可以观察到内管及环隙温度分布的变动过程，但内管和环隙的出口温度其实和 300s 模拟的

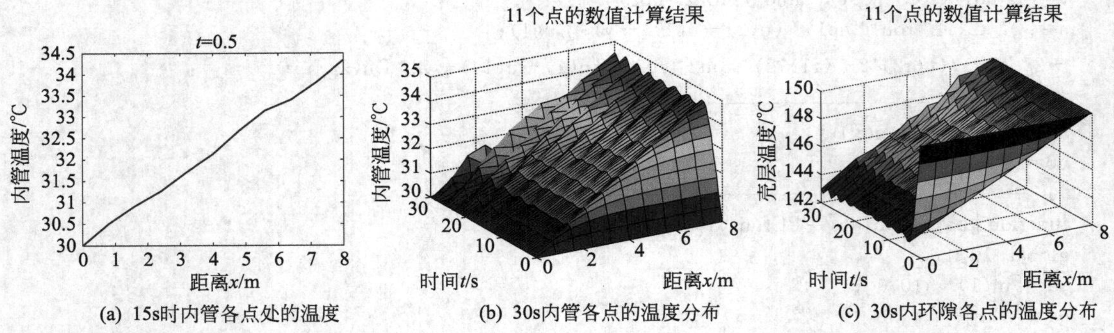


(a) 15s时内管各点处的温度　(b) 30s内管各点的温度分布　(c) 30s内环隙各点的温度分布

图 5-3　模拟时间为 30s 时的模拟结果

结果已十分接近。

由于这是单根管子的模拟，出口温度似乎没有达到换热的要求，实际换热器中可以采用多管程来增加换热管子的长度，在其他条件不变的情况下，增加管子长度，应该可以增加冷流体的出口温度，降低热流体的出口温度，同时，系统达到稳态的时间也会增加，这些现象能否通过模拟观察到呢？应该可以，将管子长度增加到 80m，为了便于观察达到稳态的时间，将模拟时间定为 30s，结果见图 5-4。

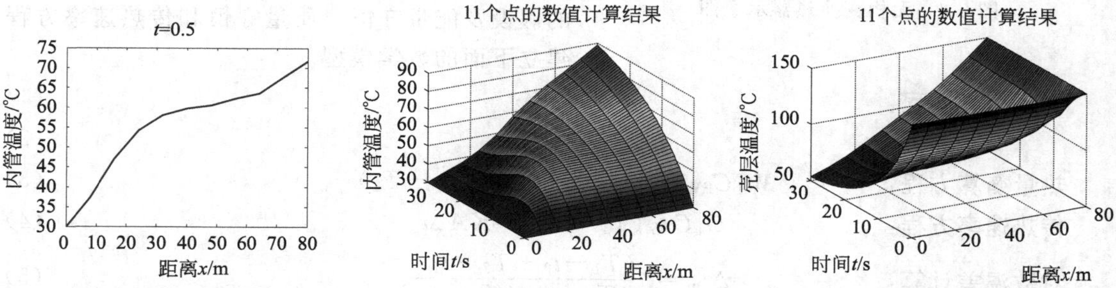

(a) 15s时内管各点处的温度　(b) 30s内管各点的温度分布　(c) 30s内环隙各点的温度分布

图 5-4　模拟时间为 30s，管子长度为 80m 时的模拟结果

由图 5-4 可知，系统达到稳定的时间在 15s 以上，30s 时，冷却水管的温度高达 90℃左右，而热流体的温度已大约降至 50℃左右，和原来分析的情况一致。

根据传热原理，有这样的论断，在同等条件下，如果提高传热系数，那么，应该是内管冷流体的出口温度增加，环隙热流体的出口温度下降，将传热系数增加到 4800J/($m^2$·s·℃)，结果如图 5-5，冷流体出口温度达 45℃左右，热流体出口温度为 125℃左右，均和原传热系数情况的数据有较大的改变，和理论分析一致。

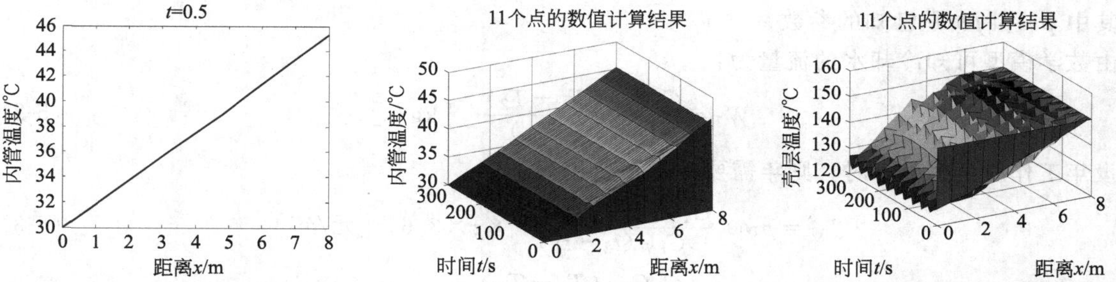

(a) 150s时内管各点处的温度　(b) 300s内管各点的温度分布　(c) 300s内环隙各点的温度分布

图 5-5　传热系数为 4800J/($m^2$·s·℃) 时的模拟结果

其实你还可以利用上面的程序，对流体的速度、热导率、管径等变量进行改变，先理论分析可能出现的结果，再模拟计算，比较两者是否一致，同时还可以进行一些优化工作。该模拟程序的原文件在电子课件第 5 章程序中。

### 5.1.2　单个换热器面积优化

图 5-6 是无相变换热器示意图，为简化问题，暂不考虑流体流过换热器时的压力损失及换热器的热损失，要求设计一个最经济的换热器来完成一个给定的换热任务。如要求将温度

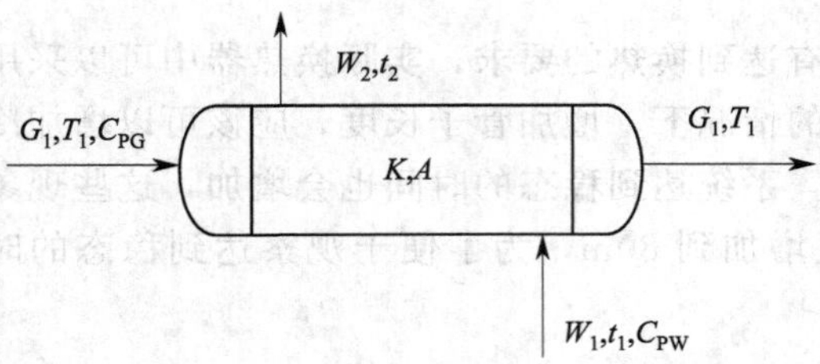


图 5-6 无相变换热器示意图

为 $T_1$（℃），流量为 $G_1$（kg/s），比热为 $C_{PG}$（J/kg·℃）的流体，降温到 $T_2$，已知冷却介质的比热容 $C_{PW}$、进口温度 $t_1$ 及换热器的总传热系数 $K$（W/m²·℃），如何在换热器面积 $A$（m²）和冷却介质流量 $W_1$（kg/s）之间作一个合理的选择，使该换热器的总运行费用最小，是一个典型的非线性规划问题。根据前面的假设及能量守恒、质量守恒和传热速率方程建立下面的数学模型。

物料衡算方程：
$$W_1=W_2 \tag{1}$$
$$G_1=G_2 \tag{2}$$

热量衡算方程：
$$W_1C_{PW}(t_2-t_1)=G_1C_{PG}(T_1-T_2) \tag{3}$$

传热速率方程：
$$G_1C_{PG}(T_1-T_2)=KA\Delta t_m \tag{4}$$

对数温差计算：
$$\Delta t_m=\frac{(T_1-t_2-T_2+t_1)}{\ln(T_1-t_2)/(T_2-t_1)} \tag{5}$$

式(1)～式(5) 构成了无相变换热器模型。在目前已知的条件下，上述模型的求解存在无数多个解。因为没有规定冷却介质的出口温度 $t_2$，整个模型的变量数多于约束方程数，系统的自由度大于零。如果将该设计问题增加优化设计条件，也就是要求设计出最经济的换热器来满足这个换热任务的话，系统就会有一个唯一的解。

在进行最经济换热器优化设计求解前，需先确定一些和技术经济有关的数据，设资金的年率为 $i$（nl，为程序中对应名称，下同)，冷却介质水的价格为 pw 元/吨，换热器的使用寿命为 $n$（sm）年，换热器寿命期终了时设备残值为 cz 元，换热器年维修费用为 nx 元，换热器一次性投资按式(5-1) 计算。

$$J_A=pa\times A^{pb}\quad [元] \tag{5-1}$$

其中 $pa$ 和 $pb$ 是已知的参数。

由数学模型可知冷却水的流量为：

$$W_1=\frac{G_1C_{PG}(T_1-T_2)}{C_{PW}(t_2-t_1)}\quad [kg/s] \tag{5-2}$$

设年工作时间为 $\tau$ 小时，则年需要冷却水费用为：

$$J_W=pw\times\frac{G_1C_{PG}(T_1-T_2)}{C_{PW}(t_2-t_1)}\times\tau\times 3.6\quad [元/年] \tag{5-3}$$

换热器面积为：

$$A=\frac{G_1C_{PG}(T_1-T_2)}{K\times\Delta t_m}\quad [m^2] \tag{5-4}$$

则一次性设备投资的年费用为：

$$J_S=J_A\,\frac{i(1+i)^n}{(1+i)^n-1}\quad [元/年] \tag{5-5}$$

换热器年运行综合费用为：

$$J=J_S+J_W+nx-cz\,\frac{i}{(1+i)^n-1}$$
$$=pa\left(\frac{G_1C_{PG}(T_1-T_2)}{K\times\Delta t_m}\right)^{pb}\frac{i(1+i)^n}{(1+i)^n-1}+3.6\tau\times pw\,\frac{G_1C_{PG}(T_1-T_2)}{C_{PW}(t_2-t_1)}+nx-cz\,\frac{i}{(1+i)^n-1} \tag{5-6}$$

所谓最经济换热器设计，就是求目标函数为式(5-6) 的最小值，如果考虑到传热系数可能随流量和温度的改变而改变以及换热器压力等问题，优化模型将更加复杂，但其基本原理是一致的。这样，原来的无穷多个解，由于增加了求式(5-6) 最小的优化约束，系统就变成了唯一解。原问题通过模型方程式(1)～式(5) 的求解，已变成式(5-6) 只涉及 $t_2$ 的单变量函数优化问题。当然，其他的优化问题可能会有多解，而本换热器优化问题，在目前已知的条件下，只有唯一解，具体求解过程需借助计算机，可自己编程或利用 Excel 计算，图 5-7 是作者利用 VB 程序开发的计算机辅助换热器优化设计界面，只要输入已知条件就可以获得最优的换热器面积，在此基础上再进行具体的换热器加工图绘制，当然加工图绘制也是借助于计算机。具体程序见电子课件第 5 章程序。

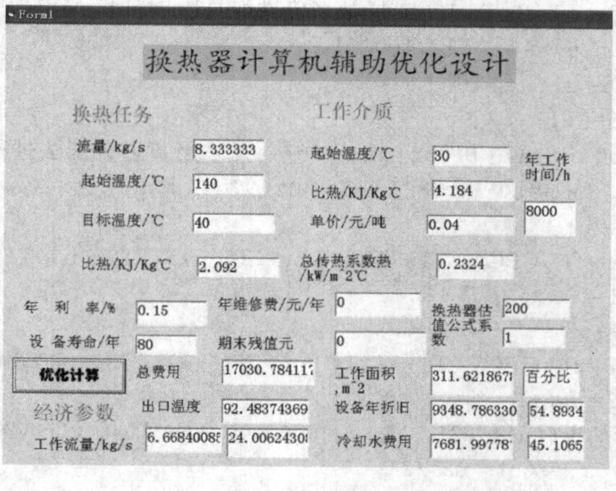

图 5-7　换热器优化计算界面

为了验证程序的正确性，作者特意将某参考文献中的数据作为输入数据，由于文献中对设备采用 15%的简单折旧，没有考虑资金的时间价值，为了和文献中的情况一致，采用了增加设备寿命为 80 年的方法使程序中的设备折旧几乎等于按设备原值的 15%折旧。所得结果和文献结果几乎一致，如文献的 $t_2=92.4721$℃，本软件的计算结果为 92.4837℃。如果将程序中的循环语句激活，就可以对任何变量进行灵敏度分析。计算所得的数据先用数据文件记录，再将数据导入 Origin 8.0，就可以进行图形绘制，分析诸如水价、单位换热器面积造价等改变时最优出口温度、最优换热器面积、最小总费用的变化趋势。为了便于读者理解，现将主要程序清单列上：

```
Dim f1,f2,T1,T2,tt1,CPG,CPW,pa,pb,nl,sm,cz,nx,k,pw,sa,taoi
Private Sub Command1_Click()
Dim J,J1,J2,u1,u2,a0,b0,y1,y2
Dim b1,paa
f1=Text1. Text
T1=Text2. Text
T2=Text3. Text
CPG=Text4. Text
tt1=Text5. Text
CPW=Text6. Text
pw=Text7. Text
k=Text8. Text
nl=Text9. Text
sm=Text10. Text
nx=Text11. Text
cz=Text12. Text
pa=Text13. Text
pb=Text14. Text
taoi=Text16. Text
Open "fxsj. dat" For Output As #1
paa=pw
```

```
'For b1=0 To 100   %对水价进行灵敏度分析
    pw=paa+b1/100* paa
a0=tt1
b0=T1
100 u1=a0+0.382*(b0-a0)   %采用黄金分割法进行优化求解
    u2=b0-0.382*(b0-a0)
x=u1
sa=f1* CPG*(T1-T2)* Log((T1-x)/(T2-tt1))/(k*(T1-T2+tt1-x))
y1=fa(x)
x=u2
sa=f1* CPG*(T1-T2)* Log((T1-x)/(T2-tt1))/(k*(T1-T2+tt1-x))
y2=fa(x)
If Abs((u1-u2)/u1) <=0.00001 And Abs((y1-y2)/y1) <=0.00001 Then
    x=(u1+u2)/2
    sa=f1* CPG*(T1-T2)* Log((T1-x)/(T2-tt1))/(k*(T1-T2+tt1-x))
    J=fa(x)
    Text17.Text=J
    Text18.Text=sa
    f2=f1* CPG*(T1-T2)/(CPW*(x-tt1))
    Text15.Text=f2
    J1=f2* pw* 3.6* taoi
    J2=nl*(1+nl)^(sm)* pa*(sa)^pb/((1+nl)^(sm)-1)
    Text20.Text=x
  Text21.Text=J2
  Text19.Text=J1
  Text22.Text=f2* 3600/1000
    Text23.Text=J2* 100/(J1+J2)
    Text24.Text=J1* 100/(J1+J2)
  Write #1,b1,x,f2,J,sa   %将数据记录在"fxsj.dat"文件中
Else
    If y1 >=y2 Then
        a0=u1
    Else
      b0=u2
    End If
    GoTo 100
End If
'Next b1
Close #1
End Sub
Public Function fa(x)
fa=pw* f1* CPG*(T1-T2)/(CPW*(x-tt1))* taoi* 3.6+nx-cz* nl/((1+nl)^(sm)-1)
fa=fa+pa* sa^pb* nl*(1+nl)^(sm)/((1+nl)^(sm)-1)
End Function
```

进行灵敏度分析时，需将一些经济参数和文献中的数据进行修改，由于文献数据是上世纪 60～70 年代的价格，现将水价（非自来水，一般的工艺冷却水）改为 0.2 元/吨，设备寿命为 20 年，资金年利率为 8%，维修及残值均取 10000 元（对最优的换热面积无影响），$pa=15000$，$pb=0.75$。先对水价 $pw$ 作灵敏度分析，观察水价改变时，冷却水出口温度 $t_2$、

流量 $W_1$ 及换热器面积 $A$ 是如何改变的。在没有模拟之前，先根据理论来分析一下这些变量的变化趋势。当水价提高时，其他条件不变，系统肯定会通过增加换热器面积，减少冷却水的流量，提高 $t_2$ 来获的最优解。具体情况请看图 5-8。由图可知，结果和我们分析一致。

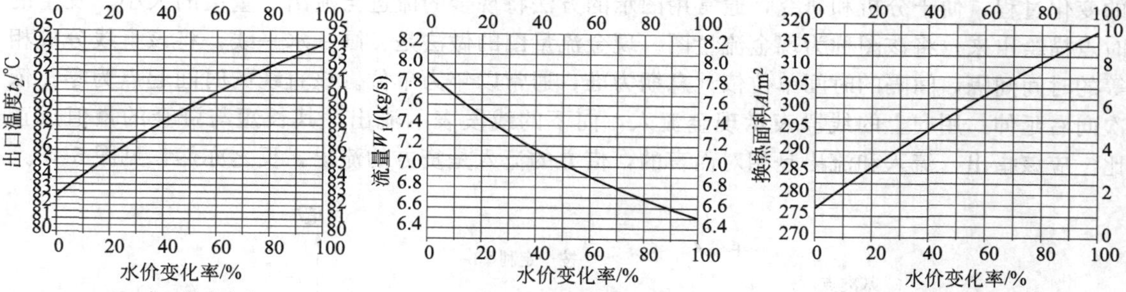

(a) 出口温度变化　(b) 流量变化　(c) 换热面积变化

图 5-8　水价改变时最优操作参数变化情况

再对换热器的价格参数 $pa$ 进行灵敏度分析，当单位面积换热器造价上升时，最优的换热器面积会减小，为了完成相同的换热任务，势必会增加冷却水流量，降低冷却水的出口温度。具体结果见图 5-9。由图 5-9 可知，模拟结果和我们分析的完全一致。

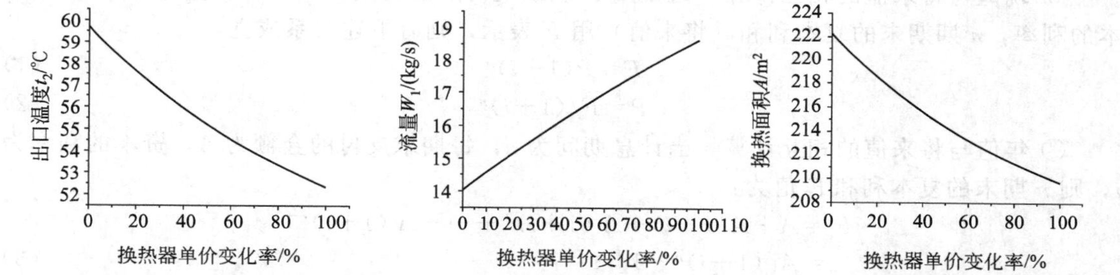

(a) 出口温度变化　(b) 流量变化　(c) 换热面积变化

图 5-9　换热器单价改变时最优操作参数变化情况

你还可以对传热系数、设备寿命、资金利率等参数进行灵敏度分析，观察当这些参数改变时，最优解是如何改变的，为你的换热器最优设计提供参考。

在上面的优化模型的目标函数中，涉及了资金的时间价值及在不同时间点上资金的等价折算问题，下面简要补充一下这些知识。有关资金时间价值及等价折算的详细内容，请参见技术经济专著。

（1）资金时间价值的含义

资金在不同的时间上具有不同的价值，资金在周转使用中由于时间因素而形成的价值差额，称为资金的时间价值。通常情况下，经历的时间越长，资金的数额越大，其差额就越大。资金的时间价值有两个含义：其一是将货币用于投资，通过资金运动使货币增值；其二是将货币存入银行或出借，相当于个人失去了对这些货币的使用权，用时间计算这种牺牲的代价。无论上述哪个含义，都说明资金时间价值的本质是资金的运动，只要发生借贷关系，它就必然发生作用。因而，为了使有限的资金得到充分的运用，必须运用“资金只有运动才能增值”的规律，加速资金周转，提高经济效益。

（2）资金的等效值计算公式

不同时间点的绝对量不等的资金，在特定的时间价值（或利率）的条件下，可能具有相等的实际经济效用，这就是资金的等效值。要解决资金时间等效值问题，必须了解现金流量图并熟练地掌握有关资金时间等效值问题的 6 个公式。

① 现金流量图　复利计算公式是研究经济效果，评价投资方案优劣的重要工具。在经济活动中，任何方案和方案的执行过程总是伴随着现金的流进与流出，为了形象地描述这种现金的变化过程；便于分析和研究，通常用图示的方法将现金的流进与流出、量值的大小、发生的时点描绘出来，将该图称为现金流量图。现金流量图的做法是：画一水平线，将该直线分成相等的时间间隔，间隔的时间单位依计息期为准；通常以年为单位。该直线的时间起点为零，依次向右延伸；用向上的线段表示现金流入，向下的线段表示流出，其长短与资金的量值成正比。应该指出，流入和流出是相对而言的，借方的流入是贷方的流出，反之亦然，见图 5-10。

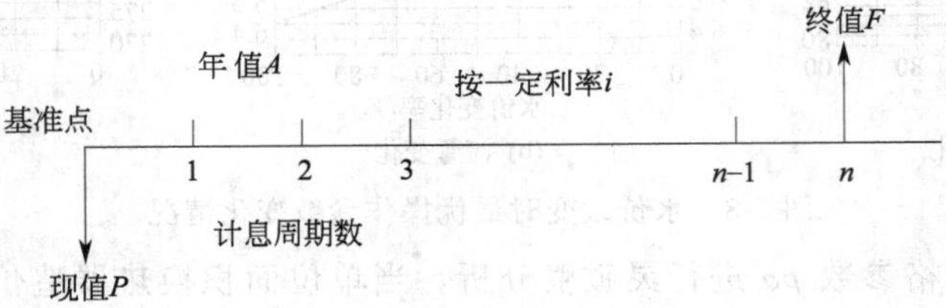


图 5-10　现值和将来值现金流量图

② 现值与将来值的相互计算　通常用 $P$ 表示现时点的资金额（简称现值），用 $i$ 表示资本的利率，$n$ 期期末的复本利和（将来值）用 $F$ 表示，则有下述关系成立：

$$F=P(1+i)^n \tag{1}$$

$$P=F/(1+i)^n \tag{2}$$

③ 年值与将来值的相互计算　当计息期间为 $n$，每期末支付的金额为 $A$，资本的利率为 $i$，则 $n$ 期末的复本利和 $F$ 值为：

$$F=A+A(1+i)+A(1+i)^2+\cdots+A(1+i)^{n-1}$$

$$=A[(1+i)^n-1]/i \tag{3}$$

$$A=Fi/[(1+i)^n-1] \tag{4}$$

④ 年值与现值的相互计算

$$P=A[(1+i)^n-1]/[i(1+i)^n] \tag{5}$$

$$A=P[i(1+i)^n]/[(1+i)^n-1] \tag{6}$$

值得指出的是：当 $n$ 值足够大，年值 $A$ 和现值 $P$ 之间的计算可以简化。用 $(1+i)^n$ 去除式(6) 中的分子和分母，根据极值的概念可知：当 $n$ 值趋于无穷大时，将有 $A=Pi$。事实上，当投资的效果持续几十年以上时就可以认为 $n$ 趋于无穷大，而应用上述的简化算法，其计算误差在允许的范围内。

在以后的优化模型中，均为利用上面的 6 个公式进行具体的目标函数计算，不再介绍。注意关键一点，就是在目标函数的费用或收入均需要折算到相同的时间点上，要么同时采用年值，要么同时采用将来值，要么同时采用现值。如果在目标函数中不统一资金折算的时间点，将设备费用采用一次性的现值，将材料或公用工程消耗采用年值直接相加，如此的优化是毫无意义的。

### 5.1.3 串联换热器优化

3 个换热器串联起来完成某一冷流体的加热任务，见图 5-11。现有 3 股工业废热可以利用，已知 3 个换热器的总传热系数，冷流体的初始温度和目标温度及其热容，3 股工业废热的起始温度及热容，具体数据见表 5-1。如何合理配置换热器，在保证冷流体最后出口温度的前提下，总的换热面积为最小？

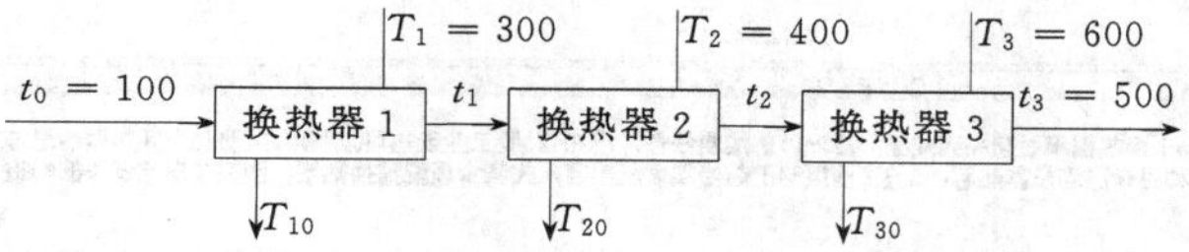


图 5-11 三级串联换热系统

首先需建立该三级串联换热系统的数学模型，由于不考虑压力变化，已知热容流率，故模型可简化为只考虑能量平衡及热量传递即可，共 3 个换热器，每个换热器均有 2 个方程，共有 6 个方程，其具体模型方程如下：

$$C_{PC}(t_1-t_0)=C_{PH1}(T_1-T_{10}) \tag{1}$$

$$C_{PH1}(T_1-T_{10})=KA_1\Delta t_{m1} \tag{2}$$

$$C_{PC}(t_2-t_1)=C_{PH2}(T_2-T_{20}) \tag{3}$$

$$C_{PH2}(T_2-T_{20})=KA_2\Delta t_{m2} \tag{4}$$

$$C_{PC}(t_3-t_2)=C_{PH1}(T_3-T_{30}) \tag{5}$$

$$C_{PH3}(T_3-T_{30})=KA_3\Delta t_{m3} \tag{6}$$

其中中间变量：

$$\Delta t_{m1}=\frac{T_1-t_1+T_{10}-t_0}{2} \tag{7}$$

$$\Delta t_{m2}=\frac{T_2-t_2+T_{20}-t_1}{2} \tag{8}$$

$$\Delta t_{m3}=\frac{T_3-t_3+T_{30}-t_2}{2} \tag{9}$$

目标函数为：

$$\min J=A_1+A_2+A_3 \tag{10}$$

**表 5-1 串联换热系统已知数据**

| 变量名称/单位 | 数 据 | 变量名称/单位 | 数 据 |
|---|---|---|---|
| 冷流体初始温度 $t_0$/℃ | 100 | 第一换热器热流温度 $T_1$/℃ | 300 |
| 冷流体目标温度 $t_3$/℃ | 500 | 第二换热器热流温度 $T_2$/℃ | 400 |
| 冷流体热容流率 $C_{PC}$/(kW/℃) | 100000 | 第三换热器热流温度 $T_3$/℃ | 600 |
| 第一换热器总 $K_1$/(kW/m² · ℃) | 120 | 第一换热器热流热容流率 $C_{PH1}$/(kW/℃) | 100000 |
| 第二换热器总 $K_2$/(kW/m² · ℃) | 80 | 第二换热器热流热容流率 $C_{PH2}$/(kW/℃) | 100000 |
| 第三换热器总 $K_3$/(kW/m² · ℃) | 40 | 第三换热器热流热容流率 $C_{PH3}$/(kW/℃) | 100000 |

式(1)～式(6) 构成了三级串联数学模型，未知变量为 $t_1$、$t_2$、$T_{10}$、$T_{20}$、$T_{30}$、$A_1$、$A_2$、$A_3$ 共 8 个（不计中间变量)，方程共有 6 个，系统自由度为 2，有无穷解。本问题的目的就是要在无穷解中，找到使式(10) 目标函数最小的解，这个解是唯一的。本问题作者采用 Excel 规划求解，当然也可以利用 Matlab 的优化求解。但利用 Excel 规划求解比较容易在界面上修改各种已知条件，Excel 求解该问题的界面见图 5-12，详细程序在电子课件第 5 章程序。

在图 5-12 中，先将各种已知数据代入对应的表格中，8 个未知变量的初值可以取 1，将式(1)～式(6) 的 6 个方程分成左右两边，分别输入 E18-J18，E19-J19。(注意模型方程中的变量名个表格中变量名的不同)。如 E18-E19 代表模型方程中的式(1)。设置 E18＝C12*(G15－C10)，E19＝C19*(C16－K15)。其他 5 个方程依次类推。设置目标函数单元格 F20＝D15＋E15＋F15，利用 Excel 的规划求解，求取目标单元格 F20 的最小值，注意需设置所有变量为非负，将 6 个方程作为约束条件，设定 E18：J18＝E19：J19。

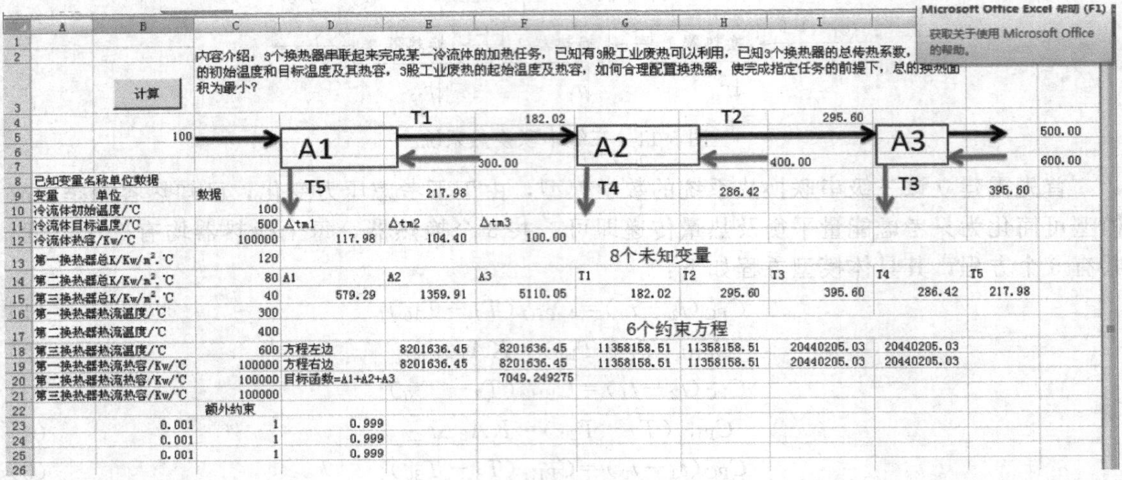


图 5-12　三级串联换热器优化求解-1

由图 5-12 可知，在保证冷流体出口温度达到 500℃的要求下，最小的换热器总面积为 $7049.25m^2$，三个换热器的面积分别为 579.31、1359.97、$5106.97m^2$，冷流的中间温度及热流的出口温度直接见图 5-12 上数据。由于作者已将其开发成宏计算，如果你改变已知条件，只需点击“计算”按钮，系统就会重新进行优化计算。如冷流体的热容流率变为 150000，你只需修改 C12 的数据，点击“计算”按钮，可得最小的总换热面积为 $18373.86m^2$，三个换热器的面积分别为 1915.79、3933.84、$12524.23m^2$；如果将目标温度改为 400℃，则可得最小的总换热面积为 $2979.19m^2$，三个换热器的面积分别为 321.09、704.05、$1954.05m^2$。

如果原问题转化为在已知总换热面积情况，如何配置换热器面积，使冷流体出口温度为最大？则换热过程模型方程仍为式(1)～式(6)，但需要增加一个强制约束方程：

$$A_1+A_2+A_3=\text{常数} \tag{11}$$

目标函数为：

$$\min J=t_3 \tag{12}$$

这样，原模型方程中的未知变量变为 9 个，约束方程共为 7 个，自由度仍为 2。如果加上式(12) 的最优化目标函数，系统就有唯一最优解。该问题的 excel 求解界面见图 5-13。其计算思路和求面积最小化完全一致，原模型的 6 个方程完全一致，增加一个面积约束，见

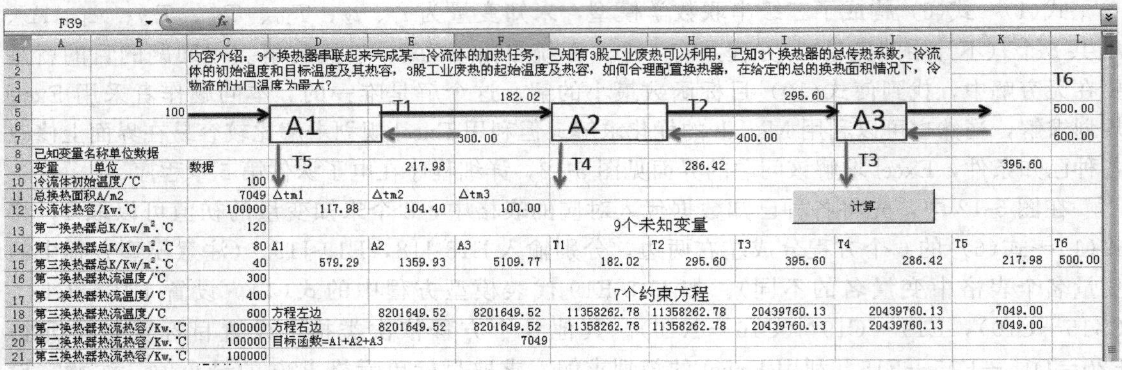


图 5-13　三级串联换热器优化求解-2

图 5-13 中的 K18、K19 单元格，设置 K18＝D15＋E15＋F15，K19＝C11，在 C11 中输入总传热面积为 7049，增加一个可变单元格。注意在最后一个换热器模型方程中，原来用 C11 的数据替换成 L15，将目标函数设置为 L15，规划求解后，得到和前面一致的数据，说明程序是正确的。然后，将总传热面积改变，你将发现冷流体的出口温度将发生改变。一个显而易见的结论是当总传热面积改变时，最优的冷流体出口温度显然会提高，但具体如何改变，可利用已录制的宏，通过编辑原来的宏，可以方便的获取总传热面积改变时，冷流体出口面积的改变。现将总传热面积从 5000m² 以 10％的增加速度，增加到 10000m²，共 11 个计算点。可通过下面的宏实现：

```
Sub Macro2()
For i=0 To 10
  Cells(11,3)=5000*(1+i*0.1)
  SolverSolve (True)  %已录制好的宏
  Cells(24+i,2)=Cells(11,3)
Cells(24+i,3)=Cells(15,12)
Next i
End Sub
```

计算结果如表 5-2：

**表 5-2　总传热面积与最佳出口温度关系**

| $A/m^2$ | 5000 | 5500 | 6000 | 6500 | 7000 | 7500 | 8000 | 8500 | 9000 | 9500 | 10000 |
|---|---|---|---|---|---|---|---|---|---|---|---|
| $t_3$/℃ | 464.6 | 475.1 | 484.3 | 492.3 | 499.3 | 505.6 | 511.2 | 516.2 | 520.7 | 524.9 | 528.6 |

绘制成图 5-14。

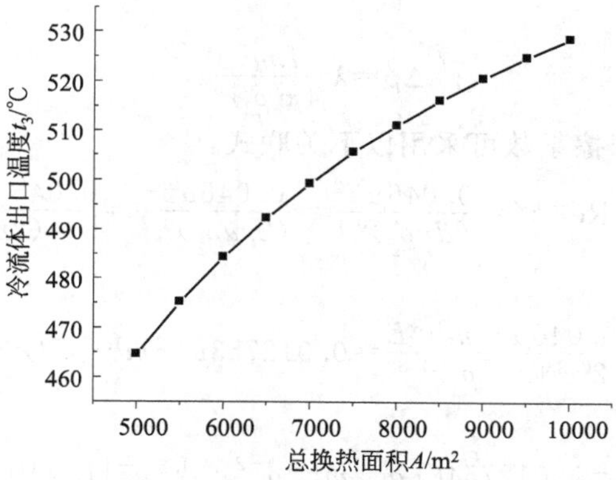


图 5-14　冷流体出口温度随总换热面积变化图

# 5.2　流体输送管径优化

### 5.2.1　问题的提出

流体输送是化工生产过程中最常见的物料输送方式，利用泵通过一定直径的管道，将物料从一个地方输送到另一个地方。在完成相同的输送任务时，人们可以选择管径大一点的，也可以选择管径小一点的。如果你已经学过流体力学的话，书中一般会提到适宜流速，如液体其适宜流速一般会在 10m/s 以下，而气体其适宜流速则可能高达几十米/秒。这些适宜的流速究竟是如何得到的呢？其实，可以通过输送流体管道的最优化计算，得到最适宜流体速度。要解决最适宜流体速度及最经济管径，就必须先建立流体输送的数学模型。流体在管道中输送，涉及两个主要成本，一个是管路的成本，另一个是为了克服管路阻力而消耗的泵的功率所需要的电力成本。在管径优化中，一般可将泵的一次性投资作为一个常数，故可以不参与目标函数的优化。因为每一个泵都有一定的工作裕量，可在一定范围内工作。

**5.2.2 优化模型的建立**

为完成一定任务的流体输送的管路成本 $J_1$（已含安装成本）：

$$J_1=C_1\pi(R^2-r^2)L\rho_1 \tag{1}$$

式中，$C_1$为单位质量管道材料的费用系数，一般可取 1.5～3 倍管道原材料价格，单位为元/kg，如为一般的碳钢管可取 $C_1=15$ 元/kg；$R$ 为管子的外径，单位为 m；$r$ 为管子的内径，单位为 m；$L$ 为管子长度，单位为 m；$\rho_1$为管材的密度，单位为 $kg/m^3$。

流体输送的电力成本 $J_2$：

$$J_2=\frac{C_2 m\Delta p\tau}{1000\rho_2\eta} \tag{2}$$

式中，$C_2$每 kW·h 电力的价格，目前可取 0.4～0.7 元/kW·h；$\eta$ 为泵的效率，一般为 75%～95%；$m$ 为输送流体的任务，kg/s；$\Delta p$ 为管路压降，$N/m^2$；$\tau$ 为年工作时间，$h$，一般为 7200～8000h；$\rho_2$为输送流体的密度，$kg/m^3$。

管路压降 $\Delta p$ 的计算公式为：

$$\Delta p=\rho_2\lambda\frac{L}{d}\frac{u^2}{2}=\rho_2\lambda\frac{L}{2r}\frac{u^2}{2}=\rho_2\lambda\frac{Lu^2}{4r} \tag{3}$$

而流速可由质量流量推出：

$$u=\frac{m}{\pi r^2\rho_2} \tag{4}$$

将式(3) 代入式(4) 可得：

$$\Delta p=\lambda\frac{Lm^2}{4\pi^2\rho_2 r^5} \tag{5}$$

$\lambda$ 为摩擦系数，对于湍流摩擦系数可采用以下关联式：

$$\lambda=0.046\,\mathrm{Re}^{-0.2}=\frac{0.046\mu^{0.2}}{(du\rho_2)^{0.2}}=\frac{0.046\mu^{0.2}}{(2ru\rho_2)^{0.2}}=\frac{0.046\,(\pi r\mu)^{0.2}}{(2m)^{0.2}} \tag{6}$$

将式(6) 代入式(5) 得：

$$\Delta p=\frac{0.046\mu^{0.2}m^{1.8}L}{2^{0.2}4\pi^{1.8}\rho_2 r^{4.8}}=0.012753\mu^{0.2}m^{1.8}\rho_2^{-1}r^{-4.8}L \tag{7}$$

将式(7) 代入式(2) 得：

$$J_2=0.012754C_2\mu^{0.2}m^{2.8}\rho_2^{-2}r^{-4.8}\eta^{-1}L\tau/1000 \tag{8}$$

读者必须注意，以上推导过程中，所有变量（除年工作时间 $\tau$ 外）必须统一使用国际单位制，否则会引起错误。将管路成本折算成年金和泵的年电力费用相加得到流体输送的年综合费用 $J$：

$$J=C_1\pi(R^2-r^2)L\rho_1\frac{i\,(1+i)^n}{(1+i)^n-1}+0.012753C_2\mu^{0.2}m^{2.8}\rho_2^{-2}r^{-4.8}\eta^{-1}L\tau/1000 \tag{9}$$

式 (8) 是管路输送的年总费用表达式，可以看到涉及许多变量，可以肯定的是最优管径和管路的长度无关，因为长度在管路一次性投资及年电力费用中均以 1 次项出现。同时必须注意的是，如果摩擦系数的计算公式改变，最终目标函数 $J$ 的计算公式也会相应改变，如果为了不失一般性，将摩擦系数表达成下式：

$$\lambda=a\,Re^{-b} \tag{10}$$

则最后总费用的表达式为：

$$J=C_1\pi(R^2-r^2)L\rho_1\frac{i(1+i)^n}{(1+i)^n-1}+0.25aC_2 2^{-b}\pi^{b-2}\mu^b m^{3-b}\rho_2^{-2}r^{b-5}\eta^{-1}L\tau/1000 \quad (11)$$

### 5.2.3 优化求解

通过前面优化模型的建立，原问题已转化为求式(11)的最小值问题。如果已知各种需要确定的参数，就可以在问题假设的前提下，计算出最佳的管径。当然，如果算出的最佳管径实际没有此规格的管子生产，那么必须将计算得到的管径进行修正，修正为实际具有规格的管子，一般可取计算所得管径上下两个对应规格的管子，并进行总费用比较，选取总费用小的管子规格作为实际选用的管子。本问题比较适合用 Excel 开发，因为有较多的变量和参数需要输入，通过表格输入比较方便，如果利用宏，还可以进行各种参数改变时最优管径变化趋势分析。图 5-15 是作者开发的计算界面。详细程序在电子课件第 5 章程序。

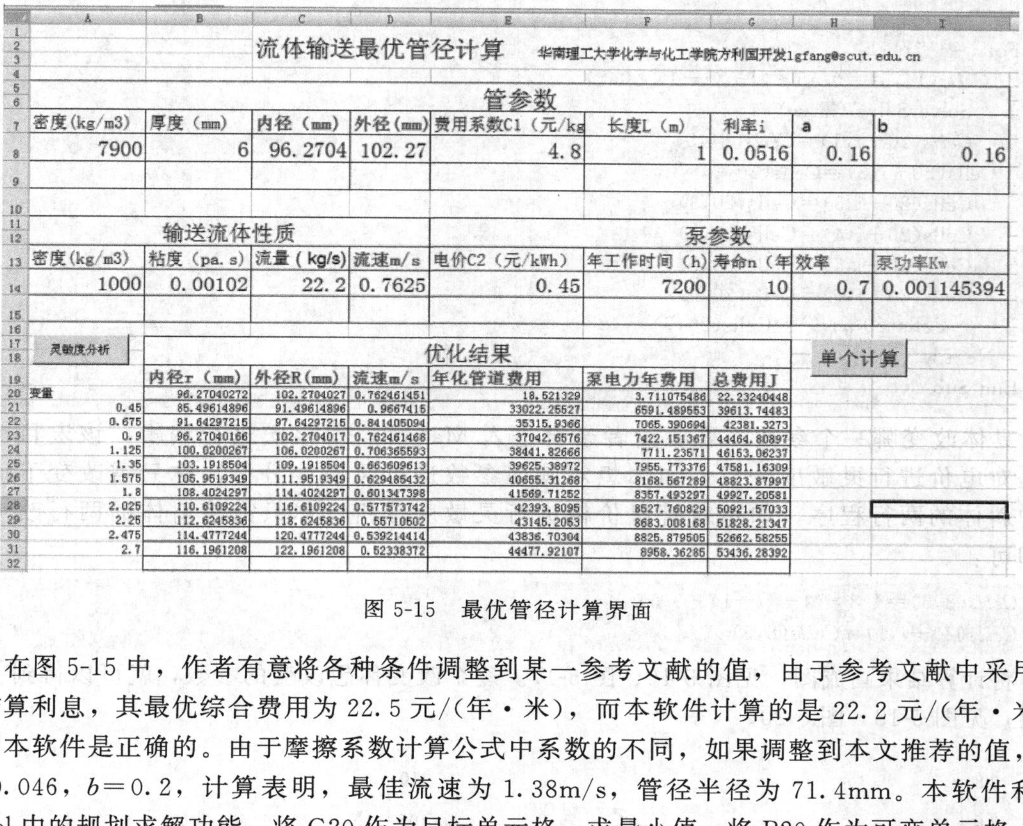

流体输送最优管径计算　华南理工大学化学与化工学院方利国开发lgfang@scut.edu.cn

管参数

| 密度(kg/m3) | 厚度（mm） | 内径（mm） | 外径(mm) | 费用系数C1（元/kg | 长度L（m） | 利率i | a | b |
|---|---|---|---|---|---|---|---|---|
| 7900 | 6 | 96.2704 | 102.27 | 4.8 | 1 | 0.0516 | 0.16 | 0.16 |

输送流体性质

| 密度(kg/m3) | 粘度（pa.s） | 流量（kg/s） | 流速m/s |
|---|---|---|---|
| 1000 | 0.00102 | 22.2 | 0.7625 |

泵参数

| 电价C2（元/kWh） | 年工作时间（h） | 寿命n（年 | 效率 | 泵功率Kw |
|---|---|---|---|---|
| 0.45 | 7200 | 10 | 0.7 | 0.001145394 |

灵敏度分析

单个计算

优化结果

| | 内径r（mm） | 外径R(mm) | 流速m/s | 年化管道费用 | 泵电力年费用 | 总费用J |
|---|---|---|---|---|---|---|
| 变量 | 96.27040272 | 102.2704027 | 0.762461451 | 18.521329 | 3.711075486 | 22.23240448 |
| 0.45 | 85.49614896 | 91.49614896 | 0.9667415 | 33022.25527 | 6591.489553 | 39613.74483 |
| 0.675 | 91.64297215 | 97.64297215 | 0.841405094 | 35315.9366 | 7065.390694 | 42381.3273 |
| 0.9 | 96.27040166 | 102.2704017 | 0.762461468 | 37042.6576 | 7422.151367 | 44464.80897 |
| 1.125 | 100.0200267 | 106.0200267 | 0.706365593 | 38441.82666 | 7711.23571 | 46153.06237 |
| 1.35 | 103.1918504 | 109.1918504 | 0.663609613 | 39625.38972 | 7955.773376 | 47581.16309 |
| 1.575 | 105.9519349 | 111.9519349 | 0.629485432 | 40655.31268 | 8168.567289 | 48823.87997 |
| 1.8 | 108.4024297 | 114.4024297 | 0.601347398 | 41569.71252 | 8357.493297 | 49927.20581 |
| 2.025 | 110.6109224 | 116.6109224 | 0.577573742 | 42393.8095 | 8527.760829 | 50921.57033 |
| 2.25 | 112.6245836 | 118.6245836 | 0.55710502 | 43145.2053 | 8683.008168 | 51828.21347 |
| 2.475 | 114.4777244 | 120.4777244 | 0.539214414 | 43836.70304 | 8825.879505 | 52662.58255 |
| 2.7 | 116.1961208 | 122.1961208 | 0.52338372 | 44477.92107 | 8958.36285 | 53436.28392 |

图 5-15　最优管径计算界面

在图 5-15 中，作者有意将各种条件调整到某一参考文献的值，由于参考文献中采用每月结算利息，其最优综合费用为 22.5 元/(年·米)，而本软件计算的是 22.2 元/(年·米)，表明本软件是正确的。由于摩擦系数计算公式中系数的不同，如果调整到本文推荐的值，即 $a=0.046$，$b=0.2$，计算表明，最佳流速为 1.38m/s，管径半径为 71.4mm。本软件利用 Excel 中的规划求解功能，将 G20 作为目标单元格，求最小值，将 B20 作为可变单元格，输入各种已知条件，其中管子的厚度必须预先给定，至于 C20～G20 单元格必须根据前面推导的公式，用对应单元格的数据来表达，如：

```
G20=E20+F20
E20=E8*3.1415926*(C20^2-B20^2)*A8*F8*G8*(1+G8)^G14/((1+G8)^G14-1)*10^(-6)
F20=I14*E14*F14
D20=C14/(A14*3.14159*(B20/1000)^2)
C20=B20+B8
I14=0.25*H8/2^I8*(3.1415926)^(I8-2)*B14^I8*C14^(3-I8)*A14^(-2)*(B20/1000)^(I8-5)/
H14*F8/1000
```

作者已将规划求解过程录制成宏，如果单个研究计算结果的只需输入参数，点击“单个计算”按钮即可，如需要计算流量为50kg/s时的最优流速及管径，只需在C14中输入50，点击“单个计算”按钮，得到如表5-3数据。

**表 5-3 流量为 50kg/s 优化计算结果**

| 内径 $r$/mm | 外径 $R$/mm | 流速/(m/s) | 年化管道费用 | 泵电力年费用 | 总费用 $J$ |
|---|---|---|---|---|---|
| 105.7276591 | 111.7276591 | 1.423781237 | 20.28581218 | 4.109601784 | 24.39541396 |

由表5-3的数据可知，流量增大，相应的最优管径增大，操作费用增加，流速也增加。如果要观察某一参数改变，最优解如何变化的趋势，建议采用图5-15中的“灵敏度分析”按钮。该宏的代码如下：

```
Sub Macro2()
For i=1 To 11
   Cells(14,5)=0.45*(1+(i-1)*0.5)
    SolverSolve (True)
    Cells(20+i,1)=Cells(14,5)
  Cells(20+i,2)=Cells(20,2)
    Cells(20+i,3)=Cells(20,3)
    Cells(20+i,4)=Cells(20,4)
    Cells(20+i,5)=Cells(20,5)
    Cells(20+i,6)=Cells(20,6)
      Cells(20+i,7)=Cells(20,7)
  Next i
End Sub
```

具体改变哪一个参数，需要读者亲自进入Macro2，对该宏进行编辑，该宏目前状态是对电价进行灵敏度分析，如你想对其他参数进行灵敏度分析，你只需改变下面程序中斜体的两行程序，如想对管材价格进行灵敏度分析，你只需将斜体的两行改成如下即可：

```
Cells(8,5)=4.8*(1+(i-1)*0.5)
Cells(20+i,1)=Cells(8,5)
```

将计算结果画成图，见图5-16、图5-17。逐个改变你想改变的参数，就可以得到一系列图，见图5-18～图5-20。

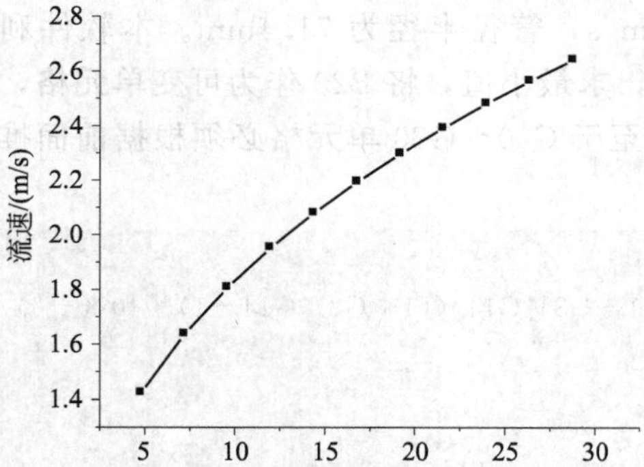


图 5-16 管材价格变化时最佳流速的变化

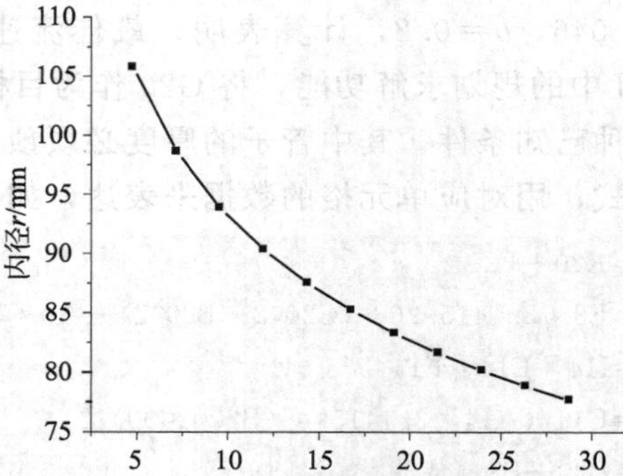


图 5-17 管材价格变化时最佳管内径的变化

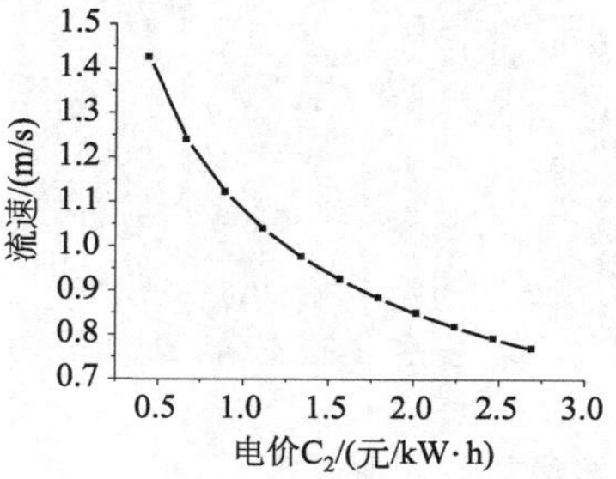


图 5-18　电价改变时最佳流速的变化

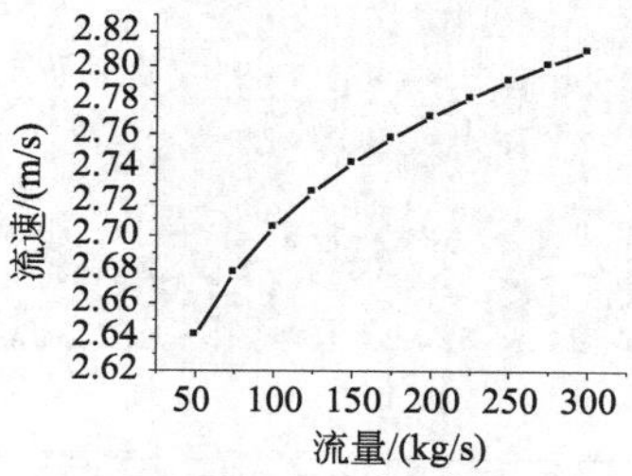


图 5-19　流量改变时最佳流速的变化

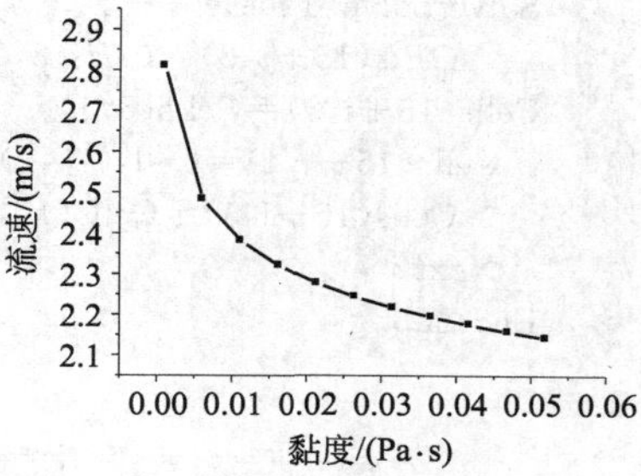


图 5-20　黏度改变时最佳流速的变化

由以上图可知，当管子的费用系数增加时，最佳的流速也增加，最优管径将减少；如果电价增加，则最佳流速减少，使泵的电力消耗减少，以便取得最小的总费用；如果流量增加，最佳的流速也增加，但增加很少。流量增加 500%时，最佳流速增加 8%还不到，表明流量对最佳流速不敏感；同样，由图 5-20 可知，黏度对最佳流速也不敏感。影响最佳流速的两个主要因素是电价和管子的材料价格。

通过前面的分析研究，你就可以明白输送流体的适宜流速为什么定在 10m/s 以下了。那么当输送气体是，适宜的流速是多少能，要解决这个问题，你必须确定所输送气体的黏度、密度、流量以及摩擦阻力方程，如以输送 20℃空气为例，取黏度为 0 .0001808Pa · s，密度为 1. 205kg/m$^3$，阻力计算公式采用层流计算，$a=64$，$b=1$，其他参数和图 5-15 中的一致，则最优的流速为 31. 05m/s。由此可见，你在流体力学学习时，书中介绍的适宜流速是可行的。但通过本课程的学习，你更加知道了为什么它是可行的，同时你自己也具备了计算最适宜流速的能力，希望你能用好本例子中的软件，解决流体力学中的一些实际例子。

## 5. 3　保温层优化

保温层优化问题的具体模型推导过程已在第 1 章中论述，在此不再重复。通过推导得到管道保温层总费用目标函数如下：

$$\min J=\frac{i\,(1+i)^n}{(1+i)^n-1}[P_{B2}\times\pi(r_3^2-r_2^2)\times L+P_{B1}\times\pi(r_2^2-r_1^2)\times L]+3.6\times10^{-6}P_H Q\tau$$

$$\text{s. t } r_2=r_1+\sigma_1 \quad r_3=r_2+\sigma_1$$

$$Q=\frac{2\pi(t_0-T)L}{\frac{1}{\lambda_1}\ln\frac{r_1}{r_2}+\frac{1}{\lambda_2}\ln\frac{r_2}{r_1}+\frac{1}{\lambda_3}\ln\frac{r_3}{r_2}+\frac{1}{\alpha r_3}}$$

将上述模型开发成 Excel 规划求解形式，见图 5-21，作者已将其制作成宏计算模式，详细程序见电子课件第 5 章程序。

读者只需点击“优化分析”按钮，计算机就会自动将某一参数改变，最优解的变化数据自动计算，目前默认的改变参数为热价，目前的宏为：

```
Sub Macro1()
For i=1 To 11
        Cells(8,2)=6 * (1+(i-1) * 0.5)
```

```
SolverSolve(True)
    Cells(15+i,2)=Cells(8,2)
Cells(15+i,3)=Cells(5,4)
  Cells(15+i,4)=Cells(14,4)
    Cells(15+i,5)=Cells(11,7)
  Next i
End Sub
```

| B | C | D | E | F | G | H | I | J | K |
|---|---|---|---|---|---|---|---|---|---|
| 管道保温层计算机辅助优化设计 | | | | | 华南理工大学化学与化工学院方利国开发 | | | | |
| lgfang@scut.edu.cn | | | | | | | | | |
| 管内半径 r0, m | 管外半径r1, m | 第一保温层厚度σ1, m | 第二保温层厚度, σ2, m | | 管内壁温度t0, K | 管内壁温度t1, K | t2, K | t3, K | 环境温度T, K |
| 0.13 | 0.15 | 0.149039455 | 0 | | 762 | 761.8382 | 316 | 316 | 303 |
| 热价, PH, 元/$10^6$千焦 | 年工作时间τ小时 | 价格PB1 元/m^3 | 价格PB2 元/m^3 | | | 说明：第一保温层采用保温棉，第二层为保护第一层所用，第二层厚度要小于第一层，在优化计算时，第二保温层厚度大部分情况均为0，这时可认为输入保护层厚度，如0.5mm，进行总费用计算。 | | | |
| 36 | 7200 | 4000 | 150000 | | | | | | |
| 对流传热系数, α, w/m2·k | 导热系数λ1, w/m·k | 导热系数λ2 w/m·k | 导热系数λ3 w/m·k | | 目标函数J | | | | |
| 11.6 | 40 | 0.07 | 0.09 | | 401.84652 | | | | |
| r2, m | r3, m | 热损失, Q, W | 资金年利率, i | 寿命, 年 | 折线系数 | 优化分析 | | | |
| 0.299039455 | 0.299039455 | 284.0440067 | 0.1 | 10 | 0.1627454 | | | | |

图 5-21　管道保温层优化求解

在目前宏情况下，计算结果见图 5-22。如将保温层的价格进行变动，只需改变上述宏中斜写的两行程序，将其改为：

```
Cells(8,4)=4000*(1+(i -1)*0.5)
Cells(15+i,2)=Cells(8,4)
```

即可。计算结果见图 5-23。

| 变量 | 保温层厚度, mm | 热损失, Q, W/m | 总费用, 元/年.米 |
|---|---|---|---|
| 6 | 0.067122164 | 507.1436643 | 129.2413249 |
| 9 | 0.081040386 | 440.2460819 | 165.8211683 |
| 12 | 0.092342371 | 399.6622765 | 198.3676925 |
| 15 | 0.102016856 | 371.5573535 | 228.2944098 |
| 18 | 0.110560944 | 350.5426832 | 256.3341835 |
| 21 | 0.118264321 | 334.021297 | 282.926521 |
| 24 | 0.12531285 | 320.5639998 | 308.3602383 |
| 27 | 0.131834058 | 309.3093107 | 332.8375169 |
| 30 | 0.137919237 | 299.7031936 | 356.5066285 |
| 33 | 0.143636934 | 291.369635 | 379.480261 |
| 36 | 0.149039455 | 284.0440067 | 401.8465156 |

图 5-22　热价改变时最佳参数的变化

| 变量, PB1 | 保温层厚度, mm | 热损失, Q, W/m | 总费用, 元/年.米 |
|---|---|---|---|
| 4000 | 0.067122164 | 507.1436643 | 129.2413249 |
| 6000 | 0.05526881 | 587.6980151 | 151.6029966 |
| 8000 | 0.047956489 | 654.8072133 | 170.0538813 |
| 10000 | 0.042846978 | 713.4856939 | 186.0299929 |
| 12000 | 0.039006527 | 766.2664836 | 200.2593236 |
| 14000 | 0.035977987 | 814.630361 | 213.1709934 |
| 16000 | 0.033507997 | 859.5102537 | 225.0430184 |
| 18000 | 0.031441736 | 901.5593127 | 236.0676681 |
| 20000 | 0.029678711 | 941.2516649 | 246.3844451 |
| 22000 | 0.028150481 | 978.9426179 | 256.0983612 |
| 24000 | 0.026808596 | 1014.9058 | 265.2908042 |

图 5-23　保温层价格改变时最佳流速的变化

由图 5-22 可知，当热价增加时，最优保温层的厚度增加，热损失减少，但总费用还是增加；由图 5-23 可知，当保温层价格增加时，最优保温层的厚度减少，热损失增加，保温材料费用减少，但总费用还是增加。读者还可以对其他参数的灵敏度进行分析。有了这个管道保温层优化分析工具，可以将你的主要精力放在寻找各种保温层及其参数，同时可以针对不同的能源价格，及时优化保温层厚度，对于那些重复的能量衡算、优化计算可以放心交给电脑来完成，大大激发了你对问题的探究兴趣，提高了解决问题的效率。

## 5.4 多效蒸发优化

### 5.4.1 问题的提出

在生产中，常常应用多效蒸发来降低能耗。所谓多效蒸发，即通过蒸发过程二次蒸汽的再利用，减少生蒸汽的消耗量，从而提高蒸发装置的经济性。在多效蒸发中，随着效数的增加，单位生产能力的蒸汽消耗量减少，操作费用降低；但另一方面，随着效数的增加，单位生产能力的装置投资费用也会增大。

一般情况下，以经济分析法确定最佳效数，单位生产能力的总费用为最低时的效数即为最佳效数。

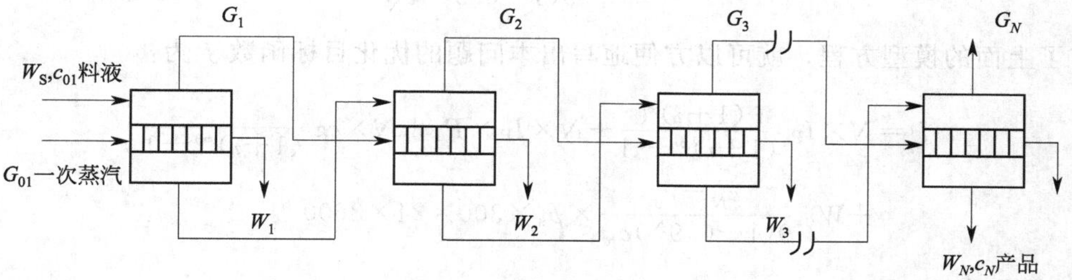


图 5-24 多效蒸发工艺流程示意图

某化工厂拟用并流多效蒸发系统浓缩某盐溶液，其工艺流程见图 5-24。盐溶液的处理量为 0.3kg /s，沸点进料，盐溶液的初始浓度为 4%（质量百分浓度），最终浓度要求达到 32%，已知以下参数：

① 每效蒸发器初始投资 $I_P$ 为 10 万元（已包含辅助管道和阀门等费用）；

② 设备寿命 $sm$ 为 12 年，每年操作时间 300 天，设备报废时每效需 5000 元拆除费（已扣除可回收金属收益）；

③ 设备每年的维修费用占初始投资的比例 $P_1$ 为 2%；

④ 设备初始投资为银行贷款，年利率 $i$ 为 5.6%，设备折旧按银行贷款利率动态折旧；

⑤ 由于热损失等原因，每效蒸发器中，每公斤蒸汽可蒸发 0.9kg 的水，一次蒸汽的价格 $p_s$ 为 0.18 元/kg。

请问根据以上条件，该浓缩系统为多少效时，系统每年的总费用最低，选择一个已知参数（如银行贷款利率、一次蒸汽价格、每效蒸发器投资），分析该参数改变时最佳效数及对应一次蒸汽耗量的变化并作图。

### 5.4.2 优化模型的建立

首先根据已知条件，建立多效蒸发的数学模型，以便为经济优化模型提供计算基础。假设目前的总效数为 $N$，则由二次蒸汽产量的总量可知总蒸发的水分总量 $DW$ 为：

$$\begin{aligned} DW &= G_1 + G_2 + G_3 + \cdots + G_N \\ &= 0.9G_0 + 0.9^2 G_0 + \cdots + 0.9^N G_0 \\ &= 9(1-0.9^N)G_0 \end{aligned} \tag{1}$$

同时，由蒸发溶液量的减少可知总蒸发的水分总量 $DW$ 为：

$$DW = W_0 - W_N \tag{2}$$

由蒸发前后溶质不变可知：

$$W_0 c_0 = W_N c_N \tag{3}$$

由式(3) 可知蒸发终了的溶液量 $W_N$ 为：

$$W_N = W_0 c_0 / c_N \tag{4}$$

综合式(1)～式(4)，可知一次蒸汽的量 $G_0$：

$$G_0 = W_0 \frac{c_N - c_0}{9(1-0.9^N)c_N} \tag{5}$$

有了上面的模型方程，就可以方便地写出本问题的优化目标函数 $J$ 为：

$$J = N \times I_{\mathrm{P}} \frac{i(1+i)^{sm}}{(1+i)^{sm}-1} + N \times I_{\mathrm{P}} \times P_1 + N \times cz \frac{i}{(1+i)^{sm}-1}$$
$$+ W_0 \frac{c_N - c_0}{9(1-0.9^N)c_N} \times p_{\mathrm{s}} \times 300 \times 24 \times 3600 \tag{6}$$

**5.4.3　优化分析**

通过优化模型的建立，原问题已转化成求式(6) 的最小值问题，观察式(6) 可知，目标函数已表达成只有一个未知数 N 的无约束单变量优化问题，对于式(6) 的优化有许多方法，但考虑到为了方便地修改各种已知参数后最优解的变化情况，作者还是倾向于用 Excel 表格进行二次开发，图 5-25 是作者在 Excel 开发的本问题优化计算界面，具体程序在电子课件第 5 章程序，目前设定的是对每效投资的灵敏度分析。读者可以方便地在表格上修改各种已知参数，或通过编辑宏，对其他参数进行灵敏度分析。利用本软件，分别对每效投资、蒸汽价格、资金年利率、处理量进行灵敏度分析，结果如图 5-26。

| | A | B | C | D | E | F | G |
|---|---|---|---|---|---|---|---|
| 1 | 多效蒸发优化华南理工大学化学与化工学院方利国开发 lgfang@scut.edu.cn | | | | | | |
| 2 | 效数 | 每效投资/元 | 设备寿命/年 | 资金利率 | 残值/元 | 维修费用比例 | 名义设备年总费用 |
| 3 | 6 | 100000 | 12 | 0.056 | -5000 | 0.02 | 140184.9169 |
| 4 | | 处理量/Kg/s | 初始浓度/% | 最后浓度/% | 蒸发效率 | 蒸汽价格/元/Kg | 蒸发量1/Kg/s |
| 5 | | 0.3 | 4 | 32 | 0.9 | 0.18 | 0.2625 |
| 6 | 一次蒸汽G | 蒸发量2/Kg/s | 蒸汽年费用/元 | 总费用 | | 优化分析 | |
| 7 | 0.062247586 | 0.2625 | 290422.3374 | 430607.2544 | | | |

图 5-25　多效蒸发优化计算

由图 5-26 可知，当每效投资增加时，最佳效数减少，但在一定的投资范围内，最佳效数不变；当蒸汽价格增加时，最佳效数增加，但呈阶梯增加；当资金年利率增加时，最佳效数呈阶梯减少，但在相当大的范围内，资金年率改变时，最佳效数不变。最佳效数是综合考虑了各种参数对目标函数的影响得出的结论。如当能源危机时，如果能源大幅度提价，即蒸汽价格大幅提高，则最佳效数就可能提高，有资料介绍，某多效蒸发过程的效数多达 50 多个。如果把问题的原始数据进行修改，将处理量增加，资金利率下降，蒸汽价格上升，是有可能出现多达几十效的最佳效数的。

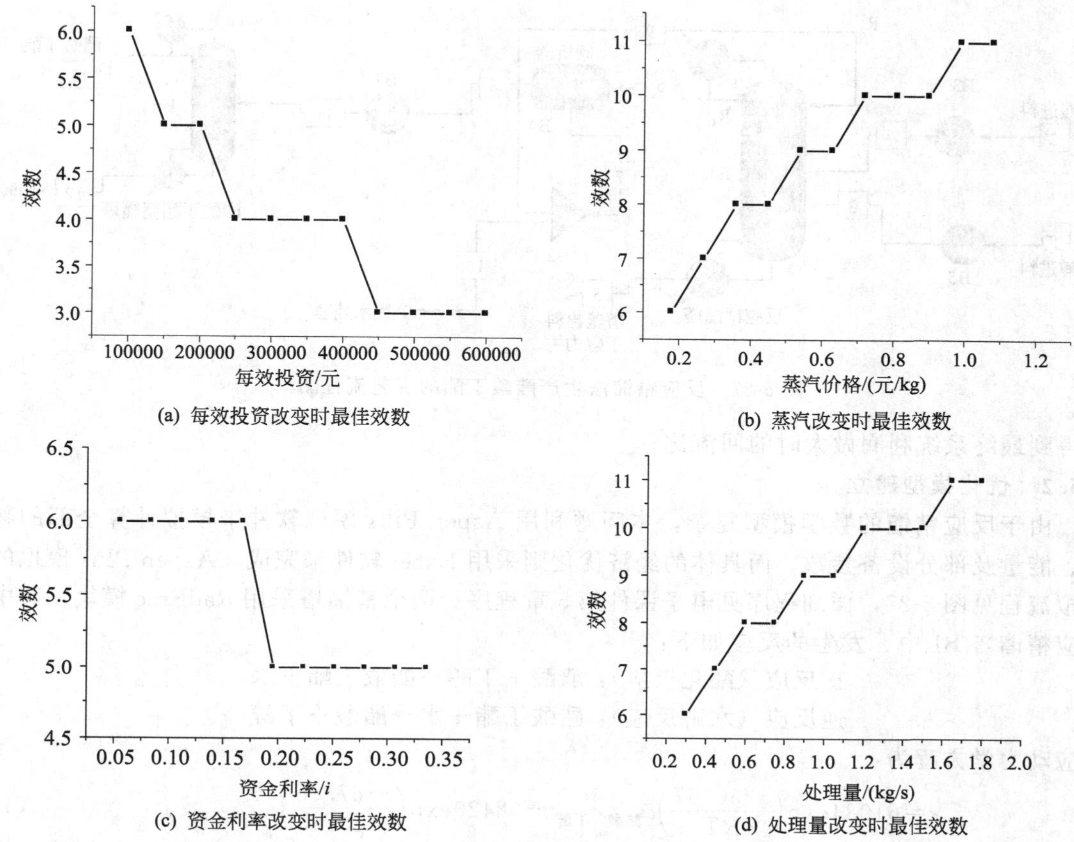


图 5-26 四种参数改变时最佳效数的变化趋势

## 5.5 反应精馏塔双回流比优化

### 5.5.1 问题的提出

为了提高单产反应转化率，目前醋酸丁酯的合成工艺已有采用反应精馏法。其工艺有一特点，就是反应精馏塔塔顶有两路回流液返回，而且其回流液组成并不相同。反应精馏制醋酸丁酯的工艺流程如图 5-27 所示，醋酸和丁醇进入反应精馏塔，在塔中反应生成水和醋酸丁酯。此过程将反应器和精馏塔耦合起来，在精馏塔内完成反应和物料分离，由于精馏操作中的回流作用，一般反应转化率较高。反应剩余的丁醇从塔釜流出，返回进料；同时反应剩余的醋酸、生成的醋酸丁酯与水形成共沸物从塔顶蒸出，此处反应精馏塔的操作有回流比 $R_1$。塔顶馏出液经倾析器分相，上层液体为油相，下层液体为水相（含有醋酸）。酯相进入醋酸丁酯精馏塔提纯，塔顶产品为醋酸丁酯，釜液为醋酸和丁醇的混合物，可作为原料返回。水相由分割器分割，一部分作为废水处理（用碳酸钠），另一部分回流至反应精馏塔，此处分割器的操作有回流比 $R_2$。必须注意 $R_2$ 和流股分割器 B2 的分割比定义不同，$R_2$ 等于流股 9 的流量比上流股 10 的流量，而流股 9 的分割比 S9 是流股 9 的流量比上流股 7 的流量，即 $S9=1/(1+1/R_2)$。

本优化问题在进料不变，产品纯度不变的前提下，分析 $R_1$ 和 $R_2$ 的改变，对反应转化率和塔顶出料量的影响，进一步分析系统的产能、设备造价、操作费用和废水处理费用，从

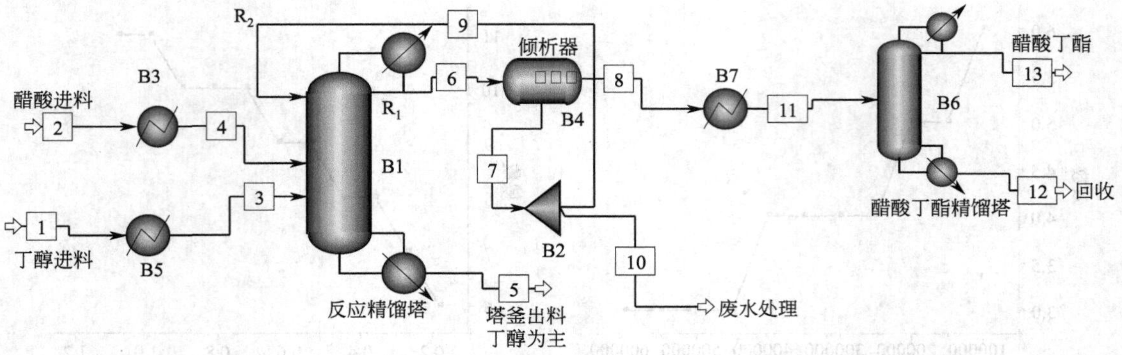


图 5-27　反应精馏法生产醋酸丁酯的工艺流程图

而得到最终系统利润做大时的回流比。

### 5.5.2　优化模型建立

由于反应精馏的数学模型复杂，本问题利用 Aspen Plus 模拟软件来模拟计算全部的物料、能量及部分设备参数，而具体的经济优化则采用 Excel 软件来完成。Aspen Plus 模拟的模拟流程见图 5-27，详细程序见电子课件第 5 章程序。两个精馏塔采用 RadFrac 模块，其中反应精馏塔 B1 中，发生的反应如下：

正反应（酯化反应）：醋酸＋丁醇→醋酸丁酯＋水

逆反应（水解反应）：醋酸丁酯＋水→醋酸＋丁醇

反应动力学方程为：

$$r=61084\exp\left(\frac{-56.67}{RT}\right)c_{醋酸}c_{丁醇}-98420\exp\left(\frac{-67.66}{\mathrm{RT}}\right)c_{醋酸丁酯}c_{水} \tag{1}$$

反应模式选 Kinetic，反应在第 12～22 理论塔板上，反应精馏塔共 23 块理论塔板，除传统的回流液外，还有 3 股进料，其中 $R_2$ 的回流液引入第 2 块理论塔板，原料醋酸进入第 12 块理论塔板，原料丁醇进入第 22 块理论塔板。醋酸丁酯精馏塔 B6 共 29 块理论塔板，进料板为第 18 块理论板，塔顶通过设计规定醋酸丁酯质量纯度为 99%，选可变量为该塔的回流比，另外指定该塔的摩尔精馏比为 0.78。给定醋酸和丁醇进料均为 100kmol/h。物性方法选用 NRTL。其他更详细的参数请参见具体程序。

至于利用 Excel 软件进行经济优化计算，首先需要将 Aspen Plus 每次计算所得的数据通过数据链接方法，复制到 Excel 对应表格，注意 Aspen Plus 每计算一次，Excel 对应表格上的数据也就更新一次，需要及时将该组数据通过“数值”复制到其他对应表格，否则下次 Aspen Plus 计算时，原数据将被新数据替换。Excel 软件经济优化计算的界面见图 5-28。

目前的 Excel 和 Aspen 版本已经能相互兼容了。无论是 Excel 或 Aspen Plus 的数据，只要先将要建立链接的数据如常规操作先“复制”后，再在需要建立数据链接的地方选择“选择性粘贴”，再选择“粘贴链接”就基本可以了，Excel 界面下的操作如图 5-29 所示，同样 Aspen Plus 下的操作也类似。但在 Aspen Plus 下是英文版本，需选择“Paste Special”，见图 5-30。但要注意的是，建立了数据链接后，Aspen Plus 必须保存为 apw 或 bkp 格式，否则链接将在关闭文件时删除；另外，重新打开有链接的 Excel 后，Excel 不会自动更新输入数据，需要在 Excel 选项中选择“更新指向其他文档的链接”（如图 5-31），这样 Excel 才会把新的模拟数据导入。重新打开文件时，应先打开 Excel 文档，再打开 Aspen 文档，因为 Aspen Plus 打开时会更新链接，如果此时 Excel 文档未打开，Aspen Plus 会将链接断开。

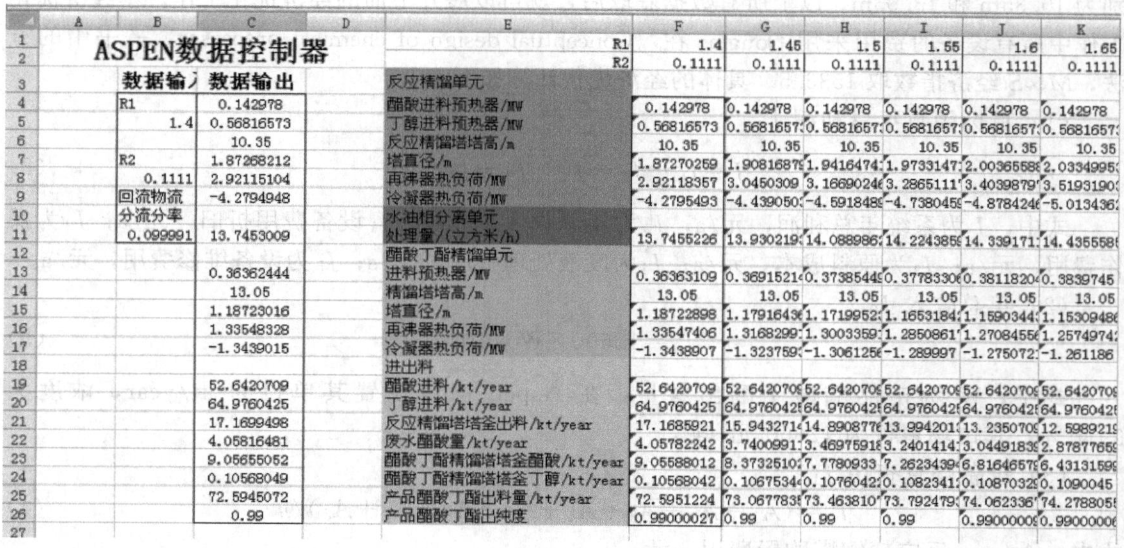

| 行 | B | C | E | F | G | H | I | J | K |
|---|---|---|---|---|---|---|---|---|---|
| 1 | ASPEN数据控制器 | | R1 | 1.4 | 1.45 | 1.5 | 1.55 | 1.6 | 1.65 |
| 2 | | | R2 | 0.1111 | 0.1111 | 0.1111 | 0.1111 | 0.1111 | 0.1111 |
| 3 | 数据输入 | 数据输出 | 反应精馏单元 | | | | | | |
| 4 | R1 | 0.142978 | 醋酸进料预热器/MW | 0.142978 | 0.142978 | 0.142978 | 0.142978 | 0.142978 | 0.142978 |
| 5 | 1.4 | 0.56816573 | 丁醇进料预热器/MW | 0.56816573 | 0.5681657 | 0.5681657 | 0.5681657 | 0.5681657 | 0.5681657 |
| 6 | | 10.35 | 反应精馏塔塔高/m | 10.35 | 10.35 | 10.35 | 10.35 | 10.35 | 10.35 |
| 7 | R2 | 1.87268212 | 塔直径/m | 1.87270259 | 1.9081687 | 1.9416474 | 1.9733147 | 2.0036558 | 2.0334995 |
| 8 | 0.1111 | 2.92115104 | 再沸器热负荷/MW | 2.92118357 | 3.0450309 | 3.1669024 | 3.2865111 | 3.4039879 | 3.5193190 |
| 9 | 回流物流 | -4.2794948 | 冷凝器热负荷/MW | -4.2795493 | -4.439050 | -4.591848 | -4.738045 | -4.878424 | -5.013436 |
| 10 | 分流分率 | | 水油相分离单元 | | | | | | |
| 11 | 0.099991 | 13.7453009 | 处理量/(立方米/h) | 13.7455226 | 13.930219 | 14.088986 | 14.224385 | 14.339171 | 14.435558 |
| 12 | | | 醋酸丁酯精馏单元 | | | | | | |
| 13 | | 0.36362444 | 进料预热器/MW | 0.36363109 | 0.3691521 | 0.3738544 | 0.3778330 | 0.3811820 | 0.3839745 |
| 14 | | 13.05 | 精馏塔塔高/m | 13.05 | 13.05 | 13.05 | 13.05 | 13.05 | 13.05 |
| 15 | | 1.18723016 | 塔直径/m | 1.18722898 | 1.1791643 | 1.1719952 | 1.1653184 | 1.1590344 | 1.1530948 |
| 16 | | 1.33548328 | 再沸器热负荷/MW | 1.33547406 | 1.3168299 | 1.3003359 | 1.2850861 | 1.2708455 | 1.2574974 |
| 17 | | -1.3439015 | 冷凝器热负荷/MW | -1.3438907 | -1.323759 | -1.306125 | -1.289997 | -1.275072 | -1.261186 |
| 18 | | | 进出料 | | | | | | |
| 19 | | 52.6420709 | 醋酸进料/kt/year | 52.6420709 | 52.642070 | 52.642070 | 52.642070 | 52.642070 | 52.642070 |
| 20 | | 64.9760425 | 丁醇进料/kt/year | 64.9760425 | 64.976042 | 64.976042 | 64.976042 | 64.976042 | 64.976042 |
| 21 | | 17.1699498 | 反应精馏塔塔釜出料/kt/year | 17.1685921 | 15.943271 | 14.890877 | 13.994201 | 13.235070 | 12.598921 |
| 22 | | 4.05816481 | 废水醋酸量/kt/year | 4.05782242 | 3.7400991 | 3.4697591 | 3.2401414 | 3.0449183 | 2.8787765 |
| 23 | | 9.05655052 | 醋酸丁酯精馏塔塔釜醋酸/kt/year | 9.05588012 | 8.3732510 | 7.7780933 | 7.2623439 | 6.8164657 | 6.4313159 |
| 24 | | 0.10568049 | 醋酸丁酯精馏塔塔釜丁醇/kt/year | 0.10568042 | 0.1067534 | 0.1076042 | 0.1082341 | 0.1087032 | 0.1090045 |
| 25 | | 72.5945072 | 产品醋酸丁酯出料量/kt/year | 72.5951224 | 73.067783 | 73.463810 | 73.792479 | 74.062336 | 74.278805 |
| 26 | | 0.99 | 产品醋酸丁酯出纯度 | 0.99000027 | 0.99 | 0.99 | 0.99 | 0.9900000 | 0.9900000 |

图 5-28 反应精馏塔双回流比 Excel 经济优化计算界面

建议读者使用时，重新建立链接，否则你必须在 C 盘建立和作者相同环境下操作的文件夹 C:\Users\gump\Desktop，将电子课件第 5 章程序中的“化工分析与合成大作业”整个文件夹复制到上述目录下。

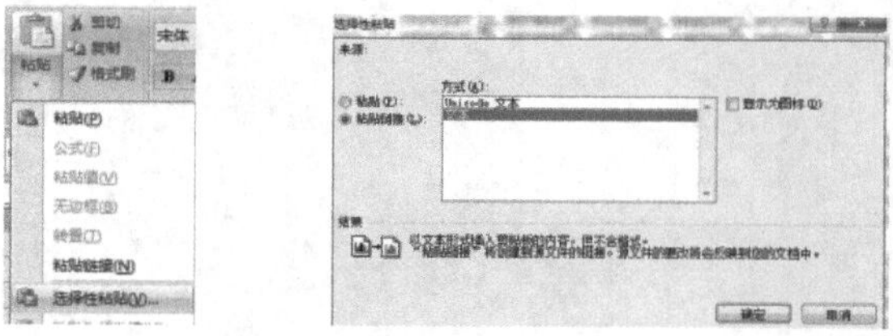

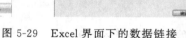

图 5-29 Excel 界面下的数据链接

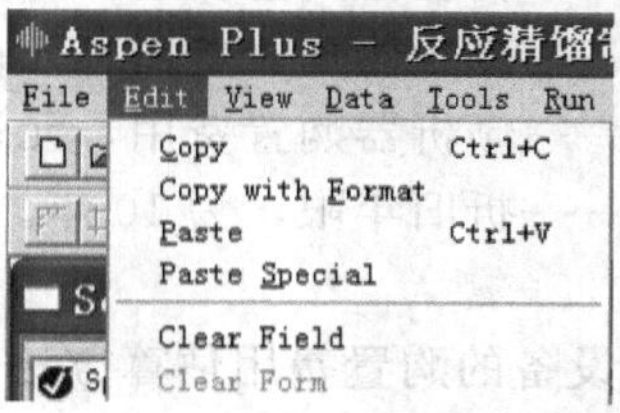


图 5-30 Aspen Plus 界面下的数据链接

注意由于本模拟过程设置了设计规定，返回物料多，又有反应过程，模拟时对系统初值的要求较高，如果初值不理想，即使原来已可以收敛的过程，在下一次计算时可能不收敛，但系统仍然通过计算，有时甚至是正确的，但有时有个别数据不对，这时可尝试将系统的初值恢复到原来的状态，见图 5-31，点击该图中的 Reinitialize，有可能使系统收敛。

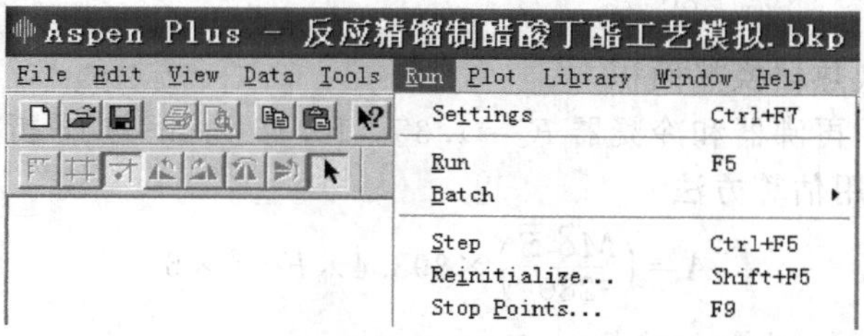


图 5-31 Aspen Plus 运算状态初始化

有了上面的工作，经济优化中所需要的各种参数已基本上可以直接在 Excel 表格上获取，同时对于塔高，由于本优化问题中，塔板数固定，所以塔高数据直接人工输入，两塔的塔高分别为 10.35m 和 13.05m。以上所有数据获取后，就可以展开下面的经济优化工作。本经济优化工作中所有设备的费用采用 Douglas 在《Conceptual design of chemical processes》一书中的方法，$M\&S$ 经济指数取 1536.5。具体的经济优化计算如下。

(1) 目标函数年总利润 $J$：

$$J=J_0-J_1-J_2-J_3-J_4-J_5 \tag{2}$$

式中，$J$ 为系统年总利润，元/a；$J_0$为年总收入，元/a；$J_1$设备费用折旧，元/a；$J_2$为操作费用，元/a；$J_3$为原料成本，元/a；$J_4$为废液处理费用，元/a；$J_5$为设备维修费用，元/a。

(2) 年总收入 $J_0$

$$J_0=12600\times W\times 1000 \tag{3}$$

式中，$W$ 为产品醋酸丁酯出料量，在 Aspen Plus 设置其单位为 kt/year，浓度为 99wt%，其市场售价为 12600 元/吨。

(3) 设备购置费用 $J_1$

$$J_1=(A_1+A_2+A_3+A_4+A_5+A_6+A_7+A_8)/n \tag{4}$$

式中 $A_1$——反应精馏塔购置费用，元；

$A_2$——精制精馏塔购置费用，元；

$A_3$——醋酸进料预热器购置费用，元；

$A_4$——丁醇进料预热器购置费用，元；

$A_5$——进料换热器购置费用，元；

$A_6$——再沸器购置费用，元；

$A_7$——冷凝器购置费用，元；

$A_8$——倾析器购置费用，元；

$n$——折旧年限，为 10 年。

其中，

① 塔设备的购置费用估算方法

$$A=\left(\frac{M\&S}{280}\right)101.3\times(D\times 3.28)^{1.066}(H\times 3.28)^{0.82}\times 1.05\times 6 \tag{5}$$

式中，$D$ 为反应精馏塔直径，m；$H$ 为反应精馏塔塔高，m。系数 6 是美元和人民币折算系数，3.28 是 ft 和 m 的折算系数，下同。

② 换热器的购置费用估算方法

$$A=\left(\frac{M\&S}{280}\right)(101.3\times(S\times 10.76)^{0.65}\times F_c\times 6 \tag{6}$$

式中，$S$ 为各种换热器换热面积，

预热器 $F_c=0.8$，再沸器和冷凝器 $F_c=1.35$。10.76 为 $m^2$ 与 $ft^2$ 折算系数。

③ 倾析器购置费用估算方法

$$A=\left(\frac{M\&S}{280}\right)\times 393.4\times F^{0.82}\times 6 \tag{7}$$

式中，$F$ 为倾析器处理量，$m^3/h$。

(4) 操作费用 $J_2$

该项费用主要由流程中的预热器、再沸器和冷凝器的操作产生，假设项目每年运行 8000 小时，各费用价格见表 5-4。

表 5-4　能源费用系数

| 费用项目 | 价格/(元/kJ) |
| --- | --- |
| 预热器、再沸器操作 | $8\times10^{-5}$ |
| 冷凝器操作 | $0.1\times10^{-5}$ |

表 5-5　原料成本

| 原料项目 | 价格/(元/吨) |
| --- | --- |
| 醋酸 | 2900 |
| 正丁醇 | 10700 |

$$J_2=C_1\times10^6\times8000\times3600\times10^{-3}\times8\times10^{-5}-C_2\times10^6\times8000\times3600\times10^{-3}\times0.1\times10^{-5} \tag{8}$$

式中，$C_1$为预热器和再沸器的热负荷，MW；$C_2$为冷凝器热负荷，MW，注意$C_2$的数值在Excel表格中是负数，故在成本核算中用减号。同时，Aspen Plus设置预热器、再沸器及冷凝器热负荷单位必须为MW。

(5) 原料成本 $J_3$

醋酸与正丁醇的售价见表 5-5。

$$J_3=2900M_1\times1000+10700M_2\times1000 \tag{9}$$

式中，$M_1$为醋酸消耗量，千吨/年；$M_2$为丁醇消耗量，千吨/年。

(6) 废液处理费用 $J_4$

$Na_2CO_3$市场价格为1000元/吨，所以

$$J_4=1000M_3\times1000\times106/120 \tag{10}$$

式中，$M_3$为废水中醋酸含量，千吨/年。

(7) 设备维修费用 $J_5$

取设备总投资的10%，则：

$$J_5=0.1J_1 \tag{11}$$

### 5.5.3　结果分析

分别改变$R_1$和$R_2$的值，运行Aspen Plus程序，Aspen Plus会自动将模拟结果输出到Excel表格中。每模拟计算一次，及时转移数据，通过多次计算，利用Excel批量计算$R_1$或$R_2$改变时系统的总利润及反应精馏塔中的反应转化率，得图 5-32～图 5-35。

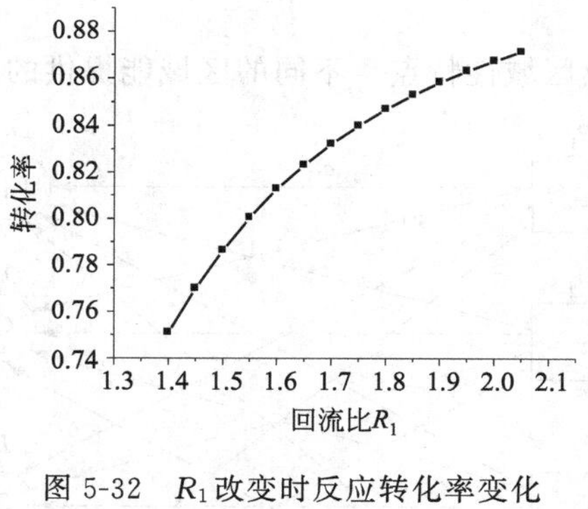


图 5-32　$R_1$改变时反应转化率变化

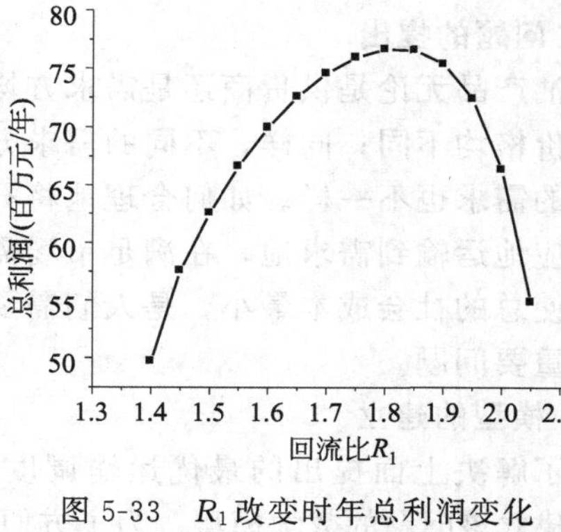


图 5-33　$R_1$改变时年总利润变化

由图 5-32 可知，当$R_2$固定，随着$R_1$的增大，转化率增大。这是显然的，虽然回流比的增大并没有改变催化剂的催化性能，反应的单程转化率不发生变化，但回流作用却能使得原料被充分利用，流程的转化率自然升高。转化率的升高自然使得醋酸丁酯的产量提高，也减少处理醋酸废水的费用，但回流量的增大必然导致操作费用的升高。如图 5-33 所示，随着$R_1$的升高，总利润并没有一味的升高，而是到达最大值后就下降了。$R_1$最优值出现在1.83附近。

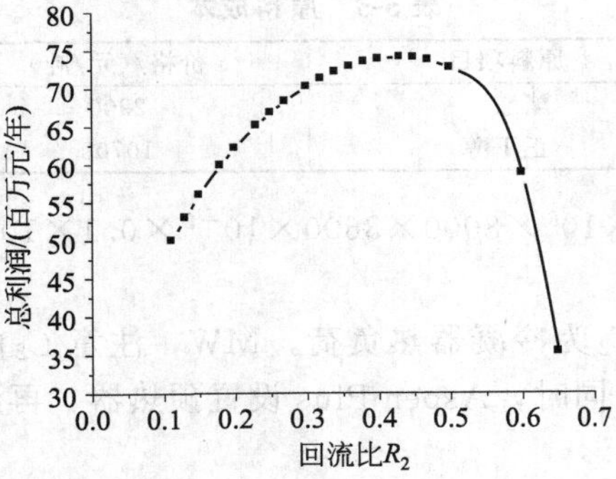


图 5-34　$R_2$改变时年总利润变化

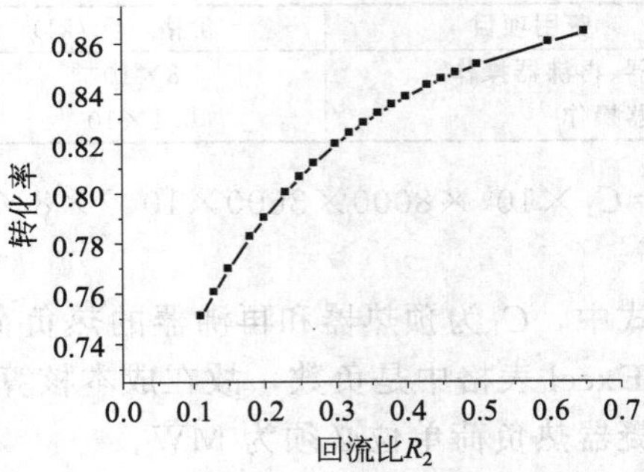


图 5-35　$R_2$改变时反应转化率变化

当$R_1$固定等于 1.41 的情况下，改变$R_2$的值，范围为 0.111～0.65。$R_2$与总利润关系及转化率的关系如图 5-34、图 5-35 所示。由图 5-35 可知，随着$R_2$的增大，转化率也如$R_1$的效果一样增大。这是显然的，$R_2$和$R_1$的作用都是增大回流量，自然能提高流程转化率。与$R_1$的情况相类似，随着$R_2$的升高，总利润并没有一味的升高，而是到达最大值后就下降了。$R_2$最优值出现在 0.43 附近。为实现总利润最大化，在$R_2$不变的情况下，$R_1$ 的最优值为 1.83，在$R_1$不变的情况下，$R_2$ 的最优值为 0.43。现将两个回流比均取最优值，再次进行模拟计算，并计算最终的总利润，你将会发现情况并不如你所想象的那样，出现最大的利润，反而出现产量下降 30%左右，利润甚至为负。这是由于两个回流比同时增大，尽管反应转化率提高，但提高的幅度最多也只有 15%左右。但回流比增加，带来的后果是反应精馏塔塔釜出料增加，塔径也加大，加热和冷凝负荷增加，导致成本大幅度提升，最终导致负利润的出现。

## 5.6　石油产品运输调度优化

### 5.6.1　问题的提出

石油产品无论是供货商还是需求方均具有量大及区域性特点。不同的区域能提供的产品数量和价格均不同；同样，不同的需求方对石油产品的需求也不一样。如何合理地将石油产品从供应地运输到需求地，在满足市场需求的前提下使总的社会成本最小，是人们需要解决的一个重要问题。

### 5.6.2　模型的建立

为了解决上面提出的最优运输调度问题，必须先建立该问题的数学模型。为了方便建模，先画出供应示意图 5-36。假设石油产品的供应地或港口$G_i$共有 $n$ 个，每一个供应地或港口能提供的供应量为$S_i$吨，在供应地或港口的单价为$P_i$百元/吨。石油产品需求城市$C_j$共有 $m$ 个，每个需求城市的需求量为$D_j$吨。第 $i$ 供应地供应给第 $j$ 城市的供应量为 $x_{ij}$ 吨，对应单位产品运费为 $c_{ij}$ 百元/吨，则总费用 $J$ 为：

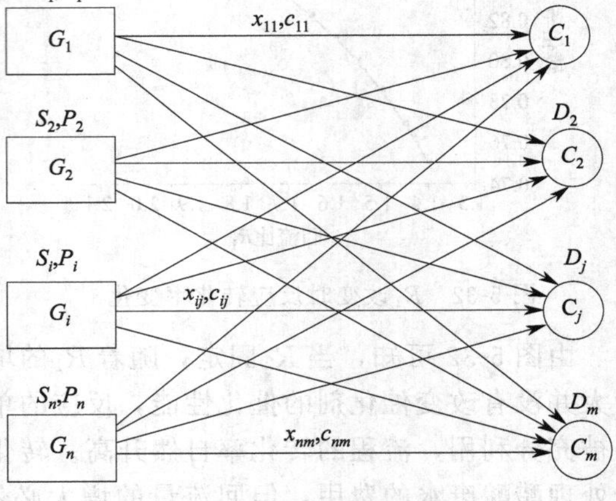


图 5-36　石油产品供应示意图

$$\min J = \sum_{i=1}^{n} P_i \sum_{j=}^{m} x_{ij} + \sum_{i=1}^{n} \sum_{j=1}^{m} c_{ij} x_{ij} \tag{1}$$

需求约束：

$$\sum_{i}^{m} x_{ij} \geqslant D_j \quad j = 1,2\cdots,m \tag{2}$$

可供量约束：

$$\sum_{j}^{n} x_{ij} \leqslant S_i \quad i=1,2\cdots,n \tag{3}$$

非负约束：

$$x_{ij} \geqslant 0 \quad i=1,2\cdots,n; \ j=1,2,\cdots,m \tag{4}$$

以上式(1)～式(4) 构成了该问题的优化模型，可以利用线性规划求解。如果供应地和需求城市数量不多的话，可以方便地利用 excel 表格进行求解。下面通过一个实例，说明 excel 表格求解该问题的方法。

### 5.6.3 实例求解

广东 3 港口输送天然气到 5 城市最优路径问题。将 3 个港口的天然气输送到 5 个需要天然气的城市，每个城市有一定的市场需求，每个港口有一定的供应量，如果每一个港口的天然气价格不一样，输送到各个城市的费用也不一样，如何合理安排输送方案，在满足个城市需求的前提下，使各个城市的天然气总成本最低（含港口价和运送价）。

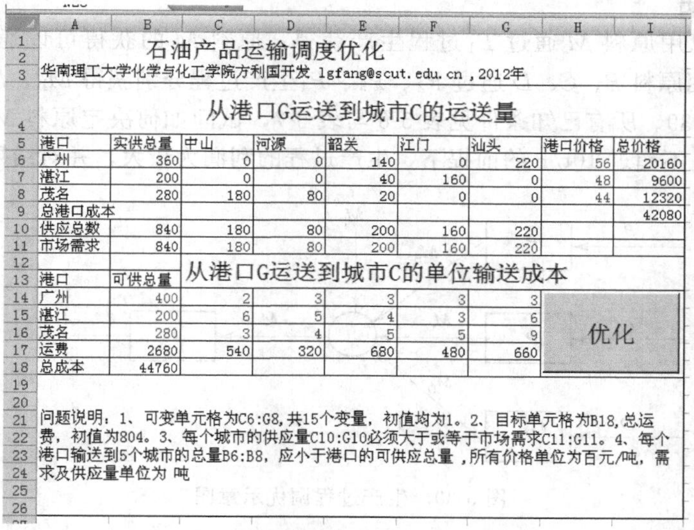
石油产品运输调度优化

华南理工大学化学与化工学院方利国开发 lgfang@scut.edu.cn ,2012年

从港口G运送到城市C的运送量

| 港口 | 实供总量 | 中山 | 河源 | 韶关 | 江门 | 汕头 | 港口价格 | 总价格 |
|---|---|---|---|---|---|---|---|---|
| 广州 | 360 | 0 | 0 | 140 | 0 | 220 | 56 | 20160 |
| 湛江 | 200 | 0 | 0 | 40 | 160 | 0 | 48 | 9600 |
| 茂名 | 280 | 180 | 80 | 20 | 0 | 0 | 44 | 12320 |
| 总港口成本 | | | | | | | | 42080 |
| 供应总数 | 840 | 180 | 80 | 200 | 160 | 220 | | |
| 市场需求 | 840 | 180 | 80 | 200 | 160 | 220 | | |

从港口G运送到城市C的单位输送成本

| 港口 | 可供总量 | | | | | |
|---|---|---|---|---|---|---|
| 广州 | 400 | 2 | 3 | 3 | 3 | 3 |
| 湛江 | 200 | 6 | 5 | 4 | 3 | 6 |
| 茂名 | 280 | 3 | 4 | 5 | 5 | 9 |
| 运费 | 2680 | 540 | 320 | 680 | 480 | 660 |
| 总成本 | 44760 | | | | | |

优化

问题说明：1、可变单元格为C6:G8,共15个变量，初值均为1。2、目标单元格为B18,总运费，初值为804。3、每个城市的供应量C10:G10必须大于或等于市场需求C11:G11。4、每个港口输送到5个城市的总量B6:B8，应小于港口的可供应总量，所有价格单位为百元/吨，需求及供应量单位为 吨

图 5-37 石油产品运输调度优化

图 5-37 是作者开发的计算界面，各种已知条件已输入表格中，不再说明。具体程序见电子课件第 5 章程序，程序中红色的字是需要读者输入的数据，有 H6：H8 的港口价格；B14：B16 的 3 个港口可供应量；有 C14：G16 共 15 个运费；有 C11：G11 共 5 个城市的需求量。其他对应表格需通过一定关系式计算得到或利用规划求解得到。如实供总量中 B6＝C6＋D6＋E6＋F6＋G6；总价格 I6＝B6 * H6；供应总数 C10＝C6＋C7＋C8；运费 C17＝C6 * C14＋C7 * C15＋C8 * C16；总成本 B18＝B17＋I9。输入完已知条件，点击“优化”按钮，计算机就会自动计算各个未知参数，在本例的已知条件下，总成本为 4476000 元。具体调度情况如下：广州港调 140 吨到韶关，调 220 吨到汕头，总调度量为 360 吨，尚有 40 吨的供应量；湛江港调 40 吨到韶关，调 160 吨到江门，总调度量为 200 吨，已用尽所有可供量。茂名港调 180 吨到中山，调 80 吨到河源，调 20 吨韶关，总调度量为 200，已用尽所有可供量。按

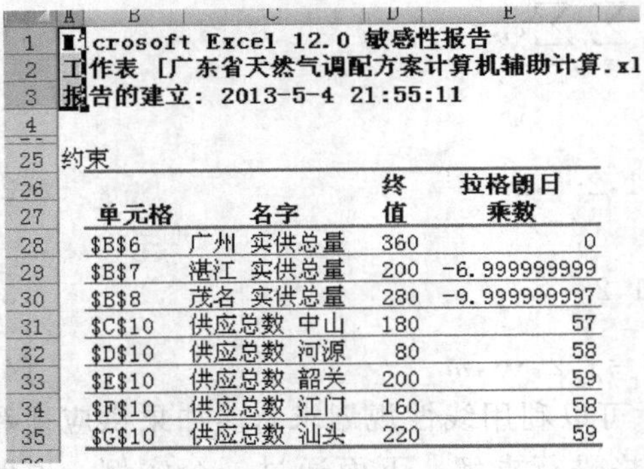

crosoft Excel 12.0 敏感性报告
工作表 [广东省天然气调配方案计算机辅助计算.xl
报告的建立：2013-5-4 21:55:11

约束

| 单元格 | 名字 | 终值 | 拉格朗日乘数 |
|---|---|---|---|
| $B$6 | 广州 实供总量 | 360 | 0 |
| $B$7 | 湛江 实供总量 | 200 | -6.999999999 |
| $B$8 | 茂名 实供总量 | 280 | -9.999999997 |
| $C$10 | 供应总数 中山 | 180 | 57 |
| $D$10 | 供应总数 河源 | 80 | 58 |
| $E$10 | 供应总数 韶关 | 200 | 59 |
| $F$10 | 供应总数 江门 | 160 | 58 |
| $G$10 | 供应总数 汕头 | 220 | 59 |

图 5-38 Excel 敏感性报告

以上调度，可满足 5 个城市的需求，且总成本最低。调用 Excel 敏感性报告，见图 5-38。由图 5-38 的数据可知，若广州港可供总量增加或减少，目标函数不会改变，因为其拉格朗日乘数为 0；而湛江港的供应量增加 1 吨，则目标函数减少 7 个单位，实际运算结果显示，而当湛江港的供应量为 201 吨，目标函数为 44753 百元，减少 7 个单位；同理，当茂名港的供应量增加 1 吨，则目标函数减少 10 个单位，实际运算结果显示，当茂名港的供应量为 281 吨，目标函数为 44750 百元，减少 10 个单位。你还可以任意改变其他输入数据，研究各种情况下目标函数的变化情况，你还可以对本计算表格略作修改，增加供应港口和需求城市数，成为更通用的计算表格。

# 5.7 生产过程最优选择

### 5.7.1 问题的提出

某产品 $A$ 可以用原料 $M$ 通过 $P_1$ 过程生产获得；原料 $M$ 的获得可以通过市场购买获得 $M_P$，也可以分别用原料 $B$、$C$、$D$ 通过 $P_2$、$P_3$、$P_4$ 生产过程分别获得 $M_B$、$M_C$、$M_D$；其生产过程示意图如图 5-39。所有已知条件见表 5-6 与表 5-7，试问如何决定原料 $M$ 的获得方案，使得在市场总需求 $A$ 不超过 10t/h 的前提下，生产过程的利润为最大，并对结果进行分析？

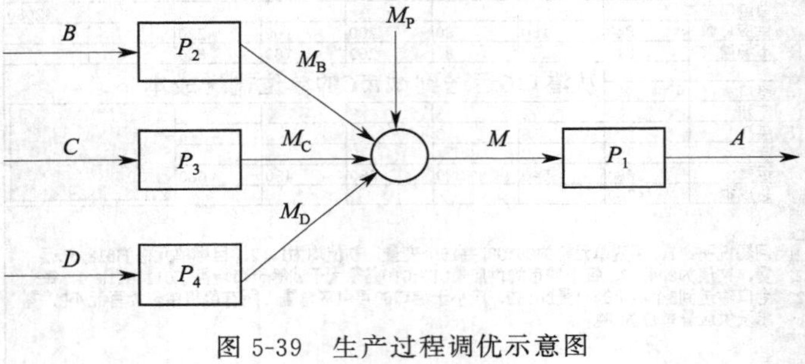


图 5-39 生产过程调优示意图

各种已知数据：

表 5-6 原料及产品售价

| 名 称 | $A$ | $B$ | $C$ | $D$ | $M$ |
|---|---|---|---|---|---|
| 价格/(万元/t) | 20 | 3 | 4 | 2 | 7 |
| 数量/(t/h) | $X_1$ | $X_2$ | $X_3$ | $X_4$ | $X_5$ |

表 5-7 四个生产过程的性能指标

| 过程名称 $P_i$ | 生产能力 $A_{Pi}$(t 产品/h) | 固定成本 $I_{Pi}$ (万元/h) | 操作成本 $I_{OPi}$(万元/t 产品) | 转换效率 (t 产品/ t 原料) |
|---|---|---|---|---|
| $P_1$ | 12 | 4 | 2 | $A=0.8M$ |
| $P_2$ | 15 | 1 | 0.8 | $M_B=\ln(1+B)$ |
| $P_3$ | 18 | 2 | 1.5 | $M_C=1.3\ln(1+C)$ |
| $P_4$ | 12 | 1.5 | 0.75 | $M_D=0.7D$ |

### 5.7.2 模型的建立

首先对四个生产过程是否进行设置 4 个逻辑变量，分别为 $Y_1$、$Y_2$、$Y_3$、$Y_4$，只有当 $Y_i=1$ 时，第 $i$ 个生产过程的生产能力才能形成，固定成本也才会发生，而操作成本的多少则和生产的数量有关，反之，如果 $Y_i=0$，则生产能力、固定成本、操作费用均不会发生。根据表中提供的数据、变量名称，可以建立如下方程及约束条件：

原料采购费用：

$$J_M=3X_2+4X_3+2X_4+7X_5 \tag{1}$$

原料 $M$ 的总量：

$$M=\ln(1+X_2)+1.3\ln(1+X_3)+0.7X_4+X_5 \tag{2}$$

产品 $A$ 的产量：

$$X_1=0.8M=0.8[\ln(1+X_2)+1.3\ln(1+X_3)+0.7X_4+X_5] \tag{3}$$

产品销售收入

$$J_S=20X_1=16[\ln(1+X_2)+1.3\ln(1+X_3)+0.7X_4+X_5]$$

四个生产过程的固定成本：

$$\begin{aligned}J_P&=Y_1I_{P_1}+Y_2I_{P_2}+Y_3I_{P_3}+Y_4I_{P_4}\\&=4Y_1+Y_2+2Y_3+1.5Y_4\end{aligned} \tag{4}$$

四个生产过程的可变成本：

$$J_{OP}=2X_1+0.8\ln(1+X_2)+1.5\times1.3\ln(1+X_3)+0.7\times0.75X_4 \tag{5}$$

生产过程利润：

$$\begin{aligned}J&=J_S-J_P-J_{OP}-J_M\\&=20X_1-4Y_1-Y_2-2Y_3-1.5Y_4-2X_1-0.8\ln(1+X_2)-1.5\times1.3\ln(1+X_3)-0.7\times\\&\quad 0.75X_4-3X_2-4X_3-2X_4-7X_5\\&=18X_1-4Y_1-Y_2-2Y_3-1.5Y_4-3X_2-4X_3-2.525X_4-7X_5-0.8\ln(1+X_2)-\\&\quad 1.95\ln(1+X_3)\end{aligned} \tag{6}$$

生产能力约束：

$$\ln(1+X_2)\leqslant15Y_2 \tag{7}$$

$$1.3\ln(1+X_3)\leqslant18Y_3 \tag{8}$$

$$0.7X_4\leqslant12Y_4 \tag{9}$$

$$0.8[\ln(1+X_2)+1.3\ln(1+X_3)+0.7X_4+X_5]\leqslant12Y_1 \tag{10}$$

产品需求约束：

$$X_1\leqslant10 \tag{11}$$

逻辑约束：

$$Y_1、Y_2、Y_3、Y_4=1\text{ 或 }0 \tag{12}$$

非负约束：

$$X_{1\sim5}\geqslant0 \tag{13}$$

### 5.7.3 优化求解及灵敏度分析

本问题是混合非线性规划问题，可直接调用 Excel 的电子表格中的规划求解进行计算，具体的计算界面如图 5-40。在电子表格中，先将各种已知条件输入，再将 9 个未知自变量 $X_1\sim X_5$，$Y_1\sim Y_4$ 的初值设置为 1，然后根据模型中的计算公式，将各种需要计算的表格输入公式，如：

G15＝D3 * D5＋E3 * E5＋F3 * F5＋G3 * G5

G16＝LN(1＋D5)＋1.3 * LN(1＋E5)＋0.7 * F5＋G5

G20＝E10 * G17＋E11 * (1＋D5)＋E12 * 1.3 * LN(1＋E5)＋E13 * 0.7 * LN(1＋F5)

G21＝G18－G19－G20－G15

在完成上述公式设置后，调用规划求解，规划求解的参数设置见图 5-41。注意可变单元格共有 9 个，分别对应 9 个自变量，注意对 $Y_1 \sim Y_4$ 进行了二进制约束，也就是说此 4 个变量只能取 0 或 1 的值。计算结果表明，在目前已知条件下，生产过程原料只采用 $B$、$D$ 两种原料，其中 $B$ 为 0.6487 吨，$D$ 为 17.1429 吨，刚好生产出 10 吨产品 $A$，总利润为 134.43 万元。如果改变已知条件，最优解的结构将发生变化，如将原料 $M$ 的价格降到 4，则最优生产过程将采用原料 $C$、$M$ 进行生产，总利润为 135.89 万元。希望读者自己对其他参数改变时最优解的变化情况进行分析研究。具体程序参见电子课件第 5 章程序。

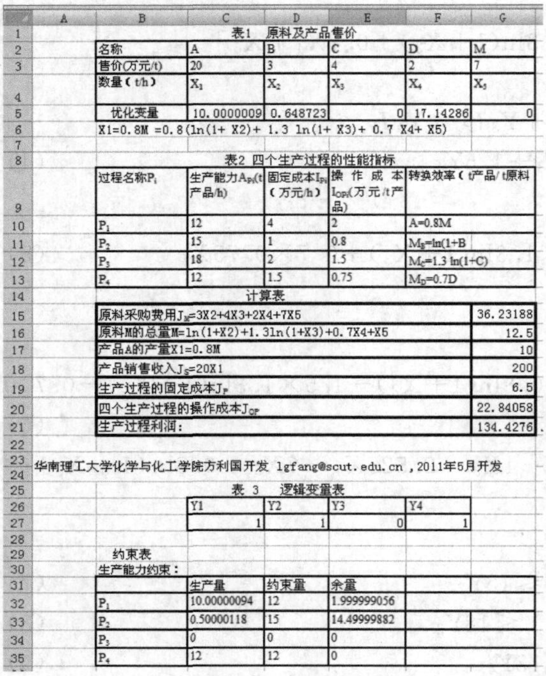

| | A | B | C | D | E | F | G |
|---|---|---|---|---|---|---|---|
| 1 | | | | 表1　原料及产品售价 | | | |
| 2 | | 名称 | A | B | C | D | M |
| 3 | | 售价(万元/t) | 20 | 3 | 4 | 2 | 7 |
| 4 | | 数量（t/h） | $X_1$ | $X_2$ | $X_3$ | $X_4$ | $X_5$ |
| 5 | | 优化变量 | 10.0000009 | 0.648723 | 0 | 17.14286 | 0 |
| 6 | | X1=0.8M =0.8(ln(1+ X2)+ 1.3 ln(1+ X3)+ 0.7 X4+ X5) | | | | | |
| 7 | | | | | | | |
| 8 | | | | 表2 四个生产过程的性能指标 | | | |
| 9 | | 过程名称$P_i$ | 生产能力$A_{Pi}$(t产品/h) | 固定成本$I_{Pi}$（万元/h） | 操作成本$I_{OPi}$(万元/t产品) | 转换效率（t产品/t原料 | |
| 10 | | $P_1$ | 12 | 4 | 2 | A=0.8M | |
| 11 | | $P_2$ | 15 | 1 | 0.8 | $M_B$=ln(1+B | |
| 12 | | $P_3$ | 18 | 2 | 1.5 | $M_C$=1.3 ln(1+C) | |
| 13 | | $P_4$ | 12 | 1.5 | 0.75 | $M_D$=0.7D | |
| 14 | | | | 计算表 | | | |
| 15 | | 原料采购费用$J_M$=3X2+4X3+2X4+7X5 | | | | | 36.23188 |
| 16 | | 原料M的总量M=ln(1+X2)+1.31n(1+X3)+0.7X4+X5 | | | | | 12.5 |
| 17 | | 产品A的产量X1=0.8M | | | | | 10 |
| 18 | | 产品销售收入$J_S$=20X1 | | | | | 200 |
| 19 | | 生产过程的固定成本$J_P$ | | | | | 6.5 |
| 20 | | 四个生产过程的操作成本$J_{OP}$ | | | | | 22.84058 |
| 21 | | 生产过程利润： | | | | | 134.4276 |
| 22 | | | | | | | |
| 23 | 华南理工大学化学与化工学院方利国开发 lgfang@scut.edu.cn，2011年5月开发 | | | | | | |
| 24 | | | | | | | |
| 25 | | | | 表 3　逻辑变量表 | | | |
| 26 | | | Y1 | Y2 | Y3 | Y4 | |
| 27 | | | 1 | 1 | 0 | 1 | |
| 28 | | | | | | | |
| 29 | | 约束表 | | | | | |
| 30 | | 生产能力约束： | | | | | |
| 31 | | | 生产量 | 约束量 | 余量 | | |
| 32 | | $P_1$ | 10.00000094 | 12 | 1.999999056 | | |
| 33 | | $P_2$ | 0.50000118 | 15 | 14.49999882 | | |
| 34 | | $P_3$ | 0 | 0 | 0 | | |
| 35 | | $P_4$ | 12 | 12 | 0 | | |

图 5-40　生产过程最优选择计算界面

图 5-41　规划求解参数设置

## 5.8　生产配置优化

### 5.8.1　问题的提出

某工厂有两个生产单元可间歇生产两种产品 $P_1$ 和 $P_2$，每批的产量为 2t，单元 1 每天的最大产量为 12t/d，单元 2 每天的最大产量为 24t/d。生产 1t 产品 $P_1$，需要 0.3t 原料 $M_1$，0.4t 原料 $M_2$，0.4t 原料 $M_3$；生产 1t 产品 $P_2$，需要 0.4t 原料 $M_1$，0.2t 原料 $M_2$，0.4t 原料 $M_3$。原料 $M_1$ 每天的限制是 16t，原料 $M_2$ 每天的限制是 18t；原料 $M_3$ 每天的限制是 20t。已知产品 $P_1$ 和 $P_2$ 的纯利润分别为 2000 元/吨和 1200 元/吨，使问如何合理安排生产，使该工厂的每天总利润为最大？

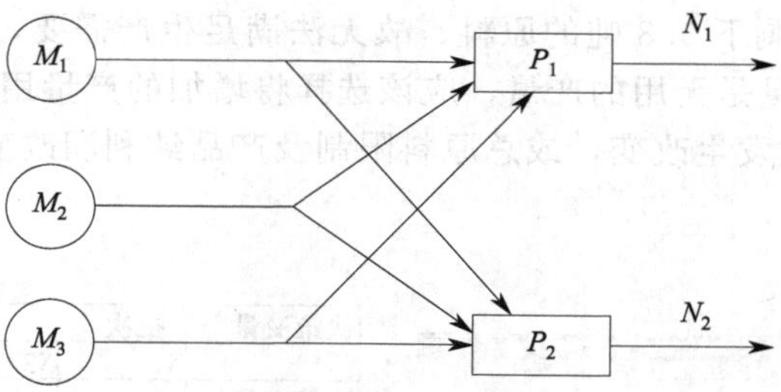


### 5.8.2 模型的建立

假设每天生产 $P_1$ 为 $N_1$ 批次，生产 $P_2$ 为 $N_2$ 批次，则由题意可得每天的总利润 $J$ 为：

$$\max J = 2000\times 2\times N_1 + 1200\times 2\times N_2 \tag{1}$$

产品 $P_1$ 的生产能力限制：

$$2\times N_1 \leqslant 12 \tag{2}$$

产品 $P_2$ 的生产能力限制：

$$2\times N_2 \leqslant 24 \tag{3}$$

三种原料的限制：

$$2\times N_1\times 0.3 + 2\times N_2\times 0.4 \leqslant 16 \tag{4}$$

$$2\times N_1\times 0.4 + 2\times N_2\times 0.2 \leqslant 18 \tag{5}$$

$$2\times N_1\times 0.4 + 2\times N_2\times 0.6 \leqslant 20 \tag{6}$$

批次的正整数限制：

$$N_1 \geqslant 0, N_1 \in \mathrm{Int} \tag{7}$$

$$N_2 \geqslant 0, N_2 \in \mathrm{Int} \tag{8}$$

以上式(1)～式(8) 构成了本问题的优化模型。

### 5.8.3 优化求解及分析

式(1)～式(8) 构成的是混合整数线性规划问题，完全可以采用 excel 中规划求解功能，具体计算表格见图 5-42，详细程序见电子课件第 5 章程序。在目前的已知条件下，最优解是每天生产 6 批共 12 吨产品 $P_1$，生产 12 批共 24 吨产品 $P_2$，总利润为 52.8 千元。注意为了避免目标函数和约束条件之间的数值相差太大，本题在规划求解时已将目标函数做了处理，将其变成了 $2\times 2\times N_1 + 1.2\times 2\times N_2$，这样可以防止规划求解过程中找不到有用解的情况出现，即设置 E16＝(C5 * C6 * C17＋D5 * D6 * D17)/1000。对目标函数进行缩小或放大的处理方法，同样也可以用在约束条件上，该种处理方法也适用在非线性规划上。

由图 5-42 的数据，还可以发现，所有的 3 种原料均没有用完，而两个生产单元的产量已达到了极限。如果在目前情况下，想再提高利润，唯一的办法是提高生产单元的产量，如果只给你提高一个批次，即 2 吨的生产量（假设原料限制不变），你认为选择增加 $P_1$ 的产量还是增加 $P_2$ 的产量？你可能马上想到了在规划求解时像前面的例子一样生成敏感性报告，不过很不幸，由于是混合整数线性规划，软件不提供敏感性报告和极值分析。这时，你必须另想办法来解决这个问题。一个比较简单的办法是先将 $P_1$ 的产量限制改成 14，即设 C7＝14，点击“优化配置”按钮，这时优化的结果是生产 $P_1$ 为 7 批次，生产 $P_2$ 为 12 批次，总利润为 56.8 千元。如果选择增加 $P_2$ 的产量，其他条件不变，即在图 5-42 的基础上，设 D7＝26，点击“优化配置”按钮，这时优化的结果是生产 $P_1$ 仍为 6 批次，生产 $P_2$ 也不变，仍为 12 批次，总利润不变仍为 52.8 千元。分析原因是由于增加 2 吨 $P_2$ 的生产，需要 1.2 吨的原料 $M_3$，而目前只剩下 0.8 吨的原料，故无法满足生产需要，又由于批次生产，所以最后结果是增加 $P_2$ 的产量是无用的产量，应该选择将增加的产量用在生产 $P_1$ 上。当然，当产品所需的原料结构参数发生改变，或总原料限制及产品纯利润改变时，最优解的结构也会发生变化。

| | A | B | C | D | E | F | G |
|---|---|---|---|---|---|---|---|
| 1 | | | | | | | |
| 2 | | | | | | | |
| 3 | | 决策变量 | 批次 | | 某工厂有两个生产单元可间歇生产两种产品P1和P2，每批的产量为2t，单元1每天的最大产量为12t/d，单元2每天的最大产量为24t/d。已知产品P1和P2的纯利润分别为2000元/吨和1200元/吨，试问如何合理安排生产，试该工厂的每天总利润为最大？ | | |
| 4 | | | N1 | N2 | | | |
| 5 | | 决策变量 | 6 | 12 | | | |
| 6 | | 每批量 | 2 | 2 | | | |
| 7 | | 每天生产量 | 12 | 24 | | | |
| 8 | | 限制批数 | 6 | 12 | | | |
| 9 | | | | | | | |
| 10 | | 约束条件 | 2*0.3N1+2*0.4N2<=16 | | | | |
| 11 | | | P1 | P2 | 使用量 | 约束 | 剩余 |
| 12 | | 原料M1参数 | 0.3 | 0.4 | 13.2 | 16 | 2.8 |
| 13 | | 原料M2参数 | 0.4 | 0.2 | 9.6 | 18 | 8.4 |
| 14 | | 原料M3参数 | 0.4 | 0.6 | 19.2 | 20 | 0.8 |
| 15 | | | | | | | |
| 16 | | 优化参数 | P1纯利润 | P2纯利润 | 目标函数 | | |
| 17 | | | 2000 | 1200 | 52.8 | 千元 | |
| 18 | | max=2*2000N1+2*1200N2 | | | | | |
| 19 | | | | | | | |
| 20 | | 说明：N1和N2必须是正整数 | | | | 优化配置 | |
| 21 | | | | | | | |

图 5-42 间歇生产配置优化计算-1

| | | | | | |
|---|---|---|---|---|---|
| 决策变量 | 批次 | | 某工厂有两个生产单元可间歇生产两种产品P1和P2，每批的产量为2t，单元1每天的最大产量为12t/d，单元2每天的最大产量为24t/d。已知产品P1和P2的纯利润分别为2000元/吨和1200元/吨，试问如何合理安排生产，试该工厂的每天总利润为最大？ | | |
| | N1 | N2 | | | |
| 决策变量 | 5 | 12 | | | |
| 每批量 | 2 | 2 | | | |
| 每天生产量 | 12 | 24 | | | |
| 限制批数 | 6 | 12 | | | |
| | | | | | |
| 约束条件 | 2*0.3N1+2*0.4N2<=16 | | | | |
| | P1 | P2 | 使用量 | 约束 | 剩余 |
| 原料M1参数 | 0.8 | 0.3 | 15.2 | 16 | 0.8 |
| 原料M2参数 | 0.3 | 0.4 | 12.6 | 18 | 5.4 |
| 原料M3参数 | 0.4 | 0.4 | 13.6 | 20 | 6.4 |
| | | | | | |
| 优化参数 | P1纯利润 | P2纯利润 | 目标函数 | | |
| | 2000 | 1200 | 48.8 | 千元 | |
| max=2*2000N1+2*1200N2 | | | | | |
| 说明：N1和N2必须是正整数 | | | | 优化配置 | |

图 5-43 间歇生产配置优化计算-2

图 5-43 是产品所需的原料结构参数发生改变时（原料的加和可以大于 1 吨，因为生产过程中有损耗及副产品）最优解的情况。由图 5-43 可知，此时的最优利润为 48.8 千元，生产 P1 为 5 个批次，生产 P2 为 12 个批次。若此时有资源可以提高生产能力，选择的产品不再是 P1，因为 P1 的生产已经受到原料的制约，连目前的生产能力都没有充分利用，当然是选择 P2。如果在图 5-43 的基础上，设置 D7＝26，点击“优化配置”按钮，这时的目标函数将是 51.2 千元，P1 的生产批次不变，而 P2 的生产批次则为 13。如果在图 5-43 的基础上，改变产品的纯利润，如只增加 P2 的纯利润，产品结构不会发生变化，因为产品 P2 已达到其生产能力的极限，增加其利润，只能增加总利润，而不会影响其最大的生产能力，对 P1 的生产情况也不会改变。但是，如果减少 P2 的利润，有可能出现不生产或少生产 P2，将原料用于生产 P1。现在的问题是当 P2 的利润减少到多少时，P1 的生产批次将由 5 批次增加到 6 批次。我们可以来分析一下图 5-43 中剩余原料数据。由图中的数据可知，原料 M1 剩余最小，所剩量已无法满足 P1 生产一个批次（一个批次需要 1.6 吨 M1），其他原料均可以满足两种产品一个批次以上的生产。现剩余 M1 为 0.8 吨，如果 P1 真的生产 6 批次，需要增加 1.6－0.8＝0.8 吨，现原料无法增加，只能减少 P2 的生产量，由于减少一个批次 P2 只能提供 2×0.3＝0.6 吨的 M1，所以需要减少 2 个批次的 P2 产品，才可以让 P1 增加 1 个批次的生产。由于增加 1 个批次的生产需要付出少生产 2 个批次的 P2 生产，所以当 P2 的纯利润下降到 P1 的纯利润一半时，即 P2 的利润下降到 1000 元/吨时，生产产品的结构将发生变化。当然在此数据下，生产 5 批次 P1，12 批次 P2 和生产 6 批次 P1，10 批次 P2 的总利润均为 44 千元。如果你设 D17＝1000，点击“优化配置”按钮，这时的目标函数将是 44 千元，P1 的生产批次为 6 批次，而 P2 的生产批次则为 10 批次。其实你还可以人为地设 C5＝5，D5＝12，这时的目标函数没有改变，各种约束条件也符合，也就是说在此情况下，有两

种最优生产配置，目标函数总利润均为 44 千元，但在 excel 规划求解中只出现生产 6 批次 P1，10 批次 P2 的情况。如果将 P2 的利润在 1000 元/吨的基础上稍微上调一点，如改为 1001 元/吨，此时点击“优化配置”按钮，这时的目标函数将是 44.024 千元，生产结构为生产 5 批次 P1，12 批次 P2。

如果 P2 的利润不变，当 P1 的利润增加时，生产结构也会发生改变。仿照上面的分析，可得当 P1 的利润为 2×1200＝2400 元/吨时，最优将为生产 6 批次 P1，10 批次 P2 的情况。上面的分析计算过程需要多次调用规划求解，如果你感兴趣的话，可以将上述过程编成宏计算程序，让计算机自动分析产品利润改变、原料结构改变、原料限制改变、生产能力改变时，最优解结构及总利润目标函数的改变情况。

## 5.9 锅炉发电系统优化

### 5.9.1 问题的提出

随着能源危机及电力紧张，许多大型化工企业都在保障本企业电力供给的前提下，采用多途径的能源供给模式，以便达到节能的目的。现有某化工企业利用本企业的锅炉和透平组成的动力系统，达到给本企业供电和供蒸汽的目的。电力不足部分采用向公共电网采购的策略，但公共电网有一个最低的采购量要求，若低于该采购量，则需要按一定价格给予补偿。图 5-44 是化工企业内部发电系统。该系统由一个锅炉和两个涡轮组成。锅炉产生 4.48MPa 的高压蒸汽 HPS 供两个涡轮发电，剩余蒸汽经减压阀变为中压蒸汽和低压蒸汽供生产工艺使用。各涡轮的特性参数见表 5-8-a。透平 1 中间抽出 2 股蒸汽，分别是 1.45MPa 中压蒸汽 ME1，0.53MPa 的低压蒸汽 LE1，凝液 C 作为锅炉进水；透平 2 中间仅抽出 1.45MPa 中压蒸汽 ME2，出口为 0.53MPa 的低压蒸汽 LE2，无凝液。表 5-8-b 给出了蒸汽及凝水物性数据以用于能量核算。表 5-8-c 给出了有关能源的经济数据。表 5-8-d 给出了化工厂对能源的需求数据。要求设计出一个最优的锅炉发电方案，在满足各种约束的前提下，使总费用最小。

**表 5-8-a 涡轮特性参数**

| 涡轮 1 | | 涡轮 2 | |
|---|---|---|---|
| 最大发电量 | 6250kW | 最大发电量 | 9000kW |
| 最小发电量 | 2500kW | 最小发电量 | 3000kW |
| 最大进汽量 | 87089.28kg/h | 最大进汽量 | 110675.96kg/h |
| 最大冷凝量 | 28122.58kg/h | 低蒸最大量 | 64409.78kg/h |
| 内部最大流量 | 59873.88kg/h | | |

**表 5-8-b 蒸汽及凝水物性数据**

| 名称 | 压力/MPa | 温度/℃ | 焓/(kJ/kg) |
|---|---|---|---|
| 高压蒸汽 | 4.48 | 382.2 | 3162.1143 |
| 中压蒸汽 | 1.42 | 过热 | 2948.1751 |
| 低压蒸汽 | 0.53 | 过热 | 2910.0382 |
| 冷凝水(进水) | | | 446.4818 |

注：该题来源于《Optimization of Chemical Processes》，原题许多单位为英制，经济以美元结算，作者已将所有单位进行转化，经济指标以人民币结算，汇率为 6.22。

**表 5-8-c　有关能源的经济数据**

| | | | |
|---|---|---|---|
| 燃料成本/(元/MkJ) | 9.906806 | 购电价格/(元/kW·h) | 0.148658 |
| 锅炉效率/% | 75 | 惩罚价格/(元/kW·h) | 0.0611115 |
| 蒸汽成本 1/(元/MkJ) | 13.20907 | 购电基数/kW | 12000 |
| 蒸汽成本 2/(元/kg) | 0.035871 | | |

**表 5-8-d　化工厂对能源的需求数据**

| 中压蒸汽/(kg/h) | 低压蒸汽/(kg/h) | 电力 $E$/kW |
|---|---|---|
| 123166 | 45641.587 | 24550 |

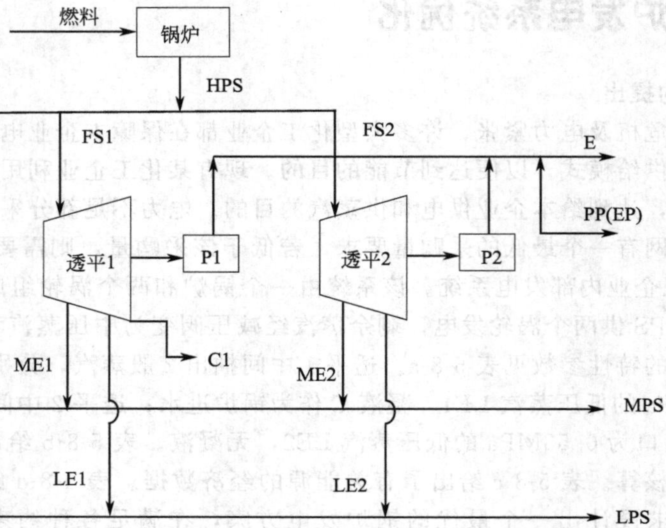


图 5-44　化工企业内部锅炉发电系统

### 5.9.2　模型的建立

观察图 5-44 可知本锅炉发电系统涉及许多变量，各变量之间又存在着各种各样的关联。如蒸汽成本 1＝燃料成本÷锅炉效率，而蒸汽成本 2＝蒸汽成本 1÷(高压蒸汽焓－冷凝水焓)。有关这些变量内部之间的关系，先利用 Excel 表格计算好，不再在模型中出现。首先建立目标函数 $J$，假设锅炉生产高压蒸汽为 $HPS$(kg/h)，购买电力为 $PP$(kW)，因不够基数的惩罚电力 $EP$(kW)，则发电系统每小时的总费用 $J$ 为：

$$\min J=0.035871\times HPS+0.148658\times PP+0.0611115\times EP \tag{1}$$

物料平衡方程有：

总蒸汽一级平衡平衡方程：　$HPS-FS1-FS2-BS1=0$　(2)

总蒸汽二级平衡平衡方程：　$FS1+FS2+BS1-C1-MPS-LPS=0$　(3)

涡轮 1 蒸汽平衡方程：　$FS1-ME1-LE1-C1=0$　(4)

涡轮 2 蒸汽平衡方程：　$FS2-ME2-LE2=0$　(5)

中压蒸汽平衡方程：　$ME1+ME2+BS1-BS2-MPS=0$　(6)

低压蒸汽平衡方程：　$LE1+LE2+BS2-LPS=0$　(7)

能量平衡方程：

涡轮 1：  $3162.3FS1-2948.3ME1-2910.2LE1-448.8C1-3600P1=0$ (8)

涡轮 2：  $3162.3FS2-2948.3ME2-2910.2LE2-3600P2=0$ (9)

注：1kW·h=3600kJ

涡轮 1 约束方程：

$$FS1<=87089.28 \tag{10}$$

$$P1>=2500 \tag{11}$$

$$P1<=6250 \tag{12}$$

$$C1<=28122.58 \tag{13}$$

$$FS1-ME1<=59873.88 \tag{14}$$

涡轮 2 约束方程

$$FS2<=110676 \tag{15}$$

$$P2>=3000 \tag{16}$$

$$P2<=9000 \tag{17}$$

$$LE2<=64409.78 \tag{18}$$

购电基数约束：

$$EP+PP>=12000 \tag{19}$$

能源需求约束

$$P1+P2+PP>=24550 \tag{20}$$

$$MPS>=123166 \tag{21}$$

$$LPS>=45641.6 \tag{22}$$

式(1)～式(22)，加上对所有变量的非负约束，构成了本问题的优化模型。

### 5.9.3 模型求解

由模型方程可知，本优化模型为线性模型，共涉及 16 个变量，21 个约束关系（含等式约束和不等式约束），如果采用人工求解的话，计算量相当巨大。如果利用 Matlab 进行求解，数据输入界面的开发需花较长时间。当然你也可以直接进入 Matlab 主程序，数据直接写在主程序上，但这样使程序用户使用比较困难。本问题由于涉及较多的变量名称及单位换算，为方便用户直观使用，作者开发了 Excel 的宏计算程序，计算界面见图 5-45，详细程序在电子课件第 5 章程序。在图 5-45 中，用户可以看到 16 个变量的名称，在其名称下面的表格输入初值，点击下面的灰色宏计算按钮，系统就会自动进行计算。对于各种约束条件，用户也可方便地改变。要想观察约束条件改变时，最优解的改变情况，你只需点击宏计算按钮即可，可以十分方便地对你所感兴趣的问题进行研究。

下面大致介绍一下图 5-45 计算界面构建过程的思路。首先将各种已知条件以此输入；然后将可以单独计算的单元关系提前计算好，如 O8＝O6/O7*100、O9＝O8*(D21－D24)/10^6。在此基础上，将 21 个约束条件的关系表达式在单元格上处理成简单方便的两格，或可以通过直接引用可变单元格即 16 个变量的简单加减。如将 6 个物料衡算方程左边的表达式写在 N20～N25 的单元格中，将 6 个物料衡算方程右边写在 O20～O25（其值均为零）。最后设目标函数单元格 H26＝O9*L8＋O10*H8＋O11*I8。完成以上所有工作，调用规划求解，设置各种规划求解参数如图 5-46。作者已将以上过程录制成宏，读者只要点击“欢迎使用锅炉发电优化系统”，程序就会自动进行优化计算。当然也可以通过正常的途径进行规划求解，在求解过程中让程序提供运算结果报告、敏感性报告、极限值报告。表 5-9 是程序提供的运算结果报告。

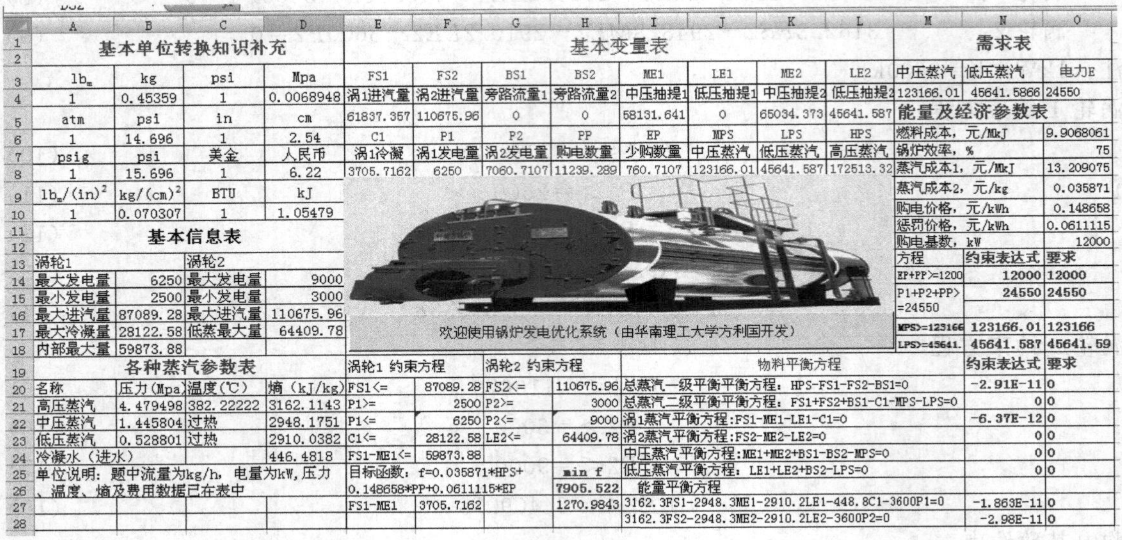
基本单位转换知识补充
lb_m | kg | psi | Mpa
1 | 0.45359 | 1 | 0.0068948
atm | psi | in | cm
1 | 14.696 | 1 | 2.54
psig | psi | 美金 | 人民币
1 | 15.696 | 1 | 6.22
lb_m/(in)^2 | kg/(cm)^2 | BTU | kJ
1 | 0.070307 | 1 | 1.05479
基本信息表
涡轮1 | 涡轮2
最大发电量 6250 | 最大发电量 9000
最小发电量 2500 | 最小发电量 3000
最大进汽量 87089.28 | 最大进汽量 110675.96
最大冷凝量 28122.58 | 低蒸最大量 64409.78
内部最大量 59873.88
各种蒸汽参数表
名称 | 压力(Mpa) | 温度(℃) | 熵（kJ/kg)
高压蒸汽 | 4.479498 | 382.22222 | 3162.1143
中压蒸汽 | 1.445804 | 过热 | 2948.1751
低压蒸汽 | 0.528801 | 过热 | 2910.0382
冷凝水（进水） | | | 446.4818
单位说明：题中流量为kg/h，电量为kW,压力、温度、熵及费用数据已在表中
基本变量表
FS1 涡1进汽量 61837.357 | FS2 涡2进汽量 110675.96 | BS1 旁路流量1 0 | BS2 旁路流量2 0 | ME1 中压抽提1 58131.641 | LE1 低压抽提1 0 | ME2 中压抽提2 65034.373 | LE2 低压抽提2 45641.587
C1 涡1冷凝 3705.7162 | P1 涡1发电量 6250 | P2 涡2发电量 7060.7107 | PP 购电数量 11239.289 | EP 少购数量 760.7107 | MPS 中压蒸汽 123166.01 | LPS 低压蒸汽 45641.587 | HPS 高压蒸汽 172513.32
欢迎使用锅炉发电优化系统（由华南理工大学方利国开发）
需求表
中压蒸汽 123166.01 | 低压蒸汽 45641.5866 | 电力E 24550
能量及经济参数表
燃料成本，元/MkJ 9.9068061
锅炉效率，% 75
蒸汽成本1，元/MkJ 13.209075
蒸汽成本2，元/kg 0.035871
购电价格，元/kWh 0.148658
惩罚价格，元/kWh 0.0611115
购电基数，kW 12000
方程 | 约束表达式 | 要求
EP+PP>=1200 | 12000 | 12000
P1+P2+PP>=24550 | 24550 | 24550
MPS>=123166 | 123166.01 | 123166
LPS>=45641. | 45641.587 | 45641.59
涡轮1 约束方程
FS1<= 87089.28
P1>= 2500
P1<= 6250
C1<= 28122.58
FS1-ME1<= 59873.88
涡轮2 约束方程
FS2<= 110675.96
P2>= 3000
P2<= 9000
LE2<= 64409.78
目标函数：f=0.035871*HPS+0.148658*PP+0.0611115*EP
min f 7905.522
FS1-ME1 3705.7162 | 1270.9843
物料平衡方程 | 约束表达式 | 要求
总蒸汽一级平衡平衡方程：HPS-FS1-FS2-BS1=0 | -2.91E-11 | 0
总蒸汽二级平衡平衡方程：FS1+FS2+BS1-C1-MPS-LPS=0 | 0 | 0
涡1蒸汽平衡方程:FS1-ME1-LE1-C1=0 | -6.37E-12 | 0
涡2蒸汽平衡方程:FS2-ME2-LE2=0 | 0 | 0
中压蒸汽平衡方程:ME1+ME2+BS1-BS2-MPS=0 | 0 | 0
低压蒸汽平衡方程：LE1+LE2+BS2-LPS=0 | 0 | 0
能量平衡方程
3162.3FS1-2948.3ME1-2910.2LE1-448.8C1-3600P1=0 | -1.863E-11 | 0
3162.3FS2-2948.3ME2-2910.2LE2-3600P2=0 | -2.98E-11 | 0

图 5-45　发电系统 Excel 求解界面

规划求解参数
设置目标单元格(E)： $H$26
等于： 最大值(M) 最小值(N) 值为(V)： 0
可变单元格(B)：
$E$5:$L$5,$E$8:$L$8
约束(U)：
$E$5 <= $F$20
$E$8 <= $F$23
$F$27 <= $F$24
$F$5 <= $H$20
$F$8 <= $F$22
$F$8 >= $F$21
$G$8 <= $H$22
推测(G)
添加(A)
更改(C)
删除(D)
求解(S)
关闭
选项(O)
全部重设(R)
帮助(H)

图 5-46　规划求解参数设置

**表 5-9　可变单元格优化计算结果**

| 单元格 | 名字 | 初值 | 终值 | 单元格 | 名字 | 初值 | 终值 |
|---|---|---|---|---|---|---|---|
| $H$26 | min f | 0.246 | 7905.522475 | $E$8 | 涡 1 冷凝 | 1 | 3705.716204 |
| $E$5 | 涡 1 进汽量 | 1 | 61837.35701 | $F$8 | 涡 1 发电量 | 1 | 6250 |
| $F$5 | 涡 2 进汽量 | 1 | 110675.96 | $G$8 | 涡 2 发电量 | 1 | 7060.7107 |
| $G$5 | 旁路流量 1 | 1 | 0 | $H$8 | 购电数量 | 1 | 11239.2893 |
| $H$5 | 旁路流量 2 | 1 | 0 | $I$8 | 少购数量 | 1 | 760.7107001 |
| $I$5 | 中压抽提 1 | 1 | 58131.64081 | $J$8 | 中压蒸汽 | 1 | 123166.0142 |
| $J$5 | 低压抽提 1 | 1 | 0 | $K$8 | 低压蒸汽 | 1 | 45641.58657 |
| $K$5 | 中压抽提 2 | 1 | 65034.37343 | $L$8 | 高压蒸汽 | 1 | 172513.317 |
| $L$5 | 低压抽提 2 | 1 | 45641.58657 | | | | |

根据表 5-9 提供的数据，作者和文献资料的数据进行了比较，最关键的是目标函数，文献中的值是 1268.75 美元/h，按 1∶6.22 折算，合人民币 7891.63 元/h，而利用作者开发的

程序计算结果为 7905.52 元/h，两者相差约为 14.1 元/h，这主要是各种英制单位和本题的单位换算引起的误差。如果比较涡轮发电量，两者数据完全一致；两个涡轮的进气量折算到相同单位也完全一致，说明作者开发的程序完全正确。在这里再次提醒读者，尽管计算机能够帮助我们快速正确的计算，但前提是你所编写的程序是正确的，所有开发的程序必须通过验证，否则就可能存在错误。同时需要提醒读者注意的是，在本题的优化过程中，会出现 3 个最优解，但真正的最优解就是表 5-9 所示的计算结果，其他两个解，目标函数均大于 7905.52 元/h，如其中一个解为 8100.233 元/h，此时和原来解的最大不同是购电量为 12000kW，无惩罚电量，和原最优解相差 195 元/h 左右。造成出现这种现象的原因可能是由于变量的增多，Excel 规划求解时尽管是线性模型，但它不采用当变量增加时效率不十分高的单纯形法，而进行了非线性化处理，这时目标函数可能出现多极值的现象。

| 单元格 | 名字 | 终值 | 递减成本 | 目标式系数 | 允许的增量 | 允许的减量 |
|---|---|---|---|---|---|---|
| $E$5 | 涡1进汽量 | 61837.35701 | 0 | 0 | 0.003067607 | 0.002579989 |
| $F$5 | 涡2进汽量 | 110675.96 | -0.002376736 | 0 | 0.002376736 | 1E+30 |
| $G$5 | 旁路流量1 | 0 | 0.002825939 | 0 | 1E+30 | 0.002825939 |
| $H$5 | 旁路流量2 | 0 | 0.000927433 | 0 | 1E+30 | 0.000927433 |
| $I$5 | 中压抽提1 | 58131.64081 | 0 | 0 | 0.000423679 | 0.002376736 |
| $J$5 | 低压抽提1 | 0 | 0.000423679 | 0 | 1E+30 | 0.000423679 |
| $K$5 | 中压抽提2 | 65034.37343 | 0 | 0 | 0.002376736 | 0.000423679 |
| $L$5 | 低压抽提2 | 45641.58657 | 0 | 0 | 0.000423679 | 0.032117621 |
| $E$8 | 涡1冷凝 | 3705.716204 | 0 | 0 | 0.030169041 | 0.035870993 |
| $F$8 | 涡1发电量 | 6250 | -0.039993831 | 0 | 0.039993831 | 1E+30 |
| $G$8 | 涡2发电量 | 7060.7107 | 0 | 0 | 0.039993831 | 3.031792621 |
| $H$8 | 购电数量 | 11239.2893 | 0 | 0.148658 | 3.031792621 | 0.039993831 |
| $I$8 | 少购数量 | 760.7107001 | 0 | 0.0611115 | 0.039993831 | 3.031792621 |
| $J$8 | 中压蒸汽 | 123166.0142 | 0 | 0 | 1E+30 | 0.033045054 |
| $K$8 | 低压蒸汽 | 45641.58657 | 0 | 0 | 1E+30 | 0.032117621 |
| $L$8 | 高压蒸汽 | 172513.317 | 0 | 0.035870993 | 0.030169041 | 0.034864248 |

约束

| 单元格 | 名字 | 终值 | 阴影价格 | 约束限制值 | 允许的增量 | 允许的减量 |
|---|---|---|---|---|---|---|
| $N$27 | 3162.3FS1-2948. | -8.25301E-08 | 0.013209075 | 0 | 66307.22975 | 10063.36349 |
| $N$28 | 3162.3FS2-2948. | 7.27437E-08 | 0.024318472 | 0 | 2738.55852 | 6981.44148 |
| $N$20 | 总蒸汽一级平衡平 | 0 | 0.035870993 | 0 | 1E+30 | 172513.317 |
| $N$21 | 总蒸汽二级平衡平 | 0 | -0.038650061 | 0 | 0 | 928.8995361 |
| $N$22 | 涡1蒸汽平衡方程 | 0 | 0.032752449 | 0 | 928.8995361 | 0 |
| $N$23 | 涡2蒸汽平衡方程 | 0 | 0 | 0 | 0 | 1E+30 |
| $N$24 | 中压蒸汽平衡方程 | 0 | 0.071695115 | 0 | 928.8995361 | 0 |
| $N$25 | 低压蒸汽平衡方程 | 0 | 0.070767682 | 0 | 941.0730636 | 0 |
| $F$27 | FS1-ME1 涡1发电 | 3705.716204 | 0 | 59873.88 | 1E+30 | 56168.1638 |
| $N$15 | P1+P2+PP>=2455( | 24550 | 0.0875465 | 24550 | 760.7107001 | 11239.2893 |
| $N$17 | MPS>=123166 约 | 123166.0142 | 0.033045054 | 123166.0142 | 27411.41073 | 58131.64081 |
| $N$18 | LPS>=45641.6 约 | 45641.58657 | 0.032117621 | 45641.58657 | 18768.19343 | 45641.58657 |
| $N$14 | EP+PP>=12000 约 | 12000 | 0.0611115 | 12000 | 1E+30 | 760.7107001 |

图 5-47　敏感性报告

### 5.9.4　灵敏度分析

图 5-47 是由 Excel 提供的敏感性报告。该报告对可变单元格即模型中的各变量及约束条件进行了敏感性分析。读者主要观察递减成本及阴影价格数据列，可以看到，有些数据为零，有些大于零，有些小于零。等于零数据对应的变量或约束条件，表明在目前状态下，对应的变量或约束条件发生改变，不会对目标函数或解的结构发生改变，当然其改变的范围是规定的。如单元格 N15 对应的阴影价格为 0.08754565，表明当总需求电力增加一个单位，则目标函数增加 0.08754565。现将电力需求增加 10kW，看目标函数是否增加 10×0.08754565＝0.8754565。将图 5-45 中的 O4 改为 24560，点击“欢迎使用锅炉发电优化系统”目标函数为 7906.3979，原来的目标函数为 7905.5224，两者相差 7906.3979－7905.5224＝0.8755，两者基本一致。对于有些变量的改变，需要通过人工改变的途径来分

析解的结构变化及目标函数。如当燃料价格增加时，可能会减少发电量，蒸汽直接通过旁路，极端的情况是涡轮处在最低发电量状态，剩下的所有的电均外购，如将燃料价格提高到原来的 10 倍，涡轮 1 将处在最低发电量状态，即 2500kW。对于其他参数的敏感性分析，希望读者自己研究。

# 5.10 管式反应器最优温度分布

## 5.10.1 问题的提出

在长度 $L$ 为 1m，横截面积 $S$ 为 $0.01m^2$ 的固定管式平推流反应器（见图 5-48）中进行液相反应：$A \underset{k_2}{\overset{k_1}{\rightleftharpoons}} B \xrightarrow{k_3} C$，各反应均为一级，反应速率常数随温度的变化符合阿罗尼乌斯公式：

$$k_i = k_{i0}\exp\left(-\frac{E_i}{RT}\right),i=1,2,3$$

假设进料是纯 $A$，体积流量 $F_V=10L/min$，摩尔浓度 $C_{A0}=10mol/L$，$k_{10}=1/min$，且 $\frac{E_2}{E_1}=2$，$k_3=2k_2$。$E_1=1000cal/mol$。计算使产品 $B$ 的产量达到最大的最优温度分布及沿管长物质 $A$ 和物质 $B$ 的摩尔浓度分布。

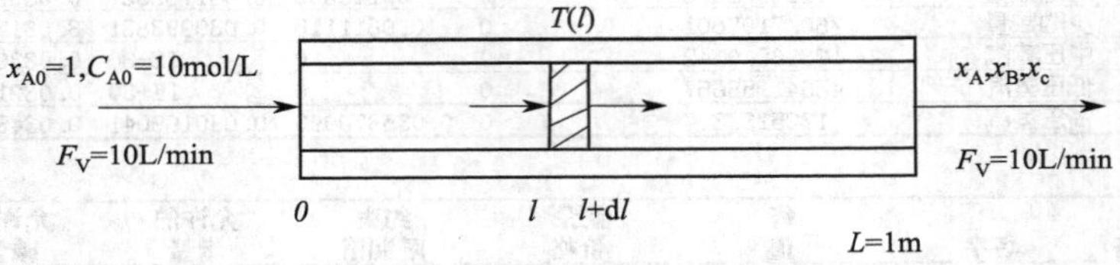


图 5-48 管式平推流反应器示意图

## 5.10.2 模型的建立

为了便于本优化模型的建立，先通过分析本 3 个分反应方程式作一些简化工作。由反应方程式可知，3 个反应消耗和生成物质的摩尔数之比均为 1∶1，也就是说，在任何时刻或管子的任何位置处，液相中 3 个组分的总摩尔浓度为 $C_{A0}=10mol/L$，设 $x_A$、$x_B$、$x_C$ 为某一位置处的物质 $A$、$B$、$C$ 的摩尔分率，则 $A$、$B$、$C$ 的摩尔浓度为：

$$C_A=C_{A0}x_A \qquad C_B=C_{A0}\,x_B \qquad C_c=C_{A0}x_C \tag{1}$$

同时，假设液相的体积流量不变，均为 10L/min，则对微元 $dV=Sdl$ 的反应物 $A$ 进行质量衡算有：

$$F_VC_{A0}x_A-F_V(C_{A0}x_A+C_{A0}dx_A)=-r_1dV=-r_1Sdl \tag{2}$$

同时由于是一级反应，有：

$$-r_1=k_1C_{A0}x_A-k_2C_{A0}x_B \tag{3}$$

将式(3) 代入式(2) 并化简有：

$$\frac{F_V}{S}\frac{dx_A}{dl}=k_2x_B-k_1x_A \tag{4}$$

由已知数据可知液相流速 $u=F_V/S=1m/min$，设 $\tau=l/u$，则式(4) 化简为：

$$\frac{dx_A}{d\tau}=k_2x_B-k_1x_A=f_1 \tag{5}$$

同理可得：

$$\frac{dx_B}{d\tau}=k_1x_A-(k_2x_B+k_3x_B)=f_2 \tag{6}$$

本问题的目标函数是当 $l=1\text{m}$ 时，$C_B-C_{B0}$ 为最大，也即 $x_B-x_{B0}$ 为最大，故目标函数为：

$$\min J=x_B(\tau_f)-x_B(0)=\int_0^{\tau_f}\frac{dx_B}{d\tau}d\tau=\int_0^{\tau_f}f_2\,d\tau \tag{7}$$

其中 $\tau_f=L/U=1\text{m}/(1\text{m/min})=1\text{min}$。

式(5)～式(7) 构成了本问题的优化模型，要求解本问题，需要利用连续系统最优化方法，涉及有关现代控制理论的知识，感兴趣的读者建议参看有关专著，在本问题求解过程中，将直接利用庞特里阿金极大值原理进行优化求解。

### 5.10.3 优化求解

本问题直接利用庞特里阿金极大值原理进行优化求解。为了便于求解，根据庞特里阿金极大值原理求解的模式，重新构建计算模型。先根据已知条件，将反应速率常数进行简化，由反应速率常数计算公式及已知条件，设 $k_1=k$，则 $k_2=k^2$，$k_3=2k^2$，引入协状态变量 $\lambda_1$ 和 $\lambda_2$，构建哈密尔顿函数 $H$：

$$\begin{aligned}H&=f_2+\lambda_1f_1+\lambda_2f_2\\&=kx_A(1+\lambda_2-\lambda_1)+k^2x_B(\lambda_1-3-3\lambda_2)\end{aligned} \tag{8}$$

改写状态方程为：

$$\frac{dx_A}{d\tau}=k^2x_B-kx_A \tag{9}$$

$$\frac{dx_B}{d\tau}=kx_A-3k^2x_B \tag{10}$$

状态方程初始条件为：

$$l=0,\tau=0:x_A(0)=1,\quad x_B(0)=0 \tag{11}$$

伴随函数

$$\frac{d\lambda_1}{d\tau}=\frac{-\partial H}{\partial x_A}=k(\lambda_1-\lambda_2-1) \tag{12}$$

$$\frac{d\lambda_2}{d\tau}=\frac{-\partial H}{\partial x_B}=-k^2(\lambda_1-3\lambda_2-3) \tag{13}$$

令 $\overline{\lambda_2}=\lambda_2+1$，则式(12)～式(13) 变为

$$\frac{d\lambda_1}{d\tau}=k(\lambda_1-\overline{\lambda_2}) \tag{14}$$

$$\frac{d\overline{\lambda_2}}{d\tau}=k^2(3\overline{\lambda_2}-\lambda_1) \tag{15}$$

终端条件：

$$l=\text{L},\tau=\tau_f=1:\lambda_1=0,\ \overline{\lambda_2}=1 \tag{16}$$

选择决策变量温度 $T$，使哈密尔顿函数值最大，即满足式：

$$\frac{\partial H}{\partial T}=\frac{\partial k}{\partial T}\{(\overline{\lambda_2}-\lambda_1)x_A+2kx_B(\lambda_1-3\overline{\lambda_2})\}=0 \tag{17}$$

即：

$$(\overline{\lambda_2}-\lambda_1)x_A+2kx_B(\lambda_1-3\overline{\lambda_2})=0 \tag{18}$$

联立求解状态方程式(9)～式(11)，伴随式(14)～式(16) 和式(18) 以确定最优温度分布和最终摩尔分率分布，其中最优温度分布实际上就是最优 $k$ 的分布，因为 $k$ 是温度 $T$ 的函数，求解得到最优的 $k$ 分布，就可以得到温度分布。在具体的 matlab 程序中，为了保证计算的收敛，人为添加了线性约束 $k_1 \geqslant k_2 \geqslant k_3 \cdots \geqslant k_n$，共构成 $n-1$ 个线性约束方程。matlab 程序中利用 bvc4c() 求解由 2 个状态方程、2 个伴随函数共 4 个微分方程组成的微分方程组，再利用 fmincon() 函数，不断优化 $k$ 的分布，使以式(18) 为目标函数的值达到最小。注意在程序中，目标函数已离散化，变成了 $n$ 个离散点对应的式(18) 的最小值。具体程序参见电子课件第 5 章程序，该程序需要运行较长时间，大约 6～10 分钟，读者需要有做够的耐心。如果没有计算机辅助，要人工计算这个优化问题，需要花费大量的时间。该案例取自 20 世纪 80 年代出版的《化工系统工程》教材，当时的教材只提供计算步骤及最后结果，读者自己根本无法尝试求解过程，作者本人在学习也感到比较迷茫。现在有了计算机辅助，可以方便地对该问题展开自己感兴趣内容的研究，如改变管子长度、改变进料浓度、改变管子横截面积等对最优温度的分布情况及最大的 $B$ 物质出口浓度。下面是 Matlab 程序主要代码：

```
function scutPFR % 求管式反应器沿长度方向最优温度分布
%Fv=10L/min,  S=0.01m²,L=1m,t=l/u,u=Fv/S=1m/min
tic  %本程序大约需要 6～10 分钟,请耐心等候,关闭一些不必要的程序
tspan=0:0.1:1;%计算范围为 0-1,每间隔 0.1 共 11 个离散点
k=[1 0.99 0.7 0.6 0.5 0.4 0.3 0.3 0.3 0.3 0.3];%对应初始温度分布 k 值,可以适当改变
% 人为添加线性约束条件,可尝试不添加,也可能计算出相同的最优解
n=length(k);%确定计算点数
lb=zeros(size(k));ub=ones(size(k));lb(1)=1;ub(1)=1;A=zeros(11,11);b=zeros(11,1);
for i=1:n-1,A(i,i)=-1;A(i,i+1)=1;end
k0=k;
k=fmincon(@OBF,k0,A,b,[],[],lb,ub,[],[],tspan)   % 优化
solinit=bvpinit(tspan,[1 0 0.5 0.5]);%初始解
sol=bvp4c(@ODEs,@BCfun,solinit,[],tspan,k);%解微分方程组
x=deval(sol,tspan);%对应点上的解
T(1)=40000;T(2)=30000;%防止温度计算过程中无穷大的出现
T(3:n) =-1000./log(k(3:n))/1.987;%温度计算
data= [tspan'x' k', T'];%数据组合
fprintf ('\n\tResults: \n'), fprintf ('\t\tL\tx1\t\tx2\t\tλ1\t\tλ2\t\t\tk\t\t\tT\n') %打印格式"\t"表示移动光标
for i=1:n, fprintf ('\t%.4f', data (i,:)), fprintf ('\n'), end %'\t%.4f'表示小数点为 4 位的浮点数
xc=1-x (1,:) -x (2,:); % 物质 C 的摩尔分率
plot (tspan, x (1,:),'r-', tspan, x (2,:), tspan, xc,'linewidth', 2)
xlabel ('长度, L (m)');
ylabel ('摩尔分率, x (%)')
legend ('x_A','x_B','x_C')
grid on
figure
CA=10* x (1,:);%物质 A 的摩尔浓度
CB=10* x (2,:);
CC=10-CA-CB;
plot (tspan, CA,'r-', tspan, CB, tspan, CC,'linewidth', 2)
xlabel ('长度, L (m)');
ylabel ('摩尔浓度, C (mol/L)')
legend ('C_A','C_B','C_C')
```

```
grid on
figure
plot(tspan(3:n),T(3:n),'r-','linewidth',2)
xlabel('长度,L (m)');
ylabel('温度,T(K)')
grid on
toc
%----------------------------------------------------------------------
function f=OBF(k,tspan) %求解目标函数
solinit=bvpinit(tspan,[1 0 0.1 0.1]);
sol=bvp4c(@ODEs,@BCfun,solinit,[],tspan,k);
x=deval(sol,tspan);
f=mean(abs(x(1,:).*(x(4,:)-x(3,:))+2*x(2,:).*k.*(x(3,:)-3*x(4,:))));%取绝对值的平均值
%----------------------------------------------------------------------
function dx=ODEs(t,x,tspan,k) % 4 个微分方程
k=spline(tspan,k,t);ramda(1)=x(3);ramda(2)=x(4);k1=k;k2=k*k;k3=2*k*k;
% 浓度方程
dx(1)=k2*x(2)-k1*x(1);%微分方程 1
dx(2)=k1*x(1)-(k2+k3)*x(2);%微分方程 2
% 伴随方程
dx(3)=k*(ramda(1)-ramda(2));%微分方程 3
dx(4)=k^2*(3*ramda(2)-ramda(1));%微分方程 4
dx=dx'; %转置
%----------------------------------------------------------------------
function bc=BCfun(ya,yb,tspan,k)        % 边界条件
bc=[ya(1)-1;ya(2);yb(3);yb(4)-1];       %1、2、3、4 分别代表微分方程 1、2、3、4
```

### 5.10.4 结果分析

本题的计算需要花费较长的时间，作者在 CPU 为 Pentuim 2.8GHz，内存为 3.0G 的计算机上耗时 348.6 秒，如果你的配置和作者的不同，计算所需的时间也会不同。下面是 Matlab 计算结果显示的数据：

Results：

| L | x1 | x2 | λ1 | λ2 | k | T |
|---|---|---|---|---|---|---|
| 0.0000 | 1.0000 | 0.0000 | 0.2884 | 0.3886 | 1.0000 | 40000.0000 |
| 0.1000 | 0.9052 | 0.0848 | 0.2713 | 0.5042 | 1.0000 | 30000.0000 |
| 0.2000 | 0.8388 | 0.1351 | 0.2460 | 0.6074 | 0.7119 | 1480.8415 |
| 0.3000 | 0.7928 | 0.1686 | 0.2198 | 0.6767 | 0.5935 | 964.4954 |
| 0.4000 | 0.7553 | 0.1948 | 0.1919 | 0.7363 | 0.5233 | 777.1518 |
| 0.5000 | 0.7237 | 0.2163 | 0.1628 | 0.7885 | 0.4752 | 676.3373 |
| 0.6000 | 0.6959 | 0.2346 | 0.1325 | 0.8362 | 0.4393 | 611.8009 |
| 0.7000 | 0.6713 | 0.2505 | 0.1010 | 0.8805 | 0.4111 | 566.2058 |
| 0.8000 | 0.6490 | 0.2645 | 0.0684 | 0.9222 | 0.3882 | 531.8592 |
| 0.9000 | 0.6288 | 0.2771 | 0.0347 | 0.9620 | 0.3690 | 504.8103 |
| 1.0000 | 0.6101 | 0.2884 | 0.0000 | 1.0000 | 0.3526 | 482.8087 |

Elapsed time is 348.625000 seconds.

将 Matlab 计算的数据和《化工系统工程》教材中的数据比较，教材中最终的 $x_A$、$x_B$ 为 0.613、0.287，Matlab 的计算结果为 0.6101、0.2884，两者基本接近。可以认为本文中的程序是正确的，同时本文采用了 4 位小数点，计算点数也增加到 11 点。当然，你也可以增加计算点数，但估计计算时间将大大增加。图 5-49 是沿管长方向的温度分布。需要说明的是由于优化计算过程中，人为设置了在入口处 $k=1$，相当于温度为无穷大，考虑到前面两点温度太大造成温度图形失真，故从离开管子入口处 0.2m 开始显示温度。从图 5-49 可知，温度沿着管子长度方向先快速下降，然后下降速度有所放缓。

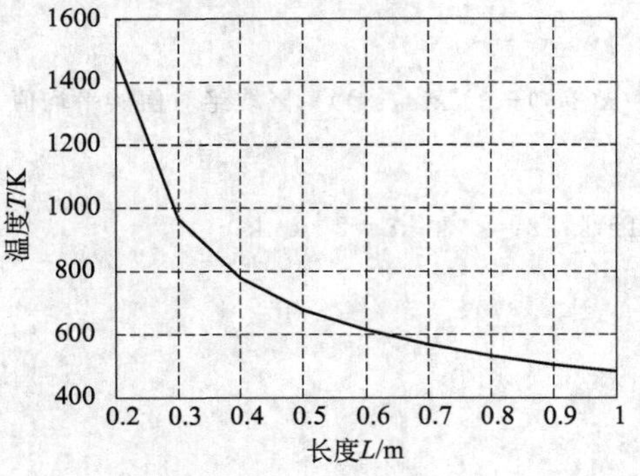


图 5-49　温度沿管长方向变化

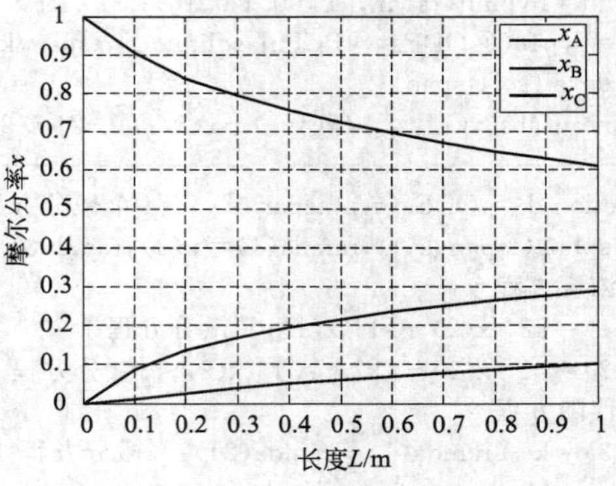


图 5-50　3 种物质摩尔分率沿管长方向变化

图 5-50 是 3 种物质的摩尔分率沿管长变化趋势，由图可知，物质 $A$ 的摩尔分率沿管长方向逐步减少，物质 $B$ 的摩尔分率沿管长方向逐步增加，物质 $C$ 的摩尔分率沿管长方向 Y 也逐步增加，且任何时刻 3 种物质的摩尔分率之和为 1。本反应体系中，由于 $k\leqslant 1$，所以物质 $A$ 的消耗速度最快，该反应控制了整个反应体系的基本进程。

如果采用计算步长为 0.05m（min），共 21 个离散点进行优化计算的话，计算结果如下：

Results：

| L | x1 | x2 | λ1 | λ2 | k | T |
|---|---|---|---|---|---|---|
| 0.0000 | 1.0000 | 0.0000 | 0.2881 | 0.3960 | 1.0000 | 40000.0000 |
| 0.0500 | 0.9529 | 0.0448 | 0.2814 | 0.4435 | 1.0000 | 30000.0000 |
| 0.1000 | 0.9091 | 0.0821 | 0.2716 | 0.5018 | 1.0000 | 436983940.6651 |
| 0.1500 | 0.8722 | 0.1108 | 0.2594 | 0.5581 | 0.8310 | 2718.2078 |
| 0.2000 | 0.8428 | 0.1329 | 0.2468 | 0.6021 | 0.7223 | 1546.7618 |
| 0.2500 | 0.8177 | 0.1514 | 0.2338 | 0.6402 | 0.6508 | 1171.5506 |
| 0.3000 | 0.7957 | 0.1672 | 0.2204 | 0.6742 | 0.5991 | 982.1734 |
| 0.3500 | 0.7759 | 0.1812 | 0.2066 | 0.7052 | 0.5591 | 865.6381 |
| 0.4000 | 0.7578 | 0.1937 | 0.1925 | 0.7340 | 0.5271 | 785.8264 |
| 0.4500 | 0.7412 | 0.2051 | 0.1781 | 0.7611 | 0.5005 | 727.0804 |
| 0.5000 | 0.7258 | 0.2155 | 0.1633 | 0.7869 | 0.4779 | 681.6951 |
| 0.5500 | 0.7114 | 0.2250 | 0.1483 | 0.8114 | 0.4585 | 645.3901 |
| 0.6000 | 0.6979 | 0.2339 | 0.1329 | 0.8350 | 0.4415 | 615.5853 |

| | | | | | | |
|---|---|---|---|---|---|---|
| 0.6500 | 0.6851 | 0.2422 | 0.1173 | 0.8577 | 0.4264 | 590.4352 |
| 0.7000 | 0.6730 | 0.2500 | 0.1013 | 0.8797 | 0.4129 | 568.9969 |
| 0.7500 | 0.6616 | 0.2572 | 0.0851 | 0.9010 | 0.4008 | 550.4138 |
| 0.8000 | 0.6506 | 0.2641 | 0.0686 | 0.9217 | 0.3897 | 534.0643 |
| 0.8500 | 0.6402 | 0.2706 | 0.0519 | 0.9419 | 0.3796 | 519.5825 |
| 0.9000 | 0.6302 | 0.2767 | 0.0349 | 0.9617 | 0.3703 | 506.6048 |
| 0.9500 | 0.6206 | 0.2825 | 0.0176 | 0.9810 | 0.3617 | 494.9271 |
| 1.0000 | 0.6114 | 0.2881 | 0.0000 | 1.0000 | 0.3538 | 484.3343 |

Elapsed time is 1578.688000 seconds.

观察由 21 个点计算的结果，其实和 11 个点计算的结果没有多大的变化，但耗时却增加了 3 倍左右，大约需要 26min，作者并不建议增加太多的离散点。

## 5.11 串联反应器最佳空时分析

### 5.11.1 问题的提出

前面分析了在长度固定的反应器上如何优化温度分布，使出口处某物质的浓度最大或收率最大。本问题却是在等温的情况下，如何优化空时（其实就是反应器体积或管子长度）使某物质的浓度最大，也就是说某物质的收率最高。现有某等温理想管式平推流反应器，长度 $L$ 为 8m，横截面积 $S$ 为 0.05m$^2$，发生液相反应：

$$A \xrightarrow{k_1} B \tag{1}$$

$$2B \xrightarrow{k_2} C \tag{2}$$

其中第 1 个反应为一级反应，第 2 个反应为二级反应，反应速率常数 $k_1=0.10/\text{min}$，$k_2=0.2\text{L}/(\text{mol}\cdot\text{min})$，进料体积流量 $F_V=10\text{L/min}$，摩尔浓度 $C_{A0}=10\text{mol/L}$，$C_{B0}=1\text{mol/L}$，进料不含物质 $C$，试计算沿管子长度方向的 3 种物质浓度分布，并确定物质 $B$ 的浓度最大时的管子长度。

### 5.11.2 模型的建立

本反应体系和前面 5.10 中反应体系最大的不同是反应前后物质总摩尔数是改变的，而 5.10 中反应前后的物质总摩尔数不改变，故不能简单套用反应设计方程，但可从 3 种物质的质量衡算方便得到 3 个微分方程，先进行一些数据处理，由已知数据可知液相流速 $u=F_V/S=0.2\text{m/min}$，设空时 $\tau=l/u$，则管长 8m 处，相当于 $\tau=8/0.2=40\text{min}$。

对物质 $A$、$B$、$C$ 分别进行质量衡算得：

$$\frac{dC_A}{d\tau}=-k_1C_A \tag{3}$$

$$\frac{dC_B}{d\tau}=k_1C_A-k_2C_B^2 \tag{4}$$

$$\frac{dC_C}{d\tau}=0.5k_2C_B^2 \tag{5}$$

初始条件：

$$\tau=0,\ C_{A0}=10, C_{B0}=1, C_{C0}=0 \tag{6}$$

联立求解式(2)～式(6) 就可以得到 3 种物质浓度随空时的变化，将空时乘上流速就可以得到长度。

### 5.11.3 模型的求解

本问题的模型是微分方程组的初值问题，可以方便地利用第 3 章中介绍的 matlab 内部函数 ode () 加以求解，程序如下：

```
function isothermaPER
% 等温理想管式平推流反应器求解
% 由华南理工大学方利国编写，2013 年 5 月 15 日，在 7.0 版本上调试通过
% 欢迎读者调用，如有问题请告知 lgfang@scut.edu.cn
clear all;clc
C0 = [10 1  0 ];
u=0.2 %流速
tspan=0:1:40;
n=length(tspan);
[t,C] = ode23s(@weifME, tspan, C0);
tC=C(:,1)+C(:,2)+C(:,3);
tspan=0.2.*tspan;% 将空时转化为管长
data=[tspan' C tC];
fprintf('\n\tResults:\n'),fprintf('\t\tL\tC_A\t\tC_B\t\tC-_C\t\tTC\n') %打印格式"\t"表示移动光标
for i=1:n,fprintf('\t%.4f',data(i,:)),fprintf('\n'),end %'\t%.4f'表示小数点为 4 位的浮点数
plot(tspan,C(:,1),'r-',tspan,C(:,2),'k',tspan,C(:,3),'b-',tspan,tC,'g-','linewidth',2);% 绘图
xlabel('管长 (m)');
ylabel('浓度 (kmol/m^3)');
legend('A','B','C','TC');
grid on
function dC = weifME(t,C)
k1=0.1; % 反应 1 速率常数，1/min
k2=0.2; % 反应速率，L/mol.min
dCA=-k1*C(1);
dCB=k1*C(1)-k2*C(2)^2;
dCC=k2*C(2)^2/2;
dC=[dCA; dCB; dCC];
```

运行该程序，可得下面数据（已删除部分数据）：

Results:

| L | C_A | C_B | C_C | TC |
|---|---|---|---|---|
| 0.0000 | 10.0000 | 1.0000 | 0.0000 | 11.0000 |
| 2.2000 | 3.3262 | 5.8338 | 0.9200 | 10.0800 |
| 2.4000 | 3.0090 | 5.9162 | 1.0374 | 9.9626 |
| 2.6000 | 2.7215 | 5.9665 | 1.1560 | 9.8440 |
| 2.8000 | 2.4625 | 5.9862 | 1.2756 | 9.7244 |
| 3.0000 | 2.2271 | 5.9826 | 1.3951 | 9.6049 |
| 3.2000 | 2.0150 | 5.9561 | 1.5145 | 9.4855 |
| 7.6000 | 0.2219 | 3.4921 | 3.6430 | 7.3570 |
| 7.8000 | 0.2008 | 3.3759 | 3.7117 | 7.2883 |
| 8.0000 | 0.1817 | 3.2622 | 3.7781 | 7.2219 |

由以上数据可知，大约在 2.8～3.0m 处，物质 $B$ 的摩尔浓度最大，同时从总摩尔浓度 TC 的数据也可以发现，总摩尔浓度是下降的。图 5-51(a)～(d) 是不同反应速率常数下 3 种物质的摩尔浓度随长度变化图。

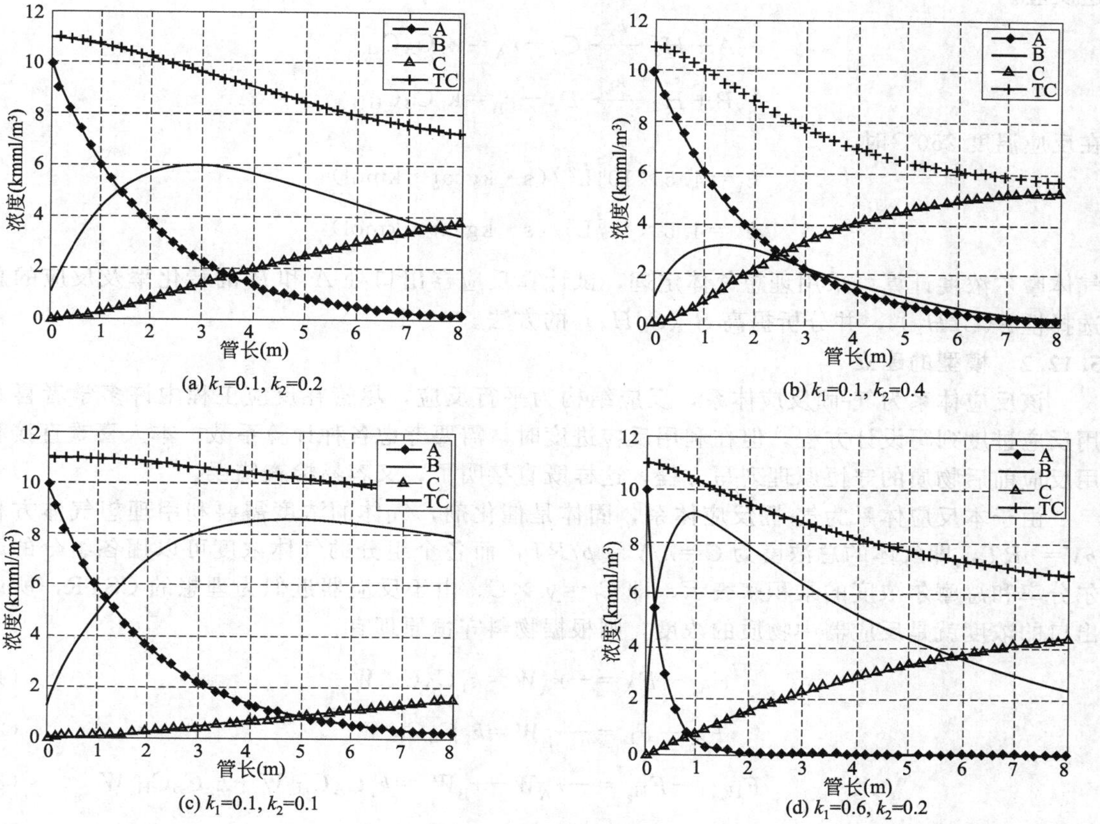


图 5-51 不同反应速率常数下 3 种物质摩尔浓度及总摩尔浓度随管长变化

由图 5-51 可知，在原已知条件下，见图 5-51(a)，物质 $B$ 的摩尔浓度最大处出现在 3m 左右处，此时物质 B 的浓度大约为 6mol/L；当增加第二个反应的速率常数时，见图 5-51(b)，物质 B 的最大浓度出现在 1.5m 处，其值约为 3.3mol/L；而当减小第二个反应的速率常数时，见图 5-51(c)，物质 B 的最大浓度出现在 4.5m 处，其值约为 8.3mol/L；而当增加第一个反应的速率常数时，见图 5-51(d)，物质 B 的最大浓度出现在 1m 处，其值约为 9.1mol/L。

# 5.12 平行理想催化反应模拟及优化分析

## 5.12.1 问题的提出

前面两个案例都是液相串联反应，一个是在管长恒定的情况下求最优的温度分布使中间产物的浓度最大，另一个是在温度恒定的情况下，决定最优管长使出口处中间产物的浓度为最大。但在石油化工的加氢反应中，常常会发生平行反应，有时我们希望平行反应中的某一个反应的选择性高一点或希望某一个物质的转化率达到一定值。下面通过一个具体的案例，来解决这个问题。

已知有 $A$ 和 $B$ 两种烯烃加入催化流化床反应器中，操作温度为 250℃，总压为 1atm，反应器可近似为理想 CSTR，反应器内装填催化剂 $W=2000$kg。物质 $A$ 的加入量为 2000mol/h，$B$ 为 2000mol/h，氢气为 4000mol/h，无物质 $C$ 和 $D$。反应器内发生以下不可逆反应。

$$A+H_2 \xrightarrow{k_1} C, -r_A=k_1 C_A C_{H_2}$$

$$B+H_2 \xrightarrow{k_1} D, -r_B=k_2 C_B C_{H_2}$$

在反应温度 250℃时，

$$k_1=4.5\times 10^6 \mathrm{L^2/(s\cdot kgcat\cdot kmol)}$$

$$k_2=4.5\times 10^6 \mathrm{L^2/(s\cdot kgcat\cdot kmol)}$$

气体摩尔浓度计算可采用理想气体定理，试计算反应器出口处 $A$ 和 $B$ 的转化率及反应的总选择性 $S(C/H_2)$，并分析提高 $S(C/H_2)$ 的方法。

**5.12.2 模型的建立**

该反应体系为气-固反应体系，反应结构为平行反应，尽管在反应工程中许多学者喜欢用反应进度列写设计方程，但在利用反应进度时，需要考虑各种计算系数，本人喜欢直接利用反应前后物质的守恒原理列写方程，这样既直接明了，又容易检查错误。

由于本反应体系为气-固反应体系，固体是催化剂，气体的浓度需要利用理想气体方程 $pV=nRT$，即气体的总浓度为 $C=n/V=p/RT$，而各个组分的气体浓度可以用各组分的摩尔分率和总摩尔浓度的乘积来表示，即 $C_i=y_i\times C$。由于反应器近似为理想的 CSTR，所以出口的浓度就是反应器中物质的浓度，则根据物料守恒原理有：

$$F_{A_0}-F_A=-r_A W=k_1 C_A C_{H_2} W \tag{1}$$

$$F_{B_0}-F_B=-r_B W=k_2 C_B C_{H_2} W \tag{2}$$

$$F_{H_2,0}-F_{H_2}=-r_A W-r_B W=k_1 C_A C_{H_2} W+k_2 C_B C_{H_2} W \tag{3}$$

$$F_C=-r_A W=k_1 C_A C_{H_2} W \tag{4}$$

$$F_D=-r_B W=k_2 C_B C_{H_2} W \tag{5}$$

而根据理想气体可知反应器内各组分的摩尔浓度如下：

$$C_A=\frac{F_A}{F_A+F_B+F_C+F_D+F_{H_2}}\times\frac{p}{RT}$$

$$C_B=\frac{F_B}{F_A+F_B+F_C+F_D+F_{H_2}}\times\frac{p}{RT}$$

$$C_C=\frac{F_A}{F_A+F_B+F_C+F_D+F_{H_2}}\times\frac{p}{RT} \tag{6}$$

$$C_D=\frac{F_A}{F_A+F_B+F_C+F_D+F_{H_2}}\times\frac{p}{RT}$$

$$C_{H_2}=\frac{F_A}{F_A+F_B+F_C+F_D+F_{H_2}}\times\frac{p}{RT}$$

将浓度表达式(6) 代入式(1)～式(5)，联立求解，就可以得到反应器出口处 5 种物质的量，再利用物质 $A$ 和 $B$ 反应前后的量，可以方便地计算出其转化率。

物质 $A$ 的转化率$=(F_{A_0}-F_A)/F_A$ (7)

物质 $B$ 的转化率$=(F_{B0}-F_B)/F_B$ (8)

同时，结合氢气在反应前后量的变化及反应方程中的系数，可以方便地计算出选择性$S(C/H_2)$。

$$S(C/H_2)=F_C/(F_{H_2,0}-F_{H_2}) \tag{9}$$

### 5.12.3 模型的计算

尽管本模型的计算并不十分复杂，手工计算也是可以的，但作者还是建议利用 Excel 表格进行计算，图 5-52 是作者开发的 Excel 计算表格。

平行理想催化反应模拟及优化分析 华南理工大学化学与化工学院方利国开发lgfang@scut.edu.cn

已知数据：

| 温度T,C° | 压力p,atm | 催化剂量W,kg |
|---|---|---|
| 250 | 1 | 1000 |
| 原料A加入量$F_{A0}$,kmol/h | 原料B加入量$F_{B0}$,kmol/h | $H_2$加入量$F_{H2}$,kmol/h |
| 1000 | 1000 | 2000 |
| 反应1速率常数k1 | 反应1速率常数k2 | L/h.kgcat.kmol |
| 1.62E+10 | 1.62E+09 | |
| 理想气体常数 R,L.atm/kmol.K | 温度转化C° >K | p/RT |
| 82.06 | 523.15 | 2.32939E-05 |

反应方程：

$A+H_2\xrightarrow{k}C,\ -r_A=k_1C_AC_{H_2}$

$B+H_2\xrightarrow{k}D,\ -r_B=k_2C_BC_{H_2}$

| 方程左边 | 方程右边 | ξ |
|---|---|---|
| 8.79E+03 | 8790.215655 | 515.2719726 |
| 8.79E+02 | 879.0215653 | 96.08707734 |

计算结果：

| 出口物料 | 数据 | 浓度 | 数据 | 方程左边 | 方程右边 |
|---|---|---|---|---|---|
| $F_A$ | 484.742 | $C_A$ | 3.3E-06 | 515.2583 | 515.2878 |
| $F_B$ | 903.918 | $C_B$ | 6.2E-06 | 96.08231 | 96.0878 |
| $F_C$ | 515.258 | $C_C$ | 3.5E-06 | 515.2583 | 515.2878 |
| $F_D$ | 96.0823 | $C_D$ | 6.6E-07 | 96.08231 | 96.0878 |
| $F_{H2}$ | 1388.66 | $C_{H2}$ | 9.5E-06 | 611.3406 | 611.3756 |
| $F_T$ | 3388.66 | $C_T$ | 2.3E-05 | | |
| A转化率 | 0.51526 | B转化率 | 0.09608 | 选择性 | 0.84283 |

质量守恒方程

$F_{A0}-F_A=-r_AW=k_1C_AC_{H2}W$

$F_{B0}-F_B=-r_BW=k_2C_BC_{H2}W$

$F_{H2,0}-F_{H2}=-r_AW-r_BW=k_1C_AC_{H2}W+k_2C_BC_{H2}W$

$F_C=-r_AW=k_1C_AC_{H2}W$

$F_D=-r_BW=k_2C_BC_{H2}W$

图 5-52 平行理想催化反应模拟及优化分析计算界面

本模型本身的计算并不困难，只要先将各种已知条件如图 5-52 输入，再将对应 5 个方程的表达式分别输入 I5:I9、J5:J9，同时对浓度数据 H5:H9 需要利用公式(6) 输入，对于出口物料流量可先设置为 1，利用 H10 单元格先算出总出口摩尔流量，这样在计算各组分摩尔浓度时就比较简单，如设置 $C_A$ 对应的单元格 H5＝F5/＄F＄10* ＄C＄11，其他浓度就可以直接下拉复制即可。本模型计算中必须提醒读者注意的有两点：一是气体常数 $R$ 的选取必须和反应速率常数及反应体系的压力单位配合，如不同的反应速率常数单位及压力单位，则 $R$ 的单位也不同，就会有不同 $R$ 的数值，如有 1.987，8.314，10.73，62.36 等数据，希望读者引起注意。二是反应速率常数中时间的单位必须换算至和反应体系中的物质流量的时间单位一致，由于流量的时间单位是小时，而速率常数中的时间单位是秒，且在分母中，故实际计算时需将反应速率常数乘上 3600。

由图 5-52 的计算结果可知，在本反应条件下，$A$ 的转化率为 51.53%，$B$ 的转化率为 9.61%，总选择性 $S(C/H_2)$ 为 84. 3%。由于两个平行反应都是二级反应，反应过程的总摩尔数减少，提高系统的压力，相当于提高了反应物的浓度，$A$ 和 $B$ 的转化率将同时提高，但选择性将降低，如将压力提高到 5atm，计算结果则为 $A$ 的转化率为 92.20%，$B$ 的转化率为 61.87%，总选择性 $S(C/H_2)$ 为 60.36%。因此，如果想要提高总选择性 $S(C/H_2)$ 可降低压力，如压力降为 0.5atm 时，选择性为 88.97%，但物质 $A$ 的转化率降为 21.48%。多级串联，如 3 级串联，第一级选择性为 88.37%，$A$ 的转化率降为 26.68。

## 本章小结及提点

本章通过十二个具体案例的分析，全面呈现了化工过程分析的方方面面，如模型方程的建立、模拟软件的选择、具体计算程序的编写、对计算或模拟结果的分析等等。读者在阅读本章内容时，一方面要注意书中各个案例是如何简化、建模、求解等过程，另一方面必须提醒读者注意的是各个参数的单位，如气体常数 $R$，在不同的计算公式及公式中其他参数改变时就有可能采用不同的单位，如 $J \cdot mol^{-1} \cdot K^{-1}$、$atm \cdot l \cdot mol^{-1} \cdot K^{-1}$，其值相应为 8.3147 及 0.08206。如果不注意各种参数及变量的单位，即使其他各个方面均正确，最后也得不到正确的解，有时连自己也找不到问题的所在或自认为结果是正确的，这是十分危险的事情。因为将如此模拟分析的数据用于实际过程，可能带来灾难性的后果。读者通过这十二个案例的学习，应基本具备对化工过程系统进行分析的能力，掌握利用计算机化工过程模拟的基本方法，并能对模拟结果的正确与否作出合理的判断。

## 习题

1. 某化工厂拟用并流多效蒸发系统浓缩某盐溶液，其工艺流程见下图。盐溶液的处理量为 0.3kg/s，沸点进料，盐溶液的初始浓度为 4%（质量百分浓度），最终浓度要求达到 32%，已知以下参数：

   ① 每效蒸发器初始投资为 10 万元（已包含辅助管道和阀门等费用）；

   ② 设备寿命为 12 年，每年操作时间 300 天，设备报废时每效需 5000 元拆除费（已扣除可回收金属收益）；

   ③ 设备每年的维修费用为初始投资的 5%；

   ④ 设备初始投资为银行贷款，年利率为 5.6%，设备折旧按银行贷款利率动态折旧；

   ⑤由于热损失等原因，每效蒸发器中，每公斤蒸汽可蒸发 0.9kg 的水，一次蒸汽的价格为 0.01 元/kg。

   请问根据以上条件，该浓缩系统为多少效时（注意如计算得到有小数点，需对该数对应的前后两个整数进行比较，确定最佳)，系统每年的总费用最低，要求：

   ① 建立详细的优化数学模型，对涉及的变量应说明；

   ② 应说明优化计算的方法、步骤（如自己编程，需附上关键程序）；

   ③ 算出在最小费用下的设备费用、操作费用、一次蒸汽耗量；

   ④ 至少选择一个已知参数（如银行贷款利率、一次蒸汽价格、每效蒸发器投资），分析该参数改变时最佳效数及对应设备费用、操作费用、一次蒸汽耗量的变化并作图。

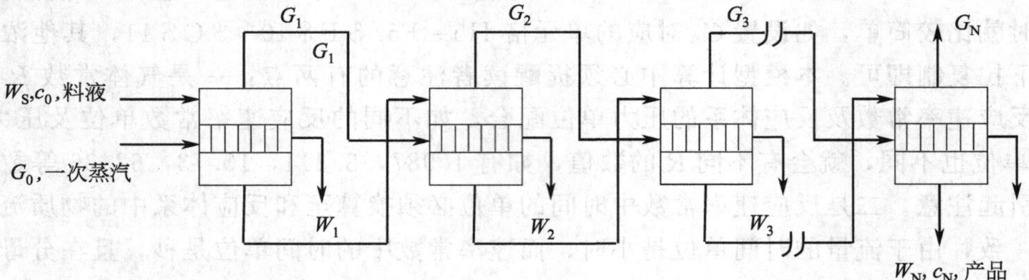


2. CSTR 反应器，发生一级串联反应，已知：$A \xrightarrow{k_1} B \xrightarrow{k_2} C$

   $k_1=1/h$，$k_2=2/h$，$C_{A0}=1mol/l$，$F_0=1000l/h$，纯 A 进料，问反应器的体积 $V$ 为何值时，可使出口处物料 B 的浓度为最大？

   $C_{A0}=1mol/l, F_0=1000l/h$

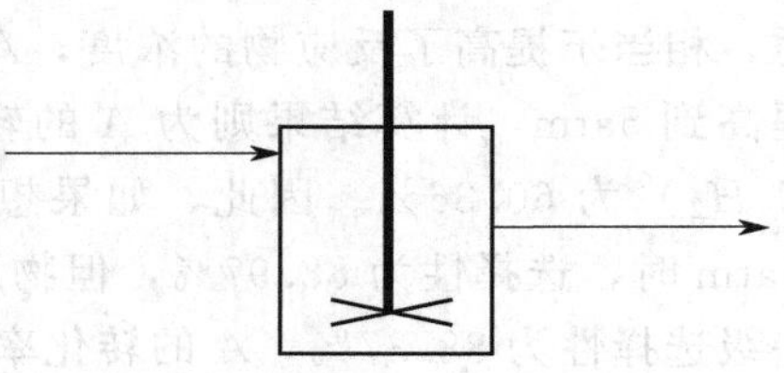

3. 某化工冶炼厂拟用下面 5 种合金，混合起来冶炼成一种新的合金，新合金的成分为含铅 30%，含锌 40%，含锡 30%，问如何配置 5 种合金的比例，使新合金的费用最小（不考虑加工费用，只计原料成本）。已知数据如下：

| 合金<br>成分 | A | B | C | D | E |
|---|---|---|---|---|---|
| 含铅(%) | 30 | 10 | 50 | 10 | 50 |
| 含锌(%) | 60 | 20 | 20 | 10 | 10 |
| 含锡(%) | 10 | 70 | 30 | 80 | 40 |
| 价格(元/kg) | 8.5 | 6.0 | 8.9 | 5.7 | 8.8 |

4. 某制药厂用原料 M1、M2、M3 加工成 P1、P2、P3 三种药品，已知各药品的原料含量，原料成本，每月的原料限制，各药品的单位加工费用和售价如下表所示，问各药品每月的产量及配置如何安排，才能使该厂的每月利润最大？

| | P1 | P2 | P3 | 原料成本(元/kg) | 每月限量(kg) |
|---|---|---|---|---|---|
| M1 | ≥60% | ≥15% | 无要求 | 2 | 2000 |
| M2 | 无要求 | 无要求 | 无要求 | 1.5 | 2500 |
| M3 | ≤20% | ≤60% | ≤50% | 1 | 1200 |
| 加工费(元/kg) | 0.5 | 0.4 | 0.3 | | |
| 售价(元/kg) | 3.4 | 2.85 | 2.25 | | |

5. 某制药厂用原料 M1、M2、M3 加工成 P1、P2、P3 三种药品，已知各药品所需的原料量，原料成本，每月的原料限制，各药品的单位加工费用和售价如下表 1 所示，问各药品每月的产量如何安排，才能使该厂的每月利润最大（要求建立线性规划模型，无需求解）？若已利用计算机求解出最优解，见下表 2，现运力紧张，原料的每月限制要减少，请问可以减少哪种原料，最大的减少量为多少时，该厂的每月最大利润不会改变？你还可以提出哪些问题？如何解决？

**表 1　原始数据**

| 产品(kg)<br>原料产品(kg) | P1 | P2 | P3 | 原料成本(元/kg) | 每月限量(kg) |
|---|---|---|---|---|---|
| M1 | 1 | 0.5 | 0.8 | 2 | 3000 |
| M2 | 1 | 3 | 1.5 | 1.5 | 3500 |
| M3 | 1 | 0.7 | 0.5 | 1 | 2200 |
| 加工费(元/kg) | 0.5 | 0.2 | 0.1 | | |
| 售价(元/kg) | 8 | 7 | 6 | | |

**表 2　Excel 求解结果**

| 产　量 | P1 | P2 | P3 | 原料成本(元/kg) | 每月限量(kg) | 实际消耗 |
|---|---|---|---|---|---|---|
| | 1550 | 0 | 1300 | | | |
| M1 | 1 | 0.5 | 0.8 | 2 | 3000 | 2590 |
| M2 | 1 | 3 | 1.5 | 1.5 | 3500 | 3500 |
| M3 | 1 | 0.7 | 0.5 | 1 | 2200 | 2200 |
| 加工费(元/kg) | 0.5 | 0.2 | 0.1 | | | |
| 售价(元/kg) | 8 | 7 | 6 | 目标函数 | 6665 | |

6. 某催化剂性能 $y$ 和某三个关键因素有关，这三个关键因素分别为 $x_1$、$x_2$、$x_3$。现通过 10 组实验，测得 10 组 $x_1$、$x_2$、$x_3$ 和 $y$ 的数据，见下页表。今拟用 $y=a_1x_1+a_2x_2+a_3x_3+a_4x_1x_2+a_5x_2x_3$ 进行拟合，试确定各个拟合系数，并计算 $x_1=0.5$、$x_2=0.5$、$x_3=0.5$ 时的 $y$ 值，确定在 $1\geqslant x_1\geqslant 0$、$1\geqslant x_2\geqslant 0$、$1\geqslant$

$x_3 \geqslant 0$ 条件下 $y$ 的最大值及此时的 $x_1$、$x_2$、$x_3$。

**催化剂性能系数**

| $x_1$ | $x_2$ | $x_3$ | $y$ | $x_1$ | $x_2$ | $x_3$ | $y$ |
|---|---|---|---|---|---|---|---|
| 0.1 | 0.2 | 0.3 | 0.3＋No/200 | 0.6 | 0.7 | 0.7 | 0.72＋No/200 |
| 0.3 | 0.6 | 0.9 | 0.83＋No/200 | 0.7 | 0.1 | 0.3 | 0.8＋No/200 |
| 1 | 1 | 1 | 0.7＋No/200 | 0.8 | 0.7 | 0.8 | 0.82＋No/200 |
| 1 | 0.5 | 0.2 | 0.6＋No/200 | 0.4 | 0.9 | 0.4 | 0.52＋No/200 |
| 0.1 | 0.4 | 0.6 | 0.45＋No/200 | 0.2 | 0.8 | 0.3 | 0.4＋No/200 |

7. 已知著名的马丁-侯方程如下式：

$$P=\frac{RT}{V-B}+\frac{A_2+B_2T+C_2\exp\left(\frac{-5T}{T_C}\right)}{(V-B)^2}+\frac{A_3+B_3T+C_3\exp\left(\frac{-5T}{T_C}\right)}{(V-B)^3}+$$

$$\frac{A_4}{(V-B)^4}+\frac{A_5+B_5T+C_5\exp\left(\frac{-5T}{T_C}\right)}{(V-B)^5}$$

式中压力 $P$ 的单位为 atm，温度 $T$ 的单位为 K，$V$ 为气体的摩尔体积，单位为 $mL \cdot mol^{-1}$，已知某物质上式中的各项系数如下：

$A_2=-4.3914731E+6, A_3=2.3373479E+8, A_4=-8.1967929E+9, A_5=1.1322983E+11$,
$B_2=4.5017239E+3, B_3=-1.0297205E+5, B_5=7.4758927E+7, B=20.101853mL \cdot mol^{-1}$,
$C_2=-6.0767617E+7, C_3=5.0819736E+9, C_5=-3.2293760E+12, T_C=304.2K, R=$
$82.06ml \cdot atm \cdot mol^{-1} \cdot K^{-1}$，请计算温度在（60＋No）℃时，压力在 1atm 到 301atm，每间隔 20atm 时的 $V$，单位为 $mL \cdot mol^{-1}$。

8. 已知某反应系统为：$C_1 \underset{k_2C_2C_3}{\longleftrightarrow} C_2 \xrightarrow{k_3C_2^2} C_3$，描述该系统的微分方程组为：

$$\frac{dC_1}{dt}=-k_1C_1+k_2C_2C_3$$

$$\frac{dC_2}{dt}=k_1C_1-k_2C_2C_3-k_3C_2^2$$

$$\frac{dC_3}{dt}=k_3C_2^2$$

已知进料时只有 $C_1$ 组分，$C_1(0)=1$，$k_1=0.04$，$k_2=0.01$，$k_3=0.06-No/1000$，求解该微分方程组，画出 $t=[0, 100]$ 之间三种物质组分浓度的变化曲线，求出 $t=20$ 时的 $C_1$、$C_2$、$C_3$，确定 $t$ 为何值时 $C_2$ 的值为最大？

9. 已知某有机混合物含有庚烷（40－No/2）%（质量百分比，下同）、辛烷（50＋No/2）%、壬烷 10%，请计算该混合物在 1atm 压力下（液态），温度为 50～100℃时的等压比热容 $C_P$，单位用 kJ/kmol·K；密度 $\rho$，单位用 $kg/m^3$。需要数据列表及图形绘制（物性采用 RK－SOAVE 方法，假设混合物性质具有按质量百分数加和性质）。

# 第6章

# 化工过程合成技术及优化

**【本章导读】**

前面第 5 章所分析和研究的化工过程均是一个基本确定的系统，一般也只能调节进入系统物料的变量，如浓度、温度、压力；或过程的操作参数，如精馏塔回流比，反应器内温度、压力等参数，而无法改变诸如换热器面积、精馏塔塔板数、反应器类型等设备结构参数或设备类型。本章所研究的问题则是可以改变以上所有的变量，因为我们所研究的化工过程系统此时尚未合成或真实存在，你还可以有多种选择，合成理想的系统，来完成该系统指定的任务。本章就是要研究如何合成一个确定的化工系统，在一定的约束条件下，来完成指定的任务。这些指定的任务可能是某产品的年产量，也可以是一定的分离要求、规定的换热任务。本章将主要对反应过程合成、分离过程合成、换热过程合成展开讨论。

## 6.1 合成策略

化工过程合成又称化工过程综合，它是在一定的约束条件下，构建一个化工过程，并要求该化工过程的总性能达到最佳。由此可见，化工过程合成涉及 3 个方面的要素或内容。一是约束条件，约束条件可以是对该化工过程基本要求，如要求年产纯度为 99%的环氧丙烷 10 万吨，或年产 98%的片碱 5 万吨；也可以是资金的约束，如总投资为 1 亿元人民币以下，也可以是技术上的约束条件，如最大压力小于 10MPa。二是构建一个化工过程，化工过程的构建包括反应过程构建、分离过程构建、换热网络构建、公用工程构建、后勤及现场安装集成过程综合。构建化工过程既可以从一个原始方案开始，通过不断优化获得最佳的方案，也可以不设定原始方案，直接进行过程合成。三是要求总性能达到最佳，这个总性能可能是在资源有限的情况下产量最大，也可以是总利润最大，也可以是几个指标的综合。目前对于整个化工过程优化而言，一般采用年费用最小或总利润最大，而对于有些相对简单的能量转换系统，可考虑有效能利用率最大或热经济最优。总之，对已经初步构建的化工过程进行优化，这是化工过程合成的核心，如果没有优化，也就是没有对合成过程的总性能提出要求，只合成一个符合约束要求的过程没有多大意义。

目前常用的化工过程合成策略是利用在第 1 章中介绍的洋葱模型，将相互作用的洋葱模型由里向外层层递推，如图 6-1。常规的合成过程，从反应器系统开始，不断调整优化，最后得到一个相对较优的过程。

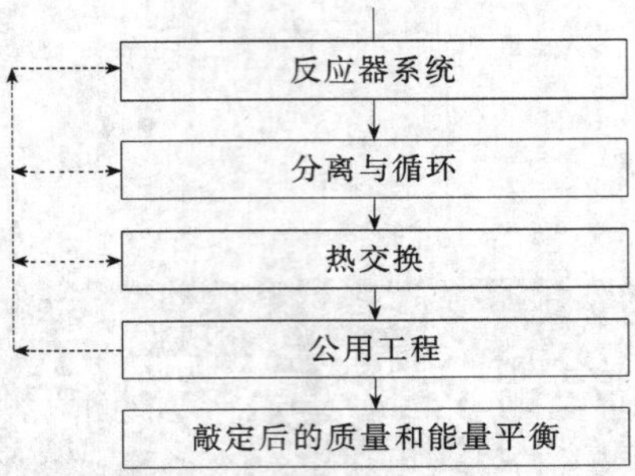


图 6-1　常规合成过程策略

由图 6-1 可知，常规的合成过程尽管加入了互相之间的作用，但在反应系统合成时，分离系统尚未合成，此时做出的最优反应系统，当考虑分离与物料循环时可能不再处在最优状态。常规的合成方法是对每一阶段所适用的信息做出相应的决定，而这些信息是不完整的信息，所以常规的合成方法不能保证最终能找到最优设计。但这种合成的主要优点是设计者能够控制基本的设计决定，而且能够随设计进展与设计本身进行交流。

常规的合成过程其实是一个相对固定的结构，它是从一个不可简化的流程开始。不可简化是由于我们在每一步合成时已经进行了优化，淘汰了一些在当前阶段认为并不优化的单元或操作模式。但是这些被淘汰的单元或操作模式，如果放在更大范围内进行考量，则可能是优化的单元或操作模式，基于这样的思路，人们提出了另一种化工过程合成的策略，这种策略就是先建立一种可以简化的超结构流程，将目前可以应用的单元操作以并联的形式出现在整个流程中，通过优化技术，将多余的单元删除，得到优化后简化流程。如图 6-2 是甲苯和氢制苯的超结构流程，它是由甲苯与氢气反应生产苯的一种可能的加工过程。在图 6-2 中，因为原料氢气中含有少量的杂质甲烷，所以它就涉及两种选择：①用膜分离器精制原料氢气后再进料；②原料氢气直接进料。氢气和甲苯混合后预热到反应温度，因为要求反应温度很高，所以只能选用加热炉，没有第二种选择。随后又面临两种反应器的选择：①等温反应器；②绝热反应器。其实也可以对反应器进行进一步的细分，如绝热反应器具体的结构形式还可以进一步细分，显然，这就涉及许多选择。超结构包含一些多余的设备，是为了保证将那些可能会成为最优设计一部分的设备都考虑在内。

对于图 6-2 的超级结构流程，可利用混合整数非线性规划的方法进行优化，将并联的单元设置 0 或 1 的逻辑数，如果逻辑数为 0，表明不设置这个单元；如果逻辑数为 1，则设置该单元。将图 6-2 的流程进行优化后得到图 6-3 的优化流程。在该流程中，经过结构优化去掉了图 6-2 中包括的用于精制原料氢气的膜分离器，同样还去掉了等温反应器和许多其他设备。利用超结构流程进行化工过程合成优化存在以下一些缺点。

① 如果初始超结构不包括最佳流程结构，那么这种方法就不能找到最佳流程。初始超结构包括的选择越多，就越有可能含有最佳流程。

② 如果准确表示流程中所有独立的单元操作，那么得到的需要进行优化的经济效益随各种变量变化的分布曲线既非常庞大又不规则。经济效益分布曲线就像环抱着众多山峰的群山。山中的每一个山峰对应于经济效益分布曲线中的一个局部最优值，而最高的山峰对应于经济效益分布曲线中的最大经济效益值，它被称为全局最优值。优化过程相当于在浓雾笼罩的群山中，在没有地图的帮助下，仅仅凭借指南针和高度仪辨明方向和高度而找到最高山峰的过程。

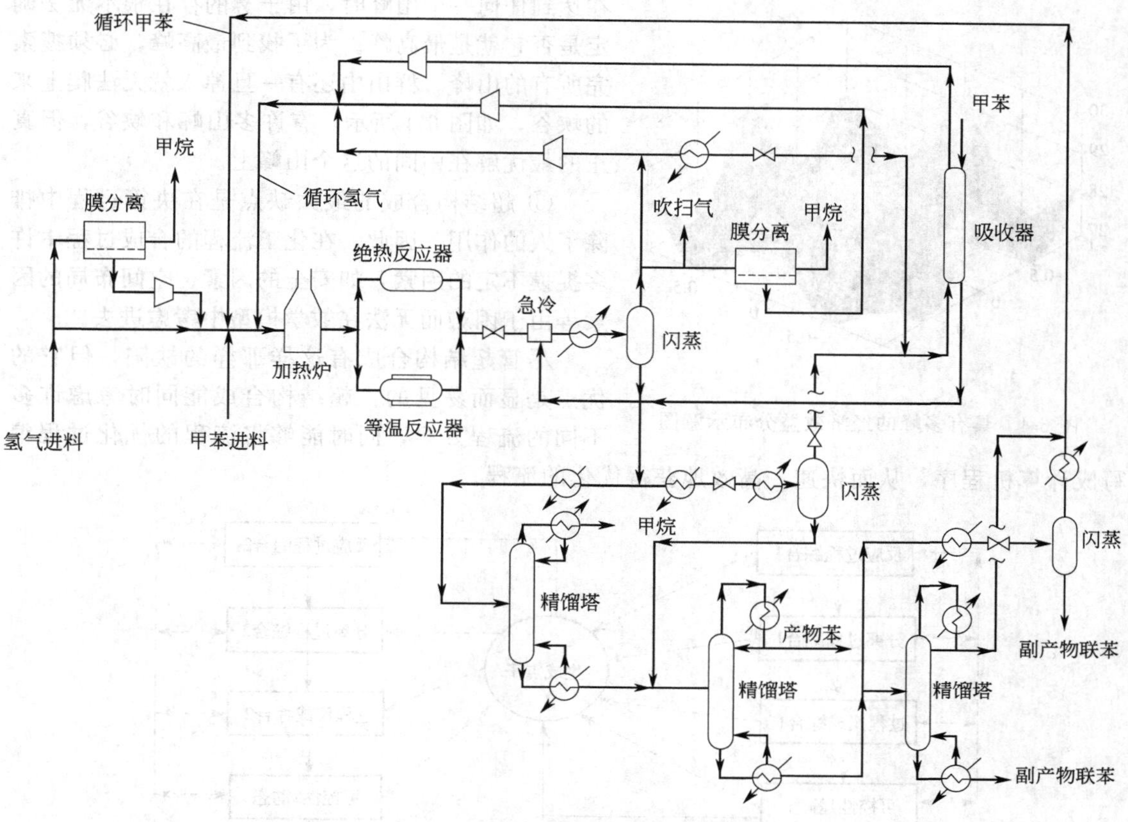


图 6-2 甲苯加氢制苯的超结构流程

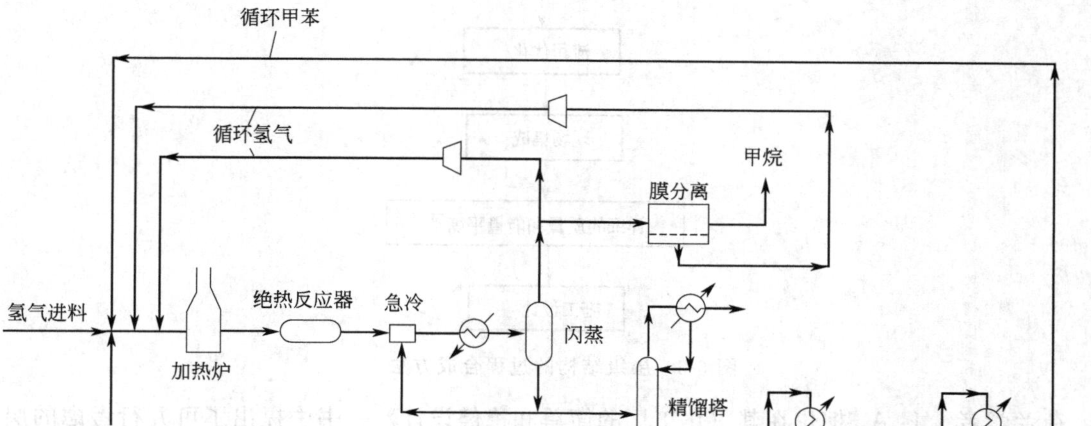

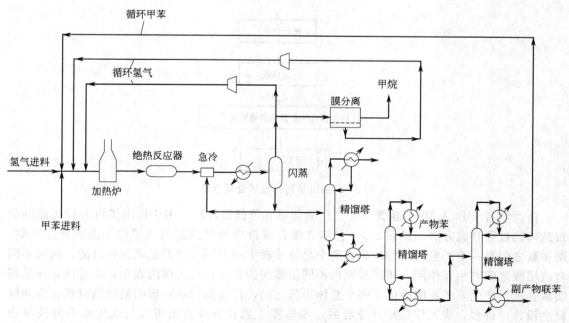


图 6-3 优化后的甲苯加氢制苯流程

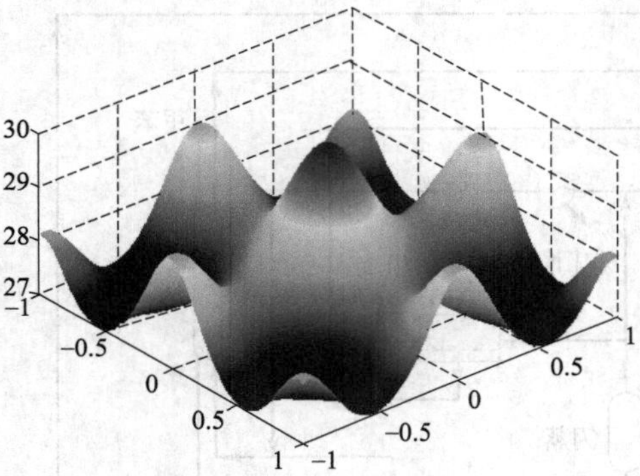


图 6-4　具有多峰的经济效益分布示意图

在达到任何一个山峰时，由于雾的存在根本无法确定是否它就是最高峰。为了找到最高峰，必须搜索完所有的山峰。群山中还有一旦掉入就无法爬上来的峡谷，如图 6-4 所示，有许多山峰和峡谷，但真正的最优解在中间的这个山峰上。

③ 超结构合成的最大缺点是在决策过程中排除了人的作用。因此，在化工流程的合成过程中许多捉摸不定的因素，如安全的因素、空间布局的因素等由于困难而无法在数学模型中考虑进去。

尽管超结构合成有这样那样的缺陷，但它的优点是显而易见的，超结构合成能同时考虑许多不同的流程方案，同时能够将流程的优化过程编写成计算机程序，从而快速、高效地获得优化的流程。

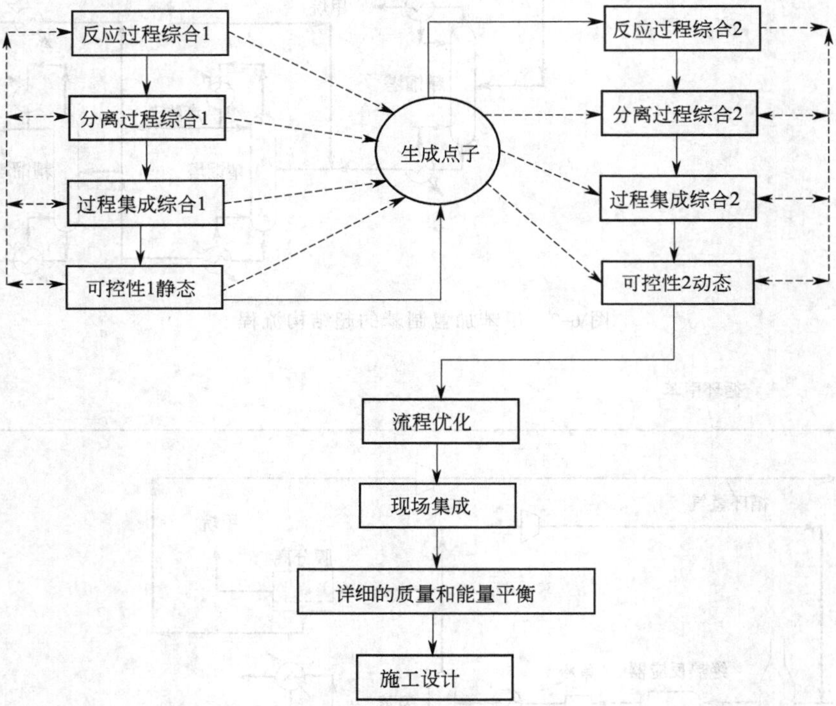


图 6-5　层级结构的过程合成方法

荷兰学者 J. L. A. 柯伦在其《化工厂的简单和稳健设计》一书中提出了可并行考虑的层级结构的过程合成方法，见图 6-5。它和常规合成策略的区别是引入了两个总体开发步骤，两步骤之间是一个产生点子的步骤。两个总体步骤中的不同层级都是渐次推进的，同时不同合成层级之间有相互作用。相同步骤内不同层级间的相互作用用虚线表示，而总体走向采用实线表示。产生点子在图中位于两个总体步骤之间，这是执行该步骤的最恰当时机。为加快概念设计，许多合成工作是并行开展的，如步骤 1 选择分离方法可以与反应器开发同时进行，步骤 2 中，可控性 2 可以与步骤 2 的其他工作同时进行；否则，耗时长的动态模型开发工作会延迟进程。虽然关于可控性 2 的最终结论只能在过程集成、设备尺寸预估和可控性分析完成之后得出，但实践表明并行工作方式行之有效。前面提到，除了生成点子和相互作用，优化也是过程合成的核心组成部分。在各层级和步骤上都要进行优化工作，而不同层级之间的相互作用体现在各个中间物流的经济价值当中，这样会影响到中间物流的组成。反应、分离和集成间的相互作用应收敛为一个总体的优化设计。

# 6.2 反应过程合成

前面介绍了3种化工过程的整体合成的策略，这些策略也可以应用于具体的每一层级的合成，如反应过程合成、换热过程合成。但将这些策略具体应用是需要提出实际应用的方法。本节主要介绍反应过程合成的方法。反应过程合成是化工过程合成的核心。反应过程合成需要从反应原料的选择、催化剂的选择、反应路径的选择、反应相态的选择、反应器类型的选择、反应系统结构的选择等各个方面进行选择和合成，下面主要从反应原料的选择、反应路径的选择及反应系统结构的选择等方面进行介绍。

## 6.2.1 原料的选择

反应过程合成时，一般情况下反应后的产品是确定的，但对反应的原料是没有指定的，当然也有指定反应原料的情况。如果没有指定具体的反应原料，我们应该从原料的经济性、安全性、环保性及易得性等诸多方面加以考虑以确定反应所用的原料。如合成氨生产过程合成中，我们的目的产物即产品是 $NH_3$，这是确定的，但具体的原料获取过程没有确定，我们可以通过空气深冷获取氮气来作为合成氨反应中氮气的来源，也可以通过将空气中的氧气消耗完毕剩下的氮气作为合成氨反应中氮气的来源。至于氢气的获取其途径更加广泛，可以利用水煤气制氢、天然气制氢，也可以电解水制氢。当从经济性来考量，电解水制氢用于合成氨生产中氢的来源显然不合理。利用天然制氢，目前常采用加压蒸汽转化制氢工艺流程，其具体的流程图见图6-6。其发生的主要反应如下：

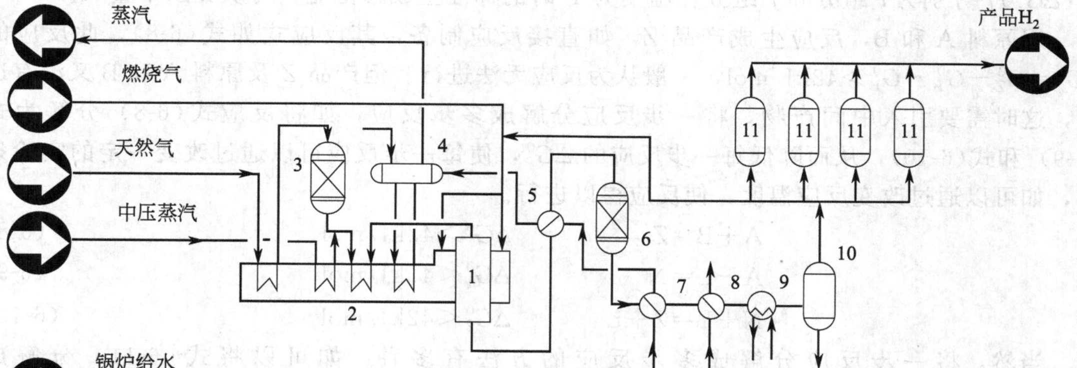


图6-6 加压蒸汽转化制氢工艺流程图

1—转化炉管；2—对流段；3—脱硫器；4—汽包；5—废热锅炉；6—变换器；7—锅炉水预热器；8—预热器；9—冷却器；10—分离器；11—变压吸附器

$$CH_4+H_2O=CO+3H_2-Q \quad (6\text{-}1)$$

$$CO+H_2O=CO_2+H_2-Q \quad (6\text{-}2)$$

$$C_nH_n+2nH_2O=nCO+(2n+1)H_2-Q \quad (6\text{-}3)$$

从上列转化反应式(6-1)～式(6-3)可以看出，一个体积的甲烷可转化成4个体积的$CO+H_2$，组分中的CO还可以进一步变换成一个体积的$H_2$，理想的状态下，一个体积的甲烷最终可转化成4个体积的$H_2$，反应结果为氢多碳少，因此用这种转化方法制取氢是高效、经济和理想的。

当原料和产品均无法选择时，也就是原料和产品都已确定，但如果按照确定的原料直接通过一步反应制取产品，此时的产物浓度接近零，可以认为利用一步反应无法制取产品。这是因为如果一步进行反应，此时反应过程的标准吉布斯自由能变化$\Delta G^0 > 42\text{kJ/mol}$。一般情况下，要求反应过程的标准吉布斯自由能变化$\Delta G^0 \leqslant 42\text{kJ/mol}$，才可以考虑通过改变反应条件使反应的吉布斯自由能$\Delta G < 0$，从而使反应能自动进行。至于为什么选取42kJ/kmol作为一个衡量指标，因为反应过程的平衡常数$K_a$和反应过程的标准自由能变化$\Delta G^0$以及反应过程自由能变化$\Delta G$，存在以下关系：

$$\Delta G = \Delta G^0 + RT\ln K_a \tag{6-4}$$

而不管任何反应，反应平衡时，均有$\Delta G = 0$，将此结果代入式(6-4)得：

$$\Delta G^0 = -RT\ln K_a \tag{6-5}$$

利用式(6-5)，将具体数据代入得到在$\Delta G^0 = 42\text{kJ/mol}$时的反应平衡常数：

$$K_a = e^{\frac{\Delta G^0}{-RT}} = e^{\frac{42\times 1000\text{J/mol}}{-8.3144\text{J/(mol. K)}\times 298.15\text{K}}} = 3.394\times 10^{-8} \tag{6-6}$$

由式(6-6)的计算结果可知，当$\Delta G^0 = 42\text{kJ/mol}$，在25℃要发生反应是相当困难的，因为此时的平衡常数比较小。这里必须注意$\Delta G$和$\Delta G^0$之间的差异，$\Delta G$用来判断反应的方向；$\Delta G^0$则用来估算化学反应的平衡常数，$\Delta G^0$可以利用下式计算：

$$\Delta G^0 = \sum_{i=1}^{n} \alpha_i (\Delta G_i^0)_f - \sum_{j=1}^{m} \beta_j (\Delta G_j^0)_f \tag{6-7}$$

式(6-7)中，$\alpha_i$、$\beta_j$分别为生成物中$i$组分和反应物中$j$组分的摩尔计量系数，$(\Delta G_i^0)_f$和$(\Delta G_j^0)_f$分别为$i$组分和$j$组分在温度为$T$时的标准生成自由能，可从文献中查取。

用原料A和B，反应生成产品Z，如直接反应制备，其反应式如式(6-8)，此反应的$\Delta G^0 = G_Z^0 - G_A^0 - G_B^0 > 42\text{kJ/mol}$，一般认为反应无法进行。但产品$Z$及原料A和B又没有选择，这时需要引入中间产物，将一步反应分解成多步反应，如将反应式(6-8)分解为式(6-9)和式(6-10)，从而降低每一步反应的$\Delta G_i^0$，使每一步反应可以通过改变一定的实验条件，如可以通过改变反应温度，使反应得以进行。

$$A+B=Z \qquad \Delta G^0 > 42\text{kJ/mol} \tag{6-8}$$

$$A+L=N \qquad \Delta G_1^0 < 42\text{kJ/mol} \tag{6-9}$$

$$N+B=Z+L \qquad \Delta G_2^0 < 42\text{kJ/mol} \tag{6-10}$$

当然，将一步反应分解成多步反应的方法有多种，如可以将式(6-11)分解成式(6-12)～式(6-14)。

$$A+B=C+D \tag{6-11}$$

$$A+L=N+P \tag{6-12}$$

$$N+M=C+L \tag{6-13}$$

$$P+B=D+M \tag{6-14}$$

著名的索尔维制碱法如果一步反应的话，则如式(6-15)，此时反应无法发生，通过引入中间产物$NH_4Cl$、$H_2O$等，使式(6-15)的一步反应分解成式(6-16)～式(6-21)，反应就变成可行。

$$2NaCl + CaCO_3 = Na_2CO_3 + CaCl_2 \quad (6\text{-}15)$$

$$CaCO_3 \xrightarrow{\triangle} CO_2\uparrow + CaO \quad 1000℃ \quad (6\text{-}16)$$

$$H_2O + CaO = Ca(OH)_2 \quad 100℃ \quad (6\text{-}17)$$

$$Ca(OH)_2 + 2NH_4Cl \xrightarrow{\triangle} CaCl_2 + 2NH_3\uparrow + 2H_2O \quad 120℃ \quad (6\text{-}18)$$

$$2NH_3 + 2H_2O + 2CO_2 = 2NH_4HCO_3 \quad 60℃ \quad (6\text{-}19)$$

$$2NaCl + 2NH_4HCO_3 = 2NaHCO_3 + 2NH_4Cl \quad 60℃ \quad (6\text{-}20)$$

$$2NaHCO_3 \xrightarrow{\triangle} Na_2CO_3 + H_2O + CO_2\uparrow \quad 200℃ \quad (6\text{-}21)$$

### 6.2.2 反应路径的选择

当反应有多条路径时，可采用原子经济性作为初选依据。所谓原子经济性就是在不考虑生产过程费用及设备折旧的前提下，只考虑原料和产物的目前市场价值，利用反应方程式计算该反应过程的经济性能。下面以氯乙烯生产过程中的 5 条反应路径为例，来说明如何利用原子经济性，来初步优化反应路径。氯乙烯生产过程中的 5 条反应路径设计的原料及产品目前国内大致的市场价格（数据由网上收集而得）见表 6-1。

**表 6-1　氯乙烯生产过程化学品采购价格**

| 化学品名称 | 分子量 | 价格/(元/kg) | 价格/(元/ kmol) |
|---|---|---|---|
| 乙烯 | 28.05 | 6.82 | 191.30 |
| 乙炔 | 26.04 | 17.82 | 464.03 |
| 氯气 | 70.91 | 4.12 | 294.15 |
| 氯化氢 | 36.46 | 6.88 | 250.84 |
| 氯乙烯 | 62.5 | 8.32 | 520.0 |
| 水 | 18 | 0 | 0 |
| 氧气 | 32 | 0.07 | 2.24 |

氯乙烯生产过程中的 5 条反应路径如下。

(1) 乙烯直接氯化

$$C_2H_4 + Cl_2 \longrightarrow C_2H_3Cl + HCl \quad (6\text{-}22)$$

按理想反应，则每生产 1kmol 氯乙烯 $C_2H_3Cl$ 的原子经济效益 $EA_1$ 为：

$$EA_1 = 520 + 250.84 - 191.30 - 294.15 = 285.39\text{ 元/kmol} \quad (6\text{-}23)$$

从原子经济性分析，路径 1 是可行的，但市场上 HCl 价格波动，尤其是如果当地无需 HCl，需要外运销售的话，HCl 的价格可能无法达到表 6-1 的水平，原子经济性可能下降。该反应可能产生大量的二氯乙烯副产物，如果反应条件控制在抑制二氯乙烯产生的条件下，此时的氯乙烯产率也不高。

(2) 乙炔氢氯化

$$C_2H_2 + HCl \longrightarrow C_2H_3Cl \quad (6\text{-}24)$$

该反应在 150℃、常压、浸渍在活性炭的 $HgCl_2$ 作为催化剂的条件下，乙炔转化成氯乙烯率高达 98%，反应条件相对温和。

按理想反应，则每生产 1kmol 氯乙烯 $C_2H_3Cl$ 的原子经济效益 $EA_2$ 为：

$$EA_2 = 520 - 250.84 - 464.03 = -194.87\text{ 元/kmol} \quad (6\text{-}25)$$

从原子经济性分析，路径 2 是不可行的，主要原因是乙炔的价格太贵，如果能获得相对便宜的乙炔，而 HCl 又是其他工艺的副产物，附近市场无法消化 HCl，该反应途径的原子经济性可能逆转。因为 HCl 的价格可取为 0，这时即使不降低乙炔的价格，$EA_2$ 也为 520－0－464.03＝55.97 元/kmol。

(3) 乙烯氯化生成二氯乙烷进行热裂解

$$C_2H_4 + Cl_2 \longrightarrow C_2H_4Cl_2 \tag{6-26}$$

$$C_2H_4Cl_2 \longrightarrow C_2H_3Cl + HCl \tag{6-27}$$

$$C_2H_4 + Cl_2 \longrightarrow C_2H_3Cl + HCl(总反应)$$

该反应途径的总反应和反应途径 1 是一样的，如果计算原子经济性的话，$EA_3 = EA_2 =$ 285.39 元/kmol。反应式(6-26) 和式(6-27) 的总和等于反应式(6-22)。这个两步的反应路线的优点是，在 90℃ 、1 大气压和三氯化铁（$FeCl_3$）作为催化剂存在的条件下，放热反应式(6-26) 中的乙烯生成 1,2-二氯乙烷的转化率约为 98%。然后，二氯乙烷中间产物通过热裂解吸热反应式(6-27) 转化为氯乙烯，该反应过程在 500℃时能自发进行，转化率高达 65%。假定未反应的二氯乙烷从氯乙烯和氯化氢中被完全回收，循环利用。这个反应路线的优点是不会大量地生成二氯乙烯，但它与反应路径 1 有同样的缺点，会生成 HCl 。

(4) 乙烯氧氯化生成的二氯乙烷进行热裂解

$$C_2H_4 + 2HCl + 0.5O_2 \longrightarrow C_2H_4Cl_2 + H_2O \tag{6-28}$$

$$C_2H_4Cl_2 \longrightarrow C_2H_3Cl + HCl \tag{6-29}$$

$$C_2H_4 + HCl + 0.5O_2 \longrightarrow C_2H_3Cl + H_2O(总反应) \tag{6-30}$$

将乙烯氧氯化生成 1,2-二氯乙烷的反应式(6-28) 中，氯的来源是 HCl。这是一个强放热反应，在 250℃、氯化铜（$CuCl_2$）催化剂存在的条件下，转化率达到 95% ，如同反应路径 3 中，二氯乙烷在热裂解步骤中裂解成氯乙烯，并有 HCl 生成。

按理想反应，反应途径 4 每生产 1kmol 氯乙烯 $C_2H_3Cl$ 的原子经济效益 $EA_4$ 为：

$$EA_4 = 520 - 250.84 - 0.5 \times 2.24 = 268.04 \text{ 元/kmol} \tag{6-31}$$

(5) 乙烯氯化反应

$$C_2H_4 + Cl_2 \longrightarrow C_2H_4Cl_2 \tag{6-26}$$

$$C_2H_4 + 2HCl + 0.5O_2 \longrightarrow C_2H_4Cl_2 + H_2O \tag{6-28}$$

$$2C_2H_4Cl_2 \longrightarrow 2C_2H_3Cl + 2HCl \tag{6-29}$$

$$2C_2H_4 + Cl_2 + 0.5O_2 \longrightarrow 2C_2H_3Cl + H_2O(总反应) \tag{6-32}$$

反应路径 5 结合了路径 3 和路径 4。它的优点是将氯分子的两个原子均转化到氯乙烯分子上。在热裂解反应中产生的 HCl 全部被消耗在氧氯化反应中。

按理想反应，反应路径 5 每生产 1kmol 氯乙烯 $C_2H_3Cl$ 的原子经济效益 $EA_5$ 为：

$$EA_5 = 520 - 0.5 \times 294.15 - 0.25 \times 2.24 = 372.37 \text{ 元/kmol} \tag{6-33}$$

综上所述，在表 6-1 所示的化学品价格情况下，反应路径 5 的原子经济效益最佳，反应路径 1 的原子经济效益次之，而反应路径 2 的原子经济效益为负，一般可以不予考虑。在进一步进行反应过程合成与优化时，应重点考察反应途径 5，同时注意如果当地有多余的 HCl 或是生产过程的副产物，则反应途径 4 的原子经济效益可达 518.88 元/kmol(HCl 的价格取为 0)。

### 6.2.3 反应器类型的选择

反应器是反应过程中最重要的部分，在这里形成产物并决定过程的选择性。有关反应器的分类有许多种方法。按照生产过程的连续性，反应器可分为连续反应器和间歇反应器。连续反应器如果按照反应物的相态可以分为均相反应器和非均相反应器。均相反应器又可以分为气相均相反应器和液相均相反应器。非均相反应器的类型较多，有液/液、气/固、液/固、气/液、气/液/固。非均相反应中常见的是气/固催化反应，固相常常是催化剂。对于反应相态的选择应遵循以下三条总的原则。

① 气相中的反应更适宜于转换到在液相中进行，这样做的优点是：更好地混合；更高的浓度；便于温度调节；减小设备尺寸。一种例外情况是发生在催化剂颗粒内部的反应，并且扩散传质作为控制步骤。这时，气体的扩散系数高，气相反应比液相反应更具优势。

② 非均相反应更适宜转换为均相反应，气相或者液相均可。这样做的优点是：不存在相际的传质、传热限制；更容易实现所需要的流动状况。反应器的强化集中于非均相反应器系统，其原因也在于此，通过强化尽可能减缓上述限制因素

③ 一个反应器系统的多功能集成也可以作为一种选择，特别是对于平衡反应，改变平衡状况可以提高转化率和选择性。

反应器的类型还可以从反应器的具体结构来分，对于连续反应器，在第 3 章中已提出过两种主要类型：一种是理想连续搅拌槽式反应器（CSTR），对于理想连续搅拌槽式反应器，一般认为体系达到稳态，反应器内所有位置的温度、浓度均一致，并且和反应器出口时的温度、浓度相等；另一种是理想连续活塞流式反应器（PFR），反应物流均匀流动，在物流方向上无任何混合，它可以看成是许多 CSTR 的串联组合，实际结构中的管式反应器其特性近似于理想连续活塞流式反应器。

对于反应器分类，还有一种方法，就是固定床反应器和流化床反应器，该分类方法主要针对气/固催化反应。图 6-7 是四种固定床反应器结构示意图，

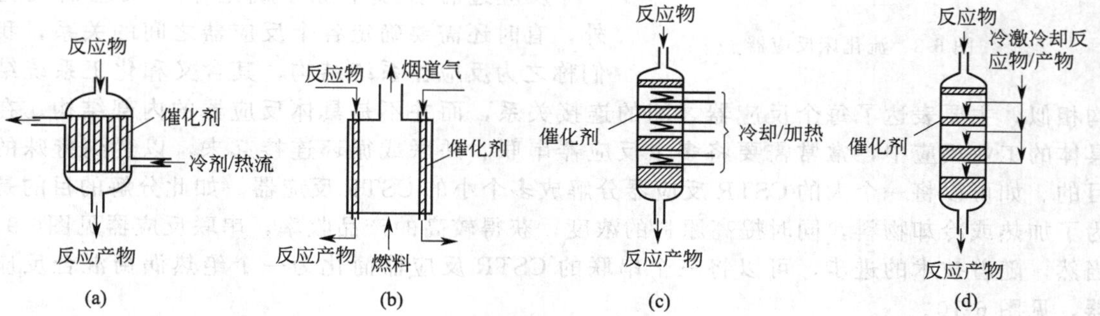


图 6-7　四种固定床反应器

图 6-7 中的四种固定床反应器属于管式反应器一类，广泛用于催化反应系统。反应器中装满催化剂颗粒，流体流动近似于平推流（可近似为理想的 PFR）。图 6-7(a) 所示反应器近似于管壳式换热器，管中装填催化剂；图 6-7(b) 所示反应器为在高温炉内安装催化剂管子；图 6-7(c) 为分段绝热床反应器，中间设冷却段或加热段以控制温度，冷却或加热可通过内部或外部换热器实现；图 6-7(d) 所示的反应器，在反应器中分段注入一种流体以进行热交换，这种流体通常是新鲜冷进料或冷却后的产品循环以控制放热反应的温升，这种换热形式称为冷激冷。此外还有其他形式的固定床反应器。相对于固定床反应器而言，图 6-8 则是流化床反应器，在流化床反应器中，固体催化剂像流体一样流动，故取名为流化床反应器。

在流化床反应器中，催化剂通过反应流体向上吹，使细颗粒固体处于悬浮流态化状态。颗粒快速运动的效果是传热好、温度均匀，并可避免固定床反应器中出现的热点。流化床反应器的行为既不接近 CSTR 理想模型也不接近 PFR 理想模型，其固相趋于理想混合，而由气泡引起的气相行为比理想混合更差。总体上，流化床反应器的行为介于 CSTR 和 PFR 模型之间。流化床反应器除了有较高传热速率的优点外，还可以用于催化剂颗粒需要频繁再生的场合。在这种情况下，颗粒可以从流化床中连续移出、再生，然后再循环回到流化床中。

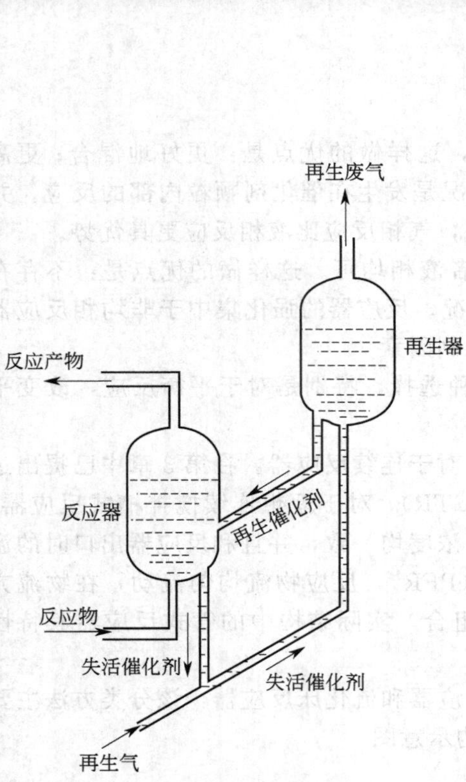

图 6-8　流化床反应器

对放热反应，催化剂循环可以从反应器移走热量；对吸热反应，它也可以补充热量。流化床反应器的主要缺点之一是催化剂的磨损，产生催化剂细粉后，从流化床中吹走而损失掉。由于催化剂细粉的存在会污染常规的换热器，有时需要通过用一股冷流体在反应器出口直接换热来冷却反应器尾气。

总之，反应器的具体类型选择要结合具体的反应过程特性，如是否需要催化剂，是否需要加热或冷却，具体的反应设计方程如何，选择不同的反应器类型。如需要保持较高反应物的浓度，则一般选择 PFR 反应器，因为 CSTR 反应器当反应物进入反应器的瞬间，浓度已降至出口处的反应物浓度。如有固体催化剂的反应，则肯定选用固定床或流化床反应器。

### 6.2.4　反应器系统结构的选择

反应过程合成中除了确定单个反应器类型外，有时还需要确定各个反应器之间的关系，我们称之为反应器系统结构，其含义和化工系统结构相似，主要表达了每个反应器之间的连接关系，而并不是具体反应器的内部结构。在具体的工业反应中，常常需要将多个反应器串联、并联或循环连接起来，以达到特殊的目的。如可以将一个大的 CSTR 反应器分解成多个小的 CSTR 反应器。如此分解的目的是为了加热或冷却物料，同时提高原料的浓度，获得较高的产品收率，串联反应器见图6-9。当然，随着技术的进步，可以将三个串联的 CSTR 反应器简化为一个绝热涡街混合反应器，见图 6-10。

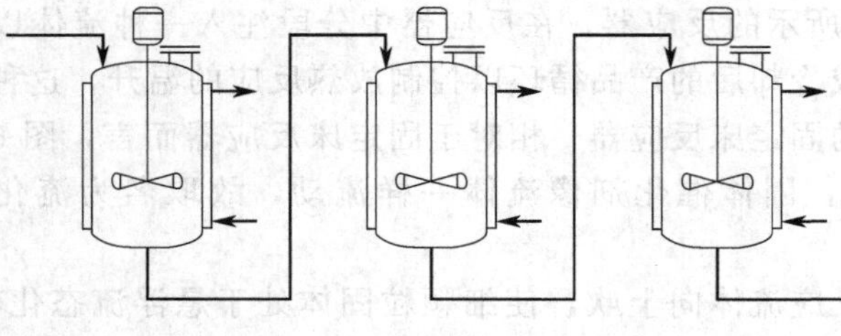
图 6-9　三个等温串联的 CSTR

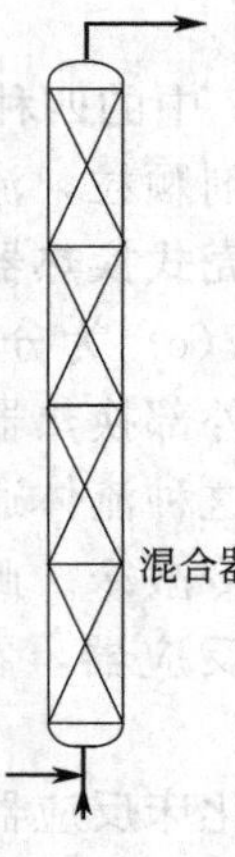

图 6-10　绝热涡街混合反应器

有些工业反应过程需要采用并联操作以提高处理量，如图 6-11 是三个相同的 CSTR 反应器并联作业。其实图 6-7(a) 的固定床反应器，各根管子相当于一个小的反应器，每根管子之间是并联关系，许多个并联的小的催化反应器构成了图 6-7(a) 的催化固定床反应器。

有资料报道如果要使如图 6-7(a) 反应器性能达到最佳，每根并联的小的催化反应器性能应达到一致（包括压降、转化率）。

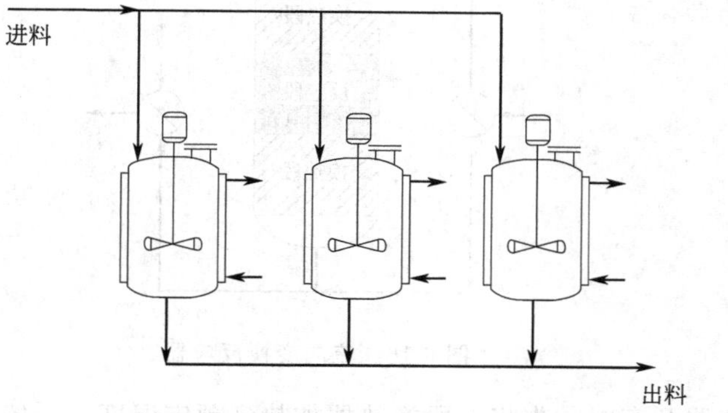

图 6-11　三个并联 CSTR 反应器

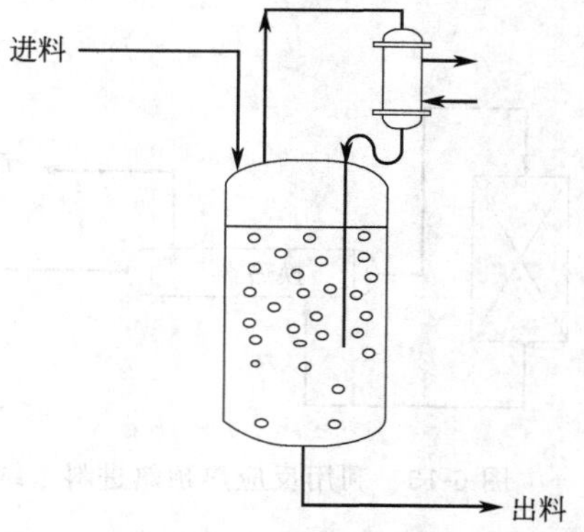

图 6-12　带回流冷凝器的大型沸腾反应器

如想达到和图 6-11 三个并联 CSTR 反应器同样的性能，也可以考虑采用一种新型的反应器结构，如图 6-12。该反应器系统将反应器和冷凝器构成循环结构连接，反应后产生的气相物质进入冷凝器冷凝成液体，冷凝后的液体有回流到反应器起到搅拌与混合的作用，这种巧妙的结构，省去了 CSTR 反应器中的搅拌器。当然，针对图 6-12 的系统也有一定的限制条件，首先是液相进料，其次是反应过程一般应为放热反应，利用反应热将其中一些物料汽化，如果反应体系中的物料均难以汽化，则图 6-12 所示的系统无法使用。对于循环结构的反应器系统如图 6-13 所示，该反应系统中，进料在六个管式反应器中循环并发生反应，在第 3 个反应器出口处引出一部分作为产品，另一部分继续循环反应。对于图 6-13 的循环反应器，如果从简单和稳健设计的理念出发，可以简化为图 6-14 所示的沸腾反应器，该沸腾反应器具有和图 6-13 所示基本一致的性能。

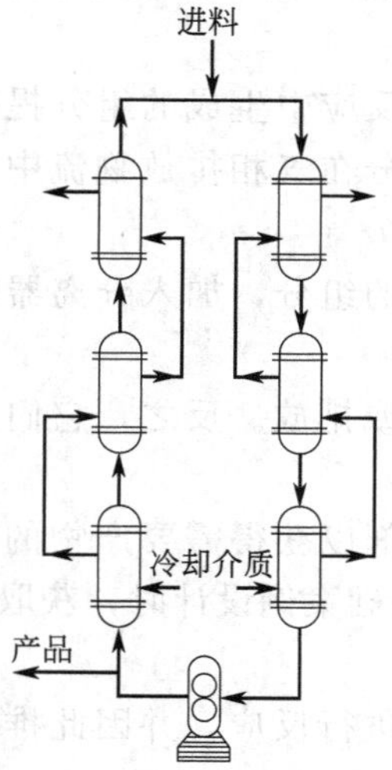

图 6-13　循环管式反应器

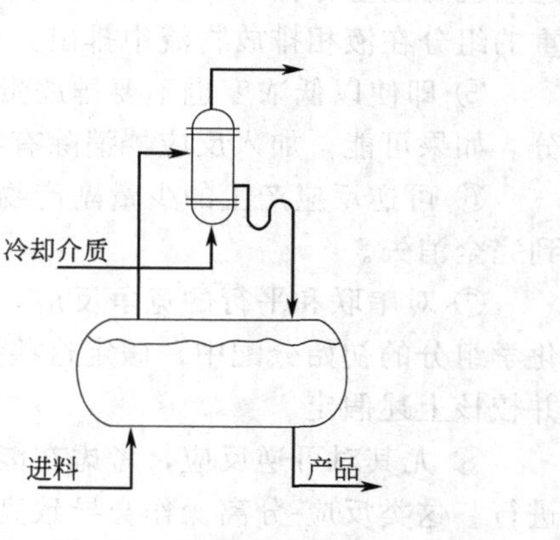

图 6-14　沸腾反应器

有许多反应过程是放热反应，但反应物进料是冷物料，需要加热。一般的反应系统结构如图 6-15 所示，将反应进料和离开反应器的产品通过换热器进行换热。图 6-16 是和图 6-15

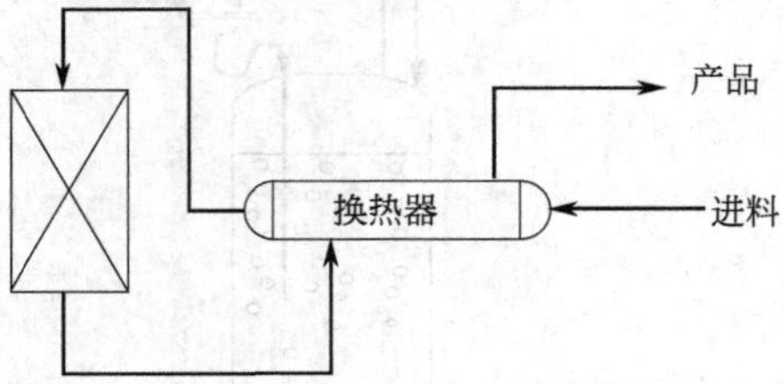


图 6-15　利用反应热预热进料系统

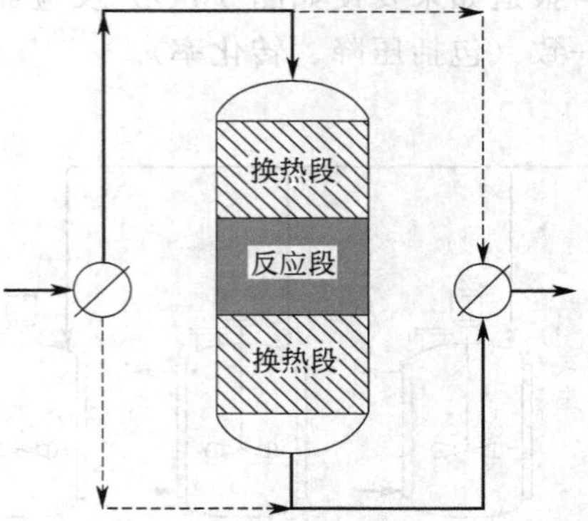


图 6-16　流向变换反应器

具有等价效能的流向变换反应器，该反应器开车时，先将上段换热器加热到预定温度（一般采用热氮气），然后沿实线进料操作，从反应器上端进料，利用上段的填料换热器预热进料，同时上段的填料温度会逐渐下降；同时，从反应段出来的热的产品，进入下段填料换热。下段填料换热器原来是冷的，随着反应的进行，下段填料的温度逐渐升高。反应一定时间后，上段的填料温度下降，下段的填料温度上升，达到一定程度后，切换进料方向。原料从下段进料，从上段出料，如此循环往复，达到了回收反应热及加热物料的目的。

### 6.2.5　反应操作及化学组分分配试探规则

对于反应操作及化学组分分配，学者提出了如下八条试探规则。

① 选择原料和化学反应避免或减少危险和有毒化学品的加工和贮存。

② 在反应操作中采用一种化学反应物过量，以完全消耗贵重的、有毒的或危险的化学反应物，指出哪些化学品是有毒的和危险的。

③ 当需要几乎纯净的产物时，当容易完成分离时和当惰性组分将对催化剂产生不利影响时，在反应操作前除去惰性组分，但当必须除去大量反应热时，不要在反应操作前除去惰性组分。

④ 引入排放物流作为进料杂质进入过程或在不可逆副反应中生成的组分提供出口，当这些组分微量存在和/或难以与其他组分分离时，较轻的组分在气相排放物流中排出，而较重的组分在液相排放物流中排出。

⑤ 即使以低浓度也不要排放贵重的组分或有毒和危险的组分，加入分离器回收贵重组分。如果可能，加入反应器消除有毒和危险的组分。

⑥ 可逆反应产生的少量副产物通常不在分离器中回收或排放。反之，它们通常能循环到完全消失。

⑦ 对串联和平行的竞争反应，调整温度、压力和催化剂以获得需要产物的高收率。在化学组分的初始分配中，假定这些条件能被满足。在开发基础案例设计时，获取动力学数据并校核上述假定。

⑧ 尤其对可逆反应，考虑在能脱除产物的分离装置中进行反应，并因此推动反应向右进行。这类反应-分离操作会导致完全不同的化学组分分配。

### 6.2.6　独立反应数确定

在反应过程合成中，有时有多种反应发生，但有些反应之间存在内在的联系，这时你所写出的反应方程式可能多于实际真正存在的反应方程式，如果仍按你所写的反应方程式进行计算，可能会带来意想不到的错误，这时就必须进行独立反应数的确定工作。所谓独立化学反应数，就是指不能以线性组合其他反应导出来的反应个数。如：

$$CO+0.5O_2=CO_2 \tag{6-34}$$

$$H_2+0.5O_2=H_2O \tag{6-35}$$

$$CO+H_2O=CO_2+H_2 \tag{6-36}$$

共有三个反应，但只有两个反应是独立的，因为三个反应中的任何一个可以通过其他两个的线性组合来产生。如反应式(6-35)，可以通过式(6-34) 和式(6-36) 加减得到。

假设涉及反应物质数为 $m$ 种，该 $m$ 种物质涉及 $n$ 种元素或原子，则对任何一种原子(元素而) 言，反应前后原子的变化为零，有下式成立：

$$\sum_{i=1}^{m} a_{ij}\Delta m_i = 0 \qquad j=1,2,\cdots,n \tag{6-37}$$

式中 $a_{ij}$ 表示第 $i$ 种反应物质数中第 $j$ 种原子的个数，如以前面反应为例，可得氢原子的守恒方程为：

$$2\Delta H_2O+2\Delta H_2=0 \tag{6-38}$$

在这个反应体系中，共涉及 5 种物质，但只有两种和氢原子有关。将涉及反应的 $m$ 种物质，$n$ 种原子的原子守恒方程全部列出，选取方程左边的系数矩阵便构成了原子系数矩阵，该矩阵的行数为 $n$ 行，列数为 $m$ 列，以上面的反应为例，可先写出全部守恒方程如下：

$$\begin{aligned}&\text{C 原子守恒}:\Delta CO+\Delta CO_2=0\\&\text{H 原子守恒}:2\Delta H_2O+2\Delta H_2=0\\&\text{O 原子守恒}:\Delta CO+2\Delta CO_2+\Delta H_2O+2O_2=0\end{aligned} \tag{6-39}$$

根据上面的守恒方程，写出下面的原子系数矩阵：

$$\mathbf{A}=\begin{pmatrix}1 & 1 & 0 & 0 & 0\\0 & 0 & 2 & 2 & 0\\1 & 2 & 1 & 0 & 2\end{pmatrix} \tag{6-40}$$

独立反应数 $f$ 等于反应涉及的物质 $m$ 数减去原子系数矩阵的秩 $r$，即：

$$\begin{aligned}f&=m-\text{rank}(A)\\&=\text{m}-\text{r}\end{aligned} \tag{6-41}$$

一般情况下，rank ($A$) $=n$，所以有：

$$f=m-n$$

如上面例子中，$m$ 等于 5，$r=3$，即 $f=5-3=2$ ，有两个独立方程。

有时候，原子矩阵的秩和原子数不相等，如涉及 $NH_3$，HCl，$NH_4Cl$ 的反应体系，$m=3$，$n=3$，如果按一般情况计算，则 $f=0$，但事实上有一个独立反应，原因是该反应体系的原子矩阵的秩为 2，和原子个数不相等，其守恒方程为：

$$\begin{aligned}&\text{N 原子守恒}:\Delta NH_3+HCl=0\\&\text{H 原子守恒}:3\Delta NH_3+\Delta HCl+4\Delta NH_4Cl=0\\&\text{Cl 原子守恒}:\Delta HCl+\Delta NH_4Cl=0\end{aligned} \tag{6-42}$$

根据上面的守恒方程，写出下面的原子系数矩阵：

$$A=\begin{pmatrix}1 & 1 & 0\\3 & 1 & 4\\0 & 1 & 1\end{pmatrix} \tag{6-43}$$

式(6-43)矩阵的秩为2。对于大型复杂系统，根据反应体系涉及的物质数和原子数，计算独立反应数，进而确定具体的反应方程式，仍是目前研究的内容，利用计算机辅助计算独立化学反应方程式，可作为目前的一个研究方向，有关这方面的内容请参看参考文献。

## 6.3 分离序列合成

分离过程是化工合成的第二核心层内容，它作为石油化工、有机化工、生物化工、精细化工、制药等行业生产过程中最重要的单元操作之一，是工业生产中产品提纯及节能减排的重要手段。分离过程作为化学工程学科的研究重点之一，精馏、萃取等传统分离技术以及新型分离的开发和应用在全球范围内越来越受到重视。通常分离装置在化工厂基建投资中占50%～90%的比例，能耗占到整个流程的30%～50%。

### 6.3.1 分离方法简介

许多化学过程中的物料和产品均是在气相、液相或者固相中是以不同组分的混合物存在的。为了获得纯净的原料和产品，必须从原混合物中分离或除去一种或者多种组分，从而获得纯净的物质。物质分离提纯的方法有许多种，蒸馏是最常见的分离方法，石油炼制过程就是利用该方法将原油分离成汽油、柴油、重油等产品，而汽油、柴油其实还是混合物。化工分离过程多数情况下需要获得单一物质，如裂解气分离，裂解气是一个多组分混合物，含有多种低级烃类，主要有甲烷、乙烷、丙烷、乙烯、丙烯和C4、C5的烯烃与烷烃，此外还有氢气和少量炔烃、硫化物、CO、$CO_2$、$H_2O$和惰性气体等杂质，裂解气分离的任务是要得到高纯度、单一的烃，如重要的基本有机合成原料乙烯、丙烯等，以便进一步合成其他化工产品。

化工过程分离的方法有许多种，需要根据具体的情况选择不同的分离方法，一般可将分离方法分为两大类，见图6-17，一类是通过物理力的作用，也就是机械分离过程，如重力或离心沉降、过滤等；另一类是基于物质分子的物理-化学的性质差异，和分子的质量传递的差异。各个分子以这种方式依据它们的分子的差别分离成两相。机械分离方法主要有以下几种。

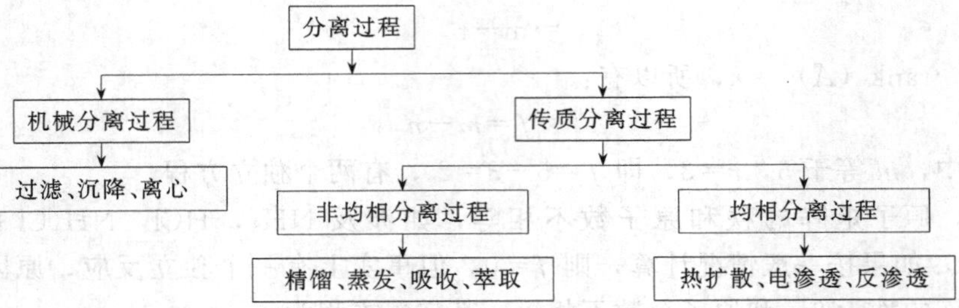


图 6-17　分离过程方法分类

(1) 过滤

根据固体的种类、固体与液体的比例、溶液的黏度和其他有关因素，从液体中分离固体颗粒的一种方法，图6-18是四种不同的过滤设备。在过滤过程中，由于压力差的存在，使液体流过筛网或滤布的小孔，而固体颗粒留在了筛网或滤布上，形成了多孔的滤饼。筛网和滤布有多种规格，需要根据过滤颗粒的大小合理选择，如果筛网或滤布的孔选择过大，则有固体颗粒通过小孔进入了滤液，影响分离效果；当然如果筛网或滤布的孔选择过小，则增加过滤阻力，有时甚至无法过滤。有时为了增加压力差，可采用真空抽滤，这是实验室常用的分离方法。

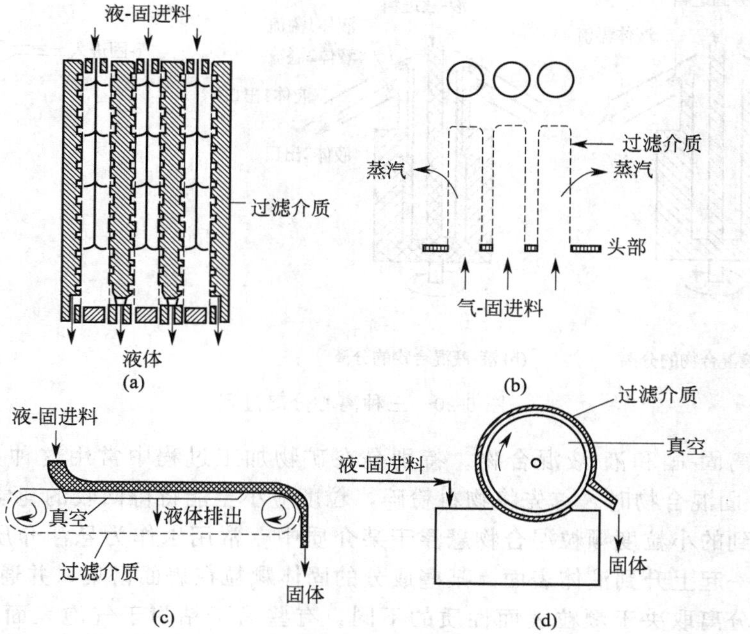


图 6-18　四种不同的过滤设备

（2）沉降

分为自然沉降和离心沉降。在沉降中，颗粒借助作用于各种尺寸和各种密度的颗粒上的重力或离心力而从流体中分出。如图 6-19 是三种重力沉降设备。

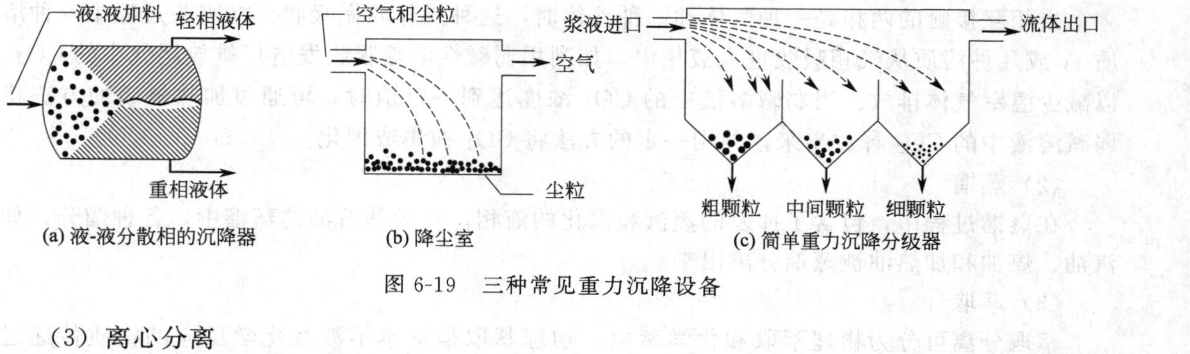


图 6-19　三种常见重力沉降设备

（3）离心分离

离心分离就是利用离心力进行分离的一种方法。当一个物体绕着一个轴或圆心旋转，并且从物体到圆心的径向距离一定时，该物体受到一个向心力的作用，为了这个向心力，必须有一个大小相等方向相反的力，称为离心力。有将离心力代替重力的离心沉降，也有将离心力代替压力差的离心过滤，它与普通的过滤完全类似，固体颗粒在筛网上形成床层或饼层，只是用离心力代替压力差造成流体流动。离心分离在化工厂中常见的是用于气-固或气-液分离的旋风分离，见图 6-20(c)。

（4）浮选

浮选是根据颗粒表面性质的不同来进行混合物分离的一种方法。通过液体中产生的气泡与颗粒表面或不互溶液滴表面作用，使某些颗粒或液滴上升到表面达到分离目的。这种分离

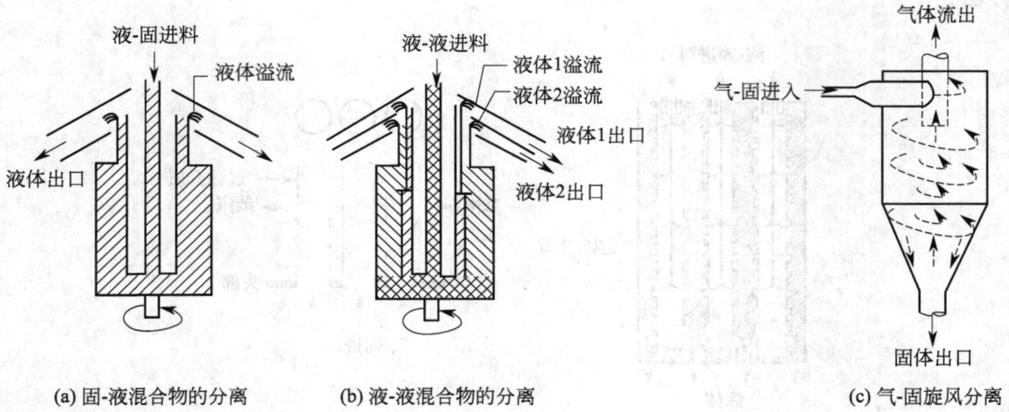


图 6-20　三种离心分离过程

方法常用于分离固-固和液-液混合物。特别是在矿物加工过程中常用这种方法分离不同矿物。当分离固-固混合物时，首先将物料粉碎，粒度应小至能将待回收的化学组分分离出来，然后将粉碎得到的小粒度颗粒混合物悬浮于某介质中（常用水作为悬浮介质）。由于气泡的作用，颗粒也一起上升到液体表面。某些成分的固体颗粒在表面富集，并通过刮刀或溢流堰卸出。固体的分离取决于颗粒表面性质的不同，有些易于粘附于气泡表面，有些则难于粘附，通常向悬浮液中加入许多试剂以满足不同的浮选要求。对于矿物浮选，需要先将矿物粉碎，有些学者将其分为第 5 类机械分离方法，称之为力学的粉碎和分离。在力学的粉碎过程中，固体颗粒被机械地破碎成较小的颗粒并依据尺度大小而进行分离。

上面介绍了四种机械分离方法，下面介绍基于物质分子物理-化学性质的分离方法。

（1）吸收

当相互接触的两相是一种气体和一种液体时，这种操作叫做吸收。在吸收过程中一种溶质 A 或几种溶质从气相吸收进入液相中。如利用弱碱性溶液吸收发电厂排放尾气中的 $CO_2$，以减少温室气体排放。当弱碱溶液中的 $CO_2$ 浓度达到一定值时，可通过加热解吸的方法将弱碱溶液中的 $CO_2$ 释放出来，并用一定的方法将 $CO_2$ 捕集或固化。

（2）蒸馏

在蒸馏过程中，包含了挥发的蒸汽和汽化的液相。在天然石油的蒸馏中，各种馏分，如汽油、煤油和加热油被蒸馏分离出来。

（3）萃取

萃取分离可分为物理萃取和化学萃取。物理萃取是基本不涉及化学反应的物质传递过程，只依赖于被萃取物质在两种不同液体中的分配系数。化学萃取是伴有化学反应的传质过程，即在溶质与萃取剂之间存在化学作用。化学萃取的相平衡关系非常复杂，它是溶质在两相中的不同的化学状态之间的平衡，服从于相律和一般化学反应的平衡规律。用异丙基醚从水溶液中萃取乙酸是一个例子。

（4）浸取

如果一种流体被应用于从固体中萃取溶质，这个过程叫做浸取。有时这个过程也叫做萃取。例如用有机溶剂从茶籽中浸取茶油。用水从甘蔗和甜菜中可浸取可溶蔗糖。

（5）膜分离过程

利用膜来实现分子分离是一种较新的分离过程，并且变得越来越重要。下面是目前有关膜分离的主要方法介绍。

① 反渗透　它是利用反渗透膜，只能透过溶剂（通常是水），可对溶液施加压力，克服溶剂的渗透压，使溶剂通过反渗透膜而从溶液中分离出来的过程。

② 超滤　应用孔径为10～200Å（或更大）的超滤膜来过滤含有大分子或微细粒子的溶液，使大分子或微细粒子从溶液中分离的过程。

③ 微滤　与超滤的原理相同，它是利用孔径大于0.02～10 μm的多孔膜来过滤含有微粒的溶液，将微粒从溶液中除去。

④透析　利用多孔膜两侧溶液的浓度差使溶质从浓度高的一侧通过膜孔扩散到浓度低的一侧从而得到分离的过程。

⑤ 电渗析　基于离子交换膜能选择性地使阴离子或阳离子通过的性质，在直流电场的作用下使阴阳离子分别透过相应的膜以达到从溶液中分离电解质的目的。

⑥ 气体膜分离　利用气体组分在膜内溶解和扩散性能的不同，即渗透速率的不同来实现分离的技术。

⑦ 渗透汽化　也称渗透蒸发，利用膜对液体混合物中组分的溶解和扩散性能的不同来实现其分离的新膜分离过程。

⑧ 膜蒸馏　实质上是利用膜的蒸发过程，应用疏水的微孔膜将热的水溶液与冷却水隔开，热水溶液中的水汽化，扩散通过膜孔而在冷却水侧冷凝，因而从非挥发性物质的溶液中分离出水，这一过程称为膜蒸馏。可用于纯水制造与水溶液的浓缩。

⑨ 膜分相　一种分离乳浊液的方法，利用多孔固体膜对乳浊液中两液相亲和性不同的性质，与膜亲和力强的液相能通过膜，与膜亲和力弱的不能通过膜，因而可使乳浊液分离。

⑩ 支撑液膜分离及膜萃取　支撑液膜分离是吸收和萃取过程与膜技术结合的产物，而膜萃取是液液萃取与膜技术的结合。

(6) 结晶

在溶液中可溶解的溶质组分可以通过改变它的条件，如温度或浓度，使一种或多种组分的浓度超过溶解度，从而它们会以固相的形式结晶出来。如浓缩食盐水，随着水分的不断减少，盐的浓度不断增加，当盐的浓度超过溶解度时，食盐就结晶出来。

(7) 吸附

在吸附过程中，液体或气体流中的一种或多种组分被吸附在固体吸附剂的表面上或细孔中，从而达到分离效果。这样的例子包括从废水中除去有机物，从芳香族化合物中分离烷烃，以及空气中除去溶剂。

(8) 离子交换

在离子交换过程中，某种离子可以通过离子交换树脂来除去。离子交换过程是液固两相间的传质与化学反应过程。离子交换剂的性能对离子交换过程有重大的影响。离子交换剂是一种带有可交换离子的不溶性固体。带有可交换的阳离子的交换剂称为阳离子交换剂，带有可交换的阴离子的交换剂称为阴离子交换剂。

(9) 干燥

干燥通常是指将热量加于湿物料并排除挥发性湿分（大多数情况下是水），而获得一定湿含量固体产品的过程。湿分以松散的化学结合形式或以液态溶液存在于固体中，或积集在固体的毛细微结构中。这种液体，当其蒸汽压低于纯液体蒸汽压时，称之为结合水分；而游离在表面的湿分则称为非结合水分。常用的干燥方法有喷雾干燥、气流输送干燥、转鼓式干燥、隧道式干燥、蒸汽管回转式干燥、螺旋输送式干燥，至于选用什么样的干燥方法，取决于需要干燥的进料性质，是颗粒固体、浆料、块粒、薄膜、淤浆还是液体。

除了上面介绍的常规方法外，有时需要采取一些极端的方法，来获取纯度要求极高的物质。如在第1章介绍的多晶硅生产工艺中，为了获取超高纯度的硅，不惜采用化学反应的手段来分离硅中的铁和铝，来制取超高纯度的硅。一般而言，采用化学反应的手段来分离物质是在上述所有方法均失效的情况下，迫不得已才采取的一种方法。另有一种分离方法，用需要提纯的纯液体去洗涤表面含有其他液体的固液混合物。如正庚烷和异丙醇的分离中，正庚烷的沸点为98.4℃，异丙醇的沸点为97.8℃，两者相差0.6℃，无法通过精馏的方法将其彻底分离。但若考虑两者的熔点，正庚烷为－90.6℃，异丙醇为－126.2℃，可以考虑采用冷冻分离的方法，其工艺流程图见图6-21。图中正是利用纯正庚烷液体来除去固体正庚烷表面的液体异丙醇。用于洗涤固体正庚烷的液体正庚烷循环液的温度应接近于正庚烷的凝固点，以尽量减少固体正庚烷的熔化。

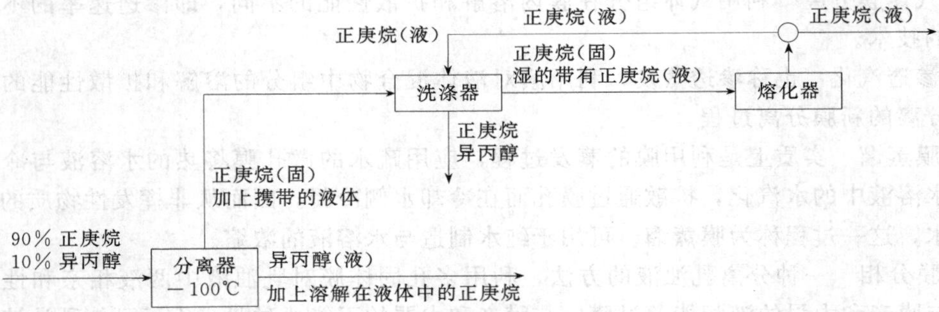

图6-21 正庚烷-异丙醇冷冻分离工艺流程

随着科学技术的不断进步，各种先进的分离技术也不断涌现，如用于轻烃分离的差压热耦合蒸馏分离技术，利用超重力的选择性吸收分离技术，用于常规的生化及物化工艺难以处理、或者处理成本太高而无法实施的工业废水或市政废水有毒物分离的特种膜组合工艺。

集束精馏技术是在一个精馏釜上，同时并联2个及2个以上相同直径、相同高度和装填入相同规格、相同重量的填料之精馏塔，在每个精馏塔上分别安装有独立的冷凝器和同时具备独立的且是多元联动的回流比自动控制系统，各精馏头的出料管最后汇集到出料总管，按组分去不同的接料储罐。集束精馏的工业化比传统单塔精馏具有许多潜在优势，比如投资少、耗材少、节能、料少时可关闭部分精馏塔，操作弹性系数大等。集束精馏技术处于刚刚起步阶段，积累经验还需要有一个过程，还有许多问题要探索研究。

色谱分离技术包括一个流动相（气相或液相）和一个固定相，分离的基础是组分的差速迁移。在色谱柱中流动相沿固定相流动，混合物中各组分在此固定相与流动相间的分配不同，在固定相中相对量多的组分，与固定相在一起的时间分率大，随流动相一起流动的速度就慢。这样，由于混合物中各组分被固定相滞留的程度不同，它们随流动相移动的速度就不同（称为差速迁移），随流动相移动快的组分先离开色谱柱，随流动相移动慢的组分后离开色谱柱，因而可使混合物的各组分互相分离。色谱分离技术原用于物料分析，现也有向生产型色谱分离技术发展的趋势。

尽管精馏分离技术是传统的分离技术，但目前在此基础上也发展出了热泵精馏、反应精馏、隔板塔、热耦合塔等多种新型的节能分离技术。

### 6.3.2 分离方法选择

分离方法选择的主要依据是进料的相态、关键组分的分离因子以及分离的目的。下面分别从这三个依据来选择基本分离方法。

（1）进料相态

进料相态是选择分离方法三个依据中首先需要考虑的，进料相态分为气相、液相、含有固体的非均相、干固体。

气相进料可以选择部分冷凝（闪蒸或部分气化的逆过程）、深冷条件下的精馏、气体吸收、气体吸附、气体膜渗透、凝华。

液相进料可以选择闪蒸或部分气化；精馏；气提；萃取精馏；共沸精馏；液-液萃取；结晶；液体吸附；利用膜的渗析、反渗透、超滤和全蒸发；超临界萃取以及闪蒸和不同类型的精馏对由液相和气相混合组成的进料也是适用的。

含有固体的非均相建议采用过滤或离心分离，干固体进料可以考虑浸取和萃取。

（2）分离因子（$SF$）

分离因子是选择分离方法的第二个考虑因素。分离因子是用特定的分离方法下，对进料中两个关键组分在相Ⅰ和相Ⅱ间进行分离难易程度的表征，对一级接触，该因子被定义如下：

$$SF=\frac{C_1^{\mathrm{I}}/C_2^{\mathrm{I}}}{C_1^{\mathrm{II}}/C_2^{\mathrm{II}}} \tag{6-44}$$

式中，$C_j^i$是组分$j$在相$i$中的组成（可用摩尔分数、质量分数或浓度表示）。如果相Ⅰ富含组分1，而相Ⅱ富含组分2，则$SF$必然很大，表明用该特定的方法容易将组分1和2分离。$SF$的数值一般受热力学平衡的限制，由通过膜的质量传递的相对速率控制的膜分离例外。对精馏而言，用摩尔分数作为组成变量，且令相Ⅰ为气相，相Ⅱ为液相，利用气相和液相平衡常数（$K$值），$SF$的极限值由下式给出：

$$SF=\frac{y_1/y_2}{x_1/x_2}=\frac{y_1/x_1}{y_2/x_2}=\frac{K_1}{K_2}=\alpha_{1,2} \tag{6-45}$$

式中，$\alpha$为相对挥发度。一般说来，组分1和2按$SF$大于1的方式标记。因此，$SF$值越大，特定的分离操作越是可行。但在搜寻要求的$SF$值时，最好避免可能需要冷冻或会损坏热敏材料的极端温度条件；可能需要气体压缩或抽真空的压力条件，和可能需要昂贵的额外引入的质量分离剂MSA。一般说来，利用热分离的操作经济上可行的$SF$值比利用质量分离剂的操作低。一般情况下，只要气相和液相容易形成，进料为液相或被部分气化，精馏是首先考虑为可能的分离操作，至于需要引入质量分离剂的萃取精馏、共沸精馏等应放在押后考虑的分离方法。

（3）分离目的

选择分离方法的最后一种考虑因素是分离目的。如分离的目的是某一组分组的提纯，则该组分组内的个分组分不必单独提纯（有例外情况）；分离的目的是除去不需要的组分，则不需的组分可以不回收，在不需要的组分中也可以含有少量的需要组分，如在冷冻法海水淡化过程中，中间产物冰的表面含有少量的盐水，这些盐水是不需要的组分，可以用制得的淡水冲洗冰的表面，尽管损失一部分淡水。

也有不同的学者，对分离方法的选择提出了其他有参考价值的建议和原则，如对非均相分离选用提出以下三条基本原则。

① 非均相混合物中相间的分离相对于均相混合物的分离更为容易（成本较低）。

② 非均相混合物中相间的分离过程应在均相混合物的分离之前进行。

③ 颗粒或液滴尺寸越大，分离过程越加方便。

对于均相分离，必须引入或造成另外一个相，其中气体分离技术的选用一般应遵循如下原则。

① 吸收/解吸可以脱除气体中的某选择性组分，例如用水从反应气中吸收环氧乙烷，或从合成气中吸收甲醇。

② 通过吸附或膜分离技术可以浓缩某选择性组分，如从甲烷中分离氢气是变压吸附（PSA）单元的一种典型应用。

③ 通过高压精馏可以分离露点温度不低于零下 40℃ 的各种组分，例如 C3 和 C4 的分离。

④ 露点温度低于零下 40 ℃ 的各种组分可以通过低温精馏进行分离，如 C1 和 C2 的分离与空气分离。

⑤ 通过吸收、吸附或化学吸附方法脱除一些低浓度组分，例如从排放气体中脱除某些（有气味、有毒的、环境有害组分）烃类。

⑥ 对某些不具备选择性分离方法的组分，也可通过化学反应脱除。例如乙炔加氢，或由烯烃制备二烯烃，从烟道气中脱除 $NO_x$。

### 6.3.3 精馏分离的几个基本概念

尽管前面介绍了多种分离方法，但在化工生产中，最主要的分离方法还是精馏分离，确定采用精馏分离的方法，仍需要确定精馏分离序列，需要分离的组分增加时，可能的分离序列将呈几何级数增加，故需要采用一定的规则，来确定精馏分离序列。在介绍精馏分离序列确定方法之前，先减少精馏分离中用到的几个基本概念。

（1）简单塔

简单塔是指每一个塔只有一个进料，两个出料，两个出料分别在塔顶和塔釜。

（2）锐分离

所谓锐分离是指每一个精馏塔将一股进料分成两股出料，两股出料中的组分不重复，如进料为 A、B、C 三组分，那么如塔顶出料为 A，则塔釜出料只能为 B、C，不能含有 A，也即烃关键组分及比烃关键组分还轻的组分只能出现在塔顶产物中。当然，也可以是塔顶出料为 A、B，塔釜出料为 C，如图 6-22。

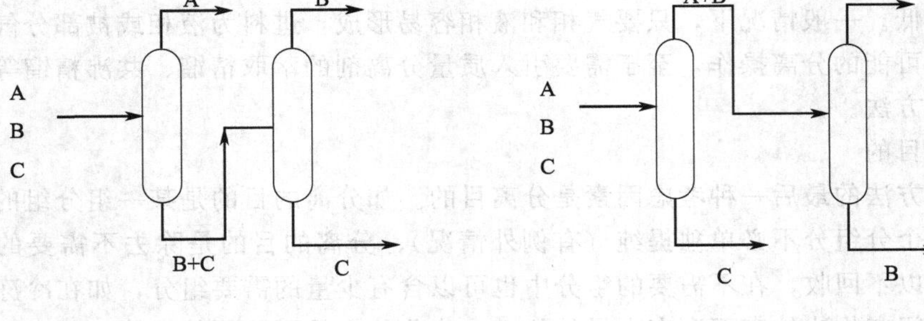


图 6-22 三组分精馏分离时的锐分离

（3）最少塔数 $M$

在精馏分离过程中，假设每个塔为简单塔，分离为锐分离，则将 $N$ 组分全部分离所需的最少塔数为

$$M=N-1 \tag{6-46}$$

（4）分离序列数 $S_N$

含有 $N$ 组分的常规精馏塔序列 $S_N$ 的计算可用下述方法导出。$N$ 组分的常规精馏分离，共有 $N-1$ 简单塔，每个塔均有两个出料，这样共有 $2(N-1)$ 个出料，将这些 $2(N-1)$ 个出料排列起来，可能的序列为 $[2(N-1)]!$，考虑到 $N$ 个组分按相对挥发度大小依次出料，不能随意出料，这样按原来出料排列的数目就需要除以 $N!$，同时，分离 $N$ 个组分的 $N-1$ 个塔也不能随便移动，比如当 $N=5$，如果按挥发度递减的次序，要求的产物为 A、B、C、D 和 E，不可能在第一个塔分离得到 C 组分，这样，又需除以 $(N-1)!$，所以，分离序列数 $S_N$ 的计算公式如下：

$$S_N=\frac{[2(N-1)]!}{N!\,(N-1)!} \tag{6-47}$$

如将 $N=4$ 代入式(6-47)，可得 $S_N=5$，具体分离形式见图 6-23。

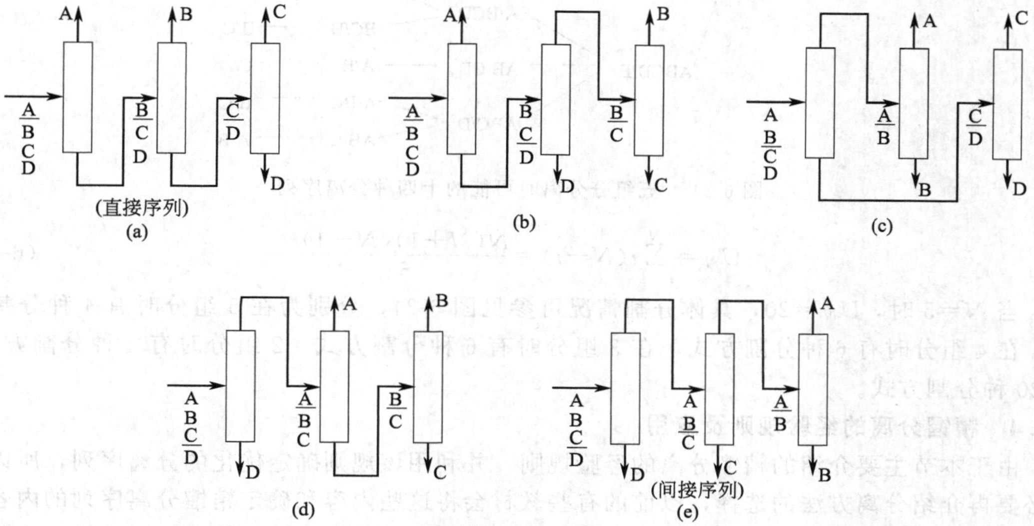


图 6-23　四组分精馏可能存在的分离序列

如图 6-23 所示的五个分离序列中，图（a）除一个最终产物外，其余最终产物均为塔顶馏出物的第一序列，常称为直接序列，因为塔顶馏出物为最终产物，更有利于除去有害的高沸点组分和固体之类的杂质，所以在工业上被广泛应用。图（e）除一个最终产物外，其余最终产物均为塔底物流，这种序列称为间接序列。因为达到塔底产物纯度规定的困难，该序列常被认为是最不需要的序列。图 6-23 其余三个序列将产生两个作为塔顶馏出物的产物和两个作为塔底物流的产物。在所有分离序列中，除一个外（序列 C），每个塔至少产生一个最终产物。

（5）次级组分数 $G_N$

在所有可能的分离序列中，出现在塔釜和塔顶的物流总和。以五组分为例，可能出现的物流（见图 6-24）单个组分的有 5 个（A、B、C、D、E），两个组分的有 4 个（AB、BC、CD、DE），三个组分的有 3 个（ABC、BCD、CDE），四个组分的有 2 个（ABCD、BCDE），还有进料，共有 15 个次级组分，其计算公式如下：

$$G_N=\sum_{i=1}^{N} i=\frac{N(N+1)}{2} \tag{6-48}$$

（6）分割方式 $U_N$

在所有可能的分离序列中，产生的分割方式总数。计算公式如下：

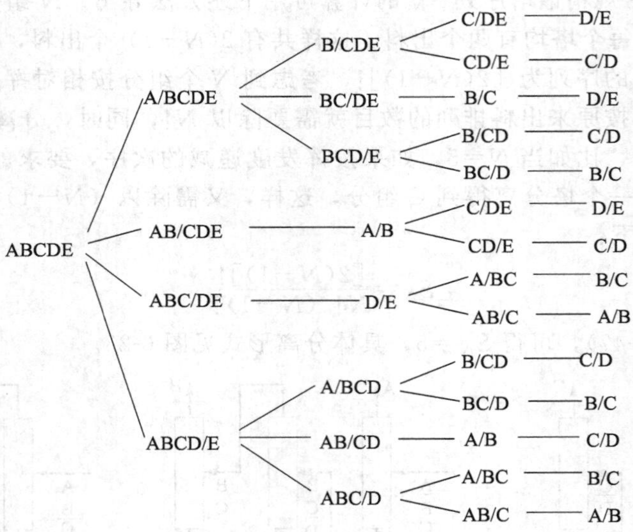


图 6-24　五组分分离时可能的十四种分离序列

$$U_N = \sum_{i=1}^{N} i(N-i) = \frac{N(N+1)(N-1)}{6} \tag{6-49}$$

当 $N=5$ 时，$U_N=20$，具体分割情况可参见图 6-24，分别为在 5 组分时有 4 种分割方式，在 4 组分时有 6 种分割方式，在 3 组分时有 6 种分割方式，2 组分时有 4 种分割方式，共 20 种分割方式。

### 6.3.4　精馏分离的经验规则及应用

由于本节主要介绍的精馏分离的经验规则，并利用该规则确定优化的分离序列，所以没有必要再介绍分离方法的选择，以前的有些教材会将这些内容和确定精馏分离序列的内容放在一起，反而让读者感到迷茫。因为你已经确定了分离的方法是常规精馏、简单塔，这些分离方法已在你研究最优分离序列前必须解决。这些分离方法的选择我们在前面已有介绍，主要有尽量采用直接分离方法，避免采用间接分离方法。直接分离方法是只涉及能量的分离方法，如精馏、压差膜分离、蒸发与结晶等；而间接方法涉及外加物质，如萃取、吸附等。应当避免难于处理的固相；最好用平衡分离过程而不用速度分离过程；最好用已经有了经验和实践知识的过程；可以用昂贵的分离过程生产高价产品，但不能用它来生产低价产品。

针对分离序列的优化确定，前人提出了许多有用的经验法则，首先是针对分离目的，提出了设计法则，简称 D 法则。

D1：倾向于生成产品个数最少的分离序列

也就是避免去分离最终产品中仍共存的组分。如将 ABCDE 分离成 A、BC、DE 三个组分，则没有必要将 B 和 C 分离，同理，也没有必要将 D 和 E 分离。

D2：如有可能，应尽量采用流股分割和混合来降低分离负荷。

这种情况一般较少发生，可能在油品配置过程中出现这种情况。

针对分离物料的性质，提出了物性法则，简称 S 法则。

S1：尽快除去腐蚀性组分；

S2：尽快除去反应性组分或单体；

S3：尽快除去热敏物质；

S4：分离困难的组分放在最后；

S5：分离容易的组分最先分离；

针对组分含量多少及对分离要求提出了如下经验法则，简称C法则。

C1：如果其他条件相等，则应将流量最大的组分最先分离；

C2：如果其他条件相等，则应将近似等摩尔的分割优先考虑；

C3：如近似等摩尔的分割确定有困难，可采用易分离系数（*CES*）来确定分离的先后次序。*CES* 越大，越先分离。*CES* 的计算公式如下：

$$CES = f \times \Delta \tag{6-50}$$

式中，$f=\min(B/D,\ D/B)$；$D$ 为塔顶产物摩尔流量；$B$ 为塔釜产物流量；$\Delta=\Delta T$（分割处两相邻组分的沸点差），或 $\Delta=(\alpha-1)\times 100$；$\alpha$ 为相邻两组分相对挥发度。

C4：高收率的组分最后分离；

这些试探规则都不需要进行塔的设计和费用计算。但是，遗憾的是，这些试探规则往往互相矛盾。在具体应用这些规则时，这些规则的先后次序为D、S、C。也有学者（Warren D. Seider，见参考文献［24］）提出了直接利用以下六条试探规则合成分离序列，这六条试探规则如下。

① 在序列中尽早脱除不稳定的、腐蚀性的或能发生化学反应的组分。

② 作为馏出物逐一脱除最终产物（直接分离序列）。

③ 对分离点进行排序，使进料中摩尔百分数最大的那些组分在分离序列前部脱除。

④ 按相对挥发度减小的次序排列序列分离点，使最困难的分离在没有其他组分存在的条件下进行。

⑤ 对分离点进行排序，提供最高纯度产品的分离留在分离序列的最后。

⑥ 对分离点进行排序，最好使每个塔的馏出物和塔底物流接近等摩尔数。

其实上面六条规则和前面DSC中的（2+5+3）共十条法则基本相同，只不过六条规则更加简洁和有序，当然同样存在规则或法则互相矛盾的时候，这时需要注意规则的先后次序，在具体应用时，可以灵活利用DSC的十条法则或Warren D. Seider总结提出的六条规则。

**【例6-1】** 将含有五组分的烷烃系列混合物按无差别待遇分离成单组分，可参考表6-2，已知进料流量及在1atm时的近似相对挥发度 $\alpha$，试利用经验规则合成最优的分离序列。

**表6-2 五组分的烷烃系列混合物分离参数**

| 组分名称 | 组分代号 | 流量/(kmol/h) | 相对挥发度 | *CES* | 备注 |
|---|---|---|---|---|---|
| 丙烷 | A | 100 | | | |
| 异丁烷 | B | 150 | 3.6 | 28.9 | |
| 正丁烷 | C | 250 | 1.5 | 16.6 | |
| 异戊烷 | D | 200 | 2.8 | 180 | |
| 正戊烷 | E | 300 | 1.35 | 15.0 | |

**解**：采用DSC十条法则进行合成，具体过程如下：

第一步：D法则在本例中没有用。

第二步：S法则中的S1、S2、S3条没有用，S4条建议D/E分割放在最后，S5条建议将A/B的分割放在首位。

第三步：C法则中的C1、C2没有用，采用C3法则，建议C/D首先分割。

综合考虑S5和C3法则，两者对首先分割的建议不一致，如果分析一下数据，可以发现S5条建议将A/B的分割放在首位，只考虑了相对挥发度，没有考虑如果在此位置分割，塔顶塔釜的产物流量相当悬殊，而采用 C3 法则，则相对挥发度处于第二大，且刚好满足等摩尔切割，其 *CES* 比采用 S5 条建议 A/B 的分割大 5 倍以上，所以第一次分割选择在 C/D 处。剩下的任务是将 ABC 和 DE 进行切割，先来说一下 DE 的切割，这是一个没有选择的切割问题，故不再讨论。对于 ABC 切割，只有两种可能，先将这两种可能的 *CES* 计算出来，通过计算可知 $CES_{A/BC}=65$，$CES_{AB/C}=50$，重复前面的步骤，选择在 A/BC 处切割，最后得到优化的分离序列如图 6-25 所示。

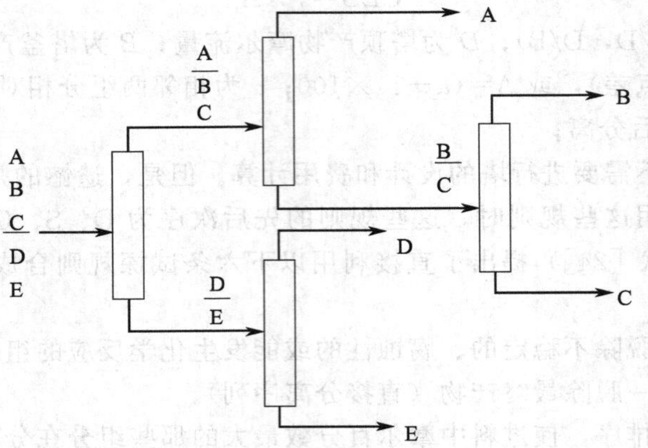


图 6-25　五组分烷烃分离优化序列

图 6-25 所示的优化分离序列和其他学者通过成本计算的优化方案一致，说明利用经验法则合成分离优化序列具有一定的实用价值。当然，最好在此基础上再进行成本核算。由于利用经验规则进行分离序列优化确定时需要多次用到 *CES* 的计算，作者在 Excel 上开发了一款基于八个组分的 *CES* 计算软件，读者只要输入进料流量及相对挥发度的数据，计算机就会自动计算 *CES*。组分少于八个也没有问题，如上面确定第一轮分离序列中的 *CES* 计算，见图 6-26。

分离序列CES计算　　华南理工大学化学与化工学院方利国2013年6月25日开发lgfang@scut.edu.cn

| 组分名称 | 组分代号 | 流量(kmol/h) | 相对挥发度1 | 相对挥发度2 | CES |
|---|---|---|---|---|---|
| 丙烷 | A | 100 | 9 | | |
| 异丁烷 | B | 150 | 8 | 3.6 | 28.88888889 |
| 正丁烷 | C | 250 | 7 | 1.5 | 16.66666667 |
| 异戊烷 | D | 200 | 6 | 2.8 | 180 |
| 正戊烷 | E | 300 | 5 | 1.35 | 15 |
| 正戊烷1 | F | | 4 | 1.25 | #DIV/0! |
| 正戊烷2 | G | | 3 | 1.333333333 | #DIV/0! |
| 正戊烷3 | H | | 1 | 3 | #DIV/0! |
| 总流量 | | 1000 | | | |

当组分少于8个时，出现被零除现象，无需理会，只选取前面大于零的数即可。相对挥发度2为相邻组分相对挥发度，相对挥发度1会针对最后一个组分的相对挥发度，若有相对挥发度2，请直接输入或复制，若只有相对挥发度1，则可以利用前后两个相对挥发度1的数据算出相对挥发度2。

图 6-26　确定第一轮分离序列时的 *CES* 计算

至于第二轮的计算，其实也非常简单，在第二轮中，只涉及 A、B、C 三个组分，故只保留 A、B、C 的流量，其他的流量取零即可，计算结果见图 6-27。

### 6.3.5　最小总气相负荷确定法

前面介绍的经验规则确定精馏分离序列，尽管简单易行，但有时并不一定是最优序

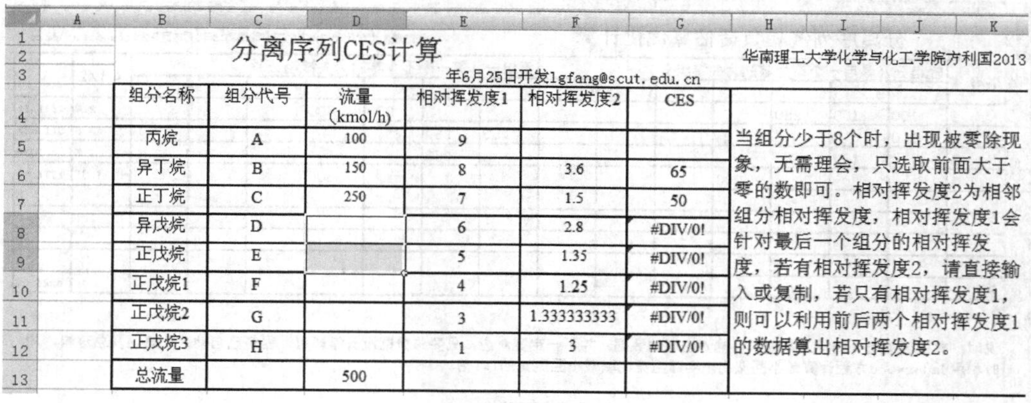

分离序列CES计算

华南理工大学化学与化工学院方利国2013年6月25日开发lgfang@scut.edu.cn

| 组分名称 | 组分代号 | 流量(kmol/h) | 相对挥发度1 | 相对挥发度2 | CES |
|---|---|---|---|---|---|
| 丙烷 | A | 100 | 9 | | |
| 异丁烷 | B | 150 | 8 | 3.6 | 65 |
| 正丁烷 | C | 250 | 7 | 1.5 | 50 |
| 异戊烷 | D | | 6 | 2.8 | #DIV/0! |
| 正戊烷 | E | | 5 | 1.35 | #DIV/0! |
| 正戊烷1 | F | | 4 | 1.25 | #DIV/0! |
| 正戊烷2 | G | | 3 | 1.333333333 | #DIV/0! |
| 正戊烷3 | H | | 1 | 3 | #DIV/0! |
| 总流量 | | 500 | | | |

当组分少于8个时，出现被零除现象，无需理会，只选取前面大于零的数即可。相对挥发度2为相邻组分相对挥发度，相对挥发度1会针对最后一个组分的相对挥发度，若有相对挥发度2，请直接输入或复制，若只有相对挥发度1，则可以利用前后两个相对挥发度1的数据算出相对挥发度2。

图 6-27　确定第二轮分离序列时的 *CES* 计算

列，因为它没有涉及设备费用及操作费用的详细计算。Porter 和 Momoh 提出了基于设备费用及操作费用近似与精馏塔气相负荷成正比的最小总气相负荷确定法。该法的核心思想是利用 Underwood 方程，将精馏分离过程简化为轻重两关键组分的二元过程，计算出最小回流比，并取实际回流为最小回流比 $R_F$ 倍，由此可以得到某一分割下精馏塔的气相负荷为：

$$V=D\left[1+\frac{R_F}{(\alpha-1)}\frac{F}{D}\right]$$
$$=D+F\frac{R_F}{(\alpha-1)} \tag{6-51}$$

式中，$D$ 为塔顶产物流量，包含轻关键组分及比轻关键组分还轻的其他成分；$F$ 为进料流量；$\alpha$ 为相邻两组分相对挥发度。利用式(6-51) 计算每一种可能分割序列的 $N-1$ 个塔的气相负荷，将 $N-1$ 个气相负荷相加，取计算负荷最小的为最优分割序列。如在例 6-1 中，已通过经验法则，确定了优化的分离序列，如利用式(6-51)，可以计算得到总的气相负荷为：

$$\sum V=\left[(100+150+250)+(100+150+250+200+300)\frac{1.1}{2.8-1}\right]+$$
$$\left[100+(100+150+250)\frac{1.1}{1.5-1}\right]+\left[150+(150+250)\frac{1.1}{3.6-1}\right]+$$
$$\left[200+(200+300)\frac{1.1}{1.35-1}\right]$$
$$=4224.1\text{kmol/h} \tag{6-52}$$

为了便于读者利用该方法，作者开发了基于九组分八个塔的总气相负荷计算软件，见图 6-28，计算结果和人工手算一致。如果对【例 6-1】中的优化分离序列做一修改，在 ABC 分割时，先分割 AB/C，后分割 A/B，利用作者开发的软件，就可以方便计算出此时的总气相负荷为 4438.3，见图 6-29，大于优化序列，再一次说明了利用经验法则得到的优化分离序列具有相当的正确性。以上所有原程序见电子课件程序第 6 章。

**【例 6-2】** 如表 6-3 所示参数，试用经验法则合成优化分离序列，并用 Porter 和 Momoh 提出的方法计算所有十四种可能分离序列的总气相负荷。

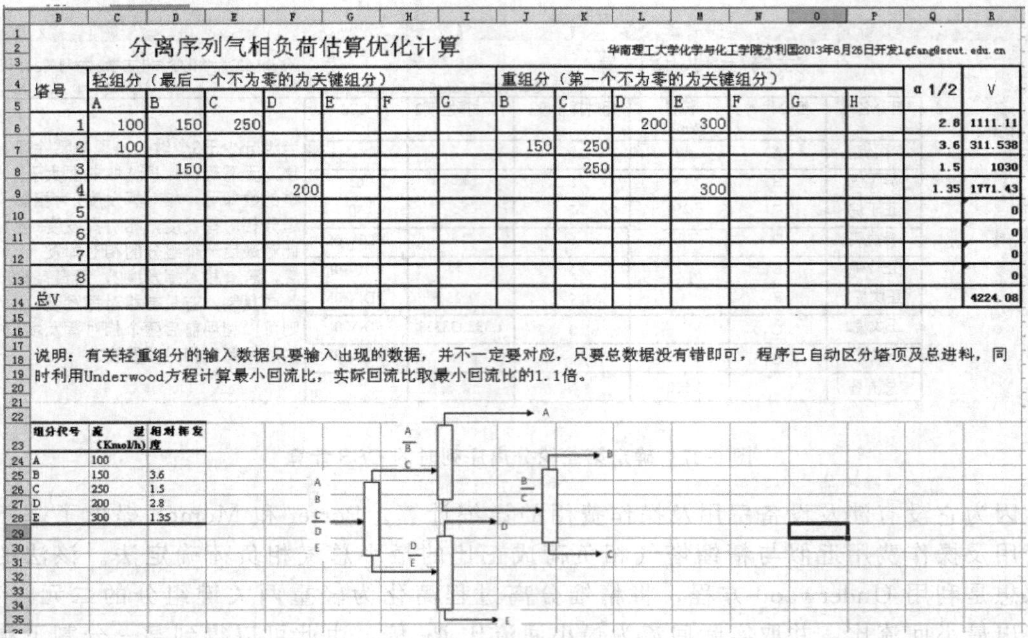
分离序列气相负荷估算优化计算
华南理工大学化学与化工学院方利国2013年8月26日开发lgfang@scut.edu.cn
塔号 | 轻组分（最后一个不为零的为关键组分） | 重组分（第一个不为零的为关键组分） | α 1/2 | V
A B C D E F G | B C D E F G H
1 | A 100, B 150, C 250 | D 200, E 300 | 2.8 | 1111.11
2 | A 100 | B 150, C 250 | 3.6 | 311.538
3 | B 150 | C 250 | 1.5 | 1030
4 | D 200 | E 300 | 1.35 | 1771.43
5 | | | | 0
6 | | | | 0
7 | | | | 0
8 | | | | 0
总V | 4224.08
说明：有关轻重组分的输入数据只要输入出现的数据，并不一定要对应，只要总数据没有错即可，程序已自动区分塔顶及总进料，同时利用Underwood方程计算最小回流比，实际回流比取最小回流比的1.1倍。
组分代号 | 流量(Kmol/h) | 相对挥发度
A | 100 |
B | 150 | 3.6
C | 250 | 1.5
D | 200 | 2.8
E | 300 | 1.35
A
B
C
D
E
A/B
B/C
D/E
A
B
C
D
E

图 6-28　优化分离序列总气相负荷计算

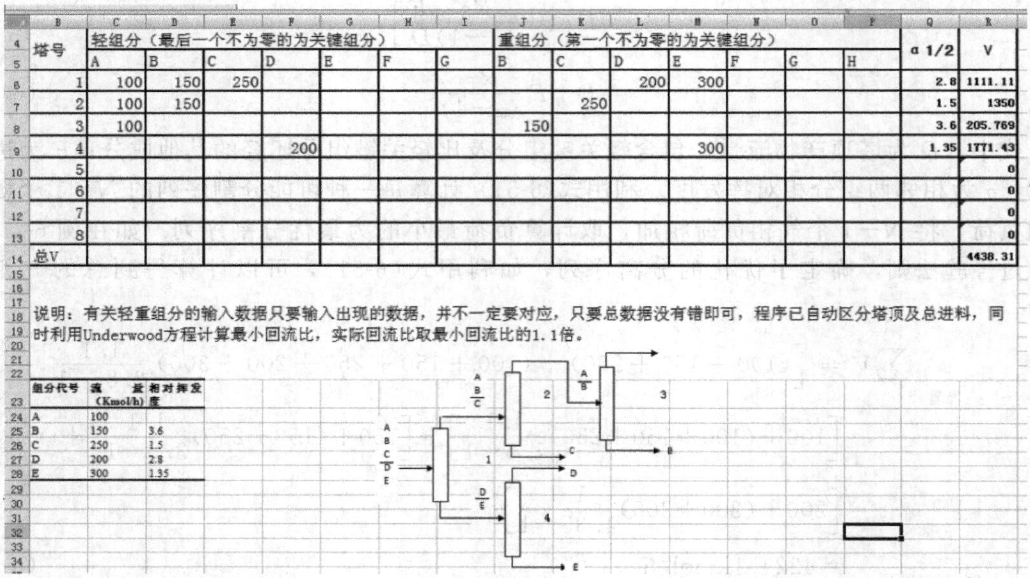
塔号 | 轻组分（最后一个不为零的为关键组分） | 重组分（第一个不为零的为关键组分） | α 1/2 | V
A B C D E F G | B C D E F G H
1 | A 100, B 150, C 250 | D 200, E 300 | 2.8 | 1111.11
2 | A 100, B 150 | C 250 | 1.5 | 1350
3 | A 100 | B 150 | 3.6 | 205.769
4 | D 200 | E 300 | 1.35 | 1771.43
5 | | | | 0
6 | | | | 0
7 | | | | 0
8 | | | | 0
总V | 4438.31
说明：有关轻重组分的输入数据只要输入出现的数据，并不一定要对应，只要总数据没有错即可，程序已自动区分塔顶及总进料，同时利用Underwood方程计算最小回流比，实际回流比取最小回流比的1.1倍。
组分代号 | 流量(Kmol/h) | 相对挥发度
A | 100 |
B | 150 | 3.6
C | 250 | 1.5
D | 200 | 2.8
E | 300 | 1.35
1
2
3
4
A/B
A
B
C
D
E

图 6-29　非优化分离序列气相负荷计算

**表 6-3　五组分芳香混合物分离参数**

| 组分名称 | 组分代号 | 流量/(kmol/h) | 相对挥发度 |
|---|---|---|---|
| 苯 | A | 269 | |
| 甲苯 | B | 282 | 1.9 |
| 乙苯 | C | 57 | 1.76 |
| 二甲苯 | D | 215 | 1.06 |
| 碳九芳烃 | E | 42 | 1.76 |

**解**：采用 DSC 十条法则进行合成，先用前面开发的软件计算出在第一轮中的 *CES* 值，见图 6-30。

| | A | B | C | D | E | F | G |
|---|---|---|---|---|---|---|---|
| 1 | | 分离序列CES计算 | | | | | |
| 2 | | | | | | | |
| 3 | | | | | 年6月25日开发lgfang@scut.edu.cn | | |
| 4 | | 组分名称 | 组分代号 | 流量 (kmol/h) | 相对挥发度1 | 相对挥发度2 | CES |
| 5 | | 苯 | A | 269 | 9 | | |
| 6 | | 甲苯 | B | 282 | 8 | 1.9 | 40.62080537 |
| 7 | | 乙苯 | C | 57 | 7 | 1.76 | 43.31034483 |
| 8 | | 二甲苯 | D | 215 | 6 | 1.06 | 2.536184211 |
| 9 | | 碳九芳烃 | E | 42 | 5 | 1.76 | 3.878493317 |

图 6-30　五组分芳香混合物分离 *CES* 参数计算

第一步：D 法则在本例中没有用。

第二步：S 法则中的 S1、S2、S3 条没有用，S4 条建议 C/D 分割放在最后，S5 条建议将 A/B 的分割放在首位。

第三步：C 法则中的 C1、C2 没有用，采用 C3 法则，建议 B/C 首先分割。

综合考虑 S5 和 C3 法则，两者对首先分割的建议不一致，如果分析一下数据，可以发现 S5 条建议将 A/B 的分割放在首位，其 *CES* 值为 40.6，只比 C3 法则建议 B/C 首先分割的 *CES* 小了 6.2%，而其相对挥发度比 C3 法则建议的 B/C 首先分割大了 7.95%，综合考虑，第一次分割选择在 A/B 处。剩下的任务是将 BCDE 进行切割，先计算 *CES* 值，见图 6-31，通过计算可知 $CES_{B/CDE}=68.3$，远远大于其他两个分割，故第二轮选择 B/CDE 分割。

| 组分名称 | 组分代号 | 流量 (kmol/h) | 相对挥发度1 | 相对挥发度2 | CES |
|---|---|---|---|---|---|
| 苯 | A | | 9 | | |
| 甲苯 | B | 282 | 8 | 1.9 | #DIV/0! |
| 乙苯 | C | 57 | 7 | 1.76 | 68.25477707 |
| 二甲苯 | D | 215 | 6 | 1.06 | 4.548672566 |
| 碳九芳烃 | E | 42 | 5 | 1.76 | 5.761732852 |

图 6-31　四组分芳香混合物分离 *CES* 参数计算

剩下的 *CDE* 分割同上，先计算 *CES*，见图 6-32，由计算结果可知，选择在 CD/E 处分割，最后得到优化的分离序列见图 6-33。

| 组分名称 | 组分代号 | 流量 (kmol/h) | 相对挥发度1 | 相对挥发度2 | CES |
|---|---|---|---|---|---|
| 苯 | A | | 9 | | |
| 甲苯 | B | | 8 | 1.9 | #DIV/0! |
| 乙苯 | C | 57 | 7 | 1.76 | #DIV/0! |
| 二甲苯 | D | 215 | 6 | 1.06 | 1.3307393 |
| 碳九芳烃 | E | 42 | 5 | 1.76 | 11.73529412 |

图 6-32　三组分芳香混合物分离 *CES* 参数计算

将图 6-33 所示的分离序列用作者前面开发的软件计算总气相负荷，见图 6-34，得总气相负荷为 8240.99。如果第一轮分割时采用 AB/CDE 分割，第二轮分割采用 CD/E 分割，则其总气相负荷为8515.56，见图6-35，其值比前面最优分离序列大，表明我们在前面经验法则确定分离序列的选择是合理的。

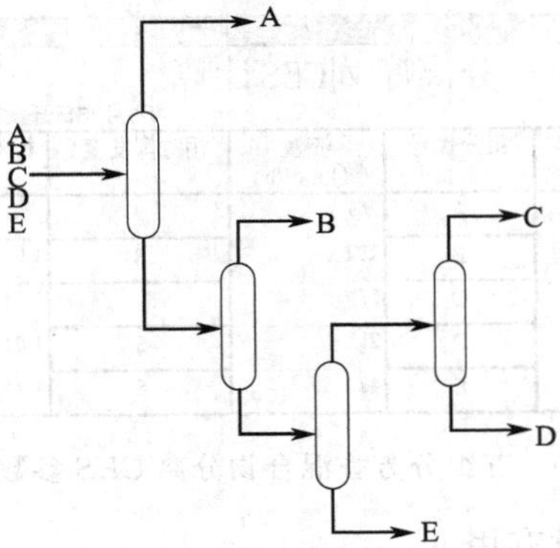


图 6-33　五组分芳香混合物优化分离序列

分离序列气相负荷估算优化计算

华南理工大学化学与化工学院方利国2013年6月26日开发lgfang@scut.edu.cn

| 塔号 | 轻组分（最后一个不为零的为关键组分） | | | | | | | 重组分（第一个不为零的为关键组分） | | | | | | | α 1/2 | V |
|---|---|---|---|---|---|---|---|---|---|---|---|---|---|---|---|---|
| | A | B | C | D | E | F | G | B | C | D | E | F | G | H | | |
| 1 | 269 | | | | | | | 282 | 57 | 215 | 42 | | | | 1.9 | 1326.22 |
| 2 | | 282 | | | | | | | 57 | 215 | 42 | | | | 1.76 | 1144.63 |
| 3 | | | 57 | 215 | | | | | | | 42 | | | | 1.76 | 726.474 |
| 4 | | | 57 | | | | | | | 215 | | | | | 1.06 | 5043.67 |
| 5 | | | | | | | | | | | | | | | | 0 |
| 6 | | | | | | | | | | | | | | | | 0 |
| 7 | | | | | | | | | | | | | | | | 0 |
| 8 | | | | | | | | | | | | | | | | 0 |
| 总V | | | | | | | | | | | | | | | | 8240.99 |

图 6-34　五组分芳香混合物优化分离序列总气相负荷计算

分离序列气相负荷估算优化计算

华南理工大学化学与化工学院方利国2013年6月26日开发lgfang@scut.edu.cn

| 塔号 | 轻组分（最后一个不为零的为关键组分） | | | | | | | 重组分（第一个不为零的为关键组分） | | | | | | | α 1/2 | V |
|---|---|---|---|---|---|---|---|---|---|---|---|---|---|---|---|---|
| | A | B | C | D | E | F | G | B | C | D | E | F | G | H | | |
| 1 | 269 | 282 | | | | | | 0 | 57 | 215 | 42 | | | | 1.76 | 1802.97 |
| 2 | 269 | 0 | | | | | | 282 | | | | | | | 1.9 | 942.444 |
| 3 | | | 57 | 215 | | | | | | | 42 | | | | 1.76 | 726.474 |
| 4 | | | 57 | | | | | | | 215 | | | | | 1.06 | 5043.67 |
| 5 | | | | | | | | | | | | | | | | 0 |
| 6 | | | | | | | | | | | | | | | | 0 |
| 7 | | | | | | | | | | | | | | | | 0 |
| 8 | | | | | | | | | | | | | | | | 0 |
| 总V | | | | | | | | | | | | | | | | 8515.56 |

图 6-35　五组分芳香混合物次优分离序列总气相负荷计算

将五组分芳香混合物所有十四种分离序列的总气相负荷，利用作者开发的软件计算一遍，按总气相负荷从小到大排列，得表6-4。从表的数据进一步证明了利用经验法则选择的分离序列也是总气相负荷最小的分离序列，当然是否就是详细设计中总费用最小的分离序列，不能完全肯定，但一般情况下，即使不是最经济（总费用最小）的分离序列，也是次经济分离序列，两者相差不大。

**表 6-4　十四种分离序列的总气相负荷**

| 序号 | 总气相流率 | 序号 | 总气相流率 | 序号 | 总气相流率 |
|---|---|---|---|---|---|
| 1 | 8241. 0 | 6 | 9477. 4 | 11 | 18838. 1 |
| 2 | 8515. 6 | 7 | 9803. 3 | 12 | 19426. 8 |
| 3 | 8870. 4 | 8 | 13951. 5 | 13 | 19556. 1 |
| 4 | 8871. 5 | 9 | 14011. 2 | 14 | 20144. 8 |
| 5 | 9146. 1 | 10 | 14618. 2 | | |

# 6.4　换热网络合成

化工生产中存在着大量的需要换热的工段，有些需要加热，如物料进入精馏塔前一般需要预热；有些需要冷却或冷凝，如精馏塔顶的蒸汽需要冷凝。如果能够合理地设计好换热网络系统，就可以最大限度地减少公共供热或供冷，而且还可能减少设备投资，达到节能的目的。换热网络综合设计技术常用的方法是以 Linnhoff 教授为首的研究小组提出的“挟点技术”（Pinch Point Technology），利用该方法设计可以合成公共供热或供冷最小的换热网络，达到节能的目的。下面对该技术的主要内容进行介绍。

### 6.4.1　换热网络合成几个基本概念

（1）最大换热设备数 $P$

在换热网络中，涉及热物流和冷物流，其中热物流需要冷却到目标温度，共为 $N_H$ 股；冷物流需要加热到目标温度，共为 $N_C$ 股；除了冷热物流本身以外，还有公用工程热物流 $N_S$ 股，一般为各种不同压力的水蒸气；公用工程冷物流 $N_W$ 股，一般为冷却水。这样，共有热物流为（$N_H+N_S$）股，冷物流为（$N_W+N_C$）股。假设每一股冷流和所有的热流换热一次，但公用工程的冷流和公用工程的热流不换热，则可能存在的换热设备数 $P$ 的计算公式如下：

$$P=(N_H+N_S)\times(N_W+N_C)-N_S\times N_W \tag{6-53}$$

如 $N_H=2$，$N_C=2$，$N_S=2$，$N_W=1$，则可能的换热设备数为 10 个，如图 6-36 所示。

（2）最小换热设备数 $N_{min}$

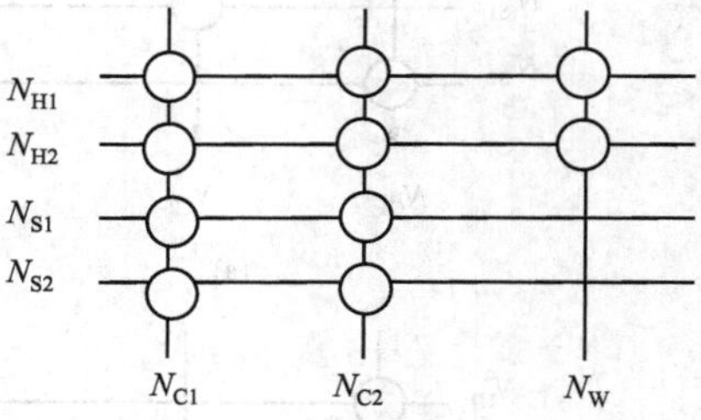


图 6-36　可能的换热器数

由于共有 $N_C$ 股冷物流需要加热到目标温度，共有 $N_H$ 股热物流需要冷却到目标温度，一种简单的选择是所有的冷物流均由蒸汽加热到目标温度；所有的热物流均用冷却水冷却到目标温度，这样得到完成换热任务的所需的最小换热设备数计算公式如下：

$$N_{min}=N_H+N_C \tag{6-54}$$

如对于上面的例子，最小的换热设备数为(2+2)=4 个，其中两个为冷却器，两个为加热器，见图6-37。必须注意的是该情况下换热设备数为最小，但由于工艺冷热物流之间没有互相换热，公用工程消耗的能量为最大。

（3）可能的换热网络数 $M$

和可能的分离序列数一样，当冷、热物流数数目增加时，可能的换热网络数也急剧增加。由前面的分析，已将知道了最大换热设备数 $P$ 及最小换热设备数 $N_{min}$，则实际的换热网络可能的设备数 $M$ 为：

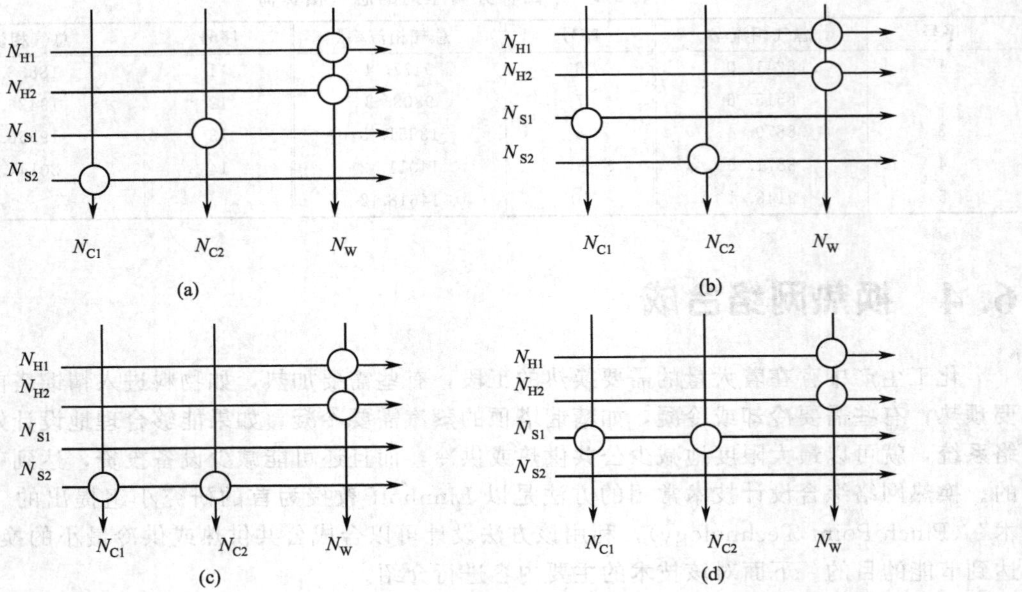


图 6-37　最小换热器数目下的四种换热网络

$$M=\sum_{N_{\min}}^{P}C_P^N=\sum_{N_{\min}}^{P}\frac{P!}{N!(P-N)!} \tag{6-55}$$

如将上面 $P=10$，$N_{\min}=4$ 代入式(6-55)，其可能的换热网络为 848 个，其中只有 4 个换热器的可能网络就有 210 个。因为选择 4 个换热器刚好完成换热任务的还有许多种可能，图 6-37 只是选择了最简单、最容易做到的几个网络，如还可以如图 6-38 所示的四个网络。

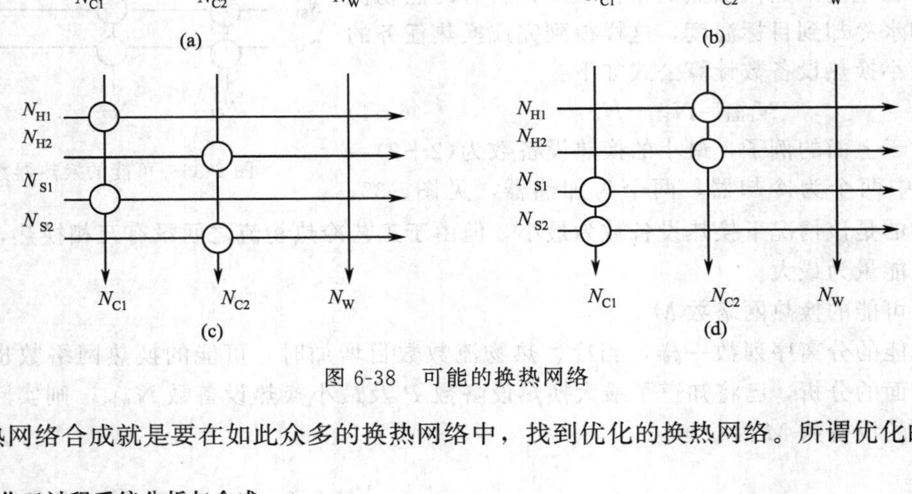


图 6-38　可能的换热网络

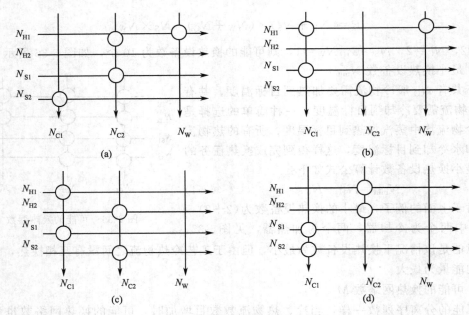

换热网络合成就是要在如此众多的换热网络中，找到优化的换热网络。所谓优化的换热网

络，有可能是在完成规定换热任务下换热器数目最小，也有可能是在完成规定的换热任务下，公用工程消耗的能量最小；也有可能是在完成规定的换热任务下，总操作费用最小。总之，优化的目标不同，可能得到的优化换热网络不同。目前最常用的是公用工程能量消耗最小及总操作费用最小两个指标。

### 6.4.2 TH（温焓）图和组合曲线

换热网络中物料流股的热特性可以用 TH 图表示。当某工艺流股从供应温度 $T_S$ 加热或冷却到目标温度 $T_T$，其所需的热量或冷量为：

$$Q=WC_P(T_T-T_S) \tag{6-56}$$

式中，$W$ 为流股的质量流量，kg/h；$C_P$ 为比热容，kJ/kg·K，如果将热容流率 $WC_P=CP$ 当作常数，则：

$$Q=CP(T_T-T_S)=\Delta H \tag{6-57}$$

如果 $Q$ 为负值，表明该流股被冷却，需要冷量；反之，表明该流股被加热，需要热量，两者在温焓图上的表示如图 6-39。

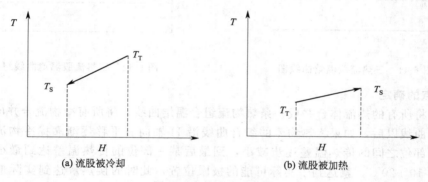

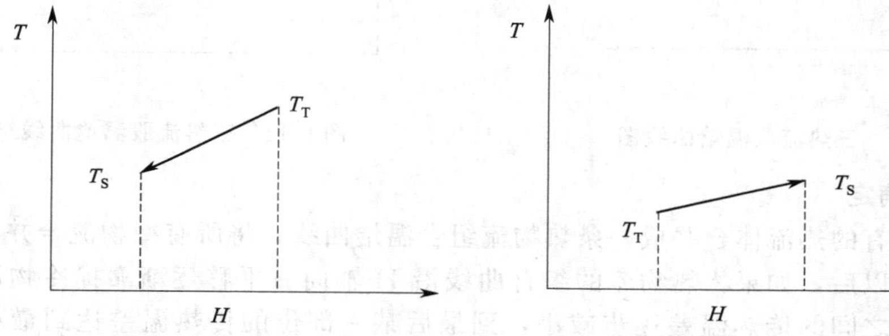


图 6-39　某流股温焓图

图 6-40 是在温焓图上表示一股冷流和一股热流换热的极限情况，$F_1$ 是被加热的冷流，供应温度为 $T_A$，目标温度为 $T_B$，$F_2$ 是被冷却的热流，供应温度为 $T_C$，目标温度为 $T_D$。在热力学极限条件下，$\Delta T=0$，传热推动力为零，这时两股流体之间的传热负荷 $Q_{max}$ 达到极大。公用工程需要的供热量 $Q_H$ 和供冷量 $Q_C$ 均达到最小。当然，这时理想的极限情况，实际过程如要达到这种程度，换热面积需要无穷大。此时，如果将 $F_1$ 流股的温焓曲线向右平移，就可以增加 $\Delta T$ 的值，进而减少换热器面积，一次性投资也将减小。但公用工程的供热量和供冷量也将随之增加，因此，在具体节能应用时，需要根据实际情况确定最佳的 $\Delta T$。

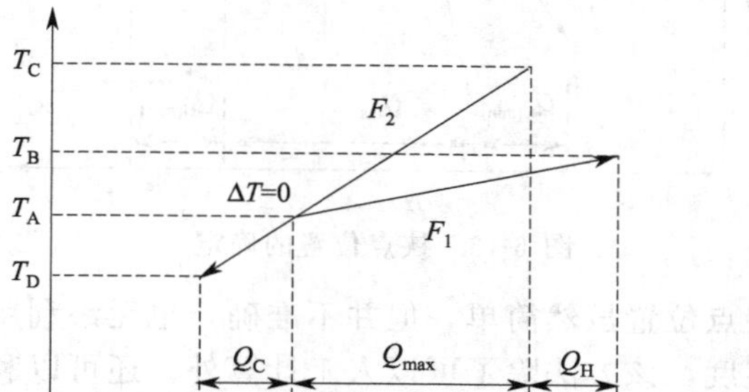


图 6-40　两股换热流股换热极限示意图

在实际过程中，常有多股热流和多股冷流需要进行互相换热来达到各自的目标温度，这时就必须将所有的热流股温焓曲线合并成一条热物流组合温焓曲线；同理，也需要将所有冷物流的温焓曲线合并成一条冷物流组合温焓曲线。以热流股组合温焓曲线为例，有三股热物流，如图 6-41 所示，根据它们的供应温度和目标温度，将其分成 4 个温度区间，将各区间内的焓变化量相加，得到各温度区间的组合曲线的焓变数据，具体计算见图 6-41 中计算公式。利用各温度区间的组合曲线的焓变数据，保持温度区间不变，就可以画出如图 6-42 的组合曲线。

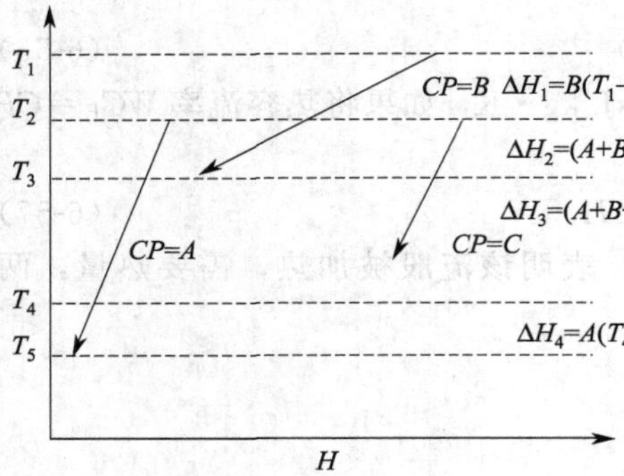


图 6-41　三热流股温焓曲线图

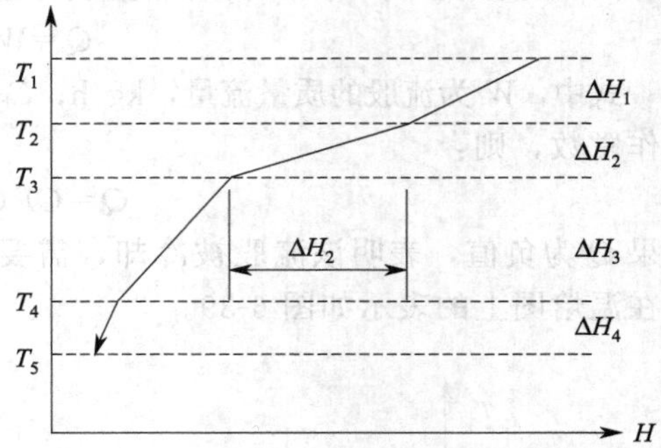


图 6-42　三热流股温焓曲线组合图

### 6.4.3　挟点的确定

在前面将所有的热流体合并成一条热物流组合温焓曲线；将所有冷物流合并成一条冷物流组合温焓曲线以后，如果将热物流的组合曲线沿 H 轴向右平移逐渐靠拢冷物流，此时两条曲线各个部位之间的传热温差逐步减小，到最后某一部位的传热温差达到最小的传热温差，一般为 10～20℃，就达到了实际可能的极限位置，此时的换热量达到实际最大换热量 $Q_{max}$，如图 6-43 所示。在传热推动力达到最小值的位置，称为挟点，在此位置处，热流体的温度，称为热流体挟点温度，如图所示为 $T_H$；冷流体的温度，称为热流体挟点温度，如图所示为 $T_C$。此时如果继续缩小传热温差，尽管能够提高换热量，减少公用工程的提供量，但换热器面积增加所带来的费用的增加抵消了能量消耗减少所节约的费用。

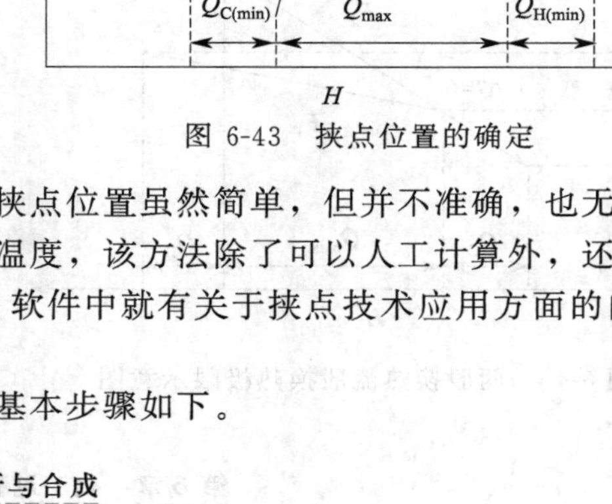


图 6-43　挟点位置的确定

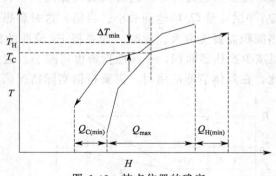

上面所说的作图法确定挟点位置虽然简单，但并不准确，也无法利用计算机计算。可采用下面的表格法来确定挟点温度，该方法除了可以人工计算外，还可以利用计算机进行计算。由美国开发的 Aspen Plus 软件中就有关于挟点技术应用方面的内容，感兴趣的读者可参阅有关这方面的文献。

表格法确定挟点的基本步骤如下。

（1）区界温度的确定

所有将冷流体的供应温度和目标温度上升 $\Delta T_{\min}/2$，将所有热流体的供应温度和目标温度下降 $\Delta T_{\min}/2$，将上面冷热流体供应温度和目标温度调整后得到温度从高到低排列，得到若干段温度区界。（这样可以保证在同一段温度区界内冷热流体换热时有最小的换热温差 $\Delta T_{\min}$）。

（2）计算每个温度区界内的热平衡，以确定各温区所需加热量或冷却量。计算式为：

$$\Delta H_i = \left(\sum CP_{\mathrm{H}} - \sum CP_{\mathrm{C}}\right)(T_i - T_{i+1}) \tag{6-58}$$

如果，$\Delta H_i$ 大于 0 表明该区界除了自身换热外，有多余的热量可以向下一级传递；反之，$\Delta H_i$ 小于 0 表明该区界除了自身换热外，尚需要热量来满足该区界冷流体温度升高所需要的热量，值得注意的是，所需要的热量只能从上一级来获得，不能从下一级来获取，尽管下一级有多余的热量，一般挟点就发生在 $\Delta H_i$ 小于 0 的区间。

（3）计算热级联，找到最小的外加热量，使原来输出热量为负值的区间变成输出热量为零的区间，该区界的下限温度就是挟点处的温度。

热级联计算分成两步，第一步是调整前的热级联计算，此时，外界不输入任何热量，完全依靠冷热流体之间的换热，也就是说第 1 级的输入热量为零，输出热量就是该级的多余热量；中间某级的输入热量是上一级的输出热量，而输出热量则是该级的多余热量加上输入热量。第一步计算完成后，一般会发现某级的输入热量为负，表明该级要向上一级输出热量，而上一级的温度大于该级，从热力学上来说是不可能发生的，故需要在第二步中进行调整。调整的方法就是在第 1 级中由外界输入热量，使该处为负值的输入热量变成为 0，此时外界输入的热量为最小公用工程输入热量，而最后一级的输出热量为最小公用工程的冷却量，挟点就在调整计算后，输入热量为零的地方。

**【例 6-3】** 某一换热系统，有两股热流和两股冷流，其物流参数如表 6-5 所示。取冷、热流体之间的最小传热温差为 10℃。用表格法确定该系统的挟点位置以及最小加热和冷却公用工程用量。

**表 6-5　流股数据表**

| 流股编号和内容 | 热容流率/(kW/℃) | 供应温度/℃ | 目标温度/℃ |
|---|---|---|---|
| 1　冷流 | 2.0 | 30 | 145 |
| 2　热流 | 3.0 | 180 | 70 |
| 3　冷流 | 4.0 | 90 | 150 |
| 4　热流 | 1.5 | 160 | 40 |

**解**：根据表格法步骤，将 2、4 热流体的供应温度和目标温度下降 $\Delta T_{\min}/2$，得到以下温度序列：175，155，65，35；将 1、3 冷流体的供应温度和目标温度上升 $\Delta T_{\min}/2$，得到以下温度序列：155，150，95，35。将两个温度序列合并从高到低进行排列，得到以下温度序列：175，155，150，95，65，35 共六个温度，5 个温度区间，将上述数据填入表 6-6 的 1-3 列。

**表 6-6　表格法各项数据**

| 区间编号 | 区间温度/℃ | 区间温度差/℃ | 热、冷流热容流率之差 | 本区多余热量 | 调整前热级联计算 | | 调整后热级联计算 | |
|---|---|---|---|---|---|---|---|---|
| | | | | | 输入 | 输出 | 输入 | 输出 |
| 1 | 175～155 | 20 | 3.0 | 60 | 0 | 60 | 20 | 80 |
| 2 | 155～150 | 5 | 0.5 | 2.5 | 60 | 62.5 | 80 | 82.5 |
| 3 | 150～95 | 55 | −1.5 | −82.5 | 62.5 | −20 | 82.5 | 0 |
| 4 | 95～65 | 30 | 2.5 | 75 | −20 | 55 | 0 | 75 |
| 5 | 65～35 | 30 | −0.5 | −15 | 55 | 40 | 75 | 60 |

在此基础上，将不同区间内涉及的冷热流热容流率之差进行计算，如第1温度区间，只涉及热物流2，无冷物流，所以得到热、冷流热容流率之差为3kW/℃，如果是第3温度区间，则涉及所有4个流股，得到热、冷流热容流率之差为－1.5kW/℃。在计算完热、冷流热容流率之差后，利用温度热平衡计算公式，将结果填入表6-6第5列；在此基础上，进行调整前的热级联计算数据填入表的第6、第7列。由表数据可知，在第4温度区间，其输入热量为－20kW，这在热力学上是不允许的，需要进行调整。为了使第4温度区间的输入热量为零，只要在第1级输入20kW的热量即可。将调整后的数据填入表8、9列，得到最后一级的输出热量为60kW，比原来调整前多了20kW，这多出来的热量就是由外界在第1级输入的热量，通过级与级之间的层层传递，到了最后一级，当然需要公用工程的冷量来带走。由调整后的数据可知，第4级的输入热量为零，所以挟点就在第四级的上限温度95℃处，考虑到该表格的温度数据在区间温度确定时曾做过调整，现需要反向调整，得到热流体在挟点处的温度为100℃，冷流体在挟点处的温度为90℃。热公用工程为20 kW，冷公用工程为60kW。

作者用VB语言自行开发了利用表格法计算挟点温度及公用工程消耗的软件，可以方便地计算多达8个冷流、8个热流的挟点温度计算。当然，如果你愿意的话，还可以无限地对物流数进行拓展，如有需要可按电子课件上的联系方法联系作者。如图6-44是利用作者开发的软件计算【例6-3】，由图中数据可知，计算结果和人工计算一致。

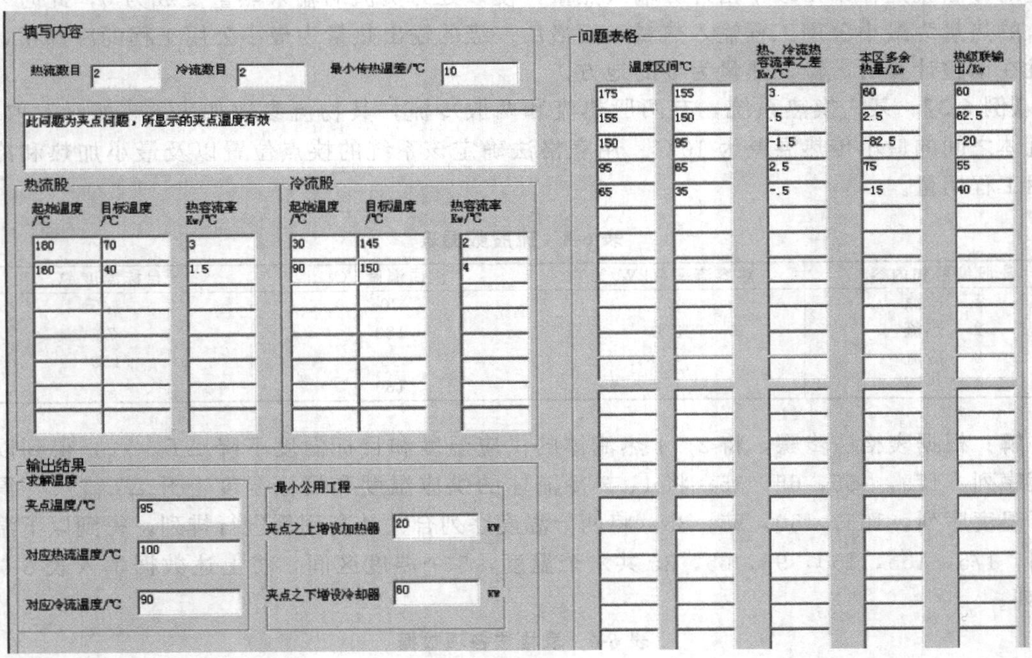


图6-44 【例6-3】挟点计算结果

**【例6-4】** 某一换热系统，有三股热流和六股冷流，其物流参数如表6-7所示。取冷、热流体之间的最小传热温差为10℃。试确定该系统的挟点位置以及最小加热和冷却公用工程用量。

表 6-7 流股数据表

| 流股编号和内容 | 热容流率/(kW/℃) | 供应温度/℃ | 目标温度/℃ |
| --- | --- | --- | --- |
| 1 热流 | 10 | 140 | 50 |
| 2 热流 | 9 | 320 | 20 |
| 3 热流 | 8 | 370 | 20 |
| 4 冷流 | 10 | 50 | 130 |
| 5 冷流 | 8 | 130 | 430 |
| 6 冷流 | 6 | 100 | 300 |
| 7 冷流 | 5 | 30 | 230 |
| 8 冷流 | 4 | 30 | 130 |
| 9 冷流 | 1 | 30 | 430 |

**解：** 直接调用作者开发的 VB 软件，输入对应的数据，可得热流体在挟点处的温度为 140℃，冷流体在挟点处的温度为 130℃。热公用工程为 760kW，冷公用工程为 960kW，见图 6-45。

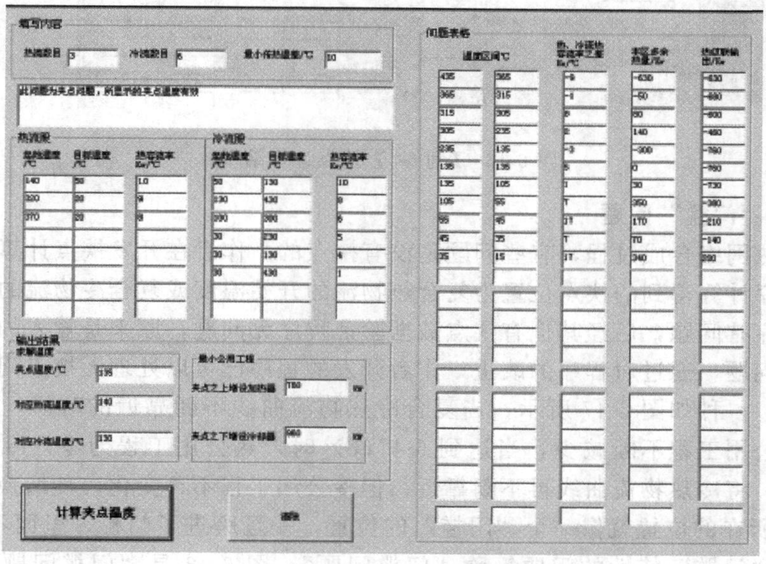


图 6-45 【例 6-4】挟点计算结果

**【例 6-5】** 某一换热系统，有四股热流和五股冷流，其物流参数如表 6-8 所示。取冷、热流体之间的最小传热温差为 10℃。试确定该系统的挟点位置以及最小加热和冷却公用工程用量。

表 6-8 流股数据表

| 流股编号和内容 | 热容流率/(kW/℃) | 供应温度/℃ | 目标温度/℃ |
| --- | --- | --- | --- |
| 1 热流 | 10 | 400 | 20 |
| 2 热流 | 15 | 200 | 50 |
| 3 热流 | 5 | 350 | 230 |
| 4 热流 | 8 | 400 | 100 |
| 5 冷流 | 7 | 80 | 450 |
| 6 冷流 | 10 | 20 | 320 |
| 7 冷流 | 5 | 50 | 450 |
| 8 冷流 | 4 | 50 | 350 |
| 9 冷流 | 1 | 100 | 500 |

**解**：直接调用作者开发的 VB 软件，输入对应的数据，可得热流体在挟点处的温度为 200℃，冷流体在挟点处的温度为 190℃。热公用工程为 1170kW，冷公用工程为 1030kW，见图 6-46。

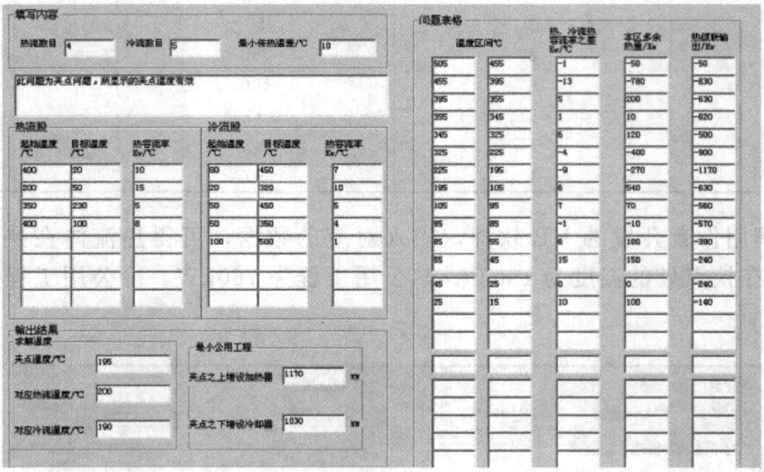

图 6-46 【例 6-5】挟点计算结果

### 6.4.4 无挟点“门槛”问题

在实际换热网络合成过程，有些问题是没有挟点的。作者在开发挟点计算程序时也碰到了该问题，程序计算得到的挟点位置为复合热物流的开始温度或复合冷物流的开始温度，开始作者以为程序有问题，后经其他有挟点数据验证程序无问题，原来是输入的物流数据刚好构成了无挟点问题，通过对程序的改进，作者开发的程序已可以处理无挟点问题。无挟点问题有两种情况，一种如图 6-47 所示，当复合冷热物流曲线不断靠近的时候，冷热物流之间的换热增加，公用工程不断减少，当达到 6-47(b) 时，热公用工程为零，冷公用工程达到最小值。此时，将冷热物流曲线再不断靠近，但冷公用工程不再变化，徒增换热器数目，所以图 6-47(b) 所在的位置就像一个“门槛”的位置，一旦跨进了门槛，里面不再发生变化，换热网络带有“门槛”特性的问题简称“门槛问题”。图 6-48 是“门槛问题”的另一种情况，一旦跨入“门槛”，冷公用工程为零，热公用工程不再变化，刚好和图 6-48 的情况相反。

对于“门槛问题”的换热网络设计问题，可以将门槛处冷热物流的温差作为一个换热网络设计指标，甚至也可以将其当作挟点位置来处理，当然更全面的考察是将传热温差和设备费用及能量费用全面来考察。对于“门槛问题”，总费用与传热温差的关系见图 6-49。由图 6-49 可知，“门槛问题”的最优传热温差也可称为最优 $\Delta T_{\min}$ 总是大于或等于门槛处的传热温差，其中的道理是显而易见的。因为对于“门槛问题”，如果传热温差小于门槛处的温差，无论是哪一种情况，公用工程的能量是不变的，但增加了换热设备，所以“门槛问题”的最优温差总是大于等于门槛处的传热温差。如果进入公用工程，有些“门槛问题”会转变成有挟点问题，限于篇幅，本教材不再展开，请读者参考相关文献。

### 6.4.5 换热网络设计

计算挟点的目的是为了设计能回收最大能量的换热网络。由挟点的计算可知，挟点之上的高温部分没有能量传输给挟点之下的低温部分，在这种条件下，外界所需的加热量和冷却

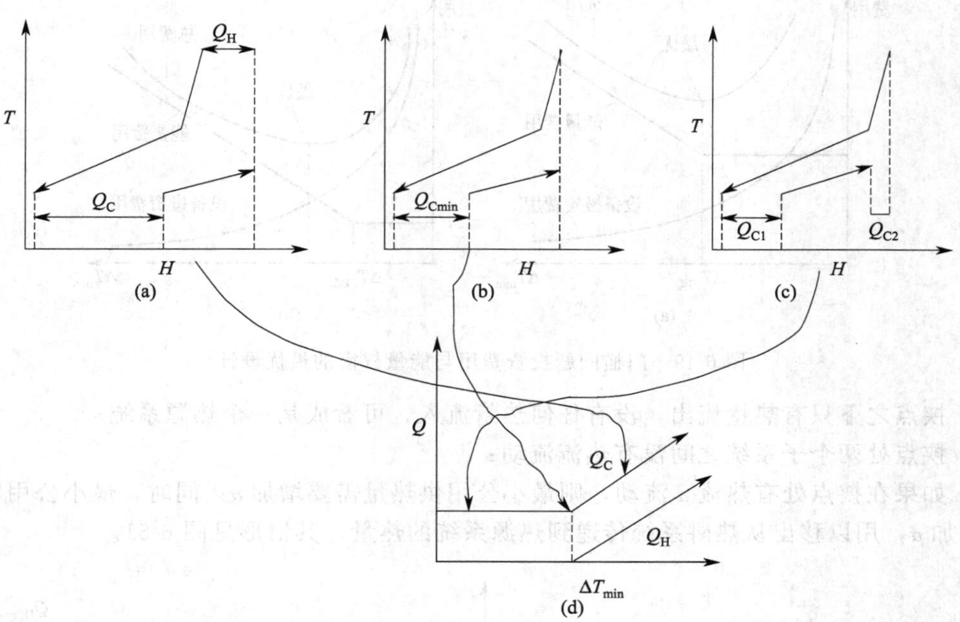


图 6-47 热公用工程为零的门槛问题

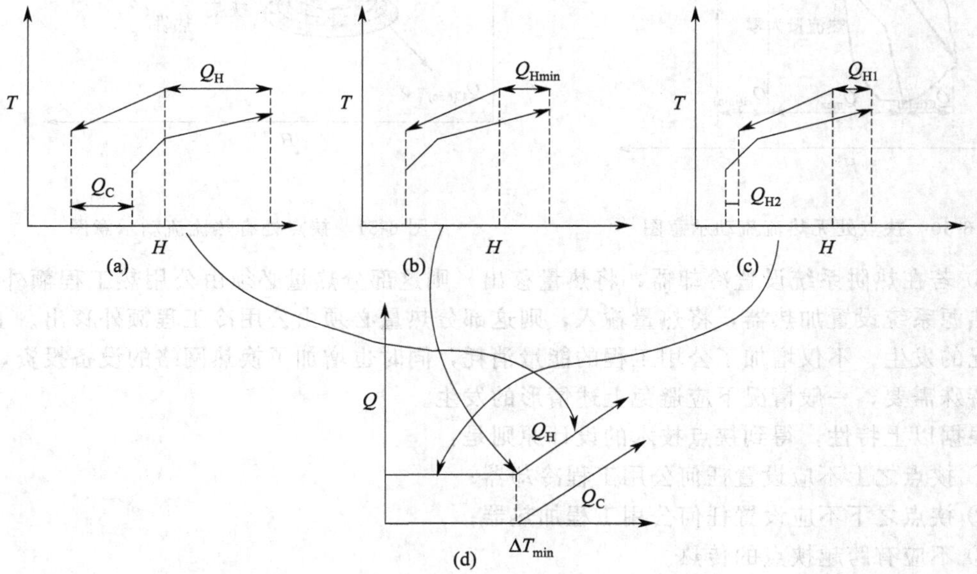


图 6-48 冷公用工程为零的门槛问题

量为最小，而这时换热网络回收的热量也达到最大。这一性质正是挟点技术合成换热网络的关键所在。其具体情况如图 6-50 所示。

挟点是温焓复合曲线中传热温差最小的地方，它将整个换热网络分成两个子系统，整个系统有以下特性。

① 挟点之上只有热量流入，没有任何热量流出，可看成是一个热阱系统；

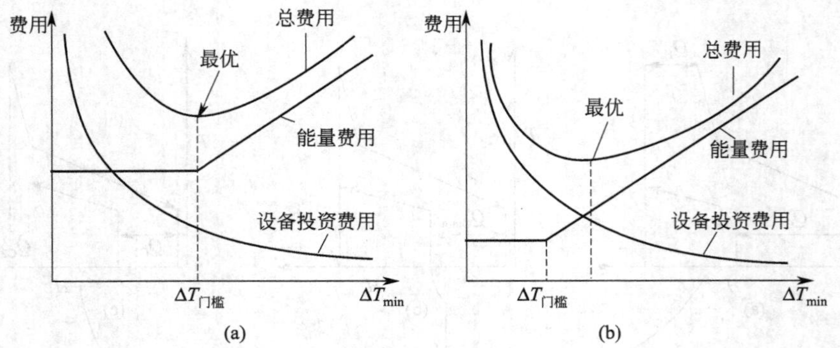


图 6-49　门槛问题投资费用与能量权衡的最优设计

② 挟点之下只有热量流出，没有任何热量流入，可看成是一个热源系统；

③ 挟点处两个子系统之间没有热流流动；

④ 如果在挟点处有热流 $\alpha$ 流动，则最小公用供热量需要增加 $\alpha$；同时，最小公用供冷量也要增加 $\alpha$，用以移出从热阱系统传递到热源系统的热量，其情形见图 6-51。

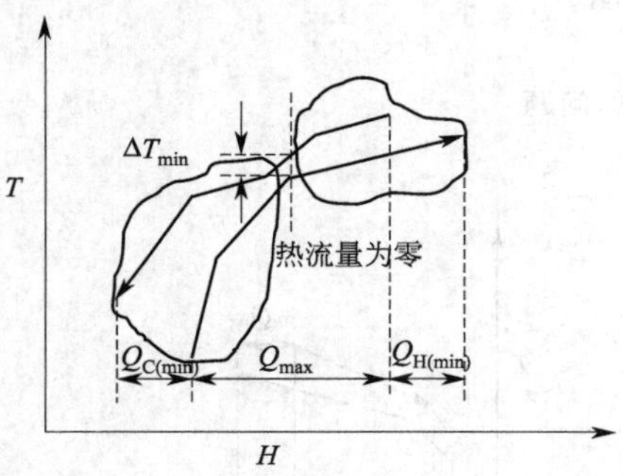


图 6-50　挟点处无热流流动示意图

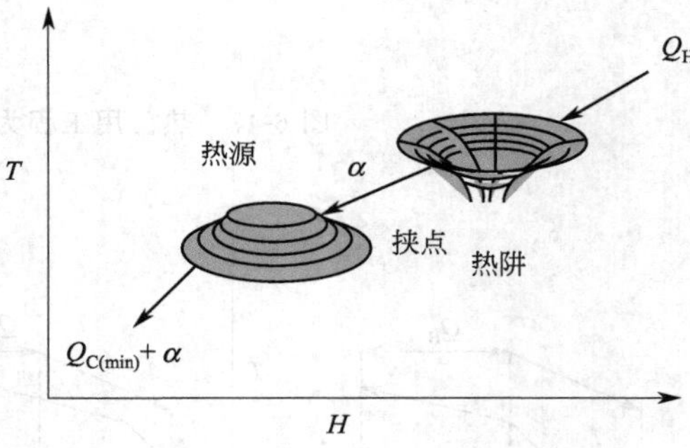


图 6-51　挟点处有热流流动示意图

⑤ 若在热阱系统设置冷却器，将热量移出，则这部分热量必须由公用热工程额外输入；若在热源系统设置加热器，将热量输入，则这部分热量必须由公用冷工程额外移出。上述两种情况的发生，不仅增加了公用工程的能量消耗，同时也增加了换热网络的设备投资，除非工艺特殊需要，一般情况下应避免上述情形的发生。

根据以上特性，得到挟点技术的设计原则是：

① 挟点之上不应设置任何公用工程冷却器；

② 挟点之下不应设置任何公用工程加热器；

③ 不应有跨越挟点的传热。

根据以上的设计原则，具体应用时，还应满足换热器的流股匹配法则，在挟点之上必须遵守所有的热流在挟点处只能和那些热容流率比自己大或相等的冷流匹配换热匹配法则，即满足下式：

$$CP_{H} \leqslant CP_{C} \tag{6-59}$$

只有满足了上式的条件，才能保证在传热过程中传热温差大于最小传热温差，如图 6-52，如果不满足上式的条件，就会发生如图 6-53 所示的情形，传热温差越来越小，无法实现流股之间换热的目的。

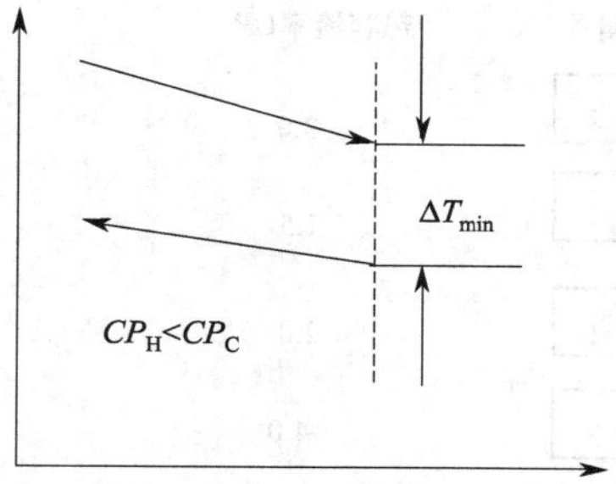


图 6-52

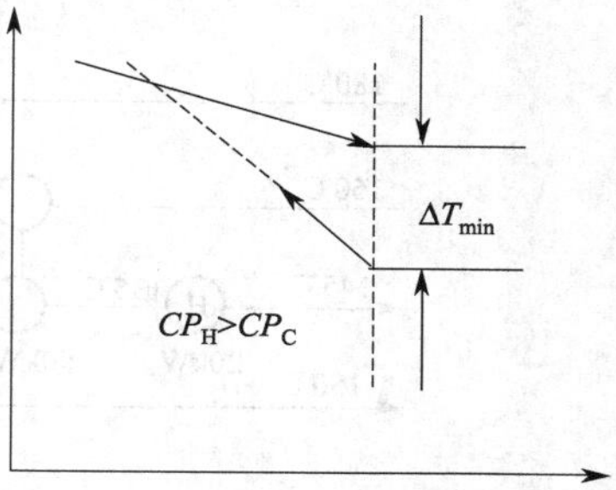


图 6-53

在挟点之下必须遵守所有的冷流在挟点处只能和那些热容流率比自己大或相等的热流匹配换热匹配法则，即满足下式：

$$CP_C \leqslant CP_H \tag{6-60}$$

只有满足了上式的条件，才能保证在传热过程中传热温差大于最小传热温差，具体情形和图6-52，图6-53相仿，读者可以自己验证。

在满足了设计原则及流股匹配法则的前提下，还必须满足下面的基本要求，即最大限度地满足其中一个流股的换热，使这一流股的热量尽量用一台换热器用尽。如果是在挟点之上，则要首先满足热流股，因为冷流股不满足可以增设加热器；如果是在挟点之下，则要首先满足冷流股，因为热流股不满足可以增设冷却器。

根据上面的设计原则、匹配法则、基本要求，首先将【例6-3】中的换热系统分解成挟点上下两个子系统，如图6-54。

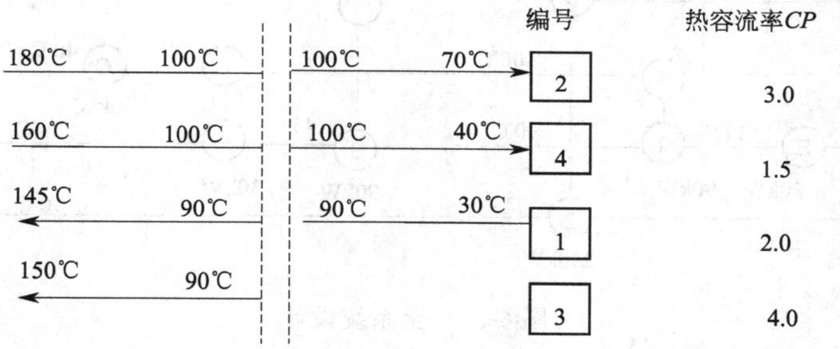


图 6-54　挟点处分割换热物流

挟点之上子系统，根据所有的热流在挟点处只能和那些热容流率比自己大或相等的冷流匹配换热匹配法则，热流股2和冷流股3匹配，热流股4和冷流股1匹配。当然，热流股4和冷流股3匹配也符合匹配法则，但热流股就找不到匹配的冷物流了，所以需要上述选择匹配，得到图6-55。由于在流股匹配换热后，冷流股1温度只有135℃，尚未达到目标温度，故需要增设加热器将其加热到145℃，加热器的功率为20kW。

挟点之下子系统，根据所有的冷流在挟点处只能和那些热容流率比自己大或相等的热流匹配换热匹配法则，冷流股1首先和热流股2匹配，但热流股2所有的热量传递给冷流股1后，冷流股1的温度为45℃，还没有达到供应温度30℃，尚有冷量。此时，由于冷流股1已将离开的挟点温度，原来流股的匹配法则不再起作用，冷流股1可以和热流股4匹配换热，在首先满足冷流股1的情况，热流股4的温度为80℃，尚有热量需要公用工程的冷却器移出，其冷却功率为60kW，具体的设计图见图6-56。

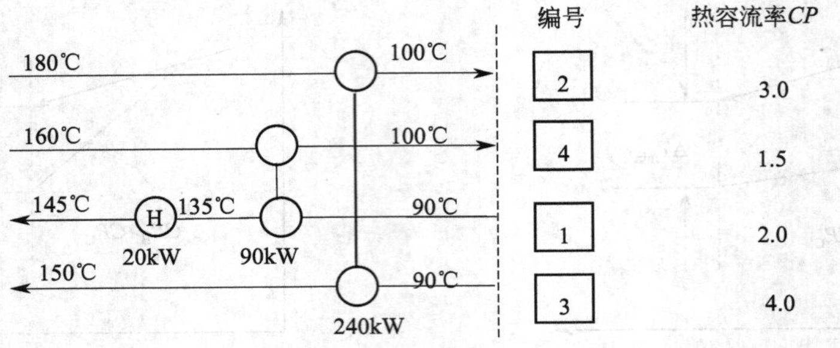


图 6-55　挟点之上子系统设计

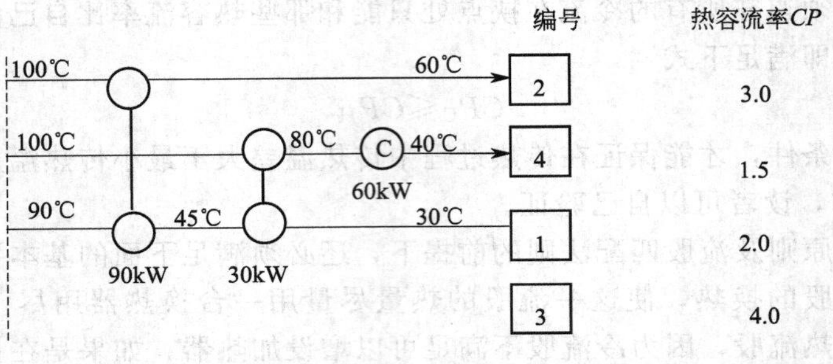


图 6-56　挟点之下子系统设计

将挟点上下两子系统合并，就形成了图 6-57 的换热网络系统。

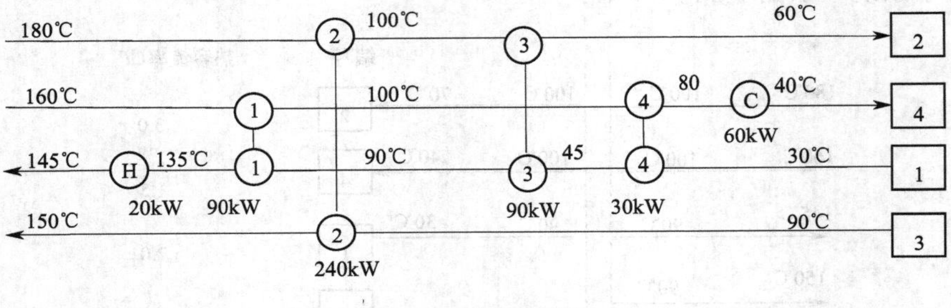


图 6-57　全系统设计

### 6.4.6　节能与投资的优化

尽管利用挟点技术可以设计出最大能量回收系统的换热网络，但如果从经济上来考虑，它不一定是最优的系统。一方面，如果确定的最小传热温差偏小，虽然回收的热量增加了，公用工程的能量消耗也减少了，但由于传热温差的减小，换热器的面积需要增加，一次性投资随之增加，在综合考虑一次性投资和年操作费用之间，有一个最佳的最小传热温差。最佳的最小传热温差与换热器制造成本、能源的价格、资金的年利率等多种因素有关。另一方面，由于挟点技术在设计换热网络的时候，不允许有热流流过挟点，这可能导致两股相同的流体分别用不同的换热器换热，一次性投资增加。如图 6-57 中，流股 1 和 4 分别用换热器 1 和换热器 4 进行了换热。如果允许挟点处有热流流过，可以将换热器 1 和换热器 4 合并，从而减少了一个换热器，但公用工程的能量消耗势必会增加，在两者之间存在一个优化的问题。合并后的换热网络见图 6-58。公用工程的能量消耗比图 6-57 增加了 15kW，增加的能量消耗是由于允许在挟点处有 7.5kW 热流流过，引起公用冷工程和公用热工程各增加

7.5kW 的能量消耗。至于图 6-57 的换热网络和图 6-58 的换热网络究竟哪个更好的问题，需要进行详细的投资与节能效益之间的核算后才能确定。有关流股分割、超结构及数学规划法用于换热网络合成方面的知识请参考有关专业书籍。

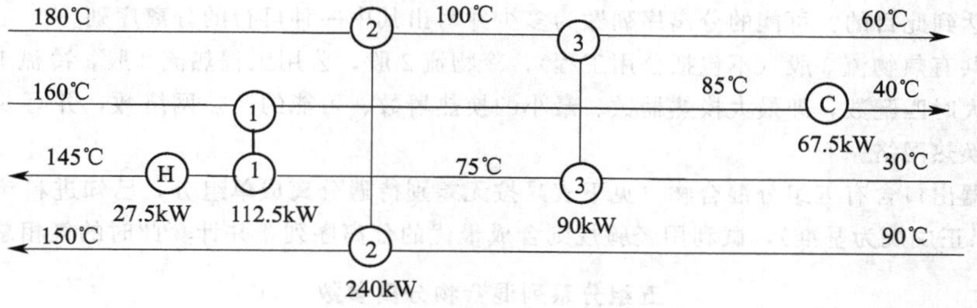


图 6-58 调整后全系统设计

## 本章小结及提点

本章介绍了化工过程合成的基本策略，并对反应过程合成、分离过程合成及换热过程合成中的主要内容进行了介绍，其中作者开发的分离序列总气相负荷计算、分离序列 CES 计算以及换热网络挟点温度及公用工程计算的程序具有很好的通用性。读者通过本章的学习，必须了解化工过程合成的基本方法和策略，掌握几种实用的具体化工过程合成手段，能运用作者开发的三个通用程序及其他模拟软件解决确定具体的分离序列合成、换热网络合成等问题。注意在本章学习过程中发现问题和提出问题的能力比解决问题的能力还要重要。因为只有你发现了问题，你才会去解决问题。如在利用挟点温度合成换热网络时，有时物流的热容流率无法满足换热器匹配规则，这时如果你提出能否将某一股物流进行分割，从而使每一股物流的热容流率满足换热器匹配规则。一旦你提出了这个问题，则解决问题的方法就不远了。

## 习题

1. 某换热系统，有两股热流和两股冷流，其物流参数如下表所示。取冷、热流体之间的最小传热温差为 10℃。用表格法确定该系统的夹点位置，以及最小加热和冷却公用工程用量。

若最小传热温差变为 20℃，重算上面的问题。若你有能力，试画出最小传热温差从 8～28℃，每间隔 0.1℃时，挟点温度、最小加热和冷却公用工程用量变化的曲线。

| 流股编号和内容 | 热容流率/(kW/℃) | 供应温度/℃ | 目标温度/℃ |
|---|---|---|---|
| 1 冷流 | 2.0 | 50 | 165 |
| 2 热流 | 3.0 | 200 | 90 |
| 3 冷流 | 4.0 | 110 | 170 |
| 4 热流 | 1.5 | 180 | 60 |

2. 有以下五股工艺物流进行互相换热，在 $\Delta T_{\min}=10$℃的情况下，试确定挟点温度，设计出公用工程消耗为最小的换热网络，并求出相应的公用工程，如换热器存在合并情况，试合并换热器，并确定此时候网络中的各参数（$T$、$Q$），并分析经济上的可行性。

| 流股 | 热容流率/(kW/℃) | 开始温度/℃ | 目标温度/℃ |
|---|---|---|---|
| $F_{C1}$ | 6 | 30 | 190 |
| $F_{C2}$ | 4 | 40 | 240 |
| $F_{H1}$ | 4 | 300 | 30 |
| $F_{H2}$ | 2 | 250 | 40 |
| $F_{H3}$ | 1 | 200 | 50 |

3. 某一物料含有 6 个组分，按其挥发度大小依次排列为 ABCDEF，今用简单塔、清晰分割并遵循有序直观

推断法的前提下进行分离操作，要求的产品分别为 A、B、CD、E 共 4 种，请问需要用多少条塔进行分离方可达到此目的？可能的分离序列数为多少并写出其中一种可行的分离序列。

4. 某一物料含有 7 个组分，按其挥发度大小依次排列为 ABCDEFG，今用简单塔、清晰分割并遵循有序直观推断法的前提下进行分离操作，要求的产品分别为 A、B、CDE、FG 共 4 种，请问需要用多少条塔进行分离方可达到此目的？可能的分离序列数为多少并写出其中一种可行的分离序列。

5. 某换热网络共有热物流 3 股（不包括公用工程），冷物流 2 股，公用工程热流 2 股，冷流 1 股，试计算该换热网络最大时匹配数，即最大换热器数、最小的换热器数、可能的换热网络数，并写 5 种最小换热器数情况下的换热网络。

6. 将加氢反应器出口含有五组分混合物（见下表）按无差别待遇分离成单组分，已知进料流量及近似相对挥发度 $\alpha$（以正戊烷为基准），试利用经验规则合成最优的分离序列，并计算此时的气相总负荷。

**五组分系列混合物分离参数**

| 组分名称 | 组分代号 | 流量/(kmol/h) | 相对挥发度 | CES | 备注 |
|---|---|---|---|---|---|
| 丙烷 | A | 10 | 8.1 | | |
| 丁烯 | B | 100 | 3.7 | | |
| 正丁烯 | C | 350 | 3.1 | | |
| 异丁烯 | D | 190 | 2.7 | | |
| 正戊烷 | E | 40 | 1.0 | | |

# 第7章 化工过程节能技术分析与评价

**【本章导读】**

化学工业是高耗能、高污染行业，作为节能减排的重点行业，化工节能减排任务完成情况如何，直接影响到国家整体节能减排目标的实现。化工行业消耗能源约占全国耗能总量的15%～20%。能源费用在化工产品成本中占的比例很大，高能耗产品的能耗费用占60%～70%，一般产品能源费用占20%～30%。其中，氮肥、纯碱、烧碱、电石、黄磷等五大高耗能产业的单位产品能耗与国外平均水平比都有较大的差距。因此，化学工业是有着巨大节能潜力的产业，对化工过程节能技术进行分析与评价是十分必要的。

## 7.1 化工节能概述

### 7.1.1 能源概述

（1）能源定义

能源，英文为energy sources，意为能量的源泉，从中文字面可简单地理解为能提供能量的资源，是能量的载体。而能量是物质运动的一般度量，根据不同的运动形式有不同的形态，到目前为止，人类认识的能量主要有机械能、热能、电能、辐射能、化学能、核能。由于能量形式的多样性，能源也有多种形式，人们对于能源也常有不同的表述。例如，《简明英汉百科辞典》对能源一词的解释为“能源是燃料、流水、阳光、风等可转变为人类所需要的能量的资源”。《现代汉语词典》中，对能源的注解是“能产生能量的物质，如燃料、水力、风力等”。此外在各种有关能源的书籍中还有其他多种的表述，如“能源是可以直接或通过转换提供人类所需的有用能的资源”，“能源是指提供某种形式能量的物质或物质的运动”，“能源是可以从其中获得热，光和动力之类能量的资源”，“凡是能直接或者经过转换而获得某种能量的自然资源通称为能源”等。以上各种表述，尽管其表达形式有所不同，但其实质和内涵都是基本相同的，即能源就是能量的来源或载体，能量存在于这些来源或载体之中。这些来源或载体，要么来自物质，要么是来自物质的运动，前者如天然气、煤炭等矿物燃料（又称化石燃料），后者如风流、水流、海浪、潮汐等。

从广义上讲，在自然界里有一些自然资源本身就拥有某种形式的能量，它们在一定条件下能够转换成人们所需要的能量形式，这种自然资源显然就是能源，如煤、石油、天然气、太阳能、风能、水能、地热能、核能等。但生产和生活过程中由于需要或为便于运输和使用，常将上述能源经过一定的加工、转换使之成为更符合使用要求的能量来源，如煤气、电力、焦炭、蒸汽、沼气、氢能等，它们也称为能源，因为它们同样能为人们提供所需的能量。

(2) 能源分类

由于能源形式多样，人们通常按其来源、形态、特性、转换、利用程度等进行分类。不同的分类方法都是从不同的侧重面反映了各种能源的特征。能源常见的分类方法有 3 种：第一种是根据能否再生，将能源分为可再生能源和非再生能源。可再生能源指那些可以连续再生，不会因使用而日益减少的能源，这类能源大都直接或间接来自太阳，如太阳能、水能、风能、潮汐能、地热能、生物质能等。非再生能源指那些不能循环再生的能源，如石油、煤炭、天然气等化石能源。这些化石能源是在地球演化过程中，由地球上的有机质经掩埋后，又经过长期温度、压力等条件变化而产生的。化石能源形成时间至少几百万年以上，这样就决定了形成的化石能源在开采完之后，是无法再生的；第二种是按有无加工转换，可将能源分为一次能源、二次能源和终端能源。一次能源指自然界自然存在的、未经加工或转换的能源，如原煤、原油、天然气、天然铀矿、太阳能、水能、风能、海洋能、地热能、薪柴等。二次能源即由一次能源直接或间接加工、转换而来的能源，如电、蒸汽、焦炭、煤气、氢等，它们使用方便，易于利用，是高品质的能源。终端能源指通过用能设备供消费者使用的能源，如经电线输送的电能、经煤气管道输送的煤气。二次能源或一次能源一般经过输送、储存和分配都成为终端使用的能源。第三种按被利用的程度分为常规能源和新能源。常规能源是开发利用时间长、技术成熟、能大量生产并广泛使用的能源，如石油、煤炭、天然气、水能、薪柴燃料等。常规能源有时又被称为传统能源。新能源指目前尚未得到广泛使用、有待科学技术的发展以期更经济有效开发的能源，如太阳能、地热能、海洋能、风能、核能、生物质能等。常规能源和新能源的分类并不是一成不变的。例如核裂变应用于核电站，目前基本上已经成熟，即将成为常规能源。但可控核聚变反应至今未能实现，仍将继续视为新能源。因此有不少学者认为应将核裂变作为常规能源，核聚变作为新能源。新能源有时又称为非常规能源或替代能源。即使常规能源，目前也在研究新的利用技术，如磁流体发电，就是利用煤炭、石油、天然气作燃料，把气体加热成高温等离子体，在通过强磁场时直接发电。又如风能、沼气等，已有多年使用历史，但目前又采用现代技术加以利用，仍把它们作为新能源。

除了上述 3 种常见的分类方法外，世界能源会议推荐的能源分类更为直接，直接按能源的性质分类，分为固体燃料（Solid fuels）、液体燃料（liquid fuels）、气体燃料（gaseous fuels）、水能（hydropower）、核能（nuclear energy）、电能（electrical energy）、太阳能（solar energy）、生物质能（biomass energy）、风能（wind energy）、海洋能（ocean energy）、地热能（geo-thermal energy）、核聚变（nuclear fusion）。

也有学者在以上分类的基础上，考虑到能源使用过程中对环境是否有污染的情况提出了清洁能源和非清洁能源的概念。清洁能源是指对环境无污染或污染很小的能源，如太阳能、风能、水能、海洋能等。非清洁能源是指对环境污染较大的能源，如煤炭、石油等。此外，在书籍和报章中还常常看到另外一些有关能源的术语或名词，如商品能源、非商品能源、绿色能源、农村能源等。商品能源是指流通环节大量消费的能源，如煤炭、石油、天然气、电力等。而非商品能源则指不经流通环节而自产自用的能源，如农户自产自用的薪柴、秸秆，牧民自用的牲畜粪便等。绿色能源一般是指环保能源，和清洁能源概念基本相似。

(3) 能源发展进程

能源是人类赖以生存的重要条件之一，是人类社会物质文明和精神文明发展的重要保障，所以人类使用能源的历史进程和人类社会本身的发展及科学技术的进步密切相关。能源利用和消费的每一次重大突破，都伴随着科学技术的重大进步，促进社会生产力的大幅度提高，加速了经济的发展，使人类社会的面貌发生根本的变化。到目前为止，人类使用能源已经经历了薪柴时期、煤炭时期和石油时期三个能源使用期。

人类从远古的钻木取火之后，学会使用了火，人类能源使用就进入了薪柴时期。在此期间，人类以薪柴、秸秆和动物的排泄物等生物质燃料来煮饭和取暖，同时以人力、畜力和一小部分简单的风力和水力机械作动力，从事生产活动。薪柴时期一直延续到18世纪的产业革命之前。当时，生产和生活水平都很低，社会发展迟缓。

18世纪的产业革命，以煤炭取代薪柴作为主要能源，能源使用进入了煤炭时期。那时，以煤炭为燃料的蒸汽机成为生产的主要动力，于是工业得到迅速发展，劳动生产力有了很大的提高。到了19世纪末，依靠煤炭作为主要燃料的火力发电厂运转发电，电力开始进入社会各领域。电灯代替了油灯和蜡烛作照明，电动机代替了蒸汽机作动力，电力成为工矿企业的主要动力，成为生产和生活照明的主要来源。随着电力的不断应用，社会生产力有了大幅提高，人们的生活水平和文化水平也有很大的改善，人类社会的面貌有了根本上的改变。

随着钻探技术的提高，石油资源得到广泛的开采和使用，尤其是20世纪50年代，美国、中东、北非相继发现了巨大的油田和气田，于是西方发达国家很快地从以煤为主要能源转换到以石油和天然气为主要能源。世界能源使用由煤炭时期进入了石油时期。随着石油产品汽油、柴油、煤油等产量的不断增加，汽车、飞机、内燃机车和远洋客货轮得到了迅猛的发展，地区和国家之间的距离由于交通工具的改变及速度的提高被相应地缩短了，极大地促进了世界经济的繁荣。

最近几十年来，世界上许多国家依靠石油、天然气、煤炭等矿石资源，创造了人类历史上空前的物质文明。但是创造这些文明的代价是石油、天然气、煤炭等这些不可再生资源的大量消耗以及由于开采和消耗这些矿石能源对环境污染的日益加剧。与此同时，由于人类的活动范围的扩展及加剧，地球生态系统也受到破坏，森林锐减、物种毁灭、气候变暖、荒漠扩大、灾害频发。因此如何使能源和环境协调，使社会可持续发展是摆在全人类面前的共同任务。即使不考虑能源使用对环境的影响及人类活动对地球生态系统的破坏，由于石油、天然气、煤炭等矿石资源是非再生能源，就目前已探明的储量而言，势必有枯竭之日。据《BP世界能源统计（2006版）》资料介绍，以目前探明储量计算，全世界石油还可以开采40.6年，天然气还可以开采65.1年，煤炭还可以开采155年。即使以最乐观的态度，再过200年，地球上可开采的矿石资源将消耗殆尽，到时人类如何面对，将是一个关乎全人类生存的严峻问题。因此，能源的开发利用必须走多样化的道路。

20世纪50年代，继原子能技术在军事上应用后，实现了核裂变技术在工业中的应用。核电站的建立和核燃料的使用是能源利用发展史上一次重大的技术革命，为人类社会稳定发展打下坚实的物质基础。随着科学技术水平的提高，太阳能、风能、海洋能、地热能等新能源必将得到充分的合理开发和利用，尤其是受控核聚变若能实现的话，将为人类提供无穷无尽的能量。

### 7.1.2 节能定义

简单地说，节能就是节约能源。就狭义而言，节能就是节约石油、天然气、电力、煤炭等能源；而更为广义的节能是节约一切需要消耗能量才能获得的物质，如自来水、粮食、布料等。但是节约能源并不是不用能源，而是善用能用，巧用能源，充分提高能源的使用效率，在维持目前的工作状态、生活状态、环境状态的前提下，减少能量的使用。1998 年开始实施的《中华人民共和国节约能源法》第三条对节能的定义如下：

"节能是指加强用能管理，采取技术上可行、经济上合理以及环境和社会可以承受的措施，减少从能源生产到消费各个环节中的损失和浪费，更加有效、合理地利用能源。"

分析《中华人民共和国节能法》中对节能的定义，我们可以发现该法从管理、技术、经济、环境和社会四个层面对节能工作给出了全面的定义。

首先是从管理的层面指出节能工作必须从管理抓起，加强用能管理，向管理要能源。国家通过制定节能法律、政策和标准体系，实施必要的管理行为和节能措施；用能单位注重提高节能管理水平，运用现代化的管理方法，减少能源利用过程中的各项损失和浪费。杜绝在各行各业中存在的能源管理无制度、能源使用无计量、能源消耗无定额、能源节约奖励制度不落实的现象，从管理开始抓好节能工作。

其次是从技术的层面指出节能工作必须是技术上可行，也就是说节能工作必须符合现代科学原理和先进工艺制造水平，它是实现节能的前提。任何节能措施，如果在技术上不可行，它不仅不具有节能效果，甚至还会造成能源的浪费、环境的污染、经济的损失，严重的还可能造成安全事故等。

再次从经济的层面指出节能工作必须是经济上合理。任何一项节能工作必须经过技术经济论证，只有那些投入和产出比例合理，有明显经济效益项目才可以进行实施。否则，尽管有些节能项目具有明显的节能效果，但是没有经济效益，也就是节能不节钱，甚至是节能费钱就没有实施的必要。

最后是从环境保护和可持续发展的角度指出任何节能措施必须是符合环境保护的要求、安全实用、操作方便、价格合理、质量可靠，并符合人们的生活习惯。如果某项节能措施不符合环保要求，在安全、质量等方面，或者不符合人们的生活习惯，即使经济上合理，也不能作为法律意义上的节能措施加以推广。夏时制是一项非常有效的节能措施，实行夏时制可以充分利用太阳光照，节约照明用电，现在好多国家特别是西方发达国家都在实行。而在我国实施一段时间后，就停了下来，没有推开。主要原因是我国横跨许多时区，如果全国统一，会对某些地区的人们生活带来不便；如果全国不统一，那对人们坐飞机、火车等出行带来十分的不便，夏时制所带来的节能效果将被这些无效的工作所消弭，综合的社会效果，很可能是不节能，甚至是浪费能量，这也是最后在我国停止实施夏时制的原因之一。

各行各业对节能的定义也有不同的阐述，如由化学工业出版社出版的《化工节能技术手册》中，对化工企业节约能源的定义是：在满足相同需求或达到相同生产条件下使能源消耗减少（即节能），能源消耗的减少量即为节能量。在这个定义中，必须注意到在化学工业节能中必须满足两个前提条件中的其中一个，否则就不是节能。比如在某工艺中每小时需要 1.0MPa 的水蒸气 1t，如果你通过减少水蒸气的流量或减少压力从而使消耗的能量减少，就认为是节能了，这就错了，因为它没有满足相同的需求。

对日常生活而言，我们所说的节能并不是说少用能源或不用能源，而是在目前技术可行的前提下善用能用，巧用能用，充分发挥所用能源的一切价值，减少不必要的浪费，提高能源的使用效率。

总之，节能工作必须从能源生产、加工、转换、输送、贮存、供应，一直到终端使用等所有的环节加以重视，对能源的使用做到综合评价、合理布局、按质用能、综合利用，梯级用能，在符合环保要求并具有经济效益的前提下高效利用好能源。

我国对节能工作出台了不少的法律与法规，例如1997年全国人大通过，1998年实施的《中华人民共和国节约能源法》。该法于2007年10月28日进行修订公布，自2008年4月1日起施行. 2005年全国人大通过，2006年1月1日实施《中华人民共和国可再生能源法》；国家经济贸易委员会1999年3月10日公布并实施的《重点用能单位节能管理办法》；国家经济贸易委员会、国家发展计划委员会2001年1月8日公布并实施的《节约用电管理办法》；国家发展计划委员会、国家经济贸易委员会建设部、国家环境保护总局2000年8月25日公布并实施的《关于发展热电联产的规定》。

除了国家层面上的法律规定之外，还有各种层面的有关节能的标准，主要有GB 50189—2005《公共建筑节能设计标准》、JGJ 26—1995《民用建筑节能设计标准》、GB/T 14951—1994《汽车节油技术评定方法》、JT/T 306—1997《汽车节能产品使用技术条件》、GB/T 15320—2001《节能产品评价导则》。

### 7.1.3 化工节能方法与准则

对于化工过程节能，从节能工作的深浅程度而言，节能方法与措施可以分为以下几种。

(1) 管理节能

管理节能，就是通过能源的管理工作，减少各种浪费现象，杜绝不必要的能源转换和输送，在能源管理调配环节进行节能工作。管理的目的是有效实现目标。所有的管理行为，都是为实现目标服务的。管理节能就是为有效实现节能工作这个目标而开展的工作。管理工作的方法通常有经济方法、行政方法、法律的方法、社会心理学的方法。在节能管理工作上也可以借鉴这些方法。

管理节能工作，对于某些化工企业而言尤为重要。一些企业，"浮财"遍地，跑、冒、滴、漏严重，余热资源大量流失，只要通过加强节能管理工作便会收到立竿见影的显著效果。近几年来，我国工业部门的许多企业，在能源管理和节能方面积累了很丰富的经验，认为化工厂企业能源的管理必须做到五有：

① 有能源管理体系；

② 有产品耗能定额；

③ 有计量仪表；

④ 有管理制度；

⑤ 有节能措施。

一般而言，管理节能工作投资不大，甚至可能是零投资，但可以达到3%～5%的节能效果。

(2) 技术节能

所谓技术节能就是在生产中或能源设备使用过程中用各种技术手段进行节能工作。化工企业的技术节能一般可以分为工艺节能、控制节能、设备节能。其困难程度从高到低。

工艺节能是化工节能过程中难度大、投资大但也是节能效果显著的节能措施。由于工艺节能需要改变工艺操作过程，一般很难单独进行，常常需要控制节能和设备节能配合起来。如原来采用煤为原料生产合成氨的工艺，改成用石脑油为原料生产合成氨的工艺，就需要进行控制方案及设备的改造，工作量较大。故工艺节能改造工作常常在新项目上马或旧项目进行大修或设备淘汰时进行，此时的工作阻力较小，企业容易接受。反之，如果旧项目使用不久，也不存在工艺操作上的问题，只是节能有点问题，对生产工艺进行改造的节能工作工厂就不容易接受，尽管这个节能改造工作从长远的发展来看（比如5年）是经济合理的，这也是目前节能改造工作中碰到的一个困难。

对工艺节能，国家在《节能中长期专项规划》中提出跟化工有关的行业有：石油石化工业油气开采应用采油系统优化配置技术，稠油热采配套节能技术，注水系统优化运行技术，油气密闭集输综合节能技术，放空天然气回收利用技术。化工系统中小型合成氨采用变压吸附回收技术，煤造气采用水煤浆或先进粉煤气化技术，烧碱生产采用离子膜法。

相对化工工艺节能措施，化工过程控制节能一般对整个工艺的影响不大，它不改变整个工艺过程，只改变某一个变量的控制方案。控制节能一般来说工厂容易接受，但必须注意以下几个问题，否则工厂可能出于安全、可靠性等各种因素的考虑而拒绝采用控制节能措施。

① 要考虑每一台耗能设备的正常可靠运行；

② 要考虑车间、工厂实现自动化的经济目的，特别是节约能耗、提高产品产量、质量等；

③ 要考虑车间、工厂的能源（油、煤、气、水、风、电）进行集中监测、管理、调度和控制等问题；

④ 要考虑各种耗能设备的性质和状态；

⑤ 要考虑控制技术实现的可能性、可靠性及稳定性；

⑥ 要考虑控制系统的总的发展趋势。

化工设备节能相对于工艺节能和控制节能而言是较为容易实施的节能措施。所谓设备节能就是耗能设备进行改造、替换、采用新材料新技术以及加强管理等各项措施使耗能设备的能源消耗降低下来，如果是能量回收设备（如烟道废热），则使其回收能量增加。化工生产过程中主要的耗能设备有流体输送设备（各类泵、风机、压缩机）、各类加热与冷却装置、工业锅炉、蒸发与精馏设备等，化工设备节能主要针对这些主要耗能设备展开节能工作。

对于设备节能，国家在《节能中长期专项规划》中同样提出了一些要求，如建筑陶瓷行业淘汰倒焰窑、推板窑、多孔窑等落后窑型，推广辊道窑；石油化工中推广应用循环流化床锅炉技术；机械工业淘汰落后的高能耗机电产品，发展变频电机、稀土永磁电机等高效节能机电产品等。

（3）结构调整节能

结构调整节能一般而言是指在全国范围内对所有产业的结构进行调整，它具有全局性及超前性，它需要在企业生产前落实具体的节能工作，反之，一旦企业已经投入生产，再进行结构调整，节能工作将碰到很大的困难和阻力。如我国许多产业的规模结构不合理，生产规模偏小，需要在逐步淘汰小规模企业的前提下，建立符合能源最佳利用生产规模的企业；产业配置包括同一产业在全国地理位置上的配置，也包括不同产业所占比例的配置问题。如我国钢铁工业布局，由于历史原因，我国钢铁生产布局不够合理。全国 75 家重点钢铁企业中，有 20 多家建在省会以上城市；不少钢铁企业建在人口密集地区、严重缺水地区以及风景名胜区，对人居环境造成很大影响。目前此工作已经逐步展开，如首钢已搬迁到靠近海边的曹妃甸；广钢拟整体搬迁至湛江。然而对于化工企业而言，也同样存在结构调整的问题，如化工炼油企业也是如此，历史原因造成部分沿江、沿海石化企业加工进口油接卸条件不完善、运输成本高等。原油资源配置方面存在的这些不合理现象不但增加了操作难度和生产成本，而且增大了资源的浪费。为此，在优化原油资源配置方面应尽量做到：结合市场需求和各企业的具体情况，充分利用已有加工能力和运输条件，保证宏观运输流向的顺畅合理，减少新建或改扩建工程量；对于不同特性的原油，要尽量合理加工，充分利用；要优先安排在有大型石油化工发展计划、市场状况良好的地区增加原油加工量等。此外，今后应综合考虑产品质量、能耗、环保等各方面因素，研究制订以效益为中心的、不同原油、不同区域的最佳加工方案，适度提高炼油厂根据市场需求灵活组织生产的能力。所谓化工结构调整节能就是调整化工产业规模结构、产业配置结构、产品结构等进行节能工作，它涉及的范围较广，但带来的节能效果也是十分巨大的。

(4) EPC节能

EPC是合同能源管理（Energy Performance Contracting）的简称，又称EMC（Energy Managemen Contracting）。根据GB/T 24915—2010定义EPC为：节能服务公司与用能单位以契约形式约定节能项目的节能目标，节能服务公司为实现节能目标向用能单位提供必要的服务，用能单位以节能效益支付节能服务公司的投入及其合理利润的节能服务机制。

EPC它是20世纪70年代在西方发达国家开始发展起来一种基于市场运作的全新的节能新机制。合同能源管理不是推销产品或技术，而是推销一种减少能源成本的财务管理方法。EPC公司的经营机制是一种节能投资服务管理，客户见到节能效益后，EPC公司才与客户一起共同分享节能成果，取得双赢的效果。基于这种机制运作、以赢利为直接目的的专业化“节能服务公司”（在国外简称ESCO，国内简称EMC公司）的发展也十分迅速，尤其是在美国、加拿大和欧洲，ESCO已发展成为一种新兴的节能产业。1997年，合同能源管理模式登陆中国。我国政府同世界银行、全球环境基金（GEF）共同开发和实施了“世行/全球环境基金中国节能促进项目”，旨在引进“合同能源管理”的节能机制，提高中国能源利用效率，减排温室气体，保护环境，同时促进中国节能机制转换。

合同能源管理是EPC公司通过与客户签订节能服务合同，为客户提供包括能源审计、项目设计、项目融资、设备采购、工程施工、设备安装调试、人员培训、节能量确认和保证等一整套的节能服务，并从客户进行节能改造后获得的节能效益中收回投资和取得利润的一种商业运作模式。 EPC公司服务的客户不需要承担节能实施的资金、技术及风险，并且可以更快的降低能源成本，获得实施节能后带来的收益，合同到期后可以获取EPC公司提供的设备。EPC项目具有节能效率高、客户零投资、节能有保证、节能更专业、技术更先进等特点 。

EPC业务范围广义来说，包括能源的买卖、供应、管理；节能改善工程的实施；节能绩效保证合同的统包承揽；耗能设施的运转维护与管理；节约能源诊断与顾问咨询等，EPC公司主要服务于政府机关、百货商场、大型超市、厂矿学校、星级酒店、商务写字楼和工矿企业等能源消耗量较大或者能源利用效率偏低的机构，一般可提供以下合作形式。

设备租赁型

客户向能源服务公司租赁节能设备，租赁期到后设备无偿转让给客户。客户按月或者按季度向能源服务公司支付设备租金。

节能效益支付型

客户委托能源服务公司进行节能改造工程，先支付一定比例的预付款，余额用节能效益支付。

节能量保证型

节能改造工程的全部投入由能源服务公司先期支付，如达到所承诺的节能量，客户支付节能改造工程费用。

节能效益分享型

节能改造工程前期投入由能源服务公司支付。合同期内节能服务公司与客户分享由节能改造带来的降耗收益。合同期满，节能设备及长期收益全部归客户所有。

能源费用长期托管型

在保证客户能源成本降低的前提下，客户能源费用全部交由能源服务公司管理。节能设备长期的运行管理维护、更新改造再投入均由能源服务公司承担。

化工企业的节能工作同样也可以引入EPC机制，通过节能服务公司提供专业的一条龙节能技术服务，充分发挥节能服务公司通过同类项目的开发和大量“复制”所积累的经验，降低化工节能项目成本，并且由于节能项目的投资来自节能服务公司，减轻了化工企业实施节能项目的融资压力，使真正具有实际效果的化工节能技术得以推广应用。

EPC是面向市场的节能投资新机制具有以下几个优势：

① EPC以减少的能源费用来支付节能项目的投资；EPC允许企业使用未来的节能收益实施节能项目；

② EPC能够帮助企业排除节能项目的资金和技术障碍；

③ EPC有助于推动技术上可行、经济上合理的节能项目的实施；

④ EPC降低了目前的运行成本，提高能源利用效率。

尽管EPC有诸多优点，但在具体实施时，必须注意以下几个关键问题。

① 能耗基准线的确定对节能项目至关重要，它是计算节能效益的基础，也是签订合同的关键条款之一。

② 节能量监测和节能效益的确认。采用国家、行业或地方制订的标准方法检测，委托有资质的机构进行第三方监测；以双方认可的方式，得到各方都认可的客观结果。

③ 专业的节能机构作为第三方对项目运行全过程进行把关，公平、公正地组织技术、经济、节能效果评审，对发改委、改造单位和节能服务公司负责。

从技术层面来讲，化工节能工作应该遵循下面四个基本原则。

① 最大限度地回收和利用排放的能量；

② 能源转换效率最大化；

③ 能源转换过程最小化；

④ 能源处理对象最小化。

以上的四个基本原则对化工节能工作具有指导意义。例如最大限度地回收和利用排放的能量原则，提示梯级利用能源，尽可能减少排放到环境中去的能量。能源转换效率最佳化原则提示每一次能源状态的转换尽可能采用目前最先进的技术，提高能源转换效率。能源转换过程最小化提示在利用能源的时候，如果可以直接利用，尽量减少能量的转换次数，例如需要利用热量加热物体时，尽量利用燃料直接燃烧获取热量，避免利用经过燃料二次转换得到的电力。能源处理对象最小化原则要求对处理的对象在进行能源处理前尽量减量，如工厂办公大楼的中央空调系统，应做到根据房间有无人员及人员的多少开启该房间的空调，而不是整栋大楼要么开启，要么关闭。目前中央空调或集中供暖系统采用智能控制自动对需要制冷或供暖的对象进行处理，以达到能源处理对象最小化从而达到节能的工作正在引起人们的广泛兴趣。

### 7.1.4 化工节能工作中的几个基本概念

在化工节能工作中，会碰到各种各样跟节能有关的概念或术语，为了更好地理解它们，作者收集了以下几个较常见或重要的概念或术语，便于读者在学习有关节能的知识时，增加对全文的理解。

(1) 标准当量能源

在有关节能的文献中，经常可以看到用标准当量能源来表示能源的消耗量，如标准煤当量，标准油当量。利用标准当量作为能源消耗的单位，一方面可以将不同的能源折算成某一种能源，同时又将该种能源的不同品种折算成理论上的标准能源，这样大大方便了人们的节能工作。标准当量是以该物质的燃烧热值为基准，1kg 标准煤当量＝7000 大卡，1kg 标准油当量＝10000 大卡；而 1 大卡＝1000 卡。由于卡不是能量的国际单位，我们需要将其换算成国际单位焦耳，一般情况下可以利用 1 卡＝4.186 焦耳进行换算。但需要注意的是卡和焦耳换算系数在具体应用时需要根据实际情况加以选用。如在工程中使用时，一般使用 1 卡＝4.1868 焦耳，而在热力学中则采用热化学卡，其含义是 1g 水在 1atm 自 14.5℃变到 15.5℃所吸收的热量，其换算关系是 1 卡＝4.184 焦耳，而在《化工节能节能技术手册》中，规定燃料的热值卡均为 20℃卡，其换算式是 1 卡＝4.1816 焦耳，可简化为 1 卡＝4.182 焦耳，1kg 标油的发热量为 10000kcal，合 41.82MJ。文献中有时直接用英文缩写表示能源单位，如 Mtce 表示百万吨煤当量，Mtoe 表示百万吨油当量，tce 表示吨煤当量，toe 表示吨油当量。

（2）发热量

发热量是指单位重量（固体、液体）或体积（气体）物质在完全燃烧，且燃烧产物冷却到燃烧前的温度时发出的热量，也称热值，单位为 kJ/kg 或 $kJ/m^3$。在具体应用上，又将发热量分为高位发热量和低位发热量。高位发热量是指燃料完全燃烧，且燃烧产物中的水蒸气全部凝结成水时所放出的热量；低位发热量是燃料完全燃烧，而燃烧产物中的水蒸气仍以气态存在时所放出的热量。显然，低位发热量在数值上等于高位发热量减去水的汽化潜热。对于燃烧设备，如锅炉中燃料燃烧时，燃料中原有的水分及氢燃烧后生成的水均呈蒸汽状态随烟气排出，因此低位发热量接近实际可利用的燃料发热量，所以在热力计算中均以低位发热量作为计算依据。表 7-1 为常见燃料的低位发热量概略值。

**表 7-1　常见燃料的低位发热量概略值**

| 固体燃料 | 热值/$10^3$kJ·$m^{-3}$ | 液体燃料 | 热值/$10^3$kJ·$m^{-3}$ | 气体燃料 | 热值/$10^3$kJ·$m^{-3}$ |
|---|---|---|---|---|---|
| 木材 | 13.8 | 原油 | 41.82 | 天然气 | 37.63 |
| 泥煤 | 15.89 | 汽油 | 45.99 | 焦炉煤气 | 18.82 |
| 褐煤 | 18.82 | 液化石油气 | 50.18 | 高炉煤气 | 3.76 |
| 烟煤 | 27.18 | 煤油 | 45.15 | 发生炉煤气 | 5.85 |
| 木炭 | 29.27 | 重油 | 43.91 | 水煤气 | 10.45 |
| 焦炭 | 28.43 | 焦油 | 37.22 | 油气 | 37.65 |
| 焦块 | 26.34 | 甲苯 | 40.56 | 丁烷气 | 126.45 |
| | | 苯 | 40.14 | | |
| | | 酒精 | 26.76 | | |

（3）能源效率

能源系统的总效率由三部分组成：开采效率、中间环节效率和终端利用效率。其中能源开采效率是指能源储量的采收率，如原油的采收率、煤炭的采收率。一般而言这一环节的效率是最低的，如我国学者测算了我国 1992 年能源系统的总效率为 9.3%，其中开采效率仅为 32%，中间环节效率 70%，终端利用效率 41%。中间环节效率包括能源加工转换效率和贮运效率，如将原油加工成汽油、柴油的效率，将原煤加工成焦炭的效率，将煤矿的原煤运至发电厂发电的效率。终端利用效率是指终端用户得到的有用能与过程开始时输入的能量之比，如电力用户通过电力获得的所需要能量（热能、机械能）与输入电力之比。通常将中间环节效率和终端利用效率的乘积称为“能源效率”。如 1992 年我国能源效率为 29%，约比先进国际水平低 10 个百分点，终端利用效率也低 10 个百分点以上，目前我国的能源效率约为 40%左右，相当于发达国家 90 年代的水平。

(4) 能源折换系数

在节能统计工作中，为了方便，需将不同能源及物质的消耗折算到某一标准能源，如标准煤、标准油，表 7-2 是一些常用能源及物质消耗的折算系数。

表 7-2 各种能源及物质消耗折标准煤系数

| 名称 | 折标准煤系数 /(kg 标煤·$kg^{-1}$) | 名称 | 折标准煤系数 /(kg 标煤·$kg^{-1}$) | 名称 | 折标准煤系数 /(kg 标煤·$m^{-3}$) |
|---|---|---|---|---|---|
| 原煤 | 0.7143 | 柴油 | 1.4571 | 压缩空气 | 0.0400 |
| 洗精煤 | 0.9000 | 液化石油气 | 1.7143 | 鼓风 | 0.0300 |
| 洗中煤 | 0.2857 | 油田天然气 | 1.3300 kg 标煤·$m^{-3}$ | 氧气 | 0.4000 |
| 煤泥 | 0.2857～0.4286 | 气田天然气 | 1.2143 kg 标煤·$m^{-3}$ | 氮气 | 0.6714 |
| 焦炭 | 0.9714 | 热力 | 0.03412kg 标煤·$MJ^{-1}$ | 二氧化碳气 | 0.2143 |
| 原油 | 1.4286 | 电力 | 0.4040kg 标煤·$kW^{-1}$·$h^{-1}$ | 氢气 | 0.3686 |
| 燃料油 | 1.4286 | 外购水 | 0.0857 kg 标煤·$t^{-1}$ | 低压蒸汽 | 128.6kg 标煤·$t^{-1}$ |
| 汽油 | 1.4714 | 软水 | 0.4857kg 标煤·$t^{-1}$ | | |
| 煤油 | 1.4714 | 除氧水 | 0.9714kg 标煤·$t^{-1}$ | | |

(5) 单位国民产值能耗

单位国民产值能耗是指每单位国民产值所消耗的能量，一般用“吨标煤/万元产值”作单位，不同年份进行比较研究时，需将国民产值进行折算，一般以某一年的不变价进行折算。

(6) 单位工业增加值能耗

单位工业增加值能耗指一定时期内，一个国家或地区每生产一个单位的工业增加值所消耗的能源，是工业能源消费量与工业增加值之比。需要注意的是工业增加值和工业产值的区别。工业增加值是工业生产过程中增值的部分，是指工业企业在报告期内以货币形式表现的工业生产活动的最终成果，是企业全部生产活动的总成果扣除了在生产过程中消耗或转移的物质产品和劳务价值后的余额，是企业生产过程中新增加的价值。计算工业增加值通常采用两种方法。一是“生产法”，即从工业生产过程中产品和劳务价值形成的角度入手，剔除生产环节中间投入的价值，从而得到新增价值的方法。公式为：工业增加值＝现价工业总产值－工业中间投入＋本期应交增值税。二是“分配法”，即从工业生产过程中制造的原始收入初次分配的角度，对工业生产活动最终成果进行核算的一种方法，其计算公式：工业增加值＝工资＋福利费＋折旧费＋劳动、待业保险费＋产品销售税金及附加＋应交增值税＋营业盈余。或：工业增加值＝劳动者报酬＋固定资产折旧＋生产税净额＋营业盈余。

(7) 能源消费弹性系数

能源消费弹性系数是能源消费的年增长率与国民经济年增长率之比。世界各国经济发展的实践证明，在经济正常发展的情况下，能源消耗总量和能源消耗增长速度与国民经济生产总值和国民经济生产总值增长率成正比例关系。这个数值越大，说明国民经济产值每增加1%，能源消费的增长率越高；这个数值越小，则能源消费增长率越低。能源弹性系数的大小与国民经济结构、能源利用效率、生产产品的质量、原材料消耗、运输以及人民生活需要等因素有关。

世界经济和能源发展的历史显示，处于工业化初期的国家，经济的增长主要依靠能源密集工业的发展，能源效率也较低，因此能源弹性系数通常多大于1。例如目前处于发达国家的英国、美国等在工业化初期，能源增长率比工业产值增长率高一倍以上，进入工业化后期，由于经济结构转换及技术进步促使能源消费结构日益合理，能源使用效率提高，单位能源增加量对国民产值的增加量变大，从而使能源弹性系数小于1。尽管各国的实际条件不同，但只要处于类似的经济发展阶段，它们就具有大致相近的能源弹性系数。发展中国家的能源弹性系数一般大于1，工业化国家能源弹性系数大多小于1；人均收入越高，弹性系数越低。

(8) 需求侧管理（DSM）

需求侧管理是英文 Demand Side Management 的翻译，简称 DSM，是指对用电用户用电负荷实施的管理。这一概念最早在 20 世纪 70 年代由美国环境保护基金会提出，并于 20 世纪 90 年代初传入我国。这种管理是国家通过政策措施引导用户高峰时少用电，低谷时多用电，提高供电效率、优化用电方式的办法。这样可以在完成同样用电功能的情况下减少电量消耗和电力需求，从而缓解缺电压力，降低供电成本和用电成本，使供电和用电双方得到实惠，达到节约能源和保护环境的长远目的。目前，美国、日本、加拿大、德国、法国、意大利等国家都有一支庞大的队伍从事需求侧管理工作，将需求侧管理近似当作一种电力能源来管理。

(9) 能源效率标识

能源效率标识是指表示用能产品能源效率等级等性能指标的一种信息标识，属于产品符合性标志的范畴。我国的能源效率标识张贴是强制性的，采取由生产者或进口商自我声明、备案、使用后监督管理的实施模式。产品上粘贴能源效率标识表明标识使用人声明该产品符合相关的能源效率国家标准的要求，接受相关机构和社会的依法监督。我国现行的能效标识为背部有黏性的，顶部标有“中国能效标识”（China Energy Label）字样的蓝白背景的彩色标签，一般粘贴在产品的正面面板上。电冰箱能效标识的信息内容包括产品的生产者、型号、能源效率等级、24 小时耗电量、各间室容积、依据的国家标准号。空调能效标识的信息包括：产品的生产者、型号、能源效率等级、能效比、输入功率、制冷量、依据的国家标准号。能效标识直观地明示了家电产品的能源效率等级，而能源效率等级是判断家电产品是否节能的最重要指标，产品的能源效率越高，表示节能效果越好，越省电。能效标识按产品耗能的程度由低到高，依次分成5级。等级 1 表示产品达到国际先进水平，最节电，即耗能最低；等级 2 表示比较节电；等级 3 表示产品的能源效率为我国市场的平均水平；等级 4 表示产品能源效率低于我国市场平均水平；低于 5 级的产品不允许上市销售。即使是进口商品，在能源标识上也应先“中国化”后方可在国内市场上销售。我国自 2005 年 3 月 1 日起率先从冰箱、空调这两个产品开始实施能源效率标识制度。该两种产品源效率标识制度采用的标准分别是：GB 12021.2—2003《家用电冰箱耗电量限定值及能源效率等级》；GB 12021.3—2004《房间空气调节器能效限定值及能源效率等级》。

(10) 节能认证

节能产品认证是指依据国家相关的节能产品认证标准和技术要求，按照国际上通行的产品质量认证规定与程序，经中国节能产品认证机构确认并通过颁布认证证书和节能标志，证明某一产品符合相应标准和节能要求的活动。我国节能产品认证为自愿认证。我国的节能产品认证工作接受国家质检总局的监督和指导，认证的具体工作由通过国家认证认可监督管理委员会认可的独立机构，依据《中华人民共和国标准化法》、《中华人民共和国产品质量法》、《中华人民共和国产品质量认证管理条例》和有关规章的要求，按照第三方认证制度准则负责组织实施。

(11) 当量热值和等价热值

当量热值又称理论热值（或实际发热值）是指某种能源一个度量单位本身所含热量。等价热值是指加工转换产出的某种二次能源与相应投入的一次能源的当量，即获得一个度量单位的某种二次能源所消耗的，以热值表示的一次能源量，也就是消耗一个度量单位的某种二次能源，就等价于消耗了以热值表示的一次能源量。因此，等价热值是个变动值。某能源介质的等价热值等于生产该介质投入的能源与该介质的产量之比或该介质的当量热值与转化效率之比。如二次能源电力 1kW·h 当量热值等于 3600J，而等价热值则为 11840J，也就是说热量转化为电的效率为 30.4%。

（12）温室效应及温室气体

温室效应原是指在密闭的温室中，玻璃、塑料薄膜等可使太阳辐射进入温室，而阻止温室内部的辐射热量散失到室外去，从而使室内温度升高，产生温室效应。但目前一般是指地球大气的温室效应。由于包围地球的大气中，含有二氧化碳、氟利昂、甲烷、臭氧、一氧化二氮等微量温室气体，它们可以让大部分太阳辐射到达地面，而强烈吸收地面放出的红外辐射，只有很少一部分热辐射散失到宇宙空间中去，从而形成大气的温室效应。温室效应可能导致全球变暖，引发全球环境问题。目前，在各种温室气体中，二氧化碳对温室效应的影响约占 50 %，而大气中的二氧化碳有 70 %是燃烧化石燃料排放的。温室气体共有 30 余种，《京都议定书》中规定的六种温室气体包括如下：二氧化碳（$CO_2$）；甲烷（$CH_4$）；氧化亚氮（$N_2O$）；氢氟碳化物（HFCs）；全氟化碳（PFCs）；六氟化硫（$SF_6$）。

（13）循环经济

循环经济的核心是资源的循环利用和高效利用，理念是物尽其用、变废为宝、化害为利，目的是提高资源的利用效率和效益，统计指标是资源生产率（单位资源 GDP）。简单说，循环经济是从资源利用效率的角度评价经济发展的资源成本。具有一定的区域性限制。

（14）低碳经济

低碳经济是一个比较新的概念，在国外 2003 年才提出，使用的概念较多，也没有形成共同的认识。低碳经济的核心是节约能源，提高能源使用效率、提高可再生能源的比重，减少温室气体排放；口号为地球是我们的唯一家园，保护全球环境是人类的共同责任；统计指标是碳生产率，即排放 1 吨二氧化碳产出的 GDP。因此，低碳经济是从保护全球环境的角度评价经济发展的环境代价。

## 7.2 化工节能技术经济评价

尽管目前有多种节能技术，但其中可能混杂着一些不理想的节能方案，甚至是一些不科学的节能方法。如所谓的水变油技术、永动机技术，经现代科学证明都是不可能实现或者不经济的。所谓的水变油就是石油中掺入一部分水或油中掺入活性物质使油燃烧完全而已，说油变水就是偷梁换柱。而有些节能技术，就项目本身看确实有节能的效果，但如果为了达到该节能效果在其他方面所付出的代价大大大于节能所带来的效果，那么这些节能技术也没有实施的必要。甚至是目前我们正在实施的某些节能项目也有可能是节能不节钱、节能节钱不环保、短期节能效益长期环境污染或对潜在的危险无法评定。所以必须对节能技术进行全面的、综合的评价，方能在众多的节能方案中挑选技术上可行、经济上合理、环境污染最小化、社会效益最大化的节能方案。目前对节能技术的评价常用方法有能源使用效率评价、经济效益评价、生命周期评价。其中能源使用效率评价着重在能源转化利用过程中技术因素方面的评价，主要体现在能源的高效转化及充分利用上，如利用节能灯代替白炽灯用于照明，可大大提高能源的使用效率；同样具有涡轮增压的汽车发动机其能源使用效率比普通的汽车发动机高。但是节能技术评价不能光看技术上的节能指标，还要重视经济效益。同样对于节能灯节能技术，节能灯能节能这是毋庸置疑的，但在同样的照明亮度下，节能灯的经济效益如何需要进行评价。因为节能灯的价格远远高于普通白炽灯的价格，如果由于使用节能灯节能所带来经济效益无法抵消节能灯本身比普通白炽灯增加的购买费用，人们就不会使用这种节能技术，除非另有其他原因。对于化工领域的各种节能技术，有许多也同节能灯节能的状况类似，节能效果无需怀疑，但设备费用肯定增加，在进行化工节能技术改造前必须考虑各种节能技术所付出的代价和其节能所带来效益之间的关系，如果代价大于效益，化工节能技术就目前而言也没有实施的必要。除了对节能技术方案进行技术上、经济上的评价外，随着环境污染的加剧，人们对环境重视程度加强，还要从节能方案的全生命周期进行评价，力争使节能方案对环境的各种影响降到最低。

### 7.2.1 节能技术经济评价

在确定节能技术或节能措施的效果时，首先必须确定一个大的前提，那就是不管采用何种节能技术或措施必须具有相同的状态比较标准，否则无法确定节能效果的好坏。例如对换热器进行节能改造，改造前后的计算基准必须相同。在相同的基准下，计算节能量。如可以是完成相同的换热任务，所需的蒸汽量减少（这时必须保持在节能改造前后的蒸汽性质不变）。也可以是相同的蒸汽，使需要加热的物流获得更高的温度。如本人曾对某油制汽厂的换热器进行节能改造，希望利用外厂提供的大约 $8kgf/cm^2$ 的饱和蒸汽将某重油加热到 150℃左右。未改造前只能加热到 135℃左右，采用作者的节能技术改造后，重油的出口温度达到 145℃，似乎没有达到原预设的目标。但通过测量当时的重油进口温度比平时低 3℃左右，加热的蒸汽压力大约为 $7.5kgf/cm^2$ 左右，比平时低 $0.5kgf/cm^2$，如将此两个数据换算到原来的状态，则出口温度完全会超过 150°C。因此，在节能技术评价时，相同的基准很重要，否则，无法比较节能技术的优劣。对于具体的化工产品而言，采用节能措施后必须保证产品的质量和数量与没有采取节能措施时相同甚至更佳，同时生产过程必须安全。

节能措施的技术经济分析，就是要在措施实现以前全面考察其在技术上的可行性与经济效益的优劣，进行方案比较，确定投资方向，避免由于盲目性而造成人力、物力、财力上的浪费。

经济效益计算往往局限于本部门或本系统范围内，对社会效益的影响则需上级进行量化比较，由于物价结构存在不合理性，计算结果也必然受此不合理性影响（例如电价过低严重影响补偿期等)。由于投资多少不同，影响范围和时间不同，经济效益计算的繁简程度也不相同。对于可行性研究的初期阶段或项目较小补偿期很短时，可采用计算投资回收时间的补偿期法。此法未考虑投资的利息或对不同项目投资时，相互间的横向比较以及对其他方面的影响。在进行两个或几个方案间的比较时，可采用计算费用法。对于较大型的项目和经济寿命较长的项目（10 年以上），就需要进行包括时间因素和利率因素在内的计算方法。对投资超过 1000 万，使用寿命超过 15 年的大型项目，就需要进行更详尽的综合分析，并用动态分析方法计算出投产后 10～15 年的财务平衡情况，以便于逐年逐项审查其资金偿还能力，并为最初作决策时参考。

某化工厂蒸汽锅炉进行节能技术改造，有两个方案可供选择：方案 A 一次性投入 20 万元，每年产生的节约能源费用 5 万元，因节能技术而增加的年维修费用 1 万元，使用寿命 8 年，设备残值 3 万元；方案 B 一次性投入 30 万元，每年产生的节约能源费用 7 万元，因节能技术而增加的年维修费用 1.5 万元，使用寿命 10 年，设备残值 4 万元，在资金年利率为 10%的情况，判断两节能技术改造方案可行性。对于该问题首先应判断该两个方案本身是否可行，也就是说方案 A 和方案 B 单独进行技术经济评价时是否可行，如果单独评价时两个方案均可行，再选择哪一个方案更优。下面通过各种评价方法，对该问题进行分析，以便找到解决问题的方法。

(1) 简单补偿年限法

此方法是最简单、最基本的经济分析方法。它只考虑节能措施投入资金，在多长时间内可以由节能创造的直接经济效益中收回。对资金的利息以及节能的社会效益等全未予考虑。计算公式如下：

$$N=\frac{I_p}{A} \tag{7-1}$$

式中 $I_p$——节能措施一次性投资费用，元；

$A$——节能措施形成的年净节约费用，元；

$N$——节能措施原投入资金的回收年限。

其中 $A=A_E-W$，$A_E$为年节约能源费用，$W$ 为节能技术而增加的维修费用。

该法判断单个方案可行的依据是回收年限 $N$ 既要小于标准补偿年限 $N_b$，又要小于设备的使用寿命 $N_s$。多个方案评价时，回收年限小者为较优方案。国家根据国民经济发展，资金合理运用原则，对投入不同设备都规定有对应的标准回收年限 $N_b$（标准补偿年限）。如果无法取得 $N_b$的确切数据时，对电类设备可按 $N_b=5$ 年考虑。其他设备根据其使用寿命对照电类设备寿命适当假定 $N_b$值。

对于前面提出的问题——锅炉节能改造问题，假定方案A和方案B的标准回收期均为8年，对方案A有：

$$N_A=\frac{20}{5-1}=5(\text{年})$$

对方案B有：

$$N_B=\frac{30}{7-1.5}=5.5(\text{年})$$

由此可见，方案A和方案B的投资回收年限既要小于标准补偿年限 $N_b$，又小于设备的使用寿命 $N_s$，所以两个方案均是可行的，但方案A的投资回收年限小于方案B，两个方案相比而言，方案A较优。

(2) 标准补偿年限内的计算费用法

两种或更多节能措施方案，其技术条件满足要求，又符合 $N_s>N_b$条件，可采用计算费用法进行经济分析。设有三种方案，其计算费用分别为 $C_1$、$C_2$、$C_3$，用下列公式进行计算：

$$C_1=\frac{I_{p1}}{N_{b1}}+S_1$$

$$C_2=\frac{I_{p2}}{N_{b2}}+S_2 \tag{7-2}$$

$$C_3=\frac{I_{p3}}{N_{b3}}+S_3$$

式中 $I_{p1}$、$I_{p2}$、$I_{p3}$——节能措施一次性投入的资金，元；

$N_{b1}$、$N_{b2}$、$N_{b3}$——各方案对应的标准补偿年限；

$S_1$、$S_2$、$S_3$——各方案的年运行成本。

上式计算费用最低者为最经济方案，作为实施节能措施的中选对象。上面公式中的年运行成本是指设备正常运行时，每年的设备折旧费、维护管理费、能源消耗费等。计算费用法的优点是经济概念清楚，计算简便，但它没有考虑技术条件的可比性，如对产品质量的影响；对时间因素及社会效益和环境影响均未加考虑。

同样对于前面的锅炉节能改造，用本方法进行计算时两个方案的年运行成本数据没有明显给出，但仔细分析后，可以得到两方案相对年运行成本数据，因为节能方案都是在原锅炉上进行技术改造，假设原来的年运行成本为 $S_0$，则 $S_1=S_0+1-5=S_0-4$；$S_2=S_0+1.5-7=S_0-5.5$，所以对方案 A 有：

$$C_1=\frac{I_{p1}}{N_{b1}}+S_1=\frac{20}{6}+S_0-4=S_0-0.67$$

对方案 B 有：

$$C_2=\frac{I_{p2}}{N_{b2}}+S_1=\frac{30}{8}+S_0-5.5=S_0-1.75$$

比较两者费用，可知 $C_1>C_2$，所以方案 B 优于方案 A。标准补偿年限内的计算费用法和简单补偿年限法存在同样的问题，都没有考虑资金的时间价值，若技术改造所需费用较大时，此类评价方法存在较大缺陷，因此考虑使用下面的评价方法。

(3) 动态补偿年限法

如果考虑资金的时间效益，若在 $N_D$ 年内回收一次投资，则应该符合下式条件：

$$I_p=\sum_{j=1}^{N_D}\frac{A_j}{(1+i)^j}+\frac{F}{(1+i)^{N_D}} \tag{7-3}$$

式中，$A_j$ 是第 $j$ 年节能项目每年的净节约费用；$F$ 为节能项目寿命周期末的残值，如果节能项目每年的净节约费用相等，均为 $A$，则上式可简化为：

$$I_p(1+i)^{N_D}=A\,\frac{(1+i)^{N_D}-1}{i}+F \tag{7-4}$$

式中，$i$ 为资金的年利率，由上式经推导可得：

$$N_D=\frac{\ln\dfrac{A-iF}{A-iI_p}}{\ln(1+i)} \tag{7-5}$$

如已知资金的年利率，一次性投资及每年因节能措施带来的净收益，则可以通过式(7-5) 计算所得的动态回收期和行业标准回收期的比较，确定方案在经济上是否可行，若动态回收期小于行业标准回收期（同时也小于项目寿命），则方案是可行的，反之，方案不可行。

如果要求该节能方案的一次性投资必须在规定的年限 $N$ 年内，将每年由于节能措施所产生的效益 $A$ 用于偿还一次性投资 $I_p$，则可以将已知数据代入式(7-4) 求出该节能投资方案的等效年利率 $i_0$，如该年利率大于规定的年利率，则方案合理可行，反之方案不合理，需要进行改进。

对于方案 A 而言，动态回收期为：

$$N_{DA}=\frac{\ln\dfrac{4-0.1\times 3}{4-0.1\times 20}}{\ln(1+0.1)}=6.5(\text{年})$$

对于方案 B 而言，动态回收期为：

$$N_{DB}=\frac{\ln\dfrac{5.5-0.1\times 4}{5.5-0.1\times 30}}{\ln(1+0.1)}=7.5(\text{年})$$

由此可见，方案 A，单个项目动态回收期小于假设的行业标准回收期 8 年，也小于使用寿命 8 年，所以单个项目方案 A 可行；方案 B 的动态回收期小于假设的行业标准回收期 8 年，也小于使用寿命 10 年，所以单个项目方案 B 也可行。如果有多个项目比较时，单个项目又都符合条件，则动态回收期小者为较优方案。方案 A 动态回收期小于方案 B，所以方案 A 优于方案 B。

(4) 寿命周期净现值收益法

计算公式如下：

$$P=\sum_{j=1}^{N_{\mathrm{S}}}\frac{A_j}{(1+i)^j}-I_{\mathrm{p}}+\frac{F}{(1+i)^{N_{\mathrm{S}}}} \tag{7-6}$$

式中，$P$ 为节能项目寿命周期净现值收益，如果节能项目每年的净收益相等，均为 $A$，则上式可简化为：

$$P=A\frac{(1+i)^{N_{\mathrm{S}}}-1}{i(1+i)^{N_{\mathrm{S}}}}-I_{\mathrm{p}}+\frac{F}{(1+i)^{N_{\mathrm{S}}}} \tag{7-7}$$

本方法把每个节能技术方案的一次性投资、每年的净节约费用、寿命周期的长短、残值及资金利率均考虑进去，最后折算成每个节能技术方案在寿命周期内净收益总和之现值。当 $P>0$ 时，节能方案增益，在经济上可行；$P=0$ 时，节能方案收支相抵，在经济上无收益，但若有环境效益，可考虑实施；$P<0$ 时，节能方案将亏损，在经济上不可行。

本方法尽管考虑的因素较多，但仍有一定的局限性。主要表现在两个方面：一是只评估寿命周期内净收益之现值，没有考察不同节能技术方案在投资方面的不同，也就是说没有考虑单位节能投资带来收益的大小。例如有两个节能方案甲与乙，寿命周期同为 8 年，残值均为零，方案甲一次性投资 8 万元，8 年内总节约的净费用现值为 10 万元；方案乙一次性投资 5 万元，8 年内总节约的净费用现值为 7 万元。由上可知，两个方案的寿命周期净收益均为 2 万元，本方法就无法判断其优劣。二是当两个方案的寿命周期长短不一时，需要考虑寿命周期较短者设备更新因素，计算比较复杂。

对于前面锅炉节能方案 A 而言，寿命周期净现值为：

$$P_{\mathrm{A}}=4\times\frac{(1+0.1)^8-1}{0.1(1+0.1)^{8_{\mathrm{s}}}}-20+\frac{3}{(1+0.1)^8}=2.74(\text{万元})$$

节能方案 B 而言，寿命周期净现值为：

$$P_{\mathrm{B}}=5.5\times\frac{(1+0.1)^{10}-1}{0.1(1+0.1)^{10}}-30+\frac{4}{(1+0.1)^{10}}=5.34(\text{万元})$$

从单个方案来看，两个节能方案在经济上均可行，但要比较哪个方案更优，需要将方案 A 的计算时间折算到 10 年，计算过程较复杂，为此引入年度净收益法，来弥补本方法的缺陷。

(5) 年度净收益法

本法将寿命周期内总净收益之现值折算成年度净收益，从而使两个寿命周期不同的方案方便地进行比较。

计算公式如下：

$$A_{\mathrm{P}}=\left\{\sum_{j=1}^{N_{\mathrm{S}}}\frac{A_j}{(1+i)^j}-I_{\mathrm{p}}+\frac{F}{(1+i)^{N_{\mathrm{S}}}}\right\}\frac{i(1+i)^{N_{\mathrm{S}}}}{(1+i)^{N_{\mathrm{S}}}-1} \tag{7-8}$$

式中，$A_{\mathrm{P}}$为节能项目年度净收益，如果节能项目每年的净节约费用相等，均为 $A$，则上式可简化为：

$$A_{\mathrm{P}}=A-\left(I_{\mathrm{P}}-\frac{F}{(1+i)^{N_{\mathrm{S}}}}\right)\frac{i(1+i)^{N_{\mathrm{S}}}}{(1+i)^{N_{\mathrm{S}}}-1} \tag{7-9}$$

本方法具体应用时和寿命周期净现值收益法相仿，当 $A_{\mathrm{P}}>0$ 时，节能方案增益，在经济上可行；$A_{\mathrm{P}}=0$ 时，节能方案收支相抵，在经济上无收益，但若有环境效益，可考虑实施；

$A_P<0$ 时，节能方案将亏损，在经济上不可行。若有多个方案 $A_P$ 大者为较优方案。

对方案 A 而言，年度净收益为：

$$A_P=4-\left(20-\frac{3}{(1+0.1)^8}\right)\frac{0.1(1+0.1)^8}{(1+0.1)^8-1}=0.51(\text{万元})$$

对方案 B 而言，年度净收益为

$$A_P=5.5-\left(30-\frac{4}{(1+0.1)^{10}}\right)\frac{0.1(1+0.1)^{10}}{(1+0.1)^{10}-1}=0.87(\text{万元})$$

由此可见，方案 B 优于方案 A。但该法和前面的方法存在一个共同的缺陷，没有考虑不同方案投资的差异，为此引入净收益-投资比值法。

(6) 净收益-投资比值法

本法在考虑前面各因素的前提下，增加对投资差异的考虑，并将一次性投资折算成年度均摊费用，计算公式如下：

$$\beta=\frac{A_P}{A_I}=\frac{\left\{\sum_{j=1}^{N_S}\frac{A_j}{(1+i)^j}-I_P+\frac{F}{(1+i)^{N_S}}\right\}\frac{i(1+i)^{N_S}}{(1+i)^{N_S}-1}}{I_P\frac{i(1+i)^{N_S}}{(1+i)^{N_S}-1}}$$

$$=\frac{\left\{\sum_{j=1}^{N_S}\frac{A_j}{(1+i)^j}-I_P+\frac{F}{(1+i)^{N_S}}\right\}}{I_P} \tag{7-10}$$

式中，$\beta$ 为净收益-投资比值，$A_I$ 为节能项目一次性投资折算成年度均摊费用，计算公式如下：

$$A_I=I_P\frac{i(1+i)^{N_S}}{(1+i)^{N_S}-1} \tag{7-11}$$

如果节能项目每年的净节约费用相等，均为 $A$，则上式可简化为：

$$\beta=\frac{A\frac{(1+i)^{N_S}-1}{i(1+i)^{N_S}}-I_P+\frac{F}{(1+i)^{N_S}}}{I_P} \tag{7-12}$$

该法对于单个节能方案而言，如果 $\beta$ 大于零，方案在经济上是可行的，因为 $\beta$ 大于零意味着节能方案的年净收益大于零；如果 $\beta$ 小于零，方案在经济上不可行的，因为 $\beta$ 小于零意味着节能方案的年净收益小于零；如果 $\beta$ 等于零，方案在经济上无增益，因为 $\beta$ 等于零意味着节能方案的年净收益等于零，视方案的环境效果、社会效果及国家能源政策等因素确定节能方案是否实施。

利用该法对锅炉节能改造方案进行计算，对方案 A 有：

$$\beta_A=\frac{4\times\frac{(1+0.1)^8-1}{0.1(1+0.1)^8}-20+\frac{3}{(1+0.1)^8}}{20}=0.137$$

对方案 B 有：

$$\beta_B=\frac{5.5\times\frac{(1+0.1)^{10}-1}{0.1(1+0.1)^{10}}-30+\frac{4}{(1+0.1)^{10}}}{30}=0.178$$

由此可见，节能方案 B 优于节能方案 A。前面 6 种方法对锅炉节能技术方案的评价，方法 1 和方法 3 得出的结论是方案 A 优于方案 B，而其他 4 种方法得出的结论是方案 B 优于方案 A，在具体应用时需要考虑实际情况，选择合适的方法加以应用。其实方案的优劣除了与选用评价的方法有关外，如果资金的利率发生改变，其评价结果也会发生改变。例如某节能项目残值为零，简单补偿年限为3时，若资金年利率 $i$ 为1%，则 $N_D$ 为3.06，若资金年利率 $i$ 为10%，则 $N_D$ 为3.74，若资金年利率 $i$ 为20%，则 $N_D$ 为5.026；若资金年利率 $i$ 为30%，则 $N_D$ 为8.78，显然当资金年利率 $i$ 接近33.33%时，$N_D$ 将趋向无穷大。由此可见资金利率对项目评价的影响。

前面6种方法分析节能措施时，应该说仅仅着眼于节能单位（企业、个人、组织）的经济利益，而没有考虑节能对社会及地球环境带来的影响。例如由于采取某种节能措施，使得电能的消耗大幅降低，对于节能单位而言，所带来的利益是少交电费。其实除了少交电费以外，可能还有火力发电厂燃煤的减少，而燃煤的减少，可能带来酸雨的减少，由此而引起的一系列社会和生态效益是很难估算的。

### 7.2.2 化工节能技术生命周期评价

（1）生命周期评价的概念

生命周期评价（Life Cycle Assessment，简称LCA）是一种评价产品、工艺过程或服务系统从原材料的采集和加工到生产、运输、销售、使用、回收、养护、循环利用和最终处理整个生命周期系统对环境负荷影响的方法。也有学者将LCA写成Life Cycle Analysis，称为生命周期分析，其实质都是一样的。ISO 14040对LCA的定义是：汇总和评价一个产品、过程（或服务）体系在其整个生命周期的所有及产出对环境造成的和潜在的影响方法。国际环境毒理学与化学学会（SETAC）对LCA的定义是：通过对能源、原材料的消耗及“三废”的排放的鉴定及量化来评估一个产品、过程或活动对环境带来负担的客观方法。生命周期评价是一种用于评价产品或服务相关的环境因素及其整个生命周期环境影响的工具，注重于研究产品系统在生态健康、人类健康和资源消耗领域内的环境影响。LCA突出强调产品的生命周期，有时也称为“生命周期方法”、“从摇篮到坟墓”、“生态衡算”等。产品的生命周期一般包括四个阶段：生产（包括原料的利用）阶段、销售/运输阶段、使用阶段、后处理/销毁阶段。在每个阶段产品以不同的方式和程度影响着环境。

生命周期评价是产业生态学的主要理论基础和分析方法，尽管生命周期评价主要应用于产品及产品系统评价，但在工业代谢分析和生态工业园建设等产业生态学领域也得到广泛应用，LCA已被认为是21世纪最有潜力的可持续发展支持工具。在此基础上发展起来的一系列新的理念和方法，如生命周期设计（Life Cycle design，LCD）、生命周期工程（Life Cycle Engineering，LCE）、生命周期核算分析（Life Cycle Cost Analysis，LCCA）及为环境而设计（Design for Environment，DfE）等正在各个领域进行研究和应用。目前我国在能源及节能领域，对生命周期评价的认识和研究刚刚起步，在理论上还有很多需要澄清的地方，在方法上目前基本上是空白，迫切需要进行探索与研究。

（2）生命周期评价技术框架

最早提出生命周期评价技术框架的是环境毒理与环境化学学会（SETAC）。它将生命周期评价的基本结构归纳为四个有机联系部分，分别是定义目标与确定范围、清单分析、影响评价、改善评价，其相互关系如图7-1所示。

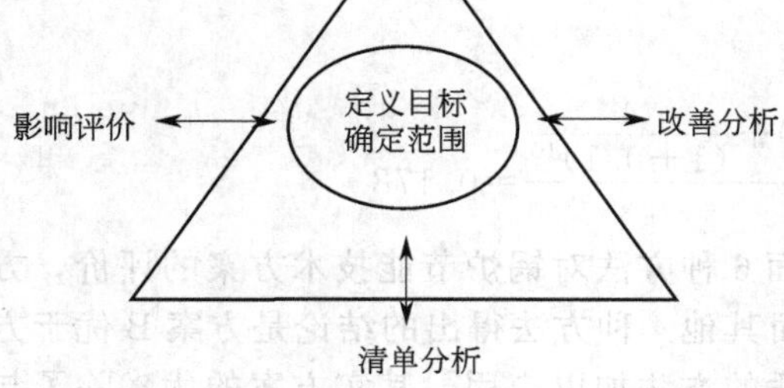

图7-1 SETAC的生命周期评价技术框架

定义目标与确定范围是生命周期评价的第一步，它直接影响到整个评价工作程序和最终的研究结论。定义目标就是清楚地说明开展此项生命周期评价的研究目的、研究原因和研究结果可能应用的领域。研究目的应包括一个明确的关于的原因说明及未来后果的应用。目的应清楚表明，根据研究结果将做出什么决定，需要哪些信息，研究的详细程度及动机。研究范围的确定应保证能满足研究目的，包括定义所研究的系统、确定系统边界、说明数据要求、指出重要假设和限制等。由于生命周期评价是一个反复的过程，在数据和信息的收集过程中，可能修正预先界定的范围来满足研究的目标。在某些情况下，也可能修正研究目标本身。清单分析（Inventory Analysis）是对一种产品、工艺和服务系统在其整个生命周期内的能量与原材料需要量以及对环境的排放（包括废气、废水、固体废弃物及其他环境释放物）进行以数据为基础的客观量化过程。该分析评价贯穿于产品的整个生命周期，即原材料的提取、加工、制造、运输和销售、使用和用后处理。清单分析的核心是建立以产品功能单位表达的产品系统的输入和输出。通常系统输入的是原材料和能源，输出的是产品和向空气、水体以及土壤等排放的废弃物。清单分析的步骤包括数据收集的准备、数据收集、计算程序、清单分析中的分配方法以及清单分析结果等。清单分析可以对所研究产品系统的每一过程单元的输入和输出进行详细清查，为诊断 LCA 所研究对象的物流、能流和废物流提供详细的数据支持。同时，清单分析也是影响评价阶段的基础，它是目前 LCA 组成部分中发展最完善的一部分。

影响评价是（Impact Assessment）是对清单分析阶段所识别的环境影响压力进行定性或定量排序的一个过程，即确定产品系统的物质和能量交换对其外部环境的影响。这种评价应考虑对生态系统、人体健康以及其他方面的影响。影响评价目前还处于概念化阶段，还没有一个达成共识的方法。国际标准化组织、环境毒理与环境化学学会、英国环保局（EPA）都倾向于把影响评价定为一个“三步走”的模型，即影响分类、特征化、量化。分类是将从清单分析中得来的数据进行归类，对环境影响相同的数据归到同一类型。影响类型通常包括资源耗竭、生态影响和人类健康三大类。特征化即按照影响类型建立清单数据模型。特征化是分析与定量中的一步。量化即加权，是确定不同环境影响类型的相对贡献大小或权重，以期得到总的环境影响水平的过程。

改善评价（Improvement Assessment ）是系统地评估在产品、工艺或活动的整个生命周期内削减能源消耗、原材料使用以及环境释放的需求与机会。这种分析包括定量和定性地改进措施，例如：改变产品结构，重新选择原材料，改变制造工艺和消费方式以及废弃物管理等。ISO14040 将生命周期评价分为互相联系的、不断重复进行的四个步骤，分别是目的与范围确定、清单分析、影响评价、结果解释。ISO 组织对 LCA 评价技术框架和 SETAC 不同之处就是去掉了改善分析阶段，增加了生命周期解释环节。ISO 组织对 LCA 评价技术框架中对前三个互相联系的步骤的解释是双向的，需要不断调整，另外，ISO14040 框架更加细化了的步骤，更利于开展生命周期评价的研究与应用，其相互关系如图 7-2 所示。

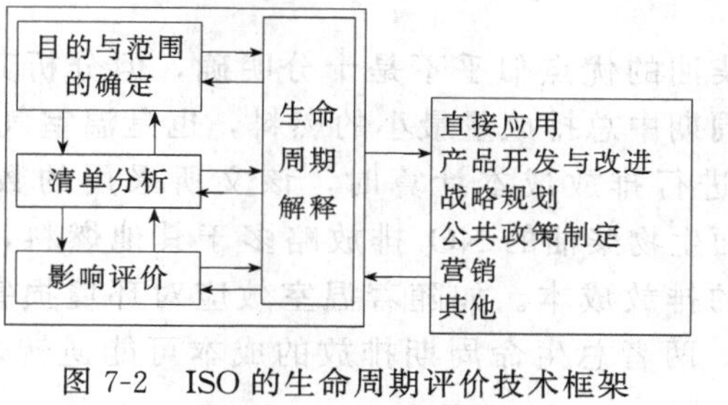

图 7-2　ISO 的生命周期评价技术框架

ISO 的生命周期评价技术框架前面三个步骤和 SETAC 相同，不再论述。增加的部分是生命周期解释。生命周期解释的目的是根据前三个阶段的研究或清单分析的发现，以透明的方式来分析结果、形成结论、解释局限性、提出建议并报告生命周期解释的结果，尽可能提供对生命周期评价研究结果的易于理解的、完整的和一致的说明。在 ISO 14000 系列标准中，对 LCA 的主要观点为：LCA 是一种用于评估与产品有关的环境因素及其潜在影响的技术。其过程为编制产品系统中有关输入与输出的清单、评价与这些输入输出相关的潜在环境影响、解释与研究目的相关的清单分析和影响评价结果；LCA 研究贯穿于产品生命全过程（即从摇篮到坟墓），即从获取原材料、生产、使用直至最终处置的环境因素和潜在影响，需要考虑的环境影响类型包括资源耗竭、生态影响和人类健康；LCA 能用于帮助以下几个方面：识别改进产品生命周期各个阶段中环境因素的机会；产业、政府或非政府组织中的决策（如战略规划、确定优先项、对产品或过程的设计或再设计）；选择有关的环境表现（行为）参数，包括测量技术、营销（如环境声明、生态标志计划或产品环境宣言）。

(3) 化工节能技术生命周期评价应用策略

随着环境污染及温室效应对人类生存和生活环境影响的加剧，人们评价产品、技术或服务的优劣已不再是单纯的技术是否先进或经济是否合理，而是更加重视该产品、技术或服务在整个生命周期过程中对环境的直接影响和潜在危害，节能技术的评价也不例外。节能技术评价除了前面介绍的在技术先进可行的前提下进行经济效益评价外，目前已有专家和学者尝试利用生命周期评价的方法对节能技术进行评价。

生命周期评价方法既可以对单个方案进行评价，也可以对多个竞争方案进行评价，所以，生命周期评价也可以适用于多个节能技术方案的优化评价。和前面经济评价方法一样，不同的节能方案，最后达到的效果应该一样，评价的基础和条件与经济评价的方法一样。比如对用于汽车的不同燃料进行生命周期评价时，其评价的基础是用相同的汽车在相同的条件下行驶相同的距离。我国学者对矿石柴油和生物柴油及其他替代燃料进行了全生命周期的排放评价，最后得出以下结论。

① 与矿石柴油相比，生物柴油生命周期 $NO_x$ 排放、排放综合外部成本增加，生命周期其他排放降低。降低生命周期 $NO_x$ 排放是降低生物柴油生命周期排放综合外部成本的主要途径。

② 与矿石柴油相比，甲醇脱水法制 DME、天然气二步法制 DME 生命周期 CO，$NO_x$、$PM_{10}$，$SO_x$ 和 $CO_2$ 排放、排放综合外部成本增加，生命周期 HC，$CH_4$ 和 $N_2O$ 排放降低。

③ 与矿石柴油相比，天然气一步法制 DME 生命周期 $PM_{10}$、$SO_x$ 排放略有增加，HC、CO、$SO_x$、$CO_2$、$CH_4$ 和 $N_2O$ 排放、生命周期排放综合外部成本降低，建议促进天然气一步法制 DME 的发展与应用。

④ 与矿石柴油比较，FT 柴油生命周期所有排放、生命周期排放外部成本降低。

⑤ 从生命周期排放角度出发，天然气一步法制 DME、F T 柴油是环境友好的柴油替代燃料。

从该结论看，生物柴油的优点似乎不是十分明确，但分析其文献中的内部数据，可以发现生物柴油是生命周期中总排放量最小的燃料，也是温室气体排放总量最小的燃料，尤其是 $CO_2$ 的排放。但进行排放成本计算时，该文所采用的数据 $CO_2$ 的成本大大低于 $NO_x$，相差 300 多倍，而生物柴油的 $NO_x$ 排放略多于其他燃料，由此产生生物柴油的总排放成本多于矿石柴油的排放成本。如随着温室效应对环境损害的加剧及石油资源的枯竭和资源税的加大征收，两者总生命周期排放的成本可能逆转，所以从长远来看，生物柴油将得到大力发展。

生命周期评价应用于化工节能技术，可遵循 ISO 的生命周期评价技术框架，确定评价的目的和范围，对每种不同的节能技术需进行溯源分析，收集对该技术所需的原料，如各种金属、燃料及其他材料的清单分析数据，按照原料获得、原料生产、产品加工、节能技术应用、节能技术后处理整个生命周期，计算各种 LCA 指标数据，并据此进行影响评价。需要值得注意的是，随着各种外部条件的改变，对某种节能技术 LCA 评价的结论数据也会改变。如有新加坡学者对本国各种方式生产电力进行了 LCA 及 LCCA 评价分析，结果得出，如果国际油价、资金利率、火电厂发电效率等改变时，各种生产电力的评价指标也会发生改变，同时由于具体经济数据的不确定性，要想获得 LCCA 的精确数据有一定的困难。

（4）生命周期评价注意问题及发展趋势

由于生命周期评价目前还不十分完善，在具体应用时应注意以下问题：

① LCA 中所作的选择和假定，在本质上可能是主观的，如系统边界的设置、数据收集渠道和影响类型选择及归类等都带有一定的主观性。

② LCA 研究需要大量的数据，目前还没有统一完善的标准数据。研究人员必须经常依据典型的生产工艺、全国平均水平、工程估算或专业判断来获取数据，这就可能造成数据不精确或误差较大，以至得到错误的结论。

## 7.3 化工通用节能设备与技术分析

尽管化工工艺千变万化，化工产品也成千上万，但化工生产过程中有一些通用的节能技术可以在不同的化工工艺过程中使用，如几乎所有大型的化工企业都会涉及锅炉、加热炉、换热器等能量转换或热量传递设备。至于泵、风机、电机几乎在每一个化工企业随处可见，对于这些通用的设备都可以进行节能技术改造，找到合适的节能技术和设备。

### 7.3.1 锅炉节能技术

锅炉是能源转换设备，它将煤、油、气等一次能源转换成蒸汽、热水等载热体的二次能源。如图 7-3 是某链条炉结构示意图。一般锅炉主要由两大部分组成，第一部分是“锅”，包括气包、各种受热面（辐射和对流）、省煤器、空气预热器、集箱、下降管、汽水分离装置、温度调节装置等部件构成的封闭系统；第二部分是“炉”，是指构成燃料燃烧场所的各个部件，包括炉膛、装料斗、渣斗、燃料输送装置、分配送风装置、炉排等。化工企业中需要的水蒸气均需要通过锅炉来获取，锅炉的节能潜力是十分巨大的，很有必要从锅炉的具体用能情况来分析其节能技术。

（1）锅炉的分类

锅炉按用途可分为固定式的工业锅炉、电站锅炉、生活锅炉和移动式的船舶锅炉、机车锅炉等。工业锅炉用于工业生产，加热和蒸发各种工艺流股；电站锅炉用于发电；生活锅炉采暖和供应热水；移动锅炉用于各种移动设备上的能源提供。

锅炉按蒸汽压力可分为常压锅炉、微压锅炉、低压锅炉、中压锅炉、高压锅炉、超高压锅炉、亚临界压力锅炉和超临界压力锅炉。其中常压锅炉的表压为零，表明锅内压力和外面大气压相当；微压锅炉的表压为几十帕；低压锅炉的压力一般小于 1.275MPa；中压锅炉的压力为 3.875MPa；高压锅炉的压力为 9.85MPa；超高压锅炉的压力为 3.73MPa、亚临界压力锅炉的压力为 16.67MPa；超临界压力锅炉的压力为 23～25MPa。

锅炉按所用燃料或能源可分为燃煤锅炉、燃油锅炉、燃气锅炉、余热锅炉、原子能锅炉、垃圾锅炉。值得一提的是随着城市垃圾量的不断增加，传统的垃圾填埋处理方法已很难适应，目前全国已有多个城市采用垃圾焚烧发电处理技术，其所用的锅炉就是属于垃圾锅

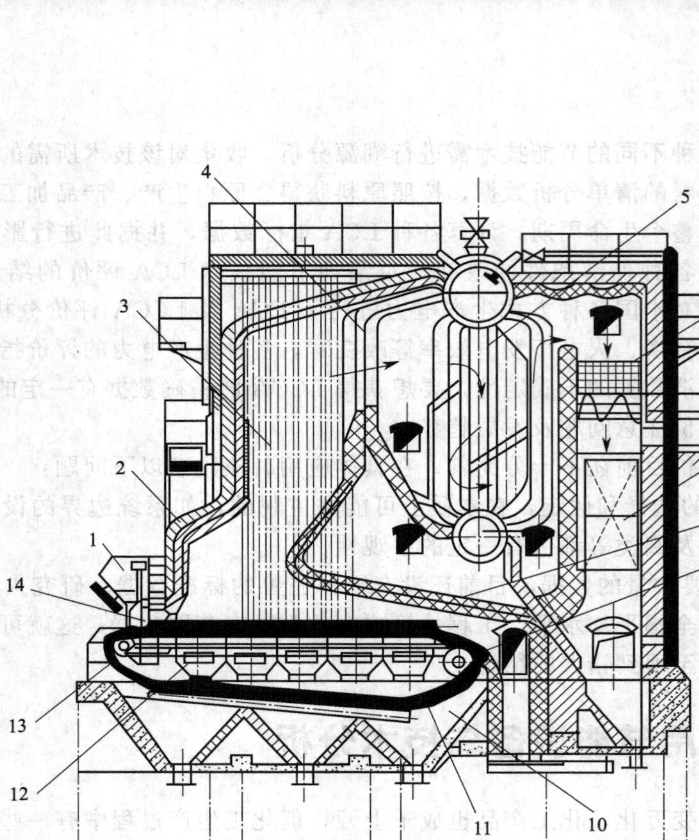


图 7-3　链条炉结构示意图

1—煤斗；2—前拱；3—水冷壁；4—凝渣管；5—对流受热面；
6—省煤器；7—空气预热器；8—后拱；9—从动轮；
10—渣斗；11—链条；12—风室；13—主动轮；14—煤闸门

炉，当然，也可以把垃圾锅炉归为废料锅炉一类，因为除了生活垃圾，在其他领域中，也可能产生多种废料，这些废料常含有大量的热值，将废料焚烧后，就可以产生大量的热量。

锅炉按燃烧方式可分为火床锅炉、火室锅炉、流化床锅炉、旋风锅炉，图 7-4 是锅炉四种燃烧形式示意图。

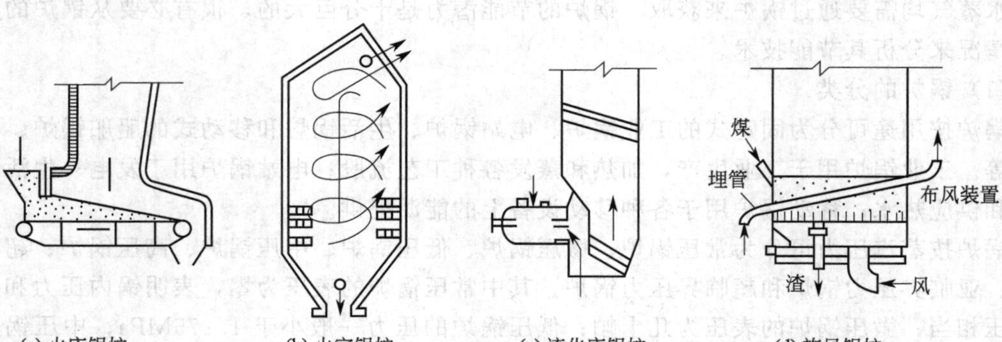


图 7-4　锅炉四种燃烧形式示意图

锅炉的压力、所用燃料、燃烧方式是体现锅炉性能的主要指标，也是锅炉分类的主要方法。当然，锅炉的分类方法还有很多，如按通风方式分类，可分为自然通风锅炉和机械通风锅炉；按炉膛内烟气压力分为负压锅炉、微正压锅炉和增压锅炉；按安装方式分为散装锅炉、组装锅炉和快装锅炉；当按整体外形分类，可分为塔形、箱形、T形、U形、N形、L形、A形、D形等。其中A形、D形用于工业锅炉，其他炉型用于电站锅炉。

锅炉中当载热体被用于向机械能转换时（如蒸汽机，透平机等），它被称作“工质”。如载热体只用于采暖或供热，则称为“热媒”。锅炉中的工质一般为水，但在余热锅炉中也有使用其他工质的。这主要是由于以水为工质的锅炉，若用于动力循环系统，当余热的温度低于400℃时，在经济上是不核算。而在工业生产中常常有大量的150～300℃的排烟余热可以利用，如果采用低沸点的有机工质回收中低温余热可以较高的能量回收效率。符合条件的有机工质应具备沸点低、蒸发潜热小、传热好、比容小、热性能稳定、无毒、无腐蚀、不燃或难燃、无温室气体效应、不破坏大气臭氧层、来源充足等特性。

(2) 锅炉的型号

不同类型的锅炉，其型号的表达方法基本相同，只不过在某些参数上有些类型的锅炉需要表示，而有些类型的锅炉则不用表示。当然，随着新型锅炉的出现，锅炉型号的表达方式也会作一定的调整。电站锅炉的型号由三部分组成，分别表示锅炉的制造厂代号（用汉语拼音缩写表示）、锅炉蒸发量/额定蒸汽压力、设计燃料代号（用汉语拼音缩写表示）和设计序号。煤、油、气的燃料代号分别用M、Y、Q表示，其他燃料用T表示，各部分之间用短横线连接，如SG-1025/18.1-M型锅炉表示为上海锅炉厂制造，额定蒸发量1025t/h，额定蒸汽压力为18.1MPa，原型设计，燃料为煤的电站锅炉。

对于工业锅炉，按JB 1623—1983《工业锅炉产品型号编制方法》的规定，也由三部分组成，第一部分共分三段，分别表示锅炉型式（用汉语拼音缩写表示）、燃烧方式（用汉语拼音缩写表示）、额定蒸发量或额定供热量，其中对于蒸汽锅炉而言，第三段应为额定蒸发量；对于供热锅炉而言，第三段应为额定供热量，其单位为10000kcal/h，若将其折算成kW为单位，则需要乘上11.63。第二部分表示介质出口压力、过热蒸汽温度（如缺省则为饱和温度）、出水/回水温度（仅对供热锅炉而言）。第三部分表示燃料种类和设计序号。例如LHG2-8-AⅡ表示立式横水管固定炉排，额定蒸发量为2t/h，额定蒸汽压为0.8MPa，蒸汽温度为饱和温度，所用燃料为Ⅱ类烟煤，原型设计的蒸汽锅炉。SHL240-7/130/70-AⅡ表示双锅筒横置式链条排炉，额定供热量为2400000kcal/h，约合2790kW，额定出水压为0.7MPa，额定出水温度为130℃，回水温度为70℃，所用燃料为Ⅱ类烟煤，原型设计的热水锅炉。

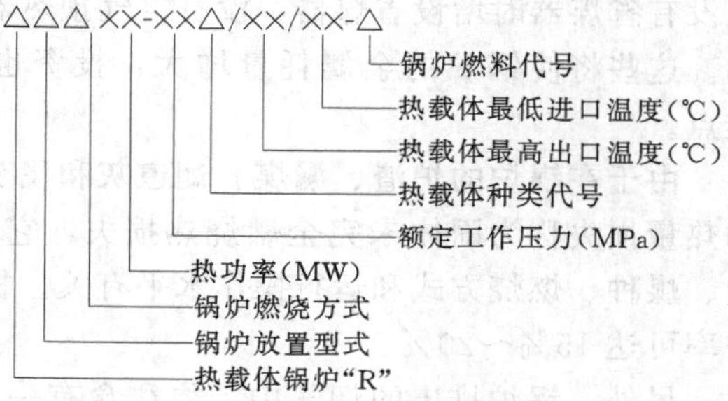

图7-5 热载体锅炉的产品型号表示方法

对于热载体锅炉产品型号编制办法虽然可参照铸铁锅炉，但因为铸铁锅炉的工作介质是水，而热载体锅炉的工作介质是有机物，包括导热油、无机物和金属等，这些热载体及其出口最高温度和进口最低温度在原来的产品型号中没有明确的表示，为了适合热载体锅炉，有学者提出了如图7-5表示热载体锅炉的产品型号。

该表示方法也由三部分组成，各部分具体含义见图7-5所示。锅炉型号的第一个字母统一用“R”即“热”字的汉语拼音的R表示，以示与其他锅炉的区别。锅炉放置型式、燃烧型式、燃料代号均参照工业锅炉型号标准，如立式用字母“L”，卧式用字母“W”。增加关于热载体种类及温度限制的信息，金属热载体就以各金属的化学符号代表、无机热载体以“无”字的汉语拼音的第一个字母“W”代表、有机热载体的高温有机物的“有”字、导热油故用“Y”代表。下面用这种编制方法列一种热载体锅炉型号如下：RLS1-1.5Y/400/300-Q，这种型号的热载体锅炉的铭牌解释为：立式、室燃、热功率为1MW、额定工作压力1.5MPa、热载体为导热油、导热油最高出口温度为400℃、最低进口温度为300℃、燃料为天然气的热载体锅炉。

(3) 锅炉的用能分析

锅炉用各种燃料燃烧产生的热能来加热锅炉中的工质（一般为水），使工质蒸发产生蒸汽（热水）供生产和生活使用。在忽略燃料的物理显热、外来加热量及自用蒸汽带入炉内的热量前提下，锅炉内的用能平衡可用下式表示：

$$Q=Q_1+Q_2+Q_3+Q_4+Q_5+Q_6 \tag{7-13}$$

式中，$Q$表示燃料燃烧输入锅炉的热量；$Q_1$表示锅炉有效利用热，包括锅炉中水和气吸收得到的热量；$Q_2$表示锅炉的排烟热损失；$Q_3$表示气体未完全燃烧热损失；$Q_4$固体未完全燃烧热损失；$Q_5$表示散热损失；$Q_6$表示灰渣物理热损失。

将式(7-13)各项均除以$Q$，并用百分数表示可得到

$$100=q_1+q_2+q_3+q_4+q_5+q_6 \tag{7-14}$$

式中，$q_i$表示各项能耗在锅炉总能耗中的百分数，而锅炉的能量有效利用率可用下式表示：

$$\eta=\frac{Q_1}{Q}\times 100\% \tag{7-15}$$

由锅炉的用能平衡分析可知，燃料所具有的化学能在转移到目标工质水和蒸汽的过程中，不仅在有效能价值上有所降低，而且在能量的数量上也有所下降，只有一部分能量转移到了目标工质中去。为了做好锅炉的节能工作，必须对锅炉中除能量有效利用以外的其他能量损失原因进行分析，以便对症下药找到锅炉节能的方法。

工业锅炉的排烟温度一般都在200℃左右，在没有省煤器的情况下，排烟温度可达300℃以上。这些热烟气排入大气而造成的热量损失称为排烟热损失，排烟热损失的大小取决于排烟温度的高低和空气过剩系数的大小。排烟温度越高排烟热损失越大。一般排烟温度每降低12～15℃，可减少排烟热损失1%左右。但想要降低排烟温度，就要增加受热面，如在没有省煤器时增设省煤器，没有空气预热器时增设空气预热器或将锅炉本体的受热面积增加。这些将使锅炉的金属耗量增大，投资也增加，在投资与节能两者之间需找到一个最佳点。

由于在锅炉的炉渣、漏煤、烟道灰和飞灰中都含有可燃的碳，这部分碳没有燃烧而造成的热量损失称为固体未完全燃烧热损失，它是锅炉的一项主要热损失。它与锅炉炉型、容量、煤种、燃烧方式和运行操作水平有关。机械化层燃炉热损失率达8%～15%；手烧炉损失率可达15%～20%。

另外，锅炉排出的烟气中，往往含有一部分可燃气体，如CO、$H_2$和$CH_4$等。这些气体在炉膛中没有燃烧就随烟气排出炉外。这部分可燃气体未完全燃烧而造成的热损失称气体未完全燃烧热损失。产生气体未完全燃烧热损失的原因很多，空气不足、空气和可燃气混合不良、炉膛温度太低、炉膛容积不够大、高度太低等，都会造成这项损失。对燃煤锅炉，可燃气体的主要成分是CO化碳，其他成分可以忽略。如供应的空气量适当，混合又良好，气体未完全燃烧热损失是不大的，一般层燃炉的热损失率为1%～3%。

由于受到炉墙绝热程度的限制，锅炉内高温热量总有一部分热量通过炉墙散失到四周的空气中去，这部分散失的热量称为散热损失，它主要与锅炉的外表面积及表面温度有关。有尾部受热面的锅炉散热损失就大一些。炉墙表面温度一般要求不超过50℃，以使散热损失

不致太大。一般而言，散热损失率为1%～4%。

灰渣物理热损失是由于燃料在锅炉中燃烧后，炉渣排出锅炉时所带走的热量引起的，这部分的热量在整个锅炉的热量损失中所占比例很小，一般可忽略不计。只有对于沸腾炉及煤中含灰高的燃烧设备必须考虑此项损失。

(4) 锅炉的节能技术

根据前面的分析可知，影响锅炉热效率的主要因素是排烟损失和不完全燃烧损失，所以应从这两方面对锅炉进行改造。首先强化燃烧，以减少不完全燃烧损失。要使燃料充分燃烧，必须同时满足下述三个必要条件；①是要有足够的空气。并能同燃料充分接触，以满足燃烧的需要；②要求炉膛有足够的高温使燃料着火；③燃料在炉内停留时间，能使燃料完全燃尽。基于上述条件，应采取合理送风，随时调节；采用二次风，强化燃烧；优化控制过量空气系数（一般为1.3～1.5)；实现自动控制改善燃烧条件等措施促进燃烧，提高效率。其次是减少排烟损失，主要工作是控制适当的空气过剩系数，强化对流传热，同时对那些没有设置省煤器或空气预热器的锅炉可考虑进行改造，增设省煤器或空气预热器。如不方便增设，可考虑利用余热热管热器回收排烟气体的热量，但需作全面的经济核算，以判断究竟采用哪种节能措施效果最佳。

锅炉节能可以在管理方面展开以下工作。

①做好燃料供应工作，不同的锅炉供应不同规格的煤（主要是粒度和含水量，以链条炉为例，煤粒度应为6～15mm)；②严格给水处理，防止锅炉结垢；③清除积灰，提高锅炉效率；④防止锅炉超载，保持稳定运行；⑤加强保温、防止漏风、泄水、冒汽；⑥提高入炉空气温度，一般入炉空气温度增加100℃，可使理论燃烧温度增高30～40℃，可节约燃料3%～4%。

### 7.3.2 换热器节能技术

在化学化工工业中，需要大量的换热设备。从能量守恒的角度来看，换热设备似乎只将能量从A物流转移到B物流，没有节能的可能，其实不然。如果该换热设备是回收废热的，那么，高效的换热设备能够尽量多的把废热中的热量回收下来，当然废热流最后排放到环境的热能就减少，因此，在整体能量上是守恒的，但回收的能量就增加了。高效换热设备的关键是提高传热系数，而传热系数的提高，需要根据换热物流的具体性质，选择合适的高效换热设备。常见的换热设备有夹套换热器、喷淋式换热器、套管式换热器、固定管板式换热器及其折流板、具有补偿圈的固定板式换热器、U形管式换热器、浮头式换热器、螺旋板式换热器、平板式换热器。图7-6～图7-12为各种换热器的结构及配件示意。

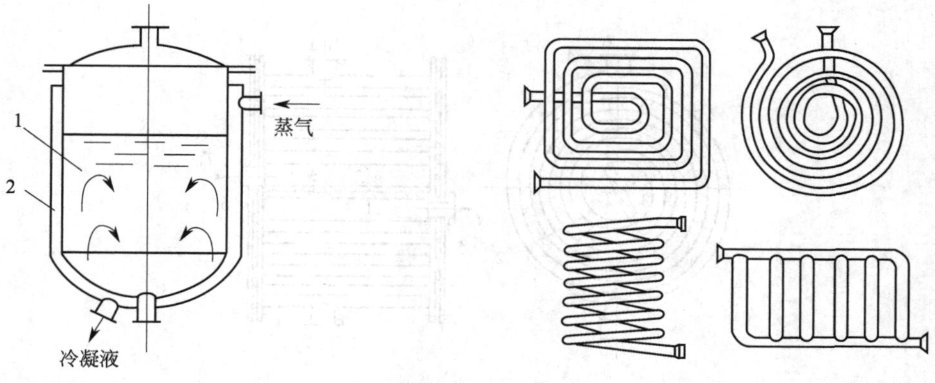


图7-6 夹套式换热器及其配件蛇管示意图

1—容器；2—夹套

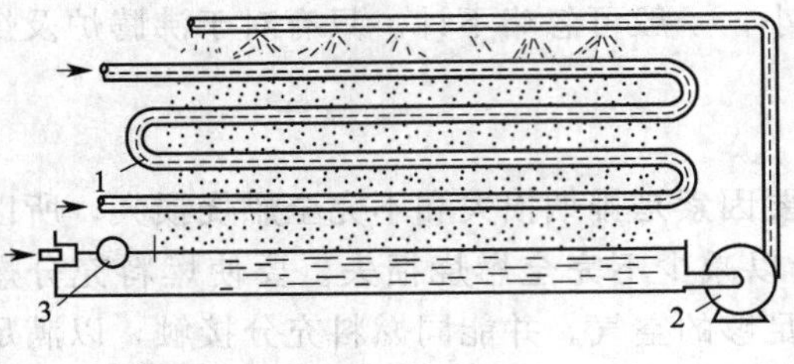


图 7-7　喷淋式换热器

1—弯管；2—循环泵；3—控制阀

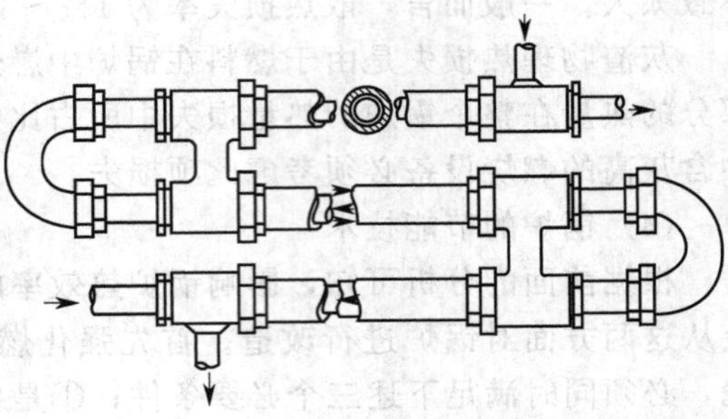

图 7-8　套管式换热器

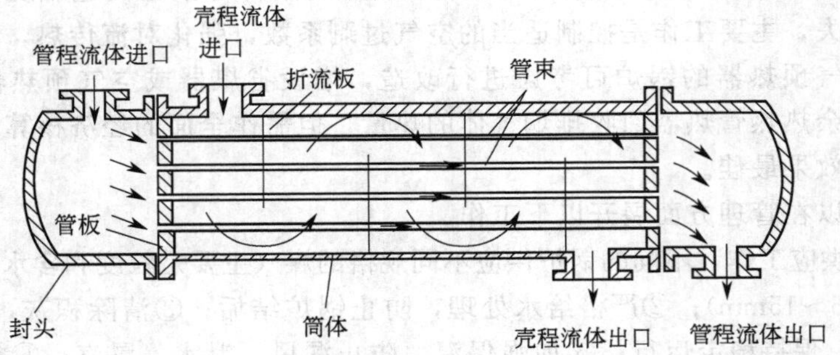


图 7-9　固定管板式换热器及其折流板

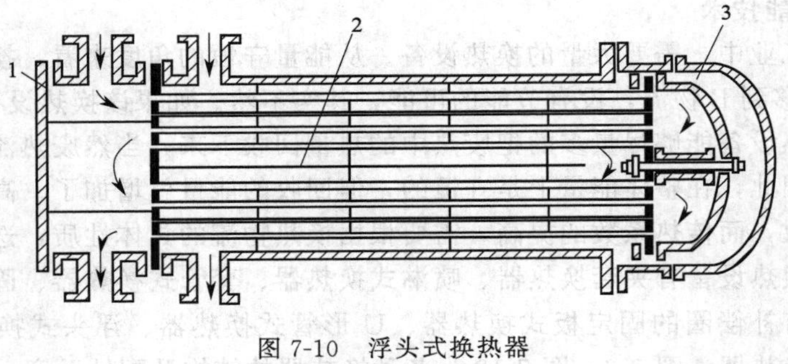


图 7-10　浮头式换热器

1—管路隔板；2—壳层隔板；3—浮头

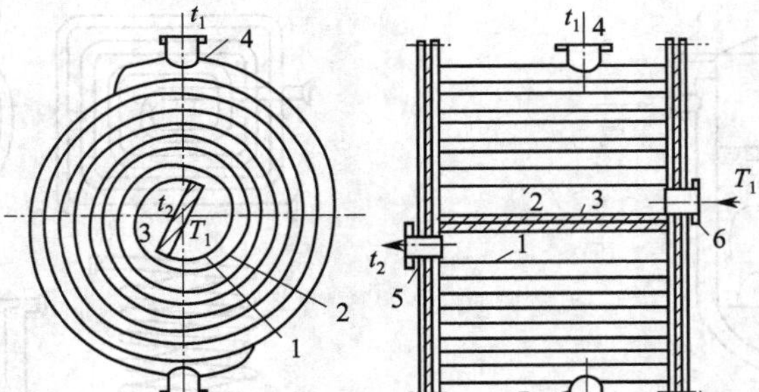


图 7-11　螺旋板式换热器

1,2—金属片；3—隔板；4,5—冷流体连接管；6,7—热流体连接管

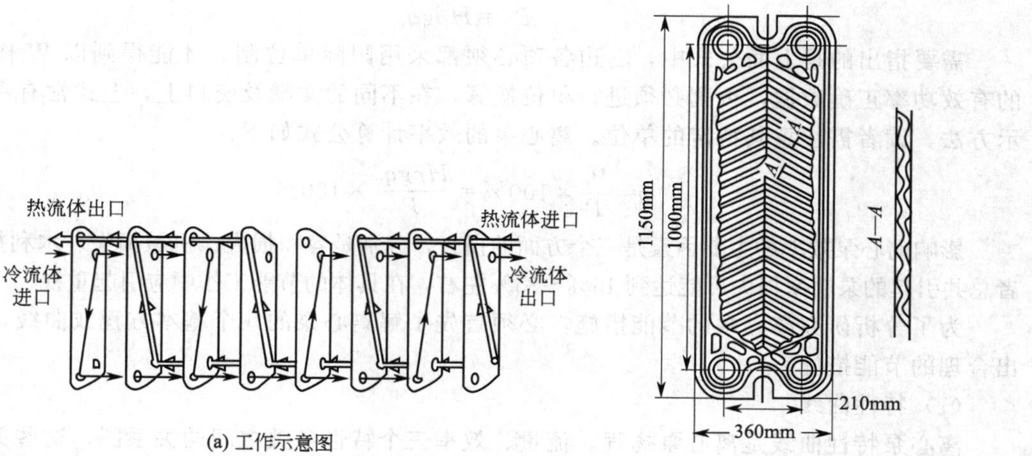


(a) 工作示意图

(b) 板片示意图

图 7-12　平板式换热器

各种换热器在具体应用过程中，应根据具体的换热要求，选择合理的类型，以提高换热效率，达到节能的目的。同时在确定换热器类型的前提下，对具体的结构还需进一步选择和优化，如确定采用列管式换热器后，还可以根据具体的换热介质，选择不同的强化传热管及折流挡板的不同配置，以提高总传热系数。有关强化传热管的内容将在下一节中加以介绍。

### 7.3.3　泵和风机节能技术

泵和风机是输送物料的一种动力机械，其中泵用来输送液体物料，风机用来输送气体物料。它们被广泛应用于各种化工工艺过程，并且其消耗的能源电能属于最高品位的能源，因此，对泵和风机的节能工作显得十分必要。

#### 7.3.3.1　泵和风机的基本方程

由于离心泵和风机是工业生产中最广泛使用的一类泵，做好该类泵和风机的节能显得十分重要。下面以离心泵为例介绍其有关的一些基本方程（离心风机和离心泵类似，不再介绍），以便为泵和风机的节能提供理论依据。

离心泵的基本方程和离心泵的特性有关。表征离心泵性能的主要参数有以下几个。

（1）体积流量 $q_v$

体积流量是指离心泵在单位时间内所输送的流体体积，一般用 $q_v$ 表示，常用的单位有 $m^3/h$、L/s、$m^3/min$ 等。离心泵的流量与其结构、大小、转速、管路的阻力情况有关。它的变化会引起泵的扬程、泵的功率、泵的效率等一系列参数发生变化，是离心泵基本方程中常用的作自变量来处理。

（2）压头 $H$

压头是指离心泵对单位重量流体提供的有效能量，也称扬程，常用 $H$ 表示，单位为 m。其大小与离心泵结构、大小、转速、流量有关。

（3）效率 $\eta$

离心泵效率是指泵有效功率与泵轴功率之比，常用符号 $\eta$ 表示。它反映了泵轴功率转化为流体有效功率的高低。泵的轴功率由电动机提供，其单位为 W 或 kW，用 $P$ 表示，其实在电能转化为轴功率的过程中也涉及一个转化效率的问题，也就是说电能在理论上可以 100%转化为功，但在实际应用中，由于损耗的存在不可能 100%转化为功，这在泵和风机的节能工作中应引起重视。有效功率是流体通过泵以后获得的功率，一般用 $P_e$ 表示，其计算公式为：

$$P_e = H\rho g q_v \tag{7-16}$$

需要指出的是上面公式中，右边各项必须都采用国际单位制，才能得到以 W 作为单位的有效功率正确数据，否则必须进行单位换算，在不同的文献及资料上，上式常有不同的表示方法，读者需注意其特定的单位。离心泵的效率计算公式如下：

$$\eta = \frac{P_e}{P} \times 100\% = \frac{H\rho g q_v}{P} \times 100\% \tag{7-17}$$

影响离心泵效率的主要因素是三个方面的损失，分别是容积损失、机械损失、水利损失，三者总共引起的泵功率损失可能达到15%～35%左右，在具体的节能工作中应引起重视。

为了分析研究离心泵的节能措施，必须首先了解离心泵的几个基本方程或曲线，以便提出合理的节能措施。

(1) 特性曲线

离心泵特性曲线是离心泵扬程、流量、效率三个特性参数之间的关系图，这些关系由实验确定，一般由泵的生产厂家提供，作为合理选用离心泵的依据。图 7-13 是某单个离心泵特性曲线，共由三条曲线组成，分别是 $q_v \sim \eta$、$q_v \sim H$、$q_v \sim P$。尽管不同型号的离心泵其特性曲线会有所不同，即使是同一台泵，在不同的转速下其特性曲线也会不同，但它们变化的总趋势是一样的。随着流量的增加，轴功率增加、扬程减小、效率先由小变大，当达到一个最大值 $\eta^*$ 以后，流量增加，效率反而减小。如果从节能的角度出发，每一个离心泵在一定的转速下，有一个最佳的流量 $q^*$，此时泵的扬程为 $H^*$，泵的效率达到最高。因此在选择泵时应尽量使泵达到最佳流量。当然实际情况并不一定能满足，但必须保证泵的效率在最佳点附近。

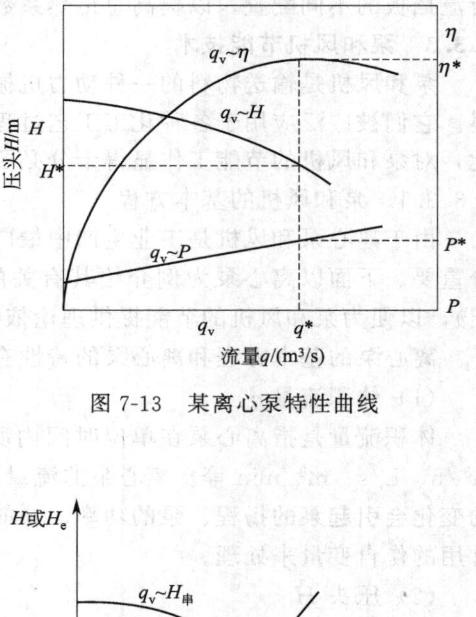

图 7-13 某离心泵特性曲线

泵在具体应用时，为了满足工艺的需要，有时需要两台泵并联或串联工作，以获得比一台泵工作更大的扬程及压头，这时需将单泵的工作曲线进行叠加。如果是两台泵并联则需将 $q_v \sim H$ 曲线沿横坐标叠加，见图 7-14；如果是两台泵串联则需将 $q_v \sim H$ 曲线沿纵坐标叠加，见图 7-15。其中 $M$ 点是单台泵的工作点，$A$ 点是两单台泵的工作点。具体采用何种形式的泵组合，将在介绍管路特性曲线后再阐述。

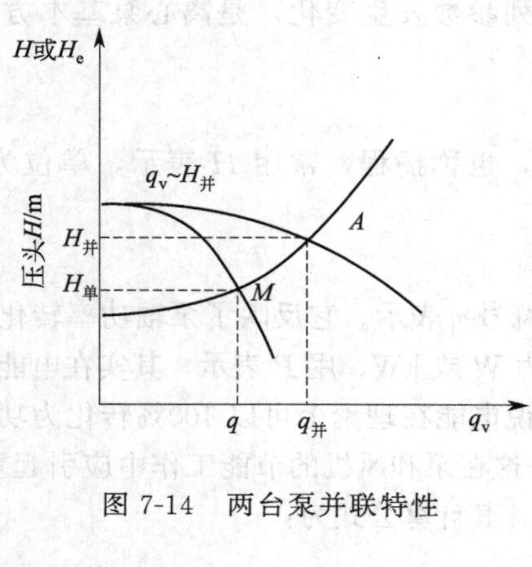

图 7-14 两台泵并联特性

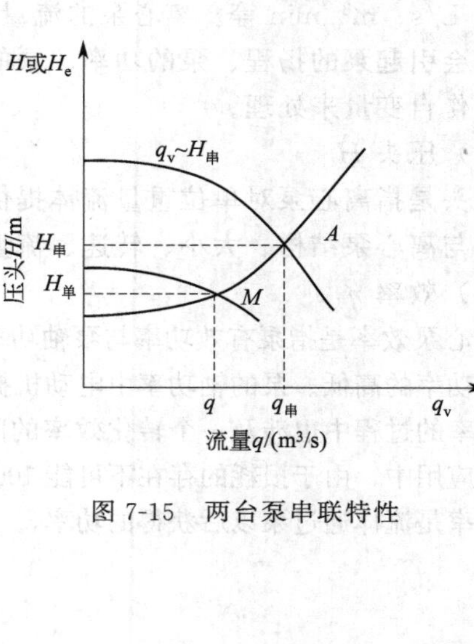

图 7-15 两台泵串联特性

(2) 管路特性曲线

任何一台泵都需要在具体的管路环境下工作，所谓管路特性是指特定管路中通过某一流量 $q_e$ 流体所需要的压头 $H_e$ 关系，根据柏努利方程并作一定简化后，可得所需压头和实际流量之间的关系如下：

$$H_e = K_0 + K_1 q_e^2 \tag{7-18}$$

式中，$K_0$ 为特定管路中势能差和静压能差所确定的一个定值；$K_1$ 为与管路长度 $l$、直径 $d$、摩擦系数 $\lambda$、横截面积 $A$、其他引起管路阻力的当量长度 $\sum l_e$ 等变量有关，具体的计算公式如下：

$$K_1 = \frac{1}{2gA^2}\lambda\left[\frac{l+\sum l_e}{d}\right] \tag{7-19}$$

管路特性曲线和离心泵的 $q_v \sim H$ 特性曲线的交点是离心泵的实际操作点，图 7-16 是管路阻力变化时泵操作的变化情况，原泵的操作点在 $M$。如果通过节流调节，增加管路的阻力，一般可通过关小出口阀门的开度实现，这时泵的操作点移到了 $M_1$ 点，管路特性曲线变陡，管路的实际流量减少，压头提高。如果增加阀门开度，管路阻力变小，管路特性曲线变得平缓，此时实际操作点移到 $M_2$ 点，管路的实际流量增加，但压头有所下降，轴功率增加。在实际流量调节过程中，如果通过节流调节，必将宝贵的轴功率用于克服节流调节的阻力，并不是一种节能的调节方法。

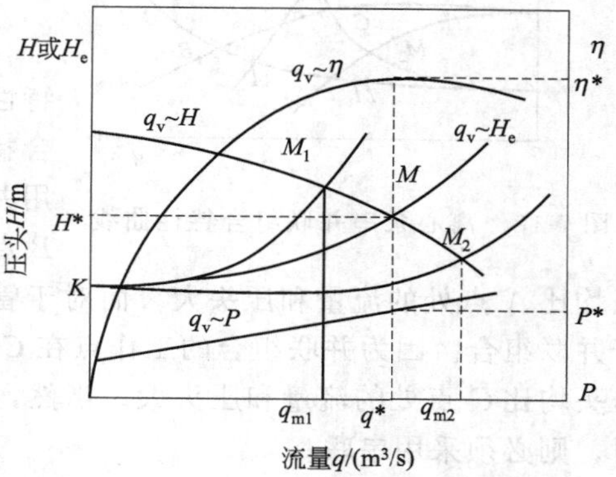


图 7-16 管路阻力变化时泵操作的变化

(3) 切割方程

当泵或风机的工作情况发生较大改变时，有时可以通过改变叶轮的大小，达到调节流量的目的，当然这种改变需要是季节性的，而不是频繁地变动。当离心泵的叶轮直径变化在10%的范围内时，具有以下切割方程：

$$\frac{q_v'}{q_v}=\frac{D'}{D};\ \frac{H'}{H}=\left(\frac{D'}{D}\right)^2;\ \frac{P'}{P}=\left(\frac{D'}{D}\right)^3 \tag{7-20}$$

式中，$D'$、$D$ 分别为叶轮改变后和改变前的直径；$q_v'$、$H'$、$P'$ 分别为叶轮直径调节后的流量、压头和泵的轴功率。

(4) 转速方程

当泵的转速发生变化的时候，泵的特性曲线也随之发生变化，如果转速的变化不超过±20%，可直接用下式进行校正：

$$\frac{q_v'}{q_v}=\frac{n'}{n};\ \frac{H'}{H}=\left(\frac{n'}{n}\right)^2;\ \frac{P'}{P}=\left(\frac{n'}{n}\right)^3 \tag{7-21}$$

式中，$n'$、$n$ 分别为变化后的转速与变化前的转速；$q_v'$、$H'$、$P'$ 分别为转速调节后的流量、压头、轴功率，图 7-17 是转速调节时离心泵特性曲线变化图，其中转速的大小关系是 $n_2 > n > n_1$。通过转速调节泵流量的时候，管路特性曲线不变，轴

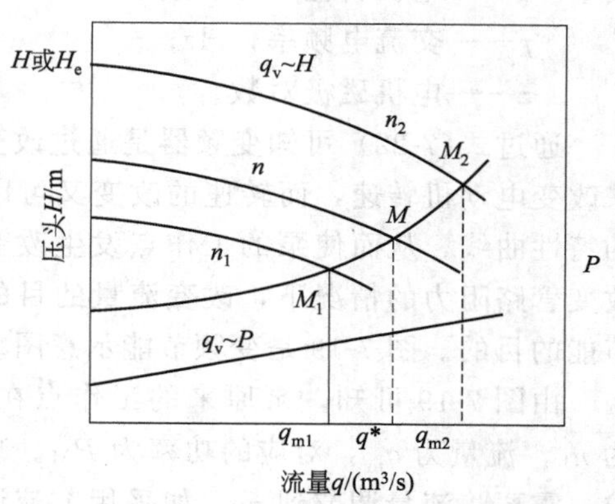


图 7-17 转速改变时离心泵特性曲线变化

功率没有浪费，从节能的角度来看，通过转速调节流量优于通过节流调节流量，具体的分析将在下面泵和风机的节能技术中阐述。

7.3.3.2 泵和风机的节能技术

(1) 合理选型

泵和风机均有一个最佳的工作范围，在此范围内，泵和风机的效率较高，离开了这个最佳范围，泵和风机的效率会大幅度降低，所以，在选购泵和风机前，需对工艺管路作详细的分析，建立管路特性曲线方程，选用和管路特性相匹配的泵和风机型式和大小，尽量使其在最佳工作点附近工作。

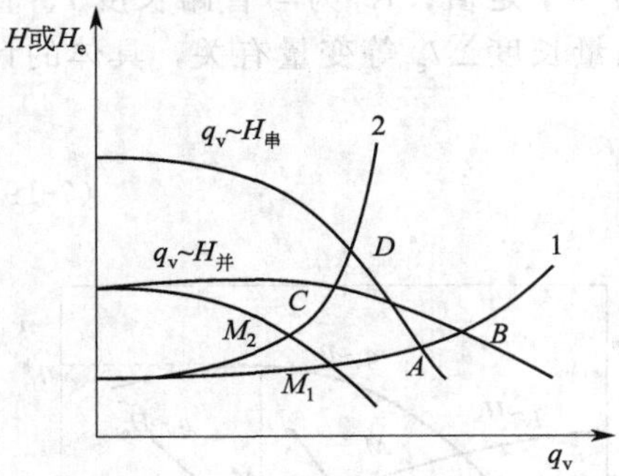


图 7-18 离心泵串并联组合特性曲线

(2) 合理组合

当需要多台泵共同工作时，需要根据不同的管路特性，选择不同的组合。如图 7-18 是离心泵串并联组合特性曲线，对于管路特性曲线为 1 的管路系统，选用并联组合优于串联组合。因为并联组合的工作点在 $B$ 点，串联组合的工作点在 $A$ 点，$B$ 点处的流量和压头均比 $A$ 点处的流量和压头大。而对于管路特性曲线为 2 的管路系统，则选用串联组合优于并联组合。因为并联组合的工作点在 $C$ 点，串联组合的工作点在 $D$ 点，$D$ 点处的流量和压头均比 $C$ 点处的流量和压头大。当然，如果单台泵的压头无法克服管路两端的总势能差时，则必须采用串联。

(3) 变频调速

在前面泵的特性曲线分析中已经指出每一个泵有一个最佳的工作点，但实际情况并非能一直满足最佳工作点的位置，有时需要对流量作一个较大幅度的调整。调整基本方法有两种，一种是节流调整，另一种是变频调速。已知泵的转速（即电动机的转速）$n$ 如下：

$$n=60(1-s)f/z \tag{7-22}$$

式中 $s$——电机转差率，一般取 $s=1.3\%$；

$f$——交流电频率，Hz；

$z$——电机磁极对数。

通过式(7-22) 可知变频器是通过改变电源频率 $f$ 来改变电动机转速，而转速的改变又可以改变离心泵的特性曲线，从而使泵的工作点发生改变，达到在不改变管路阻力的情况下，改变流量的目的，进而达到节能的目的。图 7-19 是变频节能示意图。

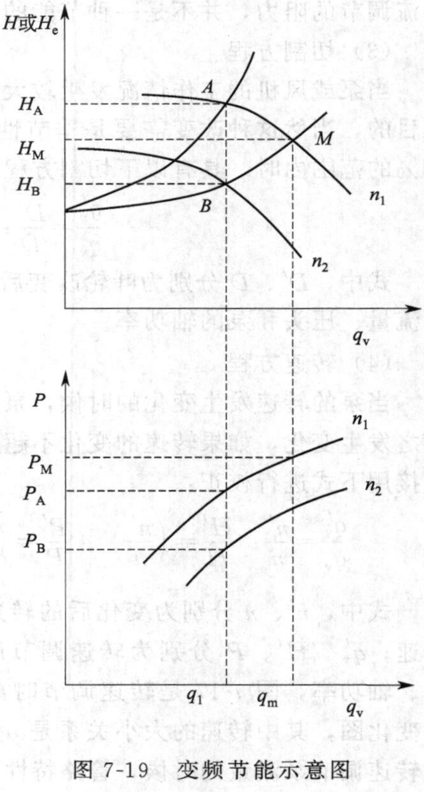


图 7-19 变频节能示意图

由图 7-19 可知，泵原来的工作点在 $M$ 点，转速为 $n_1$，流量为 $q_m$，对应的功率为 $P_M$。现在因工艺要求，需要将流量调节到 $q_1$，如采用节流调节，则离心泵特性曲线不变，管路特性曲线变陡，其和离心泵的特性曲线交点上移，到达 $A$ 点，此时对应的泵功率为 $P_A$。如果采用变频调速，改变离心泵工作曲线，使其转速为 $n_2$，流量仍为 $q_1$，其工作点为 $B$，此时对应的泵功率为 $P_B$。如果忽略泵效率的改变，采用变频调节所节约的能量相当于图 7-19 中 $ABH_AH_B$所围的面积。当然变频器的投资很昂贵，具体实施必须通过经济核算。

如果泵的流量调整幅度较大，变频调速节能效果就十分明显。由前面的转速方程可知，流量与转速一次方成正比，压头与转速平方成正比，而功率与转速的立方成正比，如果水泵的效率一定，当要求调节流量下降时，转速可成比例的下降，而此时轴输出功率成立方关系下降。即水泵电机的耗电功率与转速近似成立方比的关系。例如：一台水泵电机功率为60kW，当转速下降到原转速的90%，其耗电量为43.74kW，节电27.1%。

使用变频调速装置后，由于变频器内部滤波电容的作用，从而减少了无功损耗，增加了电网的有功功率。同时利用变频器的软启动功能将使启动电流从零开始，最大值也不超过额定电流，减轻了对电网的冲击和对供电容量的要求，延长了设备和阀门的使用寿命。

另外，阀门调节时将使系统压力升高，这将对管路和阀门的密封性能形成威胁和破坏；而变频转速调节时，系统压力将随泵转速的降低而降低，因此不会对系统产生不良影响，反而使设备运行工况也将得到明显改善。

风机、泵类等设备采用变频调速技术实现节能运行是我国节能的一项重点推广技术，受到国家政府的普遍重视，《中华人民共和国节约能源法》第 39 条就把它列为通用技术加以推广。实践证明，变频器用于风机、泵类设备驱动控制场合取得了显著的节电效果，是一种理想的调速控制方式。既提高了设备效率，又满足了生产工艺要求，并且因此而大大减少了设备维护、维修费用，还降低了停产周期。直接和间接经济效益十分明显，设备一次性投资通常可以在 1～2 年的生产中全部收回。

(4) 叶轮切割

如果某些流量调节具有一定的季节性，不同的季节对流量的要求不一样，又不想利用变频进行流速调节的话（变频调速适合于流量变化比较频繁的场合），可以考虑对叶轮进行切割。当然割小的叶轮是无法再变大的，其实是更换叶轮。当流量小时，使用小叶轮。当流量大时使用大叶轮。具体的更换时间要根据实际工艺要求而定。

(5) 增加叶轮寿命

对于钢厂的回热风机、水泥厂的引风风机，由于工作介质中含有大量尘粒，使得叶片的寿命受到影响，如果在实际生产中因风机叶轮损坏而停产，其引起的损失是相当巨大的。因此对这类风机，提高其叶轮的寿命，提高耐磨性能就是最大的节能工作。风机叶轮磨损主要部位是叶片进口和叶片出口与后盘交界处、靠近后盘的叶片工作面，可通过改变叶轮的抗磨损材料、修改叶轮流道、调整叶片流场，提高叶轮寿命。

(6) 提高稳定及耐用性

对于那些功率达数千千瓦的大型轴流泵和风机，提高稳定性及耐用性成了节能的主要因素。因为如此巨大功率的风机或泵，其对应的生产规模也是相当大的，如果是建材生产企业，一旦因风机非正常停产一天，如需恢复正常生产，系统需要调试多天，如 5000t/天的水泥厂，一旦因风机非正常停产一天，如需恢复正常生产，系统需要调试 5 天左右，其损失是十分巨大的。所以泵和风机的节能工作必须结合实际的生产工艺，选择合理有效的节能方法。不管采用哪一种方法，保证生产是第一要素，不能因节能而影响了生产的稳定和安全。

最后改善管路性能，减少管路上不必要的阻力，优化管路设计，采用自动控制技术及对泵和风机产品本身进行精心设计，提高产品性能均是泵和风机节能的方法。

### 7.3.4 热泵节能技术

水泵能把水从低处输送到高处，而热泵能把热量从低温处抽吸到高温处。液体汽化需要大量的汽化热，例如，加热 1L 使之升高 1℃需要 4.186kJ 的热量，而要把 1 kg 温度为 100℃的水变成 100℃的蒸汽，却需要 2256kJ 的热量。一种流体的沸腾温度即沸点与大气压有关，当气压增高时沸点也随之升高，当气压下降时沸点也下降。例如在高压锅炉中水的沸点可升到 120℃，而气压在 0.7 个大气压时，水的沸点可降到只有 90℃。热泵就是利用液体汽化时的上述规律制成的一种能使热量从低温物体流向高温物体的热移动装置。

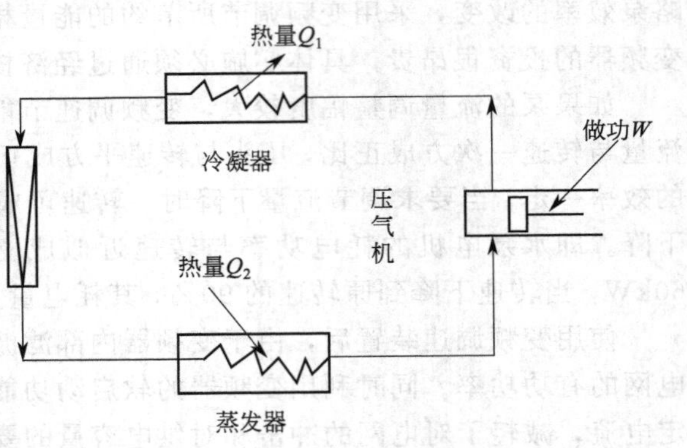

图 7-20　压缩式热泵示意图

根据热泵工作原理，热泵可以分为压缩式热泵、吸收式热泵、热电式热泵、化学热泵、吸附式热泵、喷射式热泵。其中压缩式受到广泛应用，该热泵是由蒸发器、压缩机、冷凝器和节流阀等部分组成。如图 7-20 所示的是压缩式热泵。压缩机不断从蒸发器带走低压蒸汽，使蒸发器中的低沸点介质在低温下沸腾，同时不断从周围介质即低温热源中吸收热量 $Q_2$，来自蒸发器的低压蒸气经压缩机压缩升温升压，达到所需温度和压力的蒸气进入冷凝器，释放出一部分热量 $Q_1$ 供取暖用，蒸气本身降温冷却又重新凝结成高压液体，再流经节流阀降压变成低温低压液体回到蒸发器中。从冷凝器释放出的热量，主要来自低沸点介质在蒸发器沸腾汽化时从低温热源吸收的热量，其次是来自压缩蒸气时动力做的功 $W$。

热泵是通过压缩机轴上输入的高品位机械功而使低品位的热量提高了品位，而机械功在工作中转化为热量而降低了本身的品位。压缩机向冷凝器供出的高品位热量应为蒸发器所吸收的热量和压缩机所消耗的机械功之和，热泵的能源利用效率为：

$$\eta=\frac{Q_1}{W}=\frac{Q_1}{Q_1-Q_2}=1+\frac{Q_2}{Q_1-Q_2} \tag{7-23}$$

其理论极限可根据热力学第二定律推导得到：

$$\eta_{\mathrm{Hmax}}=\frac{T_2}{T_2-T_1} \tag{7-24}$$

通过前面的分析可知，压缩式热泵其工作原理和压缩式制冷机工作原理相同，只不过两者应用的目的不同。前者是利用冷凝器放出的热量，故一般要求冷凝器在较高温度下工作，在余热回收系统，甚至要求高达 200～300℃；而后者是利用蒸发器带走环境的热量，达到制冷的目的，要求蒸发器在较低温度下工作。其实，同一台设备只要通过转向阀门的控制，就可以做到有时是制冷机，有时又是制热机，这在热源热泵中已经实现。

在化工生产中，常常会产生许多余热，但又同时需要许多热量。由于这些余热的温度低于所需热量的温度，这时，工艺余热热泵就大显身手。工艺余热热泵与常规热泵工作原理基本一致，但形式更加多样化。常规热泵一般均为闭式热泵，工作介质是封闭循环的，而在工艺余热热泵中则有开式和闭式两种。图 7-21 是用于精馏系统的热泵，其中，图(a) 是闭式热泵，热泵中的工质在塔顶冷凝换热器 2 中吸收热量而蒸发，通过压缩机压缩，温度提升后成为高温气体进入蒸发换热器 5，将塔釜物料加热蒸发，而工质本身被冷凝。冷凝液通过节流装置 3 又进入塔顶冷凝换热器 2，实现热泵的循环工作。图（b）是开式热泵，其工作介质就直接来自工艺流股，故无需封闭循环，塔釜液态物料经节流装置 3 进入塔顶冷凝换热器 2，塔釜液态物料在此吸收热量蒸发成气态物料，再利用压缩机压缩，将其温度提升到塔釜温度以上，然后直接进入塔釜，用以蒸发塔釜的液态物料。由此可见，通过利用热泵，将原来需要提供公共热源和公共冷源全部省去。如果设备投资不大，系统能够得到有效控制，则节能效果十分明显，有关精馏热泵的详细内容将在后面章节详细介绍。

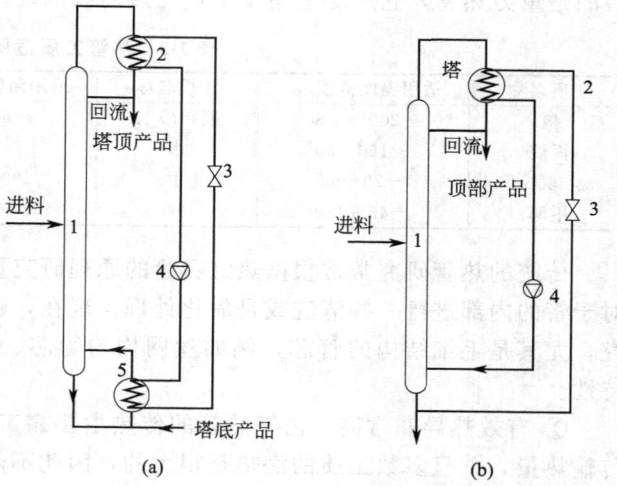


图 7-21 热泵精馏过程

### 7.3.5 热管节能技术

热管为一封闭的管状元件，有一管状外壳，内有起毛细输送作用的管芯，管内抽空后充以工作液体，然后封闭起来即成热管，如图 7-22 所示。热管的一端为蒸发端（热输入端），另一端为冷凝端（热输出端），当蒸发端受热时，毛细管芯中的工作液体被气化、蒸发，吸取大量气化热，依靠压差使蒸汽通过管腔迅速流向冷凝端，在冷凝端冷凝成液体，放出与吸收的气化热相等的冷凝潜热。工作液体又在管芯的毛细管作用下回到蒸发端。通过这种“蒸发-转输-冷凝”的反复循环，将热量不断地从蒸发端送往冷凝端，并传给受热工质。注入热管的工质有液氮、丙烷、氨、甲醇、氟利昂 12、水等，其适用温度范围参见表 7-3。热管中工质的选用要考虑到蒸汽运行的温度范围，以及工质与管芯和管壳材料的相容性问题。在合适的温度范围和相容性的前提条件下，还要根据热管内工质热流所受到的相关的热力学的各种限制来选择工质的种类和充装量。这些限制有黏性限、声速限、毛细限、携带限和核沸腾限等。

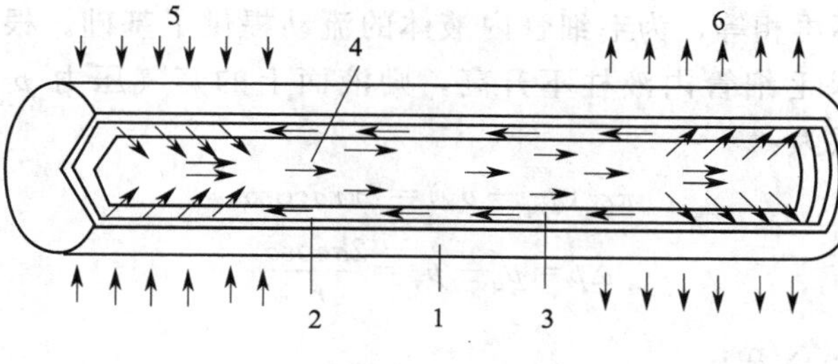


图 7-22 热管工作示意图

1—密封容器；2—液芯；3—工作液体；4—蒸气流；5—蒸发段；6—冷凝段

根据热管的使用温度，可将热管分为低温热管（cryogenic heat pipe）、中温热管（low temperature heat pipe）和高温热管（high temperature heat pipe）。它们的工作温度范围依次为−73℃以下、−73～277℃和 277℃以上。其中，以中、高温热管在工业中的应用最为深入。

根据热管的工作原理，热管可分为重力热管、毛细管式热管及旋转式热管，其中应用最广的是重力热管，它广泛应用于工业与热回收系统。

表 7-3　热管工质适用范围表

| 工质名称 | 适用温度范围/℃ | 工质名称 | 适用温度范围/℃ | 工质名称 | 适用温度范围/℃ |
|---|---|---|---|---|---|
| 氮 | −200～−80 | 氟利昂 12 | −60～40 | 钠 | 500～900 |
| 丙烷 | −150～80 | 水 | 5～230 | 锂 | 900～1500 |
| 氨 | −70～60 | 汞 | 190～550 | 银 | 1500～2000 |
| 甲醇 | −45～120 | 钾 | 400～800 | | |

传统的热管研究常常根据热虹吸管的原理研究重力热管，而没有什么特殊的管芯，只是对于管的内部进行一些清洗或是氧化处理。现在，越来越多的科研机构致力于管芯结构的研究，尤其是毛细结构的管芯，例如丝网均匀管芯、槽道管芯和组合管芯。热管主要有以下特性。

① 有效热导非常高。由于热管的传热主要靠工质相变时吸收和释放潜热以及蒸汽流动传输热量，并且多数工质的潜热是很大的，因此不需要很大的蒸发量就能带走大量的热。

② 具有热流密度变换能力。热管中蒸发和凝结的空间是分开的，因此可以实现热流密度变换，在蒸发段可用高热流密度输入，而在冷凝段可以用低热流密度输出，反之亦然。

③ 具有低热阻的等温面。热管运行时，冷凝段表面的温度趋向于恒定不变。如果局部加上热负荷，则有更多的蒸汽在该处冷凝，使温度又维持在原来的水平上；同样，蒸发段也存在等温面，热管工作时，管内蒸汽处于饱和状态，蒸汽流动和相变时的温差很小，而管壁和毛细芯比较薄，所以，热管的表面温度梯度很小，即表面的等温性好。

然而热管的最大特点是在有引力和摩擦损耗下，完全从热输入中得到液体和蒸汽循环所必需的动力，用不着使用外加的抽送系统。热管的传输效率比相同尺寸铜棒高 500 倍，比不锈钢棒高 6300 倍。

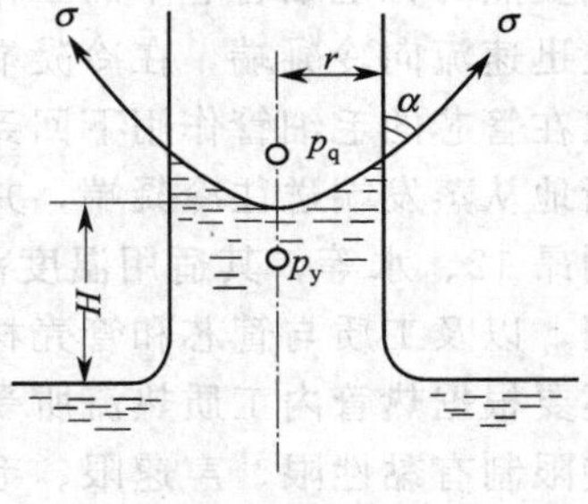

图 7-23　毛细管作用原理

热管利用液芯的毛细管作用来输送工质，其毛细管作用原理如图 7-23 所示。当工作液体渗入液芯的毛细孔时，由于表面张力 $\sigma$ 的作用，在毛细管内将形成一个弯月面，使处于平衡状态的气液两相压力不再相等，为毛细管内液体的流动提供了基础。根据图 7-23 的毛细管的力系平衡原理，如果毛细管内液柱不升高，则液面上的蒸气压力 $p_q$ 必须大于液体压力 $p_y$，此时其平衡关系式为：

$$\pi r^2(p_q - p_y) = 2\pi r\sigma\cos\alpha$$

即

$$\Delta p = p_q - p_y = \frac{2\sigma\cos\alpha}{r} \tag{7-25}$$

式中　$\sigma$——表面张力，N/m；

$r$——毛细孔半径，m；

$\alpha$——液面接触角。

此压差是热管内工质循环的动力。热管内工质的循环原理如图 7-24 所示。图(a) 表示管内蒸气压力 $p_q$ 及液体压力 $p_y$ 的变化情况。在蒸发段，由于液体蒸发而使气、液界面在液芯表面向内收缩成弯月面，因而蒸气与液体之间产生式(7-25) 所示的压差 $\Delta p$。蒸气在向冷凝段流动时，由于流动阻力，蒸气压力 $p_q$ 将有所减小。流至冷凝段时，由于蒸气逐步冷凝而流速降低，动压减小，静压 $p_q$ 又略有回升。蒸气流动总阻力为 $\Delta p_q$。在冷凝段，由于蒸气冷凝，致使液面淹没液芯表面，毛细管力不起作用，在冷凝段端部的蒸气压力与液体压力相等。因此，冷凝段的液体压力将高于蒸发段中液体的压力，靠此压差 $\Delta p_y$，使液体能透过液芯流回到蒸发段。图(b) 表示工质蒸气流量 $m$ 沿热管长度方向的变化。在蒸发段，蒸气量不断增加；绝热段蒸气量保持不变；冷凝段由于蒸气逐渐冷凝，直至全部冷凝成液体。

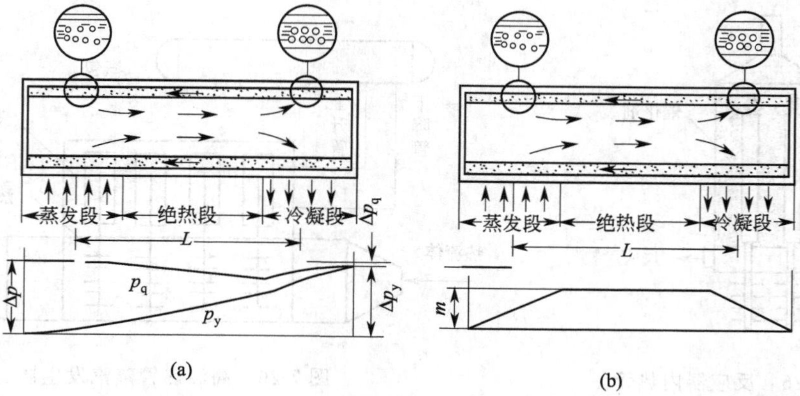


图 7-24 热管工作循环原理

热管在 20 世纪 60 年代首先在宇航技术和核反应堆中得以应用，进入 70 年代后，热管又在废热回收和节省能源方面大显身手。目前国外许多国家都在大力研究，美、英、日、德等国均有热管的工业生产。热管现已在航空、化工、石油、电子、机械、建筑、交通等许多领域中推广应用。利用热管组成热交换器，它具有小型化、传输距离远、无需辅助动力、无噪声等优点，可望得到广泛应用。目前正在研制能大量输送 30～60℃低温度热量、内部构造简单、成本低廉的低温大型热管，并研制出工作介质可交换的小型实验性热管。

热管在化工工艺的换热过程中可以发挥很大的作用，除用于常规的换热器外，还可以用于反应器内的热量传递。反应器内热管就是将热管技术与反应器相结合的一种特殊用途的热管。它的主要特点是利用热管的等温性能使反应器内触媒床层轴向和径向温度分布均匀，从而使反应始终在最适宜的反应温度区间进行，结果使转化率提高，副反应减少，触媒利用率提高、寿命延长；热管还能及时补充化学反应热（对吸热反应）或导出化学反应热（对放热反应）。反应器式热管在反应器中的应用，使得反应器传热过程不再制约反应的进行程度，大大节约了能量的消耗。图 7-25 所示为乙苯脱氢反应器中应用的热管。乙苯脱氢反应温度为 560～600℃，反应热量由热管供给。热管工作原理如下：热管底部采用电感应加热或烟道气加热，工作温度必须高于 600℃。热管底部的液态工作介质（一般采用钾或钠作为工作介质）受热蒸发上升，蒸气进入热管的上部，由于热管上部埋在反应器内，热管内的蒸气在热管上部冷凝成液体，放出大量的热量传递给反应器内的物料，维持吸热反应的进行。当然，如果是放热反应，则可以将热管的蒸发段埋在反应器内，将冷凝段放在反应器外面，将反应器内的热量通过热管快速地传递到反应器外面，进而回收这部分热量，用于其他方面，达到节能的目的。

化工厂中常常需要将某些高温气体降温以达到工艺加工的需要，如果采用常规的换热可能会带来诸多问题，这时，可采用高温热管蒸汽发生器，将高温气体的能量回收下来。同时该高温气体本身温度也得以下降，从而达到工艺加工的要求。高温热管蒸汽发生器工作原理图见图 7-26。如某化肥厂对其合成氨造气工段进行技术改造，采用高温热管蒸汽发生器回收半水煤气的余热，至今已安全运行了十几年。该化肥厂工段煤气流量为 135000m$^3$/h，温度为 950℃，通过高温热管蒸汽发生器将其温度降至 250℃，每小时可生产 4t 蒸汽，蒸汽压力高达 1.57MPa。这些蒸汽可以通过保温管道输送给附近住户，提供热量供暖。如果按照全年运行时间为 7200h，每吨蒸汽按 40 元价格计，则全年可回收价值 115.2 万元。

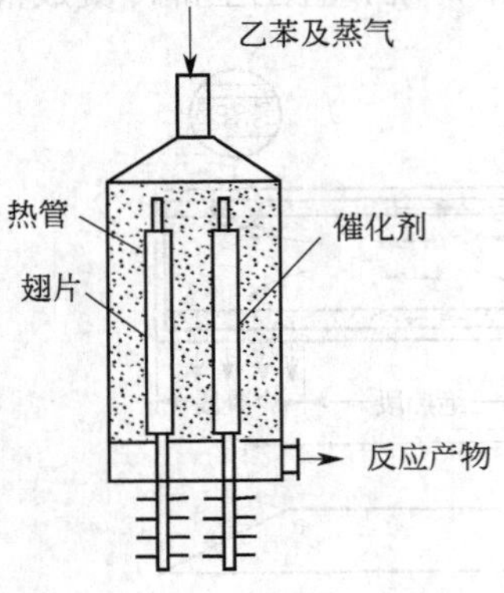


图 7-25　反应器内热管

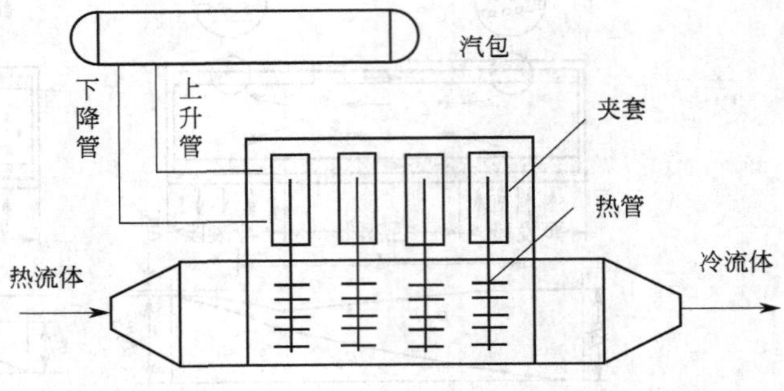


图 7-26　高温热管蒸汽发生器

热管换热器已广泛应用于各个领域，尤其在余热回收方面得到了更为广泛的应用，它与传统的换热器相比，存在以下优点。

① 无运动部件，不需要外部动力，可靠性高。

② 冷热气流之间有固体壁面隔开，消除了横向混渗。传统的间壁换热器只要有一处换热元件损坏，就必须停车检修。热管换热设备则不然，它是二次间壁换热，由热管群组成的换热设备，一旦单根热管破损，两种换热流体不可能相混，因而不影响整体换热效果，也无需停车检修，这就使得高效现代化大生产获得可靠保证。

③ 装置简单紧凑，适用温度范围宽。低温时可达零下几十度，高温时可达几千度。

④ 热量可以沿任何方向传递。

⑤ 热阻小，可以通过较小的温差获得较大的传热率，且轴向表面温度均匀。

⑥ 可根据需要调整热管冷、热两侧热阻的相对大小，控制热管壁温，有效防止腐蚀发生。

⑦ 通过热管进行管外换热，避免了传统换热器通过管壳换热，使热管换热器能够灵活布置和安装，故障少，便于修理，同时也解决了普通换热器无法灵活处理灰尘这一比较棘手的问题。

## 7.4 强化传热节能技术

强化传热技术是许多节能措施赖以实施的关键技术。能够把尽量多的热能传递给需要加热的物质或者把尽量多的废热回收下来，就可以达到节能的目的。要做好这项工作，一方面可以增大换热面积，另一方面可以通过强化传热措施，提高传热系数。因为传热量的大小决定于传热系数、传热面积及传热温差，即：

$$Q=KS\Delta t_{m} \tag{7-26}$$

式中　$Q$——换热器的热负荷（即传热速率），kJ/s；

　　　$K$——换热器总传热系数，W/(m² · ℃)；

$S$——传热面积，$m^2$；

$\Delta t_m$——传热平均温度差，℃，$\Delta t=\dfrac{(T_2-t_1)-(T_1-t_2)}{\ln\dfrac{(T_2-t_1)}{(T_1-t_2)}}$

但是传热面积增大会造成换热设备体积的庞大及投资的增加，而传热温差主要决定于需要换热的两股物流的温度，这是由现场事实决定的，无法改变，所以，通过强化传热措施，提高传热系数，是提高换热设备换热量较为理想的手段，下面介绍内翅管、螺旋槽管、纵槽管、T 型翅片管、横纹管、低肋管等强化传热管。

（1）内翅片管（见图 7-27）

内翅片管是 1971 年首先由 A. E. 伯格利斯等提出来用来强化管内单向流体的传热的。这以后 T.C. 长内沃斯（Carnavos）进一步对不同的内翅数、翅片高度、翅片螺旋角度及不同管径的内翅管，分别用空气、水、50％乙基乙二醇水溶液进行系统的性能测试，并和相同内径的光滑管作了对比，强化传热效果显著。内翅管的主要用途如下：

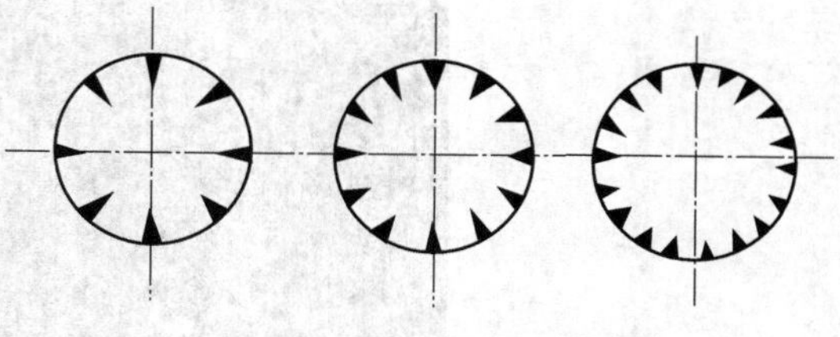

图 7-27　内翅片管示意图

① 内翅管可增加一些传热面积，同时也可破坏壁面附近传热层流底层，多用于湍流传热；

② 纽带加管内低翅可更有效强化高黏度流体传热；

③ 多通道铝芯翅片管主要用于氟利昂冷冻机的蒸发器，管子为铜制，管内芯子为铝制，铝芯的作用是使氟利昂在管道内分布更均匀，同时也使管外的热量通过芯子均匀地传给氟利昂。

（2）螺旋槽管

螺旋槽管（SPlraltube），简称 S 管，是最早被开发研究和应用于生产的一种优良的强化传热管件，对管内单相流体的换热过程有着显著的强化作用。研究及使用结果表明，螺旋槽管加工制造简单，传热性能好，适用面广。浅螺旋槽管阻力增加不多，节能效果显著，因而被认为是一种高效传热、易于推广的节能元件 。

螺旋槽管的外形如图 7-28 所示，可通过对光管采用滚压的加工方法得到。根据轧制时的螺纹头数可分为单头和多头两种，目前管的螺纹头数最多可达 30 头，管参数主要有管子直径 $D_i$、槽距 $p$、槽深 $h$、槽与管轴线夹角 $\beta$、槽的头数等。

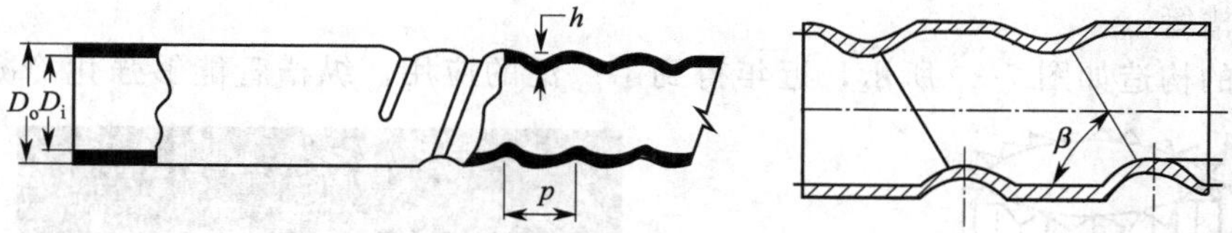


图 7-28　螺旋槽管的外形结构示意图

通过对传热实验的数据进行处理得到螺旋槽管的努赛尔准数 $Nu$ 与雷诺准数 $Re$ 的关系式：

$$Nu=0.178Re^{0.77}Pr^{0.4}(h/D_i)^{0.19}(P/h)^{-0.20} \qquad (7\text{-}27)$$

式中　$Nu$——努赛尔准数；

$Re$——管程流体雷诺数；

$Pr$——普朗特数；

$P$——螺旋槽管节距，mm；

$D_i$——螺旋槽管内径，mm；

$h$——螺旋槽槽深，mm。

1966 年美国橡树岭国立实验室 Lawson 等人发表了第一篇关于螺旋槽管的研究报告，1970 年代后期，华南理工大学化工研究所、重庆大学等单位相继开展应用基础研究，1980 年代以后，人们纷纷对该管进行数值模拟以及应用研究。该管的实物图见图 7-29。

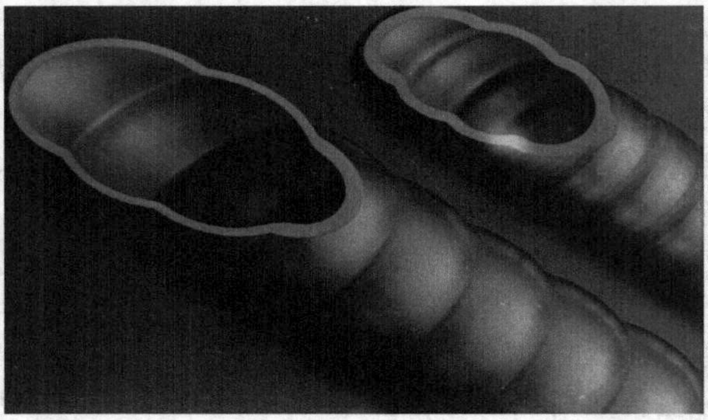

图 7-29　螺旋槽管实物图

螺旋槽管和光管相比，在相同泵功、换热面积条件下，螺旋槽管的换热量增加，可达到 40%以上；在相同换热面积和换热量条件下，螺旋槽管的泵功可减少 63%～73%；在相同换热量和泵功下，螺旋槽管的换热面积可减少 30%～37%。为了找出螺旋槽管最佳的结构参数和应用范围，国内外近年来作了大量的实验研究和理论分析工作，认为采用小槽距、浅槽深、大夹角的单头螺旋管较为有利。

螺旋槽管加工过程采用机械滚轧成型，成型后螺旋槽管管外为带一定螺旋角的沟槽，管内呈相应的凸肋。加工后机械强度、抗热应力以及抗污垢性能均优于光滑管，且加工简单。加工材料可用铝管、铜管、钢管、不锈钢管和钛管等。

上海溶剂厂与华南理工大学合作将单头螺旋槽管用于甲醛反应气余热锅炉内，采用不锈钢管，$P=7$mm、$e=0.8$mm，槽纹曲率半径 $R=3$mm。当 $Re=2250$ 时，管内给热系数为光滑管的 1.5 倍，阻力为 3 倍，与原用急冷管相比，节约了 0.8t 不锈钢材，较好地解决了高温气体的急冷问题，回收的热量除供自用外，每生产 1t 甲醛还可向外提供近 300kg 蒸汽。

（3）纵槽管

纵槽管的构造如图 7-30 所示，近年得到了广泛的应用。纵槽管能够强化冷凝传热的原

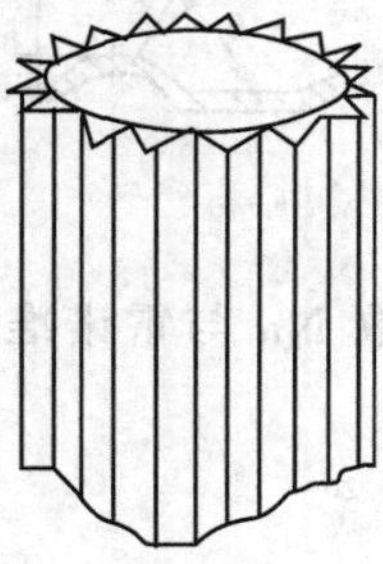

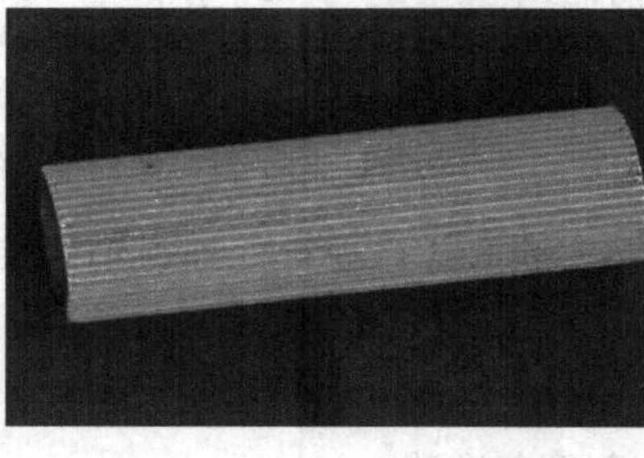

图 7-30　纵槽管构造及实物图

因主要是利用了冷凝液的表面张力。在表面张力的推动下冷凝液由槽顶推至槽底，然后借重力顺槽排走，而槽峰及其附近的液膜很薄。对垂直管而言，从上至下都是如此，使整根管的热阻从上到下都显著降低。其次，表面开槽后使管子传热表面积也增加70%左右，进一步增加了传热能力，它适用于立式换热器中。

（4）横纹管

横纹管又称横纹槽管，是在管壁上滚轧出与管轴线成90°的横纹，从而在管内壁上形成一圈突起的横向圆环而得名，其结构图及实物见图7-31。横纹管的强化传热作用是：流体通过圆环时，在管壁上形成轴向的漩涡，这种漩涡增加了流体边界的扰动。有利于热量通过边界层向流体主体的传递。当漩涡快要消失时，流体流过第二个圆环。因此，如果节距$t$选择合适的话，可以维持轴向漩涡的不断形成，从而形成连续而稳定的强化作用。

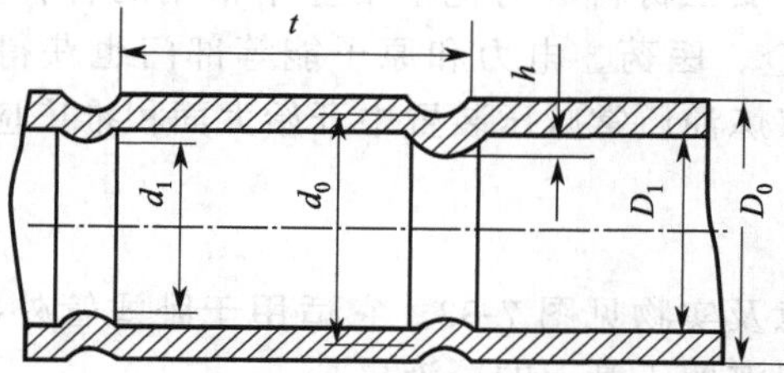

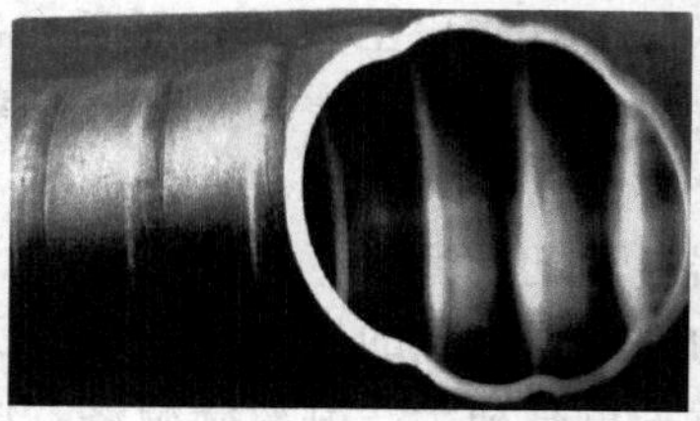

图7-31 横纹管结构及实物图

该管由莫斯科航空动力学院1974年首先提出，华南理工大学化学工程研究所80年代初期也成功开发此管。横纹管加工结构采用专用机床，变截面连续滚轧成型，管外与管轴呈90°的横向沟槽，管内呈相应的凸肋。横纹管有较好的抗垢性能，抗拉伸极限、抗爆破能力优于光滑管。加工材料可为化学工业中常用的各种金属管材。

某糖厂使用面积为114m²的横纹管换热器代替面积为160m²的光滑管换热器，获得了相同的换热效果。传热系数提高45%，节省传热面积30%，并于1992年9月通过了有关鉴定。横纹管用于炼油厂换热器也得到很好效果。如某厂用此种管换热器代替光管换热器，用于原油——渣油换热。其运行情况表明，前者比后者传热系数提高85%，节省传热面积46%。工业应用表明，横纹管不易结垢，且垢层成分发生变化，使之更易于清洗。

综上所述，横纹管不仅具有优良的传热和结垢性能，而且还有加工方便及制造成本低等特点，同时还可以用于旧换热器换热管的更换。在相同节距和槽深时，此种管比螺旋槽管的传热系数约高5%～10%，且阻力也小。

（5）低肋管

低肋管又称螺纹管，见图7-32。主要靠管肋外化（肋化系数2～3）扩大传热面积，一

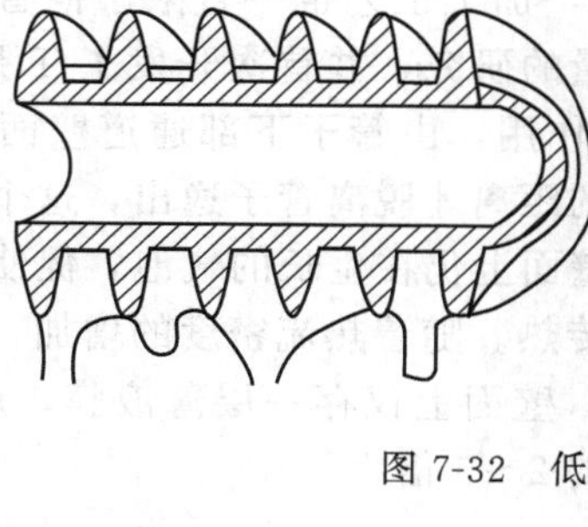

图7-32 低肋管结构及实物图

般用于管内传热膜系数比管外大 1～2 倍的场合，对于管外冷凝及沸腾，由于表面张力作用，也有较好的强化作用，在雷诺数较低时，螺旋肋的根部的滞流死角大，有效扩展的传热面积的利用率低，传热系数较低；随着雷诺数的提高，有效扩展的传热面积利用率得到提高，外螺旋肋管的传热性能明显提高，与光滑管相比可将总传热系数提高 50%～70%。主要适用于卧式管外冷凝过程。由于开停车时的热胀冷缩可使垢层脱落，因此具有较好的抗垢作用。

1964 年，兰州石油机械研究所轧制成功低肋管，1965 年，兰州石油机械研究所研制的低肋管换热器在兰州炼油厂应用取得成功（在国内首次实现应用，壳程介质为原油）。1981 年，低肋管产品已实现了标准化和系列化。

低肋管加工点采用专用机床，光滑管经过冷轧使管外形成细密的螺纹，轧制后管径略小于原胚管。抗腐蚀性能好，螺纹管的抗硫腐蚀寿命较同样条件下的光管寿命比大于 2.5∶1，抗结垢性能好，适用于有严重结垢的场合。加工材料可为化学工业中常用的各种金属管材。该管目前不仅在石油化工领域，而且在冶金、医药、电力和原子能等部门也获得了广泛应用，经济效益和社会效益十分显著。在南京炼油厂常减压装置中开始大面积推广应用螺纹管换热器，取得了良好效果。

(6) 锯齿形翅片管

该管的外面锯齿状的翅片，其结构示意及实物见图 7-33。它适用于卧式管外冷凝过程，其具有的齿尖更有利于冷凝液滴滴落，使得滞留于管上的凝液更少。

锯齿形翅片管的最佳参数为翅片距 0.6～0.7mm，翅片高 1.0～1.2mm，将锯齿形翅片管应用于制冷系统中壳管式的水冷冷凝器中，与低肋管对比，冷凝器节省铜材 59%，体积缩小 1/3。华南理工大学化工所传热室于 1980 年成功地开发出具有三维结构的锯齿形翅片管。在相同冷凝传热温差下，锯齿形翅片管的冷凝传热系数是光滑管的 8～12 倍，是普通低肋管的 1.5～2 倍，强化冷凝传热性能也与 Thermoexcel-C 管相当。

(7) T 形翅片管

T 形翅片管结构如图 7-34 所示，它主要用于管外蒸发，由于管外凹槽的作用，使得液体的蒸发更加容易。

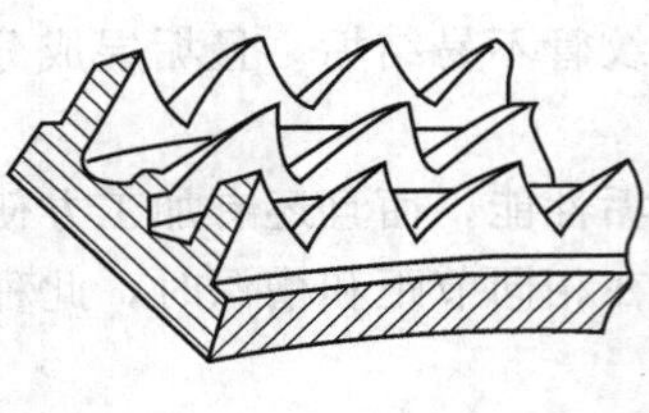

图 7-33 锯齿形翅片管结构示意

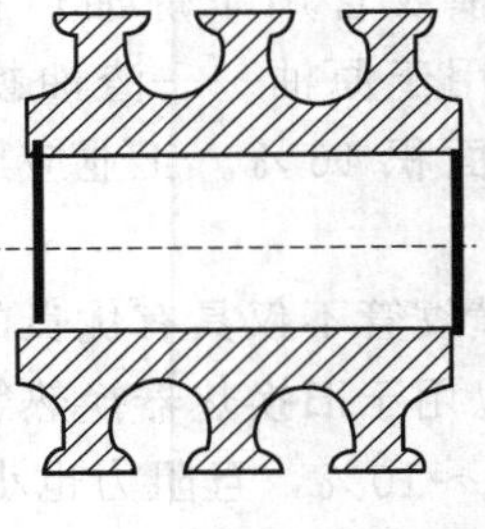

图 7-34 T 形翅片管结构示意图

该管由德国 Wieland 公司于 1978 年首次开发，加工工艺也一直限于铜管，华南理工大学化工所传热与节能研究室对加工工艺进行了大量的研究，并首次开发了 T 形钢质翅片管。该管的强化传热机理是：由于 T 形翅片顶的限制作用，由管子下部通道壁面产生的气泡长大脱离壁面后，还会保持与壁面接触并上升一定的距离才脱离管子逸出，这个距离要比没有 T 形顶的普通低肋管要长。上升气泡不断冲刷着壁面上仍在生长的气泡，促使蒸发过程中气泡发射频率的增加，从而从一个方面强化了沸腾传热。随着热流密度的增加，上升气泡连成气柱上升和脱离，液体从侧面连续渗透进行补充，壁面上仅存一层薄液膜，形成薄膜蒸发，强化了沸腾传热。沸腾传热系数可增大到光滑管的 2～5 倍。

(8) 内肋管

该管加工方法较复杂，可用模具轧制或拉制而成。目前可用铜、碳钢、铝及其合金等材料加工。其结构示意及实物见图 7-35。

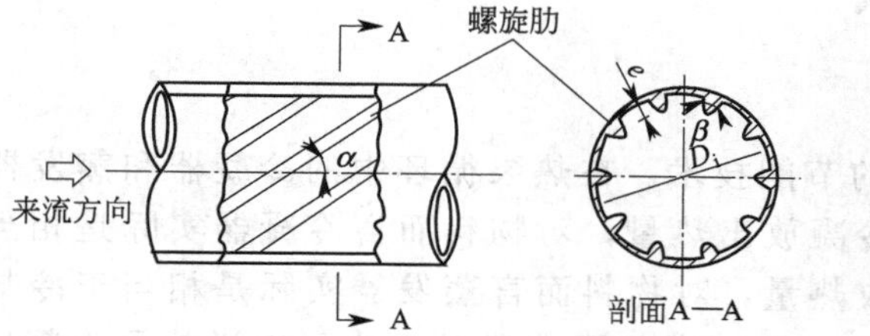

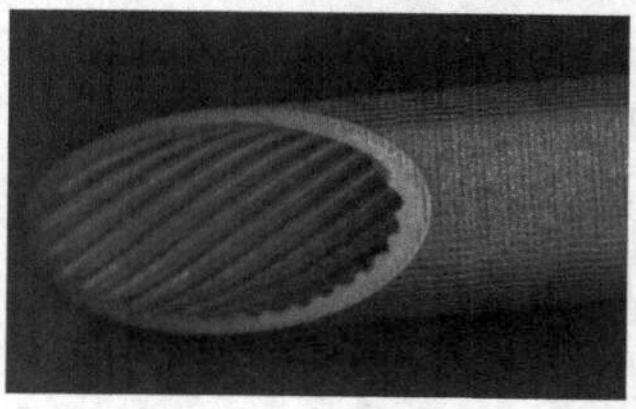

图 7-35 内肋管结构及实物图

该管的强化传热机理：内肋管的面积与低肋管一样，有较大程度的增加；螺旋的内肋使流体产生了旋转，不仅阻力降比较低，而且由于收缩的变化，使流体在壁面前进的过程中产生正负反压差，使流体微团沿壁面产生回转旋涡，从而提高传热系数。随雷诺数的增大，传热性能增强，其阻力系数高于光滑管，传热系数比光滑管高 100%～200%。内肋管的强化传热效应随雷诺数的增大而逐渐减弱。

除上面介绍的 8 种强化传热管外，还有许多其他强化传热管及装置，如机械加工表面多孔管、激光蚀刻表面多孔管、电化学腐蚀表面多孔管、烧结表面多孔管、微翅片管、菱形翅片管、螺旋扁管、缩放管（扩缩管）、扁平椭圆管、螺旋线、交叉锯齿带插入物等，其各种图形见图 7-36～图 7-38。

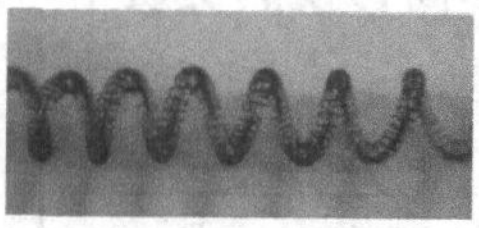

图 7-36 螺旋线

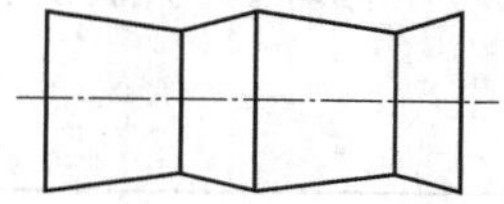

图 7-37 缩放管

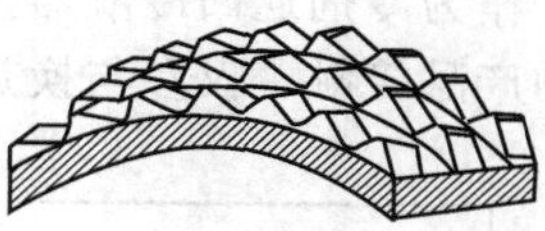

图 7-38 菱形翅片管

以上各种强化传热管或插入物，只要合理利用，其传热系数比光管均有较大程度的提高，节能效果显著。

对于换热器的强化传热技术，除了对传热管进行强化传热处理外，人们还对壳程的挡板及支撑物进行了强化传热研究，如采用空心环网板作为管间支撑物，见图 7-39。该网板开孔率≥80%，不容易堵塞，运行阻力较低、流体纵向流、流场均匀。对比弓形折流挡板，流体阻力减少 80%～100%，完全纵向流。

为了消除普通折流挡板产生的流体死角，人们开发了整体螺旋挡板结构，见图 7-40。该结构在换热器设有中心管，挡板绕中心管螺旋缠绕。由于整体螺旋隔板加工和安装较困难，

图 7-39 空心环网板

图 7-40 整体螺旋挡板

图 7-41 不连续的螺旋挡板

人们又设计出了不连续的螺旋挡板，该挡板的一个螺距的螺旋挡板由 4 个 1/4 壳程横截面的扇形板连接成不连续的螺旋面，流体在壳程近似螺旋状流动，见图 7-41。

# 7.5 精馏过程节能技术

## 7.5.1 热泵精馏技术

热泵是在精馏过程中一种有效的节能技术。在热泵循环中的冷凝器和蒸发器是相对工质而言的。热泵工质在冷凝器中冷凝放出热量，对物料而言冷凝器实际是相当于加热器的作用；工质在蒸发器中蒸发吸收热量，对物料而言蒸发器实际是相当于冷却器的作用。塔顶冷凝器对于热泵而言就是蒸发器；塔釜再沸器对于热泵来说就是冷凝器。热泵的热力循环使得精馏过程的公共工程的消耗大为减少，节能且降低操作费用。常用的热泵精馏流程有三种类型，即塔顶气相压缩式热泵、釜液节流式热泵和闭式热泵，三种类型的热泵精馏流程见图 7-42。

塔顶气相压缩式热泵［见图 7-42(a)］，塔顶蒸气采出后，经压缩机加压升温后进入塔釜再沸器，冷凝放热使釜液再沸，经节流阀减压降温后再由辅助冷凝器完全冷凝成液相，物料一部分作为溜出液，另一部分回流。

釜液节流式热泵［见图 7-42(b)］，釜液经节流阀降压后作为冷剂进入塔顶冷凝器，吸热后蒸发气相，再经压缩机加压升温，高温气体作为热源返回塔釜加热釜液。

闭式热泵［见图 7-42(c)］，工质在冷凝器中与塔顶物料换热吸收热量蒸发为气体，经压缩机加压后温度升高，然后进入再沸器加热釜液，而本身冷凝为液体，经节流阀减压后降温，作为冷剂返回冷凝器换热，完成一个循环。与前两种热泵工艺不同，换热工质不与精馏塔的产品接触，仅参与换热。

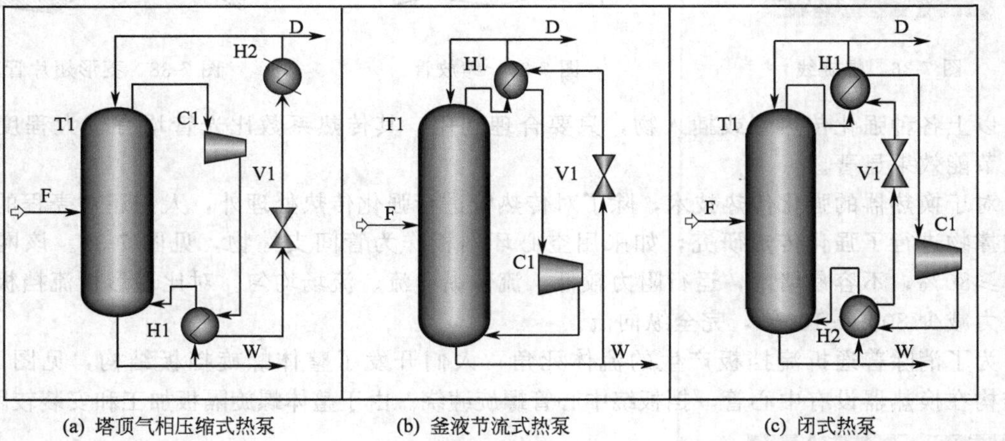


(a) 塔顶气相压缩式热泵　　(b) 釜液节流式热泵　　(c) 闭式热泵

图 7-42　三种常用热泵精馏流程图

下面通过一个具体的案例来说明热泵精馏的节能效果。已知某年产 1 万吨碳酸二甲酯(Dimethyl Carbonate，简称 DMC)，常规加压精馏数据如表 7-4，通过热泵技术对该流程中能耗较大的加压精馏塔作工艺改造，以达到节能目的。

应用流程模拟软件 Aspen Plus 模拟常规加压精馏工艺和三种热泵改造工艺。精馏塔用严格的 RadFrac 模块计算，换热器、压缩机和节流阀等用软件中常用的模块计算。

表 7-4 常规流程中再沸器热负荷及各物料参数

| 塔压力/bar | 物料 | 流量/$t \cdot h^{-1}$ | 组成/wt% | | 温度/℃ | 热负荷/kW |
|---|---|---|---|---|---|---|
| | | | MeOH | DMC | | |
| 6.5 | 进料 | 10.10 | 73 | 27 | 122.0 | |
| | 塔顶 | 8.68 | 84 | 16 | 120.8 | −8345.0 |
| | 塔釜 | 1.42 | 5 | 95 | 138.2 | 8342.6 |

压缩机为离心式压缩机，其多变效率取 0.75，机械效率取 0.95，塔内压降取 0.68 kPa/tray，换热器的最小换热温差为 15℃。假定项目寿命为 10 年，每年运行 8000 小时。

物性方法的选择直接影响到模拟结果的准确性。MeOH - DMC 体系具有极性而且是非理想物系，常用的活度系数模型有 WILSON、NRTL、UNIFAC 和 UNIQUAC 等，而 Aspen Plus 并没有 MeOH 和 DMC 的二元交互作用参数。本文采用李春山等根据实验数据，回归和估算得到的二元参数，其参数值如表 7-5。

表 7-5 MeOH-DMC 体系交互作用参数

| $i$ | $j$ | $A_{ij}$ | $A_{ji}$ | $B_{ij}$ | $B_{ij}$ |
|---|---|---|---|---|---|
| MeOH | DMC | −0.2236 | 2.2954 | 221.043 | −1534.97 |

以常规工艺的能耗为基准，通过热泵的节能百分率来评价节能效果。节能百分率的定义为：

$$\alpha=(Q_{常规}-Q_{热泵})/Q_{常规}\times 100\% \tag{7-28}$$

式中，$\alpha$ 为节能百分率；$Q_{常规}$ 为常规工艺的能耗，为再沸器和冷凝器的能耗总和，吨标准油/年（需将冷凝器负荷和再沸器负荷作折算成对应的蒸汽及冷凝水所消耗的标油，以下同）；$Q_{热泵}$ 为热泵精馏塔的能耗，为压缩机和辅助换热设备的能耗总和，吨标准油/年。

经济评价以年平均费用（Total Annualized Cost，简称 TAC）作为经济效益的评价手段。因热泵改造工艺的精馏塔跟常规工艺的相同，可以操作设备的 TAC 作为评价对象。其中年平均费用定义为：

$$TAC=C_{energy}+C_{capital}/n \tag{7-29}$$

式中，TAC 为年平均费用，$10^6$ \$/y；$C_{energy}$ 为操作费用，$10^6$ \$/y；$C_{capital}$ 为操作设备造价，$10^6$ \$；$n$ 为折旧年限，本文为 10 年（这里为了方便，采用了直线折旧）。能耗及其费用单价的折算数据参考 GB/T 50441—2007- 石油化工设计能耗计算标准，具体数据见表 7-6（取标准油价格为 90.80 \$/桶）。设备投资造价的估算采用 Douglas 的方法，M&S 价格指数取 1463.2（2008 年第 1 季度）。

表 7-6 能耗及其费用价位表

| 项　目 | 加压蒸气(0.7MPa) | 冷凝水 | 电　能 |
|---|---|---|---|
| 能耗 | 72kg 标准油/t | 0.10kg 标准油/t | 0.26kg 标准油/t |
| 价格 | 48.05 \$/t | 0.07 \$/t | 0.17 \$/kW·h |

三种热泵精馏分离 DMC 和 MeOH 是对原工艺的改造，精馏塔的塔顶蒸气流量和釜液流量与常规工艺相同，出料参数和分离要求与常规工艺一致，所不同的是换热系统。

表 7-7 为常规工艺和三种热泵工艺的主要模拟结果，其中三种热泵工艺的参数皆取各自工艺中的最佳参数。结果显示，无论是节能还是经济效益，三种热泵工艺都比常规工艺优越。三种热泵的能耗都明显低于常规工艺，最理想的是塔顶气相压缩式热泵，其能耗仅为常规工艺的 22.21%，节能相当显著。能耗的减少意味着操作费用的降低，与此同时，因为热泵工艺使用了价格较为昂贵的压缩机，所以热泵工艺的操作设备造价不可避免地高于常规工

艺。在热泵工艺中，压缩机对操作设备的造价贡献最大。常规加压精馏 DMC 和 MeOH 能耗高，其操作费用远比设备造价高，热泵的节能优点使其工艺的 TAC 明显地低于常规工艺，最佳的热泵工艺的 TAC 为 $1.60\times10^6$ \$/y，仅为常规工艺的 27.78%，具有良好的经济效益。

**表 7-7　三种类型热泵工艺模拟结果**

| 工艺参数 | 常规加压精馏 | 塔顶气相压缩式热泵 | 釜液节流式热泵 | 闭式热泵 |
|---|---|---|---|---|
| 循环工质 | — | 塔顶蒸气 | 釜液 | 水 |
| 热泵工质流量/(t/h) | — | 34.89 | 60.91 | 13.20 |
| 工质节流后压力/bar | — | 6.50 | 2.91 | 1.00 |
| 压缩机压缩比 | — | 1.95 | 2.31 | 3.80 |
| 压缩机功率 | — | 888.7 | 1069.2 | 1493.3 |
| 冷凝器热负荷/kW | −8345.0 | — | 7503.4 | −8345.0 |
| 再沸器热负荷/kW | 8342.8 | 8342.8 | — | 8342.8 |
| 辅助换热器热负荷/kW | — | −914.0 | −841.6 | −1418.5 |
| COP① | — | 9.39 | 7.80 | 5.59 |
| 总能耗/(吨标准油/年) | 8453.9 | 1877.7 | 2252.9 | 3165.6 |
| 操作费用/($10^6$ \$/y) | 5.64 | 1.25 | 1.50 | 2.11 |
| 换热设备造价/($10^6$ \$) | 1.16 | 0.74 | 0.63 | 1.34 |
| 压缩机造价/($10^6$ \$) | — | 2.80 | 3.26 | 4.29 |
| *TAC*/($10^6$ \$/y) | 5.76 | 1.60 | 1.89 | 2.68 |
| 节能百分率/% | — | 77.79 | 73.35 | 62.55 |

① COP 为热泵的性能参数，COP=热泵放出的热量/驱动热泵所需的功。

三种热泵精馏 DMC 和 MeOH 工艺中，塔顶气相压缩式热泵的性能参数最高、能耗最小、TAC 也最小，在三种热泵工艺中最优。釜液节流式热泵的效益稍低于塔顶气相压缩式。闭式热泵虽然与常规工艺相比仍具有显著的优势，但与另外两种热泵工艺相比就不具有投资价值了。有关热泵的具体模拟程序及模拟过程参见光盘中的第 7 章程序。

### 7.5.2　内部热集成节能技术

(1) 内部热集成塔简介

内部热集成蒸馏塔（Internally Heat Integrated Distillation Column，简称 HIDIC），它是通过精馏段和提馏段的热集成实现蒸馏塔的无冷凝器和再沸器操作，从而大幅度降低能耗，与常规蒸馏塔相比节省的能耗可达 30%～60%。这是迄今所知节能幅度最大、最先进的蒸馏塔型式。这一设想最早于 20 世纪 60 年代由 Freshwatert 提出，其后不断有学者发表研究成果。

内部热集成塔的结构具有以下六大结构特点。

① 精馏段和提馏段之间的传热可以通过塔壁传热，具体的传热方式具有多样性，一般精馏段置于提馏段内部；

② 不需要塔顶冷凝器和塔釜再沸器；

③ 精馏段底部出口的液体通过节流阀减压后进入提馏段；

④ 精馏段和提馏段之间设有压缩机，将提馏段顶部出口的气相加压，使之能够进入精馏段；

⑤ 精馏段和提馏段被分成独立个体，但又有特定的联系；

⑥ 精馏段压力和温度均高于提馏段，热量由精馏段向提馏段传导；精馏段提供提馏段所需的热量，与此同时提馏段反过来提供精馏段所需的冷量。

(2) 内部热集成塔的工作原理

如图 7-43 所示，内热集成塔将传统塔分成精馏和提馏两个塔，并将精馏段放置在提馏段的内部，与传统塔相比，减少了塔顶冷凝器和塔釜再沸器。为了用精馏段上升的蒸汽加热提馏段下降的液体，在精馏段和提馏段之间设有压缩机，以加压提馏段塔顶出来的蒸汽使其温度升高，这样通过两塔段间的能量集成可以在精馏段和提馏段的内部分别产生内回流和上升蒸汽，力求使外回流和再沸器的热负荷都降为 0，回流液体和再沸蒸汽完全由塔板间的能量集成提供，达到节能效果。

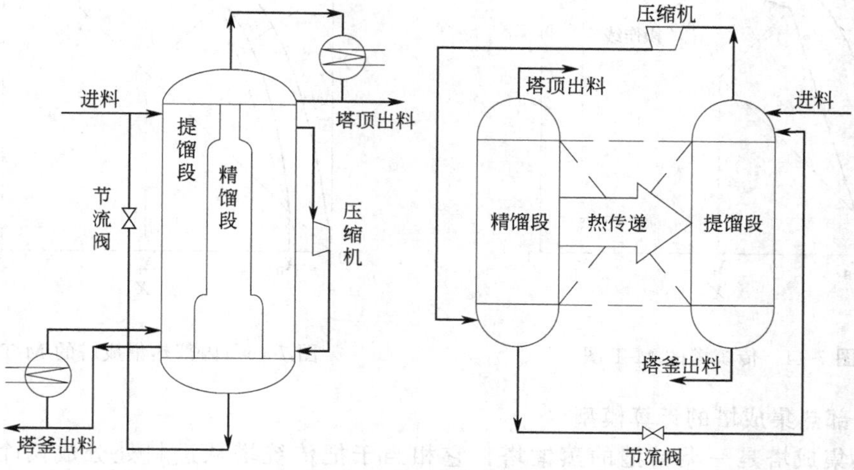

图 7-43　内部热集成塔工作原理图

内部热集成塔是一种有效的节能方式，长期以来一直被人们广泛地研究。为了实现精馏段和提馏段之间的热集成，各国研究者们开发了多种内部热集成塔结构。Seader 提出一种圆筒形热集成塔，圆筒形的精馏塔被竖直的隔板分为独立的两个塔，作为精馏段和提馏段使用，为了增加传热效果，安置一些带有翅片热管横贯精馏塔中间的分割板。但这种难以满足内部热集成塔的传热要求，因此其在工业实际中的应用受到限制。随后 Kaibel 和 Rust 等研究者提出套管式的内部热集成塔和变径套管式内热集成塔。但是结构过于复杂，阻碍了热集成塔的工业应用。日本学者对内部热集成塔也进行了深入的研究，其研究技术领先于世界，目前正在进行工业化试验，发展非常迅速。而我国对该类塔的研究还处于起步阶段，经验不足，知识技术积累少。

虽然国内外对内部热集成塔的研究很多，但是塔研究过程中依然存在着一些问题，需要研究者的继续探索。目前对该类塔的研究主要是理论研究，很少实验证实。该塔的研究还不够深入，难以实现工厂化生产，还没有最大限度地挖掘热集成塔的潜力，还没有探索出最佳设计。内部热集成塔的热量传递问题和稳态控制也未得到很好的解决。通过对内部热集成塔的仿真模拟，提出了三种热量传递以及控制的模式，对内部热集成塔的工业化应用提出了实际的解决方案，具有广泛的应用前景。

(3) 内部热集成塔的节能原理

现通过图 7-44 和图 7-45，传统塔和内部热集成塔的 M-T 图分析内热集成塔的节能原理。图中 $X_B$ 为塔釜产品组成摩尔分数，$X_D$ 为塔顶产品组成摩尔分数，$X_F$ 为进料组成摩尔分数，$x$、$y$ 分别为易挥发组分在液相和气相中的组成摩尔分数。M-T 图中，操作线与平衡线之间的距离，表征蒸馏过程的传质推动力。操作线和平衡线之间的垂直距离越大，有效能的损失越大。对于传统塔蒸馏过程，精馏段和提馏段的操作线是两条直线，其传质推动力在进料板处最小，向塔的两端逐步增加，有效能的损失大。而内热集成塔因取消了冷凝器和再沸器，使操作线变成与平衡线形状相似的一条曲线，有效能的损失小，从而达到节能效果。

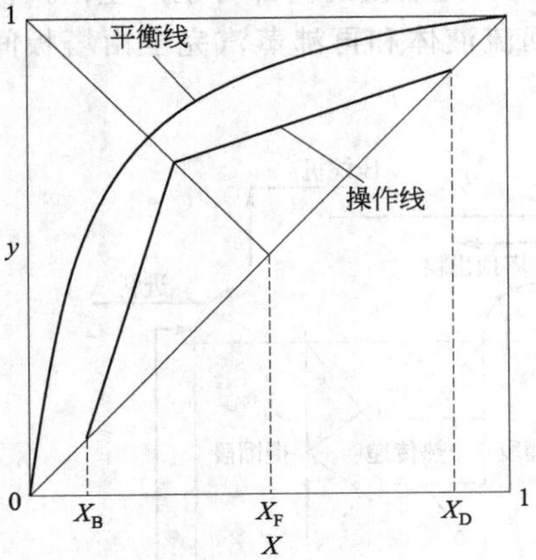


图 7-44　传统塔的 M-T 图

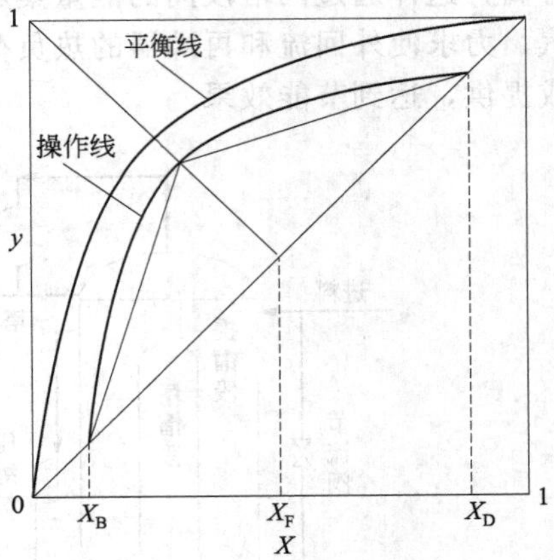


图 7-45　内部热集成塔的 M-T 图

(4) 内部热集成塔的计算模型

内部热集成塔是一类新型的蒸馏塔，它相当于把传统塔从进料处分成两个内部存在能量集成的精馏塔，现在还没有现成的计算方法。以往文献报道的内部热集成塔的计算过程中，通常对数学模型作如下假设：相对挥发度为常数；各组分的摩尔汽化潜热相等；蒸馏塔内气液两相均为恒摩尔流动等。以上假设仅仅适用于二元体系理想状态下的简化计算。而实际工业生产往往处于非理想的状态下，所以将理想的简化计算模型直接应用于实际的工业生产中，误差显然是比较大的，计算的准确性和可靠性也比较难于判断。现有的各种模拟软件在塔的严格计算上功能比较强大，计算结果的准确性比较高。因而完全可能在现有的商用模拟软件的基础上，建立内部热集成塔的计算模型，从而实现对该类型塔的严格模拟计算。

(5) 内部热集成塔的四种对齐形式

内部热集成塔一般有以下 4 种对齐形式。

上对齐型［HIDIC-upper，如图 7-46(a)］：上对齐型中精馏段与提馏段上端对齐，逐板进行热交换，提馏段的下部与传统蒸馏塔相同。

下对齐型［HIDIC-lower，如图 7-46(b)］：下对齐型中精馏段和提馏段下端对齐，逐板进行热交换，提馏段的上部与传统蒸馏塔相同。

中对齐型［HIDIC-middle，如图 7-46(c)］：中对齐型中精馏段的第 $N$-1 块塔板与提馏段的第 $N$-1 块塔板对齐，逐板进行热交换，提馏段的上部和下部与传统蒸馏塔相同。

全对齐型［HIDIC-all，如图 7-46(d)］：全对齐型中加大精馏段的板间距，使精馏段与提馏段的高度相同，精馏段的每块塔板与提馏段的多块塔板进行热交换。

上述 4 种对齐形式中，具体采用哪一种，需通过模拟计算确定。如某丙烯-丙烷精馏塔的操作条件如表 7-8，4 种对齐形式的模拟计算结果见表 7-9，可知下对齐型的能耗最少，经济效益最大。

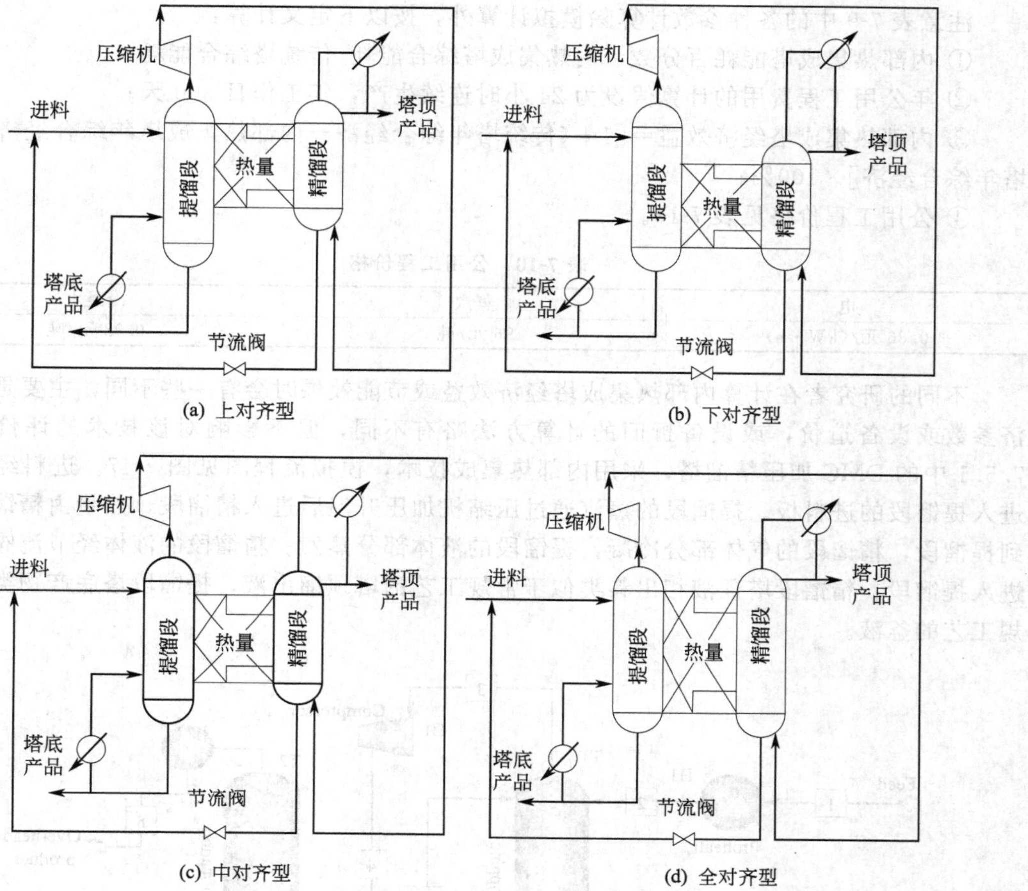


图 7-46 四种构型的内部热集成塔

**表 7-8 丙烯-丙烷精馏塔工艺参数**

| 项目 | | 传统蒸馏塔 | 内部热集成蒸馏塔 |
|---|---|---|---|
| 理论塔板数 | 精馏段 | 53 | 53 |
| | 提馏段 | 85 | 85 |
| 进料板 | | 54 | |
| 进料量/(kmol/hr) | | 100 | |
| 操作压力/MPa | 精馏段 | 1.5 | 2.2 |
| | 提馏段 | 1.5 | 1.5 |
| 进料组成/mol% | 丙烯 | 50 | |
| | 丙烷 | 50 | |
| 进料热状态 | | 1.0 | |
| 塔顶丙烯的摩尔组成 | | 0.995 | 0.995 |

**表 7-9 不同构型的内部热集成塔能耗和经济效益对比**

| 塔类型 | | 压缩机/kW | 综合耗能/kW | 能耗百分数/% | 年公用工程费用/万元 | 经济效益/100% |
|---|---|---|---|---|---|---|
| 常规蒸馏塔 | | — | 7887.83 | 100 | 741.82 | 100 |
| 内部热集成塔 | 上对齐型 | 527.42 | 5215.01 | 66.11 | 658.89 | 111.18 |
| | 下对齐型 | 445.96 | 2873.08 | 36.42 | 414.04 | 144.19 |
| | 中对齐型 | 473.27 | 3640.88 | 46.16 | 494.55 | 133.33 |
| | 全对齐型 | 471.71 | 3395.28 | 43.04 | 466.55 | 137.11 |

注意表 7-9 中的各种参数计算除模拟计算外，按以下定义计算：

① 内部热集成塔能耗百分数＝内热集成塔综合能耗/传统塔综合能耗；

② 年公用工程费用的计算假设为 24 小时连续生产，年工作日 300 天；

③ 内部热集成塔经济效益＝[1＋(传统塔年综合经济－内部热集成塔年综合经济)/传统塔年综合经济]×100％；

④ 公用工程价格见表 7-10。

**表 7-10 公用工程价格**

| 电 | 蒸汽 | 冷凝水 |
|---|---|---|
| 0.86 元/(kW·h) | 96 元/吨 | 0.92 元/吨 |

不同的研究者在计算内部热集成塔经济效益或节能效果时会有一些不同，主要是某些经济参数或设备造价，或设备折旧的计算方法略有不同，但不影响对该技术的评价。如对 7.5.1 中的 DMC 加压精馏塔，采用内部热集成技术，模拟流程图见图 7-47。进料经预热后进入提馏段的进料板。提馏段的蒸汽通过压缩机加压升温后进入精馏段，热量由精馏段传递到提馏段，精馏段的气体部分冷凝，提馏段的液体部分蒸发。精馏段的液体经节流阀减压后进入提馏段。精馏段塔顶液相出料类似于常规工艺的塔顶馏出液，提馏段塔底产物类似于常规工艺的釜液。

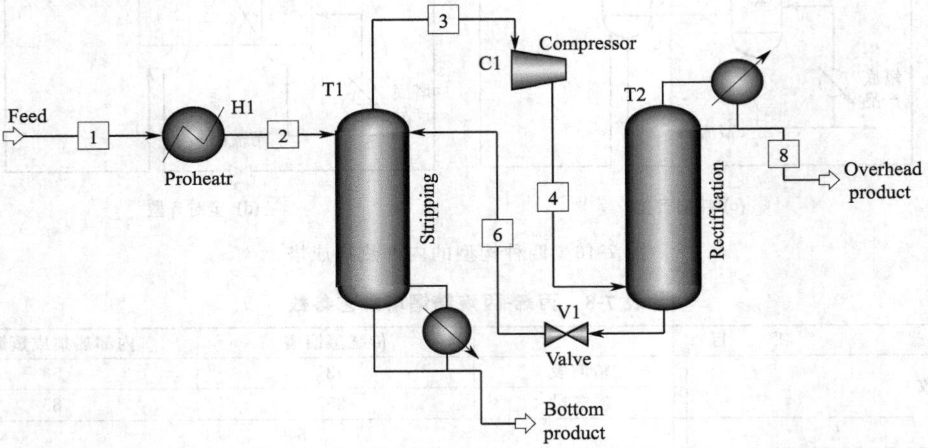


图 7-47　DMC 加压精馏内部热集成模拟流程图

对于 aspen plus 模拟，精馏段（Rectification）和提馏段（Stripping）均按精馏塔的模型模拟，精馏段为无再沸器的精馏塔，提馏段为无冷凝器的精馏塔，在 ASPEN 中各塔段皆规定全塔效率（加压精馏塔的全塔效率为 67％）。为保证工艺的可比性，模拟所得的塔顶和塔底产物的组成和流量必须与常规工艺一致。该流程很难收敛，需规定撕裂物流，一般规定压缩机出料物流 4 较容易收敛，其物流的迭代初值可由常规工艺中获取，实现两塔段换热量的模拟，是通过 RadFrac 模块中的 "Heaters Coolers" 设置，其中提馏段的换热量为正值（表示获得热量)，精馏段的换热量为负值（表示移去热量)，并且所对应塔板所传递的内部传热量皆相等。在 HIDIC 的模拟中精馏段与提馏段之间采取逐板换热，塔板间的换热量与温差的关系满足 $Q=UA\Delta T$，$Q$ 为每块塔板的换热量，kW/tray；$U$ 为总传热系数，kW/(m$^2$·℃)；$A$ 为换热面积，m$^2$/tray；$\Delta T$ 为两塔板间的传热温差，℃。对于固定的传热方式，其 $UA$ 值变化不大，在模拟时当作常数处理，加压精馏塔的 $UA$ 取值为 13.3kW/( tray·℃)。

有关详细的模拟文件，请参看光盘第 7 章程序。经过模拟发现，加压精馏塔内部热集成模拟采取全对齐换热构型效果较佳，节能率达 64.56%。

# 7.6 能源管理体系简介

化工企业的节能工作既有自己的特点，也和其他企业的节能工作一样具有共性，也需要建立能源管理体系，管理往往看不见，摸不着，很难直接看到成果。如某公司采用了地源热泵技术，为玻璃贴了膜，但发现公司的空调用能依然达不到社会先进水平。原来是员工把空调制冷温度调到 18℃；开空调同时开着窗户通风；下班不关空调。这些事例表明管理的作用不亚于节能技术。人们开始重视能源管理体系的建立。

国际上，2008 年，美国起草制定“能源管理体系”第三版草案（MSE2000：200X）。2008 年，欧盟制定“能源管理体系”第一版草案（prEN16001）。2008 年 4 月，ISO 成立专门的项目委员会 ISO/PC 242，负责起草“能源管理体系”国际标准。中国、美国、英国、巴西为标准起草过。2009 年 3 月召开第二次会议，讨论形成 CD 稿。

2005～2007 年，中国质量认证中心开展了节约型组织课题研究，并组织专家制定了 CQC 能源资源管理体系系列技术规范 6 项，涉及能源资源管理体系要求、实施指南、管理工具、节约型组织评价等内容。2005～2007 年，中标认证中心承担国家“十五”课题——“能源管理体系”研究。2007～2008 年，全国能标委（TC20）组织包括中国质量认证中心、中标认证中心、清华大学、首钢、中国石油等在内的多名能源和管理体系方面的专家，制定“能源管理体系（MSE）”系列国家标准。

能源管理体系的框架如图 7-48。以能源管理系统方式开展各项管理工作，这些管理工作相互联系和配合，形成合力，能够取得最佳的效果。各项工作之间有严密的逻辑关系，一切对于节能绩效的增值的活动得以开展，一切非增值工作被剔除。拥有完整持续改进系统，以 PDCA 的方式不断推进组织能源绩效的改进，见图 7-49。

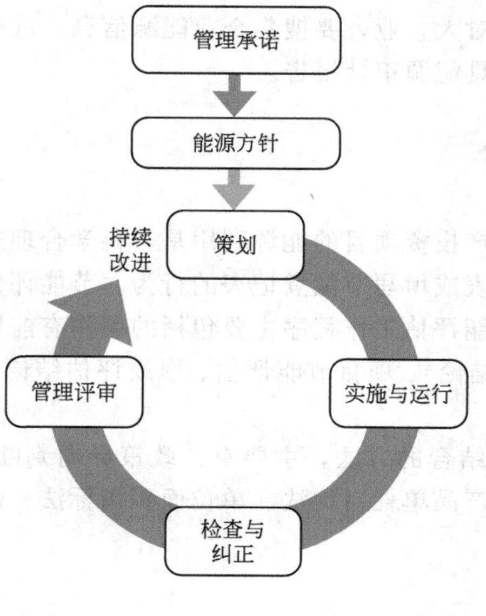


图 7-48 能源管理体系框架

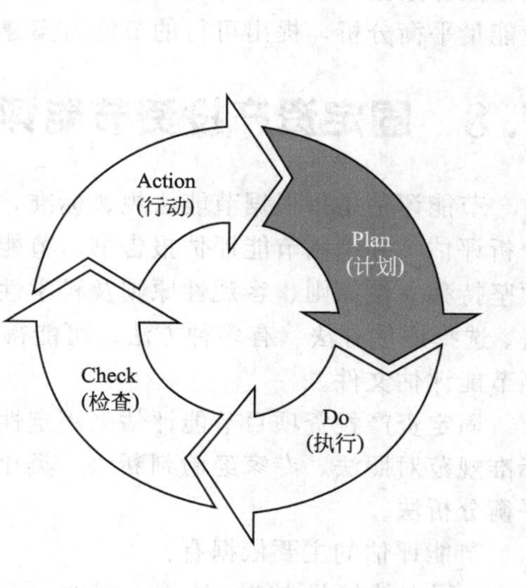


图 7-49 PDCA 循环图

## 7.7 能源审计简介

1997 年，国家质量技术监督局组织制定了国家标准《企业能源审计技术导则》（GB/T 17166—1997），按照该项标准，能源审计的定义应是能源审计单位依据国家有关节能法规和标准，对企业和其他用能单位能源利用的物理过程和财务过程进行的检验、核查和分析评价。它是建立在一定的财务经济责任关系基础上的一种经济监督或公证证明的职能工作。企业通过能源审计可以掌握本企业能源管理状况及用能水平，排查节能障碍和浪费环节，寻找节能机会与潜力，以降低生产成本，提高经济效益。

能源审计主要内容有：

① 用能单位的能源管理概况；

② 用能单位的用能概况及能源流程；

③ 用能单位的能源计量及统计状况；

④ 用能单位能源消费指标的计算分析；

⑤ 主要用能设备的运行效率计算分析；

⑥ 产品综合能耗和产值能耗指标计算分析；

⑦ 能源成本指标计算分析；

⑧ 节能量计算；

⑨ 评审节能技改项目的财务和经济分析；

能源审计具有以下基本功能：

- 国家能源监管的有效手段；
- 对企业的能源消费进行监督和考核；
- 对企业组织生产与进行能源管理发挥指导作用；
- 服务功能。

能源审计分为初步审计和详细审计，初步审计主要针对小企业，进行企业能源管理调查进行能源数据调查、统计与分析；详细审计主要针对大企业，要搜集企业能源信息，进行企业能量平衡分析，提出可行的节能方案建议，并出具能源审计报告。

## 7.8 固定资产投资节能评估简介

节能评估是指根据节能法规、标准，对固定资产投资项目的能源利用是否科学合理进行分析评估，并编制节能评估报告书、节能评估报告表或填写节能登记表的行为。节能评估必须坚持独立性原则、客观性原则及科学性原则。节能评估工作程序主要包括的工作有前期准备、选择评估方法（有多种方法，可能得出相反的结论）、项目节能评估、形成评估结论、编制节能评估文件。

固定资产投资项目节能评估采用定性和定量相结合的方法，主要有：政策导向判断法、标准规范对照法、专家经验判断法、类比分析法、产品单耗对比法、单位面积指标法、能量平衡分析法。

节能评估的主要依据有：

○ 国内外相关法律、法规、规划、行业准入条件、产业政策；

○ 相关标准及规范；

○ 节能技术、产品推荐目录；
○ 国家明令淘汰的用能产品、设备、生产工艺等目录；
○ 项目环境影响评价审批意见；
○ 土地预审意见等相关前期批复意见；
○ 项目可行性研究报告、项目申请报告等工程资料和技术合同等；
○ 根据项目实际情况确定项目节能评估依据。

按照《能评办法》要求，根据项目类别，编写《固定资产投资项目节能评估报告书》（简称“节能评估报告书”）或《固定资产投资项目节能评估报告表》（简称“节能评估报告表”），或填写《固定资产投资项目节能登记表》（简称“节能登记表”），节能评估具体分类详见表 7-11。

**表 7-11　节能评估具体分类表**

| 年综合消费量 | 能源类型 | 标准煤 | 电力 | 石油 | 天然气 |
|---|---|---|---|---|---|
| | 单位 | 吨 | 万千瓦时 | 吨 | 万立方米 |
| 能评文件类型 | 节能评估报告书 | $E \geqslant 3000$ | $E \geqslant 500$ | $E \geqslant 1000$ | $E \geqslant 100$ |
| | 节能评估报告表 | $1000 \leqslant E < 3000$ | $200 \leqslant E < 500$ | $500 \leqslant E < 1000$ | $50 \leqslant E < 100$ |
| | 节能登记表 | $E < 1000$ | $E < 200$ | $E < 500$ | $E < 50$ |

有关节能登记表、节能评估报告表、节能评估报告书等模板请参见电子课件第 7 章程序。

## 本章小结及提点

节能技术已被称为第五大常规能源，化工过程的节能技术引起科技人员的广泛重视。通过本章的学习，你必须了解有关能源的分类、节能的定义、当量热值和等价热值和能源及节能有关的一些基本概念；掌握针对具体节能技术的经济评价方法，并对生命周期评价方法有一定的了解；掌握并能运用化工过程基本节能技术，如强化传热节能技术，变频节能技术。对诸如精馏过程内部热集成节能技术、热泵精馏节能技术有较全面的了解。同时，对于化工企业固定资产投资节能评价、能源审计、能源管理体系建立等方面的工作能配合有关专业人员共同完成各种数据的收集、文本的建立、制度的制定、表格的填写及报告的书写。

## 习题

1. 某化工用能设备进行节能技术改造，有两个方案可供选择：方案 A 一次性投入 30 万元，每年的产生的节约能源费用 8 万元，因节能技术而增加的年维修费用 1 万元，使用寿命 8 年，设备残值 4 万元；方案 B 一次性投入 40 万元，每年的产生的节约能源费用 10 万元，因节能技术而增加的年维修费用 2 万元，使用寿命 10 年，设备残值 6 万元，在资金年利率为 10%，标准投资回收期为 8 年的情况，分别用简单补偿年限法、动态补偿年限法及净收益-投资比值法判断两节能技术改造方案是否可行及哪个方案更优？
2. 某热泵系统在冬天制热时，室外蒸发温度为 −15℃，室内冷凝温度为 25℃；在夏天制冷时，室内蒸发温度为 10℃，室外冷凝温度为 40℃，请计算该热泵系统在冬天制热时可能的最大 *COP* 及夏天制冷时的最大 *COP*？
3. 请以某一化工过程为例，分析其能量消耗及使用情况，指出可能的节能方向及技术。
4. 试分析化工节能技术经济评价与全生命评价的相同与不同之处。
5. 试选用某精馏系统，采用内部热集成技术进行模拟计算，分析普通精馏和内部热集成系统两者能量消耗的差异，并进行简单的经济费用分析。

# 参 考 文 献


[1] 麻德贤. 化工过程分析与合成 [M]. 北京：化学工业出版社，2002.

[2] 都健. 化工过程分析与综合 [M]. 大连：大连理工大学出版社，2009.

[3] 邓肯，雷默. 化工过程分析与设计导论 [M]. 陈晓春，李春喜译. 北京：化学工业出版社，2004.

[4] 屈一新. 化工过程数值模拟及软件 [M]. 北京：化学工业出版社，2006.

[5] 史密斯. 化工过程设计 [M]. 王保国等译. 北京：化学工业出版社，2002.

[6] 杨基和. 化工工程设计概论. 北京：中国石化出版社，2005.

[7] 徐绍平. 化工工艺学 [M]，大连：大连理工大学出版社，2004.

[8] 陈声宗. 化工设计 [M]. 北京：化学工业出版社，2008

[9] 王建红等. 化工系统工程理论与实践 [M]. 北京：化学工业出版社，2009.

[10] 托马斯 F. 埃德加，戴维 M. 希梅尔布老. 化工过程优化 [M]. 张卫东，任钟旗，刘光虎等译. 北京：化学工业出版社，2006.

[11] 林璟，方利国. GC/MS 法测定五种生物柴油中脂肪酸甲酯的研究 [J]. 化学与生物工程，2008，25 (8)：76-78.

[12] 方利国，林璟. 脂肪酸甲酯对生物柴油十六烷值影响的研究 [J]. 化工新型材料，2008，36 (11)：94-96.

[13] 林璟，方利国. 正交法探讨均相碱催化制备生物柴油的优化条件 [J]. 化工新型材料，2009，37 (5)：103-105.

[14] 林璟，方利国. 麻疯果油制备生物柴油及其经济效益 [J]. 化工进展，2008，27 (12)：1977-1981.

[15] 张震宇，方利国. 菜籽油制备生物柴油的经济可行性研究 [J]. 现代化工，2008，28 (4)：66-70.

[16] 吴金星，韩东方，曹海亮等. 高效换热器及其节能应用 [M]. 北京：化学工业出版社，2009.

[17] 屈一新. 化工过程数值模拟及软件 [M]. 第二版. 北京：化学工业出版社，2011.

[18] Christie John Geankpplis. 传递过程与分离过程原理. 齐鸣斋译. 上海：华东理工大学出版社，2007.

[19] 黄华江. 实用化工计算机模拟 [M]. 北京：化学工业出版社，2010.

[20] 陈杰等. MATLAB 宝典 [M]. 第三版. 北京：电子工业出版社，2011.

[21] 孙兰义. 化工流程模拟实训 [M]. 北京：电子工业出版社，2012.

[22] 姚平经. 过程系统工程 [M]. 上海：华东理工大学出版社，2009.

[23] 邓正龙. 化工中的优化方法. 北京：化学工业出版社，1995.

[24] Warren D. Seider，J. D. Seider，Daniel. R. Lewin，产品与过程设计原理——合成、分析与评估 [M] (下册). 朱开宏，李伟，钱四海译. 上海：华东理工大学出版社，2007.

[25] George W. Roberts. 化学反应与化学反应器 [M]. 曹贵平译. 上海：华东理工大学出版社，2011.

[26] J. L. A. 柯仑. 化工厂的简单和稳健化设计 [M]. 刘辉，阎建民，杨茹译. 北京：化学工业出版社，2009.

[27] 河村祐治，中丸八郎，今石宣之. 化工数学 [M]. 张克，孙登文译. 北京：化学工业出版社，1980.

[28] Warren D. Seider，J. D. Seider，Daniel. R. Lewin，产品与过程设计原理——合成、分析与评估 [M] (上册). 李伟，刘霞译. 上海：华东理工大学出版社，2007.

[29] 方利国. 节能技术应用与评价 [M]. 北京：化学工业出版社，2008.

[30] 朱自强. 化工热力学 [M]. 北京：化学工业出版社，1982.

[31] 方利国.《化工过程分析与合成》课程教学模式改革实践研究 [J]. 广州化工，2010，38 (7)：280-282.

[32] 甘景洪，方利国，陈卫汕等. 分离碳酸二甲酯和甲醇的热泵精馏工艺 [J]. 广东化工，2013，40 (4)：153-155.

[33] 冉崇慧. 天然气为原料制氢工艺技术 [J]. 工厂动力，2004，(1)：38-42.

[34] 李晓，何炎平，谭家华. 浆体输送管道的管径优化设计 [J]. 交通运输工程学，2005，5 (2)：61-64.

[35] 陈玲俐，叶志明，李杰，基于经济流速的管径优化方法 [J]. 上海大学学报 (自然科学版)，2005，11 (2)：196-200.

[36] 殷际英. 一种热管式 CPU 芯片散热器的原理结构设计 [J]. 轻工机械 2004，(1)：105-107.

[37] 徐伟等. 热管技术在余热回收中的应用研究进展 [J]. 广东化工，2007，34 (2)：40-43.

[38] 赵宇. 热管式反应器的应用研究进展 [J]. 化工装备技术，2006，27 (4)：27-29.

[39] 郑小平，丁信伟，毕明树. 旋转热管应用及特殊结构设计 [J]. 石油化工设备，2005，34 (6)：46-49.

[40] 郭仁宁，王海刚. 变频泵和风机的节能分析 [J]. 煤 矿 机 械，2007，28 (6)：164-166.

[41] 周霞萍. 工业热工设备及测量 [M]. 上海：华东理工大学出版社，2007.

[42] 刘慰俭，陶鑫良. 工业节能技术 [M]. 北京：中国环境科学出版社，1989. 2.

[43] 范冠海等. 工业节能指南 [M]. 北京：机械工业出版社，1988. 4.

[44] Pacheco MA, Marshall CL. Review of Dimethyl Carbonate (DMC) Manufacture and Its Characteristics as a Fuel Additive [J]. Energy Fuels, 1997, 11: 2-29.

[45] 姜忠义，王泳. 酯交换法合成碳酸二甲酯的催化精馏过程研究 [J]. 化学工程，2001，29 (3)：29 - 33.

[46] 李春山，张香平，张锁江等. 加压-常压精馏分离甲醇-碳酸二甲酯的相平衡和流程模拟 [J]. 过程工程学报，2003. 3 (5)：453-458.

[47] 梅支舵，殷芳喜，俞能志等. 一种加压分离甲醇和碳酸二甲酯共沸物的方法 [P]. 中国：00107115. 7 ，2000-11-1.

[48] 陆恩锡，张慧娟. 化工过程模拟——原理与应用 [M]. 北京：化学工业出版社，2011.

[49] GB/T 50441—2007 石油化工设计能耗计算标准 [S]. 中国石油化化集团公司编.

[50] Douglas JM. Conceptual design of chemical processes [M]. New York：McGraw-Hill，1988. 工业出版社，2011-3.

[51] 刘兴高，钱积新. 内部热耦合精馏塔的初步设计 (I) 模型化和操作分析 [J]. 化工学报，2009，51 (3)：421-424.

[52] 孙兰义，杨德连，李军等. 反应精馏隔壁塔内合成乙酸甲酯的模拟 [J]. 化工进展. 2009，28 (1)：19-22.

[53] 李娟娟. 内部热集成蒸馏塔的模拟及特性研究 [D]，2006，华南理工大学.

[54] 赵雄，罗祎青，闫兵海，袁希钢. 内部能量集成精馏塔的模拟研究及其节能特性分析 [J]. 化工学报. 2009，60 (1)：142-149.

[55] 秦导・独立化学反应式的分析与电算 [学士学位论文]，北京：北京化工大学，1998.